普通本科院校化学专业规划教材

无机化学学习指导

主编　周春生　范　广
主审　陈三平　谢　钢

科学出版社
北　京

内 容 简 介

本书为普通本科院校化学专业规划教材《无机化学》（王书民主编，科学出版社，2013年）的配套教学参考书。指导内容包括：①重要概念；②自测题及其解答；③思考题解答；④课后习题解答；⑤参考资料。本书内容丰富、难度适中、编排特色明显，适于学习使用。

本书可作为综合性大学和师范类院校化学、应用化学、材料化学等专业学生学习无机化学和普通化学课程的辅助教材，也可供其他高等院校相关专业学生参考使用。

图书在版编目(CIP)数据

无机化学学习指导/周春生，范广主编．—北京：科学出版社，2014.6
普通本科院校化学专业规划教材
ISBN 978-7-03-041046-7

Ⅰ.①无… Ⅱ.①周… ②范… Ⅲ.①无机化学-高等学校-教学参考资料 Ⅳ.①O61

中国版本图书馆CIP数据核字（2014）第127176号

责任编辑：陈雅娴 郑祥志／责任校对：蒋 萍
责任印制：张 伟／封面设计：无极书装

科学出版社出版
北京东黄城根北街16号
邮政编码：100717
http://www.sciencep.com
北京天宇星印刷厂印刷
科学出版社发行 各地新华书店经销
*
2014年6月第 一 版 开本：787×1092 1/16
2024年7月第九次印刷 印张：20 1/2
字数：538 000

定价：49.00元

（如有印装质量问题，我社负责调换）

普通本科院校化学专业规划教材
编写委员会

主　编　周春生　张君才　王浩东

副主编　闵锁田　焦更生　杨晓慧　马亚军　杨得锁

编　委（按姓氏汉语拼音排序）

陈　强　范　广　付凯卿　葛红光　黄　怡
焦更生　刘步明　马亚军　闵锁田　王福民
王浩东　王书民　谢娟平　许　琼　晏志军
杨得锁　杨晓慧　张君才　周春生

《无机化学学习指导》编写委员会

主　编　周春生　范　广

副主编　王福民　晏志军　唐志华

编　委（按姓氏汉语拼音排序）

党民团　范　广　黄宏升　姜　敏　焦宝娟
李　敏　庞海霞　唐志华　王福民　王书民
王香爱　武立州　熊海涛　徐浩龙　许　琼
晏志军　张万锋　周春生

编 者 的 话

陕西理工学院、宝鸡文理学院、咸阳师范学院、渭南师范学院、西安文理学院、榆林学院、商洛学院和安康学院同属陕西地方院校(二本院校),都是在师范教育基础上发展起来的,其中后六所高校均是2002年后由专科升为本科的院校,八院校的生源均为二本边缘,因此八院校的教学具有较多的共同点,教学中面临着同样的困境,尤其是面临高等教育改革深化和竞争日益激烈的严峻考验。为了解决二本院校教材建设相应严重滞后于教学的现状,我们八校联合,根据教育部化学类专业建设规范,为地方高校应用型化学类专业人才培养而编写了《无机化学》教材并于2013年由科学出版社出版发行。中国科学院院士郑兰荪教授为该书写了序言,序言中对该书做了充分的肯定,认为该书"针对普通院校化学教学的需求,在一定程度上弥补了同类教材的空缺","在达到'专业规范'要求的前提下,突出了培养应用型人才、为地方经济服务等特点,使教材贴近学科发展,贴近教学实际"。

为有助于任课教师和学生配合使用、学习《无机化学》一书,我们同时编写了《无机化学学习指导》并由科学出版社出版。它也是一线教师教学思想和经验的结晶。本书编写与主教材各章内容配套,每章内容包括以下几个方面:

(1)重要概念。按照主教材内容的顺序,摘出基本概念、名词和公式,用学生更易接受和理解的文字进行表述。元素部分则侧重于重点元素主要化学反应的提要。

(2)自测题及其解答。侧重于学生对概念的理解,通常是较为简单的练习,随手习之,体验"过手一遍,胜过过目千遍"的说法,对学生加深掌握基本知识不无好处。自测题仍采用"够用为原则"的思想,采用标准化题型,均有选择题、填空题、简答题和计算题等,元素部分加有完成并配平化学方程式及简答题。所有自测练习题配有简要答案供参考。

(3)思考题解答。意在紧密配合课堂教学,利于学生自学和思考。

(4)课后习题解答。意在让学生更好地掌握主教材的内容。

(5)参考资料。让刚进入大学的学生从开始就培养查阅化学文献的习惯,一直是我们加强素质教育和能力培养的重要举措之一。考虑到一年级学生的实际情况,这里引用的全是近期中文文献。

鉴于第0章的特殊性,其内容只涉及上述(1)、(4)和(5)部分。

参加编写的教师有商洛学院周春生(第0章)、王书民(第5、6、24～26章);渭南师范学院王福民(第18章)、党民团(第21章)、王香爱(第20章)和徐浩龙(第19章);西安文理学院晏志军(第3、22、23章)、焦宝娟(第4章)和李敏(第1章);陕西理工学院唐志华(第7、11章)、姜敏(第9、13章)、庞海霞(第12章)、熊海涛(第10章)和许琼(第8、14章);咸阳师范学院范广(第2章);安康学院黄宏升(第16、17章)、武立州(第27章)和张万锋(第15章)。全书由周春生和范广担任主编,西北大学陈三平和谢钢担任主审。

在本书编写过程中得到了陕西省八所地方院校的大力支持,获得了商洛学院教务处的教学立项和经费支持，同时得到了科学出版社的支持，在此表示深深的感谢。

在本书编写过程中，较多地参考了同类教材和不少期刊论文，在此对所有的作者表示深深的谢意。

我们期望本书的出版能为学生学习无机化学锦上添花。限于编者水平，本书疏漏和不足在所难免，恳望使用本书的教师和学生给予批评指正。

周春生(slzhoucs@126.com)

范　广(fanguang2004@163.com)

2014年1月于商洛

目　录

编者的话
第 0 章　绪论 …… 1
第 1 章　物质的聚集状态 …… 6
第 2 章　原子结构 …… 18
第 3 章　化学键理论与分子结构 …… 28
第 4 章　晶体结构 …… 43
第 5 章　化学热力学初步 …… 55
第 6 章　化学反应动力学基础 …… 71
第 7 章　酸碱反应 …… 83
第 8 章　氧化还原反应 …… 97
第 9 章　配位化合物 …… 110
第 10 章　化学平衡通论 …… 122
第 11 章　酸碱解离平衡 …… 136
第 12 章　沉淀-溶解平衡 …… 150
第 13 章　配位平衡 …… 164
第 14 章　氧化还原平衡 …… 176
第 15 章　碱金属与碱土金属 …… 192
第 16 章　硼族元素 …… 200
第 17 章　碳族元素 …… 208
第 18 章　氮族元素 …… 216
第 19 章　氧族元素 …… 231
第 20 章　卤素 …… 239
第 21 章　氢及稀有气体 …… 249
第 22 章　过渡元素概论 …… 258
第 23 章　4～7 族重要元素及其化合物 …… 266
第 24 章　8～10 族元素 …… 275
第 25 章　11 族元素和 12 族元素 …… 287
第 26 章　镧系元素和锕系元素 …… 300
第 27 章　核化学 …… 310

第0章　绪　　论

一、重要概念

1.化学(chemistry)

化学是一门研究物质的性质、组成、结构、变化以及物质变化规律的科学。化学研究的对象涉及物质之间的相互关系,或物质和能量之间的关联。徐光宪院士曾撰文认为化学的内涵和定义都在随时代前进而改变和延伸。他认为"21世纪的化学是研究泛分子的科学"。这里泛指21世纪化学的研究对象,可以分为10个层次:原子层次、分子片层次、结构单元层次、分子层次、超分子层次、高分子层次、生物分子层次、纳米分子和纳米聚集体层次、复杂分子体系及其组装体的层次、分子器件。

另外,1998年瑞典皇家科学院将诺贝尔化学奖授予了美国的奥地利裔科学家科恩(W. Kohn)教授和英国的波普(J.Pople)教授,以表彰他们在量子化学计算方面的贡献。颁奖公报宣称"化学已不再是单纯的实验科学了,量子化学已成为广大化学家的工具,将和实验研究结果一道来阐明分子体系的性质"。这表明化学已经成为一门真正的严密科学。

2.时空奇点(singularity of space time)

时空奇点也称引力奇异点或奇点,是一个体积无限小、密度无限大、时空曲率无限大的点。根据广义相对论,在大爆炸发生以前,宇宙的初始状态为一奇点。这里指人们猜想宇宙起始于一个非常小的点——奇点。奇点温度极高且无限致密,今天所观测到的全部物质世界都集中在这个很小的范围内。在没有昨天的一天,这个奇点发生了一次惊天动地的"大爆炸",这是一个由热到冷、由密到稀、体积不断膨胀的过程,且一直膨胀到现在。

3.大爆炸(the big bang)

大爆炸是1948年伽莫夫(G.Gamow)等提出的宇宙起源的一种模型。该理论认为:原始宇宙是完全由中子组成的非常炽热、稠密的大火球。后来发生了宇宙"大爆炸",宇宙开始膨胀并变冷,大约0.0001 s后,飞来飞去的三种夸克相互吸引结合,先诞生出质子和中子。2 h后,当温度下降到10^9～10^{10}K时,质子和中子结合成氘,氘又俘获质子经过蜕变生成^3He,^3He又俘获中子生成^4He,H原子(89%)和He原子(11%)的形式足以使大多数物质存在了。

4.对撞机(collider)

对撞机是在高能同步加速器基础上发展起来的一种装置,其主要作用是积累并加速相继由前级加速器注入的两束粒子流,到一定束流强度及一定能量时使其在相向运动状态下进行对撞,以产生足够高的相互作用反应率,从而便于测量。如果是两个能量为E的相向运动的同种高能粒子束对撞,则质心系能量约为$2E$,即粒子全部能量均可用来进行相互作用。显然对撞机加速的粒子流的能量大大高于离子回旋加速器加速的粒子流的能量。对撞机的主要指标除能量外还有亮度。对撞机的亮度是指该对撞机中所发生的相互作用反应率除以该相互作用的反应截面。显然亮度越高,对撞机的性能就越好。欧洲大型强子对撞机是现在世界上最大、能量最高的粒子加速器,是一种将质子加速对撞的高能物理设备。

5.交叉学科(interdiscipline)

交叉学科是指不同学科之间相互交叉、融合、渗透而出现的新兴学科。交叉学科可以是自然科学与人文社会科学之间的交叉而形成的新兴学科，也可以是自然科学和人文社会科学内部不同分支学科之间的交叉而形成的新兴学科。近代科学发展特别是科学上的重大发现，国计民生中的重大社会问题的解决等，常涉及不同学科之间的相互交叉和相互渗透。科学上的新理论、新发明的产生，新的工程技术的出现，经常是在学科的边缘或交叉点上，重视交叉学科将使科学本身向着更深层次和更高水平发展，这是符合自然界存在的客观规律的。

6.化学肥料(chemical fertilizer)

化学肥料是用化学和(或)物理方法制成的含有一种或几种农作物生长需要的营养元素的肥料。只含有一种可标明含量的营养元素的化肥称为单元肥料，如氮肥、磷肥、钾肥以及次要常量元素肥料和微量元素肥料。含有氮、磷、钾三种营养元素中的两种或三种且可标明其含量的化肥称为复合肥料或混合肥料。化肥的有效组分在水中的溶解度通常是度量化肥有效性的标准。当今世界上有 1/3 的粮食产量直接来源于施用化学肥料所致的增产。这意味着，如果没有化肥工业，在 20 世纪，全世界有 20 亿人会因饥饿而丧生！化肥的合成结束了人类完全依靠天然氮肥的历史，将人类从饥饿中拯救出来。

7.化学农药(chemical pesticide)

化学农药是指在农业生产中，为保障、促进植物和农作物的成长，所施用的杀虫、杀菌、杀灭有害动物(或杂草)的一类用化学方法合成的药物统称。特指在农业上用于防治病虫以及调节植物生长、除草等的药剂。1761 年，人们首次应用硫酸铜处理种子防治小麦腥黑穗病。1800 年，米拉戴特(M.Millardet)发明了波尔多液(硫酸铜＋石灰)，它有杀真菌活性，1895 年开始用于霜霉病、枯萎病和叶斑病防治。化学农药在农业生产中有着突出的特点和起着历史功勋作用。在未来 50 年内仍然是有害生物防治的主体。大量事实表明：农药的作用是不容置疑的。据统计，如果不施用农药，因受病、虫、草、害的影响，全世界粮食将人均损失 1/3！合成新型高效无公害、无残留、无污染的绿色农药将是发展方向。

8.化学纤维(chemical fiber)

化学纤维是用天然的或人工合成的高分子物质为原料、经过化学或物理方法加工而制得的纤维的统称，简称化纤。根据所用高分子化合物来源不同，可分为以天然高分子物质为原料的人造纤维和以合成高分子物质为原料的合成纤维。常见的纺织品，如黏胶布、涤纶卡其、锦纶丝袜、腈纶毛线以及丙纶地毯等，都是用化学纤维制成的。

世界纤维消耗量中，化学纤维约占一半。没有合成纤维工业，将有接近 1/2 的人口没有办法解决“温”的问题。化学纤维装扮着世界，美化着人类生活。

9.化学合成药物(synthetic drugs)

合成药物指人工合成的小分子化合物药物。20 世纪初至 80 年代，是化学药物飞速发展的时代，在此期间，发现及发明了现在所使用的一些重要的药物，为人类健康做出了贡献。化学合成药物的发展，使得许多不治之症得以治愈，使人们的寿命延长了近 1 倍，并大大改善了人类的生存品质。例如，人们熟知的青霉素的发现和大量生产，拯救了千百万肺炎、脑膜炎、脓肿、败血症患者的生命，及时抢救了许多伤病员。进入 21 世纪，化学合成药物仍然是最有效、最常用、最大量及最重要的治疗药物。同时，化学的发展使得人们对药物分子改造的设想得以实现,合成药物成为人类健康的守护神。

10.*超纯材料*(ultra-pure materials)

许多物质只有在达到超纯时才会显示出特殊的性能或功能。例如,极微量的杂质就能引起半导体性能明显变化。因此,要控制半导体的性质,首先就要把材料提纯到尽可能高的纯度,使之成为超纯物质,再在超纯材料中掺入适量的某种杂质,才能获得具有所需性质的半导体材料。化学提纯是重要的提纯技术之一,得到的超纯材料是现代电子工业的物质基础。化学为现代电子、通信工业提供了发展的基石。

11.*石油冶炼*(petroleum refining)

石油也称原油。它从发现至今,主要作为液态燃料,经过冶炼后才能使用。石油主要被用作燃油和汽油,是目前世界上最重要的一次能源之一。石油的主要产品是液态燃料汽油、煤油和柴油,存在深加工提高其利用率和减少环境污染问题。高科技是石化产业更好更快发展的重要支撑,可为石化产业发展提供更为广阔的空间。这里主要指对石油的分馏、重排、裂化和精制工艺。显然,这就是化学对古老能源石油的新作用。未来世界炼油技术朝着重视清洁燃料的生产与创新及综合管理几个方面发展。在冶炼中注重提高催化裂化技术、降低石油产品中烯烃的含量、汽油脱硫技术和重油加工技术。例如,天然气合成液体烃技术、汽-电联产和氢-汽-电联产技术、加氢脱硫-催化裂化/加氢裂化工艺、用于炼油催化剂和添加剂上的纳米技术等。

二、课后习题解答

0-1 解答:首先,我们要承认人类对物质世界的研究就是从物质的化学变化开始的,包括远古的工艺化学时期、炼丹术和医药化学时期、燃素化学时期、近代化学时期和现代化学时期。

其次,不可否认"化学已不再是单纯的实验科学了,量子化学已成为广大化学家的工具和实验研究结果一道来阐明分子体系的性质"。但它仍然是研究物质化学变化的科学。

0-2 解答:参见重要概念之化学。

0-3 解答:说明化学已是研究泛分子的科学。但是,也应该注意到这个"泛分子"不只限于地球上的分子、原子或离子等层次上,还应包括到整个宇宙的分子、原子或离子等层次上。另外,化学家研究"泛分子"是为了更好地发展"合成化学"。正如诺贝尔奖得主、Cornell大学的理论化学家霍夫曼(R.Hoffmann)明确指出的那样:"不能把宇宙还原为少数几种基本粒子或者是数以百计的元素,应当扩展到所有可能被合成的数量无限的分子。分子能够具有的结构和性能是难以穷尽的。"曾担任美国化学会会长的布雷斯洛(R.Breslow)说:"目前,已知的化学世界,包括化学家已经使之'膨胀'了的自然界在内的分子总数,还不到它的1%。"

0-4 解答:发生变化时,没有生成其他物质的变化称为物理变化,生成其他物质的变化称为化学变化。区别一种变化是物理变化还是化学变化,关键看是否生成了其他物质。

0-5 解答:物质范畴是唯物主义世界观的一块基石。从古到今,唯物主义对物质概念的理解,对物质与意识关系的把握,经历了一个从朴素到科学、从片面到比较全面的认识过程。在马克思主义之前的唯物主义哲学,虽然在人类对物质的认识史上做出了重大的贡献,但是它终究未对世界的物质性、对物质范畴做出科学的解释。马克思和恩格斯批判地继承了前人的成果,吸收了其物质观中的正确论点和思想,对具体科学关于物质世界研究的最新成果进行了哲学的概括和总结,形成了科学的物质观。马克思主义物质观集中体现在列宁的经典论述中,即

"物质是标志着客观实在的哲学范畴，这种客观实在是人通过感觉感知的，它不依赖于我们的感觉而存在，为我们的感觉所复写、摄影、反映"。科学家只有建立了正确的物质观，才能客观地、有效地研究物质世界，得出正确的、科学的结论。

0-6 解答：化学在国民经济中的作用就是化学学科与社会发展的关系。因为发展国民经济的目的就是极大地丰富物质世界，提高人类的生活质量，促进人类进步。简言之，化学保证了人类的生存并不断提高人类的生活质量；化学是科学技术发展的中心；21 世纪化学的作用更加突出。因此，诺贝尔化学奖获得者西博格(G.Seaborg)博士于 1979 年在美国化学会成立 100 周年大会上讲话中的一句名言就是：化学是人类进步的关键。

0-7 解答：参见重要概念之交叉学科。

0-8 解答：美国学者坦普尔(R.Temple)在《中国：发明与发现的国度》一书中，列举了中国古代领先于世界的发明和发现有 1120 多种。他说："如果诺贝尔奖在古代已经设立，各项奖金的得主，就会毫无争议地全都属于中国人。"然而，到了近代，当西方在文艺复兴后建立近代科学技术体系时，中国的科学技术却止步不前了，到 16 世纪科学技术的某些方面已经落后于西方。17、18 世纪，当西方科学技术在产业革命的强大推动下普遍繁荣的时候，中国的科学技术已经全面落后于西方。造成近代中国科学技术落后的原因是多方面的，主要有以下几点：一是超稳定的封建专制统治对思想的钳制严重阻碍了科学技术的发展；二是根深蒂固的小农经济和近代资本主义难产是导致我国近代科学技术落后的根本原因；三是中国传统文化的基本特征及其固有缺陷不利于产生近代科学技术；四是近代落后的教育与继续推行的科举制度使科技人才空前缺乏，严重地阻碍了近代科学技术的发展。同样，化学也是在这些原因下落后的。只要我们在新的社会制度下，在这种极利于发展、提倡科学发展观的政策下，充分发扬民主，积极改革教育制度，积极学习国外先进技术，提倡批判性思维，发扬原创性精神，科学的春天就会到来。可以预料，中国科学技术必将再次在世界舞台上显示其夺目的光彩！

0-9 解答：现代无机化学发展的特点如下：

(1)从宏观到微观。现代无机化学是既有翔实的实验资料，又有坚实的理论化学基础的完整科学。

(2)从定性描述向定量化方向发展。现代无机化学特别是结构无机化学已普遍应用线性代数、群论、矢量分析、拓扑学、数学物理等现代的数学理论和方法，应用电子计算机对许多反映结构信息及物理化学性能的物理量进行科学计算和数学处理。这种数学计算又与高灵敏度、高精度、多功能的定量实验测定方法相结合，使研究结果达到了精确定量的水平。

(3)既分化又综合，出现许多边缘和交叉学科。一方面是自身发展；另一方面各分支学科相互综合，与其他学科相互渗透，形成了许多边缘和交叉学科。

这些显示了现代无机化学发展中在广度上的拓宽和在深度上的推进。

0-10 解答：批判性思维概念最早由被称为批判性思维之父的美国教育家杜威(J. Dewey)提出。1941 年，美国学者格拉泽(E.Glaser)提出："批判性思维是态度、知识和技能的综合体，一个具有批判性思维的人必须有质疑的态度、逻辑推理知识以及分析、综合和评价的认知技能。"1987 年，美国批判性思维权威人士恩尼斯(R. Ennis)指出："批判性思维就是指在确定相信什么或者做什么时所进行的合理而成熟的思考。"1987 年，美国批判性思维研究中心主任保罗(R. Paul)称："批判性思维是积极地、熟练地、灵巧地应用、分析、综合或评估由观察、实验、推理所获得的信息，并用其指导信念和行动。"1990 年，美国哲学协会(American Philosophy Association)认为："批判性思维的概念包括情感倾向(批判精神)与认知技能(批判技能)两个部分。”1990年，46位美国和加拿大专家共同发表的《批判性思维：一份专家一致同意的关于教育评估的目标和指示的声明》中指出：批判性思维的核心为解释、分析、评价、推论、说明和自我调节。总之，批判性思维是指通过个体的主动思考，对所学知识的真实性、精确性、过程、理论、方法、背景、论据和评价等进行个人的判断，从而对做什么和相信什么做出合理决策的思维认知过程。批判性思维是与非形式逻辑相提并论的一种思潮，它不仅是一种思维形式，更是一种优秀的思维品质，它与问题解决并称为思维的两大技能。

培养批判性思维具有重要的意义：① 批判性思维是创新思维的基础；② 批判性思维是信息素养的组成部分；③ 批判性思维是健全人格的基本要素。

三、参考资料

白春礼.2011.化学创造美好生活.知识就是力量，(1)：卷首语
陈荣，高松.2012.无机化学学科前沿与展望.北京：科学出版社
董毓.2010.批判性思维原理与方法——走向新的认知和实践.北京：高等教育出版社
贺善侃.2011.创新思维概论.上海：东华大学出版社
洪茂椿.2005.21世纪的无机化学.北京：科学出版社
梁文平，唐晋，王夔.2005.新世纪化学发展战略思考.中国基础科学，(5)：34
唐有祺.2002.化学学科的发展历程.化学世界，(10)：508
徐光宪.2001.21世纪化学的内涵、四大难题和突破口.科学通报，46(24)：2086
徐光宪.2004.今天的化学家在干什么？百科知识，(4)：4
赵匡华.1990.化学通史.北京：高等教育出版社

第1章　物质的聚集状态

一、重要概念

1.物质的第四态(the fourth state of matter)

物质第四种状态就是等离子态(plasma),是指物质原子内的电子在高温下脱离原子核的吸引而形成带负电的自由电子和带正电的离子共存的状态。由于此时物质正、负电荷总数仍然相等,因此称为等离子态(又称等离子体)。

2.物质的第五态(the fifth state of matter)

一些金属、合金、金属间化合物和氧化物,当温度低于临界温度时出现超导电性(superconductivity,即零电阻现象)和完全反磁性(perfect diamagnetism,把磁力线完全排除出体外现象)。液氦温度低于-271 ℃时还出现超流现象(superfluid phenomena),液体的黏滞度几乎为零,杯子内的液氦会沿器壁爬到杯子下面,液体的传热系数比铜还好。上述两种现象可称为超导态(superconducting state)和超流态(superfluid),称为物质的第五态。

3.理想气体(ideal gas)

理想气体是以实际气体为根据抽象而成的气体模型。它是为了研究方便而忽略气体分子的自身体积,将分子看作有质量的几何点(质点)。分子与分子、分子与器壁之间的碰撞是完全弹性碰撞,无动能损耗。或者说是能严格遵从理想气体状态方程[$pV=(m/M)RT=nRT$,n为物质的量]的气体。

4.实际气体(actual gas)

气体分子本身占有容积,分子与分子间有相互作用力存在的气体称为实际气体或真实气体。实际气体不严格遵守理想气体状态方程。只有在高温和低压下,实际气体接近理想气体。压力不大,分子之间平均距离很大,气体分子本身的体积可以忽略不计,分子间吸引力相比之下可以忽略不计,实际气体的行为就十分接近理想气体行为,可当作理想气体来处理。

5.道尔顿分压定律(Dalton's law of partial pressure)

1801年道尔顿(J. Dalton)观察得到描述理想气体特性的经验定律:在任何容器内的气体混合物中,如果各组分之间不发生化学反应,则每一种气体都均匀地分布在整个容器内,它所产生的压力和它单独占有整个容器时所产生的压力相同,或者描述为:混合气体的总压等于各组分气体的分压之和,即$p_{总}=\sum p_i$。

6.气体扩散定律(law of gas diffusion)

1831年英国物理学家格雷姆(T.Graham)指出:同温同压下各种不同气体扩散速率与气体密度的平方根成反比。

7.凝聚(liquefied or condensation)

气体变成液体的过程称为液化或凝聚。

8.蒸发或气化(evaporation or gasification)

在液体中分子互相碰撞时,分子的动能会连续变化。但总体上有些分子瞬时具有相对较高的能量,而有些分子具有相对较低的能量。靠近液面具有高能量的分子可以克服周围分子的引力从液面逸出,此时的现象称为蒸发或气化。

9.摩尔蒸发焓或摩尔气化焓(molar enthalpy of vaporization)

蒸发或气化过程可以持续进行到液体全部气化为止。在一定温度下,蒸发1 mol液体所需要的总热量称为该液体的摩尔蒸发焓或摩尔气化焓。

10.摩尔凝聚热(molar of condensation heat)

当蒸气凝聚成液体时,两相间的焓差就以热的形式释放出来,这份热效应称为摩尔凝聚热。它在数值上等于摩尔气化焓。

11.饱和蒸气压(saturated vapor pressure)

在密闭条件中,在一定温度下,与液体处于相平衡的蒸气所具有的压力称为饱和蒸气压。

12.沸腾(boiling)

液体受热超过其饱和温度时,观察液体的蒸气压-温度曲线,当达到一定温度时,产生的蒸气压力等于外界压力时,在液体内部和表面同时发生剧烈气化的现象称为沸腾。

13.沸点(boiling point)和正常沸点(normal boiling point)

液体沸腾的条件是液体的蒸气压等于外界压力,沸腾时的温度称为液体的沸点。不同液体的沸点不同。即使同一液体,它的沸点也随外界大气压力的改变而改变。如果外界压力为101.325 kPa,则液体的沸点称为正常沸点。

14.凝固(solidify)

当一种液体受冷时,分子运动逐渐变慢,最后达到一种温度状态,分子的动能足够低,即一旦温度降低到分子所具有的平均动能不足以克服分子间的引力时,会使分子足以固定在晶格点上的现象称为凝固。

15.摩尔凝固焓(molar solidifying enthalpy)

在凝固点上,固-液平衡体系的温度一直保持恒定,直到液体完全凝固时为止。在凝固点时1 mol物质完全凝固放出的热量称为该物质的摩尔凝固焓。

16.稀溶液依数性(colligative properties of dilute solution)

性质变化仅与溶质的量(浓度)有关而与溶质的本性无关。这些性质变化仅适用于难挥发的非电解质的稀溶液,所以又称稀溶液依数性或稀溶液通性。

17.沸点升高常数(boiling point elevation constant)和凝固点降低常数(freezing point depression constant)

二者分别代表$b=1\ \mathrm{mol\cdot kg^{-1}}$时溶液沸点的升高值和凝固点的降低值。

18.半透性(semi permeablity)

有些多孔性膜(包括生物膜和合成膜)与溶液接触时,只允许某些粒子(分子和离子)通过而阻挡了另一些粒子的性质称为半透性。允许通过的粒子往往是体积较小的粒子(如溶剂水分子),被阻挡的往往是体积较大的溶质分子或离子。

19.渗透压(osmotic pressure)

用半透膜把两种不同浓度的溶液隔开时发生渗透现象,到达平衡时半透膜两侧溶液产生的压差称为该溶液的渗透压。

20.反向渗透(reverse osmosis)

发生渗透现象时,由于从被渗透方施加的外压力大于渗透压,导致渗透发生逆转的净迁移称为反向渗透。

21.晶体(crystal)

晶体是由结晶物质构成的、其内部的构造质点(如原子、分子)呈平移周期性规律排列的固体。晶体有几个鲜明的特征:① 自范性(自发地形成多面体外形的性质);② 均匀性;③ 各向异性。

二、自测题及其解答

1.选择题

1-1 现有 1 mol 理想气体,若它的摩尔质量为 M,密度为 d,在温度 T 下体积为 V,下述关系正确的是　(　　)

A.$pV=(M/d)RT$　　B.$pVd=RT$

C.$pV=(d/n)RT$　　D.$pM/d=RT$

1-2 一定量气体在一定压力下,当温度由 100 ℃上升至 200 ℃时,则其　(　　)

A.体积减小一半　　B.体积减小但并非减小一半

C.体积增加一倍　　D.体积增加但并非增加一倍

1-3 下列哪种情况下,真实气体的性质与理想气体相近　(　　)

A.低温高压　　B.低温低压　　C.高温低压　　D.高温高压

1-4 在一定的温度和压力下,两种不同的气体具有相同的体积,则这两种气体　(　　)

A.分子数相同　　B.相对分子质量相同

C.质量相同　　D.密度相同

1-5 在标准状况下,气体 A 的密度为 1.43 $g \cdot dm^{-3}$,气体 B 的密度为 0.089 $g \cdot dm^{-3}$,则气体 A 对气体 B 的相对扩散速率为　(　　)

A.1∶4　　B.4∶1　　C.1∶16　　D.16∶1

1-6 混合气体中含有 112 g N_2、80 g O_2 和 44 g CO_2,若总压力为 100 kPa,则氧的分压为(相对原子质量:N 为 14,O 为 16,C 为 12)　(　　)

A.13 kPa　　B.33 kPa　　C.36 kPa　　D.50 kPa

1-7 在相同温度下,对于等质量的气态 H_2 和 O_2,下列说法正确的是　(　　)

A.分子的平均动能不同　　B.分子的平均速率不同

C.分子的扩散速率相同　　D.对相同容积的容器所产生的压力相同

1-8 根据气体分子运动论,在给定温度下,对于质量不同的气体分子的描述正确的是　(　　)

A.有相同的平均速率　　B.有相同的扩散速率

C.有相同的平均动能　　D.以上三点都不相同

1-9 将等质量的 O_2 和 N_2 分别放在体积相等的 A、B 两个容器中，当温度相等时，下列说法正确的是　（　）

A. N_2 分子碰撞器壁的频率小于 O_2　B. N_2 的压力大于 O_2

C. O_2 分子的平均动能大于 N_2　D. O_2 和 N_2 的速率分布图是相同的

1-10 一定温度下，下列气体中扩散速率最快的是　（　）

A. O_2　B. Ne　C. He　D. NH_3

2.填空题

2-1 将 N_2 和 H_2 按 1∶3 的体积比装入一密闭容器中，在 400 ℃ 和 10 MPa 下达到平衡时，NH_3 的体积分数为 39%，这时 $p_{NH_3}=$__________ MPa，$p_{N_2}=$________ MPa，$p_{H_2}=$__________ MPa。

2-2 分体积是指在相同温度下，组分气体具有和__________________________时所占有的体积。每一组分气体的体积分数就是该组分气体的________________________________。

2-3 25 ℃ 时，在 30.0 dm^3 容器中装有混合气体，其总压力为 600 kPa。若组分气体 A 为 3.00 mol，则 A 的分压 $p_A=$__________________，A 的分体积 $V_A=$_________________。

2-4 在标准状况下，气体 A 的密度为 0.08 $g\cdot dm^{-3}$，气体 B 的密度为 2 $g\cdot dm^{-3}$，则气体 A 对气体 B 的相对扩散速率为_______________________。

2-5 道尔顿气体分压定律指出：混合气体的总压力等于______________________________；而某组分气体的分压力与______________________________________成正比。

2-6 在 20 ℃和 100 kPa 下，某储罐中天然气的体积为 2.00×10^6 m^3，当压力不变，气温降至 −10 ℃时，气体体积为_____________ m^3。

2-7 在标准状态下，气体 A 的密度为 0.09 $g\cdot dm^{-3}$，气体 B 的密度为 1.43 $g\cdot dm^{-3}$，则气体 A 对气体 B 的相对扩散速率为_________________。

2-8 在 300 K、1.013×10^5 Pa 时，加热一敞口细颈瓶到 500 K，然后封闭其瓶口，并冷却至原来温度，则瓶内压力为_______________ Pa。

2-9 在容积为 50 L 的容器中，有 140 g CO 和 20 g H_2，温度为 300 K，则 CO 的分压为_________ Pa，H_2 的分压为_____________ Pa，混合气体的总压为________ Pa。

2-10 已知 23 ℃时水的饱和蒸气压为 2.81 kPa。在 23 ℃和 100.5 kPa 压力下，用排水集气法收集制取氢气，共收集气体 370 mL，则实际制得的氢气的物质的量为______ mol。

3.简答题

3-1 在 25 ℃时，某容器中充入总压为 100 kPa、体积为 1∶1 的 H_2 和 O_2 混合气体，此时两种气体单位时间内与容器器壁碰撞次数多的是 H_2 还是 O_2？为什么？混合气体点燃后(充分反应生成水，忽略生成水的体积)，恢复到 25 ℃，容器中氧的分压是多少？容器内的总压是多少？已知在 25 ℃，饱和水蒸气压为 3160 Pa。

3-2 判断下列说法是否正确，并说明理由。

(1)理想气体定律能用来确定恒温下蒸气压如何随体积的变化而改变；

(2)理想气体定律能用来确定在恒容条件下蒸气压如何随温度而改变。

3-3 将等质量的 O_2 和 N_2 分别放在体积相等的 A、B 两个容器中，当温度相等时，判断下列各种说法是否正确，并说明理由。

(1) N_2 分子碰撞器壁的频率小于 O_2；

(2)N_2的压力大于 O_2；

(3)O_2分子的平均动能大于 N_2；

(4) O_2和 N_2的速率分布图是相同的；

(5) O_2和 N_2的能量分布图是相同的。

3-4 已知121 ℃时水的蒸气压为 202 kPa，现有一封闭的容器，其中含有 101 kPa 的空气，温度为 121 ℃。若把一些水注射到该封闭的容器内，并使液态的水与其蒸汽达到平衡。此时封闭容器中的总压力为多少？

3-5 $NO_2(g) \rightleftharpoons NO(g) + \frac{1}{2}O_2(g)$是大气污染化学中的一个重要反应。在 298 K 时，标准平衡常数$K^{\ominus} = 6.6 \times 10^{-7}$。如果将 101 kPa NO (g)和 101 kPa O_2(g)等体积混合，将会观察到什么现象？

3-6 写出理想气体状态方程，使用该方程时应注意哪些问题？

3-7 在一密闭的玻璃罩钟内有浓度不同的两个半杯糖水，经过长时间放置后，将发生什么变化？为什么？

3-8 在相同的压力下，相同质量摩尔浓度的葡萄糖和食盐水溶液，其渗透压是否相同？为什么？

3-9 下列说法是否正确？如果不正确，应该怎样说？

(1)一定量气体的体积与温度成正比。

(2)1 mol 任何气体的体积都是 22.4 dm^3。

(3)气体的体积分数与其摩尔分数相等。

(4) 对于一定量混合气体，当体积变化时，各组分气体的物质的量也发生变化。

3-10 对于一定量的混合气体，试回答下列问题：

(1)恒压下，温度变化时各组分气体的体积分数是否发生变化？

(2)恒温下，压力变化时各组分气体的分压是否变化？

(3)恒温下，体积变化时各组分气体的摩尔分数是否发生变化？

4.计算题

4-1 已知在 57 ℃ 时水的蒸气压为 17.3 kPa。将空气通过 57 ℃ 的水，用排水集气法在 101 kPa 下收集 1.0 dm^3气体。

(1)将此气体降压至 50.5 kPa(温度不变)，求气体总体积；

(2)若将此气体在 101 kPa 下升温至 100 ℃，求气体总体积。

4-2 用排水集气法在 22 ℃、97.2 kPa 下收集得 850 cm^3 H_2，经干燥后 H_2的体积是多少？在标准状况下，该干燥气体的体积是多少？22 ℃ 时水的饱和蒸气压为 2.64 kPa。

4-3 30 ℃ 时，在 10.0 dm^3容器中，O_2、N_2和 CO_2混合气体的总压力为 93.3 kPa，其中 O_2的分压为 26.7 kPa，CO_2的质量为 5.00 g。计算 CO_2 和 N_2的分压，O_2的摩尔分数。

4-4 100 kPa 时，2.00 dm^3空气中含 20.8% 的氧气和 78.2% 的氮气。恒温下将容器的体积缩小至 1.25 dm^3，计算此时 O_2的分压和 N_2的分压。

4-5 将两个棉花塞子，一个用氨水湿润，另一个用盐酸湿润，同时塞入一根长度为 97.1 cm 的玻璃管的两端，在氨气和 HCl 气体首先接触的地方生成一个白色的 NH_4Cl 环。通过计算说明这一白环在距离润湿的氨棉塞一端多远处出现。相对原子质量：Cl 为 35.5，N 为 14.0，H 为 1.0。

4-6 已知苯的摩尔蒸发热为 32.3 kJ·mol^{-1}，在 60 ℃时，测得苯的蒸气压为 51.58 kPa，计算苯的正常沸点。

4-7 在常温下，将 N_2O_4通入密闭的容器中，使其建立下列平衡：$N_2O_4 \rightleftharpoons 2NO_2$这时，在同温、同体积下进行比较，总压力变为原来的 1.5 倍。在这种情况下：

(1)NO_2和 N_2O_4的物质的量之比是多少？

(2)如果总压力为 303.975 kPa，则 NO_2的分压是多少？

4-8 在 250 ℃，PCl_5(相对分子质量为 208)全部气化并能部分解离为 PCl_3(g)和 Cl_2(g)。将 2.98 g PCl_5置于 1.00 dm^3容器中，在 250 ℃全部气化之后，测定其总压力为 113 kPa，那么其中含有哪些气体？它们的分压各是多少？

4-9 某气体在 293 K 和 9.97×10^4 Pa 压力下，体积为 0.19 dm^3，质量为 0.132 g。计算该气体的相对分子质量，试推断它可能是何种气体。

4-10 在 273 K 时，将相同初始压力的 4.0 dm^3 N_2和 1.0 dm^3 O_2压缩到一个容积为 2.0 dm^3的真空容器中，混合气体的总压力为 3.26×10^5 Pa。试计算：

(1)该两种气体的初始压力；

(2)混合气体中各组分的分压力；

(3)各气体的物质的量。

自测题解答

1.选择题

1-1 (D)　**1-2** (D)　**1-3** (C)　**1-4** (A)　**1-5** (A)

1-6 (B)　**1-7** (B)　**1-8** (C)　**1-9** (B)　**1-10** (C)

2.填空题

2-1 3.9；1.5；4.6。

2-2 混合气体相同压力；分体积与混合气体的总体积之比。

2-3 248 kPa；12.4 dm^3。

2-4 5。

2-5 各组分气体分压力之和；其在混合气体中的摩尔分数(或体积分数)。

2-6 1.8×10^6。

2-7 4∶1。

2-8 6.08×10^4。

2-9 0.25 M；0.50 M；0.75 M。

2-10 0.0147。

3.简答题

3-1 H_2碰撞器壁的次数多。因为氢分子比氧分子的质量小，所以氢分子的运动速率大。反应后剩余 1/4 体积氧，氧的分压力变为 25 kPa。而反应生成了水，在 25 ℃，饱和水蒸气压为 3160 Pa，所以总压将为 28 kPa。

3-2 (1)不正确。因为液体的蒸气压只与温度有关，而与容器的体积无关。而理想气体状态方程中包括了体积项，且恒温时蒸气压为定值。(2)不正确。蒸气压随温度的变化不能用理想气体状态方程来确定，而是用克拉贝龙-克劳修斯方程式来计算：

$$\lg\frac{p_1}{p_2}=\frac{\Delta H}{2.303R}\left(\frac{1}{T_2}-\frac{1}{T_1}\right)$$

3-3 (1)不正确。因为 N_2 的相对分子质量比 O_2 小，所以相同质量时 $n_{N_2}>n_{O_2}$，N_2 的分子总数多于 O_2

的分子总数，又由于分子的运动速率 $\bar{v}=\sqrt{\frac{3RT}{M}}$，相同温度下，相对分子质量小则运动速率大。所以 N_2 碰撞器壁的频率应大于 O_2。(2)正确。因为 $n_{N_2}>n_{O_2}$，$p=\frac{nRT}{V}$，同温同体积时，n 大则 p 也大。(3)不正确。温度相同时，气体分子的平均动能相同。(4)不正确。因为 $\bar{v}=\sqrt{\frac{3RT}{M}}$，两者 M 不同，所以速率分布图不相同。(5)正确。因为温度相同时，气体分子的平均动能相同，所以两者的能量分布图是相同的。

3-4 因为容器中有液态水，所以在 121 ℃时液态的水与其蒸汽达到平衡，则水蒸气压即为饱和蒸气压，即 202 kPa，则 $p_{总}=p_{H_2O}+p_{空气}=202+101=303$ (kPa)。

3-5 由于逆反应的平衡常数很大 $K^{\ominus}=1.5\times10^6$，逆反应进行十分完全，所以将 NO(g)和 O_2(g)等体积混合后，几乎完全转化为棕色的 NO_2(g)。当开口的试管中有 NO 析出时，在试管口即可观察到棕色的 NO_2 生成。

3-6 理想气体状态方程 $pV=nRT$。使用时应注意如下几点：① 该方程只适用于理想气体，对实际气体在高温低压下仅可作近似计算；② 方程中的温度 T 是热力学温度(K)，对于摄氏温标则需要进行换算：T(K)$=(273.5+t)$ ℃；③ 方程中的 R 是摩尔气体常量，$R=8.314\ \text{J}\cdot\text{mol}^{-1}\cdot\text{K}^{-1}$；④ 计算中要注意单位的匹配。按照国际单位制，压力 p 的单位用 Pa，体积 V 的单位用 m^3，但实际计算中，压力常用 kPa，而体积用 dm^3 或 L 表示。

3-7 经过长时间放置后，浓的变稀，稀的变浓，只要时间足够长，两杯糖水的浓度最终将变得相等。因为溶液的蒸气压下降与溶液的质量摩尔浓度成正比，所以浓溶液的蒸气压较小，稀溶液的蒸气压较大。在密闭的玻璃罩钟内蒸气压对稀溶液是饱和的，而对浓溶液则是过饱和的，水蒸气将在浓溶液的液面凝聚为水，这样对稀溶液又是不饱和的了，稀溶液的溶剂水将继续蒸发，再重复上述过程，直至两杯糖水浓度相等，才达到平衡。

3-8 因为稀溶液的依数性主要与在一定量溶剂中所含溶质的微粒数目有关，而与溶质的本性无关。在相同的压力下，相同质量摩尔浓度的葡萄糖和食盐水溶液中，由于食盐是电解质，而葡萄糖是非电解质，所以它们的溶液中微粒数目不相同，食盐溶液中的微粒数多一些，它的渗透压也大一些。

3-9 (1)不正确。根据理想气体状态方程 $pV=nRT$ 可知，只有当压力一定时，一定量气体的体积才与温度成正比。(2)不正确。只有在标准状况下该结论才成立。(3)正确。根据气体分压定律可以得出该结论。(4)不正确。根据理想气体状态方程 $pV=nRT$ 可知，对于一定量混合气体，即 n 为定值，当温度不变而体积变化时，只有压力随之改变，而 n 则不变。

3-10 (1)不变。根据 $pV=nRT$ 和某组分气体的状态方程 $pV_i=n_iRT$ 可推出：$\frac{V_i}{V}=\frac{n_i}{n}$，组分气体的体积分数与温度无关。(2)变化。因为恒温下 $p_i=p_{总}\times\frac{n_i}{n_{总}}$，由于$\frac{n_i}{n_{总}}$不变，所以压力变化时组分气体的分压必然改变。(3)不变。因为体积变化时只是压力随之改变，而 n_i 和 $n_{总}$ 不变，所以$\frac{n_i}{n_{总}}$不变。

4.计算题

4-1 (1)$p_1V_1=p_2V_2$　　$101\times1.0=50.5\times V_2$　　则 $V_2=\frac{101\times1.0}{50.5}=2.0$ (dm^3)

(2)$\frac{V_1}{T_1}=\frac{V_2}{T_2}$　　$\frac{1.0}{330}=\frac{V}{373}$　　则 $V=\frac{373}{330}\times1.0=1.1$ (dm^3)

4-2 H_2 的实际压力应是总压减去水蒸气压力，所以干燥后 H_2 的体积为

$V=\frac{(97.2-2.64)\times850}{97.2}=827$ (cm^3)，换算为标准状况下 H_2 的体积为

$V_{标}=827\times\frac{97.2}{110.3}\times\frac{273}{295}=734$ (cm^3)

4-3 $n_{CO_2}=\frac{5.00}{44.0}=0.114\ (\text{mol})$ $n_{总}=\frac{93.3\times10.0}{8.31\times303}=0.371\ (\text{mol})$

$p_{CO_2}=93.3\times\frac{0.114}{0.371}=28.7\ (\text{kPa})$ $p_{N_2}=93.3-26.7-28.7=37.9\ (\text{kPa})$

$x_{O_2}=\frac{26.7}{93.3}=0.286$

4-4 $p_{总}=\frac{100\times2.00}{1.25}=160\ (\text{kPa})$

$V_{O_2}=1.25\times0.208=0.260\ (\text{L})$ $V_{N_2}=1.25\times0.782=0.978\ (\text{L})$

$p_{O_2}=160\times\frac{0.260}{1.25}=33.3(\text{kPa})$ $p_{N_2}=160\times\frac{0.976}{1.25}=125(\text{kPa})$

4-5 设经过 t s 后白环在距离氨棉塞一端 x cm 处出现，根据气体扩散定律，有

$\frac{v_2}{v_1}=\sqrt{\frac{M_1}{M_2}}$ $\frac{(97.1-x)/t}{x/t}=\sqrt{\frac{M_{NH_3}}{M_{HCl}}}=\sqrt{\frac{17.0}{36.5}}$ $x=57.8\ (\text{cm})$

即白环在距离润湿的氨棉塞一端 57.8 cm 处出现。

4-6 即计算当苯的蒸气压为 101.3 kPa 时的温度。

由克拉贝龙-克劳修斯方程式的两点式：

$\lg\frac{p_2}{p_1}=\frac{\Delta H}{2.30R}\left(\frac{T_2-T_1}{T_2\times T_1}\right)$ 即 $\lg\frac{101.3}{51.58}=\frac{32.3\times1000}{2.30\times8.31}\left(\frac{T_2-333}{T_2\times333}\right)$，解得 $T_2=353$ K。

4-7 (1)设 N_2O_4 初始时为 1 mol，其中已分解 x mol，

则 $N_2O_4 \rightleftharpoons 2NO_2$

$(1-x)$mol $2x$ mol

由于是在同温、同体积下，所以体系的压力与其物质的量成正比，即

$\frac{(1-x)+2x}{1}=\frac{1.5}{1}$ 解得 $x=0.5\ (\text{mol})$

所以物质的量之比 $n_{NO_2}:n_{N_2O_4}=(2\times0.5):(1-0.5)=2:1$

(2)由于混合气体中某组分的分压与其摩尔分数成正比，所以

$p_{NO_2}=\frac{2}{2+1}\times p_{总}=\frac{2}{3}\times303.975=202.65\ (\text{kPa})$

4-8 PCl_5全部气化而未解离时具有的压力为

$p_{PCl_5}=\frac{n_{PCl_5}RT}{V}=\frac{(2.98/208)\times8.31\times523}{1.00}=62.3\ (\text{kPa})$

测得的压力大于 62.3 kPa，说明 PCl_5 已按下式发生解离

$$PCl_5(g)\rightleftharpoons PCl_3(g)+Cl_2(g)$$

由解离反应式知 $p_{Cl_2}=p_{PCl_3}$，$p_{PCl_5}=62-p_{Cl_2}$

则解离后 $p_{总}=p_{PCl_5}+p_{Cl_2}+p_{PCl_3}$ 即 $113=(62-p_{Cl_2})+p_{Cl_2}+p_{PCl_3}$

解得 $p_{Cl_2}=51\ (\text{kPa})$ $p_{PCl_3}=51\ (\text{kPa})$ $p_{PCl_5}=11\ (\text{kPa})$

4-9 因为 $pV=nRT=\frac{m}{M}RT$

所以 $M=\frac{mRT}{pV}=\frac{0.132\times8.314\times293}{99.7\times0.19}=16.97\approx17(\text{g}\cdot\text{mol}^{-1})$(可能是 NH_3)

4-10 (1)因为温度不变，所以有公式 $p_1V_1=p_2V_2$，设初压为 $p_{初}$

则 $p_{初}(4.0+1.0)=326\times2.0$ $p_{初}=130.4\ (\text{kPa})$

(2)$p_{N_2}=\frac{4.0}{4.0+1.0}\times326=260.8\ (\text{kPa})$，$p_{O_2}=\frac{1.0}{4.0+1.0}\times326=65.2\ (\text{kPa})$

(3)因为 $pV=nRT$，$n=\frac{pV}{RT}$，所以 $n_{N_2}=\frac{260.8\times2.0}{8.314\times273}=0.23\ (\text{mol})$

$$n_{O_2}=\frac{65.2\times2.0}{8.314\times273}=0.057\ (\mathrm{mol})$$

三、思考题解答

1-1 解答:物态不止与温度有关,还与压力相关,在不同压力下物质又会产生不同的物态。在超固态物质上再加上巨大的压力,那么原来已经挤得很紧的原子核和电子就不可能再紧了,这时候原子核只好宣告解散,释放出质子和中子。从原子核里放出的质子,在极大的压力下会和电子结合成为中子。这样一来,原来是原子核和电子,现在却都变成了中子。这样的状态称为中子态(图 1-1)。

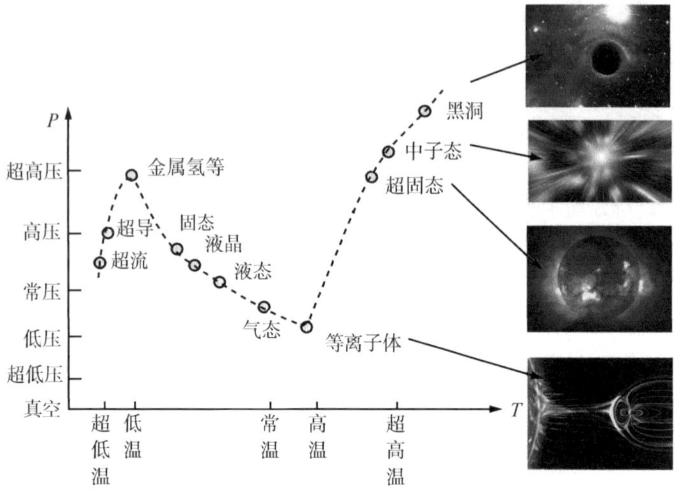

图 1-1　物态-压力-温度关系图

1-2 解答:$R=pV/nT=8.31\ \mathrm{Pa\cdot m^3\cdot mol^{-1}\cdot K^{-1}}$
$=0.0831\ \mathrm{bar\cdot dm^3\cdot mol^{-1}\cdot K^{-1}}=0.0821\ \mathrm{atm\cdot L\cdot mol^{-1}\cdot K^{-1}}$
$=62.4\ \mathrm{mmHg\cdot dm^3\cdot mol^{-1}\cdot K^{-1}}$
$=8.317\ \mathrm{J\cdot mol^{-1}\cdot K^{-1}}=1.987\ \mathrm{cal\cdot mol^{-1}\cdot K^{-1}}$

1-3 解答:物质处于临界状态时的温度称为临界温度。降温加压是使气体液化的条件。但只加压不一定能使气体液化,应视当时气体是否在临界温度以下。如果气体温度超过临界温度,无论怎样增大压力,气态物质也不会液化。例如,水蒸气的临界温度为 374 ℃,远比常温要高,因此平常水蒸气极易冷却成水。其他如乙醚、氨、二氧化碳等,它们的临界温度高于或接近室温,这样的物质在常温下很容易被压缩成液体。但也有一些临界温度很低的物质,如氧、空气、氢、氦等都是极不容易液化的气体。其中氦的临界温度为 −268 ℃。要使这些气体液化,必须具备一定的低温技术和设备,使它们达到各自的临界温度以下,然后再用增大压力的方法使其液化。

1-4 解答:"在加压下使气体液化所需的一定温度"在 C 点,这个点称为水的临界点(critical point,参考教材 28 页图 1-9),OC 线向上可延伸到 2×10^8 Pa 和 −20 ℃左右。压力再增加,将出现另外晶形的冰。

1-5 解答:一般,非极性分子 He、H_2、O_2 之间由于吸引力很小,临界温度很低,难以液化;而强极性分子 NH_3、H_2O 因具有较大的分子间作用力而比较容易液化。

1-6 解答：物质处于临界状态时，是一种亚稳态，气体和液体之间的性质差别消失，两者之间的界面也消失。此时，压力和温度的微小变化均可引起流体许多物理性质，如密度、黏度、扩散系数、介电常数、离子积、极化率等的急剧变化，使其成为了无机合成中的特殊反应介质，有利于在其中发生许多常态下不易发生的特殊无机合成反应，制备出大量在常态下无法得到的新物种。

1-7 解答：一般来说，温度升高，分子间的范德华力下降，液体的表面张力随温度升高而降低。

1-8 解答：气化焓与气化时的温度和压力有关，温度升高时气化焓减小，到临界温度时变为0。这是由于随着温度的升高，液体分子将具有较大的动能，气相与液相之间的差别逐渐减小，液体只需要从外界获得较少的能量就能气化。而在临界温度下，物质处于临界态，气相与液相之间的差别消失了，因此气化焓为0。

1-9 解答：人体的正常温度在37 ℃左右。但这并不是说在衣服内或房屋内保持37 ℃的温度，人就最舒适。因为人体的新陈代谢所产生的热量必须以一定的速度向外散发。若环境温度过高，这些热量不能散发，聚积在体内，人会感到非常难受。这时，人体就要排出大量汗液，借蒸发作用散发热量，以降低体温。只有当气温较体温低的时候，人体的热量才得以畅快地散发。然而当气温过低时，热量散发太快，超过了人体正常散热的速度，人体又会感到寒冷，这时就要穿上适量保暖的衣服，阻止人体热量向外散发。

1-10 解答：物质的量浓度是溶质的物质的量/溶液体积，质量摩尔浓度是溶质的物质的量/溶液质量，对于极稀的溶液，溶液密度可以认为就是水的密度1 $kg \cdot dm^{-3}$，溶液体积与溶液质量在数值上相等，所以物质的量浓度与质量摩尔浓度的数值近似相等。

1-11 解答：一般的，稀溶液的依数性仅针对非电解质，因为稀溶液的依数性与溶液中水分子比例有关，而电解质的电离会增加溶液中非水分子的粒子的数量，从而降低水分子的摩尔分数，影响相关参数。例如，1 dm^3 浓度为1 $mol \cdot dm^{-3}$的氯化钠溶液，可以电离成约2 mol离子。因为电解质溶液和浓溶液的作用力比较大。例如，电解质是离子间的静电作用力，这导致其偏离理想情况比较严重，所以依数性与计算值有差异。NaCl溶液要用强电解质理论处理。

四、课后习题解答

1-1 解答：$pV = nRT = \frac{m}{M}RT$

$$M = \frac{mRT}{pV} = \frac{0.132 \times 8.314 \times 293}{99.7 \times 0.19} = 16.97 \approx 17\ (g \cdot mol^{-1})$$

该气体的相对分子质量为17，可能是NH_3。

1-2 解答：$m = \frac{pVM}{RT} = \frac{2.5 \times 10^4 \times 10^3 \times 30 \times 10^{-3} \times 32}{8.314 \times 298} = 9687(g) = 9.687(kg)$

1-3 解答：$n_{CO_2} = \frac{4.4}{44.0} = 0.1\ (mol)$，$n_{N_2} = \frac{14}{28.0} = 0.5\ (mol)$，$n_{O_2} = \frac{12.8}{32} = 0.4\ (mol)$

$$p_{CO_2} = \frac{0.1}{0.1 + 0.5 + 0.4} \times 202.6 = 20.26\ (kPa)$$

$$p_{N_2} = \frac{0.5}{0.1 + 0.5 + 0.4} \times 202.6 = 101.3\ (kPa)$$

$p_{O_2}=\frac{0.4}{0.1+0.5+0.4}\times 202.6=81.04\ (\text{kPa})$

1-4 解答：(1)因为温度不变，所以有公式 $p_1V_1=p_2V_2$，设初压为 $p_{初}$，则 $p_{初}(4.0+1.0)=326\times 2.0$，所以 $p_{初}=130.4\ (\text{kPa})$。

(2) $p_{N_2}=\frac{4.0}{4.0+1.0}\times 326=260.8\ (\text{kPa})$，$p_{O_2}=\frac{1.0}{4.0+1.0}\times 326=65.2\ (\text{kPa})$

(3) $pV=nRT$，$n=\frac{pV}{RT}$，$n_{N_2}=\frac{260.8\times 2.0}{8.314\times 273}=0.23\ (\text{mol})$

$n_{O_2}=\frac{65.2\times 2.0}{8.314\times 273}=0.057\ (\text{mol})$

1-5 解答：(1)该饱和溶液中含水 $12.003-3.173=8.830\ (\text{g})$，在该温度下的溶解度为 $\frac{3.173\times 100}{8.830}=35.93[\text{g}\cdot(100\ \text{g}\ H_2O)^{-1}]$。(2)溶液的质量分数为 $\frac{3.173}{12.003}\times 100\%=26.14\%$。(3)物质的量浓度为 $\frac{3.173/58.44}{10.00}\times 1000=5.430\ (\text{mol}\cdot\text{dm}^{-3})$。(4)质量摩尔浓度为 $\frac{0.054\ 30}{8.830}\times 1000=6.149\ (\text{mol}\cdot\text{kg}^{-1})$。(5)NaCl 的摩尔分数为 $\frac{0.054\ 30}{0.054\ 30+\frac{8.830}{18.0}}=0.099\ 66$，水的摩尔分数为 $1-0.099\ 66=0.900\ 34$。

1-6 解答：$p_A=p_A^{\ominus}x_A=p_A^{\ominus}(1-x_B)$，水溶液中蔗糖的摩尔分数为 x_B，则 $x_B=1-\frac{p_A}{p_A^{\ominus}}=1-\frac{2110}{2333}=0.0956$，1000 g 水中含蔗糖质量为 m_B，则 $\frac{\frac{m_B}{342}}{\frac{m_B}{342}+\frac{1000}{18}}=x_B=0.0956$，$m_B=2008(\text{g})$。

1-7 解答：$\Delta T_b=K_b\cdot m=1.86\times\frac{2.0\times 1000}{60\times 75}=0.83(\text{K})$

该溶液的凝固点为 $0-0.83=-0.83(℃)$

1-8 解答：难挥发、非电解质稀溶液凝固点下降公式为 $\Delta T_f=K_f\cdot m$

所以 $0.52=1.86\cdot m$，$m=0.28\ (\text{mol}\cdot\text{kg}^{-1})$，在稀溶液条件下，$m\approx c$

$\Pi=cRT=0.28\times 8.314\times 310=722\ (\text{kPa})$

1-9 解答：根据气体扩散定律 $\frac{v_2}{v_1}=\sqrt{\frac{\rho_1}{\rho_2}}=\sqrt{\frac{M_1}{M_2}}$，设该未知气体的摩尔质量为 M_x，则

$\frac{31.50}{30.50}=\sqrt{\frac{32}{M_x}}$　　$M_x=\frac{(30.50)^2}{(31.50)^2}\times 32=30.00\ (\text{g}\cdot\text{mol}^{-1})$

1-10 解答：将一难挥发非电解质溶于某一溶剂时，溶液的蒸气压降低、沸点升高、凝固点降低，溶液与纯溶剂之间要产生渗透压。当以上四个特性的数值仅与溶液中溶质的质点数有关，而与溶液的特性无关时，我们称这些性质为依数性。

五、参考资料

邓崇海，胡寒梅，邵国泉.2013.稀溶液依数性的相图解析与应用.合肥学院学报(自然科学版)，23(1)：70
高胜利，陈三平，谢钢，等.2010.关于稀溶液依数性讲解中的几个问题讨论.大学化学，25(5)：66

吕瑞东，高丕英.2009.稀溶液的依数性与浓度关系的推导方法.大学化学，24(3)：69

彭斌，杜程.2011.从蒸气压的降低理解稀溶液的依数性质.当代教育理论与实践，3(9)：160

吴悦.2013.冰遇盐水实验探究和“融雪剂”问题的反思.化学教育，(1)：80

杨继云，杨红艳.2013.修正的实际气体状态方程的实验证明.轻工科技，(3)：82

张艳燕，刘娟，马晓栋.2010.理想气体状态方程推导中的几个问题.新疆师范大学学报(自然科学版)，29(4)：70

朱兴尧.2013.等离子体.物理教学，35(3)：5

第2章 原子结构

一、重要概念

1.测不准原理(uncertainty principle)

1927年,海森伯(W.Heisenberg)提出了测不准原理:不可能同时测得电子的精确位置和精确动量。

2.波函数(wave function)

薛定谔方程的化学合理解称为波函数。它不是一个数值,而是一个函数式。借用经典力学中描述物体运动的"轨道"的概念,把波函数称为原子轨道。

3.有效核电荷(effective nuclear charge)

原子内作用于电子的核的正电荷,其值为去掉其他电子对该电子的屏蔽(或排斥)作用的实际核电荷。若有效核电荷用符号 Z^*表示,核电荷用符号 Z 表示,被抵消的核电荷数用符号 σ 表示,则 $Z^*=Z-\sigma$。

4.屏蔽效应(shielding effect)

其他电子对某一电子排斥的作用部分抵消了核电荷对该电子的吸引作用,使有效核电荷降低,削弱了核电荷对该电子吸引作用,称为屏蔽效应。

5.钻穿效应(penetration effect)

由于角量子数 l 不同,其壳层概率的径向分布不同而引起的能级能量的变化称为钻穿效应。

6.能量最低原理(lowest energy principle)

电子总是优先占据可供占据的能量最低的轨道,占满能量较低的轨道后才进入能量较高的轨道。能量最低原理认为,基态原子核外电子的排布力求使整个原子的能量处于最低状态。

7.泡利不相容原理(Pauli's exclusion principle)

在同一原子中,不可能有四个量子数完全相同的电子存在,即每一条轨道内最多只能容纳两个自旋方向相反的电子。

8.洪德规则(Hund rule)

原子在同一亚层的等价轨道上分布电子时,将尽可能单独分布在不同的轨道,并且自旋方向相同(或称自旋平行)。这样分布时,原子的能量较低,体系较稳定。

9.共价半径(covalent radius)

共价半径定义为以共价单键结合的两个相同原子的核间距的一半。

10.金属半径(metallic radius)

金属半径定义为金属晶体中两个相接触的金属原子的核间距的一半。

11.镧系收缩(lanthanide contraction)

镧系元素原子半径自左至右缓慢减小的现象称为镧系收缩。

12.电离能(ionization energy)

一个基态的气态原子失去 1 个电子成为+1 价气态正离子所需要的能量称为该元素的第一电离能,用 I_1 表示,单位 $kJ \cdot mol^{-1}$。再从正离子相继逐个失去电子所需的最小能量则称为第二、第三、…… 电离能。电离能的大小反映原子失去电子的难易,电离能越大,失电子越难。

13.电子亲和能(electron affinity energy)

元素的一个基态的气态原子得到电子形成-1 价气态负离子时所放出的能量称为该元素的第一电子亲和能,常以符号 E_A 表示。再从阴离子相继得到电子所放出的能量则称为第二、第三、……电子亲和能。

14.电负性(electronegativity)

电负性是元素的原子在化合物中吸引电子能力的标度。元素电负性数值越大,表示其原子在化合物中吸引电子的能力越强;反之,电负性数值越小,相应原子在化合物中吸引电子的能力越弱(稀有气体原子除外)。

二、自测题及其解答

1.选择题

1-1 在一个多电子原子中,具有下列各套量子数(n,l,m,s)的电子,能量最大的电子具有的量子数是 ( )

A.3,2,+1,+1/2　　B.2,1,+1,-1/2

C.3,1,0,-1/2　　D.3,1,-1,+1/2

1-2 下列离子中外层 d 轨道达半满状态的是 ( )

A.Cr^{3+}　　B.Fe^{3+}　　C.Co^{3+}　　D.Cu^{+}

1-3 下列离子的电子构型可以用[Ar]$3d^6$ 表示的是 ( )

A.Mn^{2+}　　B.Fe^{3+}　　C.Co^{3+}　　D.Ni^{2+}

1-4 关于下列元素第一电离能大小的判断,正确的是 ( )

A.N>O　　B.C>N　　C.B>C　　D.B>Be

1-5 在下列六组量子数中,正确的是 ( )

①$n=3,l=1,m=-1$　　②$n=3,l=0,m=0$

③$n=2,l=2,m=-1$　　④$n=2,l=1,m=0$

⑤$n=2,l=0,m=-1$　　⑥$n=2,l=3,m=2$

A.①、③、⑤　　B.②、④、⑥　　C.①、②、③　　D.①、②、④

1-6 某元素位于周期表中 36 号元素之前,失去 3 个电子后,在角量子数为 2 的轨道上刚好半充满,该元素为 ( )

A.铬　　B.钌　　C.砷　　D.铁

1-7 自由铁原子($Z=26$)在基态下未成对的电子数是 ( )

A.0　　B.2　　C.3　　D.4

1-8 钻穿效应使屏蔽效应 (　　)

A.增强　　B.减弱

C.无影响　　D.增强了外层电子的屏蔽作用

1-9 第四周期某元素的+3 价离子的 $l=2$ 的轨道内电子恰好半充满,此元素为 (　　)

A.Co　　B.Fe　　C.Ni　　D.Mn

1-10 Sr(位于第五周期第ⅡA 族)基态原子中,符合量子数 $m=0$ 的电子数是 (　　)

A.12　　B.14　　C.16　　D.18

2.填空题

2-1 某电子处在 3d 轨道,它的主量子数 n 为____;副量子数 l 为____;磁量子数 m 可能是________________。

2-2 电子的波动性可用__________实验现象来证实,电子和光一样具有________二象性。

2-3 波函数 ψ 是描述___________________数学函数式,它和________是同义词。$|\psi|^2$ 的物理意义是_________;电子云是______________形象化表示。

2-4 在多电子原子中,主量子数 n 相同的各轨道能量的高低次序为:ns____np____nd____nf;而穿透效应的强弱次序是:ns____np____nd____nf。

2-5 在空格中填入相应的内容。

元素	原子序数	价层电子构型	周期	族	分区
A	32				
B			三	ⅦA	
C	47				

2-6 某元素的价电子构型为 $5s^2 5p^3$,则该元素位于______周期______族_______区,其元素名称为______,元素符号为______。

2-7 在第四周期元素中,4p 轨道半充满的是______,3d 轨道半充满的是________,4s 轨道半充满的是________,价电子层 s 电子数和 d 电子数相同的是________。

2-8 符号 5p 表示电子的主量子数 $n=$_______,角量子数 $l=$_______,该轨道有_______种空间取向,最多可容纳______个电子。

2-9 微观粒子的____和____不能同时准确测定,这一规律称为________原理,它可以用公式__________来定量描述。该公式表明___________________。

2-10 A 原子的 M 层比 B 原子的 M 层少 4 个电子,B 原子的 N 层比 A 原子的 N 层多 5 个电子。则 A 的元素符号为______,B 的元素符号为______,A 与 B 的单质在酸性溶液中反应得到的两种化合物的化学式为__________________。

3.简答题

3-1 根据下列原子或离子的核外电子排布式,判断下列写法是否正确。

A.$1s^2 2s^2 2p^6 3s^2 3p^6 3d^{10} 4s^1$　　B.$1s^2 2s^2 2p^6 3s^2 3p^6 3d^{10} 5s^1$

C.$1s^2 2s^2 2p^6 3s^2 3p^6 3d^{10} 4s^2 4p^6 5s^1$　　D.$1s^2 2s^2 2p^6 3s^2 3p^6 3d^{10} 4s^2 4p^6$

E.$1s^2 2s^2 2p^6 3s^2 3p^6 3d^{10} 4s^2 4p^6$

(1) A 属于第四周期ⅠA 族,B 属于第五周期ⅠA 族;

(2) A 和 B 的电离能相同;

(3) B 的化学活泼性比 A 强;

(4) B 和 C 最外层都是 $5s^1$,所以两者的第一电离能相同;

(5) D^- 和 E^+ 的核外电子排布完全相同,因此它们的性质相似。

3-2 试解释为什么在氢原子中 3s 和 3p 轨道的能量相等,而在氯原子中 3s 轨道能量比 3p 轨道的能量要低。

3-3 下列说法是否正确?如不正确,应如何改正?

(1)s 电子绕核旋转,其轨道为一圆圈,而 p 电子是走 ∞ 字形;

(2)主量子数为 1 时,有自旋相反的两条轨道;

(3)主量子数为 3 时,有 3s、3p、3d、3f 四条轨道。

3-4 有无以下的电子运动状态?为什么?

(1)$n=1, l=1, m=0$;　(2)$n=2, l=0, m=\pm1$;

(3)$n=2, l=3, m=\pm3$;　(4)$n=4, l=3, m=\pm2$。

3-5 根据元素在周期表中的位置和电子层结构,判断下列各对原子(或离子)哪一个半径较大,写出简要的解释。

(1)H 与 He　(2)Ba 与 Sr　(3)Sc 与 Ca

(4)Cu 与 Ni　(5)Zr 与 Hf　(6)S^{2-} 与 S

(7)Na 与 Al^{3+}　(8)Fe^{2+} 与 Fe^{3+}　(9)Pb^{2+} 与 Sn^{2+}

3-6 描述核外电子运动状态的四个量子数的物理意义分别是什么?它们分别可取哪些数值?

3-7 下列叙述是否正确?对不正确的做出简要解释。

(1)价电子层含有 ns^1 的元素是碱金属元素;

(2)第八族元素的价电子层排布为$(n-1)d^6ns^2$;

(3)过渡元素的原子填充电子时是先填充 3d,然后再填充 4s,所以失去电子时,也按此顺序进行;

(4)镧系收缩,造成第六周期元素的原子半径比第五周期同族元素半径小;

(5)氧原子获得两个电子才形成稳定的八隅体构型,其第一、第二电子亲和能均为负值;

(6)氟是最活泼的非金属元素,其电子亲和能也最大。

3-8 根据四个量子数的取值要求,回答为什么每一个电子层最多只能容纳 $2n^2$ 个电子。

3-9 什么是微观粒子?什么是波粒二象性?描述波粒二象性用什么公式?

3-10 试给出电子亲和能和电负性的定义。它们都能表示原子吸引电子的难易程度,请指出两者有何区别。

4.计算题

4-1 K 原子一条光谱线的频率为 $7.47\times10^{14}\ s^{-1}$,求此波长光子的能量$(kJ\cdot mol^{-1})$。已知:$h=6.63\times10^{-34}\ J\cdot s$,$N_A=6.023\times10^{23}\ mol^{-1}$。

4-2 汞原子一个电子跃迁时的能量变化为 $274\ kJ\cdot mol^{-1}$。求与此跃迁相应的光波波长。已知:$c=2.998\times10^8\ m\cdot s^{-1}$,$h=6.63\times10^{-34}\ J\cdot s$,$N_A=6.023\times10^{23}\ mol^{-1}$。

4-3 计算激发态氢原子的电子从第三能级层跃迁至第二能级层时所发射的辐射能的频

率、波长及能量。已知：$c=2.998\times10^{8}\ \mathrm{m\cdot s^{-1}}$，普朗克常量 $h=6.626\times10^{-34}\ \mathrm{kg\cdot m^{2}\cdot s^{-1}}$，里德伯常量 $R=3.289\times10^{15}\ \mathrm{s^{-1}}$。

4-4 1924 年法国年轻的物理学家德布罗意提出了微观粒子具有波粒二象性的假设，预言高速运动的微观粒子符合如下关系式：$\lambda=\frac{h}{P}=\frac{h}{mv}$（$h=6.626\times10^{-34}\ \mathrm{kg\cdot m^{2}\cdot s^{-1}}$）。试计算波长为 589.0 nm（相当于钠的黄色光）的光子所具有的质量和能量。已知：$c=2.998\times10^{8}\ \mathrm{m\cdot s^{-1}}$，$1\ \mathrm{nm}=1\times10^{-9}\mathrm{m}$。

4-5 玻尔理论给出了氢原子不同轨道上电子的能量计算公式：$E=-\frac{13.6Z^{2}}{n^{2}}\ \mathrm{eV}(Z=1)$。若能量用焦耳表示，则 $E=-2.18\times10^{-18}\times\frac{1^{2}}{n^{2}}(\mathrm{J})$。某基态氢原子吸收 97.2 nm 波长的光子后，放出 486 nm 波长的光子。试计算氢原子的终态电子 n。已知：$c=2.998\times10^{8}\ \mathrm{m\cdot s^{-1}}$，普朗克常量 $h=6.626\times10^{-34}\ \mathrm{kg\cdot m^{2}\cdot s^{-1}}$。

4-6 氢原子核外的电子在第四轨道上运动时其能量比在第一轨道上运动时高 12.7 eV，求该电子由第四轨道跃入第一轨道时产生光子的频率和波长。已知：$h=6.63\times10^{-34}\ \mathrm{J\cdot s}$；$1\ \mathrm{eV}=1.60\times10^{-19}\ \mathrm{J}$；$c=3.00\times10^{8}\ \mathrm{m\cdot s^{-1}}$。

4-7 试计算波长为 401.4 nm 的光子的质量。已知：$h=6.63\times10^{-34}\ \mathrm{J\cdot s}$，$c=2.998\times10^{8}\ \mathrm{m\cdot s^{-1}}$，$1\ \mathrm{nm}=1\times10^{-9}\mathrm{m}$。

4-8 已知微观粒子的德布罗意关系式：$\lambda=\frac{h}{P}=\frac{h}{mv}$（$h=6.626\times10^{-34}\ \mathrm{kg\cdot m^{2}\cdot s^{-1}}$，电子质量为 $9.11\times10^{-31}\ \mathrm{kg}$）。若电子在 1×10^{4} V 加速电压下的运动速度为 $5.9\times10^{7}\ \mathrm{m\cdot s^{-1}}$，试计算此时电子的波长，并与可见光的波长相比较。

4-9 玻尔理论成功地解释了氢光谱的产生原因和规律性，还给出了轨道能级的计算公式：$E=-\frac{13.6Z^{2}}{n^{2}}\mathrm{eV}(Z=1)$。对于多电子原子的一个电子能量计算则需要考虑核电荷数和屏蔽效应，需要用下面公式讨论：$E=-\frac{13.6(Z-\sigma)^{2}}{n^{2}}\ \mathrm{eV}$。结合上述关系式计算 Li 的第三电离能（用 eV 表示）。

4-10 玻尔理论给出了氢原子不同轨道上电子的能量计算公式：$E=-\frac{13.6Z^{2}}{n^{2}}\ \mathrm{eV}(Z=1)$。

从 Li 表面释放出一个电子所需要的能量是 2.37 eV，如果用氢原子中电子从 $n=2$ 能级跃迁到 $n=1$ 能级时所辐射出的光照射锂，电子将有的最大动能是多少？电子是否可以释放出来？

自测题解答

1.选择题

1-1 (A)　**1-2** (B)　**1-3** (C)　**1-4** (A)　**1-5** (D)

1-6 (D)　**1-7** (D)　**1-8** (B)　**1-9** (B)　**1-10** (D)

2.填空题

2-1 3；2；2，1，0，−1 或−2。

2-2 电子衍射；波粒。

2-3 核外电子运动状态的；原子轨道；概率密度；概率密度分布的。

2-4 ＜；＜；＜；＞；＞；＞

2-5

元素	原子序数	价层电子构型	周期	族	分区
A	32	$4s^2 4p^2$	四	ⅣA	p
B	17	$3s^2 3p^5$	三	ⅦA	p
C	47	$4d^{10} 5s^1$	五	B	d

2-6 第五；ⅤA；p；锑；Sb。

2-7 As；Cr，Mn；K，Cr，Cu；Ti。

2-8 5；1；3；6。

2-9 位置；动量；测不准原理；$\Delta x \cdot \Delta p \geqslant \frac{h}{4\pi}$；微观粒子位置的测不准量和动量的测不准量的乘积必大于或等于一个定值。

2-10 Fe；Br；$FeBr_2$ 和 $FeBr_3$。

3.简答题

3-1 (1)不正确。A 和 B 为同一元素，A 是基态，B 是激发态。(2)不正确。B 的 $5s^1$ 能量较高，较易失去，所以 B 的电离能小于 A 的电离能。(3)正确。因为 B 的 $5s^1$ 能量较高，较易失去。(4)不正确。B 和 C 的有效核电荷数不同，C 的有效核电荷数较大，电离能也较大。(5)不正确。有效核电荷数 $D^- < E^+$，离子半径 $D^- > E^+$，所以 D^- 的外层电子容易失去，表现出较强还原性，而 E^+ 是稳定的稀有气体构型，难失电子，几乎没有还原性。

3-2 氢原子只有一个电子，没有屏蔽效应，也无钻穿效应，轨道能量只取决于主量子数 n。氯原子是多电子原子，存在屏蔽效应和钻穿效应，造成同主层不同亚层的能级分裂。电子在 3s 和 3p 轨道上受到其他电子的屏蔽作用不同，它们的钻穿能力也不同，造成在不同亚层轨道上的能量不同。所以在多电子原子中，轨道能量不仅与主量子数 n 有关，还与角量子数 l 有关。

3-3 (1)不正确。因为核外电子运动没有固定的轨道。应当说：s 电子的电子云图像或概率密度分布是一个球形，它的剖面图是一个圆。而 p 电子的电子云图像或概率密度分布是一个哑铃形，它的剖面图是一个"∞"形。(2)不正确。应当说：主量子数为 1 时，l 为 0、m 为 0，只有一条 1s 轨道，可容纳两个自旋相反的电子。(3)不正确。当主量子数为 3 时，l 只能取 0，1，2，只有 3s、3p、3d 轨道，没有 3f 轨道。而 3p 的 $m=0, \pm 1$，在空间有三种不同的取向，是三种不同的空间运动状态，即三条轨道。3d 的 $m=0, \pm 1, \pm 2$，则在空间有五种不同的取向，即有五条轨道。所以应当说：主量子数为 3 时，共有九条轨道，最多可容纳 18 个电子。

3-4 (1)没有。因为 l 最大只能是 $n-1$，在此 $n=1$，l 只能为 0。(2)没有。因为 m 最大只能是 $\pm l$，在此 $l=0$，m 只能为 0。(3)没有。因为 l 最大只能是 $n-1$，在此 $n=2$，l 只能为 0，1，m 也错误。(4)有。符合量子数组合的要求，对应于 4f 的两条轨道。

3-5 (1)$r_{He} > r_H$ 因为 r_{He} 测定的是范德华半径，所以比较大。(2)$r_{Ba} > r_{Sr}$ 它们同为ⅡA，Ba 比 Sr 多了一层电子。(3)$r_{Ca} > r_{Sc}$ 两者同为第四周期，Sc 的核电荷数大。(4)$r_{Cu} > r_{Ni}$ d 区元素在 d 电子即将填满时屏蔽作用有所增大，原子半径出现回升。(5)$r_{Zr} \approx r_{Hf}$ 镧系收缩造成的影响。(6)$r_{S^{2-}} > r_S$ 它们是同一元素，S^{2-} 的电子数多。(7)$r_{Na} > r_{Al^{3+}}$ 它们处于同一周期，Al^{3+} 的核电荷数多，外层电子数少。(8)$r_{Fe^{2+}} > r_{Fe^{3+}}$ 同一元素，电子数越少，半径越小。(9)$r_{Pb^{2+}} > r_{Sn^{2+}}$ 它们处于同一族，Pb^{2+} 比 Sn^{2+} 多一层电子。

3-6 主量子数 n：表征原子轨道概率最大区域离核的远近及能量的高低。

可取数值 $n=1,2,3,4,5,6,7,\cdots$（非零的任意正整数）。

角量子数 l：表征原子轨道的形状及能量的高低。可取数值 $l=0,1,2,3,4,\cdots,(n-1)$。

磁量子数 m：表征原子轨道在空间的伸展方向。可取数值 $m=0,\pm 1,\pm 2,\cdots,\pm l$。

自旋量子数 m_s：表征电子自旋的两种不同方式。可取数值 $m_s=\pm 1/2$。

3-7 (1)不正确。价电子层含有 ns^1 的元素除碱金属元素外还有ⅠB族的Cu、Ag、Au。(2)不正确。第八族元素的价电子层排布为 $(n-1)d^{6\sim8}ns^2$。(3)不正确。过渡元素的原子填充电子时是先填充4s,然后再填充3d,但失去电子时,则是先失去4s电子,后失去3d电子。因为能级交错,在填充电子时,$E_{3d}>E_{4s}$,所以先填充4s,然后再填充3d。但根据科顿能级图知,3d轨道一旦填充了电子后,$E_{3d}<E_{4s}$,所以是先失去4s电子,后失去3d电子。(4)不正确。由于镧系收缩造成第六周期元素的原子半径与同族第五周期元素的原子半径相近。(5)不正确。O原子加合第一个电子时是放热的,但加合第二个电子时则是吸热的。(6)不正确。由于氟原子的半径特别小,电荷密度特别大,加合一个电子需要克服很大的排斥作用,导致加合电子所放出的能量有一部分消耗在抵消排斥力上,最后放出的能量减少,所以氟的电子亲和能反而不如同族中原子半径稍大的元素氯。在周期表中元素氯具有最大的电子亲和能。

3-8 因为对于第 n 层,l 可取 $0,1,2,\cdots,(n-1)$ 共 n 个不同的 l 值。而每个 l 值 m 可取 $0,\pm1,\pm2,\cdots,\pm l$,共 $2l+1$ 个不同的数值。所以第 n 层可能有的轨道数为 $1+3+5+\cdots+(2n-1)=n^2$(n 项等差级数之和)。根据泡利不相容原理:在一条原子轨道中最多只能容纳两个自旋方式相反的电子,所以第 n 层可能容纳的电子总数即为 $2n^2$。

3-9 通常把空间线度小于 $10^{-8}\sim10^{-7}$ cm的粒子称为微观粒子。微观粒子的运动既具有波动性,又具有微粒性,这种现象称为波粒二象性。法国物理学家德布罗意提出了微观粒子波粒二象性的计算公式:

$$\lambda=h/P=h/mv$$

具有质量为 m、运动速度为 v 的粒子,就有相应的波长 λ。式中,λ 反映微粒的波动性,而 mv(动量 P)则反映微粒性。应当指出:这种波称为物质波或德布罗意波,是一种统计性的概率波,是一种抽象的波,它的强度与空间某一点找到该粒子的概率成正比。

3-10 电子亲和能:处于基态下的气态原子获得一个电子成为-1价的气态离子所放出的能量称为第一电子亲和能。其余各级电子亲和能类推。

电负性:元素的原子在化合物分子中把电子吸引向自己的能力称为元素的电负性。电子亲和能和电负性都能表示原子吸引电子的难易程度,但电子亲和能是讨论孤立原子获得电子的能力,而电负性则是讨论原子在分子中吸引电子的能力,所以这两个概念是用于两个不同的范畴。

4.计算题

4-1 $E=h\upsilon N_A=6.63\times10^{-34}\times7.47\times10^{14}\times6.023\times10^{23}=298\ (\text{kJ}\cdot\text{mol}^{-1})$

4-2 由 $\Delta E=h\upsilon=\dfrac{hc}{\lambda}$ 得

$$\lambda=\frac{hc}{\Delta E}=\frac{6.626\times10^{-34}\times2.998\times10^{8}}{274\times10^{3}/6.023\times10^{23}}=4.37\times10^{-7}\,(\text{m})=437\ (\text{nm})$$

4-3 按照Rydberg提出的氢原子谱线频率的经验公式:

$$\upsilon=3.289\times10^{15}\left(\frac{1}{n_1^2}-\frac{1}{n_2^2}\right)=3.289\times10^{15}\times\left(\frac{1}{2^2}-\frac{1}{3^2}\right)=4.568\times10^{14}\ (\text{s}^{-1})$$

$$\lambda=\frac{c}{\lambda}=\frac{2.998\times10^{8}\times10^{9}}{4.568\times10^{14}}=656.3\ (\text{nm})\quad(1\text{ m}=1\times10^{9}\text{ nm})$$

$$E=h\upsilon=6.626\times10^{-34}\times4.568\times10^{14}=3.027\times10^{-19}\,(\text{J})$$

4-4 因为 $P(\text{动量})=mc=\dfrac{E}{c}=\dfrac{h\upsilon}{c}=\dfrac{h}{\lambda}$

所以 $m=\dfrac{h}{c\lambda}=\dfrac{6.626\times10^{-34}}{589.0\times10^{-9}\times2.998\times10^{8}}=3.752\times10^{-36}\,(\text{kg})$

$$E=h\upsilon=\frac{hc}{\lambda}=\frac{6.626\times10^{-34}\times2.998\times10^{8}}{589.0\times10^{-9}}=3.373\times10^{-19}\,(\text{J})$$

4-5 基态氢原子吸收97.2 nm波长的光子后电子跃迁至 n_1 层,然后放出486 nm波长的光子后跃迁回 n 层。已知氢原子不同轨道上电子的能量计算公式为 $E=-\dfrac{13.6Z^2}{n^2}$ eV $(Z=1)$,基态氢原子时,$n=1$。电子跃迁时，吸收或放出的能量即是两个能层的能量差，该能量差若以光的能量表示时，$\Delta E=h\upsilon=\frac{hc}{\lambda}$。

则由基态跃迁至 n_1 层时：

$$-2.18\times10^{-18}\times\left(\frac{1^2}{n_1^2}-\frac{1^2}{1^2}\right)=\frac{hc}{\lambda}=\frac{6.626\times10^{-34}\times2.998\times10^8}{97.2\times10^{-9}}$$，解得 $n_1=4$。

由 n_1 层跃迁回 n 层时：

$$-2.18\times10^{-18}\times\left(\frac{1^2}{4^2}-\frac{1^2}{n^2}\right)=\frac{6.626\times10^{-34}\times2.998\times10^8}{486\times10^{-9}}$$，解得 $n=2$。

4-6 已知 $\Delta E=12.7$ eV，而 1 eV$=1.603\times10^{-19}$ J，$h=6.63\times10^{-34}$ J·s

代入 $\upsilon=\frac{\Delta E}{h}$ 得 $\upsilon=\frac{12.7\times1.603\times10^{-19}}{6.626\times10^{-34}}=3.07\times10^{15}(\text{s}^{-1})$

所以 $\lambda=\frac{c}{\upsilon}=\frac{3\times10^8}{3.07\times10^{15}}=9.77\times10^{-8}(\text{m})=97.7\ (\text{nm})$

4-7 根据德布罗意关系式 $\lambda=\frac{h}{mc}$

$$m=\frac{h}{\lambda c}=\frac{6.626\times10^{-34}}{401.4\times10^{-9}\times2.998\times10^8}=5.506\times10^{-36}(\text{kg})$$

4-8 因为普朗克常量为 $h=6.626\times10^{-34}$ kg·m^2·s^{-1}，所以计算中质量应取 kg，速度单位应取 m·s^{-1}，计算所得波长单位为 m。而 1 m$=1\times10^9$ nm。

则 $\lambda=\frac{h}{P}=\frac{h}{mv}=\frac{6.626\times10^{-34}}{9.11\times10^{-31}\times5.9\times10^7}=1.2\times10^{-11}(\text{m})=0.012\ (\text{nm})$

可见光波长在 400～750 nm，可见电子运动的波长要比可见光短得多。

4-9 Li 的第三电离能，即 $Li^{2+}-e^-\longrightarrow Li^{3+}$ 过程所需要的能量。由于 Li^{2+} 是单电子离子，其电子构型为 $1s^1$，由于没有多电子原子的屏蔽效应和钻穿效应，所以该电子的能量可用氢原子能量计算公式计算，即

$E=-\frac{13.6Z^2}{n^2}$ eV，则有　$E_{1s}=-13.6\times\frac{3^2}{1^2}=-122.4\ (\text{eV})$

失去该电子，即使 $n\rightarrow\infty$，此时电子能量最高为 0，所以 Li 的第三电离能为

$$I_3=0-E_{1s}=122.4\ (\text{eV})$$

4-10 根据 $E=-\frac{13.6Z^2}{n^2}$ eV 可知：当氢原子中电子从 $n=2$ 能级跃迁到 $n=1$ 能级时，所辐射出的光的能量为 $\Delta E=-13.6\times\left(\frac{1}{2^2}-\frac{1}{1^2}\right)=10.20\ (\text{eV})>2.37(\text{eV})$，所以电子可以从锂的表面释放，电子的最大动能为 $E=10.20-2.37=7.83\ (\text{eV})$。

三、思考题解答

2-1 解答： 根据 $\Delta E=h\upsilon$ 可知，光的频率由激发态与基态的能量差决定。

2-2 解答： 玻尔在牛顿的经典力学理论基础上，把原子描绘成一个太阳系，认为电子在核外运动就犹如行星围绕着太阳转一样，会遵循经典力学的运动规律，提出了固定轨道假设。但实际上电子这样微小、运动速度又极快的粒子在极小的原子体积内运动是根本不遵循经典力学的运动规律的。

2-3 解答： 对于氖原子，是基态气体原子失去最外层的一个电子成为正一价离子所需的最小能量，即第一电离能。而正一价钠离子再继续电离出电子，即第二电离能，则要比中性原子失去一个电子难得多，而且电荷越高越困难。

2-4 解答： 第三周期的电子亲和能变化趋势为自左向右逐渐增大，到稀有气体时突然减为

负值。其中镁的电子亲和能为负值,这是因为外来电子只能进入 2p 轨道,受到核的束缚较弱,造成亲和能较小。磷的电子亲和能小于硅的电子亲和能,这是因为硅的最外层有一个空的 3p 轨道,容易接受外来电子,而磷的最外层 3p 轨道半充满,比较稳定,外来电子进入时要克服额外的电子成对能,所以磷的电子亲和能比硅的小。

2-5 解答:查阅教材中表 2-8 的鲍林(Pauling)电负性数据可知,同一主族元素从上到下,电负性逐渐减小,表明元素得电子能力逐渐减小,氧化性减弱。

四、课后习题解答

2-1 解答:由 $E=h\upsilon=\frac{hc}{\lambda}$ 得 $\lambda=\frac{hc}{E}=\frac{6.63\times10^{-34}\times3.00\times10^{8}}{419\times10^{3}/6.02\times10^{23}}=286\ (\text{nm})$

2-2 解答:$E=h\upsilon N_A=6.63\times10^{-34}\times7.47\times10^{14}\times6.023\times10^{23}=298\ (\text{kJ}\cdot\text{mol}^{-1})$

2-3 解答:在计算中质量应取 kg,速度单位应取 $\text{m}\cdot\text{s}^{-1}$,计算所得波长单位为 m。而 $1\ \text{m}=1\times10^{9}\ \text{nm}$。所以,根据德布罗意关系式,可计算子弹运动的波长:

$$\lambda=\frac{h}{P}=\frac{h}{mv}=\frac{6.626\times10^{-34}}{0.01\times1.0\times10^{3}}=6.626\times10^{-35}(\text{m})=6.626\times10^{-26}(\text{nm})$$

已知波长最短的电磁波 γ 射线的波长为 10^{-5} nm,可见子弹的波长太小而无法测量。

根据海森伯测不准关系式:$\Delta x\geqslant\frac{h}{4\pi\Delta P}$,子弹位置的不确定量可如下计算:

$$\Delta x\geqslant\frac{h}{4\pi\Delta P}=\frac{h}{4\pi\Delta m\cdot\Delta v}=\frac{6.626\times10^{-34}}{4\times3.14\times0.01\times1.0\times10^{-3}}=5.28\times10^{-30}(\text{m})$$

可见宏观物体运动的位置不确定量很小,可以忽略不计,因此可认为有确定的轨道。

2-4 解答:当电子跃迁至 $n\rightarrow\infty$,此时电子能量最高为 0,则该电子可认为已经失去,这时跃迁的轨道能量差即为该电子的电离能。

所以:$\Delta E=-2.18\times10^{-18}\times2^{2}\times\left(\frac{1}{\infty}-\frac{1}{1^{2}}\right)=8.72\times10^{-18}(\text{J})$

2-5 解答:(1)不正确;主量子数 n 为 3 时没有 3f 轨道。(2)不正确;还要考虑能级分裂。(3)不正确;副族元素存在例外。(4)正确。

2-6 解答:(1)=,<;(2)<,>;(3)<,<。

2-7 解答: Cu;[Ar] $3d^{10}4s^{1}$;第四;ⅠB;ds 区。

2-8 解答:(1)合理;(2)合理;(3)不合理;(4)不合理。

2-9 解答:

原子或离子	电子构型	磁性质	原子或离子	电子构型	磁性质
Zn	[Ar]$3d^{10}4s^{2}$	反	Cr	[Ar]$3d^{5}4s^{1}$	顺
Mn	[Ar]$3d^{5}4s^{2}$	顺	Cu	[Ar]$3d^{10}4s^{1}$	顺
As	[Ar]$3d^{10}4s^{2}4p^{3}$	顺	Fe^{2+}	[Ar]$3d^{6}4s^{0}$	顺
Rb	[Kr]$5s^{1}$	顺	V^{2+}	[Ar]$3d^{3}4s^{0}$	顺
F	[He]$2s^{2}2p^{5}$	顺	La^{3+}	[Xe]$5d^{0}6s^{0}$	反

2-10 解答:(1)第三周期的电离能变化趋势为自左向右逐渐增大,也就是说金属活泼性按照同一方向降低。左边钠的电离能最小,右边氯的电离能最大。其中铝的电离能小于镁的电

离能,这是因为镁的 s 亚层全满,需要额外的能量抵消电子成对能。而铝的 p 亚层只有一个单电子,较容易失去。

(2)第三周期的电子亲和能变化趋势为自左向右逐渐增大,到稀有气体时突然减为负值。其中镁的电子亲和能为负值,这是因为外来电子只能进入 2p 轨道,受到核的束缚较弱,造成亲和能较小。磷的电子亲和能小于硅的电子亲和能,这是因为硅的最外层有一个空的 3p 轨道,容易接受外来电子,而磷的最外层 3p 轨道半充满,比较稳定,外来电子进入时要克服额外的电子成对能,所以磷的电子亲和能比硅的小。

五、参考资料

杜小旺.2005.中性原子电负性的研究.四川师范大学学报(自然科学版),28(4):492
何洋.1999.元素电离能的若干规律.大学化学,(5):37
李克艳,薛冬峰.2008.电负性概念的新拓展.科学通报,53(20):2442-2448
文君.2007.元素电负性的影响因素分析.贵州教育学院学报(自然科学),18(2):61
殷卫欢.2006.元素周期表中的不规则性.湘潭师范学院学报(自然科学版),28(4):39

第3章　化学键理论与分子结构

一、重要概念

1.化学键(chemical bond)

化学键是一种粒子间的吸引力，其中粒子可以是原子、离子或分子。常指分子内或晶体内相邻两个或多个原子(或离子)间强烈的相互作用力的统称。通过化学键，粒子可组成多原子的化学物质。化学键主要指能量较高的共价键、离子键和金属键，最近有人提出了不同于分子间力和氢键的“弱化学键”，其能量较低。

2.离子键(ionic bond)

离子键指通过静电作用形成的化学键。电离能小的金属原子(活泼的金属原子)和电子亲和能大的非金属原子(活泼的非金属原子)相互靠近时失去或获得电子生成具有稀有气体稳定电子结构的正负离子，然后通过库仑静电引力生成离子化合物。正负离子规则排列而形成离子型晶体。离子键可以延伸，理想的离子化合物中并无分子结构。然而实际上，由于离子间总有极化作用的发生，所以离子之间的电子云并不可能完全无重叠，因此离子化合物总是带有一部分共价性。离子键也有强弱之分，其强弱影响该离子化合物的熔点、沸点和溶解性等性质。

3.晶格能 (lattice energy, U)

晶格能是在标准条件下，1 mol 的离子晶体解离为自由气态离子时所吸收的能量，以符号 U 表示。

$$MX(s) \longrightarrow M^+(g) + X^-(g)$$

晶格能用来表示离子键的强弱：晶格类型相同时，U 与正负离子电荷数成正比，与离子间距离 r_0 成反比。晶格能通常不能直接测出，但可通过玻恩-哈伯循环计算出。

4.离子半径 (ionic radius)

离子半径是对晶格中离子的大小的一种量度。离子半径的概念由哥德斯密特(Goldschmidt)和 Pauling 在 20 世纪 20 年代分别独立提出，以总结由当时的新技术——X 射线晶体学所产生的数据。Pauling 所提出的方法更有影响力。Wasastjerna 在 1923 年根据离子的摩尔折射度与体积成正比的方法，定出了八个离子的半径，包括 F^-(1.33 Å)和 O^{2-}(1.32 Å)。1927 年 Goldschmidt 采用 Wasastjerna 的数据，从离子晶体得出的平衡距离数据，推出了八十多种离子的半径。1927 年 Pauling 用五个晶体核间距离的数据(Li_2O、NaF、KCl、RbBr、CsI)，将 O^{2-} 的半径定为 140 pm，用半经验的方法推出了大量的离子半径数据。

5.离子极化 (ionic polarization)

离子极化是指在离子化合物中，正负离子的电子云分布在异号离子的电场作用下，发生变形的现象。每一个离子都有使相邻异号离子变形的能力，这种能力称为离子的极化力，每一个离子都能在相邻异号离子电场中变形，称为离子的变形性。一般来说，阳离子具有较强的极化力，而阳离子具有较强的变形性。

6.偶极矩 (dipole moment,μ)

由于分子中不同原子的电负性不同,电荷分布就可能不均匀,正电荷中心与负电荷中心不能重合,各在空间集中一点,即在空间具有两个大小相等、符号相反的电荷,构成一个偶极。分子中正电荷或负电荷中心上的电荷值 e 乘以正负电荷中心之间的距离 d,称为分子的偶极矩,用 μ 表示。

7.共价键(covalent bond)

两个或多个原子共同使用它们的外层电子,在理想情况下达到电子饱和的状态,由此组成比较稳定的化学结构称为共价键。其本质是原子轨道重叠后,高概率地出现在两个原子核之间的电子与两个原子核之间的电性作用。共价键有键角及方向的限制,因此不能随意延伸,也就是有分子结构。共价键广泛存在于气体之中,如氢气、氯气、二氧化碳。有些物质如金刚石,则是由碳原子通过共价键(巨型共价结构)形成的。共价键又可分为极性共价键与非极性共价键。

8.σ 键(sigma bond)

σ 键是指由两个原子轨道沿轨道对称轴方向相互“头碰头”重叠导致电子在核间出现概率增加而形成的共价键。

9.π 键(pi bond)

π 键是指成键原子的未杂化 p 轨道,通过平行、侧面“肩并肩”重叠而形成的共价键。

10.配位共价键(coordinate bond)

是指成键的两个原子一方提供孤对电子,另一方提供空轨道而形成的特殊共价键。

11.杂化轨道(hybrid orbital)

一个原子几个能量相近的价层原子轨道经过重新组合生成新的等价原子轨道的过程称为原子轨道的杂化。杂化后的原子轨道称为杂化轨道。各种杂化轨道的“形状”均为葫芦形,由分布在原子核两侧的大、小叶瓣组成角度分布,比单纯的原子轨道更为集中,成分和能量上(杂化后的能级相当于杂化前有关电子能级的中间值)也都会发生改变,因而重叠程度也更大,更加利于成键。

12.分子轨道理论(molecular orbital theory)

分子轨道理论简称 MO 理论,是处理双原子分子及多原子分子结构的一种有效的近似方法,是化学键理论的重要内容。该理论认为运动中的电子不只局限在自身的核外,而是运动在更大范围之内。共价键的形成被归因于电子获得更大运动空间而导致的能量下降。

分子轨道可以通过相应的原子轨道线性组合而成。有几个原子轨道相组合,就形成几个分子轨道。在组合产生的分子轨道中,能量低于原子轨道的称为成键轨道;高于原子轨道的称为反键轨道;无对应的(能量相近,对称性匹配)的原子轨道直接生成的称为非键轨道。

13. 金属键(metallic bond)

金属键是指金属中自由电子与金属正离子间的作用力。

14.键参数(bond parameters)

确定分子几何构型的一组物理量称为键参数,包括键能、键长和键角等。

15.键长（bond length）

分子内相邻原子之间的核间距称为键长，即成键两原子之间的距离。

16.键能（bond energy）

键能是指在标准状态下把基态化学键分解成气态基态的原子所需的能量。对于双原子分子，键能 E_{AB} 等于解离能 D_{AB}，但对于多原子分子，只是一种统计平均值。

17.键角（bond angle）

键角是指多原子分子中键与键之间的夹角。

18.分子间作用力（intermolecular force）

存在于分子与分子之间或高分子化合物分子内官能团之间的作用力，简称分子间力。分子间力包括范德华力、氢键、属于分子间力的其他非共价键力。这些作用力相对于较强的分子内作用力（不包括高分子化合物等分子内官能团作用力等分子间力），如金属键、共价键、离子键都弱，所以也可以把它们归为一类。分子间作用力按其实质来说是一种电性的吸引力，因此考察分子间作用力的起源就得研究物质分子的电性及分子结构。

19.色散力（dispersion force）

分子的电子云与原子核骨架瞬间会失去平衡形成瞬间偶极，由瞬间偶极之间产生的电性引力称为色散力。色散力存在于一切分子之间。色散力和相互作用分子的变形性有关，变形性越大（一般相对分子质量越大，变形性越大），色散力越大。色散力和相互作用分子的电离势有关，分子的电离势越低（分子内所含的电子数越多），色散力越大。色散力的相互作用随着 $1/r^6$ 而变化。其公式为

$$E_{色}=-\frac{2}{3}\ \frac{I_1I_2}{I_1+I_2}\times\frac{\alpha_1\alpha_2}{r^6}\times\frac{1}{(4\pi\varepsilon_0)^2}$$

式中，I_1 和 I_2 分别为两个相互作用分子的电离能；α_1 和 α_2 为它们的极化率。

20.取向力（orientation force）

极性分子具有偶极，当极性分子靠近时，分子间会由于同极相斥，异极相吸而倾向于有序排列，我们把这种作用力称为取向力，又称定向力，是极性分子与极性分子之间的固有偶极与固有偶极之间的静电引力。取向力与分子的偶极矩平方成正比，即分子的极性越大，取向力越大。取向力与绝对温度成反比，温度越高，取向力越弱。

21.诱导偶极和诱导力（induced dipole & induced force）

由于极性分子偶极所产生的电场对非极性分子产生影响，使非极性分子电子云变形（即电子云被吸向极性分子偶极的正电一极），结果使非极性分子的电子云与原子核发生相对位移，本来非极性分子中的正负电荷重心是重合的，相对位移后就不再重合，使非极性分子产生了偶极。这种电荷重心的相对位移称为“变形”，因变形而产生的偶极，称为诱导偶极，以区别于极性分子中原有的固有偶极。诱导偶极和固有偶极相互吸引，这种由于诱导偶极而产生的作用力，称为诱导力。在极性分子和极性分子之间，除了取向力外，由于极性分子的相互影响，每个分子也会发生变形，产生诱导偶极。其结果是分子的偶极距增大，既具有取向力又具有诱导力。在阳离子和阴离子之间也会出现诱导力。

诱导力与极性分子偶极矩的平方成正比。诱导力与被诱导分子的变形性成正比，通常分子中各原子核的外层电子壳越大（含重原子越多），它在外来静电力作用下越容易

变形。

22.氢键（hydrogen bond）

氢键是指键合于某一电负性大、半径小的原子上的 H 原子与一个含孤对电子的电负性大、半径小的原子之间的结合力，通常表示为 X—H…Y。氢键的作用力较强，介于化学键和分子间力之间。

二、自测题及其解答

1.选择题

1-1 水分子中氧原子的杂化轨道是（　　）

A.sp　B. sp^2　C.sp^3　D.dsp^2

1-2 下列化合物中，极性最大的是（　　）

A.CS_2　B.H_2S　C.SO_3　D.$SnCl_4$

1-3 下列液态物质中只需克服色散力就能使之沸腾的是（　　）

A.H_2O　B.CO　C.HF　D.Xe

1-4 下列各组离子中，离子的极化力最强的是（　　）

A.K^+、Li^+　B.Ca^{2+}、Mg^{2+}　C.Fe^{3+}、Ti^{4+}　D.Sc^{3+}、Y^{3+}

1-5 比较下列各组物质的熔点，正确的是（　　）

A.NaCl>NaF　B.CCl_4>CBr_4

C.H_2S>H_2Te　D.$FeCl_3$<$FeCl_2$

1-6 下列物质熔点变化顺序中，不正确的是（　　）

A.NaF>NaCl>NaBr>NaI　B.NaCl<$MgCl_2$<$AlCl_3$<$SiCl_4$

C.LiF>NaCl>KBr>CsI　D.Al_2O_3>MgO>CaO>BaO

1-7 下列分子或离子中，具有反磁性的是（　　）

A.O_2　B.O_2^-　C.O_2^+　D.O_2^{2-}

1-8 下列分子或离子中，中心原子的价层电子对几何构型为四面体，而分子（离子）的空间构型为 V 字形的是（　　）

A.NH_4^+　B.SO_2　C.ICl_2^-　D.OF_2

1-9 下列叙述中正确的是（　　）

A.F_2 的键能低于 Cl_2　B.F 的电负性低于 Cl

C.F_2 的键能大于 Cl_2　D.F 的第一电离能低于 Cl

1-10 下列关于共价键说法错误的是（　　）

A.两个原子间键长越短，键越牢固

B.两个原子半径之和约等于所形成的共价键键长

C.两个原子间键长越长，键越牢固

D.键的强度与键长无关

2.填空题

2-1 正负离子间相互极化作用的增强将导致离子间距离缩短和轨道重叠，使得键向______________键过渡，同时使化合物在水中的溶解度__________，颜色__________。

2-2 根据杂化轨道理论和价层电子对互斥理论，判断下列分子或离子的中心原子杂化轨道类型及分子或离子的空间构型：

① SiF_6^{2-} ________，________；② ClF_3 ________，________；

③ NO_2 ________，________；④ NH_2^- ________，________。

2-3 判断下列分子是极性分子还是非极性分子：SO_2 是________分子；BF_3 是________分子；NF_3 是________分子；PF_5 是________分子。

2-4 H_3O^+ 的中心原子 O 采用________杂化轨道，其中有________个 σ 单键和________个 σ 配键，该中心原子的价层电子对数为________对，价层电子对的空间构型为________形，离子的空间构型为________形。

2-5 从离子极化的观点看，在 Cu^{2+}、Ag^+、Cl^-、Br^-、I^- 诸离子中，极化力最大的是______，极化率最大的是______。

2-6 σ 键是原子轨道沿________________重叠成键，π 键是原子轨道沿________________重叠成键。

2-7 冰融化要克服 H_2O 分子间的________________作用力。S 粉溶于 CS_2 要靠它们之间的________________作用力。

2-8 金刚石中，C-C 间以________杂化轨道相互成键，其空间构型为________。石墨中，C-C 间以________杂化轨道相互成键，键角为________。在石墨中除________键外，还有________键，故有导电性。

2-9 在 NO、O_2、N_2、HF、CN^- 中，属于 CO 的等电子体的有______。

2-10 现有下列碳酸盐：① Na_2CO_3；② $MgCO_3$；③ K_2CO_3；④ $MnCO_3$；⑤ $PbCO_3$。按热稳定性由高到低排序为(用序号排列)________________。

3.简答题

3-1 $SiCl_4$ 沸点较高(57.6 ℃)，而 SiH_3Cl 沸点较低(−30.4 ℃)，试做出合理的解释。

3-2 金刚石和石墨互为同素异形体，为什么金刚石不导电，而石墨却是电的良导体？

3-3 写出 O_2、O_2^+、O_2^-、O_2^{2-}、N_2、N_2^+ 分子或离子的分子轨道式，计算它们的键级，比较它们的相对稳定性，指出它们是顺磁性还是反磁性？

3-4 从结构上解释为什么：

(1) NaCl 具有比 ICl 更高的熔点；

(2) SiO_2 具有比 CO_2 更高的熔点；

(3) Hg 是比 S 更好的导体；

(4) H_2O 比 H_2S 具有更高的沸点。

3-5 评论下列说法的正确性，并举出必要的例子：

(1) 所有高熔点的物质都是离子型的；

(2) 沸点随着相对分子质量的增加而升高；

(3) 将离子型固体物质与水一起搅拌可以得到良导电性溶液。

3-6 什么是轨道杂化？什么是杂化轨道？什么是等性杂化？什么是不等性杂化？主要的杂化轨道及其空间构型有哪些？

3-7 试用离子极化的理论解释 Cu^+ 与 Na^+ 虽然半径相近(前者 96 pm，后者 95 pm)，电荷相同，但是 CuCl 和 NaCl 熔点相差很大(前者 425 ℃，后者 801 ℃)、水溶性相差很远(前者难溶,后者易溶)。

3-8 什么是大 Π 键? 大 Π 键通常用什么符号表示? 大 Π 键的形成条件有哪些?

3-9 判断下列化合物的分子间能否形成氢键? 哪些分子能形成分子内氢键?

NH_3;H_2CO_3;HNO_3;CH_3COOH;$C_2H_5OC_2H_5$;HCl;

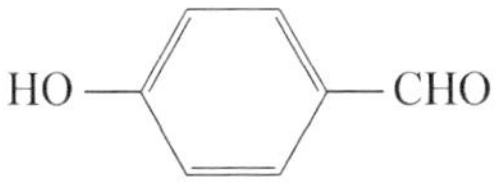

;
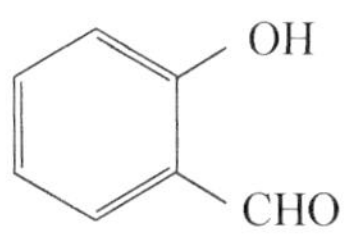

;
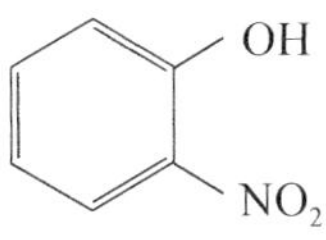

。

3-10 解释下列现象:

(1)金属铜可以压片或抽丝,而石灰石却不能;

(2)按离子半径比规则,AgI 晶体中正负离子的配位数应为 6,但实测为 4;

(3) ⅠA 族元素单质和ⅦA 族元素单质的熔点变化规律恰好相反;

(4) 温度升高时,金属的导电性减弱而半导体的导电性却增强。

4.计算题

4-1 实验测 LiH 的偶极矩 $\mu=1.964\times10^{-29}$ C·m,原子核间距是 1.598×10^{-10} m,计算 LiH 的离子性百分率。(电子电荷 $e=1.6\times10^{-19}$ C)

4-2 已知:$Mg(s)=\!=\!=Mg(g)$　　$\Delta H_1=152.6\ kJ\cdot mol^{-1}$

$O_2(g)=\!=\!=2O(g)$　　$\Delta H_2=497.8\ kJ\cdot mol^{-1}$

$O(g)+2e^-=\!=\!=O^{2-}(g)$　　$\Delta H_3=652.1\ kJ\cdot mol^{-1}$

$Mg(g)-2e^-=\!=\!=Mg^{2+}(g)$　　$\Delta H_4=2186\ kJ\cdot mol^{-1}$

$Mg(s)+1/2O_2(g)=\!=\!=MgO(s)$　　$\Delta H_5=-600.7\ kJ\cdot mol^{-1}$

试通过玻恩-哈伯循环计算 MgO 的晶格能。

4-3 由 N_2 和 H_2 每生成 1 mol NH_3 放热 46.024 kJ,而每生成 1 mol $NH_2—NH_2$ 却吸热 96.232 kJ。又知H—H键能为 $435.136\ kJ\cdot mol^{-1}$,N≡N 叁键键能为 $941.4\ kJ\cdot mol^{-1}$。

求:(1)N—H 键的键能;

(2)N—N 单键的键能。

4-4 已知 $\Delta_f H_m^\ominus(H_2O,l)=-286\ kJ\cdot mol^{-1}$,$H_2O(g)$的摩尔冷凝焓 $\Delta_r H_m^\ominus=-42\ kJ\cdot mol^{-1}$,$E$(H—H)$=436\ kJ\cdot mol^{-1}$,$E$(O═O)$=498\ kJ\cdot mol^{-1}$。试计算 E(O—H)。

4-5 已知 HCl 的键长为 127 pm,实验测得其键矩为 3.57×10^{-30} C·m。试计算 H 和 Cl 原子上的形式电荷 δ_H、δ_{Cl}和 H—Cl 键的离子性百分率。已知一个单位电荷的电量为 1.602×10^{-19} C。

4-6 鲍林指出:组成化学键的两原子的电负性差值与所成键的离解能之间存在一定的关系,两原子的电负性差值等于它们相应的键离解能差值与 $96.5\ kJ\cdot mol^{-1}$比值的开平方值。

已知 D(H—S)$=339\ kJ\cdot mol^{-1}$,D(S—S)$=205\ kJ\cdot mol^{-1}$,D(H—H)$=436\ kJ\cdot mol^{-1}$,氢的电负性值 $\chi(H)=2.1$,试计算硫的电负性值 $\chi(S)$。

4-7 已知 NaF 晶体的晶格能为 $894\ kJ\cdot mol^{-1}$,Na 原子的电离能为 $494\ kJ\cdot mol^{-1}$,金属钠的升华热为 $101\ kJ\cdot mol^{-1}$,F_2分子的离解能为 $160\ kJ\cdot mol^{-1}$,NaF 的标准摩尔生成热为 $-571\ kJ\cdot mol^{-1}$,试计算元素 F 的电子亲和能。

4-8 已知 KF 晶体具有 NaCl 型结构,在 20 ℃时测出 KF 晶体密度为 $2.481\ g\cdot cm^{-3}$,试计算 KF 晶胞的边长及在晶胞中相邻的 K^+ 和 F^- 的距离。(已知相对原子质量:K 为 39.10、F 为

19.00，阿伏伽德罗常数为 6.023×10^{23}）

4-9 玻尔理论成功地解释了氢光谱的产生原因和规律性，还给出了轨道能级的计算公式：$E=-\frac{13.6Z^2}{n^2}$ eV($Z=1$)。对于多电子原子的一个电子能量计算，则需要考虑核电荷数和屏蔽效应，需要用下面公式讨论：$E=-\frac{13.6(Z-\sigma)}{n^2}$ eV。结合上述关系式计算 Li 的第三电离能（用 eV 表示）。

4-10 玻尔理论给出了氢原子不同轨道上电子的能量计算公式：$E=-\frac{13.6Z^2}{n^2}$ eV($Z=1$)。若从 Li 表面释放出一个电子所需要的能量是 2.37 eV，如果用氢原子中电子从 $n=2$ 能级跃迁到 $n=1$ 能级时所辐射出的光照射锂，电子将有的最大动能是多少？电子是否可以释放出来？

自测题解答

1.选择题

1-1 (C)　**1-2** (B)　**1-3** (D)　**1-4** (C)　**1-5** (D)

1-6 (B)　**1-7** (D)　**1-8** (D)　**1-9** (A)　**1-10** (B)

2.填空题

2-1 共价，减小，加深。

2-2 sp^3d^2，八面体；sp^3d，平面三角形；sp^2，V 形；sp^3，V 形。

2-3 极性，非极性，极性，非极性。

2-4 sp^3，2，1，4，四面体，三角锥形。

2-5 Ag^+，I^-。

2-6 键轴方向“头碰头”，两原子核连线方向“肩并肩”。

2-7 氢键，取向力，色散力，诱导力，色散力。

2-8 sp^3，正四面体，sp^2，平面三角形，120°，σ，Π_n^n。

2-9 N_2。

2-10 ③ ① ② ④ ⑤。

3.简答题

3-1 由于 $SiCl_4$ 是非极性分子，而 SiH_3Cl 是弱极性分子，它们的分子间作用力都是以色散力为主的，而色散力随相对分子质量的增大而增大。$SiCl_4$ 的相对分子质量远大于 SiH_3Cl 的相对分子质量，因此前者的色散力远大于后者，故前者的沸点也远高于后者。

3-2 金刚石不导电，而石墨却是电的良导体，这是由于它们的晶体结构不同而造成的。金刚石是典型的原子晶体，每一个 C 原子的 sp^3 杂化轨道与四个其他 C 原子以共价键结合，C 原子外层的四个价电子全部配对，已没有能自由运动的电子，所以不导电。石墨是层片状晶体，层内每个 C 原子的 sp^2 杂化轨道与同一平面上的三个 C 原子以共价键结合，尚有一个未参与杂化的 p 电子垂直于该平面，这些 p 电子相互重叠形成大 Π 键，π 电子可以在整个 C 原子平面层上运动，当接上电源后它们便定向流动，因此石墨具有导电性。石墨晶体的层与层之间是以范德华力结合，故层与层之间容易相互滑动。

3-3

分子或离子	分子轨道式	键级	磁性
O_2	$[KK(\sigma_{2s})^2(\sigma_{2s}^*)^2(\sigma_{2p_x})^2(\pi_{2p_y})^2(\pi_{2p_z})^2(\pi_{2p_y}^*)^1(\pi_{2p_z}^*)^1]$	2	顺磁性
O_2^+	$[KK(\sigma_{2s})^2(\sigma_{2s}^*)^2(\sigma_{2p_x})^2(\pi_{2p_y})^2(\pi_{2p_z})^2(\pi_{2p_y}^*)^1]$	2.5	顺磁性

续表

分子或离子	分子轨道式	键级	磁性
O_2^-	$[KK(\sigma_{2s})^2(\sigma_{2s}^*)^2(\sigma_{2p_x})^2(\pi_{2p_y})^2(\pi_{2p_z})^2(\pi_{2p_y}^*)^2(\pi_{2p_z}^*)^1]$	1.5	顺磁性
O_2^{2-}	$[KK(\sigma_{2s})^2(\sigma_{2s}^*)^2(\sigma_{2p_x})^2(\pi_{2p_y})^2(\pi_{2p_z})^2(\pi_{2p_y}^*)^2(\pi_{2p_z}^*)^2]$	1	反磁性
N_2	$[(\sigma_{1s})^2(\sigma_{1s}^*)^2(\sigma_{2s})^2(\sigma_{2s}^*)^2(\pi_{2p_y})^2(\pi_{2p_z})^2(\pi_{2p_x})^2]$	3	反磁性
N_2^+	$[(\sigma_{1s})^2(\sigma_{1s}^*)^2(\sigma_{2s})^2(\sigma_{2s}^*)^2(\pi_{2p_y})^2(\pi_{2p_z})^2(\sigma_{2p_x}^*)^1]$	2.5	反磁性

相对稳定性：键级越大越稳定。

$N_2 > N_2^+ \approx O_2^+ > O_2 > O_2^- > O_2^{2-}$

3-4 (1)因为 NaCl 是离子晶体，离子间有很强的静电引力。而 ICl 是分子晶体，分子间仅存在较弱的范德华力。

(2)SiO_2 是原子晶体，原子间以强度很大的共价键相结合，要打断这些共价键需要很高的能量。而 CO_2 则是分子晶体，分子间仅存在较弱的范德华力。

(3)Hg 由金属键结合，有自由电子传导电流。而 S 是由 S_8 环形成的分子晶体，没有自由电子，所以不导电。

(4)H_2O 分子间除了范德华力外，还有较强的氢键。而 H_2S 分子间只有较弱的范德华力。

3-5 (1)这种说法很不全面，因为许多原子晶体的物质，如 SiO_2、SiC 等熔点都很高；此外，有一些金属如 W、Re 等熔点也都很高。

(2)不完全正确。以色散力为主的同类型物质沸点随着相对分子质量的增加而升高，但若还有其他作用力视情况有所不同，如 H_2O 分子间还有氢键，沸点就比 H_2S 高。

(3)不完全正确。只有将可溶性的离子型固体物质与水一起搅拌可以得到良导电性溶液，有的离子型固体物质是难溶的，由于它们的溶解度很小，则不能得到良导电性溶液，如 Al_2O_3。

3-6 原子中能量相近的不同类型轨道通过叠加混杂而组成成键能力更强的新轨道，这个过程称为原子轨道的杂化；由轨道杂化所形成的新轨道称为杂化轨道；杂化轨道所含原轨道成分完全相同的杂化称为等性杂化；由于孤对电子参与而使各杂化轨道不完全相同的杂化称为不等性杂化。

主要杂化轨道类型及其空间构型如下：

sp 杂化(直线形)；sp^2 杂化(平面三角形)；sp^3 杂化(四面体形)；sp^3d 杂化(三角双锥形)；sp^3d^2 杂化(八面体形)；d^2sp^3 杂化(八面体形)；dsp^2 杂化(平面四方形)；sp^3d^3 杂化(五角双锥形)。

3-7 Cu^+ 与 Na^+ 虽然电荷相同，半径相近，但离子的电子层构型不同。Na^+ 为 $8e^-$ 型离子，Cu^+ 为 $18e^-$ 型离子，由于 $18e^-$ 型离子具有较大的变形性和极化力，所以总的极化能力较大，因此 CuCl 的键型已由离子型过渡为共价型，而 NaCl 为离子型化合物，故 NaCl 熔点较高，水溶性较大，CuCl 则熔点低，水溶性小。

3-8 包含三个或三个以上原子的 π 键称为大 Π 键(也称为多原子 π 键、离域 π 键或共轭 π 键)。大 Π 键通常用符号 Π_n^m 表示，其中 n 为原子数，m 为电子数，上述符号读成"n 原子 m 电子大 Π 键"。

形成大 Π 键需要满足下列三个条件：① 这些原子都处于同一平面上；② 每个原子都有垂直于该平面的 p 轨道；p 轨道中的电子数小于 p 轨道数的两倍。

3-9 不能形成氢键的有 $C_2H_5OC_2H_5$，HCl；

能形成分子间氢键的有 NH_3，H_2CO_3，CH_3COOH，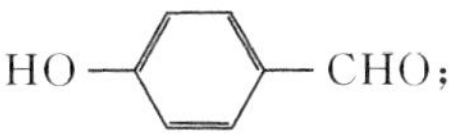；

能形成分子内氢键的有 HNO_3，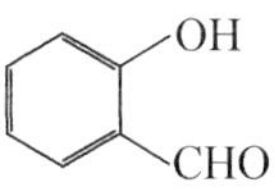，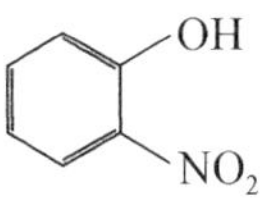。

3-10 (1)金属铜微粒间的金属键在发生变形时不会被破坏，仍然保持微粒间的连接。但石灰石是离子晶体，当发生形变时，会造成同号电荷离子相接触，从而产生很强的排斥力使之破碎。

(2)由于 Ag^+ 是 $18e^-$ 型离子，极化能力强，而 I^- 的半径大，有较大的变形性，所以 AgI 晶体中正负离子间相互极化作用强烈,化学键向共价键过渡强烈,键长缩短,配位数随之变小。

(3)IA 族单质为金属,它们的金属键随原子半径增大而减弱,所以从上至下熔点降低。ⅦA 族元素单质为双原子分子,分子间只有色散力,色散力随相对分子质量增大而增大,所以从上至下熔点升高。

(4)温度升高时,金属晶体中原子和正离子的振动加大,阻碍自由电子的运动,使金属的导电性减弱;而温度升高时,半导体中将有更多电子吸收能量从满带跃迁入空带中,从而使导电性增强。

4.计算题

4-1 离子性百分率是指"单键的偶极矩 μ 与纯粹离子键的偶极矩 μ_o 比值乘以 100% 所得的值"。计算式为 $i\% = \dfrac{\mu}{\mu_o}$。而 $\mu_o = g \times l$。

LiH 的离子性百分率为 $i\% = \dfrac{1.964 \times 10^{-29}}{1.6 \times 10^{-10} \times 1.598 \times 10^{-19}} \times 100\% = 76.8\%$。

4-2 设计玻恩-哈伯循环如下:

$$
\begin{array}{ccccc}
 & & & \xrightarrow{-600.7} & \\
\text{Mg (s)} & + & 1/2 O_2(g) & == & \text{MgO (s)} \\
\downarrow 152.6 & & \downarrow 497.8 \times 0.5 & & \uparrow \Delta H = -U \\
\text{Mg (g)} & & \text{O (g)} & & \\
\downarrow 2186 & & \downarrow 652.1 & & \\
\text{Mg}^{2+}\text{(g)} & + & \text{O}^{2-}\text{(g)} & &
\end{array}
$$

根据赫斯定律可得如下能量关系:

$-600.7 = 152.6 + 497.8 \times 0.5 + 2186 + 652.1 - U$

$U = 152.6 + 497.8 \times 0.5 + 2186 + 652.1 + 600.7 = 3840.3 \ (\text{kJ} \cdot \text{mol}^{-1})$

4-3（1）因为

$$N_2 + 3H_2 == 2NH_3 \qquad \Delta_r H_m^\ominus = -92.048 \ \text{kJ} \cdot \text{mol}^{-1}$$
$$N + N == N\equiv N \qquad \Delta_r H_m^\ominus = -941.4 \ \text{kJ} \cdot \text{mol}^{-1}$$
$$6H == 3H_2 \qquad \Delta_r H_m^\ominus = -1305.4 \ \text{kJ} \cdot \text{mol}^{-1}$$

所以

$$2N + 6H == 2NH_3 \qquad \Delta_r H_m^\ominus = -2338.8 \ \text{kJ} \cdot \text{mol}^{-1}$$

N—H 键的键能 $= 2338.8 \div 6 = 389.8 \ (\text{kJ} \cdot \text{mol}^{-1})$

(2)因为

$$N_2 + 2H_2 == NH_2—NH_2 \qquad \Delta_r H_m^\ominus = +96.232 \ \text{kJ} \cdot \text{mol}^{-1}$$
$$N + N == N\equiv N \qquad \Delta_r H_m^\ominus = -941.4 \ \text{kJ} \cdot \text{mol}^{-1}$$
$$4H == 2H_2 \qquad \Delta_r H_m^\ominus = -870.272 \ \text{kJ} \cdot \text{mol}^{-1}$$

所以

$$2N + 4H == NH_2—NH_2 \qquad \Delta_r H_m^\ominus = -1715.44 \ \text{kJ} \cdot \text{mol}^{-1}$$

N—N 键的键能 $= 1715.44 - 389.8 \times 4 = 156.24 \ (\text{kJ} \cdot \text{mol}^{-1})$

4-4 根据题目条件设计成玻恩-哈伯循环:

$$
\begin{array}{ccccc}
 & & & \xrightarrow{\Delta_f H_m^\ominus} & \\
H_2(g) & + & \dfrac{1}{2} O_2(g) & \longrightarrow & H_2O \ (l) \\
\downarrow E(H—H) & & \downarrow \dfrac{1}{2} E(O==O) & & \uparrow \text{冷凝焓 } \Delta_r H_m^\ominus \\
2H(g) & + & O(g) & \longrightarrow & H_2O \ (g) \\
 & & & \xrightarrow{-2E(O—H)} &
\end{array}
$$

根据赫斯定律得能量关系如下:

$\Delta_f H_m^\ominus = E(H—H) + \dfrac{1}{2} E(O==O) - 2E(O—H) + \text{冷凝焓 } \Delta_r H_m^\ominus$

$$2E\,(\text{O—H})=E\,(\text{H—H})+\frac{1}{2}E\,(\text{O}=\text{O})+\text{冷凝焓}\ \Delta_r H_m^{\ominus}-\Delta_f H_m^{\ominus}$$

$$=436+\frac{1}{2}\times 498-42+286$$

$$=929\ (\text{kJ}\cdot\text{mol}^{-1})$$

$E(\text{O—H})=929\div 2=464.5\ (\text{kJ}\cdot\text{mol}^{-1})$

4-5 因为键矩 $\mu=q\cdot l(\text{C}\cdot\text{m})$

而单位电荷的电量为 1.602×10^{-19} C

所以 $q=\frac{\mu}{l}=\frac{3.57\times 10^{-30}}{127\times 10^{-12}}=2.81\times 10^{-20}(\text{C})$

则形式电荷 $\delta=\frac{2.81\times 10^{-20}}{1.602\times 10^{-19}}=0.18$（单位电荷）

即 $\delta_{\text{H}}=+0.18$（单位电荷）　　　　$\delta_{\text{Cl}}=-0.18$（单位电荷）

由于在完全的离子状态下，H^+ 和 Cl^- 都是带一个电荷，所以 H—Cl 键的离子性百分率为 18%。

4-6 因为　$\Delta E\,(\text{H—S})=D\,(\text{H—S})-\frac{1}{2}[D\,(\text{H—H})+D\,(\text{S—S})]$

$$=339-\frac{1}{2}(436+205)$$

$$=18.5\ (\text{kJ}\cdot\text{mol}^{-1})$$

根据鲍林关于组成化学键的两原子的电负性差值与所成键的离解能之间的关系：

$\chi(\text{S})-\chi(\text{H})=\sqrt{\frac{18.5}{96.5}}=0.44$，$\chi(\text{S})=2.1+0.44=2.54$

4-7 根据题目条件设计玻恩-哈伯循环如下：

$\text{Na (s)}\quad+\quad\frac{1}{2}F_2\text{(g)}\xrightarrow{-571}\text{NaF(s)}$

↓ 101　　　　↓ 160×0.5

Na (g)　　　　F (g)　　　　−894

↓ 494　　　　↓ ΔH

Na^+(g)　　+　　F^-(g) ↗ NaF(s)

根据赫斯定律可得如下能量关系：

$-571=101+160\times 0.5+494+\Delta H-894$

$\Delta H=-571-101-160\times 0.5-494+894=-352\ (\text{kJ}\cdot\text{mol}^{-1})$

4-8 由于 KF 晶体具有 NaCl 型结构，所以 KF 晶体是面心立方晶格。一个 KF 晶胞中含有 4 个 K^+ 和 4 个 F^-。

KF 晶胞的体积为 $V=\frac{4\times(39.10+19.00)}{2.481\times 6.023\times 10^{23}}=1.555\times 10^{-22}(\text{cm}^3)$

KF 晶胞的边长为 $a=\sqrt[3]{V}=\sqrt[3]{1.555\times 10^{-22}}=5.38\times 10^{-8}(\text{cm})=538\ (\text{pm})$

K^+ 和 F^- 的距离为 $d=\frac{1}{2}a=269\ (\text{pm})$

4-9 Li 的第三电离能即 $Li^{2+}-e^-\longrightarrow Li^{3+}$ 过程所需要的能量。由于 Li^{2+} 是单电子离子，其电子构型为 $1s^1$，由于没有多电子原子的屏蔽效应和钻穿效应，所以该电子的能量可用氢原子能量计算公式计算，即

$E=-\frac{13.6Z^2}{n^2}$ eV，则有 $E_{1s}=-13.6\times\frac{3^2}{1^2}=-122.4\ (\text{eV})$

失去该电子，即使 $n\rightarrow\infty$，此时电子能量最高为 0，所以 Li 的第三电离能为

$$I_3=0-E_{1s}=122.4\ (\text{eV})$$

4-10 根据 $E=-\frac{13.6Z^2}{n^2}\text{eV}$ 得

当氢原子中电子从 $n=2$ 能级跃迁到 $n=1$ 能级时所辐射出的光的能量为

$$\Delta E=-13.6\times\left(\frac{1}{2^2}-\frac{1}{1^2}\right)=10.20\ (\text{eV})>2.37\ (\text{eV})$$

所以电子可以从锂的表面释放，电子的最大动能为 $E=10.20-2.37=7.83\ (\text{eV})$

三、思考题解答

3-1 解答：离子型化合物绝大多数情况下为晶态固体，硬度大，易击碎，熔点、沸点高，熔化热焓、气化焓高，熔化状态下能导电，许多(不是所有)化合物溶于水。这些性质都可由离子键理论得到解释。以 NaCl 晶体为例，由正负离子交替排列而构成的晶体中无法划出各个独立的 NaCl 分子，只能把整个晶体看作一个巨大分子。由固态向熔融态的转化需要破坏离子间的强相互作用力(即破坏化学键)，因而熔点比较高。同样理由也可解释其硬度：破坏晶格需要较强的外力。NaCl 固态时导电性很差，是由于作为电流载体的正负离子在静电引力作用下只能在晶格结点附近振动而无法自由移动；熔化状态下导电性急剧上升，则归因于化学键遭到很大程度破坏后而产生的离子流动性。固态和熔化状态下导电性均随温度升高而缓慢上升，则分别与晶体中离子振动的加剧和熔体中离子流动性的提高有关。晶体表面的正负离子具有剩余势场，它们对溶剂水分子偶极的吸引导致表面离子水合，形成的水合离子随水分子的热运动离开晶体表面而导致晶体溶解。溶解度的大小不但与表面离子水合作用的强弱有关，还在很大程度上取决于晶格能。

3-2 解答：离子键理论认为电离能小的金属原子(活泼的金属原子)和电子亲和能大的非金属原子(活泼的非金属原子)相互靠近时失去或获得电子生成具有稀有气体稳定电子结构的正负离子，然后通过库仑静电引力生成离子化合物。实际上，100%的离子键是不存在的，因为相邻的正负离子相互吸引会导致离子变形而使离子键的极性低于 100%，两成键原子的电负性相差越大，形成的键的极性越强，成键电子云偏离程度越大。一般来说，电负性之差大于 1.7 是键的离子性和共价性各占 50%的分界线，因此成键两元素电负性差值大于 1.7 是形成离子键的判断标准。

3-3 解答：虽然 NaCl 和 CuCl 中阴离子相同，阳离子电荷相同、离子半径接近，但两个阳离子的电子构型不同，前者是 8 电子构型，后者是 18 电子构型。在相同离子电荷和半径相近的情况下，不同电子构型的正离子极化作用和变形性不同：8 电子构型<9～17 电子构型<(18，18+2)电子构型。在 CuCl 中，阳离子不仅具有强的极化力和大的变形性，还具有较大的变形性，因此强烈的离子极化作用使离子键转向共价键，从而使 CuCl 难溶于水。

3-4 解答：Hg^{2+} 和 Ca^{2+} 离子电荷相同、半径接近，但两个离子的电子构型不同，Ca^{2+} 是 8 电子构型，Hg^{2+} 是 18 电子构型。在相同离子电荷和半径相近的情况下，不同电子构型的正离子极化作用不同：8 电子构型<9～17 电子构型<(18，18+2)电子构型。因此，Hg^{2+} 的极化作用大于 Ca^{2+}。

3-5 解答：定比定律，又称定组成定律。内容为：一种化合物无论如何制得，其组成的元素间都有一定的质量比。此定律于 1799 年由普鲁斯特(J・Proust)提出。其本质原因是形成化合物的元素的原子，其价层电子数是一定的，为了满足八隅律，他们共享电子形成共价键，这就决定了他们之间的组成比例。

3-6 解答：会。只要两个原子轨道对称性匹配，四重交盖，面对面重叠，就能在两个原子核间形成高电子云密度的区域，就能缩短两核间的距离，使体系能量降低，也就是形成共价键。化学上，把这种由两个 d 轨道四重交叠而成的共价键称为 δ 键(图 3-1)。

图 3-1　两个 d 轨道重叠形成 δ 键

3-7 解答：有，二氧化硫属于 sp^2 不等性杂化，一氧化碳属于 sp 不等性杂化。因为 O—S—O 键角为 120°且在不成键的杂化轨道中有一对孤对电子；在 CO 分子中，C 原子采用 sp 杂化，其中一对孤对电子占据一个杂化轨道，另一个杂化轨道上有一个成单电子，与 O 原子的一个单电子 p 轨道生成一个 δ 共价键，C 原子未参加杂化的 1 个 p 轨道同 O 原子的另一个单电子 p 轨道生成一个 Π 键，C 原子的另一个未参加杂化的空的 p 轨道可以接受来自 O 原子的一对孤电子对而形成一个配位 Π 键，所以 CO 具有三键的性质，也可以解释其极性为什么非常小。

3-8 解答：根据分子轨道理论，两原子轨道要有效地组合成分子轨道，须满足对称性匹配、能量相近和最大重叠三原则。所以第二周期同核双原子形成分子时，通常是 1s-1s、2s-2s、$2p_x$-$2p_x$、$2p_y$-$2p_y$、$2p_z$-$2p_z$ 组合。此外，若以 x 轴为键轴时，2s 与 $2p_x$ 也是对称性匹配的，当两者能量相差不大时，也可发生一定程度的组合。而第二周期元素原子的 2s 和 2p 轨道的能量差，在 N 原子前(包括 N)较小，在 O 原子后(包括 O)相差较大。所以对于氧、氮、氟，在形成双原子分子时，不必考虑 2s-$2p_x$ 组合。但对氮及氮以前的原子，在它们形成双原子分子时，不仅发生 2s-2s、$2p_x$-$2p_x$ 组合，同时还有 2s-$2p_x$ 组合。由于形成分子轨道的总数必须等于原来原子轨道的总数，所以 2s-$2p_x$ 组合不会形成新的分子轨道，但这一组合的轨道成分将包含在 2s-2s、$2p_x$-$2p_x$ 组合所形成的 σ_{2s}^* 和 σ_{2p_x} 等分子轨道中。其结果是使 σ_{2s}^* 轨道能量降低(因为它还包含了 2s-$2p_x$ 组合而形成的成键分子轨道成分)，而 σ_{2p_x} 轨道能量将升高(因为它还包含了 2s-$2p_x$ 组合而形成的反键分子轨道成分)。由于 σ_{2p_x} 轨道能量升高而 π_{2p_y} 和 π_{2p_z} 能量不变，造成 σ_{2p_x} 轨道能量高于 π_{2p_y} 和 π_{2p_z} 能量。这就是 N_2(以及氮以前的)和 O_2(以及氧以后的)的分子轨道能级图会出现两种不同类型的原因。

3-9 解答：NH_3、PH_3、AsH_3、S_bH_3 分子中的键角依次为 107°、93.08°、91.8°、91.3°，因此 NH_3、PH_3、AsH_3 和 SbH_3 的键角逐渐减小。原因是，N、P、As、Sb 原子半径依次增大，电负性依次减小，电子云可以依次更多的偏向 H，成键电子云依次更瘦一些，所以共用电子对之间的斥力依次减小，则受到孤对电子的挤压，成键电子之间的夹角依次减小。N 原子的电负性很大，半径很小，N—H 键长很短，导致成键电子云集中在 N 原子周围，成键电子对之间排斥力很大，孤对电子对成键电子对的排斥力有限，因此四个氢化物中只有 NH_3 的键角最接近于四面体的夹角。

3-10 解答：双原子分子的极性，与两个元素的电负性差值有关，电负性差值越大，分子的极性就越大。从 H、Cl、Br 到 I，电负性依次减小，原子半径依次增大，因此从 HF、HCl、HBr 到 HI，其键长依次增大，电负性差值依次减小，分子的极性依次减小。

3-11 解答：氢键不止存在于分子之间，也可以存在于分子内，称为分子内氢键，分子内氢键常会使物质的酸性增强，如苯甲酸、邻羟基苯甲酸和 2,6-二羟基苯甲酸的酸解离常数分别为 6.2×10^{-12}、9.9×10^{-11} 和 5.0×10^{-9}；在极性溶剂中，溶质和溶剂的分子间形成氢键，则溶质的溶解度增大，如果溶质分子形成分子内氢键，则在极性溶剂中的溶解度减小，在非极性溶剂中的溶解度增大；甚至影响到化学反应性，如羟基苯甲醛的三个异构体中，邻羟基苯甲醛和羟胺和肼的反应速率显著地大于间羟基苯甲醛和对羟基苯甲醛，原因是邻羟基苯甲醛分子中的—CHO 和—OH 之间形成氢键，降低了羰基碳原子上的电子云密度，从而增加了亲核反应活性。

3-12 解答：用 X—H⋯Y 表示氢键，其方向性取决于中心原子 X 与 Y 的电子构型及所属分子的几何构型。形成氢键的 3 个原子中 X 与 Y 尽量远离，其键角常为 120°～180°。如 F—H⋯F 的夹角是 180°，在一条直线上；在硼酸中，O—H⋯O 的夹角为 120°。

四、课后习题解答

3-1 解答：(C)。

3-2 解答：(B)。

3-3 解答：(C)。

3-4 解答：(1)不正确。分子的极性不是由化学键的极性来决定的，而是取决于分子的正负电荷重心是否重合。例如，CCl_4 中 C—Cl 键是极性键，但分子呈正四面体形，4 个 C—Cl 键的偶极相互抵消，是非极性分子。(2)不正确。极性分子中是可能含有非极性键的。例如，H_2O_2 和 CrO_5 中包含的过氧键 O—O 是非极性共价键。(3)不正确。当离子化合物中的阴离子是复杂阴离子时，复杂阴离子与阳离子间是离子键，但复杂阴离子内部则可以含有极性共价键。例如，KOH 的 OH^- 中 O—H 键是极性共价键，KNO_3 的 NO_3^- 中的 N—O 键也是极性共价键。(4)不正确。金刚石中 C 原子以 sp^3 杂化与另外 4 个 C 原子形成共价键，但金刚石是原子晶体。在金刚石晶体中不存在“分子”的概念，整个晶体可视为一个巨型分子，在有限原子范围内不存在端原子，因此金刚石不是分子晶体。同样，SiO_2 中 Si 原子也以 sp^3 杂化与 4 个 O 原子成键，其中 SiO_4^{4-} 四面体作为结构单元无限连接形成原子晶体，同样在有限原子范围内不存在端 O 原子，也不能形成分子晶体。(5)不正确。分子间作用力包括色散力、诱导力、取向力，还包括分子间的一种特殊作用力——氢键。在多数情况下色散力所占的比例最大。通常对于同系物，相对分子质量越大，分子间力越大。在非同系物情况下，色散力不仅取决于相对分子质量，还与分子的半径有关，分子半径越大，变形性越大，色散力也越大。例如，H_2 分子相对分子质量小于 He，但氢分子是双原子分子，半径比单原子分子的氦要大，所以氢分子间作用力较大，氢的熔点和沸点都高于氦。H_2O 的相对分子质量小于 H_2S，但前者的熔点和沸点远高于后者，因为前者分子间还存在氢键，使总的分子间作用力大于后者。(6)不正确。色散力是瞬时偶极之间的相互作用力。因为对于任何分子或原子，电子相对于核的运动和原子核的振动一直在进行，所以瞬时偶极广泛存在于一切分子和原子之间，在所有分子和原子之间均存在色散力，而不是只在非极性分子之间才有色散力。(7)不正确。在多数情况下，σ 键比 π 键稳定，σ 键比 π 键的键能大。但在很少数情况下，σ 键比 π 键的键能小。例如，因 N 原子中分子轨道能级的颠倒，导致 π_{2p_y} 和 π_{2p_z} 的能级低于 σ_{2p_x}，导致 N_2 和 CO 分子中，π_{2p} 键能比 σ_{2p} 大。(8)不正确。化合物在水中溶解度的大小不仅由阳离子极化能力大小决定，还取决于阴离子的变形性、阴离子和阳离子的水合作用、阴离子和阳离子的半径比等诸多因素。例如，HCl 中 H^+ 极化能力很强，但在水中溶解度却很大；CuCl 中，Cu^+ 极化能力不如 H^+，而 CuCl 溶解度却很小；$CuCl_2$ 中，Cu^{2+} 极化能力比 Cu^+ 强，但 $CuCl_2$ 在水中溶解度却很大。

3-5 解答：(1)N_2：$[(\sigma_{1s})^2(\sigma_{1s}^*)^2(\sigma_{2s})^2(\sigma_{2s}^*)^2(\pi_{2p_y})^2(\pi_{2p_z})^2(\sigma_{2p_x})^2]$

O_2：$[(\sigma_{1s})^2(\sigma_{1s}^*)^2(\sigma_{2s})^2(\sigma_{2s}^*)^2(\sigma_{2p_x})^2(\pi_{2p_y})^2(\pi_{2p_z})^2(\pi_{2p_y}^*)^1(\pi_{2p_z}^*)^1]$

(2)

分子	键级	磁性	成键情况
N_2	3	反磁性	一个σ键，两个π键
O_2	2	顺磁性	一个σ键，两个三电子π键

(3)当 N_2 分子的成键轨道上失去一个电子则变成 N_2^+，键级变为2.5，与 N_2 分子相比，N_2^+ 键强度减弱。当 O_2 分子的反键轨道上失去一个电子则变成 O_2^+，键级变为2.5，与 O_2 分子相比，O_2^+ 键强度增大。

3-6 解答：如下表所示。

物质	中心原子价层电子对数	成键电子对数	孤对电子数	空间几何构型	中心原子杂化轨道类型	是否极性分子
XeF_4	6	4	2	平面四方形	sp^3d^2	非极性
CCl_4	4	4	0	正四面体形	sp^3	非极性
CH_2F_2	4	4	0	四面体形	sp^3	极性
BCl_3	3	3	0	平面三角形	sp^2	非极性
SF_4	5	4	1	变形四面体	sp^3d	极性

3-7 解答：(1)大，MgO的晶格能比LiF的大；(2)高，NH_3 的极性比 PH_3 大，且分子间有氢键；(3)低，Fe^{3+} 的极化力比 Fe^{2+} 大，$FeCl_3$ 有共价性；(4)深，Hg^{2+} 和 S^{2-} 间的极化作用较大；(5)大，F^- 的变形性小于 Cl^-，AgF仍为离子型，而AgCl已有一定共价性。

3-8 解答：(1)色散力。(2)取向力，诱导力，色散力，氢键。(3)诱导力，色散力。(4)取向力，诱导力，色散力。

3-9 解答：Ag^+ 是 $18e^-$ 型离子，$18e^-$ 型离子由于具有较大的变形性，因而有较强的附加极化力，所以总的极化能力较大，而卤离子 X^- 的变形性由 F→I 依次增大，F^- 因其半径特别小，所以变形性很小，AgF仍然是离子型化合物，但 Ag^+ 半径较大，导致晶格能不大，因此易溶于水。随卤离子半径增大，卤离子的变形性也增大，AgCl、AgBr、AgI均为共价型化合物，且共价性递增，所以它们难溶于水，且溶解度依次减小。随卤化银中离子极化作用的增强，相应能级发生改变，使激发态和基态的能量差变小，电子激发所需要的光的能量逐渐向波长较长的方向移动，物质逐渐由无色变有色，且颜色逐渐加深，故AgF、AgCl、AgBr、AgI的颜色依次出现无色、白、淡黄、黄的变化。

3-10 解答：(1)两个Cl的 $2p_x$ 头碰头重叠。(2)两个N原子的 $2p_y$ 和 $2p_z$ 分别以肩并肩方式重叠形成π分子轨道。(3)C原子 $2p_x$ 的O原子 $2p_x$ 头碰头重叠。(4)H原子的1s和Cl原子的 $2p_x$ 头碰头重叠。

五、参考资料

胡盛志.2007.键价理论的研究进展.大学化学，(6)：22

李克艳，薛冬峰.2008.电负性概念的新拓展.科学通报，(20)：53

苏金昌.2011.关于中心原子杂化轨道数的计算方法.大学化学,26(3):90

王海燕,曾艳丽,孟令鹏,等.2005.有关氢键理论研究的现状及前景.河北师范大学学报(自然科学版),(2):29

王稼国,荆西平.2012.弱共价相互作用——不可忽略的分子间作用力.大学化学,27(4):83

向义和.2009.化学键的本质是怎样被揭示的.自然杂志,(1):31

张晨曦,王雪峰.2012.价层电子对互斥理论教学中几个问题的讨论.大学化学,27(4):79

周再春,刘秋华.2012.杂化电子的离域和轨道杂化的起因.大学化学,27(6):77

第4章 晶体结构

一、重要概念

1.周期性 (periodicity)

周期性是指一定数量、种类的原子、离子、分子或基团(粒子)在空间排列时每隔一定距离重复出现的现象。

2.结构单元 (structural motif)

结构单元是重复周期中的具体内容,包括粒子的种类、数量及其在空间的排列方式。

3.点阵 (lattice)

一组无限个全同点的集合,连接其中任意两点可得一向量,将各个点按此向量平移能使其复原,凡满足这样条件的一组点就称为点阵。从晶体无数个结构单元中抽象出来的无数个点,在三维空间按一定周期重复,就构成了点阵。

4.点阵结构 (lattice structure)

点阵结构是一个在空间无限延伸的三维网格,也称格子。点阵结构类型为数不多。

5.单位点阵 (unit lattice)

单位点阵是点阵结构的一小部分,是晶体结构中能够重复平移的最简单部分,并且这个平移的最小单位足以代表晶体的对称性,此研究单位称为单位点阵。

6.晶胞 (unit cell)

在晶体的三维周期结构中,按照晶体内部结构的周期性,划分出一个个大小和形状完全相同的平形六面体作为晶体结构的基本重复单位,该单位称为晶胞。将晶体的结构单元复合到单位点阵上就得到晶胞。晶胞是可以代表晶体的最小单位。

7.晶系(crystal system)

对数以万计的实际晶体,采用点阵和单位点阵描述后,就可简化为研究为数不多的几种点阵或单位点阵,这些点阵称为晶系。根据晶体结构所具有的特征对称元素可将晶体分成七大晶系。

8.原子晶体 (atom crystal)

原子晶体是指相邻原子之间通过强烈的共价键结合而成空间网状结构的晶体。原子晶体也称共价晶体。

9.分子晶体 (molecular crystal)

分子晶体是指分子间通过分子间作用力[包括范德华力和(或)氢键]构成的晶体。

10.离子晶体 (ionic crystal)

离子晶体是指由正负离子或正负离子基团按一定比例通过离子键结合形成的晶体。

11.离子半径比规则（ionic radius ratio rule ）

在离子晶体中，阳离子周围阴离子的数目，即阳离子的结晶学配位数，取决于阳离子半径和阴离子半径的比。

12.金属晶体（metallic crystal）

金属晶体是指由金属键形成的单质晶体。

13.密堆积结构（packing structures）

密堆积结构晶体中的原子（或离子）在没有其他因素（如价键的方向性、正负离子的相间排列等）的影响下，由于彼此之间的吸引力会尽可能地靠近，以形成空间密堆积排列的稳定结构。

14.完美晶体（perfect crystals）

完美晶体是指晶体中的原子在三维空间排列无限延伸有序，晶体结构完整（具有周期性和对称性），即没有任何杂质和缺陷的晶体。

15.缺陷晶体（defect crystals）

缺陷晶体是指固体中原子排列有易位、错位以及本体组成以外的杂质的晶体。

二、自测题及其解答

1.选择题

1-1 下列关于晶体的说法正确的是（　　）

A.在晶体中只要有阴离子就一定有阳离子

B.在晶体中只要有阳离子就一定有阴离子

C.原子晶体的熔点一定比金属晶体的高

D.分子晶体的熔点一定比金属晶体的低

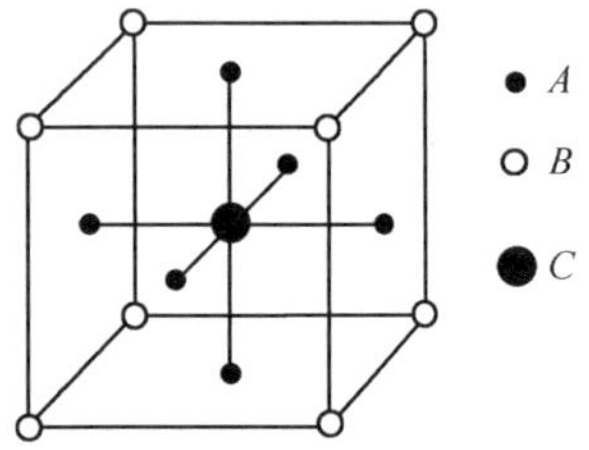

图 4-1　晶体的一个晶胞

1-2 图 4-1 为某晶体的一个晶胞，该晶体由 A、B、C 三种基本粒子组成。试根据图示判断，该晶体的化学式是（　　）

A.A_6B_8C　　B.A_2B_4C

C.A_3BC　　D.A_3B_4C

1-3 下列物质发生变化时，所克服的粒子间相互作用属于同种类型的是（　　）

A.液溴和苯分别受热变为气体

B.干冰和氯化铵分别受热变为气体

C.二氧化硅和铁分别受热熔化

D.食盐和葡萄糖分别溶解在水中

1-4 下列性质中，可以较充分说明某晶体是离子晶体的是（　　）

A.具有较高的熔点　　B.固态不导电，水溶液能导电

C.可溶于水　　D.固态不导电，熔融状态能导电

1-5 下列叙述正确的是（　　）

A.固态物质一定是晶体　　B.晶体内部的微粒按一定规律周期性排列

C.冰和固体碘晶体中相互作用力相同　　D.凡有规则外形的固体一定是晶体

1-6 按下列四种有关性质的叙述，可能属于金属晶体的是 (　　)

A.由分子间作用力结合而成，熔点低

B.固体或熔融后易导电，熔点在 1000 ℃左右

C.由共价键结合成网状结构，熔点高

D.固体不导电，但溶于水或熔融后能导电

1-7 下列固体熔化时必须破坏极性共价键的是 (　　)

A.晶体硅　　B.二氧化硅　　C.冰　　D.干冰

1-8 下列有关金属元素的特征叙述正确的是 (　　)

A.金属元素的原子具有还原性，离子只有氧化性

B.金属元素在化合物中一定显正价

C.金属元素在不同化合物中的氧化数均不相同

D.金属元素的单质在常温下均为金属晶体

1-9 下列叙述中正确的是 (　　)

A.离子晶体中肯定不含非极性共价键

B.分子组成的物质其熔点一定较低

C.原子晶体的熔点肯定高于其他晶体

D.原子晶体中除去极性共价键外不可能存在其他类型的化学键

1-10 晶体与非晶体的严格判别可采用 (　　)

A.有否自范性　　B.有否各向同性

C.有否固定熔点　　D.有否周期性结构

2.填空题

2-1 有下列八种晶体：A.水晶；B.冰乙酸；C.氧化镁；D.白磷；E.晶体氩；F.氯化铵；G.铝；H.金刚石。以上晶体中：

(1)属于原子晶体的化合物是________；直接由原子构成的晶体是________；直接由原子构成的分子晶体是________。

(2)由极性分子构成的晶体是________，含有共价键的离子晶体是________，属于分子晶体的单质是________。

(3)在一定条件下能导电而不发生化学变化的是________，受热熔化后化学键不发生变化的是________，需克服共价键的是________。

2-2 有一种蓝色的晶体，它的结构特征是 Fe^{2+} 和 Fe^{3+} 分别占据立方体互不相邻的顶点，立方体的每个棱上均有一个 CN^-。

(1)根据晶体结构的特点，推出这种蓝色晶体的化学式(用简单整数表示)________。

(2)此化学式带何种电荷________，如用 R^{n+} 或 R^{n-} 与其结合成电中性粒子，此粒子的化学式为________________。

2-3 固体材料可分为____、_____和_____三大类。

2-4 在单质的晶体中，一定不存在____(填键的类型)。

2-5 晶体的宏观特征是由晶体内部结构的_____决定的。

2-6 金属晶体中原子的堆积方式主要有________、________、________和________等类型。

2-7 简单立方堆积中，晶胞中的原子个数为 1，该结构的空间利用率为____。

2-8 被称为“密堆积结构”的堆积方式是__________和__________，这两种堆积方式的空间利用率都为______。

2-9 由热力学原因而存在的缺陷称为________；非热力学原因造成的缺陷称为______。

2-10 氮化硅是一种高温陶瓷材料，它的硬度大、熔点高、化学性质稳定。工业曾普遍采用高纯硅与纯氮在 1300 ℃反应获得。

(1)氮化硅晶体属于______。(填晶体类型)

(2)已知氮化硅的晶体结构中，原子间都以单键相连，且 N 原子和 N 原子，Si 原子和 Si 原子不直接相连，同时每个原子都满足 8 电子稳定结构。试写出氮化硅的化学式______。

(3)现用四氯化硅和氮气在氢气气氛保护下，加强热发生反应可获得高纯度的氮化硅。反应的化学方程式为______________________________。

3.简答题

3-1 试述玻璃和晶体的差别。

3-2 由特征对称元素所确定的晶系的类型有哪些？

3-3 晶体与非晶体最本质的区别是什么？

3-4 准晶体是一种什么物态？

3-5 在某一晶体结构中，同种质点都可以抽象成点阵点吗？为什么？

3-6 什么是固有缺陷和外赋缺陷？

3-7 为什么晶体大部分都服从紧密堆积方式？

3-8 为什么原子晶体的堆积方式不服从紧密堆积方式？

3-9 多晶和单晶的区别是什么？

3-10 晶胞中原子的位置用什么描述？

4.计算题

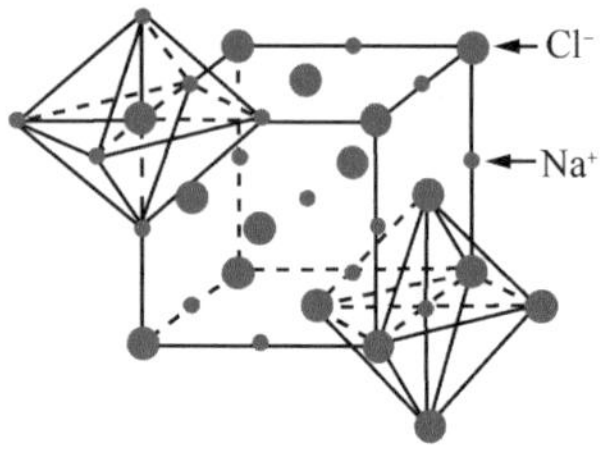

图 4-2　氯化钠的晶体结构

4-1 研究离子晶体，常考察以一个离子为中心时，其周围不同距离的离子对它的吸引或排斥的静电作用力。氯化钠晶体结构如图 4-2 所示，设氯化钠晶体中钠离子与离它最近的氯离子之间的距离为 d，以钠离子为中心，则：

(1)离它最近的钠离子有几个？其与中心离子的距离为多少？

(2)已知在晶体中钠离子的半径为 116 pm，氯离子的半径为 167 pm，它们在晶体中是紧密接触的。求离子占据整个晶体空间的百分数。

4-2 已知 KF 晶体具有 NaCl 型结构，在 20 ℃时测出 KF 晶体密度为 2.481 g · cm^{-3}，试计算 KF 晶胞的边长及在晶胞中相邻的 K^+ 和 F^- 之间的距离。已知相对原子质量：K 为39.10，F 为 19.00；阿伏伽德罗常数为 6.023×10^{23}。

4-3 金晶体是面心立方体，金的原子半径为 144 pm($1\ pm=10^{-12}\ m$)，求：

(1)每个晶胞中含几个金原子？

(2)求金的密度。

4-4 计算金属晶体简单立方堆积晶胞中的空间利用率。

4-5 计算金属晶体体心立方堆积晶胞中的空间利用率。

4-6 计算金属晶体面心立方堆积晶胞中的空间利用率。

4-7 计算二元离子晶体中，正离子位于正三角形空隙时，r_+/r_- 的关系。

4-8 计算二元离子晶体中，正离子位于正四面体空隙时，r_+/r_- 的关系。

4-9 计算二元离子晶体中，正离子位于正八面体空隙时，r_+/r_- 的关系。

4-10 计算二元离子晶体中，正离子位于正方体空隙时，r_+/r_- 的关系。

自测题解答

1.选择题

1-1 (A)　**1-2** (C)　**1-3** (A)　**1-4** (D)　**1-5** (B)

1-6 (B)　**1-7** (B)　**1-8** (B)　**1-9** (B)　**1-10** (D)

2.填空题

2-1 (1)AH、AEH、E；(2)B、F、DE；(3)G、BDE、AH。

2-2 (1)$[FeFe(CN)_6]^-$；(2)负电荷，$R[FeFe(CN)_6]_n$。

2-3 晶体、准晶体和非晶体。

2-4 离子键。

2-5 周期性。

2-6 简单立方堆积、体心立方堆积、面心立方密堆积和六方密堆积。

2-7 52%。

2-8 面心立方密堆积和六方密堆积，74%。

2-9 固有缺陷、外赋缺陷。

2-10 (1)原子晶体；(2)Si_3N_4；(3)$3SiCl_4+2N_2+6H_2 = Si_3N_4+12HCl$。

3.简答题

3-1 晶体的内部质点在三维空间作有规律的重复排列，且兼具短程有序和长程有序的结构。而玻璃的内部质点则呈短程有序而长程无序的无规则网状结构。

3-2 立方、三方、四方、六方、正交、单斜和三斜晶系。

3-3 晶体和非晶体均为固体，但它们之间有着本质的区别。晶体是具有周期构造的固体，即晶体的内部质点在三维空间作周期性重复排列，而非晶体不具有周期性构造。晶体具有长程和短程有序规律，非晶体只有短程有序规律。

3-4 准晶态也不具有周期性构造，即内部质点没有平移周期，但其内部质点排列具有长程有序规律。因此，这种物态介于晶体和非晶体之间。

3-5 晶体结构中的同种质点并不一定都可以抽象成点阵点。因为可以抽象成点阵点的质点必须满足以下两个条件的点：① 点的内容相同(即粒子的种类、数量及其在空间的排列方式)；② 点的周围环境相同。同种质点只满足了第一个条件，并不一定能够满足第二个条件。因此，晶体结构中的同种质点并不一定都可以抽象成点阵点。

3-6 由热力学原因而存在的缺陷称为固有缺陷；非热力学原因造成的缺陷称为外赋缺陷又称杂质缺陷。后一种缺陷可通过提纯或改变合成条件而得到控制。

3-7 金属晶体、离子晶体、分子晶体的结构中，金属键、离子键、范德华力均没有方向性，都趋向于使原子、离子和分子吸引尽可能多的微粒分布于周围，并以密堆积的方式降低体系的能量，使晶体变得比较稳定。

3-8 原子晶体中原子之间以共价键结合，共价键具有饱和性和方向性，因此决定了一个原子周围的其他原子的数目不仅是有限的，而且堆积方向是一定的，所以不是紧密堆积。

3-9 晶体又分为单晶体和多晶体：整块晶体内原子排列的规律完全一致的晶体称为单晶体；而多晶体则是由许多取向不同的单晶体颗粒无规则堆积而成的。

3-10 晶胞中原子的位置用分数坐标描述。原子在晶胞中的位置，科学的表述是原子坐标。坐标必定是对应于一个参考系的术语。晶胞的参考系的原点，习惯上取在晶胞的左-后-下顶角上，并把相交于这个原点的晶胞的三根棱按右手坐标定为 a、b、c，通常以向前方(指向观察者)为 $+a$，向右为 $+b$，向上为 $+c$(但并非必定如此，这只是大多数情况下的习惯画法，a、b、c 的指向可以改变，但原点和右手坐标系一般不改变，否则利用计算机程序画晶胞时会出现混乱)，如教材图 4-2 所示。在这样一个坐标系中，原子的坐标就是指 $xa+yb+zc$ 中的(x,y,z)三个数字。

注意：①x、y、z 三个数的取值范围是 $1>x(y、z)>-1$，不会等于 1 或大于 1，也不会等于或小于 -1，可以简单地记忆为“1 即是 0”；② 晶胞的 8 个顶角的坐标是一样的，换句话说，它们是同一个原子；③ 若一个原子坐标在晶面上，肯定在晶胞图上可以看见一对(位于平行的两个面上)，反过来说，三对面如果都有原子，必定有三个原子坐标，而不是一个原子坐标。同样的道理，如果某原子在晶胞的棱上，在晶胞图上将看到 4 个原子，位于平行的 4 个棱上。反过来说，如果晶胞的 12 根棱上全有原子，肯定不会有相同的坐标，而是有 3 个坐标。有了原子坐标的概念，数晶胞里的原子数目，则变得很简单——有多少种不同的原子坐标，就有多少个原子，至于不同坐标的原子是否为同种原子，与晶胞中有多少个原子毫无关系。

4.计算题

4-1 (1)12，$\sqrt{2}d$。

(2)在氯化钠晶体中，晶胞中正、负离子数目各为 4，则

$$V_{晶胞}=[2\times(116\ \text{pm}+167\ \text{pm})]^3=181\times 106\ (\text{pm}^3)$$

$$V_{离子}=4\times(4/3)\pi\times(116\ \text{pm})^3+4\times(4/3)\pi\times(167\ \text{pm})^3=104\times 106\ (\text{pm}^3)$$

所以，离子占据整个晶体空间的百分数为 $V_{离子}/V_{晶胞}=57.5\%$

4-2 由于 KF 晶体具有 NaCl 型结构，所以 KF 晶体是面心立方晶格。一个 KF 晶胞中含有 4 个 K^+ 和 4 个 F^-。

KF 晶胞的体积为 $V=\dfrac{4\times(39.10+19.00)}{2.481\times 6.023\times 10^{23}}=1.555\times 10^{-22}(\text{cm}^3)$

KF 晶胞的边长为 $a=\sqrt[3]{V}=\sqrt[3]{1.555\times 10^{-22}}=5.38\times 10^{-8}(\text{cm})=538\ (\text{pm})$

K^+ 和 F^- 的距离为 $d=\dfrac{1}{2}a=269\ (\text{pm})$

4-3 (1)面心立方体中每个晶胞中的金原子数目为

$$6\times 1/2(面心)+8\times 1/8\ (顶点)=4$$

(2)设金晶胞边长为 a，取立方体的底面为研究对象，如图 4-3 所示可知，边长与金原子半径的关系为

$$(4r^2)=a^2+a^2=2a^2$$

$$4r=\sqrt{2}a$$

$$a=2\sqrt{2}r$$

则金的密度为

$$\rho=\frac{ZM/N_0}{V_{胞}}=\frac{4\times 197/(6.02\times 10^{23})}{(2\sqrt{2}\times 144\times 10^{-10})^3}=19.37\ (\text{g}\cdot\text{cm}^{-3})$$

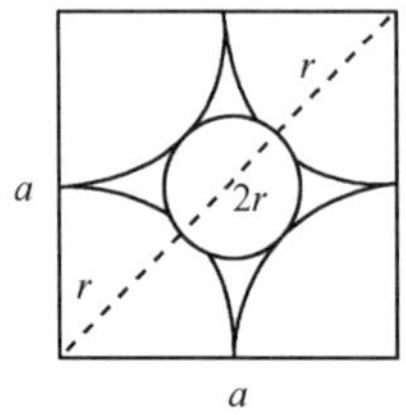

图 4-3 面心立方堆积晶胞截面图

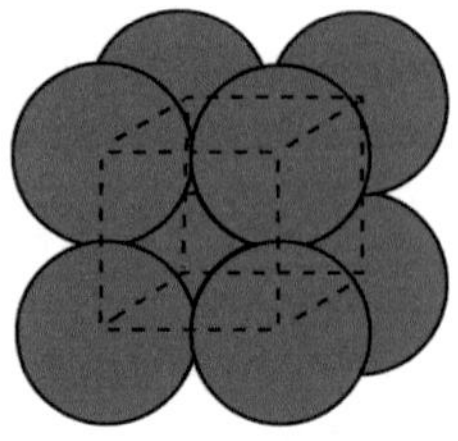

图 4-4 简单立方堆积晶胞

4-4 金属晶体简单立方堆积如图 4-4 所示：在简单立方堆积晶胞中，晶胞中只有 1 个金属原子($8\times 1/8=1$)，面上的 4 个球是相切的。

设球的半径为 r，晶胞的边长 a，则 $a=2r$

$$V_{晶胞}=a^3=(2r)^3=8r^3$$

晶胞中球的体积 $V_{球}=4\pi r^3/3$

则简单立方堆积晶胞的空间利用率为 $V_{球}/V_{晶胞}=52\%$

4-5 金属晶体体心立方堆积如图 4-5 所示：在体心立方堆积晶胞中，晶胞中有 2 个金属原子[$8\times1/8$(顶点)$+1$(体心)$=2$]，面上的 4 个球不相切，体对角线上的 3 个球相切。

设球的半径为 r，晶胞的边长 a

晶胞中球的体积 $V_{球}=2\times(4/3)\pi r^3$

则体心立方堆积晶胞的空间利用率为 $V_{球}/V_{晶胞}=68\%$

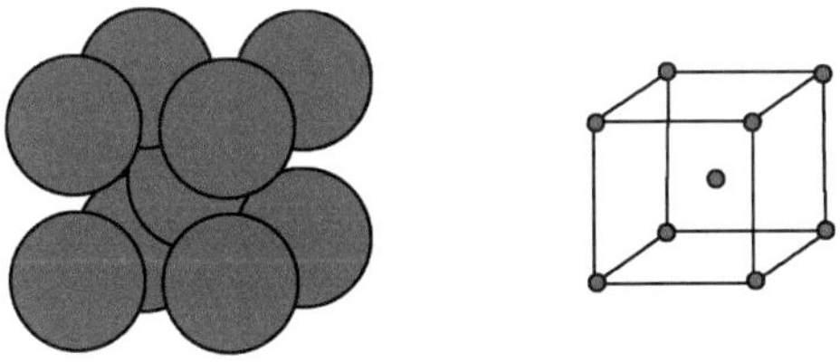

图 4-5　体心立方堆积晶胞

4-6 在面心立方堆积晶胞中，晶胞中有 4 个金属原子[$8\times1/8$(顶点)$+6\times1/2$(面心)$=4$]，面对角线上的 3 个球相切。取立方体的一个面作为研究对象，如图 4-3 所示。

设球的半径为 r，晶胞的边长 a

则晶胞的边长 a 与球的半径 r 的关系如下：

$$(4r^2)=a^2+a^2=2a^2$$

$$4r=\sqrt{2}a$$

$$r=\frac{\sqrt{2}}{4}a$$

则面心立方堆积晶胞的空间利用率为 $V_{球}/V_{晶胞}=74\%$

4-7 二元离子晶体中，3 个负离子球在平面互相相切形成正三角形空隙，3 个球的球心连线为正三角形，正离子位于正三角形的空隙时，其关系如图 4-6所示：

设正负离子的半径分别是 r_+ 和 r_-。由图可见

$$\overline{AF}=r_++r_-\quad \overline{AD}=r$$

在△PED 中，$\angle FAD=30°$

$$因此\frac{\overline{AD}}{\overline{AF}}=\frac{r_-}{r_++r_-}=\cos30°=\frac{\sqrt{3}}{2}$$

$$r_+/r_-=\frac{2}{\sqrt{3}}-1=0.155$$

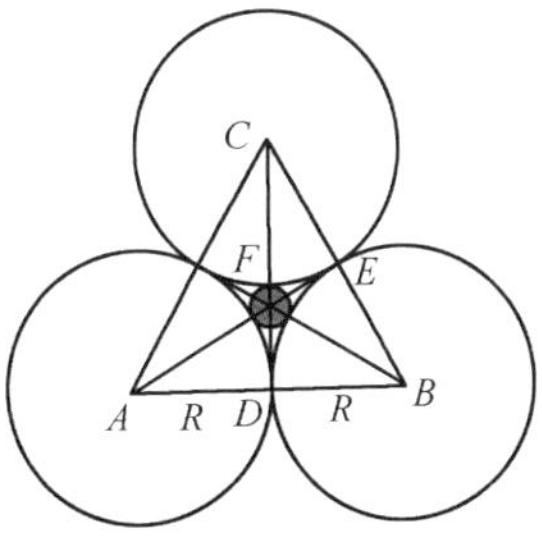

图 4-6　正三角形空隙

4-8 二元离子晶体中，4 个负离子球在空间互相相切形成正四面体空隙，4 个球的球心连线为正四面体，正离子位于正四面体的空隙时，其关系如图 4-7 所示：

$$2r_-=\sqrt{2}a$$

$$2(r_++r_-)=\sqrt{3}a$$

则 $r_+/r_-=0.225$

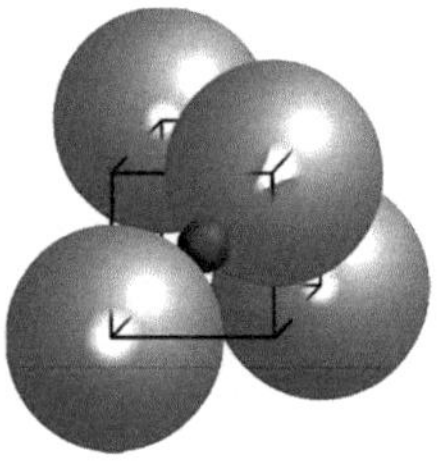

图 4-7　正四面体空隙

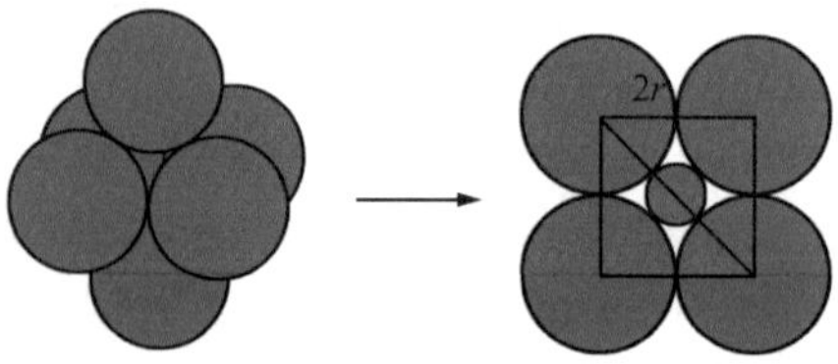
2r

图 4-8　正八面体空隙

4-9 二元离子晶体中，6 个负离子球在空间互相相切形成正八面体空隙，6 个球的球心连线为正八面体，正离子位于正四八面体的空隙时，其关系如图 4-8 所示：

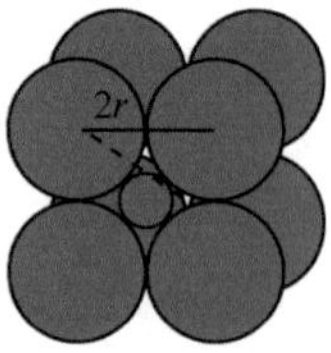
2r

图 4-9　正立方体空隙

$$2(r_{+}+r_{-})=\sqrt{2}(2r_{-})$$

则 $r_{+}/r_{-}=0.414$

4-10 二元离子晶体中，8 个负离子球在空间互相相切形成正立方体空隙，8 个球的球心连线为正立方体，正离子位于正立方体的空隙时，其关系如图 4-9 所示：

$$2(r_{+}+r_{-})=\sqrt{2}(2r_{-})$$

则 $r_{+}/r_{-}=0.732$

三、思考题解答

4-1 解答：一维链状聚乙烯分子中，由于相邻碳原子的构象不同，满足平移周期性的结构单元是$CH_2—CH_2$，而不是组成最简比 CH_2；石墨分子的结构单元是 C_2 原子，即六元环的一条边；层状硼酸晶体的结构单元是两个 H_3BO_3 通过氢键结合的一个环，如图 4-10 所示。

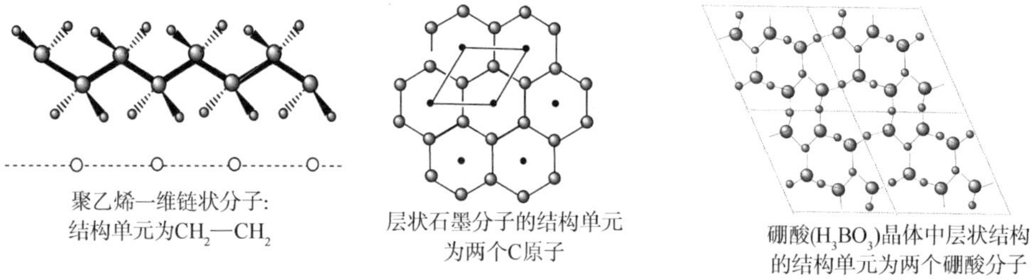
聚乙烯一维链状分子:
结构单元为CH₂—CH₂
层状石墨分子的结构单元
为两个C原子
硼酸(H₃BO₃)晶体中层状结构
的结构单元为两个硼酸分子

(a) 一维链状聚乙烯分子　(b) 层状石墨分子　(c) 层状硼酸晶体

图 4-10　乙烯分子、层状石墨分子、层状硼酸晶体的结构单元

4-2 解答：如题图所示，图中给出了 3 种平行六面体的取法，其中六面体 a 和六面体 b 的取法相似，只是六面体 b 的体积大了一倍，而且两者中共顶点的棱的两两夹角均为直角，六面体中的独立占有格点数，在 a 中为 1，b 中则有 2 个；第三种取法得到的六面体 c，其中的独立占有格点数也为 1，但两两棱夹角存在非直角。按照单位点阵选取规则，图示点阵的点阵单位应是六面体 a。

4-3 解答：由于 Cs^{+} 的半径较大，已接近 Cl^{-} 的半径，Cl^{-} 不能再保持最密堆积状态，而是按简单立方堆积排列，正离子 Cs^{+} 正好嵌在由负离子 Cl^{-} 所构成的立方体的中央，形成体心立方晶格，如图 4-11 所示。在该体心立方晶格中，正负两种离子穿插排列而成，每种离子都以同样的形式联系在一起。正负离子配位数都是 8，常记作8 ∶ 8，晶胞

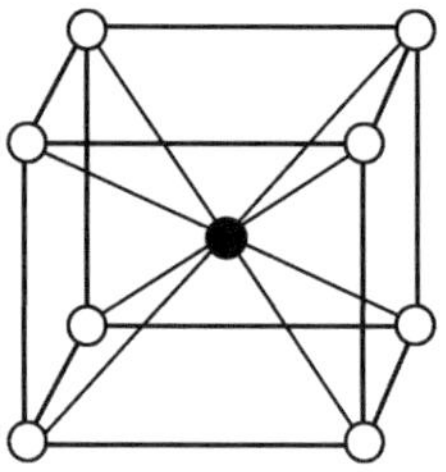

图4-11　体心立方晶格

○ Cl^{-}　● Cs^{+}

中正负离子个数分别等于 1($1/8\times8=1$)，则晶胞中单独占有的原子数为 1 个体心 Cs^+ 和一个 Cl^-($1/8\times8=1$ 个顶角)，共 2 个原子。

4-4 解答：体心立方晶格中，体心对角线上原子相切，则取以立方体的地面对角线为底、立方体的高为高的截面(图 4-12)。从中可以看出，原子的半径 r 和晶胞参数 a 的关系如下：

$$(4r)^2=a^2+(\sqrt{2}a)^2 \quad 则\ r=\frac{\sqrt{3}}{4}a$$

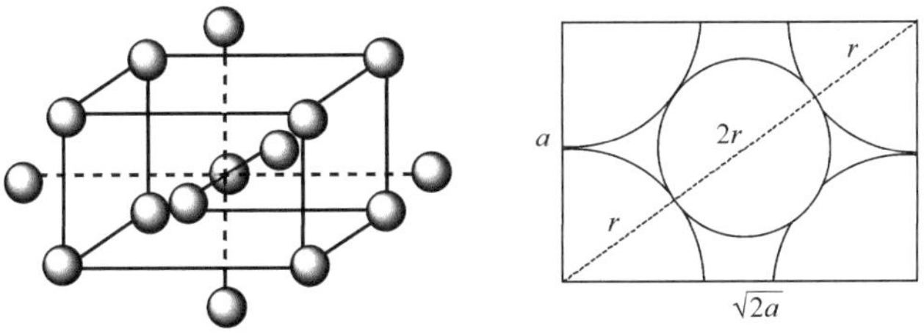

图 4-12　体心立方晶格的截面

4-5 解答：NaCl 是面心立方晶体(图 4-2)，负离子(Cl^-)按面心立方密堆积排布，正离子(Na^+)嵌在 Cl^- 形成的八面体空隙中，其配位数为 6，同理对 Cl^- 而言，其位于 Na^+ 形成的八面体空隙中，其配位数也为 6。晶胞中单独占有的原子有 8 个顶角和 6 个面上的 Cl^-，其数目为 $n=1/8\times8+1/2\times6=4$，和位于棱边中心及体心的 Na^+，其数目为 $n=1/4\times12+1=4$，则晶胞中单独占有的原子数目为 $4+4=8$。

4-6 解答：面心立方晶格中，面心对角线上原子相切，则取以立方体的地面对角线为底、立方体的高为高的截面(图 4-13)。从中可以看出，原子的半径 r 和晶胞参数 a 的关系如下：

$$(4r)^2=a^2+a^2=2a^2 \quad 则\ 4r=\sqrt{2}a$$

$$r=\frac{\sqrt{2}}{4}a$$

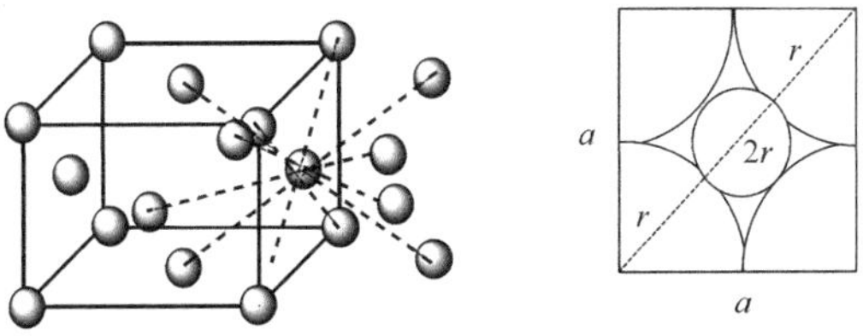

图 4-13　面心立方晶格

4-7 解答：离子晶体的结构可以归结为不等径圆球的密堆积问题。离子晶体的稳定条件是正负离子尽可能接触，配位数尽可能大。这个条件是受正负离子半径比(r_+/r_-)制约的。

一般说来，阳离子的半径总小于阴离子的半径。所以，在离子晶体中，负离子作一定方式堆积，正离子则充填在其形成的多面体孔隙中。这样，就可以用围绕正离子形成的负离子配位多面体来讨论晶体结构。在每一个正离子的周围形成一个负离子配位多面体时，正负离子的距离取决于它们的半径和。正离子的配位数，即负离子配位多面体的类型则取决于正负离子的半径比值。显然，当正负离子处于最密堆积时，即当正负离子之间的距离正好等于正负离子的半径之和时，体系才处于最低能量状态，此时晶体是稳定的。

对于几种确定的配位数，分析计算理论上要求的 r_+/r_- 的值时应考虑以下几点：

(1)正-负离子在哪个方向接触？接触距离是多少？

(2)负-负离子在哪个方向接触？接触距离是多少？

(3)这两种接触距离是什么关系？

针对不同类型的离子晶体结构，在配位数确定的情况下，先考虑负离子的堆积方式，再根据以上几点的指导，就可以计算出理论上要求的 r_+/r_- 的值。例如，当半径较小的正离子位于半径较大的负离子形成的八面体空隙中时，各离子的接触情况如图 4-14 所示：当负负离子及正负离子都相互接触时，由几何关系

$$(2r_- + 2r_+)^2 = (2r_-)^2 + (2r_-)^2$$

$$(2r_- + 2r_+) = 2\sqrt{2}r_-$$

$$\text{则}\frac{r_+}{r_-} = \sqrt{2} - 1 = 0.414$$

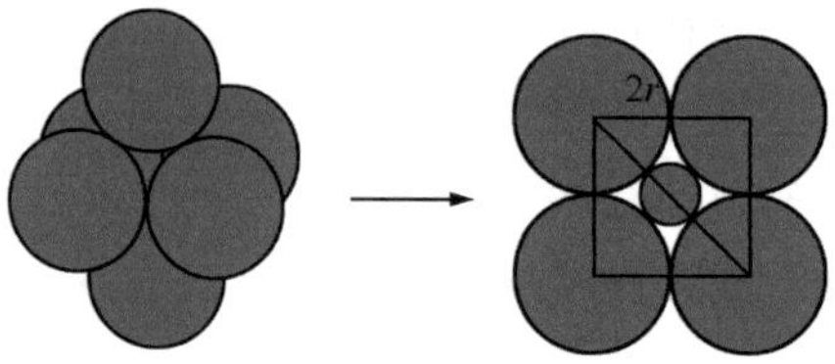

图 4-14　八面体空隙中离子的接触情况

4-8 解答：表 4-5 给出的是等径球采用不同类型的堆积方式时，原子半径与晶胞参数的关系。该关系的得出前提是把原子等效为相同半径的等径球，按不同类型进行紧密堆积，然后截取与原子半径 r 及晶胞参数 a 相关的平面图行，根据三角关系计算而来。

4-9 解答：金属晶体中原子一般都采用密堆积的方式使其配位数较高，结构比较紧密。金属晶体的密堆积方式按空间占有率来看，有 74%的面心及六方密堆积，68%的体心立方密堆积，除此之外还有 52%的简单立方密堆积，34.01%的金刚石型堆积结构，四面体晶格等，它们的堆积系数要小得多，所以称为非密堆晶体结构。需要知道的是，实际上很多晶体的质点之间存在着键型过渡，因而会形成一系列过渡型晶体或混合型晶体。另外，离子的极化也会影响到键型，所以也会影响到晶体结构。

四、课后习题解答

4-1 解答：(1)晶胞是衡量晶体结构的最小单元。晶体具有平移对称性，在一个无限延伸的晶体网络中取出一个最小的结构使其能够在空间内堆垛构成整个晶体，那么这个立体就称为晶胞。简而言之，晶胞就是晶体平移对称的最小单位。晶胞的特征：一是代表晶体的化学组成；二是代表晶体的对称性，即与晶体具有相同的对称元素(对称轴、对称面和对称中心)。晶格，又称晶架，是指晶体矩阵所形成的空间网状结构——晶胞的排列方式。把每一个晶胞抽象成一个点，连接这些点就构成了晶格。

(2)晶体结构中的每个结构单元都可抽象成一个点，将这些点按照周期性重复排列就构成了点阵。点阵是反映点阵结构周期性的科学抽象，点阵结构是点阵的理论实践依据和具体研究对象，他们之间存在的关系如下：

点阵结构＝点阵＋结构单元

(3)晶胞是描述晶体微观结构的基本单元,但不一定是最小单元。晶胞的形状和大小是由晶体的结构决定的。晶胞有素晶胞和复晶胞之分。能用一个点阵点代表晶胞中的全部内容者,称为素晶胞,它即为一个结构单元。含两个或两个以上结构单元的晶胞称为复晶胞。

4-2 解答:(1)(B);(2)(B);(3)(D);(4)(B);(5)(C);(6)(C);(7)(C);(8)(B)。

4-3 解答:

物质	晶体类型	结点上的粒子	粒子间的作用力
Kr	分子晶体	Kr 分子	分子间力和色散力
$[Cu(NH_3)_4]SO_4$	离子晶体	$[Cu(NH_3)_4]^{2+}$ 和 SO_4^{2-}	离子键
SiC	原子晶体	Si 和 C	共价键
Zn	金属晶体	Zn 和 Zn^{2+}	金属键

4-4 解答:(1)钠的卤化物是离子晶体,而硅的卤化物是分子晶体,所以钠的卤化物的熔点总是比相应硅的卤化物的熔点高。

(2)钠的卤化物中从 NaF 到 NaI,负离子半径增大,离子键逐渐减弱,故熔点逐渐下降。而硅的卤化物从 SiF_4 到 SiI_4,相对分子质量增大,故分子间力逐渐增大,熔点逐渐上升。

4-5 解答:分子晶体的熔点取决于粒子间的相互作用力。(1)的顺序:从左到右依次升高。(2)中由于H_2O晶体中粒子间存在氢键熔点特高,其他分子晶体的熔点从左到右升高。

4-6 解答:对数以万计的实际晶体,采用点阵和单位点阵描述后,就可简化为研究为数不多的几种点阵或单位点阵。这些点阵称为晶系,根据晶体结构所具有的特征对称元素可将晶体分成七大晶系。当一个未知晶体的晶胞参数被测定以后,其晶系就大致确定了。但只是大致确定,因为晶系是由特征对称元素所确定的,而不是仅由晶胞参数决定。如果再考虑六面体的面上和体中有无面心或体心,即带心形式进行分类,又可将七大晶系划分为 14 种空间点阵形式,即 14 种布拉维格子, 由布拉维(O.Bravais)于 1895 年确定。空间点阵形式属于微观对称性。

4-7 解答:原子晶体是原子之间通过共价键相互结合,原子晶体一般硬度高、熔点高,在固态和熔融态都不易导电,一般是电的绝缘体,也不溶于常见溶剂,如金刚石和 SiC。

分子晶体中分子之间通常以弱的分子间力(范德华力)互相作用,而分子内的原子之间则以强的共价键互相结合。一般具有较低的熔点、沸点和较小的硬度,不导电。

4-8 解答:离子晶体的稳定条件是正负离子尽可能接触,配位数尽可能大。这个条件是受正负离子半径比(r_+/r_-)制约的。正负离子半径比与立方晶系 MX 型二元离子晶体结构之间的关系是有规律的,见教材表 4-4。

4-9 解答:金属晶体中原子的堆积方式有四种,各类型及各自的空间利用率见教材表 4-5。

4-10 解答:排列在晶格格点的原子、分子或离子,除非是在热力学 0 K 时才会停止热运动,在 0 K 以上的任何温度,晶格格点的热运动形式主要是振动,会形成体系能量的涨落,结果导致格点粒子离开它自身原本应在的格点;缺陷会使晶体由有序结构变为无序结构从而使熵值增加。即缺陷对晶体吉布斯自由能的贡献是负项。

五、参考资料

陈敬中.1993.准晶体的基本性质.地球科学,18(6),13

金冲,洪玠巍,张传杰,等.2013.碱金属与碱土金属密堆积结构的研究.大学化学,28(2):65

刘维.1990.固体材料中的新成员——准晶体.现代物理知识,(5):10

马艳子,王海茳,田曙坚,等.2012.一种新型密堆积晶体结构模型.大学化学,27(3):53

吴国庆.2000.混乱的晶系概念.大学化学,15(1):15

于大秋.2008.晶体中的化学键和结构——性能关系研究.大连:大连理工大学博士学位论文

张太平.2003.金属晶体三种类型最密堆积空间利用率的计算.高等函授学报(自然科学版),16(6):30

周公度.2006.关于晶体学的一些概念.大学化学,21(6):12

第 5 章　化学热力学初步

一、重要概念

1.化学热力学(chemical thermodynamics)

把热力学的理论、原理、规律以及研究方法，用于研究化学现象就产生了化学热力学。它可以解决化学反应中的能量问题、化学反应的方向问题以及化学反应进行的程度问题。

2.体系与环境 (system and environment)

体系也称系统，指化学直接研究的对象，与体系密切相关的部分或与体系相互影响所涉及的部分称为环境。两者之间可以交换物质或能量，据此可将体系进行如下分类：

(1) 敞开体系(open system)：体系和环境之间可以有能量和物质的交换；

(2) 封闭体系(closed system)：体系和环境之间只有能量的交换，而不能有物质的交换；

(3) 孤立体系(isolated system)：体系和环境之间既无能量的交换，也无物质的交换。

3.状态和状态函数(state and state functions)

系统的所有客观性质的综合表现即为系统的状态。描述系统状态的物理量称为状态函数。状态定，状态函数定，即有一定的值；状态变，状态函数的值变。

4.广度性质(extensive property)

广度性质又称容量性质，这种性质的数值与系统中所含物质的量成正比，具有简单加和性，即系统的某一广度性质的数值等于各部分这种性质的数值的简单加和，如质量 m、体积 V、热力学能 U、熵 S、焓 H、热容量 C_p等。

5.强度性质(intensive property)

强度性质的数值与系统所含物质的量无关。强度性质不具有加和性，如温度 T、压力 p、浓度 c 等。显然，广度性质除以系统的物质的量后就与系统的量无关，而变成了强度性质，如摩尔体积 V_m等。

6.过程和途径 (process and path)

过程和途径系统的状态发生了任意的变化，就说系统发生了一个过程。发生在等温条件下、压力一定条件下和绝热条件下的系统的变化，分别称为等温过程(isaothermal process)、等压过程(isobaric process)和绝热过程(adiabatic process)。系统由始态到终态的变化，可经由不同的方式完成，这些不同方式即为“途径”。

7.热力学温度(thermodynamic temperature)

热力学温度又称绝对温度(absolute temperature)，国际单位制(SI)的 7 个基本量之一，符号为 T，单位“开尔文”(Kelvin)，简称“开”，国际代号“K”。以绝对零度(0 K)为最低温度，规定水的三相点的温度为 273.16 K，而水的三相点温度为 0.01 ℃。因此热力学温度 T 与人们惯用的摄氏温度 t 的关系是 $T=t+273.15$。

8.热和功 (heat and work)

系统和环境间因温度差别引起能量交换，这种被传递的能量称为热，用符号 Q 表示。并规定当系统吸热时，Q 为正值，即 $Q>0$ 或 $\Delta Q>0$；放热时 Q 为负值，即 $Q<0$ 或 $\Delta Q<0$。除此之外，其他在系统和环境之间被传递的能量均称为功，用符号 W 表示。并规定当系统对环境做功时，$W<0$，反之 $W>0$。

9.热力学标准压力(thermodynamic standard pressure)

由国际纯粹与应用化学联合会(International Union of Pure and Applied Chemistry, IUPAC)提出，相对于 1 标准大气压为 $1.013\ 25\times10^5$ Pa(帕斯卡，简称帕)的 1.013 25 不是整数，使用起来不方便，建议使用热力学标准压力(thermodynamic standard pressure)概念，规定：$p^\ominus=1$ bar (巴)$=10^5$ Pa(帕)$=100$ kPa(千帕)。

10.热化学 (thermochemistry)

研究物质化学和物理变化过程中热效应的学科称为热化学。即对于伴随着化学反应和状态的变化而发生的热变化的测量、解释和分析。

11.热量计(calorimeter)

用来测量化学反应热效应的装置。常用的有测量物质恒容燃烧能的弹式热量计(bomb calorimeter)，测量物质恒压反应热等热效应的各种微量热量计(micro calorimeter)和测量物质热容的各种绝热热量计(adiabatic calorimeter)。

12.热容 (heat capacity)

热容指物体温度升高 1 K 所需的热量，单位为 $J\cdot K^{-1}$。1 mol 物质的热容称为摩尔热容，用 C_m表示，其单位为 $J\cdot K^{-1}\cdot mol^{-1}$。根据恒容和恒压不同情况，又可分为摩尔恒容热容 $C_{V,m}$和摩尔恒压热容 $C_{p,m}$。

13.热效应 (heat effect)

物质系统在一定温度下(等温过程)发生物理或化学变化时所放出或吸收的热量称为热效应。化学反应中的热效应又称为反应热，有生成热、燃烧热、中和热等之分。

14.热力学能 (thermodynamic energy)

系统内一切能的总和称为热力学能，曾称内能，通常用 U 表示。它包括系统内各种物质的分子或原子的位能、振动能、平动能、电子的动能以及核能等。它的数值目前尚无法求得，但它是系统的状态函数，系统一定，U 一定，系统发生变化后的 ΔU 可求得。

15.热力学第一定律 (the first law of thermodynamics)

热力学第一定律即能量守恒定律，可简述为：任何形式的能量都不能凭空消失，宇宙的能量是恒定的。它的数学表达式为 $\Delta U=Q+W$。

16.焓和焓变 (enthalpy and enthalpy change)

与热力学能有关的、表示物质系统能量的状态函数：$H=U+pV$。

系统的状态一定，每种物质都有特定的焓值，但无法测定它的绝对值。在化学上，可通过测定恒压下化学反应的热效应，求得生成物和反应物之间的焓变 ΔH。

17.标准状态 (standard state)

指在 1×10^5 Pa 的压力(标准压力)下和某一指定温度下物质的物理状态(如气态、液态或某种形式的固态)，用 $\Delta_r H_m^{\ominus}(T)$ 表示。又称热力学标准状态，简称标准态。它对具体物质状态有严格规定:① 气体物质的标准态除指物理状态为气态外，还指该气体的压力(或在混合气体中的分压)值为 1×10^5 Pa，即标准压力 $p^{\ominus}$;② 溶液的标准态规定溶质的浓度为 1 mol · kg^{-1}，标准态活度的符号为 $b^{\ominus}$;③ 液体和固体的标准态是指处于标准态压力下纯物质的物理状态。

18.标准生成焓(standard enthalpy of formation)

某温度下，由处于标准状态下的各种元素的最稳定单质通过直接化合反应生成标准状态下单位物质的量(1 mol)某纯物质的热效应，称为标准摩尔生成焓，简称标准生成焓，用 $\Delta_f H_m^{\ominus}(T)$ 表示。

19.热化学方程式 (thermochemistry equation)

热化学方程式热化学方程式表示反应热效应的化学方程式。书写时应注意:① 明确写出反应的计量方程式;② 注明反应物和生成物的物质状态;③ 注明反应的温度和压力。

20.标准燃烧焓 (standard enthalpy of combustion)

1 mol 标准态的某物质完全燃烧(或完全氧化)生成标准状态的产物的反应热效应(简称燃烧焓)，用符号 $\Delta_c H_m^{\ominus}$ 表示。

21.赫斯定律 (Hess's law)

1884 年由俄国化学家赫斯(H.Hess)，1850～1902 在一系列热化学研究之后指出:任一化学反应，不论是一步完成的，还是分几步完成的，其热效应都是一样的，即“热效应总值一定定律”。

22.熵和熵变 (entropy and entropy change)

系统内部质点混乱程度或无序程度的量度，是物质的一个状态函数，用 S 表示。当物质的聚集状态发生变化时，其熵值就会改变，在一定条件下每个化学反应都有一定的熵变值，用 ΔS 表示。

23.热力学第二定律(the second law of thermodynamics)

自然界一条普遍适用的法则:孤立系统有自发向混乱度增大(即熵增)的方向变化的趋势。

24.热力学第三定律 (the thrid law of thermodynamics)

0 K 时标准状态理想晶形的物质的熵 $S^{\ominus}$(0 K)的数值为零，即任何理想晶体(或完美晶体)在零热力学温度的熵值都为零。因此，熵与焓不同，可以确定物质本义的熵值，即物质的绝对熵 $S^{\ominus}$，由 $S^{\ominus}$(0 K)的数值和其他有关热力学数据算得。

25.自由能和自由能变 (free energy and free energy change)

自由能即吉布斯自由能。指可以做有用功的能，是物质的一种基本性质，用符号 G 表示[为了纪念美国科学家吉布斯 (W.Gibbs)为此工作的贡献]。在恒温、恒压下进行的反应，其产生有用功的本领，可用反应前后自由能的变化，即自由能变来说明。

26.标准生成自由能 (standard free energy of formation)

某温度下由处于标准状态的各种元素的最稳定单质生成 1 mol 某纯物质的吉布斯自由能的变量，称为这种温度下该物质的标准摩尔生成吉布斯自由能，简称标准生成自由能，用符号 $\Delta_f G_m^{\ominus}$ 表示。

27.吉布斯-亥姆霍兹公式（Gibbs-Helmholtz formula）

即把三个热力学函数 G、H、S 和温度关联在一起的公式 $\Delta G=\Delta H-T\Delta S$，用以计算并判断化学反应的自由能变 ΔG。若 $\Delta G<0$，则反应是自发过程；若 $\Delta G>0$，反应是非自发过程；$\Delta G=0$，表示反应处于平衡状态。

28.化学反应等温式（isothermal equation of chemical reaction）

即范特霍夫（van't Hoff）等温式。用来表达非标准状态下自由能变化与 $\Delta_r G_m^\ominus(T)$ 之间关系的式子：$\Delta_r G_m(T)=\Delta_r G_m^\ominus(T)+RT\ln Q$ 式中，Q 为反应熵，与 $K^\ominus$ 有相同的表达式，只不过表达式中的浓度或压力不尽是平衡状态下的数值。当 $Q=K^\ominus$ 时，$\Delta_r G_m(T)=0$，则 $\Delta_r G_m^\ominus(T)=-RT\ln K^\ominus$。

这是一个非常重要的公式，表达了 $\Delta_r G_m^\ominus$ 与 $K^\ominus$ 的关系。

二、自测题及其解答

1.选择题

1-1 某恒容绝热箱中有 CH_4 和 O_2 混合气体，通电火花使它们发生反应（电火花的能可以不计），该变化过程的　（　　）

A.$\Delta U=0,\Delta H=0$　　B.$\Delta U=0,\Delta H>0$

C.$\Delta U=0,\Delta H<0$　　D.$\Delta U<0,\Delta H>0$

1-2 如果系统经过一系列变化，最后又变到初始状态，则系统的　（　　）

A.$Q=0,W=0,\Delta U=0,\Delta H=0$　　B.$Q\neq 0,W\neq 0,\Delta U=0,\Delta H=Q$

C.$Q=W,\Delta U=Q-W,\Delta H=0$　　D.$Q\neq W,\Delta U=Q-W,\Delta H=0$

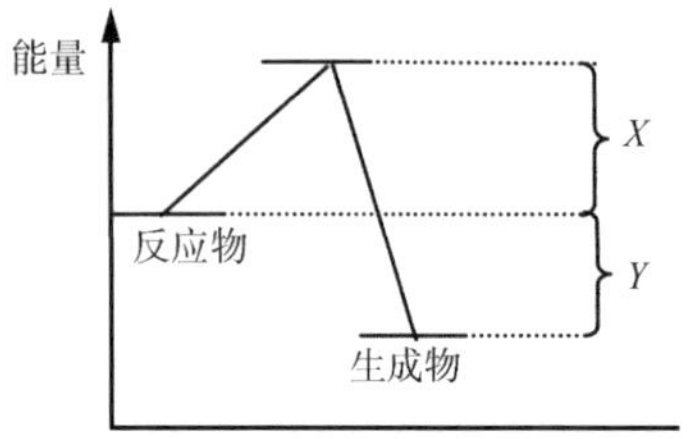

1-3 由左图可知下述描述正确的是　（　　）

A.该反应为吸热反应

B.反应的焓变为 $-Y$

C.反应的活化能为 Y

D.反应的 $\Delta H=X+Y$

1-4 根据热力学知识，下列定义中不正确的是　（　　）

A.H_2(g)的 $\Delta_r G_m^\ominus=0$　　B.H^+(aq)的 $\Delta_r G_m^\ominus=0$

C.H (g)的 $\Delta_r H_m^\ominus=0$　　D.H_2(g)的 $\Delta_r H_m^\ominus=0$

1-5 在下列反应中，焓变等于 AgBr(s)的 $\Delta_r H_m^\ominus$ 的反应是　（　　）

A.$Ag^+(aq)+Br^-(aq)\longrightarrow AgBr(s)$　　B.$2Ag(s)+Br_2(g)\longrightarrow 2AgBr(s)$

C.$Ag(s)+\frac{1}{2}Br_2(g)\longrightarrow AgBr(s)$　　D.$Ag(aq)+\frac{1}{2}Br_2(g)\longrightarrow AgBr(s)$

1-6 已知 NH_3(g)的 $\Delta_f H_m^\ominus=-46\ kJ\cdot mol^{-1}$，H—H 键能为 435 $kJ\cdot mol^{-1}$，N≡N 键能为941 $kJ\cdot mol^{-1}$，则 N—N 键的平均键能（$kJ\cdot mol^{-1}$）为　（　　）

A.−390　　B.1169　　C.390　　D.−1169

1-7 在标准条件下石墨燃烧反应的焓变为−393.6 $kJ\cdot mol^{-1}$，金刚石燃烧反应的焓变为−395.6 $kJ\cdot mol^{-1}$，则石墨转变成金刚石反应的焓变为　（　　）

A.−789.3 $kJ\cdot mol^{-1}$　　B.0

C.1.9 kJ·mol^{-1}　　　　D.−1.9 kJ·mol^{-1}

1-8 下列反应中，$\Delta_r S_m^\ominus$ 最大的　　(　　)

A.$C(s)+O_2(g)\longrightarrow CO_2(g)$

B.$2SO_2(g)+O_2(g)\longrightarrow 2SO_3(g)$

C.$CaSO_4(s)+2H_2O(l)\longrightarrow CaSO_4\cdot 2H_2O(s)$

D.$3H_2(g)+N_2(g)\longrightarrow 2NH_3(g)$

1-9 苯的熔化热为 10.67 kJ·mol^{-1}，其熔点为 278 K，则苯熔化过程的 $\Delta S_m^\ominus$ 约为 (　　)

A.2.09 J·mol^{-1}·K^{-1}　　　　B.10.88 J·mol^{-1}·K^{-1}

C.38.38 J·mol^{-1}·K^{-1}　　　　D.54.39 J·mol^{-1}·K^{-1}

1-10 有 20 g 水，在 373 K 和标准压力下如有 18 g 气化为 100 ℃ 1 个标准压力下的水蒸气，此时吉布斯自由能变为　　(　　)

A.$\Delta G=0$　　B.$\Delta G<0$　　C.$\Delta G>0$　　D.无法判断

2.填空题

2-1 反应 $2N_2(g)+O_2(g)\longrightarrow 2N_2O(g)$ 在 298 K 时，$\Delta_r H_m^\ominus$ 为 164.0 kJ·mol^{-1}，则反应的 $\Delta U=$________ kJ·mol^{-1}。

2-2 判断下列过程的熵变的正负号。

a.溶解少量盐于水中，$\Delta_r S_m^\ominus$ 是____号；

b.纯碳和氧气反应生成 CO(g)，$\Delta_r S_m^\ominus$ 是____号；

c.液态水蒸发变成 $H_2O(g)$，$\Delta_r S_m^\ominus$ 是____号；

d.$CaCO_3(s)$加热分解为 CaO(s)和 $CO_2(g)$，$\Delta_r S_m^\ominus$ 是____号。

2-3 298 K、101.3 kPa 下，Zn 和 $CuSO_4$ 溶液的置换反应在可逆电池中进行，放热 6.00 kJ·mol^{-1}，做出电功 200 kJ·mol^{-1}，则此过程的 $\Delta_r S_m^\ominus$ 为__________，而 $\Delta_r G_m^\ominus$ 为__________________。

2-4 1 mol 液态苯完全燃烧生成 $CO_2(g)$和 $H_2O(l)$，则该反应的 Q_p 与 Q_r 的值为______ kJ·mol^{-1} (298 K)。

2-5 有 A、B、C、D 四个反应，在 298 K 时反应的热力学函数如下表所示：

反应	A	B	C	D
$\Delta_r H_m^\ominus$/(kJ·mol^{-1})	1.80	10.5	−126	−11.7
$\Delta_r S_m^\ominus$/(J·mol^{-1}·K^{-1})	30.0	−113	84.0	−105

则在标准状态下，任何温度都能自发进行的反应是________，任何温度都不能自发进行的反应是________；另两个反应中，在温度高于________ ℃时可自发进行的反应是________，在温度低于________ ℃时可自发进行的反应是________。

2-6 反应 $A(g)+B(s)\longrightarrow C(g)$，$\Delta_r H_m^\ominus=-41.8$ kJ·mol^{-1}，A、C 都是理想气体。在 298 K 和标准压力下，按下列过程发生变化：体系做了最大功，放热 1.67 kJ·mol^{-1}。则此变化过程 $Q=$______________，$W=$______________，$\Delta_r U_m^\ominus=$__________，$\Delta_r H_m^\ominus=$____________，$\Delta_r S_m^\ominus=$______________，$\Delta_r G_m^\ominus=$______________。

2-7 用正负符号填写下表空格：

变化	ΔH	ΔS	ΔG
固体表面吸附气体			
渗透（降温）			
$H^+ + OH^- \longequal H_2O$			
电解水			
少量 $NaNO_3$ 溶于水（降温）			
撒食盐使冰融化			

2-8 298 K、1 atm 下，理想气体的化学反应：$A(g)+B(g) \longrightarrow 2C(g)$。设有两种变化过程：(1)放出 10 kJ 热，但没有做功；(2)做了最大功，且放出 2.98 kJ 热。

试填写下表空格：

过 程	Q	W 体积	W 非体积	$\Delta U^\ominus$	$\Delta H^\ominus$	$\Delta S^\ominus$	$\Delta G^\ominus$
(1)							
(2)							

2-9 已知在 298 K 时　　CO (g)　　CO_2(g)　　H_2O (g)

$\Delta_f G_m^\ominus/(kJ \cdot mol^{-1})$　　−137.2　　−394.4　　−228.6

$CO(g)+H_2O(g) = CO_2(g)+H_2(g)$在 298 K 和 101.3 kPa 下的 $\Delta_r G_m^\ominus =$__________。

2-10 已知 298 K 时　　n-C_4H_{10}(g)　　C_4H_6(g)

$\Delta_f G_m^\ominus/(kJ \cdot mol^{-1})$　　−15.7　　152.1

反应 $C_4H_{10}(g) = C_4H_6(g)+2H_2(g)$在 298 K 和 101.3 kPa 下的 $\Delta_r G_m^\ominus =$__________。

3.简答题

3-1 100 g 铁粉在 298 K 溶于盐酸生成 $FeCl_2$，问这个反应在烧杯中进行或在密闭容器中进行，哪个放热较多？并简述理由。

3-2 以下说法是否正确？为什么？

(1)放热反应均是自发反应；

(2)ΔS 为负值的反应均不能自发进行；

(3)冰在室温下自动融化为水，是熵增起了主要作用的结果。

3-3 不用查表，将下列物质的序号按标准摩尔熵 $S_m^\ominus$(298 K)由大到小的顺序排列：① K(s)；② Na(s)；③ Br_2(l)；④ Br_2(g)；⑤ KCl(s)。

3-4 下列转换作用 HgS(红)$=$HgS (黑)的 $\Delta_r G_m^\ominus = (4100-6.09T) \times 4.18\ J \cdot mol^{-1}$。

(1)在 373 K 时，哪一种 HgS 较为稳定？

(2)该反应的转换温度是多少？

3-5 试以 $CaCO_3$的分解为例，指出分解温度与刚开始分解的温度是否相同？

3-6 制备高纯镍通常是将粗镍在 323 K 与 CO 反应，生成液态的 Ni (CO)$_4$，经与杂质分离后约在 473 K 时分解得到：

$$Ni(s)+4CO(g) \underset{473K}{\overset{323K}{\rightleftharpoons}} Ni(CO)_4(l)$$

已知该反应的 $\Delta_r H_m^\ominus = -161\ kJ \cdot mol^{-1}$，$\Delta_r S_m^\ominus = -420\ J \cdot mol^{-1} \cdot K^{-1}$。试分析该方法提纯镍的合理性。

3-7 在应用物质的生成焓 $\Delta_f H_m^\ominus$ 计算反应的焓变 $\Delta_r H_m^\ominus$ 时，需要注意哪些问题？

3-8 在低温下水自发地结成冰，是否违反熵增原理？为什么？

3-9 为什么温度对化学反应的 ΔG 影响很大，而对 ΔH 和 ΔS 影响却很小？

3-10 为什么在一定条件下有些反应的 $\Delta G < 0$，但实际上未发生反应？

4.计算题

4-1 已知 298 K 时：

a.甲烷的燃烧热　　$\Delta_c H_m^\ominus = -890\ kJ \cdot mol^{-1}$

b.CO_2(g)的生成焓　　$\Delta_f H_m^\ominus = -393\ kJ \cdot mol^{-1}$

c.H_2O (l)的生成焓　　$\Delta_f H_m^\ominus = -285\ kJ \cdot mol^{-1}$

d.H_2(g)的键焓　　B.E. = 436 $kJ \cdot mol^{-1}$

e.C(石墨)的升华焓　　$\Delta_{sub} H_m^\ominus = 716\ kJ \cdot mol^{-1}$

求 C—H 键的键焓。

4-2 碘钨灯发光效率高，使用寿命长，灯管中所含少量碘与沉积在管壁上的钨化合生成 WI_2(g)：

$$W(s) + I_2(g) \longrightarrow WI_2(g)$$

此时 WI_2 又可扩散到灯丝周围的高温区，分解成钨蒸气沉积在钨丝上。

已知 298 K 时，$\Delta_r H_m^\ominus(WI_2, g) = -8.37\ kJ \cdot mol^{-1}$，$S_m^\ominus(WI_2, g) = 0.2504\ kJ \cdot mol^{-1} \cdot K^{-1}$，$S_m^\ominus(W, s) = 0.0335\ kJ \cdot mol^{-1} \cdot K^{-1}$，$\Delta_f H_m^\ominus(I_2, g) = -62.24\ kJ \cdot mol^{-1}$，$S_m^\ominus(I_2, g) = 0.2600\ kJ \cdot mol^{-1} \cdot K^{-1}$

(1)计算上述反应在 623 K 时的 $\Delta_r G_m^\ominus$；

(2)计算 $WI_2(g) \longrightarrow I_2(g) + W(s)$ 发生时的最低温度。

4-3 已知下列键能数据

	N≡N	N—F	N—Cl	F—F	Cl—Cl
B.E./($kJ \cdot mol^{-1}$)	942	272	201	155	243

试由键能数据求出标准生成热来说明 NF_3 在室温下较稳定，而 NCl_3 却极易爆炸。

4-4 已知：$\Delta_f H_m^\ominus$(Sn，白) = 0，$\Delta_f H_m^\ominus$(Sn，灰) = −2.1 $kJ \cdot mol^{-1}$，$S_m^\ominus$(Sn，白) = 51.5 $J \cdot mol^{-1} \cdot K^{-1}$，$S_m^\ominus$(Sn，灰) = 44.3 $J \cdot mol^{-1} \cdot K^{-1}$。求 Sn (白)══ Sn (灰)的相变温度。

4-5 汽车尾气的两种主要成分 CO 和 NO 能否在常温和标准压力下自发反应生成 CO_2 和 N_2？试根据下列热力学数据计算后做出判断。

	CO	+ NO	══ CO_2	+ $\frac{1}{2}N_2$
$\Delta_f H_m^\ominus$(298 K)/($kJ \cdot mol^{-1}$)	−110.5	90.25	−393.5	0
$S_m^\ominus$(298 K)/($J \cdot mol^{-1} \cdot K^{-1}$)	197.7	210.8	213.7	191.6

4-6 制备半导体材料时发生如下反应，其相应的热力学数据如下：

	SiO_2(s)	+ 2C(s)	══ Si(s)	+ 2CO(g)
$\Delta_f H_m^\ominus$(298 K)/($kJ \cdot mol^{-1}$)	−903.5	0	0	−110.5
$\Delta_f G_m^\ominus$(298 K)/($kJ \cdot mol^{-1}$)	−850.7	0	0	−137.2

试通过计算回答:(1)标准状态下,298 K 时,反应能否自发进行?

(2)标准状态下,反应自发进行的温度条件如何?

4-7 工业上用一氧化碳和氢气合成甲醇:$CO\ (g)+2H_2(g)\!=\!=\!=CH_3OH\ (l)$

试根据下列反应的标准摩尔焓变,计算合成甲醇反应的标准摩尔焓变。

$$CH_3OH\ (l)+\frac{1}{2}O_2(g)\!=\!=\!=C\ (石墨)+2H_2O\ (l) \quad \Delta_f H_m^\ominus(298\ K)=-333.00\ kJ\cdot mol^{-1}$$

$$C(石墨)+\frac{1}{2}O_2(g)=CO\ (g) \quad \Delta_f H_m^\ominus(298\ K)=-110.50\ kJ\cdot mol^{-1}$$

$$H_2(g)+\frac{1}{2}O_2(g)=H_2O\ (l) \quad \Delta_f H_m^\ominus(298\ K)=-285.85\ kJ\cdot mol^{-1}$$

4-8 已知下列反应与其相应的热力学数据:

	$CaCO_3(s)$ ═══	$CaO\ (s)$ +	$CO_2(g)$
$\Delta_f H_m^\ominus(298\ K)/(kJ\cdot mol^{-1})$	−1206.92	−635.09	−393.5

问:(1)反应的标准摩尔焓变是多少?

(2)若使反应在冲天炉中进行,分解 100 kg 的 $CaCO_3$ 相当于要消耗多少千克焦炭?(设焦炭的发热值为 28500 $kJ\cdot kg^{-1}$;$CaCO_3$ 相对分子质量为 100)

4-9 已知下列物质的 $\Delta_f G_m^\ominus(298\ K)/(kJ\cdot mol^{-1})$值:

$C_2H_4(g)$	$O_2(g)$	$CO_2(g)$	$H_2O\ (l)$	$Zn\ (s)$	$ZnO\ (s)$
68.15	0	−394.359	−237.13	0	−318.3

在 298 K 和标准状态下从下列反应最多各能获得多少有用功?

(1)$C_2H_4(g)+3O_2(g)\!=\!=\!=2CO_2(g)+2H_2O\ (l)$

(2)$2Zn\ (s)+O_2(g)\!=\!=\!=2ZnO\ (s)$

4-10 $BaCl_2$ 是钢铁热处理常用的盐浴剂,但长期使用会产生 BaO 有害成分。根据下列反应和有关热力学数据判断,能否用 $MgCl_2$ 除去 BaO?

	$BaO(s)$ +	$MgCl_2(s)$ ═══	$BaCl_2(s)$ +	$MgO(s)$
$\Delta_f G_m^\ominus(298\ K)/(kJ\cdot mol^{-1})$	−525.1	−591.79	−810.4	−569.43

自测题解答

1.选择题

1-1 (A) **1-2** (C) **1-3** (B) **1-4** (C) **1-5** (C)

1-6 (C) **1-7** (C) **1-8** (D) **1-9** (C) **1-10** (A)

2.填空题

2-1 166.5。

2-2 +,+,+,+。

2-3 $Q/T=-20.1\ J\cdot mol^{-1}\cdot K^{-1}$,$-W=-200\ kJ\cdot mol^{-1}$。

2-4 −3.72。

2-5 C,B,77,A,−166.6,D。

2-6 $-1.67\ kJ\cdot mol^{-1}$,$40.13\ kJ\cdot mol^{-1}$,$-41.8\ kJ\cdot mol^{-1}$,$-41.8\ kJ\cdot mol^{-1}$,$5.6\ kJ\cdot mol^{-1}\cdot K^{-1}$,$-40.13\ kJ\cdot mol^{-1}$。

2-7

变化	ΔH	ΔS	ΔG
固体表面吸附气体	−	−	−
渗透（降温）	+	+	−
$H^+ + OH^- = H_2O$	−	+	−
电解水	+	+	+
少量 $NaNO_3$ 溶于水（降温）	+	+	−
撒食盐使冰融化	+	+	−

2-8

过程	Q	W 体积	W 非体积	$\Delta U^\ominus$	$\Delta H^\ominus$	$\Delta S^\ominus$	$\Delta G^\ominus$
(1)	−10 kJ	0	0	−10 kJ	−10 kJ	$-10\ J \cdot K^{-1}$	−7.02 kJ
(2)	−2.98 kJ	0	−7.02 kJ	−10 kJ	−10 kJ	$-10\ J \cdot K^{-1}$	−7.02 kJ

2-9 $-28.6\ kJ \cdot mol^{-1}$。

2-10 $167.8\ kJ \cdot mol^{-1}$。

3.简答题

3-1 第一种情况是在恒压下反应，放出热量为恒压反应热 Q_p；第二种情况是在恒容下反应，放出热量为恒容反应热 Q_V。由于 $Q_p = Q_V + p \cdot \Delta V = Q_V + \Delta nRT$，因为反应过程有气体产生，$\Delta n$ 为正值，所以 $Q_p - Q_V = \Delta nRT > 0$，$Q_p > Q_V$，因此第一种情况放热多于第二种情况。

3-2 在恒压条件下用吉布斯-亥姆霍兹方程判断一个变化过程是否自发进行：

$$\Delta G = \Delta H - T\Delta S$$

当 $\Delta G < 0$ 时，该过程能自发进行；当 $\Delta G > 0$ 时，该过程不能自发进行。

(1)不正确。对于放热反应，通常在低温下能自发进行。由于放热反应通常是化合过程，即是一个熵减的过程，在高温下 $|T\Delta S| > |\Delta H|$，则 $\Delta G > 0$，反应将非自发。

(2)不正确。ΔS 为负值即是一个熵减的过程。但若反应是放热的，则在低温下 $|\Delta H| > |T\Delta S|$ 时，$\Delta G < 0$，反应仍然可以自发进行。许多化合反应是熵减过程，但却是放热过程，在低温下都是自发进行的。

(3)正确。冰融化为水是一个吸热过程，但由于 $\Delta S^\ominus(298,冰) < \Delta S^\ominus(298,水)$，所以该过程是熵增的。总的结果是 $\Delta G < 0$。故冰在室温下自动融化为水，是熵增起了主要作用的结果。

3-3 原则：相对分子质量相同或相近时，气态熵值最大，液态次之，固态最小。相同固态下，相对分子质量越大，熵值越大。所以按标准摩尔熵 $\Delta S_m^\ominus(298\ K)$ 由大到小的顺序为④>③>⑤>①>②。

3-4 (1)在 373 K 时 $\Delta_r G_m^\ominus = (4100 - 6.09 \times 373) \times 4.18 = 7643\ (J \cdot mol^{-1}) > 0$，该转换是非自发的，所以 HgS（红）较稳定。

(2)该反应的转换温度 $T = \frac{1400}{6.09} = 673\ (K)$。

3-5 通常把 $CaCO_3$ 分解产生的 CO_2 的分压等于空气中 CO_2 分压时的温度（大约 530 ℃）称为 $CaCO_3$ 开始分解的温度；把 $CaCO_3$ 分解产生的 CO_2 的分压等于外界大气压时的温度（大约 910 ℃）称为 $CaCO_3$ 的分解温度。因为分解反应通常是吸热而熵增的反应，在低温下是非自发的。升高温度后由于熵效应的影响反应趋势逐渐增大。例如，$CaCO_3$ 分解产生的 CO_2 的分压等于空气中 CO_2 分压时，则可以有 CO_2 分解逸出；达分解温度时，$CaCO_3$ 将剧烈分解，若反应容器与大气相通，即使再加热，CO_2 的分压也不会再增大。可见两者表示的反应进行程度是不同的。

3-6 $Ni(CO)_4$的生成是一个放热而熵减的过程，在低温下有利；而 $Ni(CO)_4$的分解则是一个吸热而熵增的过程，在高温下有利。根据 $\Delta_r G_m^\ominus = \Delta_r H_m^\ominus - T\Delta_r S_m^\ominus$，反应的转换温度为

$$T \geqslant \frac{\Delta_r H_m^\ominus}{\Delta_r S_m^\ominus} = \frac{-161\times10^3}{-140} = 383\ (K)$$

在 323 K 时（<383 K），反应正向自发进行，制得 $Ni(CO)_4$，与杂质分离；在 473 K 时（>383 K），反应逆向自发进行，$Ni(CO)_4$ 分解，制得高纯镍。所以上述工艺过程是合理的。

3-7 应用物质的生成焓 $\Delta_r H_m^\ominus$ 计算反应的焓变 $\Delta_r H_m^\ominus$ 时，需要注意如下几点：① 对于单质，只有稳定单质的生成焓为零；不是稳定单质，其生成焓不为零。但要注意，白磷是热力学规定的稳定单质，因而实际上稳定性更大的红磷其生成热为负值。② 查找物质的生成焓数据时，要注意物质的聚集状态应与反应式中所列相符合。因为同一物质的不同聚集状态其生成焓是不相同的。③ 化学反应方程式要配平。当反应式中反应物或生成物的系数不为 1 时，该系数应与该物质的生成焓相乘。

3-8 用熵增原理判断变化的自发性，应注意其适用范围是孤立体系。水结成冰，对冰水体系而言是熵减过程。但该体系不是孤立体系，它与环境有热交换，水结成冰将会放出热量（熔化热）给环境。如果要划出一个孤立体系，则必须包括冰水体系和周围的环境。整个孤立体系的熵变应包括冰水体系的熵变和环境的熵变。水结成冰，$\Delta S_{体系}<0$，环境吸收热 $\Delta S_{环境}>0$，而且在低温下（低于 273 K）$|\Delta S_{环境}|>|\Delta S_{体系}|$，则 $\Delta S_{孤立}=(\Delta S_{体系}+\Delta S_{环境})>0$。所以在低温下水自发地结成冰并不违反熵增原理。

3-9 从吉布斯-亥姆霍兹方程 $\Delta G=\Delta H-T\Delta S$ 即可看出，温度甚至可让 ΔG 改变符号，自然温度对化学反应的 ΔG 影响很大。为什么又对 ΔH 和 ΔS 影响很小？可从两方面分析。从本质上看，反应的焓变就是反应物旧键断裂所吸收能量与生成物新键生成所放出能量之差。同一反应无论在低温下或高温下进行，其化学键改组的情况是一样的，因此反应的焓变也很相近（但绝不能说没有差别）。在近似计算中，常把 ΔH 视为不随温度变化的常数。为什么温度对 ΔS 的影响也不大？因为熵是描述体系混乱度的状态函数，温度升高，混乱度增大，即熵值增大。但是，对一个化学反应而言，升高温度时，反应物和生成物的熵值是同时升高的，因此它们的差值（ΔS）变化不会太大（但也绝不能说没有差别）。正因为温度变化对反应的 ΔH 和 ΔS 影响很小，所以可以用常温下的焓变值和熵变值近似计算高温下的吉布斯函数变化值：

$$\Delta G^\ominus(T) \approx \Delta H^\ominus(298) - T\Delta S^\ominus(298\ K)$$

3-10 在一定条件下有些反应的 $\Delta G<0$，但实际上未发生反应的例子并不少见。例如，室温下 $2H_2 + O_2 = 2H_2O$；$3H_2+N_2 = 2NH_3$ 等反应，其 $\Delta G<0$，但实际上未发生反应，观察不到产物生成。这并不是热力学的结论错误，而是热力学的不足之处。热力学的结论只给出反应的可能性，而不能回答反应实现的现实性。由于热力学研究过程中，未包括时间因素，所以不能解决反应的速率问题。一个反应是否进行的现实性，必须考虑反应速率这一因素。当反应速率慢到不可觉察时，则在该条件下反应实际上没有发生。上述两个反应的 $\Delta G<0$，只是表示了反应具有进行的可能性，但在室温条件下反应速率慢到不可觉察，因此实际上未发生。若第一个反应加热到 600 ℃以上、第二个反应加入适当的催化剂，则它们都能观察到反应的进行。应当强调的是，如果热力学判断在一定条件下根本不能进行的反应，即使改变条件也不能发生。

4.计算题

4-1 由 $CH_4(g)+2O_2(g) \longrightarrow CO_2(g)+2H_2O(l)$算出 $\Delta_f H_m^\ominus(CH_4,g) = -73\ kJ\cdot mol^{-1}$

再由 $2H_2(g)+C$（石墨）$\longrightarrow CH_4(g)$算出 B.E.(C—H)＝415 $kJ\cdot mol^{-1}$

4-2 (1)　$W(s)+I_2(g) \longrightarrow WI_2(g)$

$\Delta_r H_m^\ominus = -8.37-0-62.24 = -70.61\ kJ\cdot mol^{-1}$

$\Delta_r S_m^\ominus = 0.2504-0.0335-0.2600 = -0.0431\ kJ\cdot mol^{-1}\cdot K^{-1}$

623 K 时 $\Delta_r S_m^\ominus = -70.61-623\times(-0.0431) = -43.76\ kJ\cdot mol^{-1}\cdot K^{-1}$

(2)　$WI_2(g) \longrightarrow I_2(g)+W(s)$

$\Delta_r H_m^\ominus = 70.61\ kJ\cdot mol^{-1}$，$\Delta_r S_m^\ominus = 0.0431\ kJ\cdot mol^{-1}\cdot K^{-1}$

当反应达平衡时，$\Delta_r G_m^\ominus = 0$，$T = \dfrac{70.61}{0.0431} = 1.64\times10^3\ K$

4-3 由反应$\frac{1}{2}N_2(g)+\frac{3}{2}F_2(g)$══$NF_3(g)$算得 $\Delta_f H_m^\ominus(NF_3, g)=-112.5\ kJ\cdot mol^{-1}$，即 $\Delta_f H_m^\ominus<0$，因此室温下稳定；由反应$\frac{1}{2}N_2(g)+\frac{3}{2}Cl_2(g)$══$NCl_3(g)$算得 $\Delta_f H_m^\ominus(NCl_3, l)=232.5\ kJ\cdot mol^{-1}$，正值较大，说明它很不稳定，易爆炸。

4-4 $\Delta_r H_m^\ominus=-2.1\ kJ\cdot mol^{-1}$，$\Delta_r S_m^\ominus=-7.2\ J\cdot mol^{-1}\cdot K^{-1}$，相变时 $\Delta_r G_m^\ominus=0$，即 $\Delta_r H_m^\ominus-T\Delta_r S_m^\ominus=0$，所以 $T=\frac{\Delta_r H_m^\ominus}{\Delta_r S_m^\ominus}=291.7\ K$。

4-5 在 298 K 和标准压力下，该反应为

$$CO+NO = CO_2+\frac{1}{2}N_2$$

$\Delta_r H_m^\ominus(298\ K)=0+(-393.5)-(-110.5)-90.25=-373.3\ (kJ\cdot mol^{-1})$

$\Delta_r S_m^\ominus(298\ K)=213.7+\frac{1}{2}\times191.6-197.7-210.8=-99.0\ (J\cdot mol^{-1}\cdot K^{-1})$

依据吉布斯-亥姆霍兹方程

$\Delta_r G_m^\ominus(298\ K)=-373.3-298\times(-99.0)\times10^{-3}=-343.8\ (kJ\cdot mol^{-1})<0$，

故在 298 K 和标准压力下，该反应能自发进行。

4-6 (1)$\Delta_r G_m^\ominus(298\ K)=2\times(-137.2)-(-850.7)=576.3\ (kJ\cdot mol^{-1})>0$，

所以标准状态下，298 K 时，反应不能自发进行。

(2)$\Delta_r H_m^\ominus(298\ K)=2\times(-110.5)-(-903.5)=682.5\ (kJ\cdot mol^{-1})$

依据吉布斯-亥姆霍兹方程

$$576.3=682.5-298\times\Delta_r S_m^\ominus(298\ K)$$

$$\Delta_r S_m^\ominus(298\ K)=\frac{(682.5-576.3)\times10^3}{298}=356.4\ (J\cdot mol^{-1}\cdot K^{-1})$$

该反应是吸热、熵增的过程，在低温下非自发，在足够高的温度下将自发进行。假定 $\Delta_r H_m^\ominus$ 和 $\Delta_r S_m^\ominus$ 不随温度变化，反应的转换温度为

$$T\geqslant\frac{\Delta_r H_m^\ominus(298\ K)}{\Delta_r S_m^\ominus(298\ K)}=\frac{682.5\times10^3}{356.4}=1915\ (K)$$

标准状态下，温度高于 1915 K 时，反应将自发进行。

4-7 假设合成甲醇的反应为 ④ 反应：$CO\ (g)+2H_2(g)$══$CH_3OH\ (l)$

题目所给反应依次为 ①、②、③ 反应。则

$$2\times③-②-①=④$$

所以 $\Delta_r H_{m,4}^\ominus(298\ K)=2\times(-285.85)-(-110.50)-(-333.00)=-128.2\ (kJ\cdot mol^{-1})$

4-8 (1)$\Delta_r H_m^\ominus(298\ K)=-393.5+(-635.09)-(-1206.92)=178.33\ (kJ\cdot mol^{-1})$

(2)$CaCO_3$相对分子质量为 100，所以分解 100 g $CaCO_3$需吸热 178.33 kJ。

分解 100 kg $CaCO_3$需吸热

$$178.33\times\frac{100\times1000}{100}=1.7833\times10^5(kJ\cdot mol^{-1})$$

所以需要焦炭量：$W=\frac{1.7833\times10^5}{28\ 500}=6.26\ (kg)$

4-9 因为 $W_{最大}=-\Delta_r G_m^\ominus(298\ K)$，所以

(1)$\Delta_r G_m^\ominus(298\ K)=2\times(-394.359)+2\times(-237.13)-68.15-0=-1331.13\ (kJ\cdot mol^{-1})$

即 $W_{最大}=-1331.13\ (kJ\cdot mol^{-1})$

(2)$\Delta_r G_m^\ominus(298\ K)=2\times(-318.3)-0-0=-636.3\ (kJ\cdot mol^{-1})$

即 $W_{最大}=-636.3\ (kJ\cdot mol^{-1})$

4-10 若反应 $BaO\ (s)+MgCl_2(s)$══$BaCl_2(s)+MgO\ (s)$能自发进行，则可以用 $MgCl_2$除去 BaO。

$\Delta_r G_m^\ominus$(298 K)＝－810.4＋(－569.43)－(－525.1)－(－591.79)＝－262.94 ($kJ \cdot mol^{-1}$)＜0 计算表明：能用 $MgCl_2$ 除去 BaO。

三、思考题解答

5-1 解答：物质世界在空间与时间都是无限的，但是人们在研究具体事物时，必须先确定所需研究的对象，把它从其他部分中划分出来，确定其范围和界限，这一作为研究对象的部分物质及其空间称为体系(也称物系或系统)。环境是体系以外且与体系密切相关的物质及其所在空间。需要注意的是：体系与环境并无本质上的差别，是根据研究需要而人为划分的，它们不是由体系的某种物质决定的，因而并不是固定不变的，但一经确定，在研究中就不得随意变更体系与环境的范围。体系与环境可以有实际界面存在，也可以不存在实际界面，不能以有无界面来划分体系与环境，环境必须是与体系有相互影响的有限部分。

5-2 解答：根据体系与环境能否进行物质和能量交换，可以将体系分为三类：敞开体系(体系与环境之间既有能量交换，也有物质交换)、封闭体系(体系与环境之间没有物质交换，只有能量交换)和孤立体系(体系与环境之间既没有物质交换，也没有能量交换)。其中，孤立体系和环境之间不进行物质交换和能量交换，是最简单的一类体系，对其进行研究相对方便，但研究结论可以通过改良解决封闭系统的问题，再进一步改良用以解决敞开体系问题。这充分反映了由简到繁、由易到难的科学研究思路。如果一个体系加上它的环境也就构成了一个孤立体系。整个宇宙也可看成是一个孤立体系。

5-3 解答：体系的宏观性质也就是体系的热力学性质，它是体系内大量质点的统计平均行为。热力学以大量微观粒子(分子、原子和电子等)构成的宏观体系作为研究对象，它只讨论宏观体系的平衡性质，不考虑物质的微观结构和微观运动形态。

5-4 解答：强度性质是指与物质数量无关的性质，如温度、压力、密度等，此种性质不具有加和性，其数值取决于体系自身的特性。广度性质是指与物质数量有关的性质，如质量、体积、热力学能等，此种性质具有加和性。两个广度量的比也是强度量，如摩尔体积。强度性质与广度性质最好的区别方法是：把一个系统分成几部分，具有加和性的为广度性质；如果各部分都相同则为强度性质。

5-5 解答：状态也称热力学状态，它是体系中所有物理性质和化学性质的总和，即体系热力学性质的综合表现。一个体系的物理性质和化学性质都被确定了，则说体系处于一个状态。体系的状态就是体系所处的样子。可以打个比方，我们说某个运动员竞技状态好，是指他吃得香、睡得甜、心情也不错……缺少任何一个都不行。体系处于什么样的状态，决定了体系具有什么样的性质。体系的所有性质确定了，体系的状态也就确定了。换一种方式说，体系的状态变了，体系的所有性质也都变了。

状态函数只与体系所处的状态有关，与这个状态是怎样变化得来的无关，即不提供历史信息。状态函数的改变值只取决于体系开始时的状态(始态)和终了时的状态(终态)，而与变化所经历的具体途径无关。这样，我们在研究热力学问题时，就只需知道体系的初始状态和终了状态，简称为“只管两头”。

5-6 解答：这是由状态函数的特点决定的。我们判断一个函数是不是状态函数，就是看它的改变量是否与改变所经历的途径无关。如您从西安到了北京，我们就说您发生了从西安到北京的变化过程，您的位移就是西安到北京的直线距离，它是一个定值，不管是坐火车还是坐飞机，也不管您在中途是否停留，是经过了上海还是纽约，飞机飞得多高或者火车跑得多快，这个值都是不变的。

5-7 解答:热力学中所讲的热是热能的简称，它是由于体系与环境之间存在着温度差而引起的体系与环境之间所交换的能量。生活中所说的热通常指温度高，其反义词是冷。

5-8 解答:体系和环境之间除了热传递以外，其他各种形式传递的能量都称为功。如果功仅仅用于体系的体积变化(膨胀或被压缩)，这种功就属于体积功。体积功也称无用功，除了体积功之外的所有功都称为非体积功，非体积功也称有用功，如电池做电功。

5-9 解答:它们都不是状态函数。如你从北京到上海，骑自行车去和坐火车去你做的功是不一样的，消耗的热也不一样，功和热的值都与变化的途径有关。

5-10 解答:热力学能是体系内各种形式的能量的总和，由于存在多种形式的运动和相互作用，任何体系的热力学能都无法精确测定出来，也就是说，热力学能的绝对值难以确定，也没有确定绝对值的必要。

5-11 解答:内能常与热能概念容易混淆，故在 1994 年 7 月 1 日实施的我国国家标准 GB 3102.4-93“热学的量和单位”和 GB 3102.8-93“物理化学和分子物理学的量和单位”中，将原来该标准 1986 年版中的物理量“内能”、“质量内能”和“摩尔内能”术语分别改为“热力学能”、“质量热力学能”和“摩尔热力学能”。为了过渡，国家标准在备注中补充了“也称内能”，“也称质量内能”和“也称摩尔内能”。这和 ISO/TC12 与 1992 年制定的相应的国际标准是一致的。这一改动的重要性在于:① 有益于澄清以往在“内能”和称之为“热能”的概念上的混淆;② 明确这三个量是热学范围的量，或者说是从热学中导出的量。但是在我国 2001 年出版的一些热力学的书中，仍然使用“内能”这个名称，当然这并不能认为是错误。这里只想说明改用新名称所体现的在科学性上的严谨性和必要性。

热力学能是状态函数。

5-12 解答:根据能量守恒和转化定律，能量既不会无缘无故产生，也不会无缘无故消失，能量可以由一种形式转化为另外一种形式，但在转化过程中能量守恒。这个定律也就是热力学第一定律。凡是违背热力学第一定律制造出来的“机器”被称为第一类永动机。当然，违背热力学其他定律的形形色色的永动机都不可能制造出来。

5-13 解答:说明 C(石墨)的标准摩尔燃烧焓是 $-395.5\ \text{kJ} \cdot \text{mol}^{-1}$;还说明 $CO_2(g)$的标准摩尔生成焓是 $-395.5\ \text{kJ} \cdot \text{mol}^{-1}$。

5-14 解答:(2)×2−(1)得 $2N_2H_4(g)+2NO_2(g)\!=\!=\!=3N_2(g)+4H_2O(l)$

$$\Delta_r H_3=2\Delta_r H_2-\Delta_r H_1=-534\times 2\ \text{kJ}\cdot\text{mol}^{-1}-67.2\ \text{kJ}\cdot\text{mol}^{-1}=-1135.2\ \text{kJ}\cdot\text{mol}^{-1}$$

即 $2N_2H_4(g)+2NO_2(g)\!=\!=\!=3N_2(g)+4H_2O(l)$，$\Delta_r H_3=-1135.2\ \text{kJ}\cdot\text{mol}^{-1}$

5-15 解答:化学键的解离是分步进行的，如氮气分子，有第一解离能、第二解离能和第三解离能，通常表中给出的氮氮单键的解离能本身只是氮气分子解离为氮原子时其三级解离能的平均值，并不能真实反映氮氮单键解离时的能量变化。又如甲烷分子中的四个碳氢键，分布解离时四个值不可能一样，我们通常所说的碳氢键的解离能是这四个解离能的平均值。

5-16 解答:热量计测定;运用赫斯定律计算;用标准摩尔生成焓、标准摩尔燃烧焓计算;利用键的解离能估算。

5-17 解答:如果我们把低温下的水作为研究对象，它就属于体系，这个体系属于一个敞开体系，在结冰过程中系统的熵值是降低的，但在结冰过程中体系向环境释放了一定量的热，环境的熵值增加了。如果将体系和环境作为一个整体来研究，它们共同构成了一个大的体系——孤立体系，该孤立体系的熵值是增加的。这并不违背熵增原理。在使用熵增原理时，一定要注意其应用条件——孤立体系或体系加上其环境共同构成的新体系。

5-18 解答:从结构上看,金字塔是有缺陷的,没有摩天大楼结构整体,即金字塔的混乱度大于摩天大楼。

5-19 解答:(1) $Br_2(g) > Br_2(l)$ 同一物质液态大于固态。(2) $Ar(g,\ 0.1\ kPa) < Ar(g,\ 0.01\ kPa)$ 同一物质同一状态低压大于高压。(3) $HF(g) < HCl(g)$ 同类物质相对分子质量大者熵大。(4) $C_2H_6(g) > CH_4(g)$ 同系物相对分子质量大者熵大。(5) $NH_4Cl(s) < NH_4I(s)$ 同类物质相对分子质量大者熵大。(6) $HCl(g, 1000\ K) > HCl(g, 298\ K)$ 同一物质同一状态高温大于低温。

5-20 解答:焓、熵、吉布斯自由能均是温度的函数,温度改变必然引起其值的变化。对于一个化学反应,$\Delta_r H(T_1) \neq \Delta_r H(T_2)$,$\Delta_r S(T_1) \neq \Delta_r S(T_2)$。当 T_1 和 T_2 相差不大时,$\Delta_r H(T_1) \approx \Delta_r H(T_2)$。$\Delta_r S(T_1) \approx \Delta_r S(T_2)$ 但对于 $\Delta_r G$,由于 $\Delta_r G = \Delta H - T\Delta S$,$\Delta_r G$ 受温度的影响就比较大。

5-21 解答:过程的 $\Delta G^\ominus > 0$,却能自发进行的例子很多,如 $H_2O(l) \longrightarrow H_2O(g)$,在 298 K 时 $\Delta G^\ominus$ 为8.6 $kJ \cdot mol^{-1}$。但在 298 K 时水会自发气化(蒸发)。实际上,这时判断一个等温等压过程应用 ΔG 作为判据。因为 $\Delta G^\ominus$ 是指体系的始态和终态都处于标准状态下的自由能变。按上述例子而言,是指水与分压为 100 kPa 的水蒸气共同组成的体系。此时,水蒸气压已大大超过 298 K 时的饱和水蒸气压(3.17 kPa),这时发生的不是水的气化,而是水蒸气的凝聚。所以这与使用 $\Delta G^\ominus > 0$ 判断的结果相一致。事实上,298 K 时,大气中水蒸气分压都很小,即使按相对湿度 60%计算,也只有 1.9 kPa。则由 $\Delta G^\ominus$ 换算为 ΔG 可作如下计算:

$$\Delta G = \Delta G^\ominus + 2.303RT\ \lg\frac{p}{p^\ominus} = 8.6 + 2.303 \times 8.314 \times 298 \times 10^{-3}\ \lg\frac{1.9}{100}$$

$= -1.2\ (kJ \cdot mol^{-1}) < 0$,所以水会自发变成水蒸气。

5-22 解答:热力学仅仅回答了反应能否自发进行,但并不涉及反应进行的速率。对于有的自发反应,由于反应进行得太慢,我们不会觉察其进行。

5-23 解答:由于吉布斯自由能属于状态函数,其改变值只与反应的初态和终态有关,而与反应的途径无关。这样,我们就可以将一个化学反应分成若干个步骤,利用赫斯定律进行吉布斯自由能变的计算。

5-24 解答:利用化学反应的等温方程。

5-25 解答:化学反应等温式表述的是当化学反应温度不变时,浓度或压力(活度)对反应自发性的影响。等温式提供了非标准状态下反应自发性的判断依据。

5-26 解答:在标准状态下,$CO(g) + H_2O(g) = CO_2(g) + H_2(g)$ 的确能够自发进行。但不能防止煤气中毒,原因如下:并没有说明反应进行得快与慢;家里的煤炭炉子上放水壶或家里放几盆水,也达不到标准状态。在自然环境下,这种标准状态永远也达不到;如果达到了标准状态,这么高的水蒸气、氢气含量就足以让人毙命。

四、课后习题解答

5-1 解答:(1)不正确。系统的焓的绝对值无法测定,只能测定系统的焓变。(2)不正确。在温度一定,系统只做体积功时,系统的焓变在数值上等于系统的恒压热效应。(3)不正确。任何过程都有焓变 ΔH。(4)不正确。在标准状态,298.14 K 下,参比物质的标准摩尔生成焓为零。(5)不正确。孤立系统是熵增原理的使用条件。(6)不正确。在标准状态下其判断才有意义,非标准状态下要用 ΔG 判断。(7)正确。(8)不正确。前两者是温度为 238.15 K 时的结论，后一个则是 0 K 时的结论。(9)不正确。气态分子数增加熵值增大。(10)正确。

5-2 解答：(1)增加，生成了大量气体。(2)熵值变化不大，不好判断。(3)减少，气态分子数减少。(4)增加，吸收的热转化为熵。(5)增加，混合后苯和甲苯都变得更分散。(6)降低，由溶液中析出了固体，混乱度降低。(7)增加，混乱度增大。

5-3 解答：(1)后者温度高，熵值大。(2)后者是气体，熵值大。(3)C（石墨）熵值很小，氧气和二氧化碳相差不大，二氧化碳大一点，最终相差不大。(4) 熵值减小，气体分子数减少。

5-4 解答：

	$2N_2H_4(l)+N_2O_4(g)$		$=\!=\!=3N_2(g)+4H_2O(l)$	
$\Delta_f H_m^{\ominus}(298.15\ K)/(kJ\cdot mol^{-1})$	50.63	9.16	0	−285.83

$\Delta_r H_m^{\ominus}(298.15\ K)=-285.83\times4-50.63\times2-9.16=1143.32-112.6-9.16=-1265.08\ kJ\cdot mol^{-1}$

5-5 解答：

$$Fe_2O_3(s)+3CO(g)=\!=\!=2Fe(s)+3CO_2(g) \quad (1)$$

$$3Fe_2O_3(s)+CO(g)=\!=\!=2Fe_3O_4(s)+CO_2(g) \quad (2)$$

$$Fe_3O_4(s)+CO(g)=\!=\!=3FeO(s)+CO_2(g) \quad (3)$$

(1)÷2−(2)÷6−(3)÷3 得

$$FeO(s)+CO(g)=\!=\!=Fe(s)+CO_2(g) \quad (4)$$

则 $\Delta_r H_4^{\ominus}=\Delta_r H_1^{\ominus}\div2-\Delta_r H_2^{\ominus}\div6-\Delta_r H_3^{\ominus}\div3$

$=-27.61\div2-(-58.58)\div6-38.07\div3=-13.80+9.76-12.69=-16.73\ kJ\cdot mol^{-1}$

$$CO_2(g)=1/2O_2(g)+CO(g) \quad (5)$$

$\Delta_r H_5^{\ominus}=\Delta_f H^{\ominus}[CO(g)]-\Delta_f H^{\ominus}[CO_2(g)]=-110.52-(-393.51)=282.99\ kJ\cdot mol^{-1}$

(4)+(5)得

$$FeO(s)=\!=\!=Fe(s)+1/2O_2(g) \quad (6)$$

$\Delta_r H_6^{\ominus}=\Delta_r H_4^{\ominus}+\Delta_r H_5^{\ominus}=-16.73+282.99=266.26\ kJ\cdot mol^{-1}$

即

$Fe(s)+1/2O_2(g)=\!=\!=FeO(s)\qquad \Delta_f H^{\ominus}[FeO(s)]=-266.26\ kJ\cdot mol^{-1}$

5-6 解答：373.15K 时 $H_2O(l)=\!=\!=H_2O(g)$的 $\Delta_r H^{\ominus}=2260\ kJ\cdot kg^{-1}=125.26\ kJ\cdot mol^{-1}$，吸收的热量全部用于相变，此时 $\Delta_r G^{\ominus}=0$，相变点为恒温过程，吸收的热量全部用于熵变：

$\Delta_r S^{\ominus}=\Delta_r H^{\ominus}/T=125.26/373.15=0.336\ 47\ kJ\cdot K^{-1}\cdot mol^{-1}=336.47\ J\cdot K^{-1}\cdot mol^{-1}$

5-7 解答：

	$CaCO_3(s)$	$=\!=\!=CaO(s)$	$+CO_2(g)$
$\Delta_f H_m^{\ominus}(298.15\ K)/(kJ\cdot mol^{-1})$	−1207.6	−634.9	−393.5
$S_m^{\ominus}(298.15\ K)/(J\cdot mol^{-1}\cdot K^{-1})$	91.7	38.1	213.8

$\Delta_r H_m^{\ominus}(298.15\ K)=179.2\ kJ\cdot mol^{-1}$，$\Delta_r S_m^{\ominus}(298.15\ K)=160.2\ J\cdot mol^{-1}\cdot K^{-1}$

$T_{转}\approx\Delta_r H_m^{\ominus}(298.15\ K)/\Delta_r S_m^{\ominus}(298.15\ K)\approx179.2\times10^3/160.2\approx1118.6\ K$

	$MgCO_3(s)$	$=\!=\!=MgO(s)$	$+CO_2(g)$
$\Delta_f H_m^{\ominus}(298.15\ K)/(kJ\cdot mol^{-1})$	−1113	−602	−393.5
$S_m^{\ominus}(298.15\ K)/(J\cdot mol^{-1}\cdot K^{-1})$	66	27	213.8

$\Delta_r H_m^{\ominus}(298.15\ K)=117.5\ kJ\cdot mol^{-1}$，$\Delta_r S_m^{\ominus}(298.15\ K)=174.8\ J\cdot mol^{-1}\cdot K^{-1}$

$T_{转}\approx\Delta_r H_m^{\ominus}(298.15\ K)/\Delta_r S_m^{\ominus}(298.15\ K)\approx117.49\times10^3/174.6\approx672.1\ K$

所以，700 K 时，白云石中的碳酸镁分解氧化镁和二氧化碳，碳酸钙不分解；1200 K 时，白云石完全分解为氧化镁、氧化钙和二氧化碳。

5-8 解答：　$CuSO_4 \cdot 5H_2O(s) \longrightarrow CuSO_4(s) + 5H_2O(g)$

$\Delta_f G_m^\ominus(298.15\ K)/(kJ \cdot mol^{-1})$　　−1880　　−661.9　　−228.6

$\Delta_r G_m^\ominus(298.15\ K) = [(-228.6)\times 5 + (-661.9)] - (-1880) = 75.1\ kJ \cdot mol^{-1}$

$\Delta_r G_m(298.15\ K) = \Delta_r G_m^\ominus(298.15\ K) + RT\ln[p(H_2O,g)/p^\ominus]$

$= 75.1 + 8.314\times 10^{-3}\times 298.15\ln[(3.168\times 60\%)/100] = 75.1 - 9.8$

$= 65.3\ kJ \cdot mol^{-1}$

因为 $\Delta_r G_m(298.15\ K) > 0$，所以 298.15 K，空气的相对湿度为 60%时，$CuSO_4 \cdot 5H_2O$ 不能风化为 $CuSO_4$。

5-9 解答：　$4Fe(s) + 3O_2(g) \longrightarrow 2Fe_2O_3(s)$

$\Delta_f H_m^\ominus(298.15\ K)/(kJ \cdot mol^{-1})$　　0　　0　　−824.2

$S_m^\ominus(298.15\ K)/(J \cdot mol^{-1} \cdot K^{-1})$　　27.3　　205.03　　87.4

$\Delta_r H_m^\ominus(298.15\ K,系统) = -824.2\times 2\ kJ \cdot mol^{-1} = -1648.4\ kJ \cdot mol^{-1}$

$\Delta_r H_m^\ominus(298.15\ K,环境) = -\Delta_r H_m^\ominus(298.15\ K,系统) = 1648.4\ kJ \cdot mol^{-1}$

$\Delta_r S_m^\ominus(298.15\ K,系统) = (87.4\times 2) - (27.3\times 4 + 205.03\times 3) = -549.5\ J \cdot mol^{-1} \cdot K^{-1}$

$\Delta_r S_m^\ominus(298.15\ K,环境) = \Delta_r H_m^\ominus(298.15\ K,环境)/T = 1648.4\times 10^3/298.15$

$= 5528.8\ J \cdot mol^{-1} \cdot K^{-1}$

因为 $\Delta_r S_{孤立}^\ominus = \Delta_r S_m^\ominus(298.15\ K,系统) + \Delta_r S_m^\ominus(298.15\ K,环境)$

$= -549.5 + 5528.8 = 4979.3\ J \cdot mol^{-1} \cdot K^{-1} > 0$

所以室温时铁能被氧气氧化。

5-10 解答：依公式 $T_{转} \approx \Delta_r H_m^\ominus(298.15\ K)/\Delta_r S_m^\ominus(298.15\ K)$可知，要使常温下不能产生 NO 的反应发生，则 $T_{转} \geqslant 105\times 10^3/45.65 \approx 2300(K)$，这在炼铁高炉中一是高温、二是不断通入大量空气的条件下是完全可以实现的。说明：主教材本题中 $\Delta_r S_m^\ominus(298.15\ K) = 12.12\ J \cdot mol^{-1} \cdot K^{-1}$ 可能有误，否则计算结果是 $T_{转} \geqslant 105\times 10^3/12.12 \approx 8863(K)$。

五、参考资料

高盘良.2011.关于“熵增原理”表述的争鸣.大学化学，26(5)：74

何丽君，李生英，徐飞，等.2013.玻恩-哈伯循环在无机化学中的应用.大学化学，28(2)：42

罗渝然.2012.3 种化学键离解能的区别和联系.大学化学，27(2)：80

彭庆蓉，高海翔，张春荣，等.2011.讲授大学化学中热力学第二定律的探讨.大学化学，26(2)：28

王连广.2009.热化学方程式的表示方法探讨.化学工程与装备，(11)：191

王明德.2011.等压过程和等温过程概念辨析.大学化学，26(4)：72

王新平，王旭珍，王新葵.2012.关于熵判据、亥姆霍兹函数判据和吉布斯函数判据的讨论.大学化学，27(3)：66

王元星，侯文华.2011.化学热力学的建立与发展概略.大学化学，26(4)：87

严宣申.2001.热化学循环.化学教育，(4)：87

严宣申.2011.谈化学热力学状态函数的运用.化学教育，(1)：73

第 6 章　化学反应动力学基础

一、重要概念

1.化学反应速率(chemical reaction rate)

描述化学反应在一定条件下,反应物转化为生成物快慢的物理量,通常用单位时间内反应物浓度的减少量或生成物浓度的增加量来表示。浓度单位为 $mol \cdot dm^{-3}$,时间单位常用秒(s, second)、分(min, minute)、小时(h, hour)等。

2.平均速率(average rate)

某一时间范围内,反应物转化为生成物的速率。例如,对于反应 $2H_2O_2 = 2H_2O + O_2$

$$\bar{r}(H_2O_2) = \frac{\Delta c(H_2O_2)}{\Delta t}$$

3.瞬时速率 (instantaneous rate)

某一时刻反应物转化为生成物的速率。它实际上是平均速率的极限值。

$$r(H_2O_2) = \lim_{\Delta t \to 0} -\frac{\Delta c(H_2O_2)}{\Delta t} = -\frac{dc(H_2O_2)}{dt}$$

4.碰撞理论(collision theory)

1918 年,路易斯(Lewis)以气体运动论为基础,提出了反应速率的碰撞理论,其基本观点为:碰撞是发生化学反应的先决条件;只有动能足够大,碰撞的空间方位合适的少部分碰撞才能引起化学反应。

5.有效碰撞(effective collision)

能引起化学反应的碰撞称为有效碰撞。

6.活化分子 (activated molecule)与活化能(activation energy)

动能足够大、能够发生有效碰撞的分子称为活化分子,按照碰撞理论,活化分子具有的平均动能与分子的平均动能的差值称为活化能。活化能越小,反应速率越快。E_a 是动力学参数;一般认为,E_a 小于 63 $kJ \cdot mol^{-1}$的为快速反应,E_a 小于 40 $kJ \cdot mol^{-1}$(反应太快)和大于 400 $kJ \cdot mol^{-1}$(反应太慢)的化学反应的活化能都很难通过实验测定出来。

7.过渡状态理论(transition state theory)

过渡状态理论认为,化学反应发生时,运动着的反应物种逐渐接近,并落入对方的影响范围之内,形成一种旧的化学键尚未完全断裂,新的化学键尚未完全形成(或者说是旧的化学键已经开始断裂,新的化学键已经开始形成)的活化络合物(activated complex),然后再由活化络合物转化为反应产物。这种中间状态称为过渡状态,其理论可表示为

$$A + B-C \longleftrightarrow [A \cdots B \cdots C]^* \longleftrightarrow A-B + C$$

过渡状态的能量高于反应的初始状态(反应物)和终了状态(产物)。高出反应物的那一部分能量就是正反应的活化能 $E_a(+)$,高出产物的那一部分能量就是逆反应的活化能 $E_a(-)$。正

反应的活化能与逆反应的活化能之差就是该反应的反应热。

$$E_a(+)-E_a(-)=\Delta_r H$$

8.基元反应(elementary reaction)与非基元反应(non elementary reaction)

反应物经过一次有效碰撞就能直接转化为产物的反应称为基元反应,基元反应也称简单反应(simple reaction),也称元反应(elementary reaction)。例如

$$NO_2+CO \xlongequal{} NO+CO_2$$

反应物经过多次有效碰撞才能直接转化为产物的反应称为非基元反应,也称复杂反应(complex reaction),如

$$H_2(g)+I_2(g) \xlongequal{} 2HI(g)$$

9.质量作用定律(mass action law)与速率方程(rate equation)

对于任意一个基元反应 $a\mathrm{A}+b\mathrm{B} \xlongequal{} c\mathrm{C}$,反应速率与反应物浓度之间存在着如下定量关系:$r=k\cdot c_{\mathrm{A}}^{a}\cdot c_{\mathrm{B}}^{b}$,这种定量关系称为质量作用定律,该定律可以描述为基元反应的速率与反应物浓度的系数次方的乘积成正比。该关系式也称为简单反应的速率方程。k 称为反应的速率常数(rate constant),它反映出一个反应的本身属性,与活化能有关。对于一个固定的化学反应,它仅仅是温度的函数,而不随浓度、压力的变化而变化,即 $k=f(T)$。指数$(a+b)$称为该反应的反应级数(order of reaction);其中 a 称为反应物 A 的分级数(partial order of A),b 称为反应物 B 的分级数(partial order of B)。对于复杂反应,速率方程必须通过实验确定。对于任意一个非基元反应 $a\mathrm{A}+b\mathrm{B} \xlongequal{} c\mathrm{C}$,反应速率与反应物浓度之间存在以下关系:$r=k\cdot c_{\mathrm{A}}^{m}\cdot c_{\mathrm{B}}^{n}$,该关系就是非基元反应的速率方程,反应级数 m、n 由实验确定,可以是整数,也可以是分数。

10.阿伦尼乌斯方程(Arrhenius equation)

1889 年,阿伦尼乌斯(S. Arrhenius)给出了反应速率常数与反应温度之间的定量关系:

$$k=A\mathrm{e}^{-E_a/RT}$$

该式称为阿伦尼乌斯方程。常数 A 称为指前因子;E_a 为反应的活化能;R 为摩尔气体常量,$R=8.314\ \mathrm{J\cdot K^{-1}\cdot mol^{-1}}$。两端取对数后得

$$\ln k=-\frac{E_a}{RT}+\ln A$$

11.催化剂(catalyst)

催化剂是一种能改变化学反应速率,而质量和化学组成在反应前后不发生变化的物质。能加快反应的催化剂称为正催化剂(positive catalyzer),如制取氧气时用到的二氧化锰、合成氨时用到的铁触媒等;能减慢反应速率的催化剂称为负催化剂(negative catalyst)或阻化剂(inhibitor),如橡胶防老剂、金属缓蚀剂、化学稳定剂等。

12.反应机理(reaction mechanism)

化学中,反应机理用来描述某一化学变化所经由的全部基元反应。虽然整个化学变化所发生的物质转变可能很明显,但为了探明这一过程的反应机理,常需要实验来验证。机理详细描述了每一步转化的过程,包括过渡态的形成,键的断裂和生成,以及各步的相对速率大小等。完整的反应机理需要考虑到反应物、催化剂、反应的立体化学、产物以及各物质的用量。反应机理中各步的顺序也是很重要的。有些化学反应看上去是一步反应,但实际上却经由了多步。

总反应的速率方程由反应机理中最慢的一步，也就是速率控制步骤所决定。

二、自测题及其解答

1.选择题

1-1 对于一个给定条件下的反应，随着反应的进行　(　　)

A.速率常数 k 变小　B.平衡常数 K 变大

C.正反应速率降低　D.逆反应速率降低

1-2 某化学反应的方程式为 $2A \longrightarrow P$，则在动力学研究中表明该反应为　(　　)

A.二级反应　B.基元反应

C.双分子反应　D.以上都无法确定

1-3 温度升高导致反应速率明显增加的主要原因是　(　　)

A.分子碰撞机会增加　B.反应物压力增加

C.活化分子数增加　D.活化能降低

1-4 反应 $N_2(g)+3H_2(g) \longrightarrow 2NH_3(g)$，$\Delta H^{\ominus}<0$，升高温度时，正反应速率 $r(+)$和逆反应速率 $r(-)$的变化为　(　　)

A.$r(+)$增大，$r(-)$减小　B.$r(+)$减小，$r(-)$增大

C.$r(+)$增大，$r(-)$增大　D.$r(+)$减小，$r(-)$减小

1-5 已知反应 $A+B \longrightarrow 3C$ 正逆反应的活化能分别为 m kJ · mol^{-1}和 n kJ · mol^{-1}，则反应热$\Delta H^{\ominus}$/(kJ · mol^{-1})为　(　　)

A.$m-n$　B.$m-3n$　C.$n-m$　D.$3n-m$

1-6 对于催化剂特性的描述，不正确的是　(　　)

A.催化剂只能缩短反应达到平衡的时间而不能改变平衡状态

B.催化剂在反应前后其化学性质和物理性质皆不变

C.催化剂不能改变平衡常数

D.加入催化剂不能实现热力学上不可能进行的反应

1-7 对基元反应而言，下列叙述中正确的是　(　　)

A.反应级数和反应分子数总是一致的　B.反应级数总是大于反应分子数

C.反应级数总是小于反应分子数　D.反应级数不一定与反应分子数相一致

1-8 对一定温度下的某反应，下列叙述中正确的是　(　　)

A.$K^{\ominus}$ 越大，反应速率越快　B.$\Delta_r H^{\ominus}$ 越负，反应速率越快

C.E_a越大，反应速率越快　D.一般反应物浓度越大，反应速率越快

1-9 下列说法中正确的是　(　　)

A.体系状态变化过程中步骤越多，$\Delta G^{\ominus}$ 越大

B.体系状态变化的速率越快，$K^{\ominus}$ 越大

C.基元反应一定是反应速率最快的反应

D.搅拌、振动和排出产物可加快多相反应的速率

1-10 对于两个平行反应 $A \longrightarrow B$ 和 $A \longrightarrow C$，如果要提高 B 的产率，降低 C 的产率，应当采取的方法是　(　　)

A.增加 A 的浓度　B.增加 C 的浓度

C.控制反应温度　D.选择某种催化剂

2.填空题

2-1 基元反应 $2NO+Cl_2 = 2NOCl$ 是__________分子反应，是__________级反应，其速率方程是________________。

2-2 时间用秒(s)作单位，浓度用 $mol \cdot dm^{-3}$ 作单位，则二级反应的速率常数 k 的单位为________________。

2-3 一氧化碳被二氧化氮氧化反应的推荐机理是：

步骤 ①　$NO_2+NO_2 = NO_3+NO$　　慢反应

步骤 ②　$NO_3+CO = NO_2+CO_2$　　快反应

(1)此反应的总的反应方程式为________________；

(2)反应的速率方程式为________________。

2-4 活化能与反应速率的关系是________________。

2-5 已知基元反应 A、B、C、D、E 的活化能数据如下：

基元反应	正反应的活化能/($kJ \cdot mol^{-1}$)	逆反应的活化能/($kJ \cdot mol^{-1}$)
A	70	20
B	16	35
C	40	45
D	20	80
E	20	30

在相同温度时：

(1)正反应是吸热反应的是________________；

(2)放热最多的反应是________________；

(3)正反应速率常数最大的反应是________________；

(4)反应可逆性最大的反应是________________；

(5)正反应的速率常数 k 随温度变化最大的是__________。

2-6 反应速度理论认为：当反应物浓度增大时，增加了______________；当升高温度时，增加了________________；加入催化剂时__________。

2-7 阿伦尼乌斯根据实验提出在给定的温度变化范围内反应速率常数与温度之间关系式的指数形式为__________，自然对数形式为____________，常用对数形式为__________。

2-8 某反应活化能为 $83.14\ kJ \cdot mol^{-1}$，当反应温度由 373 K 升高到 393 K 时，其反应速率常数之比 $k_2/k_1=$__________。

2-9 某反应对反应物 A 是二级反应，当 A 的浓度增加一倍，反应速率__________，反应速率常数__________。

2-10 催化剂能改变反应速率的原因是________________；多相催化过程中的催化作用是在__________发生的。

3.简答题

3-1 若时间单位为 min，浓度单位为 $mol \cdot dm^{-3}$，试给出一级反应和二级反应的速率常数 k 的量纲。

3-2 为什么有些反应的活化能很接近，反应速率却相差很大；有些反应的活化能相差较大，而反应速率却很接近？

3-3 温度对速率常数 k 的影响关系式与温度对平衡常数 k 的影响关系式有着相似的形式，试写出这两个关系式，并分析这两个关系式的异同点。

3-4 从活化分子和活化能的观点，分析浓度、温度和催化剂对化学反应速率的影响。

3-5 试由一级反应和二级反应的速率常数的量纲推出 n 级反应的速率常数的量纲。

3-6 试证明一级反应中反应掉 99.9% 所需的时间，大约等于反应掉 50% 所需时间的 10 倍。

3-7 若分别以各反应物和生成物的浓度变化来表示同一个化学反应的速率，其数值会一样吗？为什么？

3-8 反应级数和反应对某物质的级数有何不同？

3-9 什么是基元反应？基元反应必须符合哪些条件？

3-10 由各基元反应推导复杂反应的总速率方程通常有哪两种方法？

4.计算题

4-1 甲醛是烟雾中刺激眼睛的主要物质之一。它由臭氧与乙烯反应生成：

$$2O_3(g)+C_2H_4(g)=\!=\!=2CH_2O(g)+2O_2(g)$$

已知这是二级反应，速率常数 $k=2\times10^3\ mol^{-1}\cdot dm^3\cdot s^{-1}$。在受严重污染的空气中，$O_3$ 与 C_2H_4 的浓度分别为 $5\times10^{-8}\ mol\cdot dm^{-3}$ 和 $1\times10^{-8}\ mol\cdot dm^{-3}$。试计算：

(1)甲醛的生成速率是多少？

(2)经过多长时间甲醛浓度增加至 $1\times10^{-8}\ mol\cdot dm^{-3}$？(超过此浓度，甲醛将对眼睛有明显刺激作用。假定 O_3 与 C_2H_4 的浓度保持不变)

4-2 乙醛的分解反应为 $CH_3CHO(g)=\!=\!=CH_4(g)+CO(g)$

测得不同浓度时的初速率数据如下：

$c(CH_3CHO)/(mol\cdot dm^{-3})$	0.10	0.20	0.30	0.40
$r/(mol\cdot dm^{-3}\cdot s^{-1})$	0.020	0.081	0.182	0.318

求：(1)该反应的级数；

(2)乙醛浓度为 $0.15\ mol\cdot dm^{-3}$ 时的反应速率。

4-3 反应 $2NO+2H_2=\!=\!=N_2+2H_2O$ 的反应机理为

(1)$NO+NO=\!=\!=N_2O_2$　　(快)

(2)$N_2O_2+H_2=\!=\!=N_2O+H_2O$　　(慢)

(3)$N_2O+H_2=\!=\!=N_2+H_2O$　　(快)

试确定总反应的速率方程。

4-4 某抗生素在人体血液中的消耗呈现一级反应。若给患者在上午 8 点注射一针抗生素，然后测得不同时间抗生素在人体血液中的浓度，得到如下数据：

时间　t/h	4	8	12	16
浓度 $c/[mg\cdot(100\ cm)^{-3}]$	0.480	0.326	0.222	0.151

(1)计算抗生素消耗反应的速率常数 k 和半衰期 $t_{1/2}$；

(2)若抗生素在人体血液中浓度不低于 $0.37\ mg\cdot(100\ cm)^{-3}$ 才有效，通过计算说明何时需要注射第二针？

4-5 反应 A ⟶B 的实验数据如下：

t/ min	c(A)/(mol · dm^{-3})	c(B)/(mol · dm^{-3})
0.00	0.010 00	0.000 00
9.82	0.009 646	0.000 354
59.60	0.008 036	0.001 964

(1)证明该反应的级数并计算速率常数；

(2)计算反应的半衰期；

(3)计算经过 5 个半衰期，A 和 B 的浓度各为多少。

4-6 现有某基元反应：2A (g)+B (g)══C (g)，若在一定温度下，将 2 mol A 和 1 mol B 注入体积为 1 L 的反应器中。

(1)当 A、B 在反应器中各消耗 2/3 时，反应速率为起始速率的多少倍？

(2)温度不变，将反应器体积缩小为 1/3 L 时，反应速率如何变？

4-7 氨的分解反应 $2NH_3(g)══N_2(g)+3H_2(g)$，无催化剂时活化能为 330 kJ · mol^{-1}，若在钨表面分解，分解反应的速率是无催化剂时速率的 1.85×10^{29} 倍，计算在催化剂存在下反应的活化能是多少？

4-8 高原某处，水的沸点为 92 ℃，在海平面处 3 min 能煮熟的鸡蛋，在该高原处则需要 4.5 min。试确定煮熟鸡蛋这一过程的活化能。

4-9 在过量的 SCN^- 存在时，溶液中有如下反应：$Cr^{3+}+SCN^-══[Cr(SCN)]^{2+}$，某温度下，反应的速率常数 $k=2.0\times10^{-6}$ s^{-1}。计算当 Cr^{3+} 的浓度减小至原来浓度的 25%时所需的时间。

4-10 生物学家常把 Q_{10} 定义成 37 ℃与 27 ℃时的速率常数比。当 $Q_{10}=2.5$ 时，反应的活化能是多少？

自测题解答

1.选择题

1-1 (C)　**1-2** (D)　**1-3** (C)　**1-4** (C)　**1-5** (A)

1-6 (B)　**1-7** (A)　**1-8** (D)　**1-9** (D)　**1-10** (B)

2.填空题

2-1 三；三；$r=k\cdot c^2(NO)\cdot c(Cl_2)$。

2-2 dm^3 · mol^{-1} · s^{-1}。

2-3 $NO_2+CO══NO+CO_2$；$r=k\cdot c^2(NO)$。

2-4 活化能越小，反应速率越大；活化能越大，反应速率越小(或 $k=Ae^{-E_a/RT}$)。

2-5 A；D；B；C；D。

2-6 分子数；活化分子的百分数；降低了活化能。

2-7 $k=Ae^{-E_a/RT}$，$\ln k=-\dfrac{E_a}{RT}+\ln A$，$\lg k=-\dfrac{E_a}{2.303RT}+\ln A$ 。

2-8 4。

2-9 增大到原来的 4 倍；不变。

2-10 参与了反应过程，改变了反应机理，降低了活化能；催化剂的表面。

3.简答题

3-1 因为一级反应的速率方程 $-\frac{d[A]}{dt}=k_1[A]$，所以 k_1 的量纲是 min^{-1}。

二级反应的速率方程 $-\frac{d[A]}{dt}=k_2[A][B]$，所以 k_2 的量纲是 $mol^{-1}\cdot dm^3\cdot min^{-1}$。

3-2 因为活化能虽然是影响反应速率的一个因素，但并不是唯一的因素。从碰撞理论给出的公式看：

$$k = PZ^{\circ}e^{-E_a/RT}$$

活化能 E_a 以指数关系影响速率常数 k 值，因此它是影响反应速率的重要因素。但 P 和 Z° 也影响 k 值。对不同的反应，Z° 的变化幅度不会太大。但方位因子 P 对 k 值的影响很大，特别是在一些特定反应中。导致有些反应的活化能很接近，反应速率却相差很大；有些反应的活化能相差较大，而反应速率却很接近。

3-3 温度对速率常数 k 的影响关系式为

$$\lg\frac{k_2}{k_1}=\frac{E_a}{2.303R}\left(\frac{1}{T_1}-\frac{1}{T_2}\right)$$

温度对平衡常数 K 的影响关系式为

$$\lg\frac{K_2^{\ominus}}{K_1^{\ominus}}=\frac{\Delta H^{\ominus}}{2.303R}\left(\frac{1}{T_1}-\frac{1}{T_2}\right)$$

两个公式之所以具有相似的形式，是因为速率常数 k 和平衡常数 K，活化能 E_a 与反应热 $\Delta H^{\ominus}$ 均存在内在联系：

$$K=\frac{k_{逆}}{k_{正}};\quad \Delta H^{\ominus}=E_aZ^{-E_{a逆}}$$

但两个公式也有不同：因为活化能一般大于零，所以温度升高，反应速率常数总是增大的；而反应热可正可负，所以升高温度，标准平衡常数可增大也可减小。

3-4 浓度对化学反应速率的影响：增大反应物浓度，由于增加了单位体积中的活化分子数，使单位时间内有效碰撞也按比例增加，从而增大了反应速率。温度对化学反应速率的影响：温度升高，分子动能普遍加大，增大了单位体积内活化分子的百分数从而增加了单位时间内的有效碰撞次数，反应速率增大（分子碰撞频率增大因素仅占 2%～10%）。催化剂对化学反应速率的影响：加入催化剂（这里指正催化剂）改变了反应历程，使反应活化能大大降低，从而大大提高了活化分子的百分数，使反应速率增大。

3-5 一级反应的速率方程 $-\frac{d[A]}{dt}=k_1[A]$

所以当用（时间）表示时间单位，（浓度）表示浓度单位时，一级反应的速率常数 k_1 的量纲为（时间）$^{-1}$。

二级反应的速率方程 $-\frac{d[A]}{dt}=k_2[A][B]$，速率常数 k_2 的量纲为（浓度）$^{-1}\cdot$（时间）$^{-1}$。

依此类推，n 级反应的速率常数 k_n 的量纲（浓度）$^{1-n}\cdot$（时间）$^{-1}$。

3-6 设反应掉 99.9% 所需的时间为 t_1，反应掉 50.0% 所需时间为 t_2，

根据一级反应的动力学公式 $\lg\frac{[A]_0}{[A]}=\frac{k}{2.303}t$

$k=\frac{1}{t}\cdot 2.303\lg\frac{[A]_0}{[A]}$ 温度不变，k 也不变，则

$$\frac{1}{t_1}\cdot 2.303\lg\frac{1}{1.000-0.999}=\frac{1}{t_2}\cdot 2.303\lg\frac{1}{1.000-0.500}$$

$\frac{1}{t_1}\cdot 3=\frac{1}{t_2}\cdot\lg 2$　　因为 $\lg 2\approx 0.30$，所以 $\frac{t_1}{t_2}=\frac{3}{\lg 2}\approx 10$

3-7 不一样。因为当反应式中反应物和生成物的计量系数不同时，它们所表示的反应速率会有如下关系式：

对于反应式　$aA+bB=cC+dD$，可列出如下速率比例关系

$$v=\frac{1}{a}\left(-\frac{d[A]}{dt}\right)=\frac{1}{b}\left(-\frac{d[B]}{dt}\right)=\frac{1}{c}\frac{d[C]}{dt}=\frac{1}{d}\frac{d[D]}{dt}$$

3-8 反应级数是在速率方程式 $v=k[A]^m[B]^n$ 中各反应物浓度指数之和。反应对某物质的级数则是速率方程式中某物质的浓度指数。

3-9 一步完成的反应称为基元反应。基元反应必须符合两个条件：① 反应的分子数不能多于 3；② 基元反应的逆过程也是一个基元反应。

3-10 绝大多数复杂反应的速率方程都难以由构成它的各基元反应精确导出。对于一些较简单的复杂反应，通常有两种近似方法来推导其速率方程：速控步近似法和稳态近似法。速控步近似法又称平衡态近似法，它适用于这样一些反应历程：先由一个或几个快速进行的可逆反应组成，它们在大部分时间内接近平衡状态，随后有一个相对慢的基元反应，整个反应的速率将由这个慢反应控制，再后还有一个或几个快速的基元反应。但有时也可能在定速步骤前或之后没有快速平衡反应。

稳态近似法又称静态法，该法假设中间物生成的总速率等于每个生成基元反应速率之和减去所有分解速率，并且总速率是不变的。

4.计算题

4-1 (1)$r=k\,[O_3][C_2H_4]=2\times10^3\times5\times10^{-8}\times1\times10^{-8}=1\times10^{-12}(\text{mol}\cdot\text{dm}^{-3}\cdot\text{s}^{-1})$

(2)甲醛浓度增加至 1×10^{-8} mol · dm^{-3}所需时间：

$t=\dfrac{1\times10^{-8}}{1\times10^{-12}}=1\times10^4(\text{s})$，　即 2.78 h。

4-2 (1)从题目数据知，乙醛浓度增大至原来的 2 倍，反应速率增大至原来的 4 倍，所以该反应的级数为 2。

(2)$r=kc^2(CH_3CHO)$

$k=\dfrac{r}{c^2(CH_3CHO)}=\dfrac{0.020}{0.1^2}=2.0\ \text{mol}^{-1}\cdot\text{dm}^3\cdot\text{s}^{-1}$

乙醛浓度为 0.15 mol · dm^{-3}时的反应速率：$r=2.0\times(0.15)^2=0.045\ (\text{mol}\cdot\text{dm}^{-3}\cdot\text{s}^{-1})$

4-3 因为复合反应的总速率方程取决于最慢一步的定速步骤，所以 $r=k_1c(N_2O_2)c(H_2)$。而 N_2O_2 是(1)反应中的产物，(1)是快反应，很快达到平衡，则

$K_1=\dfrac{c(N_2O_2)}{c^2(NO)}$，故 $r=k_1K_1c^2(NO)c(H_2)=kc^2(NO)c(H_2)$

4-4 (1)因为一级反应浓度变化与时间的关系为 $\lg\dfrac{c}{c_0}=-\dfrac{kt}{2.303}$，所以根据题目数据计算反应速率常数的平均值：

$k_1=0.0967\ (\text{h}^{-1})$，$k_2=0.0964\ (\text{h}^{-1})$，$k_3=0.0964\ (\text{h}^{-1})$，$k_{平均}=0.0965\ (\text{h}^{-1})$，$t_{1/2}=7.2\ (\text{h})$

(2)$t=2.70$ h，则 4 h+2.70 h=6.70 h，即在第一针后 6.70 h 需注射第二针。

4-5 (1)从反应物 A 的消耗速率看：

$$-\frac{\Delta c(A)}{\Delta t}=-\frac{0.009\,646-0.010\,00}{9.82-0.00}=3.60(\text{mol}\cdot\text{dm}^{-3}\cdot\text{min}^{-1})$$

$$-\frac{\Delta c(A)}{\Delta t}=-\frac{0.008\,036-0.009\,646}{59.60-9.82}=3.23(\text{mol}\cdot\text{dm}^{-3}\cdot\text{min}^{-1})$$

A 的消耗速率即是 B 的生成速率。从计算结果看在两个时间间隔的反应速率并不是常数，所以可判断该反应不是零级反应。若按一级反应浓度变化与时间的关系：$\lg\dfrac{c}{c_0}=-\dfrac{kt}{2.303}$，

9.82 min　　$k=3.67\times10^{-3}(\text{min}^{-1})$

59.60 min　　$k=3.67\times10^{-3}(\text{min}^{-1})$

按一级反应公式计算两段时间的速率常数，结果表明确是一个常数。若按二级反应浓度与反应时间的关系公式：$\dfrac{1}{c}=kt+\dfrac{1}{c_0}$

其公式与一级反应的根本不同，按两段时间计算的速率常数不可能为常数。由此推断该反应是一级反应，速

率常数为

$$k=3.67\times10^{-3}(\text{min}^{-1})$$

(2)一级反应的半衰期 $t_{1/2}=\frac{\ln2}{k}=\frac{0.693}{\text{k}}$,则 $t_{1/2}=188.8$ (min)

(3)经过 5 个半衰期即 188.8 min×5=944 min,$c=3.16\times10^{-4}$ mol·dm^{-3}

B 的生成量为 $0.010\,00-3.16\times10^{-4}=9.684\times10^{-3}$(mol·dm^{-3})

4-6 由于该反应是基元反应,所以速率方程可由反应式直接写出:

$r=kc^2(\text{A})c(\text{B})$,是一个三级反应。

(1)当 A、B 在反应器中各消耗 2/3 时,即剩余浓度均为原来的 1/3,则反应速率为 $r_1=r/27$,相当于初始速率的 1/27。

(2)温度不变,将反应器体积缩小为 1/3 L,则各反应物浓度变为原来的 3 倍,$r_2=27r$,相当于初始速率的 27 倍。

4-7 因为加入催化剂后反应速率改变倍数:$\lg\frac{k'}{k}=\frac{E_a-E_a'}{2.303RT}$

所以 $\lg1.85\times10^{29}=\frac{330-E_a'}{2.303\times8.314\times10^{-3}\times298}$

$E_a'=163.0$ (kJ·mol^{-1})

4-8 因为海平面处水的沸点是 373 K。煮熟鸡蛋这一过程的时间与速率成反比。

$\lg\frac{k_2}{k_1}=\frac{E_a}{2.303R}\left(\frac{1}{T_1}-\frac{1}{T_2}\right)$,$E_a=57.4$ kJ·mol^{-1}

4-9 从速率常数的单位可推断该反应为一级反应,所以一级反应浓度变化与时间的关系为

$$\lg\frac{c}{c_0}=-\frac{kt}{2.303}$$

当 Cr^{3+} 的浓度减小至原来浓度的 25%时所需的时间为 t

$t=6.9\times10^5$ s

4-10 $\lg\frac{k_2}{k_1}=\frac{E_a}{2.303R}\left(\frac{1}{T_1}-\frac{1}{T_2}\right)$

$E_a=71$ kJ·mol^{-1}

三、思考题解答

6-1 解答: 化学反应的速率可以用产物浓度的变化来表示 $\bar{r}(O_2)=\frac{\Delta c(O_2)}{\Delta t}$。

6-2 解答: 旧的化学键的断裂需要消耗能量,只有能量足够大的反应物分子按照一定的空间取向发生碰撞才有可能实现旧的化学键的断裂。

6-3 解答: 不使劲,核桃就砸不开,但用力方向不到位,再大的力也不行。

6-4 解答: 尽管碰撞是化学反应能够进行的先决条件,但只有活化分子之间的碰撞才有可能是有效的。

6-5 解答: 具有各动能值分子的分布情况是由温度决定的。温度一定,分布情况就一定。(1)反应是放热的,随着反应的进行体系温度可能升高,活化分子所占的百分数不但不减小反而增加。(2)反应是放热的,如果维持体系温度不变,则活化分子所占的百分数也不变;如果环境不能供应热量,体系温度则降低,活化分子所占的百分数将随之减小。即便这样,体系总还存在一个动能分布,总有一定数量的活化分子。

6-6 解答: 化学反应要发生,反应物必须先吸收一定的能量(所吸收的能量就是正反应的活化能),形成过渡态,过渡态释放一定的能量后(所释放的能量在数值上等于逆反应的活化

能)，才能形成产物。也就是说，要形成过渡态，就必须先克服一个能垒(即活化能)，否则化学反应就不可能发生。化学反应是放热反应，代表破坏旧的化学键所消耗的能量低于形成新的化学键所放出的能量，这个能量差就是化学反应的焓变，等于正反应的活化能减去逆反应的活化能。

6-7 解答：碰撞理论对活化能的定义为活化分子具有的平均能量与分子的平均能量之间的差值；过渡状态理论对活化能的定义为反应物分子形成活化络合物(过渡状态)需要克服的能垒，即活化络合物具有的能量与反应物分子具有的能量的差值。

6-8 解答：这个反应不可能是基元反应。即使不考虑能量因素和碰撞的方位因素，仅从微观角度看，69 个微粒也很难同时发生碰撞完成反应。

6-9 解答：初始速率法确立反应速率方程时，反应物浓度的取值很有讲究。首先固定反应物 A 的浓度，成倍增大反应物 B 的浓度，观察初始速率的变化情况，即可确定反应物 B 的级数；用相同的取值规律可以确定 A 的级数；最后求出速率常数 k。

不能写出。只有基元反应可以直接写出速率方程。如果我们不知道一个反应是不是基元反应，其速率方程只能通过实验来确定。

6-10 解答：这里说的改变是指催化剂能够加快化学反应的进行或减慢化学反应的进行，以此为依据可以将催化剂分为正催化剂和负催化剂两类，如不特别说明，我们说的催化剂通常是指正催化剂。催化剂之所以能够改变化学反应的速率，是因为催化剂参与了反应过程，改变了反应机理，降低了反应的活化能。

没有催化剂时：

$$\mathrm{A+B \longrightarrow AB}$$

加入催化剂 K 后：

$$\mathrm{A+B+K \longrightarrow AK+B \longrightarrow AB+K}$$

6-11 解答：如果不加入二氧化锰，加热氯酸钾，得不到氧气。氯酸钾加热到 629 K 时熔化，668 K 时发生歧化反应：

$$\mathrm{4KClO_3 = 3KClO_4 + KCl}$$

只有在加入催化剂时才按下式分解放出氧气：

$$\mathrm{2KClO_3 = 2KCl + 3O_2\uparrow}$$

6-12 解答：在煮稀饭时我们会加入少量小苏打，这样煮出来的稀饭香甜可口，在这里，小苏打就是催化剂，它加速了淀粉转化为糖的反应。

6-13 解答：根据微观可逆性原理，正、逆反应经历了相同的过渡状态，这样正反应的催化剂也就是逆反应的催化剂。因此，在科学研究中，如果找不出正反应的催化剂，可以尝试着去寻找逆反应的催化剂。

四、课后习题解答

6-1 解答：反应的平均速率既可用反应物表示，也可用产物表示。

$$\bar{r}(\mathrm{N_2O_5}) = -\frac{c_2(\mathrm{N_2O_5})-c_1(\mathrm{N_2O_5})}{t_2-t_1} = -\frac{1.95-2.1}{100-0} = 1.5\times10^{-3}(\mathrm{mol\cdot dm^{-3}\cdot s^-1})$$

$$\bar{r}(\mathrm{NO_2}) = \frac{c_2(\mathrm{NO_2})-c_1(\mathrm{NO_2})}{t_2-t_1} = \frac{0.30-0}{100-0} = 3.0\times10^{-3}(\mathrm{mol\cdot dm^{-3}\cdot s^{-1}})$$

$$\bar{r}(\mathrm{O_2}) = \frac{c_2(\mathrm{O_2})-c_1(\mathrm{O_2})}{t_2-t_1} = \frac{0.075-0}{100-0} = 7.5\times10^{-4}(\mathrm{mol\cdot dm^{-3}\cdot s^{-1}})$$

6-2 解答:影响化学反应速率的因素:内因是反应物本身的性质,外因有催化剂、反应物的温度、反应物的浓度、固体反应物的表面积、气态反应物的压力。因此,可用测定这些条件变化时的反应速率变化得知。

6-3 解答:(1)设该反应的速率方程为 $r=k\cdot c(\mathrm{A})^m\cdot c(\mathrm{B})^n$ 则

$r_1=k\times0.10^m\times0.20^n=300$,$r_2=k\times0.30^m\times0.40^n=3600$,$r_3=k\times0.30^m\times0.80^n=14\ 400$

因为 $r_3/r_2=0.80^n/0.40^n=2^n=4$,所以 $n=2$,$r_2/r_1=3^m\times2^n=3^m\times2^2=12$,$m=1$

速率方程为 $r=k\cdot c(\mathrm{A})\cdot c^2(\mathrm{B})$

(2)将 $m=1$、$n=2$ 代入任一速率方程

$r_1=k\times0.10^m\times0.20^n=k\times0.10^1\times0.20^2=300$,则 $k=75\ 000\ \mathrm{mol^{-2}\cdot dm^6\cdot s^{-1}}$

6-4 解答:与 6-3 解法相同。

6-5 解答:根据阿伦尼乌斯方程 $\lg\dfrac{k_2}{k_1}=\dfrac{E_a}{2.303R}\left(\dfrac{T_2-T_1}{T_1T_2}\right)$,$\lg\dfrac{5}{50}=\dfrac{E_a}{2.303R}\left(\dfrac{275-300}{275\times300}\right)$

$E_a=2.303\times8.314\times275\times300\div25\ \mathrm{J\cdot mol^{-1}}=63\ 186\ \mathrm{J\cdot mol^{-1}}=63.186\ \mathrm{kJ\cdot mol^{-1}}$

6-6 解答:(1)与 6-3 解法相同。

(2)将 $m=n=1$ 代入任一速率方程,得 $k=0.22\ \mathrm{mol^{-1}\cdot dm^3\cdot s^{-1}}$。

(3)$r=k\cdot c(\mathrm{CO})\cdot c(\mathrm{NO_2})=0.22\times0.10\times0.16=3.5210^{-3}\ \mathrm{mol\cdot dm^{-3}\cdot s^{-1}}$。

(4)$\lg\dfrac{k_2}{k_1}=\dfrac{E_a}{2.303R}\left(\dfrac{T_2-T_1}{T_1T_2}\right)$,$\lg\dfrac{23.0}{0.22}=\dfrac{E_a}{2.303R}\left(\dfrac{800-650}{800\times650}\right)$

所以 $E_a=16\ 122\ \mathrm{J\cdot mol^{-1}}=16.122\ \mathrm{kJ\cdot mol^{-1}}$

6-7 解答:(1)$r=k\cdot c^2(\mathrm{NO})\cdot c(\mathrm{H_2})$。

(2)k 的单位是 $\mathrm{dm^6\cdot mol^{-2}\cdot s^{-1}}$。

(3)$r(\mathrm{N_2})=k(\mathrm{N_2})\cdot c^2(\mathrm{NO})\cdot c(\mathrm{H_2})$,$r(\mathrm{NO})=k(\mathrm{NO})\cdot c^2(\mathrm{NO})\cdot c(\mathrm{H_2})$。因为 $2r(\mathrm{N_2})=r(\mathrm{NO})$,所以 $2k(\mathrm{N_2})=k(\mathrm{NO})$;因为是同一个反应,所以活化能是相同的。

6-8 解答:(1)$V^{3+}+Cu^{2+}\longrightarrow V^{4+}+Cu^{+}$　(慢)

$Cu^{+}+Fe^{3+}\longrightarrow Cu^{2+}+Fe^{2+}$　(快)

两式相加得 $V^{3+}+Fe^{3+}\longrightarrow V^{4+}+Fe^{2+}$

(2)Cu^{2+} 为催化剂。

(3)定速步骤为 $V^{3+}+Cu^{2+}\longrightarrow V^{4+}+Cu^{+}$　(慢)

总反应的速率方程为 $r=k\cdot c(V^{3+})\cdot c(Cu^{2+})$。

6-9 解答:(1)加入催化剂后,E_a和 E_a'均降低;

(2)加入不同的催化剂对 E_a的影响不同;

(3)提高反应温度,E_a和 E_a'不变;

(4) 改变起始温度,E_a不变。

6-10 解答:根据题意,反应历程为:

(1)$I_2\rightleftharpoons2I$(快)　　$r_1=k_1[I_2]$

(2)$H_2+2I=\!=\!=2HI$(慢)　　$r_2=k_2[H_2][I]^2$

反应(2)为决速步骤,所以

$$r=r_2=k_2[H_2][I]^2$$

根据反应(1)可知,达到平衡时　$K=\dfrac{[I]^2}{[I_2]}$

得$[I]^2=K\cdot[I_2]$

因为反应(1)中[I]的平衡浓度即为反应(2)中[I]的初始浓度，得：$r=k_2\cdot K[H_2][I_2]=k[H_2][I_2]$

6-11 解答：热力学只能解决化学反应能不能进行以及能够进行到什么程度，而不能回答化学反应是如何进行的、反应进行得快与慢，以及需要经过多少时间才能达到平衡。而动力学更好相反。

五、参考资料

靳福全.2013.关于反应速率、反应速率常数及指前因子的讨论.大学化学，28(2)：75

李汝雄，吴新民.2008.关于化学反应机理中反应速率系数 k 的认定问题讨论.大学化学，23(2)：57

李学慧，吴正舜，伍强贤.2010.平衡常数与正逆反应速率常数之间关系的探讨.大学化学，25(4)：72

刘国杰，黑恩成.2013.Arrhenius 活化能理论的修正.大学化学，28(2)：27

罗渝然，俞书勤，张祖德，等.2010.再谈什么是活化能—Arrhenius 活化能的定义、解释、以及容易混淆的物理量.大学化学，25(3)：35

索福喜，陈魁，李俊.2008.一个与化学反应速率常数有关的问题.大学化学，23(3)：64

王新平，王旭珍，王新葵，等.2011.关于化学反应表观活化能和指前因子的教学讨论.大学化学，26(3)：33

第7章　酸碱反应

一、重要概念

1.酸碱电离理论(acid base ionization theory)

1887年由瑞典化学家阿伦尼乌斯提出,也称水-离子理论(the theory of water - ion)。

定义:凡是水溶液中产生 H^+ 的物质就称为酸,产生 OH^- 的称为碱。

重要性及优点:是建立在电离理论之上,大众最熟知的经典酸碱理论。建立了对酸碱强度的定量描述;适用于 pH 计算、电离度计算、缓冲溶液计算、溶解度计算。

局限性:不能说明 Ac^-、F^-、CO_3^{2-}、NH_3 也是碱;不能说明 NH_3 与 HCl 是酸碱反应;错误地认为水中有“NH_4OH”这种物质;不能说明非水质子溶剂(液 NH_3、液 HF)和非质子溶剂(液 SO_3、液 N_2O_4、液 BrF_3)中的酸碱反应;不能说明无溶剂体系的酸碱反应(固体 BaO 和液态或气态 SO_3 反应生成固体 $BaSO_4$)。

2.酸碱质子理论(proton theory of acids and bases)

1923年由丹麦化学家布朗斯特(J.N.Bronsted)和英国化学家劳里(T.M.Lowry)各自独立地提出,也称布朗斯特酸碱理论(Bronsted acid-base theory)。

定义:任何能释放出质子的物质称为酸,任何能结合质子的物质称为碱。

$$酸 \rightleftharpoons 碱+质子(H^+)$$

重要性及优点:提出了“共扼酸碱对”(conjugate acid-base pair)的概念;将酸碱概念从“水体系”推广到“质子体系”。质子理论中无盐的概念,电离理论中的盐,在质子理论中都是离子酸或离子碱,如 NH_4Cl 中的 NH_4^+ 是离子酸,Cl^- 是离子碱。酸和碱不是孤立的,统一在对质子的授受上。酸碱反应的实质:两个共轭酸碱对之间的质子传递。酸越强,其共轭碱越弱;碱越强,其共轭酸越弱。反应总是由相对较强的酸和碱向生成相对较弱的酸和碱的方向进行。对于某些物种而言,是酸是碱取决于参与的具体反应。

局限性:不能用于非质子溶剂体系。

3.溶剂的拉平效应和区分效应(leveling effect and differentiating effect of solvent)

拉平效应:溶剂将酸或碱的强度拉平的作用,称为溶剂的拉平效应。

例如,在水中进行的任何实验都不能告诉我们 HCl 和 HBr,哪一种酸性更强些。

区分效应:用一个溶剂能把酸或碱的相对强弱区分开来,称为溶剂的区分效应。例如,以冰醋酸为溶剂,则就可以区分下列酸的强弱。

$HI > HClO_4 > HCl > H_2SO_4 > HNO_3$

4.羟基酸(hydroxy acid)

原意在有机化学里指分子中同时含有羟基(—OH)和羧基(—COOH)的化合物,根据其结构可分为脂肪族羟基酸和芳香族羟基酸两类。这里指在水溶液中能给出其羟基质子(酸质子)的无机酸:① 水合酸,水合酸的酸质子处在与金属离子配位的水分子中,$Fe(H_2O)_6]^{3+}$ 相应的布朗斯特平衡为$[Fe(H_2O)_6]^{3+}+H_2O(l)=\!=\!=[Fe(H_2O)_5(OH)]^{2+}+H_3O^+(aq)$；② 羟合酸，羟合酸的酸质子处在相邻位置上没有氧基（=O）的羟基上，如 $Si(OH)_4$；③ 氧合酸，氧合酸的酸质子同样处在羟基上，但与羟基相联的中心原子上带有若干个氧基，如 H_2SO_4。三者的关系为

$$\underset{(\text{水合酸})}{H_2O\text{—}E\text{—}OH_2}\longrightarrow\underset{(\text{羟合酸})}{HO\text{—}E\text{—}OH}\longrightarrow\underset{(\text{氧合酸})}{HO\text{—}E=O}$$

5.ROH 规则(the rules of ROH)

用 $\phi=Z/r$（离子势）解释水合酸强度的一种经验理论。认为：

$$R\text{—}O\text{—}H\longrightarrow R^++OH^-\qquad \text{碱式电离(R 的 } z \text{ 小、} r \text{ 大)}$$

$$R\text{—}O\text{—}H\longrightarrow RO^-+H^+\qquad \text{酸式电离(R 的 } z \text{ 大、} r \text{ 小)}$$

因此，ROH 的酸碱性取决于它的解离方式，与元素 R 的电荷数 z 和半径 r 的比值 $\phi=z/r$ 有关。

6.鲍林规则(the Pauling rule)——估算氧合酸$(HO)_nRO_{m-n}$的 $K_a^\ominus$ 值

鲍林在研究含氧酸强度与结构之间的关系时，总结出下面两条经验规则。

若将含氧酸的通式写成$(HO)_nRO_{m-n}$，则含氧酸的酸性与非羟基氧原子数($N=m-n$)有关。N 越大，含氧酸的酸性越强。含氧酸的 K_1，与非羟基氧原子数 N 有如下关系：

$$K_a^\ominus\approx10^{5N-7}\text{，即 } pK_a^\ominus\approx7-5N$$

根据 $pK_a^\ominus$ 值判断结构式：

H_3PO_4	H_3PO_3	H_3PO_2
2.12	1.80	2.0

3 个 $pK_a^\ominus$ 值都接近鲍林第一规则中的氧基数为 1 的数值，表明结构式分别为

$$(HO)_3P=O;(HO)_2HP=O;(HO)H_2P=O。$$

酸性的强弱取决于羟基氢的释放难易程度，而羟基氢的释放又取决于羟基氧的电子密度，若羟基氧的电子密度小，易释放氢，则酸性强。

若中心原子 R 的电负性大，半径小，氧化值高，则羟基氧的电子密度小，酸性强；非羟基氧的数目多，可使羟基氧上的电子密度减小，酸性增强。

7.溶剂体系理论(solvent-system theory)

由卡迪(H.Cady)和埃尔西(H.P.Elsey)提出的一种酸碱理论。

定义：凡是在溶剂中产生该溶剂的特征阳离子的溶质称为酸，产生该溶剂的特征阴离子的溶质称为碱。

重要性及优点：典型的自偶电离；将酸碱理论从"质子体系"推广到"非质子体系"；能很好地说明以下反应：

$$NH_4Cl+KNH_2\longrightarrow KCl+2NH_3\qquad \text{溶剂为液态 } NH_3$$

$$SOCl_2+Cs_2SO_3\longrightarrow 2CsCl+2SO_2\qquad \text{溶剂为液态 } SO_2$$

$$SbF_5+KF\longrightarrow KSbF_6\qquad \text{溶剂为液态 } BrF_3$$

适用于非水溶剂体系和超酸体系。

局限性：只能用于自电离溶剂体系；不能说明苯、氯仿、醚等溶剂体系中的酸碱反应。

8.酸碱电子理论(acid-base electron theory)

1923 年美国化学家路易斯提出的一种酸碱理论。也称广义酸碱理论(generalized acid-base theory)、路易斯酸碱理论(the Lewis acid-base theory)。

定义:凡能提供电子对的物质称为碱,能从碱接受电子对的物质称为酸。

$$酸+碱: \longrightarrow A:B$$

重要性及优点:能说明不含质子的物质的酸碱性,如金属阳离子、缺电子化合物、极性双键分子(典型的羰基分子)、价层可扩展原子化合物(某些p区元素的配合物)、具有孤对电子的中性分子、含有C=C键分子(典型的蔡斯盐);应用最为广泛。

注意:Lewis碱包括全部Bronsted碱,Lewis酸则不一定包括Bronsted酸。

局限性:在判断酸碱强度时,电子理论和质子理论有部分冲突,如对Zn^{2+}的判断。

9.硬软酸碱理论(hard-soft acid-base theory)

1963年由皮尔逊(L.B. Pearson)提出。这是对路易斯理论的继续发展。

定义:体积小,正电荷数高,可极化性低的中心原子称为硬酸;体积大,正电荷数低,可极化性高的中心原子称为软酸。将电负性高,极化性低难被氧化的配位原子称为硬碱,反之为软碱。皮尔逊提出的酸碱反应规律为:硬酸优先与硬碱结合,软酸优先与软碱结合。这虽然是一条经验规律,但应用颇广:① 取代反应都倾向于形成硬-硬、软-软的化合物。② 软-软、硬-硬化合物较为稳定,软-硬化合物不够稳定。③ 硬溶剂优先溶解硬溶质,软溶剂优先溶解软溶质,许多有机化合物不易溶于水,就是因为水是硬碱。④ 解释催化作用。有机反应中的弗里德-克雷夫茨反应以无水氯化铝($AlCl_3$)作催化剂,$AlCl_3$是硬酸,与RCl中的硬碱Cl^-结合而活化。

该理论主要用于讨论金属离子的配合物体系;预言反应方向;预言配合物稳定性;合理解释Goldschmidt规则(地球化学)。

10.超酸(super acid)

超酸是一种酸性比100%硫酸还强的酸。一般分类如下:布朗斯特超酸,路易斯超酸,共轭布朗斯特-路易斯超酸,固体超强酸。超酸作为一个良好的催化剂,使一些本来难以进行的反应能在较温和的条件下进行,故在有机合成中得到广泛应用。

二、自测题及其解答

1.选择题

1-1 已知相同浓度的盐NaA,NaB,NaC,NaD的水溶液的pH依次增大,则相同浓度的下列溶液中解离度最大的是 ( )

A.HA B.HB C.HC D.HD

1-2 已知$K_b^\ominus(NH_3)=1.8\times10^{-5}$,其共轭酸的$K_a^\ominus$为 ( )

A.1.8×10^{-9} B.1.8×10^{-10} C.5.6×10^{-10} D.5.6×10^{-5}

1-3 下列物质中,既是质子酸,又是质子碱的是 ( )

A.OH^- B.NH_4^+ C.S^{2-} D.PO_4^{3-}

1-4 $H_2AsO_4^-$ 的共轭碱是 ( )

A.H_3AsO_4 B.$HAsO_4^{2-}$ C.AsO_4^{3-} D.$H_2AsO_3^-$

1-5 下列离子中碱性最强的是 ( )

A.CN^- B.Ac^- C.NO_2^- D.NH_4^+

1-6 一种弱酸的强度与它在水溶液中的哪一种数据有关 ( )

A.浓度 B.电离度 C.电离常数 D.溶解度

1-7 中性(pH)的水是　(　　)

A.海水　B.雨水　C.蒸馏水　D.自来水

1-8 下列各种物质中,既是路易斯酸又是路易斯碱的是　(　　)

A.B_2H_6　B.CCl_4　C.H_2O　D.SO_2Cl_2

1-9 不是共轭酸碱对的一组物质是　(　　)

A.NH_3,NH_2^-　B.NaOH,Na^+　C.HS^-,S^{2-}　D.H_2O,OH^-

1-10 将浓度相同的 NaCl,NH_4Ac,NaAc,NaCN 溶液,按其 $c(H^+)$从大到小排列的顺序为　(　　)

A.NaCl>NaAc>NH_4Ac>NaCN　B.NaAc>NaCl≈NH_4Ac>NaCN

C.NaCl≈NH_4Ac>NaAc>NaCN　D.NaCN>NaAc>NaCl≈NH_4Ac

2.填空题

2-1 在水溶液中,将下列物质按酸性由强至弱排列为__________。

H_4SiO_4, $HClO_4$, C_2H_5OH, NH_3, NH_4^+, HSO_4^-

2-2 在乙酸溶剂中,高氯酸的酸性比盐酸________,因为乙酸是________溶剂;在水中高氯酸的酸性与盐酸的酸性________,这是因为水是________溶剂。

2-3 根据酸碱质子理论,硫酸在水中的酸性比它在乙酸中的酸性________,氢氟酸在液态乙酸中的酸性比它在液氨中的酸性______,氨在水中的碱性比它在氢氟酸中的碱性______。

2-4 对于平衡反应 $HA+HE \rightleftharpoons A^-+H_2E^+$,$K=1\times10^{-2}$,根据酸碱质子理论,反应式中的强酸为________,强碱为________。

2-5 已知氢硫酸的 $K_{a_1}^\ominus=6.3\times10^{-8}$,$K_{a_2}^\ominus=4.4\times10^{-13}$,则 $S^{2-}+H_2O \rightleftharpoons HS^-+OH^-$ 的平衡常数 $K^\ominus=$________,其共轭酸碱对为________。

2-6 依鲍林规则,可以判断出 H_3PO_4,$H_2PO_4^-$ 和 HPO_4^{2-} 的 $K_a^\ominus$ 分别为________,________和________。

2-7 $H_2PO_4^-$ 和 $NaHPO_4$ 在水溶液中混合时主要反应的平衡方程式为________。

2-8 $(CH_3)_2N—PF_2$ 有两个碱性原子 P 和 N,与 BH_3 形成配合物时,________原子与 B 结合。与 BF_3 形成配合物时,________原子与 B 结合。

2-9 根据酸碱质子理论,$[Al(H_2O)_5OH]^{2+}$的共轭酸是________,共轭碱是________。

2-10 根据酸碱质子理论,酸碱反应的实质是两个共轭酸碱对之间的________。

3.简答题

3-1 以下哪些物种是酸碱质子理论的酸,哪些是碱,哪些具有酸碱两性?请分别写出它们的共轭碱和共轭酸。

SO_4^{2-},S^{2-},$H_2PO_4^-$,NH_3,HSO_4^-,$[Al(H_2O)_5OH]^{2+}$,SO_3^{2-},NH_4^+,H_2S,H_2O,OH^-,H_3O^+,HS^-,HPO_4^{2-}

3-2 举例说明酸碱电子理论中有哪几类常见反应。

3-3 写出下列分子或离子的共轭酸。

SO_4^{2-},S^{2-},$H_2PO_4^-$,NH_3,HNO_3,H_2O

3-4 试从 HA 酸在电离过程中的能量变化分析影响其酸性强度的一些主要因素。

3-5 下列氧化物哪些在水中形成酸,哪些在水中形成碱,分别写出它们与水的反应方程式。

P_4O_6，Na_2O，Mn_2O_7，Cl_2O，B_2O_3，I_2O_5，SO_2，Cl_2O_7，CO_2，SO_3。

3-6 (1)将下列物质按酸性由强至弱进行排序：$H_2PO_4^-$，H_2O，OH^-，H_2SO_4，NH_3。

(2)将下列物质按碱性由强至弱进行排序：NH_3，OH^-，HSO_4^-，H_2O，HPO_4^{2-}。

(3)在下列物种中，哪些是路易斯酸？哪些是路易斯碱？H^+，Zn^{2+}，F^-，OH^-，CN^-，NH_3，SO_3，BF_3。

3-7 对于表达式 $HAc \rightleftharpoons Ac^- + H^+$，电离理论和质子理论的含义有什么不同？

3-8 什么是溶剂的拉平效应和区分效应？试分别举例说明。

3-9 试问 HAc 在下列哪种溶剂中电离常数最大，在哪种溶剂中电离常数最小？为什么？(1)液氨；(2)液态氢氟酸；(3)水。

3-10 试判断下列化学反应的方向，并用质子理论说明其原因。

(1) $HAc + CO_3^{2-} = HCO_3^- + Ac^-$

(2) $H_3O^+ + HS^- = H_2S + H_2O$

(3) $H_2O + H_2O = H_3O^+ + OH^-$

(4) $HS^- + H_2PO_4^- = H_3PO_4 + S^{2-}$

(5) $H_2O + SO_4^{2-} = HSO_4^- + OH^-$

(6) $HCN + S^{2-} = HS^- + CN^-$

4.计算题

4-1 已知下列数据：

$\Delta_f G_m^\ominus(H_2S,aq) = -27.9\ kJ.mol^{-1}$，$\Delta_f G_m^\ominus(S^{2-},aq) = 85.8\ kJ.mol^{-1}$，

$\Delta_f G_m^\ominus(H_2Se,aq) = 22.2\ kJ.mol^{-1}$，$\Delta_f G_m^\ominus(Se^{2-},aq) = 129.3\ kJ.mol^{-1}$。

试计算下列反应的 $\Delta_r G_m^\ominus$ 和平衡常数 K：

(1) $H_2S(aq) \longrightarrow 2H^+(aq) + S^{2-}(aq)$

(2) $H_2Se(aq) \longrightarrow 2H^+(aq) + Se^{2-}(aq)$

两者中哪一个酸性较强？

4-2 根据 pK_a 判断结构式：

H_3PO_4(2.12)　H_3PO_3(1.80)　H_3PO_2(2.0)

4-3 利用电离过程的自由能推算 HF(aq)的 $K_a^\ominus$，说明其酸性强弱。

4-4 根据热力学循环推算 HX(aq)的酸强度。

4-5 试从结构观点分析含氧酸强弱和结构之间的关系。用鲍林规则判断下列酸的强弱：

(1) $HClO$　(2) $HClO_2$　(3) H_3AsO_3　(4) HIO_3　(5) H_3PO_3

(6) $HBrO_3$　(7) $HMnO_4$　(8) H_2SeO_4　(9) HNO_3　(10) H_6TeO_6

4-6 试解释下列各组酸强度的变化顺序：

(1) $HI > HBr > HCl > HF$

(2) $HClO_4 > H_2SO_4 > H_3PO_4 > H_4SiO_4$

(3) $HNO_3 > HNO_2$

(4) $HIO_4 > H_5IO_6$

(5) $H_2SeO_4 > H_5TeO_6$

4-7 如何理解二元氢化物水溶液的酸性变化规律？

4-8 以下说法是否正确？若有错误请予纠正并说明理由。

(1)将氨水的浓度稀释一倍,溶液中的 OH^- 浓度就减少到原来的二分之一。

(2)0.1 $mol \cdot dm^{-3}$ 的 HAc 溶液中 HAc 的电离常数为 1.75×10^{-5},则 0.2 $mol \cdot dm^{-3}$ 的 HAc 溶液中 HAc 的电离常数将为 $2\times1.75\times10^{-5}$。

(3)将 NaOH 溶液的浓度稀释一倍,溶液中的 OH^- 浓度就减少到原来的一半。

(4)若 HCl 溶液的浓度为 HAc 溶液的 2 倍,则 HCl 溶液中的氢离子浓度也为 HAc 溶液中氢离子浓度的 2 倍。

4-9 标明下列各反应中各个共轭酸碱对,计算各反应的平衡常数值。已知:HCN 的 $K_a^\ominus=4.93\times10^{-10}$,$HNO_2$ 的 $K_a^\ominus=4.6\times10^{-4}$,$H_2S$ 的 $K_{a_2}^\ominus=7.1\times10^{-15}$,$H_3PO_4$ 的 $K_{a_3}^\ominus=2.2\times10^{-13}$。

$HCN+H_2O \rightleftharpoons H_3O^+ + CN^-$

$NO_2^- + H_2O \rightleftharpoons OH^- + HNO_2$

$S^{2-} + H_2O \rightleftharpoons HS^- + OH^-$

$PO_4^{3-} + H_2O \rightleftharpoons HPO_4^{2-} + OH^-$

4-10 两性物质在水溶液中既能给出质子,又能接受质子,试以 HCO_3^- 为例,推导其在水溶液中 H^+ 浓度的计算式。

自测题解答

1.选择题

1-1 (A) **1-2** (C) **1-3** (A) **1-4** (B) **1-5** (A)

1-6 (C) **1-7** (C) **1-8** (A) **1-9** (B) **1-10** (C)

2.填空题

2-1 $HClO_4$,HSO_4^-,NH_4^+,H_4SiO_4,C_2H_5OH,NH_3。

2-2 强,区分;相近,拉平。

2-3 强,弱,弱。

2-4 HA,H_2E^+。

2-5 1.4,HS^--S^{2-}。

2-6 3,8,13。

2-7 $H_3PO_4 + HPO_4^{2-} \longrightarrow 2H_2PO_4^-$。

2-8 P,N。

2-9 $[Al(H_2O)_6]^{3+}$,$[Al(H_2O)_4(OH)_2]^+$。

2-10 质子传递。

3.简答题

3-1 提示:酸碱质子理论认为凡是能给出质子的物质都是酸,凡是能够接受质子的物质就是碱,故酸:NH_4^+,H_2S,H_3O^+。

碱:SO_4^{2-},S^{2-},NH_3,CO_3^{2-},OH^-。

两性:$H_2PO_4^-$,HSO_4^-,$[Al(H_2O)_5OH]^{2+}$,H_2O,HS^-,HPO_4^{2-}。

3-2 提示:酸碱电子理论认为酸碱反应的实质是通过配位键形成酸碱配合物的过程。它包括酸碱之间的反应和取代反应。取代反应又分为酸取代反应、碱取代反应和双取代反应。

3-3 共轭酸分别为 HSO_4^-,HS^-,H_3PO_4,NH_4^+,$H_2NO_3^+$,H_3O^+

3-4 非金属元素氢化物在水溶液中的酸碱性与该氢化物在水中给出或接受质子的能力的相对强弱有关。影响酸性强度的因素有 HA 的水合能,解离能,A(g)的电子亲和能,A^-(g)的水合能,H(g)的电离能,H^+(g)的水合能。

3-5 在水中形成酸的有：P_4O_6，Mn_2O_7，Cl_2O，B_2O_3，I_2O_5，SO_2，Cl_2O_7，CO_2，SO_3；在水中形成碱的有：Na_2O。它们与水反应的方程式如下：

$P_4O_6+6H_2O = 4H_3PO_3$　　$Mn_2O_7+H_2O = 2HMnO_4$

$Cl_2O+H_2O = 2HClO$　　$B_2O_3+3H_2O = 2H_3BO_3$

$I_2O_5+H_2O = 2HIO_3$　　$SO_2+H_2O = H_2SO_3$

$Cl_2O_7+H_2O = 2HClO_4$　　$CO_2+H_2O = H_2CO_3$

$SO_3+H_2O = H_2SO_4$　　$Na_2O+H_2O = 2NaOH$

3-6 (1) $H_2SO_4 > H_2PO_4^- > H_2O > NH_3 > OH^-$。

(2) $OH^- > NH_3 > HPO_4^{2-} > H_2O > HSO_4^-$。

(3)属于路易斯酸的有：H^+，Zn^{2+}，SO_3，BF_3。属于路易斯碱的有：F^-，OH^-，CN^-，NH_3。

3-7 电离理论的含义：HAc 在水溶液中电离成 H^+ 和 Ac^-，平衡时三者浓度有如下关系式：

$$\frac{c(H^+)c(Ac^-)}{c(HAc)} = K_a^\ominus(HAc)$$

质子理论的含义：质子酸 HAc 在给出质子 H^+ 后变为其共轭碱 Ac^-；而质子碱 Ac^- 在加合质子 H^+ 后变为其共轭酸 HAc。但这两个半反应不能独立存在，质子酸 HAc 必须与它的共轭碱以外的质子碱（如 H_2O）作用才能显示出酸性；同样，质子碱 Ac^- 也必须与其共轭酸以外的酸(如 H_3O^+)作用才能显示出碱性。

可见电离理论的电离过程在质子理论中是一个质子传递的过程。

3-8 溶剂能使不同强度的强酸（或强碱）变成与溶剂酸（或溶剂碱）同等强度的酸（或碱），这种现象称为溶剂的拉平效应。例如，HCl，HNO_3，$HClO_4$ 都是强酸，它们在水中都完全电离，无法建立一个电离平衡，因而无法确定它们的电离常数，也就无法比较它们的强弱。同样 $NaNH_2$，NaH 在水中都完全水解：

$$NH_2^- + H_2O = NH_3 + OH^-$$

$$H^- + H_2O = H_2 + OH^-$$

所以在水溶液中也无法区分它们的碱性强弱。因为在水中，H^+（实际上存在的是 H_3O^+）是最强酸，OH^- 是最强碱，凡是比 H^+ 更强的酸在水中将不能独立存在，完全转化为 H^+；凡是比 OH^- 更强的碱在水中也不能独立存在，完全转化为 OH^-。只有比 H^+ 弱的酸和比 OH^- 弱的碱在水中才可以有分子形式存在，才能建立解离平衡，也才能比较酸性强弱。

选用特定的溶剂，即可把不同强度的酸或碱予以区分的作用称为溶剂的区分效应。例如，HCl，HNO_3，$HClO_4$ 都是强酸，在水中不能区分它们的强弱。但把它们放在纯 HAc 中，它们都不能完全电离，从而可以测定它们的电离常数，得到它们的相对强弱顺序为 $HClO_4 > HCl > HNO_3$。

3-9 因为 HAc 电离的过程中将放出质子，因此凡能加合质子的物质将促进 HAc 的电离。所以 HAc 在液氨中的电离常数最大，在液态氢氟酸中的电离常数最小。因为液氨加合质子的能力最大，液态氢氟酸加合质子的能力最小。

3-10 质子理论认为，质子传递反应是由强碱和强酸作用生成较弱的酸和碱。

(1)反应方向　$HAc + CO_3^{2-} \longrightarrow HCO_3^- + Ac^-$

因为 HAc 的酸性大于 HCO_3^-，而 CO_3^{2-} 的碱性大于 Ac^-。

(2)反应方向　$H_3O^+ + HS^- \longrightarrow H_2S + H_2O$

因为 H_3O^+ 是水中的最强酸，H_2S 的酸性比它小得多。

(3)反应方向　$H_3O^+ + OH^- \longrightarrow H_2O + H_2O$

因为 H_3O^+ 是水中的最强酸，而 OH^- 是水中最强碱。

(4)反应方向　$H_3PO_4 + S^{2-} \longrightarrow HS^- + H_2PO_4^-$

因为酸性 $H_3PO_4 > HS^-$；碱性 $S^{2-} > H_2PO_4^-$。

(5)反应方向　$HSO_4^- + OH^- \longrightarrow H_2O + SO_4^{2-}$

因为 OH^- 是水中最强碱，HSO_4^- 的酸性强于 H_2O。

(6)反应方向　$HCN + S^{2-} \longrightarrow HS^- + CN^-$

因为酸性 HCN＞HS^-；碱性 S^{2-}＞CN^-。

4.计算题

4-1 (1)$\Delta_r G_m^\ominus = \Delta_f G_m^\ominus(S^{2-}, aq) - \Delta_f G_m^\ominus(H_2S, aq) = 85.8 - (-27.9) = 113.7\ kJ \cdot mol^{-1}$，再由公式 $\Delta_r G_m^\ominus = -RT\ln K$ 得 $K = \exp(-\Delta_r G_m^\ominus / RT) = 1.2 \times 10^{-20}$。

(2)按同种方法求出 $\Delta_r G_m^\ominus = 107.1\ kJ \cdot mol^{-1}$，$K = 1.68 \times 10^{-19}$，由此可见 H_2Se 的酸性强于 H_2S。

4-2 3 个 pK_a 都接近 Pauling 第一规则中的氧基数为 1 的数值，表明结构式分别为 $(HO)_3P{=}O$；$(HO)_2HP{=}O$；$(HO)H_2P{=}O$。

4-3 $HF(aq) \longrightarrow H^+(aq) + F^-(aq)$　　$\Delta_r G^\ominus(H^+, aq) = 0$

$\Delta_r G^\ominus(HF, aq) = -294.6\ kJ \cdot mol^{-1}$，$\Delta_f G^\ominus(F^-, aq) = -276.5\ kJ \cdot mol^{-1}$，$\Delta_r G^\ominus = 0.10 - 276.5 - (-294.6) = 18.1\ kJ \cdot mol^{-1}$

$$\lg K_a^\ominus = \frac{18.1 \times 1000}{2.303 \times 8.214 \times 298.15} = -3.17,\ pK_a^\ominus = 3.17, K_a^\ominus = 6.67 \times 10^{-4}$$

可见，HF(aq)属于弱酸。

4-4

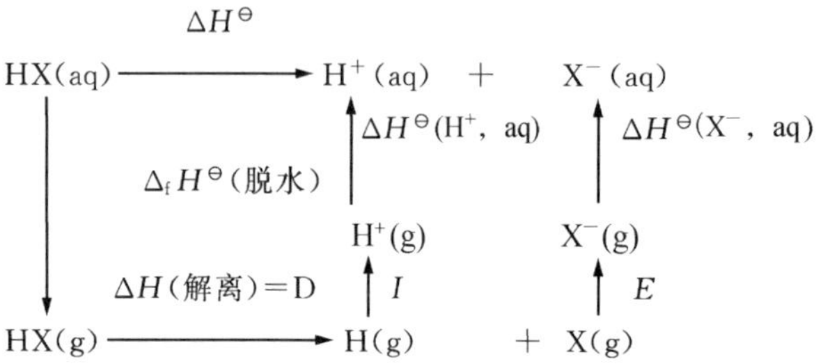

所以 $\Delta H^\ominus = \Delta H^\ominus$(脱水)$+ \Delta H^\ominus$(解离)$+ I + \Delta H^\ominus(H^+, aq) + \Delta H^\ominus(X^-, aq)$，如下表所示。

	$\Delta_i G^\ominus$	$\Delta_i H^\ominus$	$T\Delta_i S^\ominus (T=298.15\ K)$	$G_a^\ominus$	酸的强度
HF	18.1	−6	−24.1	6.67×10^{-4}	弱酸
HCl	−47	−60	−13	1.6×10^{8}	强酸
HBr	−59.6	−63.5	−4	3.2×10^{10}	强酸
HI	−61	−57	4	5×10^{10}	强酸
H_2O	67	91	23.55	1×10^{-16}	中性

4-5 根据各种酸的结构确定。同一周期元素的含氧酸结构相似，分子中的非羟基氧原子随着中心原子半径的减小而增加，当 R 半径较小时，R 吸引羟基氧原子的能力强，能够有效降低氧原子上的电子密度，使 O—H键变弱，容易释放出质子，而表现出较强的酸性。

同族元素的含氧酸随中心原子半径的递增，分子中羟基数增加，而非羟基氧原子数目减小，从而自上而下依次减弱。对于同一元素不同氧化态的含氧酸，判断依据同上，低氧化态含氧酸的酸性较弱。

(1)HClO　$n=0$　酸性很弱　　(2)$HClO_2$　$n=1$　弱酸

(3)H_3AsO_3　$n=1$　弱酸　　(4)HIO_3　$n=2$　强酸

(5)H_3PO_3　$n=1$　弱酸　　(6)$HBrO_3$　$n=2$　强酸

(7)$HMnO_4$　$n=3$　酸性很强　　(8)H_2SeO_4　$n=2$　强酸

(9)HNO_3　$n=2$　强酸　　(10)H_6TeO_6　$n=0$　酸性很弱

4-6 (1)从氟到碘电负性逐渐减弱，与氢的结合能力逐渐减弱，分子逐渐容易电离出氢离子，故酸性逐渐增强。(2)从氯到硅电负性逐渐减弱，与其相连的氧的电子密度逐渐增大，O—H 键逐渐增强，故酸性逐渐减弱。(3)硝酸分子的非羟基氧多于亚硝酸分子中的非羟基氧，HNO_3 中 N—O 配键多，N 的正电性强，对羟基中的氧原子的电子吸引作用较大，使氧原子的电子密度减小更多，O—H 键更弱，酸性更强。(4)H_5IO_6 分子随着电离的进行，酸根的负电荷越大，和质子间的作用力越强，电离作用向形成分子方向进行，因此酸性弱于HIO_4。(5)原因同(2)。

4-7 与讨论气态氢化物相似，也可以应用玻恩-哈伯循环将二元氢化物酸在水溶液中的电离过程分解为如下几个假想的分过程：

$$\begin{array}{ccccc} H_nX(g) & \longrightarrow & H(g) & + & H_{n-1}X(g) \\ \downarrow \Delta H^{\ominus} & & I_p \downarrow & & -E_a \downarrow \\ & & \Delta H_{hyd} & & \\ H^+(aq)+H_{n-1}X^-(aq) & \longleftarrow & H^+(g)+H_{n-1}X^-(g) & & \end{array}$$

这里的电离焓变$\Delta H^{\ominus}$等于$H_nX(g)$的解离能D，H(g)的电离能和$H_{n-1}X(g)$的电子亲和能以及$H^+(g)$和$H_{n-1}X^-(g)$的水化能之和。

从非金属二元氢化物在水溶液中的$pK_a(pK_a=-\lg K_a)$可以很明显地看出，在同一族内，二元氢化物的水溶液酸性变化趋势与气态时的酸性变化趋势相同，也即从上到下酸性增强。在一个横排系列中从左到右，二元氢化物的水溶液酸性增加很显著。然而它们在气态时的酸性增加却并不如此显著。这一差异无疑是由从左到右阴离子水化能增加显著造成的。因为点电荷与偶极子的相互作用能与点电荷跟偶极子之间的距离成反比。因此，离子水化能应该随着离子半径的减小而增加。在同一横排中，从左到右阴离子半径急剧减小(如CH_3^-、NH_2^-、OH^-、F^-)，故它们的水化能也急剧增加。数据还表明，只有ⅥA和ⅦA族元素的氢化物在水溶液中才表现出有实际意义的酸性。

4-8 (1)不正确。因为氨水是弱电解质，在稀释时电离度有所增大。其中$[OH^-]$与其浓度的平方根成正比：$[OH^-]=\sqrt{K_b\cdot c}$。所以，当浓度减少为原来的1/2时，$[OH^-]$将减少到原来的$1/\sqrt{2}$。

(2)不正确。因为在一定温度下弱电解质的电离常数在稀溶液中不随浓度变化而改变。

(3)正确。因为NaOH是强电解质，在水中完全电离，所以将NaOH溶液的浓度稀释一倍，溶液中的OH^-浓度就减少为原来的一半。

(4)不正确。因为HCl是强电解质，在水中完全电离，所以$[H^+]=[HCl]$。而HAc是弱电解质，在水中仅有小部分电离，$[H^+]=\sqrt{K_a\cdot c}$。若以$[HAc]=c_0$，$[HCl]=2c_0$，$K_a(HAc)=1.8\times10^{-5}$计，则两者的浓度比为$\dfrac{2c_0}{\sqrt{1.8\times10^{-5}\times c_0}}\approx471\sqrt{c_0}$倍。

4-9

$$\underset{酸_1}{HCN}+\underset{碱_2}{H_2O}\Longrightarrow\underset{酸_2}{H_3O^+}+\underset{碱_1}{CN^-}$$

$$K_a^{\ominus}(HCN)=\frac{c(H_3O^+)\cdot c(CN^-)}{c(HCN)}=4.93\times10^{-10}$$

$$\underset{碱_1}{NO_2^-}+\underset{酸_2}{H_2O}\Longrightarrow\underset{碱_2}{OH^-}+\underset{酸_1}{HNO_2}$$

$$K_b^{\ominus}(NO_2^-)=\frac{c(OH^-)\cdot c(HNO_2)}{c(NO_2^-)}=\frac{K_w^{\ominus}}{K_a^{\ominus}(HNO_2)}=\frac{1.0\times10^{-14}}{4.6\times10^{-4}}=2.2\times10^{-11}$$

$$\underset{碱_1}{S^{2-}}+\underset{酸_2}{H_2O}\Longrightarrow\underset{碱_2}{OH^-}+\underset{酸_1}{HS^-}$$

$$K_b^{\ominus}(S^{2-})=\frac{c(OH^-)\cdot c(HS^-)}{c(S^{2-})}=\frac{K_w^{\ominus}}{K_{a2}^{\ominus}}=\frac{1.0\times10^{-14}}{7.1\times10^{-15}}=1.4$$

$$\underset{碱_1}{PO_4^{3-}}+\underset{酸_2}{H_2O}\Longrightarrow\underset{碱_2}{OH^-}+\underset{酸_1}{HPO_4^{2-}}$$

$$K_b^{\ominus}(PO_4^{3-})=\frac{c(OH^-)\cdot c(HPO_4^{2-})}{c(PO_4^{3-})}=\frac{K_w^{\ominus}}{K_{a3}^{\ominus}}=\frac{1.0\times10^{-14}}{2.2\times10^{-13}}=4.5\times10^{-2}$$

4-10 溶液中存在如下平衡

$$HCO_3^- \rightleftharpoons H^+ + CO_3^{2-}$$

$$HCO_3^- + H^+ \rightleftharpoons H_2CO_3$$

$$H_2O \rightleftharpoons H^+ + OH^-$$

由于给出质子和接受质子的总数相同,所以

$$[H_2CO_3]+[H^+]=[CO_3^{2-}]+[OH^-] \quad ①$$

H_2CO_3 的 $K_{a_1}^{\ominus}$,$K_{a_2}^{\ominus}$ 表达式如下:

$$K_{a_1}^{\ominus}=\frac{c(H^+)\cdot c(HCO_3^-)}{c(H_2CO_3)} \qquad K_{a_2}^{\ominus}=\frac{c(H^+)\cdot c(CO_3^{2-})}{c(HCO_3^-)}$$

把 $K_{a_1}^{\ominus}$,$K_{a_2}^{\ominus}$ 表达式代入① 式中得

$$\frac{c(H^+)\cdot c(HCO_3^-)}{K_{a_1}^{\ominus}}+c(H^+)=\frac{K_{a_2}^{\ominus}\cdot c(CO_3^{2-})}{c(H^+)}+\frac{K_w^{\ominus}}{c(H^+)}$$

整理后得

$$c(H^+)=\sqrt{\frac{K_{a_2}^{\ominus}\cdot c(HCO_3^-)}{1+\frac{c(HCO_3^-)}{K_{a_1}^{\ominus}}}} \quad ②$$

② 式为精确计算式。假定 HCO_3^- 给出质子和接受质子的能力都很弱,则 $c(HCO_3^-)\approx c$,当 $c\times K_{a_2}^{\ominus}\geqslant 20\times K_w^{\ominus}$时,则 $c(H^+)$主要由 HCO_3^- 的电离提供,而忽略水的电离,即忽略公式中的 $K_w^{\ominus}$项,可得如下近似计算式 ③:

$$c(H^+)=\sqrt{\frac{c\cdot K_{a_2}^{\ominus}}{1+\frac{c}{K_{a_1}^{\ominus}}}} \quad ③$$

若$\frac{c}{K_{a_1}^{\ominus}}>20$,则 ③ 式分母中的 1 可以忽略,可得如下最简近似计算式 ④:

$$c(H^+)=\sqrt{K_{a_1}^{\ominus}\cdot K_{a_2}^{\ominus}} \quad ④$$

三、思考题解答

7-1 解答:许多溶剂的自解离反应和水的相同,都可以形成阳离子和阴离子。研究液态氨和液态二氧化硫等非水溶剂中的反应时:

$$H_2O+H_2O \rightleftharpoons H_3O^+ + OH^-$$

$$C_2H_5OH+C_2H_5OH \rightleftharpoons C_2H_5OH_2^+ + C_2H_5O^-$$

$$CH_3COOH+CH_3COOH \rightleftharpoons CH_3COOH_2^+ + CH_3COO^-$$

1905 年英国化学家富兰克林(E.C.Franklin,1862~1937)等提出溶剂体系的酸碱定义:凡是溶质溶于溶剂中能增加溶剂阳离子浓度的溶质称为酸,溶质溶于溶剂中能增加溶剂阴离子浓度的溶质称为碱。

因而在液态乙醇中,C_2H_5ONa 是碱,$C_2H_5OH_2ClO_4$ 是酸。又如在 SO_2 的液体中,Cs_2SO_3 电离出 SO_3^{2-} 相当于碱,$SOCl_2$ 电离出 SO^{2+} 相当于酸,用 Cs_2SO_3 滴定 $SOCl_2$,发生反应 $SO_3^{2-}+SO^{2+}=2SO_2$,相当于酸碱中和反应。

7-2 解答:非水溶剂指自偶电离过程中无质子参与的溶剂,如四氧化二氮、三氧化硫等。按照溶剂的酸碱性,可以将溶剂分为:① 两性的中性溶剂。既可以作为酸,又可以作为碱的溶剂。当溶质是较强的酸时,这种溶剂呈碱性;当溶剂是较强的碱时,这种溶剂呈酸性。常见的例子有水和醇。② 酸性溶剂。这种溶剂也是两性溶剂,但酸性比水大。常见的例子有乙酸、

硫酸等;③ 碱性溶剂。这种溶剂也是两性溶剂,但碱性比水大。常见的例子有液氨、乙二胺等。

7-3 解答: 如下表所示。

序号	Bronsted 酸	共轭碱
(1)	HSO_4^-	SO_4^{2-}
(2)	HPO_4^{2-}, H_2O	PO_4^{3-}, OH^-
(3)	$H_2Fe(CO)_4$, $CH_3OH_2^+$	$[FeH(CO)_4]^-$, CH_3OH

7-4 解答: 酸的相对强度在碱性较强的溶剂中易被拉平，碱的相对强度在酸性较强的溶剂中同样易被拉平而无法区别。拉平效应可在任何两性溶剂中发生，酸的原有强度如果大于溶剂共扼酸的强度，它必将被拉平，碱也同理。因此，任何两性溶剂中可以存在的最强酸和最强碱，就是溶剂自身解离所产生的阳离子(溶剂共扼酸)和阴离子(溶剂共扼碱)。如水中的 H_3O^+ 和 OH^-，液氨中的 NH_4^+ 和 NH_2^-。因为两性溶剂本身具有一定的酸碱性，所以在不同溶剂中能够区分的酸碱强度是有一定范围的，超过此范围便会拉平，范围之内则可区分，溶剂的有效区分范围可通过计算得出。

溶剂对酸碱强度的分辨范围就是它们各自的质子自递常数。$pK_w=14$ 意味着水的分辨区跨越 14 个单位(图 7-1)。分辨区的宽度表征了最大限度的强酸(即溶剂的共轭酸)和最大限度的强碱(即溶剂的共轭碱)之间的反应。

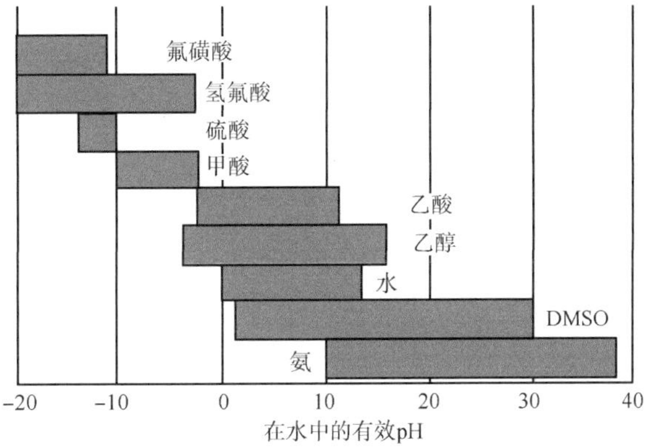

图 7-1　几种溶剂的酸碱分辨窗

(窗的宽度等于各自的质子自递常数 pK)

7-5 解答: 键能概念是以气态物种的解离为基础,讨论酸的强弱却是物种在溶液中的电离。严格讲,通过氢化物在水中电离过程的能量变化来衡量其酸碱性才更全面、准确。

$$HA(aq)+H_2O \rightleftharpoons H_3O^+ + A^-(aq)$$

上式电离过程的 $\Delta_r G^\ominus$ 可以作为 HA 在水中电离难易程度的量度。$pK_a^\ominus$ 可以通过 $\Delta_r G^\ominus$ 计算。电离过程中 $\Delta_r S^\ominus$ 变化不大，可用 $\Delta_r H^\ominus$ 来衡量 $\Delta_r G^\ominus$ 电离的难易程度,$\Delta_r G^\ominus$ 越负,HA 越易电离。$\Delta_r G^\ominus$ 可根据热力学循环来计算(参考自测题计算题 4)。

$$\Delta_r G^\ominus(\text{离解能})=\Delta_r H_1^\ominus+\Delta_r H_2^\ominus+\Delta_r H_3^\ominus+\Delta_r H_4^\ominus+\Delta_r H_5^\ominus+\Delta_r H_6^\ominus$$

显然,热化学循环中包括的不仅是键能。

H_2O,HF,HCl,HBr,HI 在水中离解的热力学数据(298 K,$kJ\cdot mol^{-1}$)如下表所示。

	H_2O	HF	HCl	HBr	HI
$\Delta_r H^\ominus$	42	46	17	21	23
$\Delta_r H_1^\ominus$	473	565	427	366	299
$\Delta_r H_2^\ominus$	1310	1310	1310	1310	1310

续表

	H_2O	HF	HCl	HBr	HI
$\Delta_r H_3^{\ominus}$	−176	−331	−347	−324	−295
$\Delta_r H_4^{\ominus}$	−1092	−1092	−1092	−1092	−1092
$\Delta_r H_5^{\ominus}$	−490	−506	−372	−347	−305
$\Delta_r H_6^{\ominus}$	67	−8	−57	−347	−58
$\Delta_r G^{\ominus}$	91	21	−46	−64	−62
$pK_a^{\ominus}$	16	3.7	−8	−10.5	−10.8

7-6 解答：几类常见的路易斯酸有：① 所有的金属阳离子。例如，Fe^{3+}与路易斯碱H_2O形成络离子$[Fe(H_2O)_6]^{3+}$。② 价层不满足8电子结构的分子。例如，BF_3中的B原子周围只有6个价电子，可结合一个外来F^-的电子对形成$[BF_4]^-$。③ 中心原子可扩大其配位层的某些分子和离子。例如，SiF_4中的Si原子，尽管满足了8电子结构，但仍可扩大其配位层以接纳更多的电子对。作为路易斯酸，SiF_4分子结合2个外来F^-的电子对形成络离子$[SiF_6]^{2-}$。④ 通过价层电子重排接纳更多电子对的分子和离子。例如，CO_2尽管中心原子C已经满足了8电子结构，但仍可接受OH^-中氧原子的电子对形成HCO_3^-。如下式中箭头所示，CO_2分子中一个双键的电子对发生了重排。

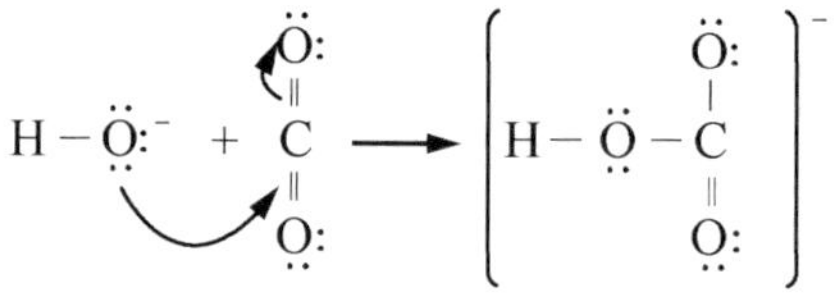

⑤ 通过反键分子轨道接纳外来电子对的某些具有闭合壳层的分子。例如，I_2的反键轨道接纳丙酮中氧原子的孤对电子形成配合物$(CH_3)_2COI_2$。

$$I_2 + :OC(CH_3)_2 \longrightarrow (CH_3)_2COI_2$$

该配合物使碘的丙酮溶液呈现特有的棕色。

四、课后习题解答

7-1 解答：

酸	共轭碱	碱	共轭酸	既是酸又是碱
$H_2PO_4^-$	HPO_4^{2-}	$H_2PO_4^-$	H_3PO_4	$H_2PO_4^-$
NH_3	NH_2^-	NH_3	NH_4^+	NH_3
H_2O	OH^-	H_2O	H_3O^+	H_2O
HSO_4^-	SO_4^{2-}	HSO_4^-	H_2SO_4	HSO_4^-
HS^-	S^{2-}	HS^-	H_2S	HS^-
HCl	Cl^-	NO_3^-	HNO_3	
		CO_3^{2-}	HCO_3^-	

7-2 解答：各种酸碱理论，都有其优点和缺点及各自的适用范围。阿伦尼乌斯水-离子理论适用于水溶液中 H^+ 和 OH^- 的反应，而酸碱质子理论则除了适用于以上水溶液体系外，还特别适合于涉及质子转移的酸碱反应等。质子理论解决了电离理论的局限性而扩大了碱的范围，但它所指的酸却必须含有 H^+，使酸的范围受到限制。而路易斯酸碱理论则比较完美地阐明了酸碱定义，且很恰当地解决了很多事实，如有机中的反应等。但也正因为它的广泛性，导致在解释某些一般现象时不具针对性。当然，相继出现的软硬酸碱理论是路易斯理论的继续发展。

酸碱的软硬概念和"软亲软，硬亲硬"原则，虽对判断配合物的稳定性有极好作用，但是，我们会自然想到"这一判断规则有无标度呢？有无热力学依据呢？"事实上，酸碱基本性质和结构的参数与酸碱的软硬度是有关系的。刘祁涛就曾建立了一套酸碱软硬度的键参数标度(见《无机化学》图 13-2)；戴安邦采用电离势或电子亲和势和原子势为参数求得了酸碱软硬度的一种势标度，然后应用这种标度所表达的软硬度，不借助任何经验参数就可以求算与配合物稳定性具有直接关系的酸碱相亲的强度，并用于判断配合物的稳定性。从理论和实践上建立更完整的酸碱软硬度的定量标度，并进一步建立它和酸碱配合物稳定性的定量关系应是今后努力探索的课题。

由此表明，不同酸碱理论都各自强调了某个方面，它们之间既相互联系又有区别。对于不同情况下的反应，应先选用适当的理论来解释。理论的不断提出，使化学酸碱问题的解决越来越方便。

任何学科的发展都是由简陋到完备，由局限到广泛，发展到极致都使应用领域空前广泛，这是遵守事物发展规律的。溶剂酸碱理论解决了酸碱电离理论限制在水溶液体系中的有界性，但仍未很好地定义酸。电子理论准确地定义了酸与碱，且不受溶剂性质的影响，包括几乎所有的酸与碱，能解释基本所有酸碱反应。但正是因为应用的无限性，使得电子理论变得一般化，没有自己的特点，虽能解决某些问题，但却不具针对性，不能快速、方便、准确地处理相关问题。

这不难总结出，任何理论、任何政策、任何科学发展的前景都是广阔的，而且发展是日臻完善的，但当发展到极致时，也便失去了自己的特征，只具有普遍性，能解决几乎所有一般的问题，但却失去有效的针对性。所以，我们在应用某些理论或科学知识时，要分析区别，对比应用，才能有效地处理好自己的问题。

7-3 解答：物质的溶解可看作是溶剂和溶质间的酸和碱的相互作用。如果把溶剂作为酸碱看待，那么就有软硬之分，如水是硬溶剂，苯是软溶剂；溶质如果作为酸碱看待，也有软硬之分，如离子化合物是硬溶质，共价化合物是软溶质。溶解自然要遵循"软亲软，硬亲硬"的原则。

7-4 解答：提示：O^{2-} 和 CO_3^{2-} 都是硬碱，而 S^{2-} 是软碱，Ni^{2+} 和 Cu^{2+} 是比 Al^{3+} 和 Ca^{2+} 软得多的酸。

7-5 解答：(1)酸(BrF_3)与碱(F^-)加合；

(2)丙酮是碱而 I_2 是酸，前者将 O 上的一对孤对电子投入 I_2 的空的反键轨道中；

(3)离子型氢化物(KH)提供碱(H^-)与水中的酸(H^+)结合形成 H_2 和 KOH。固态 KOH 可看作碱(OH^-)与非常弱的酸(K^+)形成的化合物。

7-6 解答：非金属元素都能形成具有最高氧化态的共价型的简单氢化物。通常情况下为气体或挥发性的液体。在同一族中，沸点从上到下递增，但第二周期沸点异常的高。除 HF 外，其他分子型氢化物都有还原性。非金属元素氢化物，相对于水而言，大多数是酸。

7-7 解答：(1)$\Delta_r G_m^\ominus = \Delta_f G_m^\ominus(S^{2-}, aq) - \Delta_f G_m^\ominus(H_2S, aq)$

$= 85.8 - (-27.9) = 113.7\ kJ.mol^{-1}$

再由公式 $\Delta_r G_m^\ominus = -RT\ln K$ 得 $K = \exp(-\Delta_r G_m^\ominus / RT) = 1.2 \times 10^{-20}$

(2)按同种方法求出 $\Delta_r G_m^\ominus = 107.1$，$K = 1.68 \times 10^{-19}$

由此可见，H_2Se 的酸性强于 H_2S。

7-8 解答：结合思考题 7-5 知，非金属元素氢化物在水溶液中的酸碱性与该氢化物在水中给出或接受质子的能力的相对强弱有关。影响酸性强度的因素有 HA 的水合能、解离能、A(g)的电子亲和能、A^-(g)的水合能，以及 H(g)的电离能和 H^+(g)的水合能。

7-9 解答：以上十种含氧酸的结构分别为

(1)ClOH　(2)(HO)Cl=O　(3)$(HO)_3As$　(4)$(HO)IO_2$　(5)$(HO)_3P=O$

(6)$(HO)BrO_2$　(7)$(HO)MnO_3$　(8)$(HO)_2SeO_2$　(9)$(HO)NO_2$　(10)$(HO)_6TeO$

结构中非羟基氧原子分别为 0、1、0、2、1、2、3、2、2、0 个，则

(1)ClOH，(3)$(HO)_3As$，(10)$(HO)_6TeO$ 酸性最弱，$pK_a^{\ominus}$ 约为 8；

(2)(HO)Cl=O，(5)$(HO)_3P=O$ 强一些，$pK_a^{\ominus}$ 约为 3；

(4)$(HO)IO_2$，(6)$(HO)BrO_2$，(8)$(HO)_2SeO_2$，(9)$(HO)NO_2$ 更强一些，$pK_a^{\ominus}$ 约为 −2；

(7)$(HO)MnO_3$ 酸性最强，$pK_a^{\ominus}$ 约为 −7。

7-10 解答：(1)从氟到碘电负性逐渐减弱，与氢的结合能力逐渐减弱，分子逐渐容易电离出氢离子，故酸性逐渐增强。(2)从氯到硅电负性逐渐减弱，与其相连的氧的电子密度逐渐增大，O—H 键逐渐增强，从而酸性逐渐减弱。(3)硝酸分子的非羟基氧多于亚硝酸分子中的非羟基氧，HNO_3 中 N—O 配键多，N 的正电性强，对羟基中的氧原子的电子吸引作用较大，使氧原子的电子密度减小更多，O—H 键越弱，酸性越强。(4)H_5IO_6 分子随着电离的进行，酸根的负电荷越大，和质子间的作用力越强，电离作用向形成分子方向进行，因此酸性弱于 HIO_4。(5)原因同(2)。

五、参考资料

安燕.2006.无机含氧酸强度的估算.青海大学学报(自然科学版)，24(2)：85

戴安邦.1978.软硬酸碱概念及其规则.化学通报，(1)：26

侯廷式，徐洁.1986.Bronsted 理论的有力佐证.大学化学，(3)：33

汪群拥，尹占兰.1991.略论现代酸碱理论的发展.大学化学，(6)：13

夏泽吉.2000.超酸及其应用.达县师范高等专科学校学报(自然科学版)，10(2)：43

许家胜，张杰，钱建华.2010.酸碱理论的发展.化学世界，(6)：381

应礼文.1987.阿累尼乌斯与电离理论.大学化学，(5)：55

余新武，王东升.2011.哲学视角下的酸碱理论及其发展.高师理科学刊，(1)：100

赵冉，李荣华，杨正亮.2013.关于质子条件式的书写.大学化学，(1)：70

第 8 章　氧化还原反应

一、重要概念

1.氧化值(oxidation value)

氧化值又称氧化数(oxidation number)，是按一定规则给元素的一个原子指定一个数字，以表征元素在各物质中的表观电荷(又称形式电荷)数。确定元素氧化值有以下规则：① 单质中元素原子的氧化值为零；在中性化合物中，所有元素原子的氧化值总和等于零。② 简单离子中，元素原子的氧化值等于离子所带的电荷数；在复杂离子中，所有元素原子的氧化值的代数和等于该离子的电荷数。③ 大多数化合物中，氢的氧化值一般为$+1$；活泼金属氢化物中，氢的氧化值为-1。④ 通常氧的氧化值为-2，但在 H_2O_2、Na_2O_2 中，氧的氧化值为-1；在超氧化合物中，氧的氧化值为$-1/2$，；在氧的氟化物 OF_2、O_2F_2 中，O 的氧化值分别为$+1$，$+2$。

2.氧化还原电对(redox couple)

在氧化还原半反应中($Zn \longrightarrow Zn^{2+} + 2e^-$)，同一元素的不同氧化态物质可构成氧化还原电对。电对中高氧化态物质称为氧化型，低氧化态物质称为还原型。同一元素的氧化型与还原型彼此依靠相互转化的关系，是一个共轭关系。这种关系称为氧化还原电对，简称电对。电对的常用符号：氧化型/还原型，即 Zn^{2+}/Zn。

3.离子-电子法(ion electron method)

离子-电子法配平氧化还原方程式，是将反应式改写为两个半反应式(即电极反应式)，先将半反应配平，再将半反应式加和起来，消去其中的电子而完成。离子-电子方程式必须反映化学变化过程的实际。

4.原电池(primary battery)

利用氧化还原反应产生电流，将化学能转变成电能的装置称为原电池。

5.盐桥(salt bridge)

通常将饱和 KCl 溶液或 NH_4NO_3溶液(以琼胶作成冻胶)灌入 U 形管中，架在两池中。由于 K^+ 和 Cl^- 的定向移动，使两池中过剩的正负电荷得到平衡，恢复电中性。于是两个半电池继续进行反应，乃至电池反应得以继续，电流得以维持，这就是盐桥。

6. 电池符号(battery symbol)

原电池可以用电池符号表示，书写方法如下：

(1) 负极“－”在左边，正极“＋”在右边，盐桥用“‖”表示。

(2) 半电池中两相界面用“|”分开，同相不同物种用“,”分开，离子的浓度、气体的分压要在(　　)内标明。

(3) 若电极反应中无金属导体，需用惰性电极铂或石墨；纯液体、固体和气体写在惰性电极一边用“,”或“|”分开。

(4) 盐桥连接着不同的溶液或不同浓度的同种电解质溶液。

7.电解(electrolysis)

将电流通过电解质溶液或熔融态物质(又称电解液,electrolyte),在阴极和阳极上引起氧化还原反应的过程,电化学电池在外加电压时可发生电解过程(electrolytic process)。

8.电镀(electroplating)

电镀是利用电解原理在某些金属表面上镀上一薄层其他金属或合金的过程(教材 176 页图8-3),是利用电解作用使金属或其他材料制件的表面附着一层金属膜的工艺,从而起到防止腐蚀,提高耐磨性、导电性、反光性及增进美观等作用。

9.电解定律(electrolysis law)

1833 年法拉第(M.Faraday)根据精密实验测量并提出电解定律,即:电解过程中电极上发生电解的物质的量 n 与通过电解池的电量 Q(等于电流强度 I 和时间 t 的乘积)成正比。

$$Q=I\cdot t=nF$$

式中,F 称法拉第常量(Faraday constant),$F=96\ 484\ C\cdot mol^{-1}\approx 96\ 500\ C\cdot mol^{-1}$。

二、自测题及其解答

1.选择题

1-1 将反应 $K_2Cr_2O_7+HCl \longrightarrow KCl+CrCl_3+Cl_2+H_2O$ 完全配平后,方程式中 Cl_2 的系数是　(　　)

A.11　　B.2　　C.3　　D.4

1-2 下列化合物中,氧呈现+2 氧化态的是　(　　)

A.Cl_2O_5　　B.Br_2O_7　　C.$HClO_2$　　D.F_2O

1-3 将反应 $KMnO_4+HCl \longrightarrow Cl_2+MnCl_2+KCl+H_2O$ 配平后方程式中 HCl 的系数是　(　　)

A.8　　B.16　　C.18　　D.32

1-4 某氧化剂 $YO(OH)_2^+$ 中元素 Y 的价态为+5,如果还原 7.16×10^{-4} mol $YO(OH)_2^+$ 溶液使 Y 至较低价态,则需要用 $0.066\ mol\cdot dm^{-3}$ 的 Na_2SO_3 溶液 26.98 mL。还原产物中 Y 元素的氧化态为　(　　)

A.−2　　B.−1　　C.0　　D.+1

1-5 将下列反应设计成原电池时,不用惰性电极的是　(　　)

A.$H_2+Cl_2 = 2HCl$　　B.$2Fe^{3+}+Cu = 2Fe^{2+}+Cu^{2+}$

C.$Ag^++Cl^- = AgCl$　　D.$2Hg^{2+}+Sn^{2+} = Hg_2^{2+}+Sn^{4+}$

1-6 关于原电池的下列叙述中错误的是　(　　)

A.盐桥中的电解质可以保持两电池中的电荷平衡

B.盐桥用于维持电池反应的进行

C.盐桥中的电解质不参与电池反应

D.电子通过盐桥流动

1-7 将反应式 $2MnO_4^-+10Fe^{2+}+16H^+ = 2Mn^{2+}+10Fe^{3+}+8H_2O$ 安排为电池,该电池的符号应是　(　　)

A.$Pt|\ MnO_4^-,Mn^{2+},H^+\ \|\ Fe^{2+},Fe^{3+}\ |Pt$

B.Pt│Fe^{2+},Fe^{3+}‖MnO_4^-,Mn^{2+},H^+│Pt

C.Fe│Fe^{2+},Fe^{3+}‖MnO_4^-,Mn^{2+},H^+│Mn

D.Mn│MnO_4^-,Mn^{2+},H^+‖Fe^{2+},Fe^{3+}│Fe

1-8 在锌锰干电池中有二氧化锰(MnO_2),它的主要作用是　　　　　　　　　　　　(　　)

A.吸收反应中产生的水分　　　　　　　B.起导电作用

C.作为填料　　　　　　　　　　　　　D.参加正极反应

1-9 在标准状态下,当电解饱和 NaCl 溶液并有 0.400 mol 电子发生转移时,则在阳极逸出氯气的体积是　　　　　　　　　　　　　　　　　　　　　　　　　　　　　(　　)

A.$1.12×10^3$ mL　　　　　　　　　　B.$2.24×10^3$ mL

C.$4.48×10^3$ mL　　　　　　　　　　D.$8.96×10^3$ mL

1-10 A,B,C,D 四种金属,将 A,B 用导线连接,浸在稀硫酸中,在 A 表面上有氢气放出,B逐渐溶解;将含有 A,C 两种金属的阳离子溶液进行电解时,阴极上先析出 C;把 D 置于 B 的盐溶液中有 B 析出。则这四种金属还原性由强到弱的顺序是　　　　　　　　　(　　)

A.A>B>C>D　　　　　　　　　　　　B.D>B>C>A

C.C>D>A>B　　　　　　　　　　　　D.B>C>D>A

2.填空题

2-1 铜的卤化物中,CuF_2,$CuCl_2$ 和 $CuBr_2$ 都是稳定的化合物,但目前尚未制得 CuI_2,其原因是＿＿＿＿＿＿＿＿＿＿＿＿＿＿＿＿＿＿＿＿＿＿。

2-2 分别填写下列化合物中氮的氧化数:

N_2H_4＿＿＿＿＿＿,NH_2OH＿＿＿＿＿＿,NCl_3＿＿＿＿＿＿,N_2O_4＿＿＿＿＿＿。

2-3 在反应 $P_4+3OH^-+3H_2O=3H_2PO_2^-+PH_3$ 中,氧化剂是＿＿＿＿＿＿＿＿＿＿,其被还原的产物为＿＿＿＿＿＿＿；还原剂是＿＿＿＿＿＿＿＿,其被氧化的产物为＿＿＿＿＿＿。

2-4 在原电池中,流出电子的电极为＿＿＿＿＿＿极,接受电子的电极为＿＿＿＿＿＿极,在正极发生的是＿＿＿＿＿＿反应,在负极发生的是＿＿＿＿＿＿反应。原电池是＿＿＿＿＿的装置。

2-5 已知反应:① $CH_4(g)+2O_2(g)=CO_2(g)+2H_2O(l)$

② $2Zn(s)+Ag_2O_2(s)+2H_2O(l)+4OH^-(aq)=2Ag(s)+2Zn(OH)_4^{2-}(aq)$则反应中电子转移数分别为① ＿＿＿＿＿＿,② ＿＿＿＿＿＿。

2-6 如果用反应 $Cr_2O_7^{2-}+6Fe^{2+}+14H^+=2Cr^{3+}+6Fe^{3+}+7H_2O$ 设计一个电池,在该电池正极进行的反应为＿＿＿＿＿＿＿＿＿＿＿＿＿＿＿；负极进行的反应为＿＿＿＿＿＿＿＿＿＿＿＿＿＿＿＿＿＿＿＿＿＿＿＿＿＿＿。

2-7 电池反应 $Cu(s)+2H^+(0.01$ mol·$dm^{-3})=Cu^{2+}(0.1$ mol·$dm^{-3})+H_2(g,$91 kPa)其电池符号为＿＿＿＿＿＿＿＿＿＿＿＿＿＿＿＿＿＿＿＿＿＿＿。

2-8 H_2O_2 作为氧化剂使用时,电极反应式为＿＿＿＿＿＿＿＿＿＿＿＿＿＿＿,作为还原剂使用时,电极反应式为＿＿＿＿＿＿＿＿＿＿＿＿＿。

2-9 电镀时,被镀的物件作为＿＿＿＿＿＿极;作为金属镀层的金属为＿＿＿＿＿＿极,并发生＿＿＿＿＿＿反应;电镀液中必须含有＿＿＿＿＿＿＿＿＿＿＿＿＿＿。

2-10 电解时,电解池中和电源正极相连的是＿＿＿＿＿＿极,并发生＿＿＿＿＿＿反应;电解池中和电源负极相连的是＿＿＿＿＿＿极,并发生＿＿＿＿＿＿反应。

3.简答题

3-1 有哪些常见电极组成形式,试分别举例说明,写出电极符号、电极反应式。

3-2 除了氧化还原反应外,还有哪些反应可以设计成原电池反应?试分别举例并写出其电池反应、电极反应和原电池符号。

3-3 试将下列反应组成原电池,写出它们的正负极反应式和电池符号。

(1)$2HCl(aq)+Zn(s)=\!=\!=ZnCl_2(aq)+H_2(g)$

(2)$Cu(s)+2FeCl_3(aq)=\!=\!=CuCl_2(aq)+2FeCl_2(aq)$

(3)$4Zn(s)+7OH^-(aq)+NO_3^-(aq)+6H_2O(l)=\!=\!=NH_3(aq)+4Zn(OH)_4^{2-}(aq)$

(4)$4KClO_3(aq)=\!=\!=3KClO_4(aq)+KCl(aq)$

3-4 写出下列原电池的正负极反应式和电池反应。

(1)$Pt,H_2(p_1)\mid HCl(c_1)\parallel NaOH(c_2)\mid O_2(p_2),Pt$

(2)$Sn\mid Sn^{2+}(c_1),Cl^-(c_2)\mid AgCl,Ag$

3-5 已知在酸性介质中,可发生下述反应:$Cr_2O_7^{2-}+Fe_3O_4\longrightarrow Cr^3+Fe^{3+}$(未配平),试写出两个配平的半反应式以及配平的离子方程式。

3-6 锌-氧化铜电池是1881年提出的,其正极材料为氧化铜,负极材料为金属锌,电解质为NaOH溶液,试写出其电极反应式和电池反应式。

3-7 解释下列现象:

(1)和锌棒接触能防止铁管道的腐蚀;

(2)纱窗上铁丝相交处的锈蚀最严重。

3-8 哪些金属能在空气中形成一层保护性的氧化膜?什么样的氧化膜能起到保护作用?

3-9 在下列两种情况下,电解$CuSO_4$溶液,分别写出电解池中两极上的反应式。

(1)铜棒作阴极,铂片作阳极;

(2)铜棒作阳极,铂片作阴极。

3-10 根据下表所列问题,比较原电池和电解池的不同点:

	原电池	电解池
电子运动方向		
离子运动方向		
电极反应		
化学变化与能量转换本质		
反应自发性		

4.计算题

4-1 用离子-电子法配平下列反应式:

(1)$PbO_2+Mn^{2+}\longrightarrow Pb^{2+}+MnO_4^-$(酸性介质)

(2) $Br_2\longrightarrow BrO_3^-+Br^-$(酸性介质)

(3) $HgS+HNO_3+HCl\longrightarrow H_2[HgCl_4]+NO$(酸性介质)

(4) $CrO_4^{2-}+HSnO_2^-\longrightarrow HSnO_3^-+CrO_2^-$(碱性介质)

(5) $CuS+CN^-+OH^-\longrightarrow Cu(CN)_4^{3-}+NCO^-+S$(碱性介质)

4-2 用离子-电子法配平下列电极反应：

(1) $MnO_4^- \longrightarrow MnO_2$（碱性介质）

(2) $CrO_4^{2-} \longrightarrow Cr(OH)_3$（碱性介质）

(3) $H_2O_2 \longrightarrow H_2O$（酸性介质）

(4) $H_3AsO_4 \longrightarrow H_3AsO_3$（酸性介质）

(5) $O_2 \longrightarrow H_2O_2(aq)$（酸性介质）

4-3 称取某金属（金属相对原子质量为 M）的氧化物（分子式为 MO）15.90 g，将它溶于稀硫酸中，然后用蒸馏水稀释至 250 mL。取这种溶液 50 mL，用铂电极进行电解，得到 2.54 g 纯金属。已知下列元素的相对原子质量：

元素	O	Mg	Ca	Ni	Cu	Pb
相对原子质量	16.0	24.3	40.1	58.7	63.5	207.2

(1) M 是哪一种金属？

(2) 电解时需要的电量是多少法拉第？

(3) 最初溶液中的金属离子浓度是多少 $mol \cdot dm^{-3}$？

4-4 在含有 $CdSO_4$ 溶液的电解池的两个极上加外电压，并测得相应的电流。所得数据如下：

E/V	0.5	1.0	1.8	2.0	2.2	2.4	2.6	3.0
I/A	0.002	0.0004	0.007	0.008	0.028	0.069	0.110	0.192

试在坐标纸上作图，并求出分解电压。

4-5 在一铜电解实验中，所给电流强度为 5000 A，电流效率为 94.5%，经过 3 h 后，能得电解铜多少千克？

自测题解答

1. 选择题

1-1 (C)　**1-2** (D)　**1-3** (B)　**1-4** (C)　**1-5** (C)

1-6 (D)　**1-7** (B)　**1-8** (D)　**1-9** (C)　**1-10** (B)

2. 填空题

2-1 CuI_2 的溶度积常数较小，Cu^{2+} 与 I^- 发生氧化还原反应。

2-2 -2；-1；$+3$；$+4$。

2-3 P_4，PH_3，P_4，$H_2PO_2^-$。

2-4 负；正；还原；氧化；将化学能转变为电能。

2-5 8；4。

2-6 $Cr_2O_7^{2-} + 14H^+ + 6e^- = 2Cr^{3+} + 7H_2O$；$Fe^{2+} - e^- = Fe^{3+}$。

2-7 $(-)Cu \mid Cu^{2+}(0.1\ mol \cdot dm^{-3}) \parallel H^+(0.01\ mol \cdot dm^{-3}) \mid H_2(91\ kPa), Pt(+)$

2-8 $H_2O_2 + 2H^+ + 2e^- = 2H_2O$；$H_2O_2 - 2e^- = 2H^+ + O_2$。

2-9 阴；阳；氧化；被镀金属的离子。

2-10 阳；氧化；阴；还原。

3. 简答题

3-1 (1) 金属电极，由金属浸在相应金属离子的溶液中组成。

电极　$Cu^{2+} \mid Cu$

电极反应　$Cu^{2+} + 2e^- = Cu$

(2)气体电极，由吸附了该气体的铂片和溶液中相应离子组成。

电极　$H^+ \mid H_2, Pt$

电极反应　$2H^+ + 2e^- = H_2$

(3)氧化还原电极，由惰性电极(通常为Pt)和溶液中的氧化型离子及还原型离子组成。

电极　$Fe^{3+}, Fe^{2+} \mid Pt$

电极反应　$Fe^{3+} + e^- = Fe^{2+}$

(4)难溶电解质电极，由金属浸在含有该金属的难溶电解质溶液中组成。

电极　$I^- \mid AgI, Ag$

电极反应　$AgI + e^- = Ag + I^-$

(5)含有酸性或碱性介质的氧化还原电极，电解质中含有 H^+ 或 OH^-。

电极　$MnO_4^-, Mn^{2+}, H^+ \mid Pt$

电极反应　$MnO_4^- + 8H^+ + 5e^- = M_n^{2+} + 4H_2O$

(6)配离子组成的电极，由金属和含有该金属配离子的溶液组成。

电极　$Ag(CN)_2^-, CN^- \mid Ag$

电极反应　$Ag(CN)_2^- + e^- = Ag + 2CN^-$

3-2 (1)酸碱反应

$$H_3O^+ + OH^- = 2H_2O$$

负极反应　$H_2 - 2e^- + 2OH^- = 2H_2O$

正极反应　$2H_3O^+ + 2e^- = H_2 + 2H_2O$

原电池符号　$(-)Pt, H_2 \mid OH^- \parallel H_3O^+ \mid H_2, Pt\ (+)$

(2)难溶电解质的沉淀-溶解反应

$$CuI\ (s) = Cu^+ + I^-$$

负极反应　$CuI - e^- = Cu^{2+} + I^-$

正极反应　$Cu^{2+} + e^- = Cu^+$

原电池符号　$(-)Pt, CuI \mid Cu^{2+}, I^- \parallel Cu^{2+}, Cu^+ \mid Pt\ (+)$

(3)弱酸或弱碱的解离平衡

$$HClO = H^+ + ClO^-$$

负极反应　$Cl^- - 2e^- + 2OH^- = ClO^- + H_2O$

正极反应　$HClO + 2e^- + H^+ = Cl^- + H_2O$

原电池符号　$(-)Pt \mid Cl^-, ClO^-, OH^- \parallel H^+, HClO, Cl^- \mid Pt\ (+)$

(4)配离子的生成或离解反应

$$Ag^+ + 2NH_3 = Ag(NH_3)_2^+$$

负极反应　$Ag - e^- + 2NH_3 = Ag(NH_3)_2^+$

正极反应　$Ag^+ + e^- = Ag$

原电池符号　$(-)Ag \mid Ag(NH_3)_2^+, NH_3 \parallel Ag^+ \mid Ag\ (+)$

(5)浓差电池，在原电池两个半电池内参与反应的物质相同，只是相应物质的浓度不同。

负极反应　$H_2 - 2e^- = 2H^+(c_1)$

正极反应　$2H^+(c_2) + 2e^- = H_2 \quad (c_2 > c_1)$

原电池符号　$(-)Pt, H_2 \mid H^+(c_1) \parallel H^+(c_2) \mid H_2, Pt\ (+)$

3-3 (1)　$2HCl\ (aq) + Zn\ (s) = ZnCl_2(aq) + H_2(g)$

负极反应　$Zn - 2e^- = Zn^{2+}$

正极反应　$2H^+ + 2e^- = H_2$

原电池符号　$(-)Zn \mid ZnCl_2(aq) \parallel HCl\ (aq) \mid H_2(g), Pt\ (+)$

(2)　$Cu\ (s) + 2FeCl_3(aq) = CuCl_2(aq) + 2FeCl_2(aq)$

负极反应　$Cu-2e^- = Cu^{2+}$

正极反应　$Fe^{3+}+e^- = Fe^{2+}$

原电池符号　(−)Cu | Cu $Cl_2(c_1)$ ‖ $FeCl_3(c_2)$, $FeCl_2(c_3)$ | Pt (+)

(3)　$4Zn(s)+7OH^-(aq)+NO_3^-(aq)+6H_2O(l) = NH_3(aq)+4Zn(OH)_4^{2-}(aq)$

负极反应　$Zn-2e^-+4OH^- = Zn(OH)_4^{2-}$

正极反应　$NO_3^-+8e^-+9H^+ = NH_3+3H_2O$

原电池符号 (−)Zn | $Zn(OH)_4^{2-}(aq)$, $OH^-(aq)$ ‖ $NO_3^-(aq)$, $NH_3(aq)$ | Pt (+)

(4)　$4KClO_3(aq) = 3KClO_4(aq)+KCl(aq)$

负极反应　$ClO_3^- -2e^-+H_2O = ClO_4^-+2H^+$

正极反应　$ClO_3^-+6e^-+6H^+ = Cl^-+3H_2O$

原电池符号　(−)Pt | $ClO_3^-(aq)$, $ClO_4^-(aq)$ ‖ $ClO_3^-(aq)$, $Cl^-(aq)$ | Pt (+)

3-4 (1)负极反应　$H_2-2e^- = 2H^+$

正极反应　$O_2+4e^-+2H_2O = 4OH^-$

电池反应　$O_2+2H_2 = 2H_2O$

(2)负极反应　$Sn-2e^- = Sn^{2+}$

正极反应　$AgCl+e^- = Ag+Cl^-$

电池反应　$Sn+2AgCl = 2Ag+Sn^{2+}+2Cl^-$

3-5 $Cr_2O_7^{2-}+6e^-+14H^+ = 2Cr^{3+}+7H_2O$

$Fe_3O_4-e^-+8H^+ = 3Fe^{3+}+4H_2O$

$Cr_2O_7^{2-}+6Fe_3O_4+62H^+ = 2Cr^{3+}+18Fe^{3+}+31H_2O$

3-6 负极反应　$Zn-2e^-+4OH^- = Zn(OH)_4^{2-}$

正极反应　$2CuO+2e^-+H_2O = Cu_2O+2OH^-$

$Cu_2O+2e^-+H_2O = Cu+2OH^-$

$CuO+Cu = Cu_2O$

电池反应　$CuO+Zn+2OH^-+H_2O = Cu+Zn(OH)_4^{2-}$

电池符号　(−)Zn | $Zn(OH)_4^{2-}$ ‖ CuO, Cu(+)

3-7 (1)由于锌比铁活泼，所以当铁管道和锌棒接触时，表面因吸收水分而形成腐蚀电池，锌将成为阳极而遭受腐蚀，铁作为阴极则受到保护。

(2)纱窗上铁丝被水膜覆盖后，在铁丝相交处空气较少，该处氧的分压较低，而不相交处空气较多，氧的分压较大。由于氧的分压不同，而形成许多氧浓差电池。氧的分压较低的铁丝相交处为阳极，受到腐蚀而生锈严重。

3-8 钛、铬、铜、镍、铝等金属能在空气中形成一层保护性的氧化膜。金属氧化膜要隔绝空气和水与金属的进一步作用，须具备如下条件：① 氧化膜的体积与氧化时所消耗金属的体积相近；② 氧化膜的热膨胀系数和金属单质的热膨胀系数相差较小；③ 氧化膜质地紧密、热稳定性好。

3-9 (1)铜棒作阴极，铂片作阳极。

在阳极是 OH^- 放电，阳极反应为　$4OH^- -4e^- = O_2\uparrow+2H_2O$

在阴极是 Cu^{2+} 放电，阴极反应为　$Cu^{2+}+2e^- = Cu$

(2)铜棒作阳极，铂片作阴极。

在阳极是 Cu 放电(阳极溶解)，阳极反应为　$Cu-2e^- = Cu^{2+}$

在阴极是 Cu^{2+} 放电，阴极反应为　$Cu^{2+}+2e^- = Cu$

3-10

	原电池	电解池
电子运动方向	从负极到正极	从阳极到阴极
离子运动方向	正离子向正极运动 负离子向负极运动	正离子向阴极运动 负离子向阳极运动
电极反应	负极发生氧化反应 正极发生还原反应	阳极发生氧化反应 阴极发生还原反应
化学变化与能量转换本质	化学能转化为电能	电能转化为化学能
反应自发性	可自发进行	必须外加电压才能进行

4.计算题

4-1 (1)$5PbO_2+2Mn^{2+}+4H^+ \!=\!=\!= 5Pb^{2+}+2MnO_4^-+2H_2O$(酸性介质)

(2)$3Br_2+3H_2O \!=\!=\!= 5Br^-+BrO_3^-+6H^+$(酸性介质)

(3)$3HgS+2HNO_3+12HCl \!=\!=\!= 3H_2[HgCl_4]+3S+2NO+4H_2O$(酸性介质)

(4)$2CrO_4^{2-}+3HSnO_2^-+H_2O \!=\!=\!= 2CrO_2^-+3HSnO_3^-+2OH^-$(碱性介质)

(5)$2CuS+9CN^-+2OH^- \!=\!=\!= 2Cu(CN)_4^{3-}+NCO^-+2S^{2-}+H_2O$(碱性介质)

4-2 (1)$MnO_4^-+2H_2O+3e^- \!=\!=\!= MnO_2+4OH^-$(碱性介质)

(2)$CrO_4^{2-}+4H_2O+3e^- \!=\!=\!= Cr(OH)_3+5OH^-$(碱性介质)

(3)$H_2O_2+2e^- \!=\!=\!= 2OH^-$(酸性介质)

(4)$H_3AsO_4+2H^++2e^- \!=\!=\!= H_3AsO_3+H_2O$(酸性介质)

(5)$O_2+2H^++2e^- \!=\!=\!= H_2O_2(aq)$(酸性介质)

4-3 (1)因为$\frac{M}{M+16}=\frac{12.7}{15.9}$,15.90 g MO 中,金属的质量为 $2.54\times\frac{250}{50}=12.7\ (g)$

所以金属的相对原子质量为 $M=63.5$,则该金属是 Cu。

(2)因为 1 价离子析出 1 mol 需要的电量为 96 500 C(或 1 法拉第,1 F),所以 2 价离子 Cu^{2+} 析出 1 mol 需要 2×96 500 C(或 2 法拉第,2 F)。

故析出 2.54 g 铜需要电量为

$$\frac{2.54}{63.5}\times2=0.08\ (F)$$

(3)溶液中 Cu^{2+} 浓度为

$$[Cu^{2+}]=\frac{2.54\times1000}{63.5\times50}=0.8\ (mol\cdot dm^{-3})$$

4-4

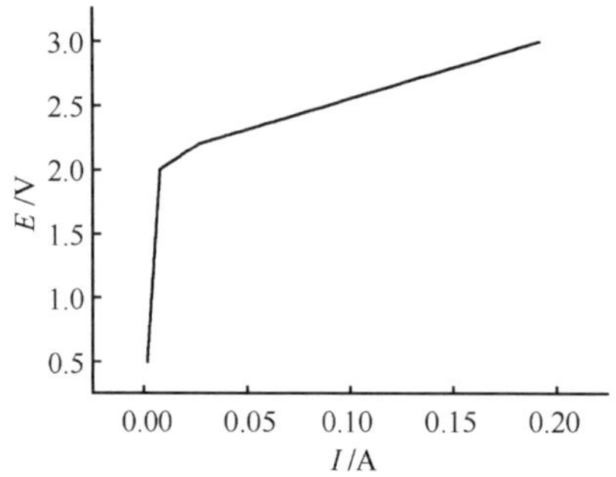

得出 $E=2.0$ V

4-5 $I=q/t$

$q=I\cdot t=5000\times94.5\%\times3\times3600=5.013\times10^7$ (C)

$$Cu^{2+} + 2e^- \longrightarrow Cu$$

$$\quad 2 \qquad\quad 64$$

$$5.013\times10^7 \quad m$$

$$m = 1.603\times10^6\ \text{kg}$$

三、思考题解答

8-1 解答：氧化数是指某元素一个原子的荷电数，这种荷电数由假设把每个键中的电子指定给电负性更大的原子而求得。化合价是元素的原子与一定数目其他元素原子化合的性质。由定义可见，氧化数是一个人为规定的形式电荷数，它的数值有正、负和分数。而化合价是指元素在化合时原子的个数比，原子是化学反应的基本单元，所以化合价有正、负，没有分数。

8-2 解答：可用下表给予归纳比较：

		布朗斯特酸碱体系	氧化还原体系
定义	反应	酸物种与碱物种之间的质子转移	还原剂与氧化剂之间的电子转移
	参与反应的物种	酸：反应中给出质子的物种 碱：反应中接受质子的物种	还原剂：反应中给出电子的物种 氧化剂：反应中接受电子的物种
		同一物种在一个反应中是酸，在另一反应中可能是碱，是酸是碱取决于它所参与的反应（如 H_2O）	同一物种在一个反应中是还原剂，在另一反应中可能是氧化剂，是还原剂或是氧化剂，取决于它所参与的反应（如 H_2O_2）
半反应	表示方法	碱 $+H^+ \longrightarrow$ 共轭酸 酸 $\longrightarrow$ 共轭碱 $+H^+$	氧化型 $+ne^- \longrightarrow$ 还原型 还原型 $\longrightarrow$ 氧化型 $+ne^-$
	强弱关系	碱越强，其共轭酸越弱，反之亦然	氧化型氧化性越强，与之对应的还原型的还原性越弱；反之亦然
	重要概念	不能单独发生，只是实际酸碱反应的一半	不能单独发生，只是实际氧化还原反应的一半
反应体系	反应体系	反应中包括两个共轭酸碱对： 酸$_1$ + 碱$_2$ $\longrightarrow$ 碱$_1$ + 酸$_2$	反应中包括两个电对： 还原剂$_1$ + 氧化剂$_2$ $\longrightarrow$ 氧化剂$_1$ + 还原剂$_2$
	反应方向	由强酸和强碱向生成弱酸和弱碱的方向进行	由强氧化剂和强还原剂向生成弱氧化剂和弱还原剂的方向进行
	同物种间的反应	同物种间可以发生质子传递（质子自递反应），例如： $H_2O(l)+H_2O(l) \longrightarrow OH^-(aq)+H_3O^+(aq)$	同物种间可以发生电子传递（歧化反应），例如： $Cu^+(aq)+Cu^+(aq) \longrightarrow Cu^{2+}(aq)+Cu(s)$

8-3 解答：化学反应方程式不仅表明了反应物和生成物，还表明了它们之间的微粒（原子、分子等）个数比和质量比等。实验事实只是表明了反应物和生成物，至于它们之间的微粒个数比和质量比等，用简单的定性实验还无法说明。

可根据标准电极电势（$E^{\ominus}$）和标准平衡常数（$K^{\ominus}$）计算解释：

$K^{\ominus}(1)=10\ 120.51 \qquad \Delta_r G_m^{\ominus}(1)=-685.60\ \text{kJ}\cdot\text{mol}^{-1}$

$K^{\ominus}(2)=10\ 142.71 \qquad \Delta_r G_m^{\ominus}(2)=-814.28\ \text{kJ}\cdot\text{mol}^{-1}$

$K^{\ominus}(3)=10\ 536.86 \qquad \Delta_r G_m^{\ominus}(3)=-3063.24\ \text{kJ}\cdot\text{mol}^{-1}$

上述(1)、(2)、(3)反应进行的趋势都很大，也就是说，以上不同配平系数的反应都是正确的。

可以这样分析原因:反应式(1)中,所有的H_2SO_4都是作为酸介质参加反应;在反应式(2)中,5 mol H_2SO_4有1 mol H_2SO_4是作为氧化剂的,其余4 mol H_2SO_4是作为酸介质参加反应的;反应式(3)中,17 mol H_2SO_4都是作为酸介质参加反应的,但是6 mol H_2S有3 mol H_2S的产物为3 mol S,另外3 mol H_2S的产物为3 mol H_2SO_4。

8-4 解答:每个半电池(电极)由金属(或石墨)和电解质溶液组成,其中必须同时存在某一物质的氧化态和还原态,氧化态物质与其还原态构成电对。

电极符号简记为:氧化态|还原态。

相应电极反应通式(半反应):氧化态$+ne^- \rightleftharpoons$还原态,例如:

电极符号	氧化还原电对	电极反应
$Zn \mid Zn^{2+}$	Zn^{2+}/Zn	$Zn^{2+}(aq)+2e^- \rightleftharpoons Zn$
$Cu \mid Cu^{2+}$	Cu^{2+}/Cu	$Cu^{2+}(aq)+2e^- \rightleftharpoons Cu$
$Pt \mid H_2(g) \mid H^+$	H^+/H	$2H^{2+}(aq)+2e^- \rightleftharpoons H_2(g)$
$Hg\text{-}Hg_2Cl_2(s) \mid Cl^-$	Hg_2Cl_2/Hg	$Hg_2Cl_2(s)+2e^- \rightleftharpoons 2Hg(s)+2Cl^-(aq)$
$Ag\text{-}AgCl(s) \mid Cl^-$	$AgCl/Ag$	$AgCl(s)+e^- \rightleftharpoons Ag(s)+Cl^-(aq)$

8-5 解答:工业上用电解饱和NaCl溶液的方法来制取NaOH、Cl_2和H_2,并以它们为原料生产一系列化工产品,称为氯碱工业。氯碱工业是最基本的化学工业之一,它的产品除应用于化学工业本身外,还广泛应用于轻工业、纺织工业、冶金工业、石油化学工业以及公用事业。

阳极反应:$2Cl^- - 2e^- = Cl_2\uparrow$(氧化反应)

阴极反应:$2H^+ + 2e^- = H_2\uparrow$(还原反应)

电解总反应:$2H_2O(l)+2Cl^-(aq) = H_2(g)+Cl_2(g)+2OH^-(aq)$

8-6 解答:① 电流在电池室和盐桥中以正负离子为载体的流动方式产生了高内阻,结果由于引出时电压的急剧下降而产不出大电流;② 缺乏便携性所要求的简洁性和牢固性。

8-7 解答:纽扣电池(button cell)也称扣式电池,是指外形尺寸像一颗小纽扣的电池,一般来说直径较大,厚度较薄。在各种微型电子产品中得到了广泛的应用,如心脏起搏器、电子助听器、电子手表、计数器、照相机等。

纽扣电池由阳极(正极)剂、阴极(负极)剂及其电触液等组成,它的外表为不锈钢材料,并作为正极,其负极为不锈钢的圆形盖,正极与负极间有密封环绝缘,密封环用尼龙制成,密封环除起绝缘作用外,还能阻止电解液泄漏。纽扣电池的种类很多,多数以所用材料命名,如氧化银电池、锤电池、碱性锰电池、汞电池等。

8-8 解答:锂电池的寿命是“500次”,指的不是充电的次数,而是一个充放电的周期。

所谓500次,是指厂商在恒定的放电深度(如80%)实现了625次左右的可充次数,达到了500个充电周期(80%×625=500,忽略锂电池容量减少等因素)。而由于实际生活的各种影响,特别是充电时的放电深度不是恒定的,所以“500个充电周期”只能作为参考电池寿命。

8-9 解答:锂电池可以分成两大类,不可充电的和可充电的。不可充电的电池称为一次性电池,它只能将化学能一次性地转化为电能,不能将电能还原回化学能,如锂二氧化锰电池等。可充电的称为二次性电池,也就是俗称的锂离子电池。锂离子电池的正极是含锂的过渡金属氧化物,负极是碳素材料,如石墨等,电解质是含锂盐的有机溶液。充电电池无论在正负极还是在电池隔膜中,锂都是以离子形式存在的。电池在工作时,锂离子在正负极及电解质隔膜中定向运动。当电池充电时，正极释放出锂离子到电解质中，这个过程是脱嵌；负极从电解质中吸入锂离子，这个过程是嵌入。而电池放电过程和上述情况正好相反，这种充放电时锂离子往返的嵌入和脱嵌的过程就好像摇椅一样摇来摇去，故有人形象地称锂离子电池为“摇椅电池”。

8-10 解答：负极材料：Pb；正极材料：$PbSO_4$；电解质溶液：H_2SO_4。

充电过程如下所示。

阴极：$PbSO_4+2e^- \longrightarrow Pb+SO_4^{2-}$

阳极：$PbSO_4-2e^-+2H_2O \longrightarrow PbO_2+4H^++SO_4^{2-}$

总反应：$2PbSO_4+2H_2O \longrightarrow Pb+PbO_2+2H_2SO_4$

四、课后习题解答

8-1 解答：如下表所示。

PbO_2	Pb	+4	O	−2		
Na_2O_2	Na	+1	O	−1		
NCl_3	N	+3	Cl	−1		
NaH	Na	+1	H	−1		
KO_2	K	+1	O	$-\frac{1}{2}$		
KO_3	K	+1	O	$-\frac{1}{3}$		
N_2O_4	N	+4	O	−2		
Fe_3O_4	Fe	$+\frac{8}{3}$	O	−2		
$Na_2S_2O_3$	Na	+1	S	+2	O	−2

8-2 解答：参见自测题“简答题”之 3-1。

8-3 解答：参见自测题“简答题”之 3-2 和 3-3。

8-4 解答：$2H^++2e^- \rightleftharpoons H_2$，$Fe^{3+}+e^- \rightleftharpoons Fe^{2+}$，$CuBr+e^- \rightleftharpoons Cu+Br^-$，$PdBr_4^{2-}+2e^- \rightleftharpoons Pd+4Br^-$，$O_2+2H^++2e^- \rightleftharpoons H_2O_2$，$O_2+4H^++4e^- \rightleftharpoons 2H_2O$，$CO_2+2H^++2e^- \rightleftharpoons HCOOH$

8-5 解答：$HO_2^-+H_2O+2e^- \rightleftharpoons 3OH^-$，$H_2PO_2^-+e^- \rightleftharpoons P+2OH^-$，$O_2+H_2O+2e^- \rightleftharpoons HO_2^-+OH^-$，$2H_2O+2e^- \rightleftharpoons H_2+2OH^-$，$MnO_4^{2-}+2H_2O+2e^- \rightleftharpoons MnO_2+4OH^-$，$PO_4^{3-}+2H_2O+2e^- \rightleftharpoons HPO_3^{2-}+3OH^-$，$Bi_2O_3+3H_2O+6e^- \rightleftharpoons 2Bi+6OH^-$

8-6 解答：(1) $4Zn+10HNO_3$(极稀) $\longrightarrow 4Zn(NO_3)_2+NH_4NO_3+3H_2O$

(2) $I_2+10HNO_3 \xrightarrow{\triangle} 2HIO_3+10NO_2+4H_2O$

(3) $3P_4+20HNO_3+8H_2O \longrightarrow 12H_3PO_4+20NO$

(4) $P_4+3NaOH+3H_2O \xrightarrow{\triangle} 3NaH_2PO_2+PH_3$

(5) $K_2Cr_2O_7+6KI+7H_2SO_4 \longrightarrow Cr_2(SO_4)_3+4K_2SO_4+3I_2+7H_2O$

(6)$5H_2O_2+2KMnO_4+3H_2SO_4 = 2MnSO_4+K_2SO_4+5O_2+8H_2O$

(7)$2Na_2S_2O_3+I_2 = Na_2S_4O_6+2NaI$

(8)$5K_2S_2O_8+2MnSO_4+8H_2O \xlongequal{Ag^+} 8H_2SO_4+2KMnO_4+4K_2SO_4$

8-7 解答:(1)$IO_3^-+5I^-+6H^+ = 3I_2+3H_2O$

(2)$2Mn^{2+}+5NaBiO_3+14H^+ = 2MnO_4^-+5Bi^{3+}+5Na^++7H_2O$

(3)$2Cr^{3+}+3PbO_2+H_2O = CrO_7^{2-}+3Pb^{2+}+2H^+$

(4)$10HClO+3P_4+18H_2O = 10Cl^-+12H_3PO_4+10H^+$

8-8 解答:(1)$3H_2O_2+2CrO_2^-+2OH^- = 2CrO_4^{2-}+4H_2O$

(2)$I_2+H_2AsO_3^-+4OH^- = AsO_4^{3-}+2I^-+3H_2O$

(3)$Si+2OH^-+H_2O = SiO_3^{2-}+2H_2$

(4)$3Br_2+6OH^- = BrO_3^-+5Br^-+3H_2O$

8-9 解答:(1)在 H_2SO_4 溶液中,

正极反应:$2H_2O = 4H^++O_2+4e^-$

负极反应:$2H^++2e^- = H_2$

$$E_+^\ominus=1.229+0.0591\lg[OH^-]=1.229+0.0591\lg\frac{[H^+]}{K_w}=2.06\ (V),E_-^\ominus=0$$

理论分解电压为 2.06 V。

(2)在 NaOH 溶液中,

正极反应:$4OH^- = 2H_2O+O_2(g)+4e^-$

负极反应:$2H_2O+2e^- = 2OH^-+H_2$

$$E_+^\ominus=1.229\ V,E_-^\ominus=0+0.0591\lg\frac{[OH^-]}{K_w}=-0.826(V)$$

理论分解电压为 1.229−(−0.826)=2.06(V)

8-10 解答:$CuSO_4$ 水溶液,因 Cu^{2+} 的部分水解而显弱酸性,有关的电极反应及电极电势为

$Cu^{2+}+2e^- = Cu$	$E^\ominus(Cu^{2+}/Cu)=0.34\ V$
$2H^++2e^- = H_2$	$E^\ominus(H^+/H_2)=0.00\ V$
$O_2+4H^++4e^- = 2H_2O$	$E^\ominus(O_2/H_2O)=1.229\ V$
$S_2O_8^{2-}+2e^- = 2SO_4^{2-}$	$E^\ominus(S_2O_8^{2-}/SO_4^{2-})=2.00\ V$

(1)两电极都是铜电极,电极反应为

阴极:$Cu^{2+}+2e^- = Cu$

阳极:$Cu = Cu^{2+}+2e^-$

溶液组成保持不变。

(2)阴极为铜电极,阳极为铂电极,电极反应为

阴极:$Cu^{2+}+2e^- = Cu$

阳极:$2H_2O = O_2+4H^++4e^-$

溶液中 Cu^{2+} 逐渐减少,H^+ 逐渐增多。

(3)阴极为铂电极,阳极为铜电极,电极反应为

阴极:$Cu^{2+}+2e^- = Cu$

阳极:$Cu = Cu^{2+}+2e^-$

溶液组成保持不变。

(4)阴极、阳极均为铂电极,电极反应为

阴极:$Cu^{2+}+2e^{-}=Cu$

阳极:$2H_2O=O_2+4H^{+}+4e^{-}$

溶液中 Cu^{2+} 逐渐减少,H^{+} 逐渐增多。

五、参考资料

龚良玉,曲宝涵,鲁莉华,等.2009.浅谈将化学反应设计成原电池的 2 种方法.化学教育,(3):70

健伟,郭彦,章文伟.2008.电化学实验教学实践.大学化学,23(1):46

林佩云,金苗,孟良荣.2011.原电池的标志标识研究.电池工业,16(6):377

刘彦龙.2011.中国锂电池产业发展分析.电器工业,(8):39

马云梅.2011.化学电池的危害与回收利用.陕西教育(高教),(1):101

徐悦华,贾金亮,刘有芹,等.2011.电化学教学中的几个问题探讨.大学化学,26(6):30

杨建华,刘彦库.2007.浅谈燃料电池的发展.汽车运用,(11):31

张映林,谢祥林.2010.氧化还原反应概念意义建构的教学研究.化学教育,31(3):48

第9章　配位化合物

一、重要概念

1.配位化合物(coordination compound)

配位化合物也称复杂化合物。由可以给出孤对电子或多个不定域电子的一定数目的离子或分子(称为配位体,ligand)和具有接受孤对电子或多个不定域电子的空位的原子或离子(统称中心原子,central atom)按一定组成和空间构型所形成的化合物。

2.配位体(ligand)

配体是含有孤对电子的分子或离子,如 NH_3、H_2O、CN^-、X^-($X=Cl$、Br、I)等。

氢负离子 H^- 和能提供 π 键电子的有机分子或离子也可作为配体。配体可能配位的原子的数目,用单齿、二齿、三齿等表示。只含有一个配位原子的配体称为单齿(或单基)配体(monodentate ligand),如 NH_3、H_2O、X^- 等。一个多齿配体通过两个或两个以上的配位原子与中心原子相连接,如乙二胺($H_2N-CH_2-CH_2-NH_2$)为双齿配体(bidentate ligand)。还有多齿配体(polydentate ligands),如卟啉(porphyrin)分子。

3.配位原子(coordination atoms)

配体中具有孤对电子的原子,在形成配合物时直接以配位键和中心原子相连。

4.中心原子(central atom)

中心原子也就是配合物的形成体(formed body),是电子对给予体 Lewis 碱。形成体一般是金属离子,特别是过渡金属的离子。

5.配位数(coordination number)

直接同中心原子(或离子)配位的配位原子的数目,称为该中心原子的配位数。中心原子的配位数一般是 2、4、6 等。配位数的大小取决于中心原子和配体的电荷、体积、电子构型,以及配合物形成时的温度、反应物的浓度等。

6.单核配合物(mononuclear complex)

单核配合物是只含有一个中心原子的配合物。

7.双核配合物(binuclear complex)

有些双齿配体的两个配位原子可各与一个中心原子连接,形成含有两个中心原子的双核配合物。

8.螯合物(chelate)

螯合物或内配合物是符合一定条件的、含有两个或两个以上配位原子的配体(多齿配体),可以和同一中心离子相配位形成具有环状结构的配合物。

9.螯合效应(chelate effect)

这种由于螯合环的形成而使螯合物具有特殊稳定性的效应称螯合效应。因为存在着环状结构,所以螯合物具有特殊的稳定性。

10.异构体(isomers)

凡有化学组成相同但结构不同的分子或离子互称异构体。化学组成相同的配合物以不同空间结构的分子或离子形式存在,这种现象称为同分异构现象(isomerism)。配合物的空间异构现象构成了丰富的配合物的立体化学。

11.结构异构(structural isomerism)

结构异构是基于原子间连接方式不同引起的异构现象,包括键合异构、电离异构、水合异构、配位异构等。常见的有解离异构和键合异构。

解离异构:解离异构是指组成相同的配合物,在水溶液中解离得到不同离子的现象。

键合异构:键合异构是由于两配体使用不同的配位原子与中心原子配位引起的异构现象。

12.几何异构(geometric isomerism)

配合物中由于配体在空间相对几何位置不同所产生的异构现象,称为几何异构。

13.对映异构(enantiomorphism)

实物在镜中的像称为镜像。当分子的形状与其镜像不能互相重叠时,这种互为镜像的两个分子称为手性分子(chiral molecules)。手性分子与其镜像互为一对对映体(enantiomer)。对映体彼此无法重叠,它们之间的关系类似于人的左右手的关系。从镜中观察自己的左手,镜像与右手完全相同。

14.旋光异构体(opticalisomers)

对映体能使偏振光平面向右或向左旋转(旋转方向相反但度数相同),呈现不同的旋光性,所以称为旋光异构体,或者说对映体的分子(或离子)具有旋光活性。

15.价键理论的基本要点(The basic point of valence bond theory)

① 配离子中的配位原子可提供孤对电子,是电子对给予体,而形成体可提供与配位数相同数目的空轨道,是电子对的接受体。配位原子的孤对电子填入形成体的空轨道而形成配位键。② 中心原子(离子)所提供的空轨道先进行杂化,形成数目相等、能量相同、具有一定空间伸展方向的杂化轨道,形成体的杂化轨道与配位原子的孤对电子沿键轴方向重叠成键。③ 形成体的杂化轨道具有一定的空间取向,这种空间取向决定了配体在中心原子周围有一定的排布方式,所以配合物具有一定的空间构型。

16.外轨配键(outer rail with key)和外轨配合物(outer orbital complexes)

形成体以其外层的轨道(ns,np,nd)组成杂化轨道,然后和配位原子形成的配位键称为外轨配键,以外轨配键所形成的配合物称为外轨配合物。

17.内轨配键(inner rail with key)内轨配合物(inner orbital complexes)

形成体以部分次外层的轨道[如$(n-1)$d 轨道]参与组成杂化轨道所形成的配位键称为内轨配键,以内轨配键所形成的配合物称为内轨配合物。

18.晶体场理论的基本要点(The basic point of crystal field theory)

① 在配合物中,金属离子与配体之间的作用类似于离子晶体中正负离子间的静电作用,这种作用是纯粹的静电排斥和吸引,即不形成共价键。② 金属离子在周围配体的电场作用下,原来能量相同的 5 个简并 d 轨道分裂成能量高低不同的能级轨道。③ 由于 d 轨道能级的分裂,d 轨道上的电子重新分布,使体系的总能量有所降低,即给配合物带来了额外的稳定化能。

19.配位场效应(ligand field effect)

因为过渡元素离子价层 5 个 d 轨道的空间取向不同,所以在具有不同对称性的配体静电场的作用下,将受到不同的影响,因而产生 d 轨道能级的分裂,即自由过渡金属离子的 5 个 d 轨道能级本来是相同的,在配位体影响下变为不同的了。这也称为配位场效应。

20.正八面体场(O_h 场,octahedral field)

在八面体配合物中,过渡金属离子位于八面体的中心,6 个配体分别沿着三个坐标轴正负两个方向($\pm x$、$\pm y$、$\pm z$)接近中心离子,使 d 轨道能级发生分裂。

21.正四面体场(T_d 场,tetrahedral field)

金属离子位于正四面体的中心,四个角上各放一个配体,即可得到正四面体型的配合物。

22.平面正方形场(square planar field)

在平面正方形的 4 配体配合物中,4 个配体沿$\pm x$ 和$\pm y$ 方向接近中心离子。

23.分裂能(fission energy)

d 轨道发生分裂后,最高能级的 d 轨道与最低能级的 d 轨道之间的能量差,也就是一个电子由低能的 d 轨道进入高能的 d 轨道所需要的能量。

24.光谱化学序列(spectral sequence)

当中心离子固定时,与不同配体形成相同构型的配离子时,其分裂能的大小与配体的场强有关。配体场强越强,分裂能就越大,从正八面体配合物的光谱实验得出的配体场强由弱到强的顺序如下:

$I < Br^- < Cl^- \approx SCN^- < N^{3-} < F^- < (NH_2)_2CO < OH^- < C_2O_4^{2-} \approx CH_2(COO)_2^{2-} < H_2O < NCS^- < C_2H_5N \approx NH_3 \approx PR_3 < NH_2CH_2CH_2NH_2 \approx SO_3^{2-} < NH_2OH < NO_2^- \approx$ 联吡啶 $\approx$ 邻菲咯啉 $< H^- \approx CH_3 \approx C_6H_5^- < CN^- \approx CO < P(OR)_3$

这一顺序称光谱化学序列。

25.电子的成对能(electron pairing energy)

如果迫使本来是自旋平行分占两个轨道的电子挤到同一轨道上去,则使能量升高,这种升高的能量称为电子的成对能,用 P 来表示。

26.晶体场稳定化能(crystal field stabilization energy)

d 电子从未分裂的 d 轨道 E_s 能级进入分裂的 d 轨道时,所产生的总能量下降值,称为晶体场稳定化能,用 CFSE 表示。

27.姜-泰勒效应(Jahn-Taylor effect)

1937 年,姜(H.A.Jahn)和泰勒(E.Teller)指出,在对称的非线性分子中,如果一个体系的基态有几个简并能级,则是不稳定的,体系一定要发生畸变,使一个能级降低,以消除这种简并性。这种由于 d 电子云的不对称分布产生畸变,结果使本来简并的轨道有的能级升高,有的能级下降,消除了原来的简并性的现象称为姜-泰勒效应。

28.配位催化作用(The effectla of coordination catalysis)

由反应物和催化剂(过渡金属化合物)形成配合物所引起的催化作用。

二、自测题及其解答

1.选择题

1-1 配合物 $[Ni(en)_3]Cl_2$ 中镍的价态和配位数分别是　(　　)

A.+2,3　B.+3,6　C.+2,6　D.+3,3

1-2 $[Co(NO_2)(NH_3)_5]Cl_2$ 和 $[Co(ONO)(NH_3)_5]Cl_2$ 属于　(　　)

A.几何异构　B.旋光异构　C.电离异构　D.键合异构

1-3 Fe^{3+} 具有 d^5 电子构型,在八面体场中要使配合物为高自旋态,则分裂能 Δ 和电子成对能 P 所要满足的条件是　(　　)

A.Δ 和 P 越大越好　B.$\Delta > P$　C.$\Delta < P$　D.$\Delta = P$

1-4 $[NiCl_4]^{2-}$ 是顺磁性分子,则其几何构型为　(　　)

A.平面正方形　B.四面体形　C.正八面体形　D.四方锥形

1-5 $[Fe(H_2O)_6]^{2+}$ 的晶体场稳定化能 (CFSE)是　(　　)

A.−4 Dq　B.−12 Dq　C.−6 Dq　D.−8 Dq

1-6 铁的原子序数为 26,化合物 $K_3[FeF_6]$ 的磁矩为 5.9 B.M.,而化合物 $K_3[Fe(CN)_6]$ 的磁矩为 2.4 B.M.,产生这种差别的原因是　(　　)

A.铁在这两种配合物中有不同的氧化数　B.CN^- 比 F^- 引起的晶体场分裂能更大

C.F 比 C 或 N 具有更大的电负性　D.$K_3[FeF_6]$ 不是配位化合物

1-7 Mn(Ⅱ)的正八面体配合物有很微弱的颜色,其原因是　(　　)

A.Mn(Ⅱ)的高能 d 轨道都充满了电子　B.d-d 跃迁是禁阻的

C.分裂能太大,吸收不在可见光范围内　D.d^5 构型的离子 d 能级不分裂

1-8 下述配合物高自旋或低自旋的判断错误的是　(　　)

A. $[Fe(H_2O)_6]^{3+}$ 高自旋　B. $[Ni(CN)_4]^{2-}$ 低自旋

C. $[Fe(CN)_6]^{4-}$　低自旋　D.$[Co(NH_3)_6]^{3+}$ 高自旋

1-9 一般不能作为配合物中心原子的是　(　　)

A.高氧化态的金属　B.高氧化态的非金属

C.负氧化态的金属　D.负氧化态的非金属

1-10 在配体 NH_3、H_2O、SCN^-、CN^- 中,通常配位能力最强的是　(　　)

A. SCN^-　B.NH_3　C.H_2O　D.CN^-

2.填空题

2-1 $Ni(CO)_4$ 的系统命名为__________,中心原子的氧化数为______,根据价键理论推测中心原子的杂化轨道为________,空间构型为________。

2-2 已知$[Ni(NH_3)_4]^{2+}$ 的磁矩大于零,$[Ni(CN)_4]^{2-}$ 的磁矩等于零,则前者的空间几何构型是____________,杂化方式是____________;后者的空间几何构型是____________,杂化方式是____________。

2-3 $[Ni(CN)_4]^{2-}$ 的空间构型为________,它具有______磁性,其中中心离子采用________杂化轨道与 CN^- 成键,配位原子是______。

2-4 第一系列过渡元素 M^{2+} 最外层电子数为 16,则该离子为______,M 属于______族,M^{2+} 与 Cl^-、CN^- 分别作用形成 MCl_4^{2-} 和 $M(CN)_4^{2-}$ 配离子,在这两个配离子中,中心原子

所采用的杂化轨道分别是＿＿＿＿＿＿和＿＿＿＿＿＿，配离子的空间几何构型分别是＿＿＿＿＿＿和＿＿＿＿＿＿。

2-5 将答案填入下列表格中：

配离子	磁矩/B.M.	中心原子杂化轨道	配离子空间构型
$[Ni(NH_3)_4]^{2+}$	3.2		
$[CuCl_4]^{2-}$	2.0		
$[Fe(CN)_6]^{4-}$	0		
$[Cr(NH_3)_6]^{3+}$	3.88		
$[Ni(CN)_4]^{2-}$	0		

2-6 按照晶体场理论，$[Fe(CN)_6]^{4-}$、$[Fe(CN)_6]^{3-}$均为低自旋型配合物，则中心离子 d 电子的排布式分别为＿＿＿＿＿＿、＿＿＿＿＿＿；按照价键理论，这两种配合物中心离子的杂化方式分别为＿＿＿＿＿＿、＿＿＿＿＿＿。

2-7 根据晶体场理论填写下表：

配离子	$P/\times10^{-20}$ J	$\Delta_o/\times10^{-20}$ J	中心离子 d 电子分布式	空间构型	高低自旋	μ/B.M.	稳定性
$[Ni(CN)_6]^{2-}$	35.350	67.524					
$[CoF_6]^{3-}$	35.350	25.818					

2-8 具有 d^5 构型的过渡金属离子，在八面体弱场中，t_{2g} 轨道上有＿＿＿＿个电子，e_g 轨道上有＿＿＿＿个电子；在八面体强场中，t_{2g} 轨道上有＿＿＿＿个电子，e_g 轨道上有＿＿＿＿个电子。

2-9 配合物的化学式相同，但配位体的相对位置不同而引起性质不同的现象称为＿＿＿＿＿＿；当一种配位个体与它的镜像不能互相重叠时，则这两个配位个体将具有＿＿＿＿＿＿，这种现象称为＿＿＿＿＿＿。

2-10 根据配合物的晶体场理论，$[Co(CN)_6]^{4-}$要比$[Co(H_2O)_6]^{2+}$的还原性＿＿＿＿，因为 CN^- 为＿＿＿＿配体，而 H_2O 是＿＿＿＿配体，所以$[Co(CN)_6]^{4-}$的中心原子 d 电子＿＿＿＿排布式为＿＿＿＿＿＿，d 电子＿＿＿＿失去，$[Co(H_2O)_6]^{2+}$的中心原子 d 电子排布式为＿＿＿＿＿＿，d 电子＿＿＿＿失去。

3.简答题

3-1 有两个组成相同的配合物，化学式均为 $CoBr(SO_4)(NH_3)_5$，但颜色不同，红色配合物加入 $AgNO_3$ 后生成淡黄色沉淀，如加入 $BaCl_2$ 并不生成沉淀；另一个为紫色，加入 $BaCl_2$ 后生成白色沉淀，但加入 $AgNO_3$ 并不生成沉淀。试分别写出它们的结构式和命名，并简述理由。

3-2 写出下列配合物的化学式：

(1)三氯·氨合铂(Ⅱ)酸钾

(2)氯化硝基·氨·羟氨·吡啶合铂(Ⅱ)

(3)硫酸叠氮·五氨合钴(Ⅲ)

(4) 四(异硫氰酸根)·二氨合铬(Ⅲ)酸铵

(5)η-二苯合铬

(6) 三(μ-羟基)·六氨合二钴(Ⅲ)配离子

(7) 硫酸 μ-氨基·μ-羟基八氨合二钴(Ⅱ)

(8) 反-二(氨基乙酸根)合钯(Ⅱ)

3-3 给以下各配合物(或配离子)命名：

(1) $Zn(NH_3)_4^{2+}$　(2) $Co(NH_3)_3Cl_3$　(3) FeF_6^{3-}　(4) $Ag(CN)_2^-$　(5) $Fe(CN)_5NO_2^{3-}$

3-4 配离子 $NiCl_4^{2-}$ 和 $Ni(CN)_4^{2-}$ 的空间构型分别为四面体形和平面四方形。试根据价键理论分别画出它们的中心原子价层电子排布图，判断其磁性，并指出 Ni 原子的杂化轨道类型。

3-5 根据晶体场理论和下面所列数据，分别写出两个配离子的 d 电子排布式，计算配合物的磁矩及晶体场稳定化能。

已知：	成对能 P/cm^{-1}	分裂能 Δ/cm^{-1}
$[Co(NH_3)_6]^{3+}$	22 000	23 000
$[Fe(H_2O)_6]^{3+}$	30 000	13 700

3-6 有一配合物，其组成(质量分数)为钴 21.4%，氢 5.5%，氮 25.4%，氧 23.2%，硫 11.64%，氯12.86%。该配合物的水溶液与 $AgNO_3$ 相遇时不生成沉淀，但与 $BaCl_2$ 溶液相遇生成白色沉淀。它与稀碱溶液无反应。若其摩尔质量为 275.64 g · mol^{-1}，试写出：

(1)此配合物的结构式；

(2)配阳离子的几何构型；

(3)已知此配阳离子为反磁性，画出中心原子价层电子排布图。

已知相对原子质量如下：

Co	H	N	O	S	Cl
58.93	1.01	14.01	16.00	32.06	35.45

3-7 回答下列问题：

(1)配合物中 d 轨道的分裂能大小是由哪些因素所决定的?

(2)为什么正四面体配合物绝大多数是高自旋型的?

3-8 各举一例说明什么是 π 酸配合物、π 配合物、金属簇配合物?

3-9 为什么 $[Fe(H_2O)_6]^{3+}$ 比 $[Fe(H_2O)_6]^{2+}$ 稳定；而 $[Fe(phen)_3]^{2+}$ 比 $[Fe(phen)_3]^{3+}$ 稳定?(phen 代表 1, 10-菲啉)

3-10 反磁性配离子 $[Co(en)_3]^{3+}$ 及 $[Co(NO_2)_6]^{3-}$ 的溶液显橙黄色，顺磁性的 $[Co(H_2O)_3F_3]$ 及 $[CoF_6]^{3-}$ 的溶液显蓝色。试定性解释上述颜色的差异。

4.判断题

4-1 有些复盐属于配合物，有些复盐则不属于配合物的范畴。　(　　)

4-2 配合物都包含有内界和外界两部分。　(　　)

4-3 中心离子都带正电荷，而配离子都具有负电荷。　(　　)

4-4 配离子的稳定常数越大，其配位键也越强。　(　　)

4-5 正价态和零价态金属都可以作为中心离子，而负价态金属则不能作为中心离子。　(　　)

4-6 根据晶体场理论，自由离子在带有负电荷的球形静电场作用下，d 轨道的能量是一起升高的。而在八面体场配体负静电场作用下，d 轨道能量一部分升高，一部分下降，其总能量与未加电场以前自由离子时相同。　(　　)

4-7 对于八面体场来说，d^1、d^2、d^3 没有高低自旋之分。因此，$[Cr(H_2O)_6]^{3+}$，

$[Cr(NH_3)_6]^{3+}$，$[CrF_6]^{3-}$等都是采取相同的杂化轨道类型。　（　　）

4-8 低自旋型配合物的磁性一般而言要比高自旋型配合物的磁性相对弱一些。　（　　）

4-9 阳离子没有孤对电子，所以不能作为配位体。　（　　）

4-10 配合物中心原子的配位数等于配位体的数目。　（　　）

自测题解答

1.选择题

1-1 (C)　**1-2** (D)　**1-3** (C)　**1-4** (B)　**1-5** (A)

1-6 (B)　**1-7** (B)　**1-8** (D)　**1-9** (D)　**1-10** (D)

2.填空题

2-1 四羰基合镍(0)；0；sp^3；四面体。

2-2 四面体；sp^3；平面四方形；dsp^2。

2-3 平面正方形；抗；dsp^2；C。

2-4 Ni^{2+}；Ⅷ；sp^3；dsp^2；四面体形；平面正方形。

2-5 sp^3；四面体；

dsp^2；平面正方形；

d^2sp^3；八面体；

d^2sp^3；八面体；

dsp^2；平面正方形。

2-6 $(t_{2g})^6(e_g)^0$；$(t_{2g})^5(e_g)^0$；d^2sp^3；d^2sp^3。

2-7

$t_{2g}^6e_g^0$	八面体	低	0	好
$t_{2g}^4e_g^2$	八面体	高	4.90	差

2-8 3；2；5；0。

2-9 几何异构现象；不同光学活性(使偏振光旋转方向不同)；旋光异构现象。

2-10 强；强场；弱场；$t_{2g}^6e_g^1$；易于；$t_{2g}^5e_g^2$；难于。

3.简答题

3-1 红色配合物加入$AgNO_3$后生成淡黄色AgBr沉淀，说明Br^-在外界，如加入$BaCl_2$并不生成沉淀，说明SO_4^{2-}在内界，所以结构式为$[Co(SO_4)(NH_3)_5]Br$，命名为溴化硫酸根·五氨合钴(Ⅲ)。紫色配合物加入$BaCl_2$后生成白色沉淀，说明SO_4^{2-}在外界，加入$AgNO_3$并不生成沉淀，说明Br^-在内界，所以结构式为$[CoBr(NH_3)_5]SO_4$，命名为硫酸一溴·五氨合钴(Ⅲ)。

3-2 略。

3-3 (1)$Zn(NH_3)_4^{2+}$　四氨合锌(Ⅱ)配离子

(2)$Co(NH_3)_3Cl_3$　三氯·三氨合钴(Ⅲ)

(3)FeF_6^{3-}　六氟合铁(Ⅲ)配离子

(4)$Ag(CN)_2^-$　二氰合银(Ⅰ)配离子

(5)$Fe(CN)_5NO_2^{3-}$　五氰·一硝基合铁(Ⅲ)配离子

3-4 $NiCl_4^{2-}$　↑↓ ↑↓ ↑↓ ↑ ↑ [↑↓ ↑↓ ↑↓ ↑↓] sp^3杂化，顺磁性。

3d　4s　4p

$Ni(CN)_4^{2-}$　↑↓ ↑↓ ↑↓ ↑↓ [↑↓ ↑↓ ↑↓ ↑↓] dsp^2杂化，反磁性。

3d　4s　4p

3-5

	成对能 P/cm^{-1}	分裂能 Δ/cm^{-1}	d 电子排布式	磁矩/B.M.	CFSE/cm^{-1}
$[Co(NH_3)_6]^{3+}$	22 000	23 000	$t_{2g}^6e_g^0$	0	24 Dq=55 200
$[Fe(H_2O)_6]^{3+}$	30 000	13 700	$t_{2g}^3e_g^2$	5.92	0 Dq=0

3-6 (1)先确定此配合物的结构式:设该配合物为 100 g

$n_{Co}=21.4/58.93=0.363$ (mol),$n_H=5.5/1.01=5.4$ (mol)

$n_N=25.4/14.01=1.81$ (mol),$n_O=23.2/16.00=1.45$ (mol)

$n_S=11.64/32.06=0.363$ (mol),$n_{Cl}=12.86/35.45=0.363$ (mol)

则原子个数比为 Co∶H∶N∶O∶S∶Cl=1∶15∶5∶4∶1∶1

据此可计算得该配合物摩尔质量为 275.64 $g\cdot mol^{-1}$。该配合物的水溶液与 $AgNO_3$ 相遇时不生成沉淀,也不与稀碱溶液反应,与 $BaCl_2$ 溶液相遇生成白色沉淀,说明 Cl^- 在内界,NH_3 在内界,而 SO_4^{2-} 在外界,故该配合物为 $[Co(NH_3)_5Cl]SO_4$。

(2)配阳离子$[Co(NH_3)_5Cl]^{2+}$的几何构型为八面体形。

(3)中心离子 d 电子轨道图为

↑↓ ↑↓ ↑↓ [↑↓ ↑↓ ↑↓ ↑↓ ↑↓ ↑↓] d^2sp^3杂化,反磁性。

3d 4s 4p

3-7 (1)配合物中 d 轨道的分裂能大小的决定因素有配合物的几何构型,中心离子的半径及所带电荷,d 轨道的主量子数,配位体的种类。(2)因为四面体配合物的晶体场分裂能较小,约为八面体场的 4/9,不足以克服电子的成对能,因而大多数为高自旋配合物。

3-8 配体既有孤对电子与中心离子形成 σ 配键,又有空的 π 轨道(pπ、dπ)接受中心离子的电子对形成反馈 π 键时,这种配体称为 π 酸配体,如 CO、CN^-、N_2 等都是 π 酸配体。由 π 酸配体形成的配合物称为 π 酸配合物,如羰基配合物、分子氮配合物都属于 π 酸配合物。以 π 键电子与低氧化态的过渡金属离子或原子形成 σ 配键的配体(如烯烃、炔烃、链状或环状不饱和烃),称为 π 配体,由 π 配体形成的配合物称为 π 配合物,如 $K[PtCl_3(=CH_2)]$、$[Fe(C_5H_5)_2]$、$[Cr(C_6H_6)_2]$等都是 π 配合物。由多个金属原子或离子直接键合生成金属-金属键组成的多面体骨架的分子或离子称为金属簇配合物。形成金属簇配合物的金属多为低氧化态的过渡金属,如 $Ru_6(CO)_{18}^{2-}$、$Fe_3(CO)_{12}$、$Re_2Cl_8^{2-}$ 等都属于金属簇配合物。

3-9 由于 H_2O 是弱场配体,所以在$[Fe(H_2O)_6]^{3+}$和$[Fe(H_2O)_6]^{2+}$中,中心离子和配体间的 σ 键主要是静电作用。Fe(Ⅲ)比 Fe(Ⅱ)电荷高,故$[Fe(H_2O)_6]^{3+}$总键能比$[Fe(H_2O)_6]^{2+}$大,因此前者比较稳定。phen 是强场配体,因此$[Fe(phen)_3]^{2+}$和$[Fe(phen)_3]^{3+}$都是低自旋配合物,Fe(Ⅲ)的 d 电子排布为$(t_{2g})^5(e_g)^0$,而 Fe(Ⅱ)的 d 电子排布为$(t_{2g})^6(e_g)^0$,所以获得的 CFSE 是$[Fe(phen)]^{2+}$比$[Fe(phen)_3]^{3+}$多;又由于 phen 是 π 酸配体,Fe(Ⅱ)的氧化数低,d 电子数较多,在$[Fe(phen)_3]^{2+}$中反馈 π 键要比$[Fe(phen)_3]^{3+}$中反馈 π 键强。综合效果是$[Fe(phen)_3]^{2+}$配离子的总的键能比$[Fe(phen)_3]^{3+}$配离子大,所以前者比较稳定。

3-10 en 和 NO_2^- 都是强场配体,所以它们与 Co^{3+}形成的两种配离子都是低自旋型,Co^{3+}的 d 电子排布为$(t_{2g})^6(e_g)^0$,无未成对电子,d-d 跃迁是禁阻的。颜色主要来源于中心原子和配体之间的电子迁移,能量差大,需要吸收波长短的紫色光或近紫外光,故呈现橙色。而 F^- 和 H_2O 均为弱场配体,它们与 Co^{3+}形成的两种配离子都是高自旋型,Co^{3+}的 d 电子排布为$(t_{2g})^4(e_g)^2$,有单电子,颜色主要来源于中心原子的 d-d 跃迁,能量差较小,吸收的是波长较长的可见光,故呈现为波长较短的蓝色。

4.判断题

4-1 (√) **4-2** (×) **4-3** (×) **4-4** (√) **4-5** (×)

4-6 (×) **4-7** (×) **4-8** (√) **4-9** (×) **4-10** (×)

三、思考题解答

9-1 解答:复盐又称重盐,是由两种或两种以上的同种晶型的简单盐类所组成的化合物。一种复盐在其晶体中和水溶液中都有复杂离子存在,若复杂离子中有配位键,如红色的 $CsRh(SO_4)_2 \cdot 4H_2O$ 复盐就是配合物。因为该复盐溶于水中,同 $BaCl_2$ 溶液作用,无 $BaSO_4$ 的沉淀生成,证明无 SO_4^{2-} 解离出来。后经实验证明,确有 $[Rh(H_2O)_4(SO_4)_2]^-$[二硫酸根四水合铑(Ⅲ)配离子]存在。然而,在其晶体中(或水溶液中)均以简单的组成离子存在的复盐,如光卤石 $KCl \cdot MgCl_2 \cdot 6H_2O$ 就不是配合物了。

9-2 解答:配合物中心离子与配体之间是配合物的特征化学键——配位键,而内界和外界之间是以离子键结合的。

9-3 解答:螯合物也称内配合物,它是由配合物的中心离子和某些合乎一定条件的同一配位体的两个或两个以上配位原子键合而成的具有环状结构的配合物。所以,凡具有上述环状结构的配合物不论是中性分子还是带有电荷的离子,都称为螯合物或内配合物。螯合物的每一环上有几个原子就称几元环。根据螯合物的形成条件,凡含有两个或两个以上能提供孤对电子的原子的配位体称为螯合剂,因此螯合剂为多齿配位体(也称多基配位体)。

螯合物的稳定性和它的环状结构(环的大小和环的多少)有关。一般来说,以五元环、六元环最稳定。多于五元环或六元环的配合物一般都是不稳定的,而且很少见。一个配位体与中心离子形成的五元环的数目越多,螯合物越稳定。如钙离子与 EDTA 形成的螯合物中有五个五元环,因此很稳定。金属螯合物与具有相同配位原子的非螯合配合物相比,具有特殊的稳定性。这种特殊的稳定性是由于环形结构形成而产生的。我们把这种由于螯合物具有的特殊稳定性称为螯合效应。例如,$[Ni(En)_2]^{2+}$ 在高度稀释的溶液中也相当稳定,而 $[Ni(NH_3)_6]^{2+}$ 在同样条件下却早已析出氢氧化镍沉淀。

9-4 解答:参见中国化学会 1980 年制定的《无机化合物命名原则》。

9-5 解答:结构异构指原子间连接方式不同引起的异构现象,包括键合异构、电离异构、水合异构、配位异构、配位位置异构、配位体异构。

(1)键合异构:$[Co(NO_2)(NH_3)_5]Cl_2$,硝基,黄褐色,酸中稳定;

$[Co(ONO)(NH_3)_5]Cl_2$,亚硝酸根,红褐色,酸中不稳定。

(2)电离异构:$[Co(SO_4)(NH_3)_5]Br$;$[Co\,Br(NH_3)_5](SO_4)$。

(3)水合异构:$[Cr(H_2O)_6]Cl_3$,紫色;

$[CrCl(H_2O)_5]Cl_2 \cdot H_2O$,亮绿色;

$[CrCl_2(H_2O)_4]Cl_2 \cdot H_2O$,暗绿色。

(4)配位异构:$[Co(en)_3][Cr(ox)_3]$和$[Cr(en)_3][Co(ox)_3]$。

(5)配位位置异构。

(6)配位体异构。

立体异构:包括空间几何异构和旋光异构。

9-6 解答:将一个外消旋体的两个对映体分开,使之成为纯净的状态,称为外消旋体的拆分,或称为拆解。其方法主要分为两大类:一类是非色谱法,包括结晶、萃取、酶促法;另一类为色谱法,包括薄层色谱、气相色谱、高效液相色谱、超临界色谱、毛细管电泳法等。拆分的基本原理大多是基于把对映体的混合物转换成非对映体,然后利用它们在化学或物理化学性质上的差异使之分开。

9-7 解答：形成体以其外层的轨道(ns, np, nd)组成杂化轨道.然后和配位原子形成的配位键称为外轨配键，以外轨配键所形成的配合物称为外轨配合物。反之，形成体以部分次外层的轨道[如($n-1$)d轨道]参与组成杂化轨道所形成的配位键称为内轨配键，以内轨配键所形成的配合物称为内轨配合物。$[FeF_6]^{3-}$和$[Fe(CN)_6]^{3-}$分别为外轨配合物和内轨配合物。

9-8 解答：如在$[Fe(H_2O)_6]^{2+}$中，有四个未成对电子，称为高自旋配离子；而$[Fe(CN)_6]^{4-}$中没有未成对电子，可称为低自旋配离子。为了判断一种配合物是高自旋型还是低自旋型，往往采用测定磁矩的方法。未成对电子较多，磁矩较大；未成对电子较少或等于零，则磁矩小或等于零。知道磁矩实验值后，利用公式，即可求出未成对电子数 n，从而知道配合物为高自旋还是低自旋型。但要注意上述公式仅适于第一过渡系列金属离子形成的配合物，对第二、三过渡系列的其他金属离子的配合物一般是不适用的。

9-9 解答：根据光谱化学序列，配体场的场强是 $NH_3 > H_2O$，所以当$[Cr(H_2O)_6]^{3+}$中的 H_2O 被 NH_3 取代后，d 轨道的分裂能将会增大，发生 d-d 跃迁时所需吸收的能量也相应提高，即吸收光的波长依次变短，而呈现的颜色向波长变长的方向移动。

	$[Cr(H_2O)_6]^{3+}$	$[Cr(NH_3)_3(H_2O)_3]^{3+}$	$[Cr(NH_3)_6]^{3+}$
吸收光的波长/nm	560～580	490～500	450～480
吸收光的颜色	黄绿色	蓝绿色	蓝色
呈现光的颜色	紫色	浅红色	黄色

9-10 解答：姜-泰勒效应在晶体工程中研究越来越广泛。1998 年以来，人们利用易于发生二阶姜-泰勒效应的离子——d^0过渡金属离子(如 Mo^{6+}、W^{6+}、V^{5+}、Nb^{5+})和含有非成键孤对电子(stereo chemically active lone pair, SCALP，如 I^{5+}、Te^{4+}、Se^{4+}、Sn^{2+})的阳离子，合成了大量具有非中心对称结构(NCS)的化合物，其中许多显示出很强的倍频效应($400\times\alpha$-SiO_2)，它们是一类有应用前景的非线性光学晶体材料。

9-11 解答：如 Na_2HgS_2 在空气中被氧化：

$$Na_2HgS_2 + H_2O + 1/2O_2 = HgS\downarrow(\text{辰砂}) + 2NaOH + S\downarrow$$

地壳中热液中锡或铁的配合物分解：

$$Na_2[Sn(OH)_4F_2] = SnO_2(\text{锡石}) + 2NaF + 2H_2O$$

$$2Na_3[FeCl6\ ] + 3H_2O = Fe_2O_3(\text{赤铁矿}) + 6NaCl + 6HCl$$

四、课后习题解答

9-1 解答：(1)六氯合锑(Ⅲ)酸铵；(2)四氢和铝(Ⅲ)酸锂；(3)三氯化三(乙二胺)合钴(Ⅲ)；(4)氯化二氯四氨合钴(Ⅲ)；(5)二水合溴化二溴四水合铬(Ⅲ)；(6)一羟基一乙二酸根一水一(乙二胺)合钴(Ⅲ)；(7)六亚硝酸根合钴(Ⅲ)配离子(注意：该配合物配位原子是 O 不是 N)；(8)一氯一硝基四氨合钴(Ⅲ)配离子；(9)三氯一水二吡啶合铬(Ⅲ)；(10)一乙二酸根二氨合镍(Ⅱ)。

9-2 解答：(1) $H_2[SiF_6]$；(2) $NH_4[Cr(NCS)_4(NH_3)_2]$；(3) $[Co(NH_3)_5(H_2O)]Cl_3$；(4) $[PtCl_4(NH_3)_2]$；(5) $[Fe(CO)_5]$；(6) $(NH_4)_3[SbCl_6]$；(7) $[CoCl_3(NH_3)(en)]_3$；(8) $[Co(ONO)(NH_3)_3(H_2O)_2]Cl_2$；(9) $Na_2[Fe(CN)_5(CO)]$；(10) $[PtCl_2(NH_3)(C_2H_4)]$。

9-3 解答：

序号	单电子数	杂化轨道类型	配离子空间构型	配合物类型
(1)	2	d^2sp^3	八面体	内轨型
(2)	3	sp^3d^2	八面体	外轨型
(3)	0	dsp^2	正方形	内轨型
(4)	5	sp^3d^2	八面体	外轨型
(5)	1	d^2sp^3	八面体	内轨型
(6)	2	sp^3	四面体	外轨型
(7)	5	sp^3	四面体	外轨型

9-4 解答：(1)Cu_2O 与浓氨水反应，生成无色的配离子$[Cu(NH_3)_2]^+$。(2)CdS 与 KI 反应生成很稳定的配离子$[CdI_4]^{2-}$，使 CdS 溶解。(3)AgI 溶解度很小，NH_3 的配位能力不如 CN^-强，CN^-能与 Ag^+结合形成更稳定的$[Ag(CN)_2]^-$而使 AgI 溶解。(4) 由于在 Na_2S 和 NaOH 的混合溶液中，S^{2-}浓度高，HgS 与 S^{2-}作用生成$[HgS_2]^{2-}$配离子而溶解。

9-5 解答：(1)$[Co(NH_3)_6]^{3+}$比$[Co(NH_3)_6]^{2+}$稳定。由于前者中心离子电荷高，对配体的引力大，是内轨型配合物。(2)$[Co(CN)_4]^{3-}$比$[Zn(CN)_4]^{2-}$稳定。由于 Cu^+是软酸，Zn^{2+}是交界酸，Cu^+对软碱 CN^-结合强。(3)$[Fe(CN)_6]^{3-}$比$[FeF_6]^{3-}$稳定。CN^-为强场配体，F^-为弱场配体，前者分裂能大于后者，易形成低自旋配合物，稳定性高。(4)$[Zn(EDTA)]^{2+}$比$[Ca(EDTA)]^{2+}$稳定。由于 Zn^{2+}的极化力和变形性都比 Ca^{2+}大。

9-6 解答：同种原子，电荷越高，对分裂能的影响越大。$[Fe(H_2O)_6]^{3+}$的 Δ 值大。分裂能不同是它们因 d-d 跃迁引起颜色不同的主要原因。一般而言，分裂能越大，吸收光子的能量越大及频率越高，则它的补色频率越低。因此$[Fe(H_2O)_6]^{3+}$为紫色，而$[Fe(H_2O)_6]^{2+}$为绿色。

9-7 解答：该金属离子应是 d^6构型，因此它可能是 Fe^{2+}或 Co^{3+}。

9-8 解答：由于 Cl^-半径大，若采取六配位，则由于 Cl^-间的斥力，形成的配合物不够稳定，而 F^-半径较小，采取六配位后形成的配合物稳定。

9-9 解答：(1)不正确。光化学序列是经验地由光谱数据确立的，它不是离子显色的全部原因。(2)不正确。配合物中配位体的数目不一定等于配位数(除非配体是单齿的)，如 en，一个配体，配位数为二。(3)不正确。中心原子的氧化态可以为零，如$[Ni(CO)_4]$；有的还可以是负的，如$[V(CO)_6]^-$。(4)不正确。羰基配合物中配位原子为碳，由碳原子与中心原子结合。(5)不正确。同一种金属元素的配合物的磁性取决于它的未成对电子数，未成对的电子数越多，其磁矩就越大。(6)不正确。$[Co(en)_3]^{3+}$有立体异构，它有一对对映异构体。(7)不正确。根据晶体场理论，CN^-与 Cl^-的光谱序列 $CN^- > Cl^-$，由此可知$[Ti(CN)_6]^{3-}$比$[TiCl_3]^{3-}$分裂能大，吸收光子的能量大，即频率高，而其补色频率低，故$[Ti(CN)_6]^{3-}$比$[TiCl_6]^{3-}$的颜色浅。(8)不正确。Ni^{2+}的六配位八面体配合物无高低自旋之分。(9)不正确。如高自旋 Fe^{3+}配合物稳定化能等于零不是意味着 Fe^{3+}不能生成配合物，只意味着考虑 d 轨道分裂与不考虑 d 轨道分裂引起的配体与中心原子 d 轨道之间的排斥力是没有区别的。

9-10 解答：根据实验现象可知，Cl^-和 NH_3 都在配合物的内界，所以它的化学式为$[PtCl_4(NH_3)_2]$。

五、参考资料

胡波.1985.晶体场分裂能的计算.湖北师院学报(自然科学版),(2):85
贾桐源.1992.配合物的化学式命名方面的若干问题.大学化学,(4):27
李改仙.2009.配位化合物立体异构体的确定方法.大学化学,24(3):61
孟庆金,戴安邦.1995.配位化学的创始与现代化.无机化学学报,(11):219
师唯,徐娜,王庆伦,等.2013.过渡金属配合物磁化率的测定与分析.大学化学,28(1):30
王则民.1983.晶体场理论在无机化学上的应用.化学教育,(2):14
徐光宪.1964.络合物的化学键理论.化学通报,(10):1
阎云.2009.超分子聚合物.大学化学,24(5):1
游效曾.1999.我国配位化学进展.化学通报,(10):7

第 10 章　化学平衡通论

一、重要概念

1.可逆反应(reversible reaction)

可逆反应是在同一条件下,既可以正向进行又可以逆向进行,并且任何一个方向的反应都不能进行到底的化学反应。

2.不可逆反应(irreversible reaction)

不可逆反应是只能朝一个方向进行到底的反应。

3.平衡状态(equilibrium state)

在宏观条件一定的可逆反应中,化学反应正逆反应速率相等,反应物和生成物各组分浓度不再随着时间改变而改变的状态,是化学反应进行的最大限度(在此时 $\Delta_r G=0$)。

4.化学平衡定律(law of chemical equilibrium)

对于一个均相可逆反应,在一定温度下达到平衡状态时,产物的平衡浓度系数次方乘积与反应物浓度系数次方的乘积之比是一个常数,用 K_c 表示,即浓度经验平衡常数(concentration experienced balance constant);而对于气体,在一定温度下,平衡时生成物气体分压以及反应方程式中计量系数为乘幂的乘积与反应物气体分压以及反应方程式中计量系数为乘幂的乘积之比也是常数,即压力经验平衡常数(pressure experienced balance constant),用符号 K_p 表示。

5.平衡转化率(equilibrium conversion)

在一定条件下,某一可逆反应达到平衡时已转化了的某反应物的量与转化前该反应物的量之比,用 α 表示。

6.标准平衡常数(standard equilibrium constant)

在一定温度下,某一可逆化学反应达到平衡状态时,产物的活度以化学计量系数为指数的乘积与反应物活度(activity)以其化学计量系数为指数的乘积之比,用 $K^\ominus$ 表示;这里的活度是指某一组分的平衡浓度或平衡分压分别除以各自标准态的数值

7.化学反应等温式(chemical reaction isotherm)

化学反应等温式就是范特霍夫化学反应等温方程式,即,$\Delta_r G_m(T)=\Delta_r G_m^\ominus+RT\ln Q$,其中 $\Delta_r G_m(T)$ 为非标准状态的吉布斯自由能变,$\Delta_r G_m^\ominus$ 为标准状态的吉布斯自由能变,而 Q 则为反应商;主要是用来求算非标准状态下某一化学反应体系的吉布斯自由能改变量,进而判断该反应进行的方向。

8.多重平衡规则(the rule of multiple equilibrium)

主要是利用一个或几个已知化学反应的标准平衡常数来求算未知反应的标准平衡常数,即如果某反应是由几个反应相加(或相减),则该反应的平衡常数就等于几个反应平衡常数之

积(或商)。

9.化学平衡的移动(the movement of chemical equilibrium)

当外界某一条件改变时,已达平衡状态的可逆反应被破坏,引起反应系统中各物质的量随之改变,从而达到新的平衡状态的过程;可以用 1887 年法国化学家勒夏特列(Le Chatelier)提出的平衡移动原理来判断:假如改变平衡体系的条件之一,如浓度、压力或温度,平衡就向减弱这个改变的方向移动。

二、自测题及其解答

1.选择题

1-1 反应 $NO_2(g)+NO(g)=N_2O_3(g)$ 的 $\Delta_r H_m^\ominus=-40.5\ kJ\cdot mol^{-1}$,反应达到平衡时,下列因素中可使平衡逆向移动的是　(　　)

A.T 一定,V 一定,压入氖气　　B.T 一定,V 变小

C.V 一定,P 一定,T 降低　　D.P 一定,T 一定,压入氖气

1-2 在 298 K 反应 $BaCl_2\cdot H_2O(s)=BaCl_2(s)+H_2O(g)$ 达到平衡时,$p(H_2O)=330$ Pa,则反应的 $\Delta_r G_m^\ominus$ 为　(　　)

A.$-14.2\ kJ\cdot mol^{-1}$　　B.$14.2\ kJ\cdot mol^{-1}$

C.$142\ kJ\cdot mol^{-1}$　　D.$-142\ kJ\cdot mol^{-1}$

1-3 已知反应 $NO(g)+CO(g)=\frac{1}{2}N_2(g)+CO_2(g)$ 的 $\Delta_r G_m^\ominus=-373.2\ kJ\cdot mol^{-1}$,若提高有毒气体 NO 和 CO 的转化率,可采取的措施是　(　　)

A.低温低压　　B.高温高压　　C.低温高压　　D.高温低压

1-4 对于反应 $2X(g)+2Y(g)=3Z(g)$,K_c 的单位是　(　　)

A.$dm^3\cdot mol^{-1}$　　B.$moL\cdot dm^{-3}$

C.$dm^3\cdot mol^2$　　D.$dm^3\cdot mol^{-2}$

1-5 下列平衡 $Fe_3O_4(s)+4H_2(g)=3Fe(s)+4H_2O\ (g)$ K_p 和 K_c 的关系为　(　　)

A.$K_p>K_c$　　B.$K_p=K_c$　　C.$K_p<K_c$　　D.无法判断

1-6 合成氨反应可分别写成如下形式:

① $N_2(g)+3H_2(g)=2NH_3(g)$　　平衡常数 $K_1^\ominus$

② $\frac{1}{2}N_2(g)+\frac{3}{2}H_2(g)=NH_3(g)$　　平衡常数 $K_2^\ominus$

③ $\frac{1}{3}N_2(g)+H_2(g)=\frac{2}{3}NH_3(g)$　　平衡常数 $K_3^\ominus$

这三个平衡常数之间的关系为　(　　)

A.$K_1^\ominus=K_2^\ominus=K_3^\ominus$　　B.$K_1^\ominus=\frac{1}{2}K_2^\ominus=\frac{1}{3}K_3^\ominus$

C.$K_1^\ominus=(K_2^\ominus)^2=(K_3^\ominus)^3$　　D.$K_1^\ominus=(K_2^\ominus)^{1/2}=(K_3^\ominus)^{1/3}$

1-7 已知反应 $N_2O_4(g)\longrightarrow 2NO_2(g)$ 在 873 K 时,$K_1=1.78\times10^4$,转化率为 $a\%$,改变条件,并在 1273 K 时,$K_2=2.8\times10^4$,转化率为 $b\%(b>a)$,则下列叙述正确的是　(　　)

A.由于 1273 K 时的转化率大于 873 K 时的,所以此反应为吸热反应

B.由于 K 随温度升高而增大,所以此反应的 $\Delta H>0$

C.由于 K 随温度升高而增大，所以此反应的 $\Delta H<0$

D.由于温度不同，反应机理不同，因而转化率不同

1-8 在 523 K 时，某 2.00 dm^3 密闭容器中，反应 $PCl_5(g)$ ══ $PCl_3(g)+Cl_2(g)$ 达平衡时的组成：PCl_5 为 0.20 mol，PCl_3 和 Cl_2 均为 0.50 mol，则 $K^\ominus$ 为　（　　）

A.14.8　　B.21.3　　C.32.7　　D.27.2

1-9 在生产中，化学平衡原理主要用于　（　　）

A.反应速率不很慢的反应　　B.处于化学平衡态下的反应

C.一切化学反应　　D.恒温恒压下的反应

1-10 已知下列反应 $CuSO_4 \cdot 5H_2O(s)$ ══ $CuSO_4 \cdot 3H_2O(s)+2H_2O(g)$ 在 298 K 时的 $K_p=1.112\times10^6(Pa)^2$。当 $CuSO_4 \cdot 5H_2O$ 变成作为干燥剂的 $CuSO_4 \cdot 3H_2O$ 时，空气中的水蒸气压　（　　）

A.等于 4.32×10^6 Pa　　B.大于 3456 Pa

C.小于 4170 Pa　　D.小于 1055 Pa

2.填空题

2-1 已知：(1) $H_2O(g)$ ══ $H_2(g)+\frac{1}{2}O_2(g)$，$K_p=8.73\times10^{-11}$

(2) $CO_2(g)$ ══ $CO(g)+\frac{1}{2}O_2(g)$，$K_p=6.33\times10^{-11}$

则反应 $CO_2(g)+H_2(g)$ ══ $CO(g)+H_2O(g)$ 的 K_p 为________，K_c 为________。

2-2 已知 N_2O_5 的分解反应 $N_2O_4(g)$ ══ $2NO_2(g)$，在 298 K 时，$\Delta_r G_m^\ominus=4.78\ kJ \cdot mol^{-1}$。此温度时，在 $p_{N_2O_4}=3\times p^\ominus$，$p_{NO_2}=2\times p^\ominus$ 的条件下，反应向________方向进行。

2-3 已知反应 $A(g)+B(g)$ ══ $C(g)+D(g)$ 在 450 K 时 $K_p=4$，当平衡压力为 100 kPa 时，且反应开始时，A 与 B 的物质的量相等，则 A 的转化率为________，C 物质的分压(kPa)为________。

2-4 平衡常数可用 K_c、K_p 及 $K^\ominus$ 表示。在这三种表示式中，K_p 与 K_c 的关系式是________；K_p 与 $K^\ominus$ 的关系式是________；K_c 与 $K^\ominus$ 的关系式是________。以 K_c 与 K_p 表示的平衡常数仅与________有关，而与________和________无关；以 $K^\ominus$ 表示的平衡常数不仅与________有关，而且与________有关。在一定温度下，对于一个可逆反应，当________时，$K_p=K_c$，压力的增大或减小，平衡常数将________。

2-5 反应 $C(s)+H_2O(g)$ ══ $CO(g)+H_2(g)$ 的 $\Delta_r H_m^\ominus=134\ kJ \cdot mol^{-1}$。当升高温度时，该反应的平衡常数 $K^\ominus$ 将________；体系中 $CO(g)$ 的含量将________。增大体系压力将使平衡________移动；保持温度和体积不变，加入 $N_2(g)$，平衡将________移动。

2-6 已知 AB、A、B 均为气体，高温下有如下平衡：AB ══ A+B，若在 $T=300$ K 时，把 1 mol AB 放入密闭容器中，此时压力为 101.3 kPa，当加热至 600 K 时，有 25% AB 离解为 A 和 B，则此时容器内部的总压力为______ kPa。

2-7 在确定温度对化学平衡的影响时，常以 $\lg K^\ominus$ 对 $\frac{1}{T}$ 作图得一直线方程，对于________

反应，此直线的斜率为________，表示 $\Delta_r H_m^\ominus$ 为________，说明温度升高________；对于________反应，此直线的斜率为________，表示 $\Delta_r H_m^\ominus$ 为________，说明温度升高________。

2-8 298 K 时，$\Delta_f G_m^\ominus(I_2, g) = 19.327\ kJ \cdot mol^{-1}$，$\Delta_f G_m^\ominus(H_2O, l) = -237.129\ kJ \cdot mol^{-1}$，$\Delta_f G_m^\ominus(H_2O, g) = -228.572\ kJ \cdot mol^{-1}$。可推知该温度下碘的饱和蒸气压为________ kPa，水的饱和蒸气压为________ kPa。

2-9 在 298 K 时，若两个反应的平衡常数之比为 10，则两个反应的 $\Delta_r G_m^\ominus$ 相差________ $kJ \cdot mol^{-1}$。

2-10 已知在温度 T 时下列反应及其标准平衡常数：

$$4HCl(g) + O_2(g) = 2Cl_2(g) + 2H_2O(g) \qquad K_1^\ominus$$

$$2HCl(g) + \frac{1}{2}O_2(g) = Cl_2(g) + H_2O(g) \qquad K_2^\ominus$$

$$\frac{1}{2}Cl_2(g) + \frac{1}{2}H_2O(g) = HCl(g) + \frac{1}{4}O_2(g) \qquad K_3^\ominus$$

$K_1^\ominus$、$K_2^\ominus$、$K_3^\ominus$ 之间的关系是________。如果在容器中加入 8 mol HCl (g)和 2 mol O_2(g)，按上述三个反应方程式计算平衡组成，最终组成________。若在相同温度下，同一容器中由 4 mol HCl (g)，1 mol O_2(g)，2 mol Cl_2(g)和 2 mol H_2O (g)混合，平衡组成与前一种情况相比将________。

3.简答题

3-1 在一个平衡体系中，平衡浓度是否随时间的变化而变化？是否随起始浓度的不同而不同？是否随温度的变化而变化？

3-2 平衡常数是否随起始浓度的不同而不同？转化率是否随起始浓度的变化而变化？

3-3 对于合成氨反应 $N_2(g) + 3H_2(g) = 2NH_3(g)$，在恒温、恒容下通入 Ar 气，对平衡有什么影响？在恒温、恒压下通入 Ar 气，对平衡有什么影响？试分别说明。

3-4 已知反应 $\frac{1}{2}N_2(g) + \frac{3}{2}H_2(g) = NH_3(g)$，673 K 时 $K^\ominus = 1.3 \times 10^{-2}$，773 K 时，$K^\ominus = 3.8 \times 10^{-3}$，若起始分压为 $p_{H_2} = 100$ kPa，$p_{N_2} = 400$ kPa，$p_{NH_3} = 2$ kPa，试分别判断在 673 K 和 773 K 时净反应移动的方向，并简述理由。

3-5 在一定温度和压力下，某一定量的 PCl_5 气体的体积为 1 升，此时 PCl_5 气体已有 50% 解离为 PCl_3 和 Cl_2。试用平衡移动原理判断下列情况下，PCl_5 的解离度是增加还是减小？

(1)减小压力使体系的体积变为 2 L。

(2)保持压力不变，加入氮气使体积增加至 2 L。

(3)保持体积不变，加入氮气使压力增加 1 倍。

3-6 现有可逆反应：$CO(g) + H_2O(g) = CO_2(g) + H_2(g)$　$\Delta_r H_m^\ominus = -42.7\ kJ \cdot mol^{-1}$，反应已达到平衡。试回答下列问题：

(1)反应物和生产物的浓度有什么关系？(2)若平衡条件不变，加入催化剂会引起什么变化？(3)如果增加任一反应物或生成物的浓度 是否影响其他反应物或生成物浓度的变化？反应将会如何发生移动？(4) 升高温度时，K_p将怎样变化？平衡向哪一方向移动？(5) 增大压力时，K_c值有无变化？平衡向哪一方向移动？

3-7 简述在合成氨生产中：$N_2(g) + 3H_2(g) = 2NH_3(g)$，$\Delta H^\ominus = -92.4\ kJ \cdot mol^{-1}$，工

业上采用温度控制在 673～773 K，而不是更低些，压力控制在 30 390 kPa 而不是更高？

3-8 对于反应 2C (s)＋O_2(g)══2CO (g)反应的自由能($\Delta_r G_m^\ominus$)与温度(T)的关系为 $\Delta_r G_m^\ominus/(kJ \cdot mol^{-1}) = -232\ 600 - 168T/K$。由此可以说，随反应温度的升高，$\Delta_r G_m^\ominus$ 更负，反应会更彻底。这种说法是否正确？为什么？

3-9 已知在 Br_2 和 NO 混合物中可能达成下列平衡(假定各种气体不溶解在液体溴中)：

① $NO(g) + \frac{1}{2}Br_2(l) \rightleftharpoons NOBr(g)$

② $Br_2(l) \rightleftharpoons Br_2(g)$

③ $NO(g) + \frac{1}{2}Br_2(g) \rightleftharpoons NOBr(g)$

(1)如果在密闭容器中有液体溴存在，当温度一定时，压缩容器使体积缩小，则平衡①、②、③ 是否移动？为什么？(2)如果容器中没有液体溴存在，当体积缩小时仍无液溴出现，则③向何方移动？①、② 是否仍处于平衡状态？

3-10 已知下列反应在 1123 K 时，$K^\ominus = 0.489$，

$$CaCO_3(s) \rightleftharpoons CaO(s) + CO_2(g)$$

在密闭容器中，下列情况下反应进行的方向，并作简要说明。

(1)只有 CaO 和 $CaCO_3$；(2)只有 CaO 和 CO_2，且 $p_{CO_2} = 100$ kPa；(3)只有 CaO 和 CO_2，且 $p_{CO_2} = 100$ Pa；(4) 有 CaO、CO_2、$CaCO_3$，且 $p_{CO_2} = 100$ Pa；(5) 只有 CO_2 和 $CaCO_3$，且 $p_{CO_2} = 100$ kPa。

4.计算题

4-1 设 H_2、N_2 和 NH_3 在达平衡时总压力为 500 kPa，N_2 的分压为 100 kPa，此时 H_2 的摩尔分数为 0.40，试计算下列几种情况的 K_p。

(1)$N_2(g) + 3H_2(g) \rightleftharpoons 2NH_3(g)$　　K_{p_1}

(2)$NH_3(g) \rightleftharpoons N_2(g) + 3H_2(g)$　　K_{p_2}

4-2 已知 298 K 时：

	$\Delta_f H_m^\ominus/(kJ \cdot mol^{-1})$	$S_m^\ominus/(J \cdot mol^{-1} \cdot K^{-1})$
$NH_3(aq)$	−80.29	111.3
$H_2O(l)$	−285.83	69.91
$NH_4^+(aq)$	−132.51	113.4
$OH^-(aq)$	−229.99	−10.75

计算下列反应：$NH_3(aq) + H_2O(l) \rightleftharpoons NH_4^+(aq) + OH^-(aq)$在 298 K 和 373 K 时的解离常数 $K_b^\ominus$。

4-3 超音速飞机飞行放出的燃烧尾气中的 NO 会通过下列反应破坏臭气层：

$$NO(g) + O_3(g) \rightleftharpoons NO_2(g) + O_2(g)$$

(1) 已知 298 K 和 100 kPa 下，NO、NO_2 和 O_3 的生成自由能分别为 86.7 kJ·mol^{-1}、51.8 kJ·mol^{-1}、163.6 kJ·mol^{-1}，求上述反应的 K_p和 K_c。

(2)假定反应在 298 K 下发生前，高层大气里的 NO、O_3 和 O_2 的浓度分别为 2×10^{-9} mol·dm^{-3}；1×10^{-9} mol·dm^{-3}；2×10^{-3} mol·dm^{-3}，NO_2 的浓度为零，试计算 O_3 的平衡浓度。

4-4 已知下列反应与其相应的热力学数据：

	$Ca(OH)_2$ +	$CO_2(g)$ ══	$CaCO_3(s)$ +	$H_2O(l)$
$\Delta_f G_m^{\ominus}(298\ K)/(kJ \cdot mol^{-1})$	−898.5	−394.4	−1128.8	−237.1
$\Delta_f H_m^{\ominus}(298\ K)/(kJ \cdot mol^{-1})$	−560.7	−393.5	−1206.9	−285.8

试通过计算说明：(1)标准状态下，298 K 时反应的 $K^{\ominus}$ 为多少？(2)温度升至 500 K 时，$K^{\ominus}$ 变为多少？

4-5 丁烯脱氢反应 $C_4H_8(g) \rightleftharpoons C_4H_6(g) + H_2(g)$ 在 1073 K、100 kPa 下 $K^{\ominus} = 0.0215$，计算在以下两种情况下丁烯的转化率：(1)以纯丁烯为原料气；(2)将丁烯气和水蒸气按物质的量比 1∶10 混合进行反应；(3)从计算结果可以得到什么结论？

4-6 373 K 时，光气的分解反应：$COCl_2(g) = CO(g) + Cl_2(g)$，$K^{\ominus} = 8.00 \times 10^{-9}$，$\Delta_r S_m^{\ominus} = 125.5\ J \cdot mol^{-1} \cdot K^{-1}$，计算：(1)100 ℃、$p_{总} = 200$ kPa 时 $COCl_2$ 的解离度 α；(2)100 ℃ 时，上述反应的 $\Delta_r H_m^{\ominus}$。

4-7 已知反应 $H_2(g) = 2H(g)$，$\Delta H^{\ominus} = 412.5\ kJ \cdot mol^{-1}$，在 3000 K 及 $p^{\ominus}$ 时，H_2 有 9%解离，问在 3600 K 时，H_2 的解离率为多少？

4-8 已知反应 $2NaHCO_3(s) = Na_2CO_3(s) + H_2O(g) + CO_2(g)$ 在 373 K 时 $K^{\ominus} = 0.23$。$NaHCO_3$ 是一种重要药物。当作药剂使用时 $NaHCO_3$ 需灭菌。灭菌的办法是在 373 K 下通入 101 kPa 的潮湿 CO_2，试计算在该条件下水蒸气的含量应控制在什么范围之内？

4-9 在高温下 HgO 按下式分解：$2HgO(s) = 2Hg(g) + O_2(g)$。在 723 K 时，所生成的两种气体的总压力为 108 kPa；而在 693 K 时，分解的总压力为 51.6 kPa。

(1)分别计算在 723 K 和 693 K 时 p_{O_2} 和 p_{Hg} 各为多少？在 723 K 和 693 K 时反应的标准平衡常数 $K^{\ominus}$ 是多少？由此推断该反应是吸热还是放热反应？

(2)如果将 10.0 g HgO 放在 1.00 dm^3 的容器中，温度升高至 723 K，计算还有多少克 HgO 没有分解？(HgO 相对分子质量为 216.5)

4-10 已知苯甲酸及苯甲酸根的标准摩尔生成自由能 $\Delta_f G_m^{\ominus}(298\ K)$ 分别为 $-245.27\ kJ \cdot mol^{-1}$，$-223.84\ kJ \cdot mol^{-1}$，固体苯甲酸的溶解度为 $0.027\ 87\ mol \cdot dm^{-3}$。计算在该温度下苯甲酸在水溶液中的电离平衡常数。(提示：该电离平衡常数是标准平衡常数，即苯甲酸，苯甲酸根、水合氢离子均处于标准浓度)

自测题解答

1.选择题

1-1 (D) **1-2** (B) **1-3** (C) **1-4** (A) **1-5** (B)

1-6 (C) **1-7** (B) **1-8** (D) **1-9** (A) **1-10** (D)

2.填空题

2-1 0.725，0.725。

2-2 逆反应。

2-3 67%，33.3。

2-4 $K_p = K_c(RT)^{\Delta n}$；$K_p = K^{\ominus} p^{\Delta n}$；$K^{\ominus} = K_c\left(\frac{RT}{p}\right)^{\Delta n}$ 温度；浓度；分压；温度；总压力；反应前后气态物质分子数不变；不产生影响。

2-5 增大，增大，逆向，不。

2-6 199.6。

2-7 吸热，负，正值，$K^{\ominus}$ 增大，放热，正，负值，$K^{\ominus}$ 减小。

2-8 99.22 kPa，99.66 kPa

2-9 $-5.7\ \mathrm{kJ \cdot mol^{-1}}$

2-10 $K_1^{\ominus}=(K_2^{\ominus})^2=(K_3^{\ominus})^{-4}$，相同，不改变。

3.简答题

3-1 在一个平衡体中，平衡浓度不随时间变化而变化，但随起始浓度的不同而不同，随温度的变化而变化。

3-2 平衡常数不随起始浓度的不同而不同，对于指定的化学反应式，温度一定，则平衡常数的值一定。但"转化率"随起始浓度的变化而变化。

3-3 (1)恒温、恒容，加入 Ar 气(不参与反应)，将使体系总压力增加，设反应体系各气体的分压不变，所以平衡不移动。(2)恒温、恒压，加入 Ar 气(不参与反应)，因总压力 p 总恒定，据 $pV=nRT$，$n_{总}$ 增加，导致 V 增加，原体系各气体分压均减小，据

$$Q_c=\frac{p_{NH_3}^2}{p_{N_3}\times p_{H_2}^3}$$

将使 Q_c 增加，致使 $\Delta_r G_m<0$，平衡将向逆反应方向移动。

3-4 根据题意，开始的分压商为

$$Q_p=\frac{(p_{NH_3}/p^{\ominus})}{(p_{N_2}/p^{\ominus})^{1/2}\cdot(p_{H_2}/p^{\ominus})^{3/2}}=\frac{2.0\times10^{-2}}{(4.0)^{1/2}\cdot1.0}=1.0\times10^{-2}$$

在 673 K 时，$Q_p<K_p$，反应向右进行。在 773 K 时，$Q_p>K_p$，反应向左进行。

3-5 (1)增加。(2)增加。(3)不变。

3-6 (1)反应达平衡后，当温度不变时，生成物浓度系数次方的乘积与反应物浓度系数次方的乘积之比为一常数，但各物质的平衡浓度是可变的，而且不一定相等。

$$\frac{[CO_2][H_2]}{[CO][H_2O]}=K_c$$

(2)加入催化剂只能影响到达平衡的时间，而不能使平衡发生移动。

(3)增加任一反应物浓度，平衡将向生成物方向移动，生成物的浓度皆增大，增加浓度的那种反应物的浓度将比原平衡浓度大，但比刚增大后的浓度小；而另一种反应物的浓度将减小。如果增加任一生成物浓度，则结果与上述情况恰好相反。

(4) 该反应是放热反应，所以升高温度平衡将向左移动，K_p数值减小。

(5) 平衡常数 K_c是温度的函数，所以增加压力，对 K_c值无影响。由于反应前后气态物质分子数相同，所以增加压力，平衡不移动。

3-7 对于此反应，低温有利于提高反应物的转化率，但低温反应速率慢，使设备利用率低，单位时间合成氨量少，为使其有较高的转化率和较快的反应速率，单位时间内合成较多的氨，常以催化剂的活性温度为该反应的控制温度。高压对合成氨有利，但压力过高对设备要求高，运转费高，因此，压力不宜过高，为了得到更多的氨，常用加压、冷却合成气的方法，以分离氨的方法使平衡右移。

3-8 不正确。从题意可知，该反应为放热、熵增的反应，所以升高温度平衡向左移动，反应会更不彻底。因为 $\Delta_r G_m^{\ominus}=\Delta_r H_m^{\ominus}-T\Delta_r S_m^{\ominus}$，随温度变化，实际上 $\Delta_r H_m^{\ominus}$ 和 $\Delta_r S_m^{\ominus}$ 也会有变化，将影响 $\Delta_r G_m^{\ominus}$。对于一个反应，当温度改变时，反应进行程度是增大还是减小，应从平衡常数是变大还是变小来判断：$\lg\dfrac{K_2^{\ominus}}{K_1^{\ominus}}$。

3-9 (1)① 不移动(因为反应前后气体分子数不变)；② 不移动(因为仍然处于相平衡状态)；③ 不移动(因为有液态溴存在，则溴的分压为定值，另两个气体分子数相同)。

(2)无液态溴存在，则①、② 不处于平衡状态，③ 则向右移动。

3-10 根据该反应的反应商与平衡常数相比较（反应商判据式）可做出判断。反应商表达式为 $Q=\dfrac{p_{CO_2}}{p^{\ominus}}$。

(1)只有 CaO 和 $CaCO_3$；$Q=0$，$Q<K^{\ominus}$，所以反应向右进行。由于不存在 CO_2，所以平衡不存在。

(2)只有 CaO 和 CO_2，且 $p_{CO_2}=100$ kPa，$Q=\dfrac{p_{CO_2}}{p^{\ominus}}=\dfrac{100}{100}=1>K^{\ominus}$，所以反应向左进行。由于不存在 $CaCO_3$，所以平衡不存在。

(3)只有 CaO 和 CO_2，且 $p_{CO_2}=100$ Pa，$Q=\dfrac{p_{CO_2}}{p^{\ominus}}=\dfrac{100\times10^{-3}}{100}=0.001<K^{\ominus}$，所以反应向右进行。由于不存在 $CaCO_3$，所以平衡不存在。

(4)有 CaO、CO_2、$CaCO_3$，且 $p_{CO_2}=100$ Pa，$Q=\dfrac{p_{CO_2}}{p^{\ominus}}=\dfrac{100\times10^{-3}}{100}=0.001<K^{\ominus}$，所以反应向右进行。

(5) 只有 CO_2 和 $CaCO_3$，且 $p_{CO_2}=100$ kPa。$Q=\dfrac{p_{CO_2}}{p^{\ominus}}=\dfrac{100}{100}=1>K^{\ominus}$，所以反应向左进行。由于不存在 CaO，所以平衡不存在。

4.计算题

4-1 N_2 的摩尔分数为 0.2，则 NH_3 的摩尔分数为 $1-0.2-0.4=0.4$

则 $p=500\times0.4=200$ kPa，$p_{H_2}=500\times0.4=200$ kPa

(1)$K_{p_1}=p_{NH_3}/[p_{H_2}p_{N_2}]=5\times10^{-5}$，(2)$K_{p_2}=1.4\times10^{2}$

4-2 NH_3(aq)的离解反应为 $NH_3(aq)+H_2O(l)=NH_4^+(aq)+OH^-(aq)$

$\Delta_r H_m^{\ominus}=[-229.99+(-132.51)]-[-285.83+(-80.29)]=3.62\ (kJ\cdot mol^{-1})$

$\Delta_r S_m^{\ominus}=-10.75+113.4-69.91-111.3=-78.56\ (J\cdot mol^{-1}\cdot K^{-1})$

在 298 K 时：$\Delta_r G_m^{\ominus}=\Delta_r H_m^{\ominus}-T\Delta_r S_m^{\ominus}=3.62-298\times(-78.56)\times10^{-3}=27.03\ (kJ\cdot mol^{-1})$

因为 $\lg K^{\ominus}=-\dfrac{\Delta_r G_m^{\ominus}}{2.303RT}$

所以 $\lg K^{\ominus}=\dfrac{-27.03\times10^{3}}{2.303\times8.314\times298}=-4.74$，$K^{\ominus}=1.8\times10^{-5}$

在 373 K 时：由于 $\Delta_r H_m^{\ominus}$ 和 $\Delta_r S_m^{\ominus}$ 基本上不随温度变化，所以

$\Delta_r G_m^{\ominus}(373)\approx3.62-373\times(-78.56)\times10^{-3}=32.92\ (kJ\cdot mol^{-1})$

$\lg K^{\ominus}=\dfrac{-32.92\times10^{3}}{2.303\times8.314\times373}=-4.61$，$K^{\ominus}=2.5\times10^{-5}$

4-3 (1)$NO(g)+O_3(g)=NO_2(g)+O_2(g)$

$\Delta_r G_m^{\ominus}=51.8-86.7-163.6=-198.5\ kJ.mol^{-1}$

$\ln K^{\ominus}=\dfrac{198\ 500}{8.314\times298}=80.12$，$K^{\ominus}=6.24\times10^{34}$

因为 $\Delta n=0$ 所以 $K_p=K_c=K^{\ominus}$

(2)	$NO(g)$	+	$O_3(g)$	=	$NO_2(g)$	+	$O_2(g)$
$c_{初}$	2×10^{-9}		1×10^{-9}		0		2×10^{-3}
$c_{平}$	$10^{-9}+x$		x		$10^{-9}-x$		$2\times10^{-3}+1\times10^{-9}-x$

因为 K 值很大，$x\approx0$

$K\approx\dfrac{2\times10^{-3}\times10^{-9}}{10^{-9}x}=6.24\times10^{34}$，$x=3.2\times10^{-38}\ mol\cdot dm^{-3}$

4-4 (1)在 298 K，标准状态下

$\Delta_r G_m^{\ominus}(298\ K)=-1128.8+(-237.1)-(-898.5)-(-394.4)=-73.0\ (kJ\cdot mol^{-1})$

因为 $\lg K^{\ominus}=-\dfrac{\Delta_r G_m^{\ominus}}{2.303RT}$，所以 $\lg K^{\ominus}=\dfrac{-(-73.0\times10^3)}{2.303\times8.314\times298}=12.79$，$K^{\ominus}=6.2\times10^{12}$

(2)$\Delta_r H_m^{\ominus}(298\ K)=-1206.9+(-285.8)-(-560.7)-(-393.5)$

$=-538.5\ (kJ\cdot mol^{-1})$

因为 $\Delta_r G_m^{\ominus}=\Delta_r H_m^{\ominus}-T\Delta_r S_m^{\ominus}$，所以 $\Delta_r G_m^{\ominus}(298\ K)=\Delta_r H_m^{\ominus}(298\ K)-298\times\Delta_r S_m^{\ominus}(298\ K)$

$-73.0=-538.5-298\times\Delta_r S_m^{\ominus}(298\ K)$

$$\Delta_r S_m^{\ominus}(298\ K)=\frac{-538.5+73.0}{298}\times10^3=-1562\ (J\cdot mol^{-1}\cdot K^{-1})$$

由于 $\Delta_r H_m^{\ominus}$ 和 $\Delta_r S_m^{\ominus}$ 随温度变化很小，所以

$\Delta_r G_m^{\ominus}(500\ K)\approx\Delta_r H_m^{\ominus}(298\ K)-500\times\Delta_r S_m^{\ominus}(298\ K)$

$=-538.5-500\times(-1562)\times10^{-3}=242.5\ (kJ\cdot mol^{-1})$

$$\lg K^{\ominus}=\frac{-242.5\times10^3}{2.303\times8.314\times500}=-25.33,\ K^{\ominus}=4.68\times10^{-26}$$

4-5 (1)设有 1.0 mol $C_4H_8(g)$进行反应，平衡时转化了 x mol：

	$C_4H_8(g) \rightleftharpoons$	$C_4H_6(g)$	$+\ H_2(g)$
开始时物质的量/mol	1.0	0	0
平衡时物质的量/mol	$1.0-x$	x	x

平衡时气态物质的总物质的量 $n_{总}=1.0+x$

代入平衡常数表达式：

$$K^{\ominus}=\frac{(p_{C_4H_6}/p^{\ominus})(p_{H_2}/p^{\ominus})}{(p_{C_4H_8}/p^{\ominus})}=\frac{\left(\dfrac{x}{1.0+x}\times100/100\right)^2}{\dfrac{1.0-x}{1.0+x}\times100/100}=0.0215$$

解得 $x=0.145$

丁烯的转化率 $\alpha=\dfrac{0.145}{1.0}\times100\%=14.5\%$。

(2)仍设有 1.0 mol $C_4H_8(g)$进行反应，平衡时转化了 y mol：

	$C_4H_8(g) \rightleftharpoons$	$C_4H_6(g)$	$+\ H_2(g)$
开始时物质的量/mol	1.0	0	0
平衡时物质的量/mol	$1.0-y$	y	y

平衡时气态物质的总物质的量 $n_{总}=11.0+y$

代入平衡常数表达式：

$$K^{\ominus}=\frac{\left(\dfrac{y}{11.0+y}\times100/100\right)}{\left(\dfrac{1.0-y}{11.0+y}\times100/100\right)}=0.0215$$

展开得 $y^2+0.21y-0.2315=0$

解得 $y=0.3875$

丁烯的转化率 $\beta=\dfrac{0.3875}{1.0}\times100\%=38.75\%$。

(3)计算结果是平衡转化率增大了。说明对于气体分子数增加的反应，在体系中加入不参加反应的惰性气体，可使平衡向生成物方向移动，从而提高平衡转化率。

4-6 (1)对于光气的分解反应：

	$COCl_2(g)=\!=\!=$	$CO(g)$	$+\ Cl_2(g)$
开始时压力/kPa	200	0	0
平衡时压力/kPa	$200-x$	x	x

代入平衡常数表达式：

$$\frac{(x/100)^2}{(200-x)/100}=8.00\times10^{-9} \qquad x=1.26\times10^{-2}\,(\text{kPa})$$

解离度 $\alpha=\frac{1.26\times10^{-2}}{200}\times100\%=6.3\times10^{-3}\%$。

(2)因为 $\Delta_r G_m^\ominus=\Delta_r H_m^\ominus-T\Delta_r S_m^\ominus$

而 $\Delta_r G_m^\ominus=-2.303RT\ \lg K^\ominus=57.83\ (\text{kJ}\cdot\text{mol}^{-1})$，$\Delta_r H_m^\ominus=\Delta_r G_m^\ominus+T\Delta_r S_m^\ominus$

$=57.83+373\times125.5\times10^{-3}=104.6\ (\text{kJ}\cdot\text{mol}^{-1})$

4-7　　　$H_2(g) \rightleftharpoons 2H(g)$

$n_平$　　$1-0.09$　　2×0.09　　$n_总=1+0.09$

$$K_1=\frac{(0.18/1.09)^2}{0.91/1.09}=0.032$$

$$\ln\frac{K_2}{0.032}=\frac{412\ 500}{8.314}\left(\frac{3600-3000}{3600\times3000}\right)=2.76, K_2=0.50$$

$H_2(g) \rightleftharpoons 2H(g)$

$n_平$　　$1-x$　　$2x$　　$n_总=1+x$

$p_平$　　$\frac{1-x}{1+x}p^\ominus$　　$\frac{2x}{1+x}p^\ominus$

$$K_2=\frac{\{2x/(1+x)\}^2}{(1-x)/(1+x)}=\frac{4x^2}{1-x^2}=0.50, x=0.33$$

4-8 平衡常数表达式为

$K^\ominus=(p_{H_2O}/p^\ominus)(p_{CO_2}/p^\ominus)=0.23$

当反应商$(p_{H_2O}/p^\ominus)(p_{CO_2}/p^\ominus)\geqslant0.23$ 时反应向左进行，$NaHCO_3$ 不分解，

而 $p_{H_2O}+p_{CO_2}=101$ kPa　　设 $p_{H_2O}=x$ kPa

则 $\frac{x(101-x)}{100\times100}=0.23$　　解得 $x=66.3$ (kPa)　或 $x=34.7$ (kPa)

即 34.7 kPa $\leqslant p_{H_2O}\leqslant$ 66.3 kPa

若以 $p_{H_2O}^\ominus=100$ kPa 计算，　或　34.7% $\leqslant$ H_2O % $\leqslant$ 66.3%

4-9 (1)由方程式知，Hg (g)和 O_2(g)的压力比为 2∶1，则

723 K 时，$p_{Hg}=\frac{2}{3}\times108=72$ (kPa)　　$p_{O_2}=\frac{1}{3}\times108=36$ (kPa)

693 K 时，$p_{Hg}=\frac{2}{3}\times51.6=34.4$ (kPa)　$p_{O_2}=\frac{1}{3}\times51.6=17.2$ (kPa)

分别代入平衡常数表达式：$K^\ominus=(p_{Hg}/p^\ominus)^2(p_{O_2}/p^\ominus)$　　则

$K^\ominus(723\ \text{K})=(72/100)^2(36/100)=0.187$

$K^\ominus(693\ \text{K})=(34.4/100)^2(17.2/100)=0.0203$

计算结果表明：升高温度时，平衡常数增大，说明该反应是吸热反应。

(2)由于平衡时总压力为 108 kPa，所以气态物质的

$$n_总=\frac{pV}{RT}=\frac{108\times1.00}{8.314\times723}=0.018\ (\text{mol})$$

被分解的 HgO (s)为 $\frac{2}{3}\times0.018=0.012$ (mol)

则未分解的 HgO (s)为 $10.0-0.012\times216.5=7.40$ (g)

4-10 苯甲酸的电离反应为

$$C_6H_5COOH+H_2O \rightleftharpoons C_6H_5COO^-+H_3O^+$$

欲计算该反应的 $\Delta_r G_m^\ominus$ 可构建如下转换图：

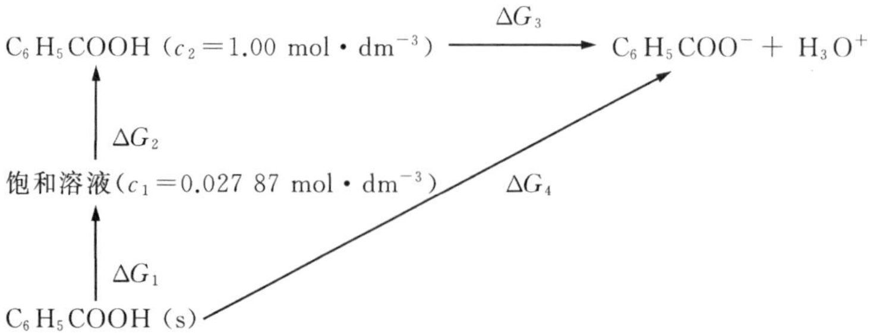

由于 G 是状态函数，所以 $\Delta G_4=\Delta G_1+\Delta G_2+\Delta G_3$

$\Delta G_3=\Delta G_4-\Delta G_1-\Delta G_2$

在固体苯甲酸与其饱和溶液之间存在着溶解－沉淀平衡，故 $\Delta G_1=0$。

在苯甲酸的饱和溶液和标准溶液之间存在着两个浓度之间的变化，

$$\Delta G_2=2.303RT\ \lg\frac{c_2/c^\ominus}{c_1/c^\ominus}=2.303\times 8.314\times 10^{-3}\times 298\times \lg\frac{1.00}{0.027\ 87}=8.872\ kJ\cdot mol^{-1}$$

$$\Delta G_4=\Delta_f G_m^\ominus(C_6H_5COO^-, aq)-\Delta_f G_m^\ominus(C_6H_5COOH, s)$$

$$=-223.84-(-245.27)=21.43\ (kJ\cdot mol^{-1})$$

$$\Delta G_3=\Delta_r G_m^\ominus=21.43-8.872=12.56\ (kJ\cdot mol^{-1})$$

$$\lg K^\ominus=-\frac{\Delta_r G_m^\ominus}{2.303RT}=-\frac{12.56\times 10^3}{2.303\times 8.314\times 298}=-2.20, K^\ominus=6.3\times 10^{-3}$$

三、思考题解答

10-1 解答：不一定。如碳酸钙的高温分解反应就是一个可逆反应。

10-2 解答：不相同。无机化学中所指的“可逆反应”主要指的是在一定条件下某一化学反应朝正反应与逆反应进行的可能性，而热力学中所提的“可逆过程”主要指的是由一系列非常接近平衡状态的非化学反应过程组成的，其中的每一步都可以向相反的过程进行而不留下任何痕迹的过程。

10-3 解答：对于反应：$aA(g)+bB(g)\rightleftharpoons dD(g)+eE(g)$

其中的反应物及生成物如果均为理想气体，那么

由于 $K_p=p_D^d.p_E^e/(p_A^a.p_B^b)$，$p=(n/V)RT=CRT$

$K_p=K_c(RT)^{\sum n}[\sum n=(d+e)-(a+b)]$

10-4 解答：在其余条件相同的前提下，K 越大，正反应的转化率越高，反应进行程度越高。

10-5 解答：因为标准平衡常数是某一化学反应达到平衡时生成物的活度以化学计量系数为幂的乘积除以反应物的活度化学计量系数为幂的乘积，而活度是一个量纲为一的物理量，所以标准平衡常数也是一个量纲为一的物理量。

10-6 解答：其标准平衡常数不一定等于 1。这主要是因为在非水相有机化学合成反应里不能把反应物与生成物简单的都看作为纯固态或纯液态，而是要准确地确定出各自的浓度进而计算各自的活度。

10-7 解答：当化学反应达到平衡状态时反应的活度商等于其标准平衡常数，而在非标准平衡状态时二者数值不相等。

10-8 解答：可以。只要求得各自化学反应的标准吉布斯自由能改变值，就可以代入 $\Delta_r G^\ominus=-RT\ln K^\ominus$ 中进行求算 $K^\ominus$。

10-9 解答：用来求算 $K^\ominus$ 的方法有三种：① 先确定达到化学平衡时反应物与生成物各自的活度，再代入到其定义式中进行求算；② 利用公式 $\Delta_r G^\ominus = -RT\ln K^\ominus$ 进行求算；③ 可以根据多重平衡常数规则进行求算。

10-10 解答：化学平衡的实质是一种动态平衡，在一定的条件下，反应的标准平衡常数为一定值，催化剂的作用是降低反应所需的活化能，增加或减少活化分子数目，使单位时间内反应的分子数增多或减少，但对正反应和逆反应来说是等效的（即催化剂的加入只会同倍地增大或减小正逆反应的反应速率），故不改变化学平衡移动。

四、课后习题解答

10-1 解答：(1) $K^\ominus = \dfrac{p^4_{NO_2} \cdot p_{O_2}}{p^2_{N_2O_5}} \cdot \left(\dfrac{1}{p^\ominus}\right)^3$

(2) $K^\ominus = \dfrac{p^4_{HCl}}{p^2_{H_2O}} \cdot \left(\dfrac{1}{p^\ominus}\right)^2$　　(3) $K^\ominus = \dfrac{p_{CO_2}}{p^\ominus}$

(4) $K^\ominus = \dfrac{c_{CH_3COOC_2H_5} \cdot c_{H_2O}}{c_{CH_3CH_2OH} \cdot c_{CH_3COOH}}$　　(5) $K^\ominus = \dfrac{\left(\dfrac{c_{Fe^{2+}}}{c^\ominus}\right) \cdot \left(\dfrac{p_{H_2S}}{p^\ominus}\right)}{\left(\dfrac{c_{H^+}}{c^\ominus}\right)^2}$

10-2 解答：

$$\text{已知 25 ℃时，} NO(g) + \frac{1}{2}Br_2(l) \rightleftharpoons NOBr(g) \quad K_1^\ominus = 3.6\times10^{-15} \quad (1)$$

从 25 ℃时液体溴的饱和蒸气压可得液态溴转化为气态溴的平衡常数，即

$$Br_2(l) \rightleftharpoons Br_2(g) \quad K_2^\ominus = \frac{28.4\ \text{kPa}}{101.325\ \text{kPa}} = 0.280 \quad (2)$$

$$\frac{1}{2}Br_2(l) \rightleftharpoons \frac{1}{2}Br_2(g) \quad K_3^\ominus = \sqrt{K_2^\ominus} = 0.529 \quad (3)$$

由反应式(1)－(3)得

$$NO(g) + \frac{1}{2}Br_2(g) \rightleftharpoons NOBr(g)$$

$$K^\ominus = K_1^\ominus \times \frac{1}{K_3^\ominus} = \frac{3.6\times10^{-15}}{0.529} = 6.8\times10^{-15}$$

10-3 解答：设所求反应为(4)，由题意得(4)＝(1)＋(2)－(3)

$$K_4^\ominus = \frac{K_1^\ominus \cdot K_2^\ominus}{K_3^\ominus} = \frac{4.9\times10^{-10} \cdot 1.8\times10^{-5}}{1.0\times10^{-14}} = 0.882$$

10-4 解答：(1)设 CO 转化率为 α，则 $K_c = \dfrac{\alpha^2}{(1-\alpha)^2} = 2.6, \alpha = 61.7\%$

(2)设 CO 转化率为 α，依题意有 $K_c = \dfrac{\alpha^2}{(1-\alpha)(3-\alpha)} = 2.6, \alpha = 86.5\%$

(3)计算结果表明：增大反应物的浓度，化学平衡向生成物的方向移动。

10-5 解答：(1)设 N_2O_4 的初时压力为 p，则分解时

$(1-0.272)p + 0.272p\times2 = 1.013\times10^5$ Pa

解得 $p = 7.96\times10^4$ Pa

$$K=\frac{(0.544\times7.96\times10^{4})^{2}}{0.728\times7.96\times10^{4}}\times(1.013\times10^{5})^{-1}=0.32$$

(2)设总压力为 2.026×10^{5} Pa，N_2O_4 的初时压力为 p，离解百分率为 x，则

$$(1-x)p+2xp=2.026\times10^{5}\ \mathrm{Pa},\frac{(2xp)^{2}}{(1-x)p}\times(1.013\times10^{5})^{-1}=0.32$$

联立并化简得 $8.32x^{2}=0.32$，解得 $x=19.6\%$。

(3)从计算结果可看出，增加总压，N_2O_4 的转化率减小，平衡向分子数目减小的方向移动。

10-6 解答：(1)平衡时$[PCl_5]=0.11-0.050=0.060\ \mathrm{mol\cdot dm^{-3}}$

$[PCl_3]=[Cl_2]=0.050\ \mathrm{mol\cdot dm^{-3}}$

(2)523K 时 $K_c=\frac{[PCl_3][Cl_2]}{[PCl_5]}=\frac{0.050^{2}}{0.060}=0.042$

$\Delta n=1,K_p=K_c(RT)=0.042\times8.314\times523=183\ \mathrm{kPa},K=K_p\times(p^{\ominus})^{-1}=\frac{183}{101.3}=1.81$

10-7 解答：

	$CO(g)$	+	$Cl_2(g)$	═	$COCl_2(g)$
开始 $c_B/(\mathrm{mol\cdot dm^{-3}})$	0.0350		0.0270		0
开始 p_B/kPa	108.5		83.7		0
变化 p_B/kPa	$-(83.7-x)$		$-(83.7-x)$		$(83.7-x)$
平衡 p_B/kPa	$24.8+x$		x		$(83.7-x)$

$$K^{\ominus}=\frac{p_{COCl_2}/p^{\ominus}}{[p_{CO}/p^{\ominus}][p_{Cl_2}/p^{\ominus}]}=\frac{(83.7-x)/100}{\left(\frac{24.8+x}{100}\right)\left(\frac{x}{100}\right)}=1.5\times10^{8}$$

因为 K_q很大，x 很小，假设 $83.7-x\approx83.7$，$24.8+x\approx24.8$

$$\frac{83.7\times100}{24.8x}=1.5\times10^{8},x=2.3\times10^{-6}$$

平衡时 $p_{CO}=24.8$ kPa，$p_{Cl_2}=2.3\times10^{-6}$ kPa，$p_{COCl_2}=83.7$ kPa

$$\alpha_{CO}=\frac{p_{0\,CO}-p_{eq\,CO}}{p_{0\,CO}}=\frac{108.5-24.8}{108.5}\times100=77.1\%$$

10-8 解答：$PCl_5(g)\rightleftharpoons PCl_3(g)+Cl_2(g)$

(1)反应体系总压变小，平衡向气体体积增大的方向移动，即 PCl_5的解离度增大；(2)加入氮气使体积增加至 2 L，反应体系各分压变小，PCl_5的解离度增大；(3)加入氮气体积不变，反应体系各分压不变，PCl_5的解离度不变；(4)加入氯气至体积为 2 L，氯气分压变大，其他物质分压变小，平衡向生成 PCl_5的方向移动，PCl_5的解离度变小；(5)加入氯气但体积不变，则氯气分压变大，其他物质分压不变，平衡向生成 PCl_5方向移动，PCl_5的解离度变小。

10-9 解答：$M_r(C_6H_5CH_2OH)=108.14$

$$p_{0\,C_6H_5CH_2OH}=\frac{mRT}{MV}=\frac{1.20\times8.314\times523}{108.14\times2.00}=24.1\ \mathrm{kPa}$$

	$C_6H_5CH_2OH(g)\rightleftharpoons$	$C_6H_5CHO(g)$	$+H_2(g)$
起始 p_0/kPa	24.1	0	0
平衡 p/kPa	$24.1-x$	x	x

将平衡分压代入平衡常数表达式

$$\frac{(x/100)^2}{(24.1-x)/100}=0.558$$，所以 $x=18.2$

$p_{C_6H_5CHO}=18.2\ \text{kPa}$

因为恒温恒容条件下，$p \propto n$，故

$\alpha_{C_6H_5CH_2OH}=(18.2/24.1)\times100\%=75.5\%$

10-10 解答：将数据代入式 $\lg\frac{K_2^{\ominus}}{126}=\frac{-41.12\times10^3}{2.303\times8.314}\left(\frac{800-500}{800\times500}\right)$，解得 $K_2^{\ominus}=3.09$。可见对放热反应，升高温度后，平衡常数减小了，即平衡逆向移动。

五、参考资料

陈景祖，华形文.1994.实验平衡常数 K 与标准平衡常数 $K^{\ominus}$.大学化学，9(4)：24

高盘良.2012.化学平衡教学中的两个误区.大学化学，27(2)：69

靳福全.2012.关于化学平衡移动的商榷.大学化学，27(2)：72

李如生.1986.化学平衡的多重性、稳定性和重现性.高等学校化学学报，7(5)：460

刘士荣，杨爱云.1988.关于化学反应等温式的几个问题.化学通报，(7)：50

吴振玉，裘灵光，宋继梅.2010.大学化学中若干平衡问题的理解和思考.大学化学，25(4)：67

朱志昂.1987.关于“化学平衡”教学中的几个问题.化学通报，(7)：38

第 11 章　酸碱解离平衡

一、重要概念

1.解离度(degree of dissociation)

电解质的解离程度可以定量地用解离度来表示，它是指电解质达到解离平衡时，已解离的分子数和原有分子数之比。用希腊字母 α 来表示：

$$\alpha=\text{已解离分子数}/\text{原有分子总数}$$

解离度的单位为 1，习惯上也可以百分率来表示。解离度可通过测定电解质溶液的依数性求得。平时也用电解度表示。

2.表观解离度(apparent dissociation degree)

仅反映溶液中离子间相互牵制作用的强弱程度的解离度。电解质在水溶液中完全解离；但异性离子之间互相吸引，形成"离子氛"，故其行动不完全自由，迁移速率下降。

3.离子氛(ionic atmosphere)

在强电解质溶液中，离子浓度一般较大，离子间静电作用显著。静电引力作用使每一个离子的周围吸引着一定数量的带相反电荷的离子，形成了某一离子被相反电荷离子包围着的"离子氛"，甚至聚结成为一个缔合体。这样溶液的导电性要比理论上低一些，产生了一种解离不完全的假象。于是强电解质的解离度涵义与弱电解质不同之处，仅反映溶液中离子间相互牵制作用的强弱程度，称为表观解离度。一般而言，表观解离度大于 30%称为强电解质。

4.活度(activity)和活度系数(activity coefficient)

在单位体积电解质溶液中，表观上所含的离子浓度，即被校正过的溶液的有效浓度。符号为 a，量纲为 1。

$$a=f\times c$$

式中，f 称为活度系数，且 $0<f\leqslant 1$，它反映了电解质溶液中离子相互牵制作用的大小。溶液中离子浓度越大，电荷越高，离子的牵制作用越大，f 值越小，活度和实际浓度的差距越大；当溶液无限稀时，离子间的牵制作用影响极弱，$f\rightarrow 1$，这时离子的活度与实际浓度基本趋于一致。

5.离子强度(ion strength)

在稀溶液中，离子的活度系数不仅受本身浓度和电荷的影响，还受溶液中其他离子浓度和电荷的影响。把溶液中各离子浓度与离子电荷平方乘积的总和的二分之一称为该溶液的离子强度。

$$I=\frac{1}{2}\sum(c_iZ_i^2)$$

式中，I 为离子强度；c_i 为 i 离子的浓度；Z_i 为 i 离子的电荷数(绝对值)。离子强度是溶液中存在的离子所产生的电场强度的量度，它只与溶液中各离子的浓度和电荷有关，而与离子本性无关。

6.电离平衡(ionization equilibrium)

电离平衡也称离子平衡，是化学平衡的一种。指在水溶液弱电解质分子和离子之间的动态平衡，如乙酸、氨水的电离平衡。

7.水的质子自递常数(autoprotolysis constant of water)

在纯水或水溶液中，氢离子浓度和氢氧根离子浓度的乘积称为水的质子自递常数，它仅随温度的变化而变化，25 ℃时，$K_w^\ominus=1.0\times10^{-14}$，又称水的离子积常数。

8.溶液的 pH(hydrogen ion concentration)

pH 是 1909 年由丹麦生物化学家萨伦森(S. P. L. Sorensen)提出。p 代表德语 pòtenz，意思是力量或浓度，H 代表氢离子(H^+)。表示溶液酸性或碱性程度的数值，即所含氢离子浓度的常用对数的负值。在常温下(25 ℃时)，pH=7 为中性，pH>7 为碱性，pH<7 为酸性。pH 越小，表示酸性越强；pH 越大，表示碱性越强。

9.物料平衡方程(mass balance equation，MBE)

分析浓度即溶液中溶质的总浓度，用符号 c 表示，单位为 $mol\cdot dm^{-3}$。平衡浓度指在平衡状态时，溶质或溶质各型体的浓度，以符号[　]表示，单位为 $mol\cdot dm^{-3}$。例如，$0.10\ mol\cdot dm^{-3}$的 NaCl 和 HAc 溶液，c_{NaCl} 和 c_{HAc} 均为 $0.10\ mol\cdot dm^{-3}$，平衡状态时，$[Cl^-]=[Na^+]=0.10\ mol\cdot dm^{-3}$；而 HAc 是弱酸，因部分解离在溶液中有两种型体存在，平衡浓度分别为[HAc]和$[Ac^-]$。

在平衡状态时，与某溶质有关的各种型体平衡浓度之和必等于它的分析浓度，这种衡等关系称为物料平衡，又称质量平衡；其数学表达式即物料平衡方程。例如，$0.10\ mol\cdot dm^{-3}$ Na_2CO_3溶液的 MBE 为

$$[Na^+]=2c_{Na_2CO_3}=0.20\ mol\cdot dm^{-3}$$

$$[H_2CO_3]+[HCO_3^-]+[CO_3^{2-}]=0.10\ mol\cdot dm^{-3}$$

10.电荷平衡方程(charge balance equation，CBE)

电荷平衡即电中性规则。在电解质溶液中，处于平衡状态时，各种阳离子所带正电荷的总浓度必等于所有阴离子所带负电荷的总浓度，即溶液是电中性的。根据这一原则，考虑溶液中各离子的平衡浓度和电荷数，列出的数学表达式称为电荷平衡方程。例如，在 $0.10\ mol\cdot dm^{-3}$ Na_2CO_3 溶液中有如下解离平衡(包括水的解离平衡)：

$$Na_2CO_3 = 2Na^+ + CO_3^{2-}$$

$$CO_3^{2-} + H_2O \rightleftharpoons HCO_3^- + OH^-$$

$$HCO_3^- + H_2O \rightleftharpoons H_2CO_3 + OH^-$$

$$H_2O \rightleftharpoons H^+ + OH^-$$

其 CBE 为

$$[Na^+]+[H^+]=[OH^-]+[HCO_3^-]+2[CO_3^{2-}]$$

或

$$0.20\ mol\cdot dm^{-3}+[H^+]=[OH^-]+[HCO_3^-]+2[CO_3^{2-}]$$

应该注意的是，某离子平衡浓度前面的系数就等于它所带电荷数的绝对值。由于 1 mol CO_3^{2-} 带有 2 mol 负电荷，故$[CO_3^{2-}]$前面的系数为 2。由上例还可知，中性分子不包含在电荷

平衡方程中。

11.质子平衡方程(proton balance equation,PBE)

当酸碱反应达到平衡时,酸给出质子的量(mol)应等于碱所接受质子的量,即酸失去质子后的产物与碱得到质子后的产物在浓度上必然有一定的关系,这种关系式称为质子平衡方程,又称质子条件式。

12.解离平衡常数(dissociation constant)

弱电解质在水溶液中存在着分子与离子间的解离平衡。例如,在一定温度下,一元弱酸在水溶液中达到解离平衡时 $HA \rightleftharpoons H^+ + A^-$,$K_a^\ominus = c_{H^+} \cdot c_{A^-}/c_{HA}$。

$K_a^\ominus$ 称为酸的解离平衡常数,简称酸常数。

一元弱碱的离解:$BOH + H^+ \rightleftharpoons B^+ + H_2O$,$K_b^\ominus = c_{B^+} \cdot c_{BOH}/c_{H^+}$。

$K_b^\ominus$ 称为碱的解离平衡常数,简称碱常数。

$K_a^\ominus$、$K_b^\ominus$ 是一种化学平衡常数,它符合化学平衡的基本规律,与浓度无关,只与电解质的本性和温度有关;在同温时,同类的弱电解质的 $K_a^\ominus$、$K_b^\ominus$ 可以表示弱酸或弱碱的相对强度。

13.稀释定律(law of dilution)

当 $c/_{K_i} > 500$,$\alpha < 5\%$时,$1-\alpha \approx 1$,于是可以用近似计算

$$K_i = c\alpha^2 \text{ 或 } \alpha = \sqrt{\frac{K_i}{c}}$$

奥斯特瓦尔德(W.Ostwald)稀释定律意义:同一弱电解质的解离度与其浓度的平方根成反比,即浓度越稀,解离度越大;同一浓度的不同弱电解质的解离度与其解离常数的平方根成正比。

14.同离子效应(common ion effect)

在弱电解质溶液中,加入与弱电解质具有相同离子的强电解质时,引起解离平衡左移,导致弱酸或弱碱解离度降低的现象。解离度减小,但解离平衡常数不变。

15.盐效应(salt effect)

在弱电解质溶液中加入不含相同离子的强电解质,由于离子相互牵制作用增加,使离子结合成分子的机会减少,导致解离度略有升高。解离度略升高,但解离平衡常数不变。

注意:盐效应通常影响很小,可忽略;在同离子效应中,同时也存在盐效应,但相比之下,盐效应影响不大,通常忽略。

16.缓冲溶液(buffer solution)

能抵抗外加少量的酸、碱和水的稀释,而本身 pH 不发生显著变化的作用称为缓冲作用,具有缓冲作用的溶液称为缓冲溶液。缓冲溶液实质是一个共轭酸碱体系。溶液具有缓冲作用,其组成中必须具有抗酸和抗碱成分,两种成分之间必须存在着化学平衡。通常把具有缓冲作用的两种物质称为缓冲对或缓冲体系。

17.缓冲能力(buffer ability)

缓冲溶液的缓冲作用有一定的限度,超过这个限度,缓冲溶液就会失去缓冲能力,缓冲溶液的缓冲能力大小用缓冲容量表示。缓冲容量(β)是使 1 L(或 1 mL)缓冲溶液的 pH 改变 1 个单位所需要加入强酸(H^+)或强碱(OH^-)的物质的量(mol 或 mmol)。β 越大,缓冲溶液的

缓冲能力越强。

18.酸碱指示剂(acid-base indicator)

用于酸碱滴定的指示剂,称为酸碱指示剂。是一类结构较复杂的有机弱酸或有机弱碱,它们在溶液中能部分电离成指示剂的离子和氢离子(或氢氧根离子),并且由于结构上的变化,它们的分子和离子具有不同的颜色,因而在 pH 不同的溶液中呈现不同的颜色。

19.盐的水解(the hydrolysis equilibria of salts)

在溶液中盐的离子跟水所电离出来的 H^+ 或 OH^- 生成弱电解质的过程称为盐类的水解。盐类的水解条件:盐必须溶于水,盐必须能电离出弱酸根离子或弱碱阳离子。盐类水解程度的大小主要取决于盐的本性,其水解后生成的酸或碱越弱,或越难溶于水,则平衡就向水解方向移动,水解度也大。此外,还受温度、盐的浓度和酸度等因素的影响。

二、自测题及其解答

1.选择题

1-1 某弱酸 HA 的 $K_a = 2.0 \times 10^{-5}$,若需配制 pH=5.00 的缓冲溶液,与 100 mL、1.0 mol·dm^{-3}的 NaAc 相混合的 1.0 mol·dm^{-3} HA 体积应为　(　)

A.200 mL　B.50 mL　C.100 mL　D.150 mL

1-2 已知相同浓度的盐 NaA、NaB、NaC、NaD 的水溶液的 pH 依次增大,则相同浓度的下列溶液中解离度最大的是　(　)

A.HA　B.HB　C.HC　D.HD

1-3 已知 $K_b^{\ominus}(NH_3) = 1.8 \times 10^{-5}$,其共轭酸的 $K_a^{\ominus}$ 为　(　)

A.1.8×10^{-9}　B.1.8×10^{-10}　C.5.6×10^{-10}　D.5.6×10^{-5}

1-4 在 HAc-NaAc 组成的缓冲溶液中,若[HAc]>[Ac^-],则缓冲溶液抵抗酸或碱的能力为　(　)

A.抗酸能力>抗碱能力　B.抗酸能力<抗碱能力

C.抗酸碱能力相同　D.无法判断

1-5 下列溶液中,具有明显缓冲作用的是　(　)

A.Na_2CO_3　B.$NaHCO_3$　C.$NaHSO_4$　D.Na_3PO_4

1-6 0.4 mol·dm^{-3} HAc 溶液中 H^+ 浓度是 0.1 mol· dm^{-3} HAc 溶液中 H^+ 浓度的　(　)

A.1 倍　B.2 倍　C.3 倍　D.4 倍

1-7 将 0.1 mol·dm^{-3}下列溶液加水稀释一倍后,pH 变化最小的是　(　)

A. HCl　B.H_2SO_4　C.HNO_3　D.HAc

1-8 在 0.10 mol·dm^{-3}氨水中加入等体积的 0.10 mol·dm^{-3}下列溶液后,使混合溶液的 pH 最大则应加入　(　)

A. HCl　B.H_2SO_4　C.HNO_3　D.HAc

1-9 下列水溶液酸性最强的是　(　)

A.0.20 mol·dm^{-3} HAc 和等体积的水混合溶液

B.0.20 mol·dm^{-3} HAc 和等体积的 0.20 mol·dm^{-3} NaAc 混合溶液

C.0.20 mol·dm^{-3} HAc 和等体积的 0.20 mol·dm^{-3} NaOH 混合溶液

D.0.20 mol · dm^{-3} HAc 和等体积的 0.20 mol · dm^{-3} NH_3 混合溶液

1-10 将 0.10 mol · dm^{-3} NaAc 溶液加水稀释时，下列各项数值中增大的是 (　　)

A.$[Ac^-]/[OH^-]$　B.$[OH^-]/[Ac^-]$　C.$[Ac^-]$　D.$[OH^-]$

2.填空题

2-1 在 0.1 mol · dm^{-3} HAc 溶液中加入 NaAc 后，HAc 浓度________，解离度________，pH____，解离常数____。（填“增大”“减小”或“不变”）

2-2 选择以下正确答案，填入相应的横线内

A.弱酸及其盐的浓度　B.弱酸盐的浓度

C.弱酸及其盐的浓度比　D.弱酸盐的 K_a

对于 HAc-NaAc 缓冲体系

(1)决定体系 pH 的主要因素：________；

(2)影响上述体系 pH 变动 0.1～0.2 个单位的因素是________；

(3)影响缓冲容量的因素是________；

(4)影响对外加酸缓冲能力大小的因素是________.

2-3 已知 0.10 mol · dm^{-3} HCN 溶液的解离度为 0.0063%，则溶液的 pH 等于________，HCN 的解离常数为________。

2-4 填表：

在水溶液中	平衡常数表达式	平衡常数名称
$NH_3+H_2O \rightleftharpoons NH_{4+}+OH^-$		
$Cu(OH)_2\downarrow \rightleftharpoons Cu^{2+}+2OH^-$		
$Ac^-+H_2O \rightleftharpoons HAc+OH^-$		

2-5 已知 18 ℃时水的 $K_w^\ominus=6.4\times10^{-15}$，此时中性溶液中氢离子的浓度为________ mol · dm^{-3}，pH 为______。

2-6 在 0.10 mol · dm^{-3} HAc 溶液中加入少许 NaCl 晶体，溶液的 pH 将会____，若以 Na_2CO_3 代替 NaCl，则溶液的 pH 将会____。

2-7 取 0.1 mol · dm^{-3} 某一元弱酸溶液 50 mL 与 20 mL 0.1 mol · dm^{-3} KOH 溶液混合，将混合溶液稀释到 100 mL，测此溶液 pH 为 5.25，此一元弱酸的解离常数 $K=$______。

2-8 实验室有 HCl、HAc($K_a^\ominus=6.4\times10^{-5}$)、NaOH、NaAc 四种浓度相同的溶液，现要配制 pH=4.44 的缓冲溶液，共有三种配法，每种配法所用的两种溶液及其体积比分别为________、________、________。

2-9 在弱酸溶液中加水，弱酸的解离度变________，pH 变______；在 NH_4Cl 溶液中，加入 HAc，则此盐的水解度变________，pH 变______。

2-10 在相同体积相同浓度的 HAc(aq)和 HCl(aq)中，所含的氢离子浓度______；若用相同浓度的 NaOH 溶液去完全中和这两种溶液时，所消耗的 NaOH 溶液的体积________，恰好中和时两溶液的 pH______。

3.简答题

3-1 为什么 pH=7 并不是表明水溶液一定是中性的？

3-2 试述 pH=7.4 时酸碱平衡是否紊乱？有哪些类型？为什么？

3-3 什么是水的质子自递作用？什么是水的离子积常数？在纯水中加入少量酸或碱后，水的离子积常数是否改变？

3-4 同离子效应降低了弱酸或弱碱的解离度，是否也改变了弱酸或弱碱的标准解离常数？

3-5 什么是酸雨？简述酸雨的形成过程及酸雨对大自然的主要危害。

3-6 $H_2PO_4^-$ 是一种酸碱两性物质，但为什么 Na_2HPO_4 溶液显碱性？

3-7 什么是缓冲溶液？决定缓冲溶液 pH 的主要因素有哪些？

3-8 HAc 溶液中也同时含有 HAc 和 Ac^-，它为何不是缓冲溶液？

3-9 HCOOH、HAc、$ClCH_2COOH$ 的 pK_a 分别为 3.74、4.74、2.85。欲配制 pH 为 3.0 的缓冲溶液，应选择哪种比较好？

3-10 $(CH_3)_2N-PF_2$ 有两个碱性原子 P 和 N，一个倾向于与 BH_3 中的 B 结合，另一个倾向于与 BF_3 中的 B 结合。请指出具体的键合碱性原子，并解释。

4.计算题

4-1 计算下列各种溶液的 pH。

(1)10 mL 5.0×10^{-3} mol·dm^{-3} 的 NaOH。

(2)10 mL 0.40 mol·dm^{-3} HCl 与 10 mL 0.10 mol·dm^{-3} NaOH 的混合溶液。

(3)10 mL 0.2 mol·dm^{-3} $NH_3\cdot H_2O$ 与 10 mL 0.1 mol·dm^{-3} HCl 的混合溶液。

(4)10 mL 0.2 mol·dm^{-3} HAc 与 10 mL 0.2 mol·dm^{-3} NH_4Cl 的混合溶液。

4-2 要配制 450 dm^3，pH＝9.30 的缓冲溶液需要 0.10 mol·dm^{-3} 氨水和 0.10 mol·dm^{-3} 盐酸各多少升？（NH_3 的 $pK_b=4.74$）

4-3 求 0.10 mol·dm^{-3} 盐酸和 0.10 mol·dm^{-3} $H_2C_2O_4$ 混合溶液中的 $C_2O_4^{2-}$ 和 $HC_2O_4^-$ 的浓度。

4-4 配制 1 L pH＝5 的缓冲溶液，如果溶液中 HAc 浓度为 0.20 mol·dm^{-3}，需 1 mol·dm^{-3} 的 NaAc 和 1 mol·dm^{-3} 的 HAc 各多少升？

4-5 若配制 pH 为 5.0 的缓冲溶液，需称取多少克 $NaAc\cdot 3H_2O$ 固体溶解于 300 cm^3、0.500 mol·dm^{-3} 的 HAc 中？（$K_{HAc}=1.8\times10^{-5}$，$NaAc\cdot 3H_2O$ 的摩尔质量为 136 g·mol^{-1}）

4-6 已知 298 K 时某一弱酸的浓度为 0.010 mol·dm^{-3}，测得其 pH 为 4.0。求 $K_a^{\ominus}$ 和 α 及稀释至体积变成 2 倍后的 $K_a^{\ominus}$、α 和 pH。

4-7 计算 1.0 mol·dm^{-3} NH_4Ac 溶液中 $NH_3\cdot H_2O$、HAc、NH_4^+ 和 Ac^- 的浓度及 Ac^- 的水解度，并与1.0 mol·dm^{-3} NaAc溶液中的 Ac^- 水解度加以比较。（已知：NH_3 的 $K_B=1.77\times10^{-5}$，HAc 的 $K_a=1.76\times10^{-5}$）

4-8 计算下列溶液的 pH。

(1)10 mL 0.10 mol·dm^{-3} NaH_2PO_4 溶液和 10 mL 0.10 mol·dm^{-3} Na_2HPO_4 溶液混合。

(2) 300.0 mL 0.500 mol·dm^{-3} H_3PO_4 和 250.0 mL 0.300 mol·dm^{-3} NaOH 混合。

(3)300.0 mL 0.500 mol·dm^{-3} H_3PO_4 和 500.0 mL 0.500 mol·dm^{-3} NaOH 混合。

(4)300.0 mL 0.500 mol·dm^{-3} H_3PO_4 和 400.0 mL 1.00 mol·dm^{-3} NaOH 混合。

4-9 计算下列溶液的 pH。

(1) 20.0 mL 0.10 mol·dm^{-3} HCl 和 20.0 mL 0.10 mol·dm^{-3} NH_3(aq)混合。

(2) 20.0 mL 0.10 mol·dm^{-3} HCl 和 20.0 mL 0.20 mol·dm^{-3} NH_3(aq)混合。

4-10 计算下列溶液的 pH。

(1) 20.0 mL 0.10 mol · dm^{-3} NaOH 和 20.0 mL 0.20 mol · dm^{-3} NH_4Cl 混合。

(2) 20.0 mL 0.10 mol · dm^{-3} NaOH 和 20.0 mL 0.10 mol · dm^{-3} NH_4Cl 混合。

(3) 20.0 mL 0.20 mol · dm^{-3} HAc 和 20.0 mL 0.10 mol · dm^{-3} NaOH 混合。

(4) 20.0 mL 0.10 mol · dm^{-3} HCl 和 20.0 mL 0.20 mol · dm^{-3} NaAc 混合。

自测题解答

1.选择题

1-1 (B)　**1-2** (A)　**1-3** (C)　**1-4** (B)　**1-5** (B)

1-6 (B)　**1-7** (D)　**1-8** (D)　**1-9** (A)　**1-10** (B)

2.填空题

2-1 增大;减小;增大;不变。

2-2 (1)D; (2)C; (3)A; (4)B。

2-3 5.20,4.0×10^{-10}。

2-4 填表:

在水溶液中	平衡常数表达式	平衡常数名称
$NH_3+H_2O \rightleftharpoons NH_{4+}+OH^-$	$K_b=\frac{[NH_4^+][OH^-]}{[NH_3]}$	碱常数
$Cu(OH)_2\downarrow \rightleftharpoons Cu^{2+}+2OH^-$	$K_{sp}Cu(OH)_2=[Cu^{2+}][OH^-]^2$	溶度积常数
$Ac^-+H_2O \rightleftharpoons HAc+OH^-$	$K_h=\frac{[HAc][OH^-]}{[Ac^-]}$	水解常数

2-5 8×10^{-8},7.10。

2-6 减小,增大。

2-7 3.75×10^{-6}。

2-8 HAc-NaAc,2 : 1;　HCl-NaAc,2 : 3;　HCl-NaOH,3 : 1

2-9 大,大,小,小。

2-10 不相等,相等,不同。

3.简答题

3-1 $H_2O(l) \rightleftharpoons H^+(aq)+OH^-(aq)$,$\Delta_r G_m^\ominus=-RT\ln K^\ominus$

$K^\ominus$ 是一个与温度 T 有关的值。在常温 298.15 K 下,$K^\ominus=1.00\times10^{-14}$,pH=7,水的温度升高,水的离子积常数增大,氢离子浓度>1.00×10^{-7},pH<7。

3-2 pH=7.4 时可以有酸碱平衡紊乱。pH 主要取决于[HCO_3^-]/[H_2CO_3]的比值,只要该比值维持在正常值 20 : 1,pH 就可维持在 7.4。pH 在正常范围时,可能表示:① 机体的酸碱平衡是正常的;② 机体发生酸碱平衡紊乱,但处于代偿期,可维持[HCO_3^-]/[H_2CO_3]的正常比值;③ 机体有混合性酸碱平衡紊乱,因其中各型引起 pH 变化的方向相反而相互抵消。

pH=7.4 时可以有以下几种酸碱平衡紊乱:① 代偿性代谢性酸中毒;② 代偿性轻度和中度慢性呼吸性酸中毒;③ 代偿性代谢性碱中毒;④ 代偿性呼吸性碱中毒;⑤ 呼吸性酸中毒合并代谢性碱中毒,二型引起 pH 变化的方向相反而相互抵消;⑥ 代谢性酸中毒合并呼吸性碱中毒,二型引起 pH 变化的方向相反而相互抵消;⑦ 代谢性酸中毒合并代谢性碱中毒,二型引起 pH 变化的方向相反而相互抵消。

3-3 (1)水的质子自递作用可表示为 $H_2O+H_2O \rightleftharpoons H_3O^+ + OH^-$

它表示一个水分子能从另一个水分子中得到质子形成水合氢离子，而失去质子的那个水分子则剩下氢氧根离子；(2)水的离子积常数是指定温下 H_3O^+ 与 OH^- 相对平衡浓度的乘积；(3)在纯水中加入少量酸或碱后，水的离子积常数不变。

3-4 未改变。$K_a^\ominus$ 或 $K_b^\ominus$ 既然是标准平衡常数，它就只与温度有关，与溶液中存在什么离子、每种离子的浓度多少无关。

3-5 酸雨指 pH<5.6 的酸性降水。由于矿物燃料燃烧等因素，引起大气中 SO_2 浓度升高，在光化学作用下，SO_2 转变为 SO_3 和硫酸，形成酸雨、酸雾。酸雨可危害湖泊水体，使鱼虾绝迹；酸化土壤，使土壤贫瘠；使森林遭到破坏；使建筑物、古迹等遭到破坏。

3-6 $H_2PO_4^-$ 是一种酸碱两性物质，HPO_4^{2-} 也同样是酸碱两性物质，存在酸式水解和碱式水解两面性。酸式水解产生 H_3O^+，碱式水解产生 OH^-。由于碱式水解(接受质子)的倾向大于酸式水解(给出质子)的倾向，OH^- 浓度大于 H_3O^+ 浓度，所以溶液呈碱性，与是酸碱两性物质无必然联系。可以通过下列计算说明。

酸水解：$HPO_4^{2-} + H_2O \rightleftharpoons PO_4^{3-} + H_3O^+$，$K_{a_3}^\ominus = 4.5\times10^{-13}$

碱水解：$HPO_4^{2-} + H_2O \rightleftharpoons H_2PO_4^- + OH^-$，$K_{b_2}^\ominus = K_w^\ominus / K_{a_2}^\ominus = 1.61\times10^{-7}$

$K_{b_2}^\ominus > K_{a_3}^\ominus$，说明碱式水解产生 OH^- 浓度大于酸式水解产生 H_3O^+ 浓度，所以溶液呈碱性。

3-7 能抵抗外加少量强酸或强碱而维持 pH 基本不发生变化的溶液称为缓冲溶液。

决定缓冲溶液 pH 的主要因素有 $pK_a^\ominus$ 和缓冲比。

3-8 因为这里面虽然有缓冲对，但是缓冲比远远小于 1/10，所以缓冲容量太小，可以认为它没有缓冲能力。例如，0.1 mol·dm^{-3} HAc 溶液中，$c(Ac^-)=1.3\times10^{-3}$ mol·dm^{-3}，$c(HAc)=0.1$ mol·dm^{-3}，因此缓冲比为 $c(Ac^-)/c(HAc)=1.3\times10^{-2} \ll 1/10$，也就是说抗碱成分有一定浓度，而抗酸成分几乎没有。

3-9 根据缓冲对选择原则，使所配制的缓冲溶液的 pH 在所选的缓冲范围($pK_a \pm 1$)内，因此选用 pK_a 为 2.85 的 $ClCH_2COOH$ 或 pK_a 为 3.74 的 HCOOH 均不违背该原则。但这两个相比，pK_a 为 2.85 的 $ClCH_2COOH$ 要比 pK_a 为 3.74 的 HCOOH 好。因为 pK_a 越靠近 pH，则缓冲比越接近 1，在总浓度相等的条件下缓冲容量 β 越大。

3-10 N 原子与 BF_3 中的 B 结合，P 原子与 BH_3 中的 B 结合。因为 N 是较硬碱原子，P 是较软碱原子；而 BF_3 是硬酸，BH_3 是软酸。

4.计算题

4-1 (1) $c(OH^-)=5.0\times10^{-3}$ mol·dm^{-3}，pH=11.70

(2) $HCl+NaOH = NaCl+H_2O$

$c(H^+)=0.15$ mol·dm^{-3}，pH=−0.82

(3) $NH_3+HCl = NH_4Cl$

缓冲溶液=9.26　$pH = pK_a^\ominus + \lg\frac{c_{酸}}{c_{碱}}$

(4) $HAc \rightleftharpoons H^+ + Ac^-$　　　$NH_4^+ + H_2O \rightleftharpoons NH_3\cdot H_2O + H^+$

$0.1-x$　　$x+y$　　x　　　　$0.1-y$　　　y　　　$x+y$

$$\frac{(x+y)x}{0.1-x} = K_a^\ominus = \frac{K_w^\ominus}{K_b^\ominus}$$

$x=y=0.003$　　　pH=2.23

4-2 $pH = pK_b^\ominus + \lg c(NH_3)/c(NH_4^+)$

设需氨水体积为 V_{NH_3}，盐酸体积为 V_{HCl}，则有

$V_{NH_3}+V_{HCl}=450$　　(1)

$14-9.30 = pK_b^\ominus + \lg 0.10\times(V_{NH_3}-V_{HCl})/0.10\times V_{HCl}$　　(2)

由上二式得，$V_{NH_3}=300$ cm^3，$V_{HCl}=150$ cm^3

4-3 $H_2C_2O_4 \rightleftharpoons H^+ + HC_2O_4^-$

$0.1 \qquad 0.1$

$0.1-x \qquad 0.1+x \qquad x$

$K_{a_1}^{\ominus}=\dfrac{(0.1+x)x}{0.1-x}=0.059, x=c(HC_2O_4^-)=0.031\ mol\cdot dm^{-3}$

$HC_2O_4^- \rightleftharpoons H^+ + C_2O_4^{2-}$

$0.031 \qquad 0.1+0.031 \qquad y$

$K_{a_2}^{\ominus}=\dfrac{0.131x}{0.031}=6.4\times10^{-5}, y=c(C_2O_4^{2-})=1.51\times10^{-5}\ mol\cdot dm^{-3}$

4-4 缓冲溶液中 NaAc 的浓度 $c_盐$ 满足：$5=4.75-\lg 0.20/c_盐$

故 $c_盐=0.36\ mol\cdot dm^{-3}$ 由 $c_1V_1=c_2V_2$ 得 $V_{HAc}=0.2\times1/0.1=0.2\ dm^3, V_{NaAc}=0.36\times1/1=0.36\ dm^3$

4-5 设需 m g　NaAc · $3H_2O$

由 $pH=pK_a-\lg\dfrac{c_酸}{c_碱}$

得 $5.00=-\lg(1.8\times10^{-5})-\lg 0.500\times0.3\times136/m$

$\lg m=1.57, m=37$ (g)

4-6 $HA \rightleftharpoons H^+ + A^-$

c_0

$c_0-x \qquad x \qquad x \qquad c_0=10^{-2}\ mol\cdot dm^{-3}, x=10^{-4}\ mol\cdot dm^{-3}$

$K_a^{\ominus}=\dfrac{x^2}{c_0-x}\approx\dfrac{x^2}{c_0}=10^{-6}, a=x/c_0=1\%$

稀释至原来体积的两倍后 $K_a^{\ominus}$ 不变(只与温度有关)，仍为 10^{-6}。

$10^{-6}=\dfrac{x^2}{c_0-x}\approx\dfrac{x^2}{0.5\times10^{-2}-x}$　解得 $x=7.07\times10^{-5}$，pH=4.15

$a=x/c_0=1.41\%$

4-7 $NH_4^+ + H_2O \rightleftharpoons NH_3\cdot H_2O + H^+$　　$Ac^- + H_2O \rightleftharpoons HAc + OH^-$

已知：$K_{NH_3}^{\ominus}=K_{HAc}^{\ominus}$，将上述两个反应相加得

$$NH_4^+ + Ac^- + H_2O = NH_3\cdot H_2O + HAc$$

平衡浓度　　$1.0-x \quad 1.0-x \qquad x \qquad x$

$K_h^{\ominus}=c(NH_3\cdot H_2O)/c(NH_4^+)c(Ac^-)=K_w^{\ominus}/K_{NH_3}^{\ominus}K_{HAc}^{\ominus}$

$=1.0\times10^{-14}/1.77\times10^{-5}\times1.76\times10^{-5}=3.2\times10^{-5}$

即 $x^2/(1.0-x)^2=3.2\times10^{-5}, x=5.6\times10^{-3}\ mol\cdot dm^{-3}$

$c(NH_3\cdot H_2O)=c(HAc)=5.6\times10^{-3}\ mol\cdot dm^{-3}$

$c(NH_4^+)=c(Ac^-)=1.0-5.6\times10^{-3}=0.99\ mol\cdot dm^{-3}$

$h/\%=5.6\times10^{-3}\times100/1.0=0.56$，所以 $h=0.56\%$

可见，1.0 $mol\cdot dm^{-3}$ NH_4Ac 的水解度大约是 1.0 $mol\cdot dm^{-3}$ NaAc 水解度($2.4\times10^{-3}\%$)的 233 倍。

4-8 (1)10 $mol\cdot dm^{-3}$ NaH_2PO_4 溶液和 0.10 $mol\cdot dm^{-3}$ Na_2HPO_4 溶液组成缓冲溶液

$pH=pK_a^{\ominus}(HA)+\lg\dfrac{c(A^-)}{c(HA)}=7.20+\lg\dfrac{0.1/2}{0.1/2}=7.20$

(2)$n(H_3PO_4)=0.15$ mol，$n(NaOH)=0.075$ mol，所以反应后生成 NaH_2PO_4 0.075 mol，H_3PO_4 剩余 0.075 mol，组成缓冲溶液。

$pH=pK_a^{\ominus}(HA)+\lg\dfrac{c(A^-)}{c(HA)}=2.12+\lg\dfrac{0.075/0.55}{0.075/0.55}=2.12$

(3)$n(H_3PO_4)=0.15$ mol，$n(NaOH)=0.25$ mol，所以反应后生成 NaH_2PO_4 0.05 mol，Na_2HPO_4

0.10 mol，组成缓冲溶液。

$$pH=pK_a^\ominus=(HA)+\lg\frac{c(A^-)}{c(HA)}=7.20+\lg\frac{0.1/0.80}{0.1/0.55}80=7.50$$

(4) $n(H_3PO_4)=0.15$ mol，$n(NaOH)=0.40$ mol，所以反应后生成 Na_3PO_4 0.10 mol，Na_2HPO_4 0.05 mol，组成缓冲溶液。

$$pH=pK_a^\ominus(HA)+\lg\frac{c(A^-)}{c(HA)}=12.36+\lg\frac{0.1/0.70}{0.05/0.55}7080=12.66$$

4-9 (1) 20.0 mL 0.10 mol · dm^{-3} HCl 和 20.0 mL 0.10 mol · dm^{-3} NH_3(aq)混合后完全反应生成氯化铵，其浓度为 0.050 mol · dm^{-3}。pH 的计算按照一元弱酸处理。

NH_4^+ 是 NH_3 的共轭酸。已知 NH_3 的 $K_b^\ominus=1.8\times10^{-5}$，

则 $K_a^\ominus=K_w^\ominus/k_b^\ominus=1.0\times10^{-14}/1.8\times10^{-5}=5.6\times10^{-10}$ 且 $c_a\cdot K_a^\ominus\geqslant20K_w^\ominus$，$c_a/K_a^\ominus\geqslant500$，可用最简式计算，得

$c(H^+)=\sqrt{c_a\cdot K_a^\ominus}=\sqrt{5.6/10^{-10}\times0.05}=5.29\times10^{-5}$ mol · dm^{-3}

pH=5.28

(2) 20.0 mL 0.10 mol · dm^{-3} HCl 和 20.0 mL 0.20 mol · dm^{-3} NH_3(aq)混合后，HCl 反应完全生成 NH_4Cl，其浓度为 0.050 mol · dm^{-3}，NH_3 剩余浓度为 0.050 mol · dm^{-3}，组成缓冲溶液。

$$pH=pK_a^\ominus(HA)+\lg\frac{c(A^-)}{c(HA)}=-\lg5.6\times10^{-10}+\lg(0.050/0.050)=9.25$$

或者 $pH=14.00-pK_a^\ominus(A^-)+\lg\frac{c(A^-)}{c(HA)}=14.00-4.75+\lg(0.050/0.050)=9.25$

4-10 (1) 20.0 mL 0.10 mol · dm^{-3} NaOH 和 20.0 mL 0.2 mol · dm^{-3} NH_4Cl 混合反应生成 NH_3，同时有 NH_4Cl 剩余。其浓度分别为

$c(NH_3)=0.050$ mol · dm^{-3}，$c(NH_4Cl)=0.050$ mol · dm^{-3}

生成的 NH_3 与剩余的 NH_4Cl 组成缓冲溶液，$pK_b^\ominus(NH_3)=1.85\times10^{-5}$，$pK_a^\ominus(NH_4Cl)=5.6\times10^{-10}$。

$$pH=pK_a^\ominus(HA)+\lg\frac{c(A^-)}{c(HA)}=-\lg5.6\times10^{-10}+\lg(0.050/0.050)=9.25$$

或者 $pH=14.00-pK_b^\ominus(A^-)+\lg\frac{c(A^-)}{c(HA)}=14.00-4.75+\lg(0.050/0.050)=9.25$

(2) 20.0 mL 0.10 mol · dm^{-3} NaOH 和 20.0 mL 0.10 mol · dm^{-3} NH_4Cl 混合完全反应生成 NH_3(aq)，浓度为 0.050 mol · dm^{-3}。pH 的计算按照一元弱碱处理。已知 NH_3 的 $K_b^\ominus=1.8\times10^{-5}$

因 $c_bK_b^\ominus\geqslant20K_w^\ominus$，$c_b/K_b^\ominus\geqslant500$，可用最简式计算，得

$c(OH^-)=\sqrt{c_b\cdot K_b^\ominus}=\sqrt{1.8\times10^{-5}\times0.05}=9.48\times10^{-4}$ mol · dm^{-3}

pOH=3.02，pH=11.98

(3) $HAc+NaOH=\!=\!=NaAc+H_2O$

显然，NaOH 反应完全生成 NaAc，其浓度为 0.050 mol · dm^{-3}，HAc 剩余，其浓度为 0.050 mol · dm^{-3}，混合溶液实际上是 HAc 和 NaAc 组成的缓冲溶液。

$$pH=pK_a^\ominus(HA)+\lg\frac{c(A^-)}{c(HA)}=4.74+\lg(0.050/0.050)=4.74$$

(4) $HCl+NaAc=\!=\!=NaCl+HAc$

显然，HCl 反应完全生成 HAc，其浓度为 0.050 mol · dm^{-3}，NaAc 剩余，其浓度为 0.050 mol · dm^{-3}，混合溶液实际上是 HAc 和 NaAc 组成缓冲溶液。

$$pH=pK_a^\ominus(HA)+\lg\frac{c(A^-)}{c(HA)}=4.74+\lg(0.050/0.050)=4.74$$

三、思考题解答

11-1 解答：强电解质由于完全离解，使得溶液中离子浓度很大，而离子之间由于静电作用

相互牵制，使溶质的“有效浓度”即活度(a)小于总浓度。活度 a 与浓度的关系为

$$a_B=\gamma_B(b_B/b^{\ominus}) \qquad a_B=\gamma_B(c_B/c^{\ominus})$$

式中，γ_B 称为 B 的活度因子；$b^{\ominus}=1\ mol \cdot kg^{-1}$，称为标准质量摩尔浓度；$c^{\ominus}=1\ mol \cdot dm^{-3}$，称为标准摩尔浓度。

γ_B 反映了电解质溶液中离子相互牵制作用的大小；溶液越浓，离子电荷越高，离子间的牵制作用越大，γ_B 越小，活度与浓度间的差别就越大。在无限稀的溶液中，离子彼此间作用力很弱，$\gamma_B \to 1$，离子的活度近似等于浓度。

根据离子氛模型，对于具有两种离子的电解质的极稀溶液(仅适用于离子强度小于 $0.010\ mol \cdot kg^{-1}$)，可以导出这两种离子的平均活度因子 $\gamma_{\pm}$ 公式：

$$\lg\gamma_{\pm}=-A|z_+ z_-|\sqrt{I}$$

式中，A 为常数，298 K 的水溶液中值为 0.509 ($kg \cdot mol^{-1}$)；z_+、z_- 分别表示正、负离子的电荷数；I 称为离子强度(ionic strength)。

$$I=\frac{1}{2}(b_1z_1^2+b_2z_2^2+\cdots+b_nz_n^2)=\frac{1}{2}\sum_n b_nz_n^2$$

前面已学习了非电解质溶液的依数性理论，对于强电解质溶液来说，运用该理论时，与实际结果出现了偏差。

例如，已知 H_2O 的 $K_f=1.86$(273 K)，KCl 水溶液浓度 $m=0.20\ mol \cdot kg^{-1}$，求该溶液的凝固点降低值。

根据难挥发非电解质稀溶液依数性计算：$\Delta T_f=K_f \cdot m=1.86\times0.20=0.372$ K

根据强电解质完全电离：粒子质量摩尔浓度 $m'=2m=0.40\ mol \cdot kg^{-1}$

$$\Delta T_f'=K_f \cdot m'=1.86\times0.40=0.744\ K$$

而实际测得：0.673 K(介于 0.372～0.744)依数性偏离拉乌尔定律和范特霍夫公式。

11-2 解答：参见上题。

11-3 解答：放出的 CO_2 在相同情况下体积不相等，后者释放的 CO_2 体积小一些。其原因是 HCl 是强酸，反应完全，HAc 是弱电解质，反应后生成的 Ac^- 会水解成 HAc，导致反应不完全。

11-4 解答：弱酸是部分电离的，所以 $c(H^+)$ 小于物质的量浓度这一点就好像有一个仓库一样，仓库外面是已电离的离子，而仓库内是未电离的离子，仓库的门是双向的。已电离的离子的物质的量永远小于总的溶质的物质的量。

在浓度较大的酸溶液中，计算氢离子浓度时忽略水电离出的氢离子，在浓度极稀的酸溶液中又可以忽略酸电离出的氢离子。原因就是两种情况下影响溶液氢离子浓度的主要因素不同。

所以，在计算时，只有满足“$c(HA)K_a^{\ominus}\geqslant20K_w^{\ominus}$”的限定条件时，才可以忽略 $K_w^{\ominus}$，才可以忽略水解离所产生的 H^+，否则计算结果可能偏离实际较多。例如，计算 $10^{-6}\ mol \cdot dm^{-3}$ 的 HCN 溶液的 $c(H^+)$，如果忽略了“$c(HA)K_a^{\ominus}\geqslant20K_w^{\ominus}$”的限定条件时，计算结果将会表明该溶液显碱性。

同理，当 $c_aK_a^{\ominus}\geqslant20K_w^{\ominus}$ 且 $c_a/K_a^{\ominus}\geqslant500$ 时，可认为 $c(H^+)$ 与 c_a 相比可忽略，水的解离可忽略。否则计算结果与实测结果相比会有很大误差。

11-5 解答：H_3PO_4 的酸常数分别为 $K_{a_1}^{\ominus}=7.5\times10^{-3}$，$K_{a_2}^{\ominus}=6.3\times10^{-8}$，$K_{a_3}^{\ominus}=4.3\times40^{-13}$。$K_{a_1}^{\ominus}>>K_{a_2}^{\ominus}$，所以当成一元弱酸处理。

由于 $c_aK_{a_1}^{\ominus}\geqslant20K_w^{\ominus}$，但是 $c_a/K_{a_1}^{\ominus}\leqslant500$ 时，则水的解离不可忽略，因此只能用近似式求算

$$c(H^+)=\frac{-K_a^{\ominus}+\sqrt{(K_a^{\ominus})^2+4K_a^{\ominus}c_a}}{2}=\frac{-7.5\times10^{-3}+\sqrt{(7.5\times10^{-3})^2+47.5\times10^{-3}\times0.10}}{2}$$

$=2.39\times10^{-2}\ mol\cdot dm^{-3}$

$c(H_2PO_4^-)\approx c(H^+)=2.39\times10^{-2}\ mol\cdot dm^{-3}$

$c(HPO_4^{2-})\approx K_{a_2}^{\ominus}=6.3\times10^{-5}\ mol\cdot dm^{-3}$

$$HPO_4^{2-}\rightleftharpoons H^+ + PO_4^{3-}$$

平衡浓度：　$6.3\times10^{-8}-x$　　　$2.39\times10^{-2}+x$　　　x

$K_{a_3}^{\ominus}=\frac{x(2.39\times10^{-2}+x)}{6.3\times10^{-8}-x}=4.3\times10^{-13}$,因为 $x\approx0$,所以 $c(PO_4^{3-})=1.13\times10^{-18}\ mol\cdot dm^{-3}$

11-6 解答:有。但作为控制酸度的缓冲溶液,对计算结果要求不十分精确,近似计算足矣。

11-7 解答:此时阴、阳离子都只发生水合而不发生水解,得到的盐溶液呈中性。第 1 族、第 2 族元素(Be 例外)、镧系元素、锕系元素的高氯酸盐、硝酸盐、氯化物、溴化物和碘化物均属于这一类。

11-8 解答:由于 $K_h^{\ominus}$ 可分别由下式表示:

$K_h=\frac{K_w^{\ominus}}{K_a^{\ominus}}, K_h=\frac{K_w^{\ominus}}{K_b^{\ominus}}, K_h=\frac{K_w^{\ominus}}{K_a^{\ominus}K_b^{\ominus}}$

因此,盐类的水解平衡常数 $K_h^{\ominus}$ 越大,可以通过以上关系计算出,不必反映在手册中。

四、课后习题解答

11-1 解答:设稀释到体积为 V,稀释后 $c=\frac{0.20\ mol\cdot dm^{-3}\times0.3\ dm^3}{V}$

由 $K_a^{\ominus}=\frac{c\alpha^2}{1-\alpha}$ 得 $\frac{0.20\alpha^2}{1-\alpha}=\frac{0.20\times0.3\times(2\alpha)^2}{V(1-2\alpha)}$

因为 $K_a^{\ominus}=1.74\times10^{-5}$, $c_a=0.2\ mol\cdot dm^{-3}$, $c_aK_a^{\ominus}>20K_w^{\ominus}$, $c_a/K_a^{\ominus}>500$

故 $1-2\alpha=1-\alpha$　得 $V=[300\times4/1]\ mL=1200\ mL$,此时仍有 $c_aK_a^{\ominus}>20K_w^{\ominus}$, $c_a/K_a^{\ominus}>500$。

11-2 解答:pH=2.50, $c(H^+)=10^{-2.5}\ mol\cdot dm^{-3}$, $a=10^{-2.5}/0.20=1.6\times10^{-2}$

$K_a^{\ominus}=\frac{ca^2}{1-a}=\frac{0.20\times(1.6\times10^{-2})^2}{1-1.6\times10^{-2}}=5.2\times10^{-5}$

11-3 解答:

(1) HCN	$K_a^{\ominus}=6.2\times10^{-10}$	$K_b^{\ominus}=K_w^{\ominus}/6.2\times10^{-10}=1.6\times10^{-5}$
(2) HCOOH	$K_a^{\ominus}=1.8\times10^{-4}$	$K_b^{\ominus}=K_w^{\ominus}/1.8\times10^{-4}=5.6\times10^{-11}$
(3) C_6H_5COOH	$K_a^{\ominus}=6.2\times10^{-5}$	$K_b^{\ominus}=K_w^{\ominus}/6.2\times10^{-5}=1.61\times10^{-10}$
(4) C_6H_5OH	$K_a^{\ominus}=1.1\times10^{-10}$	$K_b^{\ominus}=K_w^{\ominus}/1.1\times10^{-10}=9.1\times10^{-5}$
(5) $HAsO_2$	$K_a^{\ominus}=6.0\times10^{-10}$	$K_b^{\ominus}=K_w^{\ominus}/6.0\times10^{-10}=1.7\times10^{-5}$
(6) $H_2C_2O_4$	$K_{a_1}^{\ominus}=5.9\times10^{-2}$	$K_{b_2}^{\ominus}=K_w^{\ominus}/5.9\times10^{-2}=1.7\times10^{-13}$
	$K_{a_2}^{\ominus}=6.4\times10^{-5}$	$K_{b_1}^{\ominus}=K_w^{\ominus}/6.4\times10^{-5}=1.5\times10^{-10}$

碱性强弱：$C_6H_5O^- > AsO_2^- > CN^- > C_6H_5COO^- > C_2O_4^{2-} > HCOO^- > HC_2O_4^-$

11-4 解答：pH=9.0　　pOH=14.0−9.0=5.0

$c(OH^-)=1.0\times 10^{-5}\ mol\cdot dm^{-3}$，$n(NaOH)=45\times10^{-5}\ mol$

设加入 V_1 mL HCl 以中和 NaOH

$$V_1=[45\times10^{-5}/6.0]10^3\ mL=7.5\times10^{-2}(mL)=7.5\times10^{-5}(dm^3)$$

设加入 x mL HCl 使溶液 pH=3.0，$c(H^+)=1\times10^{-3}\ mol\cdot dm^{-3}$

$6.0\times x\times10^{-3}/(45+7.5\times10^{-5}+x\times10^{-3})=1\times10^{-3}$，$x=7.5$ (mL)

共需加入 HCl 7.5 mL+7.5×10^{-2} mL=7.6 mL

11-5 解答：$K_a^\ominus(HCN)=6.2\times10^{-10}$　　$c_a\cdot K_a^\ominus<20K_w^\ominus$，$c_a/K_a^\ominus\geqslant500$

$c(H^+)=\sqrt{c_a\cdot K_a^\ominus+K_w^\ominus}=\sqrt{1.0\times10^{-6}\times6.2\times10^{-10}+1.0\times10^{14}}=1.0\times10^{-7}\ mol\cdot dm^{-3}$

pH=7.0

11-6 解答：$K_b^\ominus=K_w^\ominus/K_{a_2}^\ominus=1.0\times10^{-14}/6.2\times10^{-8}=1.6\times10^{-7}$

$pH=pK_a^\ominus-\lg c_a/c_b=pK_a^\ominus=-\lg(6.2\times10^{-8})=7.20$

11-7 解答：$pH=pK_a^\ominus-\lg c_a/c_b$　　$5.0=-\lg(1.74\times10^{-5})-\lg c_a/c_b$

$c_a/c_b=0.575$　　$c_b=1.0\ mol\cdot dm^{-3}\times125/250=0.50\ mol\cdot dm^{-3}$

$c_a=0.50\ mol\cdot dm^{-3}\times0.575=0.29\ mol\cdot dm^{-3}$

$V\times6.0\ mol\cdot dm^{-3}=250\ ml\times0.29\ mol\cdot dm^{-3}$　$V=12$ mL

即要加入 12 mL 6.0 $mol\cdot dm^{-3}$ HAc 及 250 mL−125 mL−12 mL=113 mL 水。

11-8 解答：(1)0.20 $mol\cdot dm^{-3}$ HCl 溶液的 pH=0.70，要使 pH=4.0，应加入碱 NaAc；

(2)加入等体积的 2.0 $mol\cdot dm^{-3}$ NaAc 后，生成 0.10 $mol\cdot dm^{-3}$ HAc；

余(2.0−0.20)/2=0.90 $mol\cdot dm^{-3}$ NaAc；

$pH=pK_a^\ominus-\lg c_a/c_b$　　$pH=-\lg(1.74\times10^{-5})-\lg(0.10/0.90)=5.71$

(3)加入 2.0 $mol\cdot dm^{-3}$的 HAc 后，$c(HAc)=1.0\ mol\cdot dm^{-3}$

$$HAc \rightleftharpoons H^+ + Ac^-$$
$$1.0-x \qquad 0.10+x \qquad x$$

$1.74\times10^{-5}=(0.10+x)x/(1.0-x)$　$x=1.74\times10^{-4}\ mol\cdot dm^{-3}$

$c(H^+)=0.10\ mol\cdot dm^{-3}+1.74\times10^{-4}\ mol\cdot dm^{-3}=0.10\ mol\cdot dm^{-3}$

pH=0.10

(4)反应剩余 NaOH 浓度为 0.9 $mol\cdot dm^{-3}$

pOH=−lg0.9=0.05　　pH=14.00−0.05=13.95

11-9 解答：(1) $(CH_3)_2AsO_2H$ 的 $pK_a^\ominus=6.19$；$ClCH_2COOH$ 的 $pK_a^\ominus=4.85$；CH_3COOH 的 $pK_a^\ominus=4.76$；配 pH=6.50 的缓冲溶液选$(CH_3)_2AsO_2H$ 最好，其 $pK_a^\ominus$ 与 pH 最为接近。

(2)$pH=pK_a^\ominus-\lg c_a/c_b$　　$6.50=6.19-\lg[c_a/(1.00-c_a)]$　　$c_a=0.329\ mol\cdot dm^{-3}$

$c_b=1.00-c_a=1.00\ mol\cdot dm^{-3}-0.329\ mol\cdot dm^{-3}=0.671\ mol\cdot dm^{-3}$，

应加 NaOH：$m(NaOH)=1.00\ dm^3\times0.671\ mol\cdot dm^{-3}\times40.01\ g\cdot mol^{-1}=26.8\ g$

需$(CH_3)_2AsO_2H$：$m[(CH_3)_2AsO_2H]=1.00\ dm^3\times1.00\ mol\cdot dm^{-3}\times138\ g\cdot mol^{-1}=138\ g$

五、参考资料

包宏，胡箭.2008.基于电荷平衡的溶液氢离子浓度方程和溶液 pH 的精确计算.大学化学，23(4)：69

石秀梅，田语林.1998.弱酸及其共轭碱溶液 pH 值的关系.大学化学，(1)：51

宋强，杨晓光.2000.多元弱酸碱平衡体系中平衡型体浓度的精确数值解法.大学化学，(1)：52

田卫群，吴少尉，李红，等.1999.一元弱酸弱碱准确滴定界限的简易推导.大学化学，(6)：53

张耀东，蔡亚楠，刘爱华.2012.一元弱酸溶液中氢离子浓度计算公式的使用条件.大学化学，27(6)：80

第 12 章　沉淀-溶解平衡

一、重要概念

1.溶解度（solubility）

溶解度是在一定温度和压力下，固液达到平衡状态时饱和溶液里的溶质浓度。单位通常为$g \cdot (100\ g\ H_2O)^{-1}$。① 通常将溶解度大于 0.1 $g \cdot (100\ g\ H_2O)^{-1}$的物质称为易溶物质；② 溶解度为 0.01～0.1 $g \cdot (100\ g\ H_2O)^{-1}$的物质称为微溶物质；③ 溶解度小于 0.01 $g \cdot (100\ g\ H_2O)^{-1}$的物质称为难溶物质。

2.沉淀-溶解平衡(precipitation-dissolution equilibrium)

在水分子的作用下，电解质晶格表面上的离子会脱离晶体表面而进入溶液中成为水合离子，称为溶解。同时，溶液中的水合离子不断地做无规则运动，部分离子会撞击到固体表面，受到晶格表面异性电荷的吸引而又回到固体表面，称为沉淀。当二者的速度相等时，则达到平衡，称为沉淀-溶解平衡。它是多相离子的动态平衡。

3.溶度积常数(solubility product constant)

溶度积常数是在沉淀-溶解平衡中，一定温度下，当体系达到平衡时，其离子浓度系数次方的乘积，用 $K_{sp}^{\ominus}$表示，简称溶度积。温度一定时，$K_{sp}^{\ominus}$不随溶液中离子浓度的变化而变化。对于一般的难溶强电解质在水中的沉淀-溶解平衡：

$$A_mB_n(s) \rightleftharpoons mA^{n+}(aq) + n(B)^{m-}(aq)$$

溶度积表达式为：

$$K_{sp}^{\ominus} = [c(A)^{n+}/c^{\ominus}]^m[c(B)^{m-}/c^{\ominus}]^n$$

4.离子积(ion product)

在沉淀-溶解平衡中，一定温度下，当体系达到平衡时，其离子浓度系数次方的乘积为溶度积，用 $K_{sp}^{\ominus}$表示；而在任意状态下，其离子浓度系数次方的乘积为离子积，用 Q_i表示。

5.溶度积规则(rule of solubility product)

利用溶度积来判断难溶电解质生成或溶解的规则称为溶度积规则。

(1)$Q_i < K_{sp}^{\ominus}$不饱和溶液，无沉淀析出，若原来有沉淀存在，则沉淀溶解；

(2)$Q_i = K_{sp}^{\ominus}$饱和溶液，处于平衡；

(3)$Q_i > K_{sp}^{\ominus}$过饱和溶液，沉淀析出。

6.同离子效应(common ion effect)

当溶液中含有与难溶电解质相同的阳(阴)离子时，会使难溶电解质的溶解度降低。这种因加入含有相同离子的易溶强电解质而使难溶电解质溶解度降低的效应，称为同离子效应。同离子效应是勒夏特列原理的又一种体现形式。

7.盐效应(salt effect)

因加入过量沉淀剂或加入其他非共同离子的易溶强电解质，反而使沉淀的溶解度增大，此种现象称为盐效应。

8.分步沉淀(fractional precipitation)

如果一种溶液中同时存在几种离子,当加入同一种沉淀剂时,有可能几种沉淀同时产生,也有可能几种沉淀分先后次序产生。我们把这种加入沉淀剂后,两种或两种以上的沉淀分先后次序产生的现象称为分步沉淀。其遵循的原则是:谁先达到 $K_{sp}^{\ominus}$,谁先沉淀。

9.沉淀的转化(inversion of precipitate)

将一种沉淀转化为另一种沉淀的过程称为沉淀的转化。一般是由溶解度较大的难溶电解质转化为溶解度较小的难溶电解质,对于同类型的难溶电解质,溶度积大的难溶电解质易转化为溶解度较小的难溶电解质,两种沉淀物的溶度积相差越大,沉淀转化越完全。

二、自测题及其解答

1.选择题

1-1 Ag_2CrO_4 的 $K_{sp}^{\ominus}=9.0\times10^{-12}$,其饱和溶液中 Ag^+ 浓度为　(　)

A.1.3×10^{-4} mol · dm^{-3}　B.2.1×10^{-4} mol · dm^{-3}

C.2.6×10^{-4} mol · dm^{-3}　D.4.2×10^{-4} mol · dm^{-3}

1-2 25 ℃时,PbI_2 的溶解度为 1.52×10^{-3} mol · dm^{-3},它的 $K_{sp}^{\ominus}$ 为　(　)

A.2.80×10^{-8}　B.1.4×10^{-8}

C.2.31×10^{-6}　D.4.71×10^{-6}

1-3 已知 $K_{sp}^{\ominus}(AgCl)=1.56\times10^{-10}$、$K_{sp}^{\ominus}(AgBr)=7.7\times10^{-13}$、$K_{sp}^{\ominus}(Ag_2CrO_4)=9.0\times10^{-12}$,则它们的溶解度大小次序是　(　)

A.$AgCl>Ag_2CrO_4>AgBr$　B.$AgCl>AgBr>Ag_2CrO_4$

C.$Ag_2CrO_4>AgCl>AgBr$　D.$AgBr>AgCl>Ag_2CrO_4$

1-4 下面的叙述中,正确的是　(　)

A.溶度积大的化合物溶解度肯定大

B.向含有 AgCl 固体的溶液中加入适量的水使 AgCl 溶解又达平衡时,AgCl 溶度积不变,其溶解度也不变

C.将难溶电解质放入纯水中,溶解达到平衡时,电解质离子浓度的乘积就是该物质的溶度积

D.AgCl 水溶液的导电性很弱,所以 AgCl 为弱电解质

1-5 某溶液中含有 KCl、KBr 和 K_2CrO_4,它们的浓度均为 0.010 mol · dm^{-3},向该溶液中逐滴加入 0.010 mol · dm^{-3} 的 $AgNO_3$ 溶液时,最先沉淀和最后沉淀的是　(　)

[已知:$K_{sp}^{\ominus}(AgCl)=1.56\times10^{-10}$,$K_{sp}^{\ominus}(AgBr)=7.7\times10^{-13}$,$K_{sp}^{\ominus}(Ag_2CrO_4)=9.0\times10^{-12}$]

A.AgBr 和 Ag_2CrO_4　B.Ag_2CrO_4 和 AgCl

C.AgBr 和 AgCl　D.一起沉淀

1-6 有一 CaF_2($K_{sp}^{\ominus}=5.3\times10^{-9}$)与 $CaSO_4$($K_{sp}^{\ominus}=9.1\times10^{-6}$)饱和液的混合物体系,若 $[F^-]=1.8\times10^{-3}$ mol · dm^{-3},则 $[SO_4^{2-}]$ 为　(　)

A.3.0×10^{-3} mol · dm^{-3}　B.5.7×10^{-3} mol · dm^{-3}

C.2.7×10^{-4} mol · dm^{-3}　D.6.5×10^{-4} mol · dm^{-3}

1-7 $Fe(OH)_2$ 的 $K_{sp}^{\ominus}=1.8\times10^{-15}$，在 pH=7 的缓冲溶液中，它的溶解度为 ( )

A.0.18 $mol\cdot dm^{-3}$　　B.1.3×10^{-3} $mol\cdot dm^{-3}$

C.4.2×10^{-8} $mol\cdot dm^{-3}$　　D.1.2×10^{-5} $mol\cdot dm^{-3}$

1-8 在 $BaSO_4$ 的饱和溶液中加入适量 $BaCl_2$ 稀溶液，产生 $BaSO_4$ 沉淀，若以 $K_{sp}^{\ominus}$ 表示 $BaSO_4$ 的溶度积常数，则平衡后溶液中 ( )

A.$[Ba^{2+}]=[SO_4^{2-}]=(K_{sp}^{\ominus})^{1/2}$

B.$[Ba^{2+}][SO_4^{2-}]>K_{sp}^{\ominus}$；$[Ba^{2+}]=[SO_4^{2-}]$

C.$[Ba^{2+}][SO_4^{2-}]=K_{sp}^{\ominus}$；$[Ba^{2+}]>[SO_4^{2-}]$

D.$[Ba^{2+}][SO_4^{2-}]\neq K_{sp}^{\ominus}$；$[Ba^{2+}]<[SO_4^{2-}]$

1-9 AgCl 在 ① 水中；② 0.01 $mol\cdot dm^{-3}$ $CaCl_2$ 溶液中；③ 0.01 $mol\cdot dm^{-3}$ NaCl 溶液中；④ 0.03 $mol\cdot dm^{-3}$ $AgNO_3$ 溶液中的溶解度从大到小的顺序是 ( )

A.①>②>③>④　　B.①>③>②>④

C.②>④>①>③　　D.④>①>③>②

1-10 已知 $K_{sp}^{\ominus}(FeS)=1.1\times10^{-19}$，$H_2S$ 的 $K_{a_1}^{\ominus}=9.1\times10^{-8}$，$K_{a_2}^{\ominus}=1.1\times10^{-12}$。当向 0.075 $mol\cdot dm^{-3}$ 的 $FeCl_2$ 溶液通入 H_2S 气体至饱和(浓度为 0.1 $mol\cdot dm^{-3}$)欲使 FeS 不沉淀析出，溶液的 pH 应是 ( )

A.pH≤0.10　　B.pH≥0.10　　C.pH≤3.10　　D.pH≤1.06

2.填空题

2-1 $K_{sp}^{\ominus}$ 称为溶度积常数，它的大小与________和____________有关，而与__________和溶液中________________无关。溶液中离子浓度的变化，只能使________________，但并不改变__________________。溶解度与溶度积相互换算的两个前提条件是____________________和______________________。

2-2 已知 $K_{sp}^{\ominus}(CaF_2)=4.0\times10^{-12}$，在 CaF_2 的饱和溶液中$[Ca^{2+}]=$________ $mol\cdot dm^{-3}$；$[F^-]=$________ $mol\cdot dm^{-3}$；在 0.10 $mol\cdot dm^{-3}$ NaF 溶液中 CaF_2 的溶解度为__________ $mol\cdot dm^{-3}$。

2-3 在纯水中 $Cr(OH)_3$ 饱和溶液的 $[Cr^{3+}]=1.236\times10^{-8}$ $mol\cdot dm^{-3}$，则其 pH 为____，$K_{sp}^{\ominus}[Cr(OH)_3]=$__________。若在 pH=7 的中性溶液中，$Cr(OH)_3$ 的溶解度为______________ $mol\cdot dm^{-3}$。

2-4 在 $CaCO_3$($K_{sp}^{\ominus}=2.8\times10^{-9}$)、$CaF_2$($K_{sp}^{\ominus}=4.0\times10^{-12}$)、$Ca_3(PO_4)_2$($K_{sp}^{\ominus}=2.0\times10^{-29}$)这些物质的饱和溶液中，$Ca^{2+}$ 浓度由大至小的顺序为__________________。

2-5 已知 $K_{sp}^{\ominus}(PbCrO_4)=2.8\times10^{-13}$，$K_{sp}^{\ominus}(PbI_2)=7.1\times10^{-9}$，若将 PbI_2 沉淀转化为 $PbCrO_4$ 沉淀，转化方程式为____________________________，该反应的平衡常数为__________________。

2-6 已知 Ag_2CrO_4 的溶度积 $K_{sp}^{\ominus}$ 为 1.1×10^{-12}，则将 30 mL 0.010 $mol\cdot dm^{-3}$ 的 $AgNO_3$ 溶液与 20 mL 0.010 $mol\cdot dm^{-3}$ 的 K_2CrO_4 溶液混合达到平衡后$[Ag^+]$为________ $mol\cdot dm^{-3}$。

2-7 温度一定时，在有 AgCl 沉淀的水溶液中，加入下列物质后，将可能引起的变化以及变化的主要原因填入下表(变化情况以增加、减小、不变表示)。

加入物质	AgCl(s)量	$[Ag^+]$	$[Cl^-]$	主要原因
$0.10\ mol \cdot dm^{-3}$ HCl				
$KNO_3(s)$后溶解				
Na_2S (s)				

2-8 $Mn(OH)_2$的 $K_{sp}^{\ominus}=1.9\times10^{-13}$，在纯水中其溶解度为__________ $mol \cdot dm^{-3}$。0.050 mol $Mn(OH)_2$(s)刚好在浓度为__________ $mol \cdot dm^{-3}$、体积为 0.50 dm^3的 NH_4Cl 溶液中溶解。$K_b^{\ominus}(NH_3)=1.8\times10^{-5}$。

2-9 在难溶盐的沉淀与溶解平衡过程中，溶解反应 $M_mN_n = mM^{n+} + nN^{m-}$ 也存在 $\Delta G = -RT\ \ln K^{\ominus} + RT\ \ln Q_i$（$Q_i$为离子的离子积）的关系；

若 $\Delta G=0$，则表明$[M^{n+}]^m[N^{m-}]^n$________ $K_{sp}^{\ominus}$，说明__________；

若 $\Delta G<0$，则表明 $[M^{n+}]^m[N^{m-}]^n$______ $K_{sp}^{\ominus}$，说明__________；

若 $\Delta G>0$，则表明$[M^{n+}]^m[N^{m-}]^n$________ $K_{sp}^{\ominus}$，说明__________。

2-10 已知 NiS 的溶度积为 3.0×10^{-21}，H_2S 的电离常数分别为 1.32×10^{-7}和 7.1×10^{-15}，若在0.1 $mol \cdot dm^{-3}$ $NiCl_2$和 2.0 $mol \cdot dm^{-3}$ HCl 的混合溶液中通入 H_2S 至饱和，则溶液中$[S^{2-}]$=________ $mol \cdot dm^{-3}$，______产生 NiS 沉淀。

3.简答题

3-1 试判断 CaC_2O_4 在下列溶液中溶解度的大小，说明你判断的依据。

(1)0.1 $mol \cdot dm^{-3}$的 $CaCl_2$ 溶液；　(2)0.1 $mol \cdot dm^{-3}$的$(NH_4)_2C_2O_4$ 溶液；

(3)NH_4Cl 溶液；　(4) HCl 溶液。

3-2 怎样能使难溶电解质溶解？试举出三种不同类型的溶解例子并写出反应方程式。

3-3 在乙二酸溶液中加入 $CaCl_2$溶液产生 CaC_2O_4沉淀，当过滤出沉淀后，加氨水于滤液中，又有 CaC_2O_4沉淀出现，试解释上述实验现象。

3-4 MnS 溶于 HAc 的反应式如下：$MnS+2HAc = Mn^{2+}+H_2S+2Ac^-$ 计算该反应的平衡常数 K。已知，$K_{sp}^{\ominus}(MnS)=1.4\times10^{-15}$，$K_{sp}^{\ominus}(HAc)=1.8\times10^{-5}$，$H_2S$：$K_{a1}^{\ominus}=5.7\times10^{-8}$，$K_{a_2}^{\ominus}=1.2\times10^{-15}$。

3-5 在水中加入一些固体 Ag_2CrO_4，然后再加入 KI 溶液，有何现象产生？试通过计算来解释。已知：$K_{sp}^{\ominus}(Ag_2CrO_4)=1.1\times10^{-12}$，$K_{sp}^{\ominus}(AgI)=8.3\times10^{-17}$。

3-6 根据同离子效应，可知加入的沉淀剂越多，则沉淀也越完全。试分析此说法是否合理。

3-7 对多数难溶电解质来说，从 $K_{sp}^{\ominus}$直接计算出的溶解度都有较大的误差。试分析引起这些计算误差的原因有哪些？

3-8 已知：$K_{sp}^{\ominus}(AgI)=1.0\times10^{-16}$；$K_{sp}^{\ominus}(Ag_2S)=1.0\times10^{-49}$。判断下列反应的方向：

$$2AgI+S^{2-} \rightleftharpoons Ag_2S+2I^-$$

3-9 试解释为什么 AgCl 不溶于稀盐酸，却可适当溶于浓盐酸。

3-10 利用沉淀溶解平衡解释溶洞的形成过程。

4.计算题

4-1 MgF_2的溶度积 $K_{sp}^{\ominus}=8.0\times10^{-8}$，在 0.250 dm^3 0.100 $mol \cdot dm^{-3}$的 $Mg(NO_3)_2$溶液

中能溶解 MgF_2(相对分子质量为 62.31)多少克？

4-2 $Mn(OH)_2$的饱和水溶液的 pH=9.63,计算：

(1)$Mn(OH)_2$的溶解度(mol·dm^{-3})和溶度积 $K_{sp}^{\ominus}[Mn(OH)_2]$；

(2)求溶液的 pH 分别为 9.00 和 10.00 时 MgF_2 的溶解度为多少？

4-3 将 40.0 cm^3 3.00 mol·dm^{-3}的 $Pb(NO_3)_2$溶液与 20.0 cm^3 0.002 mol·dm^{-3}的 NaI 溶液混合,试计算有多少 PbI_2沉淀生成？溶液中 $[Pb^{2+}]$、$[I^-]$、$[NO_3^-]$、$[Na^+]$ 各是多少？已知:$K_{sp}^{\ominus}(PbI_2)=7.1\times10^{-9}$。

4-4 已知 C_6H_5COOAg 的饱和溶液 pH=8.63,而 C_6H_5COOH 的 $K_a^{\ominus}=6.5\times10^{-5}$,试计算 C_6H_5COOAg 的 $K_{sp}^{\ominus}$。

4-5 计算 AgSCN 和 AgBr 共同存在时各自的溶解度(mol·dm^{-3})。已知:$K_{sp}^{\ominus}(AgSCN)=1.1\times10^{-12}$,$K_{sp}^{\ominus}(AgBr)=5.0\times10^{-13}$。

4-6 如果用 $(NH_4)_2S$ 溶液来处理 AgI 沉淀使之转化为 Ag_2S 沉淀,计算该反应的平衡常数为多少？欲在 1.0 L $(NH_4)_2S$ 溶液中使 0.010 mol AgI 完全转化为 Ag_2S,则 $(NH_4)_2S$ 溶液的最初浓度应为多少？忽略$(NH_4)_2S$ 的水解,$K_{sp}^{\ominus}(AgI)=8.3\times10^{-17}$,$K_{sp}^{\ominus}(Ag_2S)=6.3\times10^{-50}$。

4-7 某溶液中$[Pb^{2+}]$、$[Mn^{2+}]$ 均为 0.025 mol·dm^{-3},欲使 PbS 沉淀出来,而使 Pb^{2+}、Mn^{2+}两种离子定量分离,试计算 pH 应控制在什么范围？已知:$K_{sp}^{\ominus}(PbS)=8.0\times10^{-28}$,$K_{sp}^{\ominus}(MnS)=2.5\times10^{-13}$,$H_2S$ 的 $K_{a_1}^{\ominus}=5.7\times10^{-8}$,$K_{a_2}^{\ominus}=1.2\times10^{-15}$。

4-8 若在含有 2.0×10^{-3} mol·dm^{-3} CrO_4^{2-} 和 1.0×10^{-5} mol·dm^{-3} Cl^- 的混合溶液中逐滴加入 $AgNO_3$ 溶液并不断搅拌,问当第二种离子开始沉淀时,第一种离子沉淀的百分比是多少？(忽略加入 $AgNO_3$ 溶液的体积变化)已知:$K_{sp}^{\ominus}(Ag_2CrO_4)=1.2\times10^{-12}$,$K_{sp}^{\ominus}(AgCl)=1.6\times10^{-10}$。

4-9 用 Na_2CO_3溶液处理 AgI 沉淀,使之转化为 Ag_2CO_3沉淀。试计算在 1.0 dm^3 Na_2CO_3溶液中要溶解 0.010 mol AgI 沉淀,Na_2CO_3溶液的初始浓度应为多少？转化的可能性如何？已知:$K_{sp}^{\ominus}(AgI)=8.3\times10^{-17}$,$K_{sp}^{\ominus}(Ag_2CO_3)=8.1\times10^{-12}$。

4-10 在 1.0 mol·dm^{-3} $NiSO_4$溶液中,含有杂质 Fe^{3+} 的浓度为 0.10 mol·dm^{-3}。通过计算如何控制 pH 将 Fe^{3+} 除去？已知:$K_{sp}^{\ominus}[Fe(OH)_3]=6.0\times10^{-38}$,$K_{sp}^{\ominus}[Ni(OH)_2]=1.6\times10^{-16}$。

自测题解答

1.选择题

1-1 (C)　**1-2** (B)　**1-3** (C)　**1-4** (B)　**1-5** (A)

1-6 (B)　**1-7** (A)　**1-8** (C)　**1-9** (B)　**1-10** (D)

2.填空题

2-1 难溶电解质的本性;温度;沉淀量;离子的浓度;平衡移动;溶度积常数;难溶电解质在溶液中要一步完全电离;电离出的离子在溶液中不发生任何反应。

2-2 1.0×10^{-4};2.0×10^{-4};4.0×10^{-10}。

2-3 6.6;6.3×10^{-31};6.3×10^{-10}。

2-4 $CaF_2>CaCO_3>Ca_3(PO_4)_2$。

2-5 $PbI_2(s)+CrO_4^{2-}(aq)$══$PbCrO_4(s)+2I^-(aq)$;2.53×10^4。

2-6 3.3×10^{-5}。

2-7 见下表。

加入物质	AgCl(s)量	$[Ag^+]$	$[Cl^-]$	主要原因
$0.10\ mol \cdot dm^{-3}$ HCl	增加	减小	增加	同离子效应
$KNO_3(s)$后溶解	减小	增加	增加	盐效应
$Na_2S(s)$	减小	减小	增加	沉淀转化

2-8 3.6×10^{-5}；2.8。

2-9 等于，溶液为饱和溶液；小于，溶液为不饱和溶液；大于，将有沉淀析出。

2-10 2.34×10^{-23}；不能。

3.简答题

3-1 (1)CaC_2O_4 在 $0.1\ mol \cdot dm^{-3}$的 $CaCl_2$ 溶液中溶解度减小；产生同离子效应。(2)在 $0.1\ mol \cdot dm^{-3}$的$(NH_4)_2C_2O_4$ 溶液中溶解度减小；同离子效应。(3)在 NH_4Cl 溶液中 CaC_2O_4 溶解度稍有增加；产生盐效应。(4) 在 HCl 溶液中 CaC_2O_4 溶解度明显增大，因为 H^+ 与 $C_2O_4^{2-}$ 生成弱电解质 $H_2C_2O_4$，促使平衡向沉淀溶解方向移动。

3-2 使难溶沉淀溶解主要有如下几种方法：

(1)加酸溶解：常用于难溶弱酸盐沉淀。如：

$$CaCO_3+2HCl = CaCl_2+CO_2\uparrow+H_2O$$

(2)加氧化剂或还原剂溶解：

$$3CuS+8HNO_3(稀) = 3Cu(NO_3)_2+3S\downarrow+2NO\uparrow+4H_2O$$

(3)加入配位剂溶解：

$$AgCl+2NH_3 = [Ag(NH_3)_2]^+ +Cl^-$$

3-3 乙二酸是二元弱酸，溶液中存在下列解离平衡：

$$H_2C_2O_4 \rightleftharpoons H^+ +HC_2O_4^- \qquad HC_2O_4^- \rightleftharpoons H^+ +C_2O_4^{2-}$$

加入 Ca^{2+} 溶液后，$[Ca^{2+}][C_2O_4^{2-}]>K_{sp}^{\ominus}(CaC_2O_4)$，因而析出 CaC_2O_4 沉淀。当过滤出沉淀后，溶液中$[Ca^{2+}][C_2O_4^{2-}]=K_{sp}^{\ominus}(CaC_2O_4)$，溶液中仍然存在以下平衡：

$$H_2C_2O_4 \rightleftharpoons H^+ +HC_2O_4^- \qquad HC_2O_4^- \rightleftharpoons H^+ +C_2O_4^{2-}$$

加氨水于滤液中，由于 NH_3 中和了 H^+：$NH_3+H^+ = NH_4^+$，促使上述平衡向右移动，体系中 $[C_2O_4^{2-}]$ 增大，于是又使$[Ca^{2+}][C_2O_4^{2-}]>K_{sp}^{\ominus}(CaC_2O_4)$，再次析出 CaC_2O_4 沉淀。

3-4

$$MnS+2HAc = Mn^{2+}+H_2S+2Ac^-$$

平衡常数 $K=\dfrac{[Mn^{2+}][H_2S][Ac^-]^2}{[HAc]^2}$

分子、分母同乘以$[S^{2-}][H^+]^2$，则

$$K=\frac{K_{sp}(MnS)\times K_a^2(HAc)}{K_{a_1}\times K_{a_2}}=\frac{1.4\times10^{-15}\times(1.8\times10^{-5})^2}{5.7\times10^{-8}\times1.2\times10^{-15}}=6.6\times10^{-3}$$

3-5 加入 KI 溶液后，将有黄色 AgI 沉淀析出。因为 Ag_2CrO_4 固体在水中将有少量溶解

$$Ag_2CrO_4 \rightleftharpoons 2Ag^+ +CrO_4^{2-}$$

溶液中 $[Ag^+]^2[CrO_4^{2-}]=K_{sp}^{\ominus}(Ag_2C_2O_4)=1.1\times10^{-12}$，

设 Ag_2CrO_4 的溶解度为 $s\ mol \cdot dm^{-3}$，则$[Ag^+]=2s$，$[CrO_4^{2-}]=s$，即

$(2s)^2 \cdot s=1.1\times10^{-12}$，可计算得 $s=6.5\times10^{-5}(mol \cdot dm^{-3})$。

而 $[Ag^+]=2s=1.3\times10^{-4}(mol \cdot dm^{-3})$

当加入 KI 溶液后，若$[Ag^+][I^-]>8.3\times10^{-17}$，就会有 AgI 沉淀析出。即

$$[I^-]>\frac{K_{sp}^{\ominus}(AgI)}{Ag^+}=\frac{8.3\times10^{-17}}{1.3\times10^{-4}}=6.4\times10^{-13}(mol \cdot dm^{-3})$$

该[I^-]是一个很小的数值，所以稍微滴加少许 KI 溶液就有黄色 AgI 沉淀析出。若加入足够的 KI 溶液，就可以把砖红色的 Ag_2CrO_4 固体全部转化为黄色的 AgI 沉淀。

3-6 单独考虑同离子效应，从理论上说，沉淀剂加入越多，被沉淀离子沉淀得就越完全。但还存在另外两个效应：盐效应和配位效应，这两种效应都会促进沉淀溶解，尤其是配位效应，甚至会使沉淀完全溶解。所以沉淀剂的量并不是加的越多越好，而是适当过量就可以了。如要沉淀溶液中的 Ag^+，使用 I^-：

$$Ag^+ + I^- \longrightarrow AgI$$

适当过量的 I^- 会降低 AgI 的溶解度，使 Ag^+ 沉淀更完全；过多的 I^- 会形成配合物：

$$AgI + I^- \longrightarrow [AgI_2]^-$$

又促使沉淀溶解，直至使沉淀完全溶解。盐效应的影响相对较小，但它使沉淀溶解度增大。

3-7 只有很少数难溶电解质的溶解度能从 $K_{sp}^{\ominus}$ 直接计算出来，例如：

AB 型难溶电解质（AgCl、$BaSO_4$）　　$S=\sqrt{K_{sp}^{\ominus}}$

AB_2 型难溶电解质（Ag_2CrO_4）　　$S=\sqrt[3]{\dfrac{K_{sp}^{\ominus}}{4}}$

对多数难溶电解质来说，这样换算误差都较大，原因有以下几个方面：

(1)难溶电解质常有固有溶解度。

通常把以分子或离子对形式溶于水的部分称为固有溶解度。尽管固有溶解度通常不大，但对于溶度积极小的难溶盐而言，固有溶解度在总溶解度中所占比例很大，甚至比用溶度积换算出的溶解度还要大。

(2)离子发生水解反应。

难溶电解质电离出的正负离子，由于发生水解形成羟合离子或质子加合物，从而使难溶电解质溶解度增大，有些可以比从溶度积换算的溶解度大几千倍。例如，PbS 在水中有 $Pb(OH)^+$、$Pb(OH)_2$、HS^-、H_2S 生成，实际的 PbS 溶解度除了考虑 Pb^{2+} 和 S^{2-} 外，还要加上上述水解产物部分。

(3)离子发生配位反应。

如 AgCl 溶于水时，电离的 Ag^+ 和 Cl^- 可以生成配离子以 $AgCl_2^-$ 形式溶解，特别是当 Cl^- 浓度较大时，配位溶解的部分会更多。

(4)活度因子 f 的影响。

严格地说，溶度积应是各离子活度的系数方次的乘积，离子的活度等于离子浓度乘以活度系数。只不过在溶液很稀的情况下，活度系数接近 1，而可以用浓度代替活度。在溶液中离子浓度不是很小的情况下，由于离子强度较大，活度系数 f 变小，从而引起溶解度增大。

3-8 反应　　$2AgI + S^{2-} \rightleftharpoons Ag_2S + 2I^-$

平衡常数 $K=\dfrac{[I^-]^2}{[S^{2-}]}$，分子分母同乘以 $[Ag^+]^2$，则

$$K=\frac{[K_{sp}(AgI)]^2}{K_{sp}(Ag_2S)}=\frac{(1.0\times10^{-16})^2}{1.0\times10^{-49}}=1.0\times10^{17}$$

因为平衡常数很大，远远大于 10^7，反应将向正反应方向进行。

3-9 稀盐酸解离出的 Cl^- 较少，此时 Cl^- 体现的主要是同离子效应，相对于纯水，AgCl 的溶解度反而降低，但若是浓 HCl，Cl^- 浓度大，配位效应占主导，发生如下反应：

$$AgCl + Cl^- \rightleftharpoons AgCl_2^-$$

沉淀溶解。

3-10 $CaCO_3$ 沉淀溶解平衡方程为：$CaCO_3 \rightleftharpoons Ca^{2+} + CO_3^{2-}$。当有水、二氧化碳存在时，则会发生如下反应：$CaCO_3 + CO_2 + H_2O \rightleftharpoons Ca(HCO_3)_2$。这是一个可逆过程，生成钟乳石和石笋的溶洞都是石灰岩构成的。洞顶有很多的裂隙，每一处裂隙里都有水滴渗透出来，当二氧化碳浓度较大时，反应向右进行，$CaCO_3$ 就会溶解，而随着温度的变化和水分的蒸发，生成的 $Ca(HCO_3)_2$ 又会分解重新生成 $CaCO_3$，那里就会留下一些石灰质的沉淀，日积月累，天长日久，洞顶上的石灰质越积越多，以至越垂越长，就形成了姿态万千的钟乳石。

4.计算题

4-1 因为$[Mg^{2+}][F^-]^2=8.0\times10^{-8}$，而 $Mg(NO_3)_2$溶液中$[Mg^{2+}]=0.100\ mol\cdot dm^{-3}$，忽略 MgF_2解离的 Mg^{2+}，所以$[F^-]=\sqrt{\dfrac{8.0\times10^{-8}}{0.100}}=8.94\times10^{-4}(mol\cdot dm^{-3})$。而 MgF_2的浓度则相当于$\dfrac{1}{2}\times8.94\times10^{-4}=4.47\times10^{-4}(mol\cdot dm^{-3})$，能溶解 MgF_2的克数为 $4.47\times10^{-4}\times0.250\times62.31=6.96\times10^{-3}(g)$。

4-2 (1)因为 pH=9.63，所以$[H^+]=2.34\times10^{-10}\ mol\cdot dm^{-3}$，$[OH^-]=4.3\times10^{-5}\ mol\cdot dm^{-3}$，而

$$[Mn^{2+}]=\frac{1}{2}\times[OH^-]=2.15\times10^{-5}\ mol\cdot dm^{-3}$$

$$K^{\ominus}_{sp}[Mn(OH)_2]=[Mn^{2+}][OH^-]^2=2.15\times10^{-5}\times(4.3\times10^{-5})^2=4.0\times10^{-14}$$

$Mn(OH)_2$的溶解度为 $2.15\times10^{-5}\ mol\cdot dm^{-3}$；溶度积为 4.0×10^{-14}。

(2)当 pH 为 9.00 时，$[OH^-]=1.0\times10^{-5}\ mol\cdot dm^{-3}$

$$[Mn^{2+}]=\frac{4.0\times10^{-14}}{(1.0\times10^{-5})^2}=4.0\times10^{-4}\ mol\cdot dm^{-3}$$

即 $Mn(OH)_2$的溶解度为 $4.0\times10^{-4}\ mol\cdot dm^{-3}$。

当 pH 为 10.00 时，$[OH^-]=1.0\times10^{-4}\ mol\cdot dm^{-3}$

$$[Mn^{2+}]=\frac{4.0\times^{14}}{(1.0\times10^{-4})^2}=4.0\times10^{-6}(mol\cdot dm^{-3})$$

即 $Mn(OH)_2$的溶解度为 $4.0\times10^{-6}\ mol\cdot dm^{-3}$。

4-3 混合后的浓度：

$$[Pb^{2+}]=3.00\times\frac{40.0}{40.0+20.0}=2.00\ (mol\cdot dm^{-3})$$

$$[I^-]=0.002\times\frac{20.0}{40.0+20.0}=6.67\times10^{-4}(mol\cdot dm^{-3})$$

Pb^{2+}过量，I^-浓度很小，析出 PbI_2沉淀后的$[Pb^{2+}]$量可认为不变，则残留的$[I^-]$为

$$[I^-]=\sqrt{\frac{7.1\times10^{-9}}{2.00}}=5.96\times10^{-5}(mol\cdot dm^{-3})$$

所以生成 PbI_2沉淀的量$=\dfrac{6.67\times10^{-4}-5.96\times10^{-5}}{2}=3.04\times10^{-4}(mol\cdot dm^{-3})$

在该 60.0 cm^3溶液中沉淀的量为 $3.04\times10^{-4}\times\dfrac{60.0}{1000}=1.8\times10^{-5}(mol)$

溶液中各有关离子的浓度为：

$[Pb^{2+}]\approx2.00\ mol\cdot dm^{-3}$，$[I^-]=5.96\times10^{-5}\ mol\cdot dm^{-3}$

$[NO_3^-]=4.00\ mol\cdot dm^{-3}$，$[Na^+]=6.67\times10^{-4}\ mol\cdot dm^{-3}$

4-4 因为 pH=8.63，pOH=5.37 所以$[OH^-]=4.3\times10^{-6}\ mol\cdot dm^{-3}$

$$C_6H_5COO^-+H_2O\rightleftharpoons C_6H_5COOH+OH^-$$

$$K_h=\frac{K_w}{K_a}=\frac{1.0\times10^{-14}}{6.5\times10^{-5}}=1.54\times10^{-10}$$

即$\dfrac{(4.3\times10^{-6})^2}{[C_6H_5COO^-]}=1.54\times10^{-10}$，解得$[C_6H_5COO^-]=0.12\ mol\cdot dm^{-3}$。

$$C_6H_5COOAg\rightleftharpoons C_6H_5COO^-+Ag^+,\ K^{\ominus}_{sp}=(0.12)^2=0.0144$$

4-5 溶液中存在两个沉淀-溶解平衡：

$[Ag^+][SCN^-]=1.1\times10^{-12}$　①

$[Ag^+][Br^-]=5.0\times10^{-13}$　②

①/② 得$[SCN^-]/[Br^-]=2.2$　③

根据电荷平衡：$[Ag^+]=[SCN^-]+[Br^-]$　④

将③式代入④式：$[Ag^+]=3.2\times[Br^-]$ ⑤

将⑤式代入②式中，$[Br^-]=4.0\times10^{-7}\ mol\cdot dm^{-3}$

则 $[Ag^+]=\frac{5.0\times10^{-13}}{4.0\times10^{-7}}=1.3\times10^{-6}(mol\cdot dm^{-3})$

$[SCN^-]=\frac{1.1\times10^{-12}}{1.3\times10^{-6}}=8.5\times10^{-7}(mol\cdot dm^{-3})$

所以 AgSCN 和 AgBr 共同存在时，AgSCN 的溶解度为 $8.5\times10^{-7}\ mol\cdot dm^{-3}$；AgBr 的溶解度为$4.0\times10^{-7}\ mol\cdot dm^{-3}$。

4-6 $S^{2-}+2AgI═Ag_2S+2I^-$

平衡常数 $K=\frac{[I^-]^2}{[S^{2-}]}=\frac{K_{sp}^2(AgI)}{K_{sp}(Ag_2S)}=\frac{(8.3\times10^{-17})}{6.3\times10^{-50}}=1.1\times10^{17}$

因为溶解平衡时，$[I^-]=0.010\ mol\cdot dm^{-3}$

所以平衡时，$[S^{2-}]=\frac{(0.010)^2}{1.1\times10^{17}}=9.1\times10^{-22}(mol\cdot dm^{-3})$

则$(NH_4)_2S$ 溶液的初始浓度为$\frac{1}{2}\times0.010+9.1\times10^{-22}=0.0050(mol\cdot dm^{-3})$

4-7 Mn^{2+} 不沉淀需要控制的$[S^{2-}]$为

$[S^{2-}]=\frac{2.5\times10^{-13}}{0.025}=1.0\times10^{-11}$，$S^{2-}$ 浓度需小于此值。

则需要控制的酸度：$[H^+]=\sqrt{\frac{K_{a_1}\times K_{a_2}\times[H_2S]}{[S^{2-}]}}$

$$=\sqrt{\frac{5.7\times10^{-8}\times1.2\times10^{-15}\times0.10}{1.0\times10^{-11}}}=8.3\times10^{-7}(mol\cdot dm^{-3})$$

pH=6.08(pH 需低于此值)，因此，Pb^{2+} 沉淀完全需要控制的$[S^{2-}]$为

$[S^{2-}]=\frac{8.0\times10^{-28}}{1.0\times10^{-6}}=8.0\times10^{-22}(mol\cdot dm^{-3})$，$S^{2-}$ 浓度需大于此值。

则需要控制的酸度：$[H^+]=\sqrt{\frac{5.7\times10^{-8}\times1.2\times10^{-15}\times0.10}{8.0\times10^{-22}}}=0.092\ (mol\cdot dm^{-3})$

pH=1.04(pH 需高于此值)

pH 控制在 1.04～6.08 内，即可使 Pb^{2+}、Mn^{2+} 两种离子定量分离。

4-8 Ag_2CrO_4 沉淀所需要的 Ag^+ 浓度：

$[Ag^+]=\sqrt{\frac{1.2\times10^{-12}}{2.0\times10^{-3}}}=2.4\times10^{-5}(mol\cdot dm^{-3})$

AgCl 沉淀所需要的 Ag^+ 浓度：$[Ag^+]=\frac{1.6\times10^{-10}}{1.0\times10^{-5}}=1.6\times10^{-5}(mol\cdot dm^{-3})$

计算表明应是 AgCl 先沉淀。当 Ag_2CrO_4 沉淀时，Cl^- 残留浓度为

$[Cl^-]=\frac{1.6\times10^{-10}}{2.4\times10^{-5}}=6.7\times10^{-6}(mol\cdot dm^{-3})$

残留 Cl^- 浓度的百分数为$\frac{6.7\times10^{-6}}{1.0\times10^{-5}}\times100\%=67\%$

故已沉淀的 Cl^- 浓度的百分数为 $1.0-67\%=33\%$

4-9 沉淀转化反应式 $2AgI+CO_3^{2-}\rightleftharpoons Ag_2CO_3+2I^-$

平衡常数 $K=\frac{[I^-]^2}{[CO_3^{2-}]}$，分子分母同乘以 $[Ag^+]^2$，则

$K=\frac{[K_{sp}^{\ominus}(AgI)]^2}{K_{sp}^{\ominus}(Ag_2CO_3)}=\frac{(8.3\times10^{-17})}{8.1\times10^{-12}}=8.5\times10^{-22}$

即 $\frac{(0.010)^2}{[CO_3^{2-}]}=8.5\times10^{-22}$

$[CO_3^{2-}]=\frac{(0.010)^2}{8.5\times10^{-22}}=1.2\times10^{17}(mol\cdot dm^{-3})$

$[CO_3^{2-}]_{初始}=\frac{1}{2}\times0.010+1.2\times10^{17}\approx1.2\times10^{17}(mol\cdot dm^{-3})$

由于转化需要的 Na_2CO_3 溶液初始浓度很大，根本不可能实现，所以不可能发生题目所假设的转化。

4-10 由于二者氢氧化物的溶度积相差很大，所以可以通过控制 pH 除去杂质 Fe^{3+}。

设杂质 Fe^{3+} 残留浓度达 1.0×10^{-5} $mol\cdot dm^{-3}$ 时可认为其沉淀完全，则需要控制

$[OH^-]=\sqrt[3]{\frac{6.0\times10^{-38}}{1.0\times10^{-5}}}=1.8\times10^{-11}(mol\cdot dm^{-3})$

$pH=14-(-\lg 1.8\times10^{-11})=3.26$

Ni^{2+} 不沉淀需要控制的

$[OH^-]=\sqrt{\frac{1.6\times10^{-16}}{1.0}}=1.3\times10^{-8}(mol\cdot dm^{-3})$

$pH=14-(-\lg 1.3\times10^{-8})=6.11$

计算表明：控制溶液的 $pH=3.26\sim6.11$，则可除去 1.0 $mol\cdot dm^{-3}$ $NiSO_4$ 溶液中含有的 0.10 $mol\cdot dm^{-3}$ 杂质 Fe^{3+}。实际生产上控制 pH 为 4.0 左右。

三、思考题解答

12-1 解答：难溶电解质常常是难溶盐类，这类物质往往是强电解质，虽然溶解部分很少，但溶解的部分全部电离。而弱电解质则指在水中电离能力很弱的物质，如 HAc，在水中主要以 HAc 分子形式存在，很少部分电离成 H^+ 和 Ac^-。

12-2 解答：两者应用范围不同，溶度积只用来表示难溶电解质的溶解程度，不受离子浓度的影响。而溶解度则不同，如同离子效应对难溶电解质的溶解度有较大影响。用溶度积比较难溶电解质的溶解性能只能在相同类型化合物之间进行，溶解度则比较直观。

12-3 解答：对于一般的沉淀-溶解平衡，溶度积 K_{sp} 与溶解度 s 有如下关系：

$$A_mB_n(s)\rightleftharpoons mA^{n+}(aq)+n(B)^{m-}(aq)$$

$$K_{sp}^{\ominus}=(ns)^n\cdot(ms)^m=n^n\cdot m^m\cdot(s)^{m+n}$$

可以看出，对于同类型难溶电解质，n 相同，m 也相同，所以可以根据 $K_{sp}^{\ominus}$ 的大小判断溶解度的大小，但对于不同类型难溶电解质，n 不相同或者 m 不相同或者两者都不相同，此时 $K_{sp}^{\ominus}$ 与 s 的计算关系也就不同，因而无法根据 $K_{sp}^{\ominus}$ 的大小判断溶解度的大小，只能先计算出各自的 s，再比较。

12-4 解答：Ag_2CrO_4 的溶度积是 1.1×10^{-12}，通过溶度积与溶解度的换算关系计算得 Ag_2CrO_4 的溶解度为 6.5×10^{-5} $mol\cdot dm^{-3}$，AgCl 的溶度积是 1.8×10^{-10}，溶解度为 1.3×10^{-5} $mol\cdot dm^{-3}$。可见虽然 AgCl 的溶度积大于 Ag_2CrO_4，但溶解度却小于 Ag_2CrO_4，所以说不同类型的难溶电解质，不能由溶度积大小直接判断溶解能力大小，需先利用溶度积换算出溶解度，再比较。

12-5 解答：

难溶电解质	举例	公式 $s/\text{mol}\cdot\text{dm}^{-3}$
AB	AgCl	$K_{sp}^{\ominus}=s^2$
AB_2 或 A_2B	CaF_2	$K_{sp}^{\ominus}=4s^3$
AB_3 或 A_3B	Ag_3PO_4	$K_{sp}^{\ominus}=27s^4$
A_3B_2 或 A_2B_3	$Ca_3(PO_4)_2$	$K_{sp}^{\ominus}=108s^5$

12-6 解答：会改变 s 和 Q_i，因为这两个量都与离子的浓度有关，$K_{sp}^{\ominus}$因为不受浓度影响，所以保持不变。

12-7 解答：(a)设 $Mg(OH)_2$ 在纯水中的溶解度为 x ($\text{mol}\cdot\text{dm}^{-3}$)

$$Mg(OH)_2 \longrightarrow Mg^{2+} + 2OH^-$$
$$x \qquad 2x$$

$K_{sp}^{\ominus}[Mg(OH)_2]=x\times(2x)^2=1.8\times10^{-11}$，$x=1.7\times10^{-4}(\text{mol}\cdot\text{dm}^{-3})$

(b)$Mg(OH)_2$ 饱和溶液中

$c(Mg^{2+})=1.7\times10^{-4}\ \text{mol}\cdot\text{dm}^{-3}$，$c(OH^-)=2\times1.7\times10^{-4}=3.4\times10^{-4}(\text{mol}\cdot\text{dm}^{-3})$

(c)设 $Mg(OH)_2$ 在 0.01 $\text{mol}\cdot\text{dm}^{-3}$ NaOH 溶液中的溶解度为 y $\text{mol}\cdot\text{dm}^{-3}$

$$Mg(OH)_2 \longrightarrow Mg^{2+} + 2OH^-$$
$$y \qquad 2y+0.01$$

$K_{sp}^{\ominus}[Mg(OH)_2]=y\times(2y+0.01)^2\approx y\times0.01^2=1.8\times10^{-11}$，$y=1.8\times10^{-7}(\text{mol}\cdot\text{dm}^{-3})$

(d)设 $Mg(OH)_2$ 在 0.01 $\text{mol}\cdot\text{dm}^{-3}$ $MgCl_2$ 中的溶解度为 z $\text{mol}\cdot\text{dm}^{-3}$

$$Mg(OH)_2 = Mg^{2+} + 2OH^-$$
$$z+0.01 \qquad 2z$$

$K_{sp}^{\ominus}[Mg(OH)_2]=(z+0.01)\times(2z)^2\approx0.01\times(2z)^2=1.8\times10^{-11}$，$z=2.1\times10^{-5}(\text{mol}\cdot\text{dm}^{-3})$

12-8 解答：

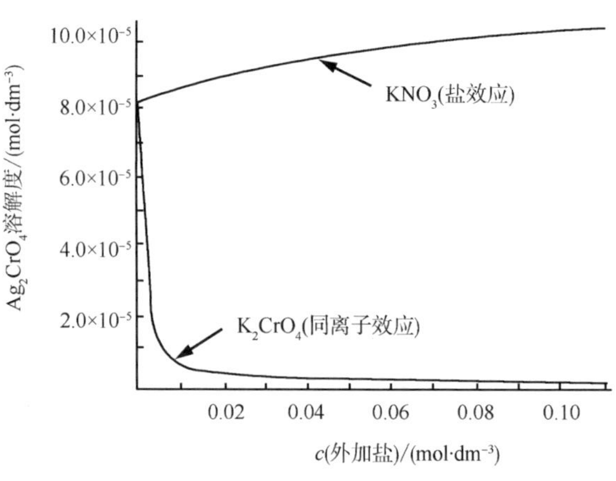

12-9 解答：离子沉淀析出的先后次序主要取决于各离子沉淀析出时所需沉淀剂的最小浓度，所需沉淀剂的最小浓度小的离子先沉淀。当沉淀构型及离子初始浓度相同时，也可直接用溶度积判断，$K_{sp}^{\ominus}$小的先沉淀。当沉淀构型及离子初始浓度不相同时，则应先计算每种离子开始沉淀时所需沉淀剂的最小浓度，所得值小者先沉淀。

12-10 解答：$K_{sp}(BaCO_3)=5.1\times10^{-9}$，$K_{sp}(BaCrO_4)=1.2\times10^{-10}$

使 $BaCrO_4\downarrow$ 转化为 $BaCO_3\downarrow$，即

$$BaCrO_4+CO_3^{2-}\rightleftharpoons BaCO_3+CrO_4^{2-}$$

$$K=\frac{c(CrO_4^{2-})}{c(CO_4^{2-})}=\frac{K_{sp}(BaCrO_4)}{K_{sp}(BaCO_3)}=\frac{1.2\times10^{-10}}{5.1\times10^{-9}}=2.4\times10^{-2}$$

$$Q=\frac{c(CrO_4^{2-})}{c(CO_3^{2-})}<2.4\times10^{-2},c(CO_3^{2-})>42c(CrO_4^{2-})$$

即提供的 CO_3^{2-} 浓度保证大于溶解后 CrO_4^{2-} 浓度的 42 倍，就会使 $BaCrO_4$ 转化为 $BaCO_3$。

12-11 解答：参考例题 12-11，以 0.1 mol ZnS 完全溶于 1.0 dm^3 盐酸为例。

溶解后 $c(Zn^{2+})=c(H_2S)=0.10\ mol\cdot dm^{-3}$，设平衡时溶液中 $c(H^+)$ 为 x $mol\cdot dm^{-3}$

$$ZnS(s)+2H^+(aq)\rightleftharpoons Zn^{2+}(aq)+H_2S(aq)$$

平衡：　　x　　0.1　　0.1

$$K^\ominus=\frac{c(Zn^{2+})\cdot c(H_2S)}{c^2(H^+)}\cdot\frac{c(S^{2-})}{c(S^{2-})}=\frac{K_{sp}^\ominus(ZnS)}{K_{a1}^\ominus(H_2S)\cdot K_{a2}^\ominus(H_2S)}=\frac{2.5\times10^{-22}}{1.1\times10^{-7}\times1.3\times10^{-13}}$$

$$=1.7\times10^{-2}$$

$K^\ominus=0.1\times0.1/x^2=1.7\times10^{-2}$，$x=0.58\ (mol\cdot dm^{-3})$

生成 H_2S 时消耗掉 0.20 mol 盐酸，故所需的盐酸的最初浓度为 $0.58+0.20=0.78\ mol\cdot dm^{-3}$。当 0.1 mol CuS 完全溶于 1.0 L 盐酸时，$c(Cu^{2+})=c(H_2S)=0.10\ mol\cdot dm^{-3}$，设平衡时溶液中 $c(H^+)$为y $mol\cdot dm^{-3}$，则

$$CuS+2H^+\rightleftharpoons H_2S\quad+\quad Cu^{2+}$$

平衡：　　y　　0.1　　0.1

$$K^\ominus=\frac{c(H_2S)c(Cu^{2+})}{c^2(H^+)}=\frac{1.27\times10^{-36}}{1.4\times10^{-20}}=9.1\times10^{-17}$$

$K^\ominus=0.1\times0.1/y^2=9.1\times10^{-17}$，$y=1.1\times10^7(mol\cdot dm^{-3})$

生成 H_2S 时消耗掉 0.20 mol 盐酸，故所需的盐酸的最初浓度为 $1.1\times10^7+0.20\approx1.1\times10^7\ mol\cdot dm^{-3}$，这是不可能实现的，因为盐酸的最大浓度只有 12 $mol\cdot dm^{-3}$，所以 CuS 无法用盐酸溶解，同理 HgS 所需盐酸浓度为 5.0×10^{15} $mol\cdot dm^{-3}$，就更无法溶解了。

12-12 解答：CuS 的 $K_{sp}^\ominus=1.27\times10^{-36}$，可以借助氧化还原的方法来溶解，

$$CuS\rightleftharpoons S^{2-}+Cu^{2-}$$

$$+$$

$$HNO_3\rightleftharpoons S\downarrow+NO\uparrow+H_2O$$

溶液中的 S^{2-} 被氧化成 S 单质，使 S^{2-} 浓度降低，结果使 $Q_i<K_{sp}^\ominus$，平衡向右移动促使 CuS 沉淀溶解。

12-13 解答：HgS 的 $K_{sp}^\ominus$ 极小，单一的方法无法将其溶解，只能双管齐下，即利用浓硝酸的氧化作用使 S^{2-} 的浓度降低，同时利用浓盐酸 Cl^- 的配位作用使 Hg^{2+} 的浓度也降低，这就是 HgS 需要用王水溶解的原因，其反应如下：

$$3HgS+2NO_3^-+12Cl^-+8H^+\longrightarrow 3HgCl_4^{2-}+3S\downarrow+2NO\uparrow+4H_2O$$

12-14 解答：参考自测题之简答题 3-2。

四、课后习题解答

12-1 解答：(1)不正确。虽然 $CaCO_3$ 和 PbI_2 的溶度积非常接近，但它们的构型不同，因而 Ca^{2+} 和 Pb^{2+} 的浓度并不相近。(2)不正确。向 $BaCO_3$ 饱和溶液中加入 Na_2CO_3 固体，会因同离子效应使 $BaCO_3$ 溶解度降低，但溶度积不变。(3)不正确。所有含 $CaCO_3$ 的溶液中，只要温度不变，就会有$[c(Ca^{2+})/c^\ominus][c(CO_3^{2-})/c^\ominus]=2.9\times10^{-9}$，但 $c(Ca^{2+})$不一定等于$c(CO_3^{2-})$。

12-2 解答：由同离子效应可知：$s_0>s_2>s_1>s_3$。

12-3 解答：设溶解度为 s，沉淀溶解平衡为

$$CaF_2 \rightleftharpoons Ca^{2+} + 2F^-$$
$$\qquad\qquad s \qquad 2s$$

$K_{sp}^\ominus=s\times(2s)^2=4s^3=2.7\times10^{-11}$

$s=\sqrt[3]{\dfrac{K_{sp}^\ominus}{4}}=\sqrt[3]{\dfrac{2.7\times10^{-11}}{4}}=1.89\times10^{-4}\ mol\cdot dm^{-3}$

即 CaF_2 在纯水中的溶解度为 $1.89\times10^{-4}\ mol\cdot dm^{-3}$。

12-4 解答：(1)

$c_o(Mg^{2+})=0.25\ mol\cdot dm^{-3}$

$c_o(NH_3)=0.050\ mol\cdot dm^{-3}$

	$NH_3+H_2O \rightleftharpoons$	NH_4^+	$+OH^-$
初始 $c_B/(mol\cdot dm^{-3})$	0.050	0	0
平衡 $c_B/(mol\cdot dm^{-3})$	$0.050-x$	0	0

$\dfrac{x^2}{0.050-x}=K_b(NH_3)=1.8\times10^{-5}$，$x=9.5\times10^{-4}$

$c(OH^-)=9.5\times10^{-4}\ mol\cdot dm^{-3}$

$Q=c^2(OH^-)\cdot c_0(Mg^{2+})=(9.5\times10^{-4})^2\times0.25=2.3\times10^{-7}>K_{sp}$

所以有 $Mg(OH)_2$ 沉淀析出。

(2)为了不让 $Mg(OH)_2$ 沉淀析出，$Q\leqslant K_{sp}$

$c(OH^-)\leqslant\sqrt{\dfrac{K_{sp}[Mg(OH)_2]}{c(Mg^{2+})}}=\sqrt{\dfrac{5.1\times10^{-12}}{0.25}}=4.5\times10^{-6}\ mol\cdot dm^{-3}$

设所加 NH_4Cl 的浓度为 c_0

	$NH_3\ +\ H_2O$	$\rightleftharpoons$	NH_4^+	$+$	OH^-
$c_B/(mol\cdot dm^{-3})$	$0.050-4.5\times10^{-6}\approx0.050$		$c_0+4.5\times10^{-6}$		$4.5\times10^{-6}\approx c_0$

$\dfrac{4.5\times10^{-6}\cdot c_0}{0.050}=1.8\times10^{-5}$

$c_0(NH_4^+)=0.020\ mol\cdot dm^{-3}$

$m(NH_4Cl)=0.20\times0.40\times53.5=4.3\ (g)$

即为了不使 $Mg(OH)_2$沉淀析出，至少应加入 4.3 g NH_4Cl。

12-5 解答：$K_{sp}^\ominus(Cd(OH)_2)=5.25\times10^{-15}$

$c(Cd^{2+})=0.10\times10^{-3}\ g\cdot dm^{-3}/112.4\ g\cdot mol^{-1}=8.9\times10^{-7}\ mol\cdot dm^{-3}$

$c(OH^-)=[K_{sp}^\ominus/c(Cd^{2+})]^{1/2}=[5.25\times10^{-15}/8.9\times10^{-7}]^{1/2}=7.7\times10^{-5}\ mol\cdot dm^{-3}$

所以 $pH=14+lg7.7\times10^{-5}=9.89$，即废水溶液中的 pH 至少应大于 9.89。

12-6 解答：$c(Ca^{2+})=K_{sp}^\ominus(CaF_2)/c^2(F^-)=2.7\times10^{-11}/(2.0\times10^{-17})^2=6.75\times10^{22}\ mol\cdot dm^{-3}$

$c(CO_3^{2-})=K_{sp}^{\ominus}(CaCO_3)/c(Ca^{2+})=2.8\times10^{-9}/6.75\times10^{22}=4.14\times10^{-32}\ mol\cdot dm^{-3}$

即 CO_3^{2-} 的浓度为 $4.14\times10^{-32}\ mol\cdot dm^{-3}$。

12-7 解答:Cl^- 开始沉淀时所需 Ag^+ 的最小浓度:$c(Ag^+)=1.8\times10^{-10}/10^{-5}=1.8\times10^{-5}\ mol\cdot dm^{-3}$,$I^-$ 开始沉淀时所需 Ag^+ 的最小浓度:$c'(Ag^+)=8.3\times10^{-17}/10^{-13}=8.3\times10^{-4}\ mol\cdot dm^{-3}$,因为 $c(Ag^+)<c'(Ag^+)$,所以 AgI 首先沉淀。

12-8 解答:先求 $Fe(OH)_3$ 沉淀完全时的 pH

$c(OH^-)=\{K_{sp}^{\ominus}[Fe(OH)_3]/c(Fe^{3+})\}^{1/3}=[4\times10^{-38}/1.0\times10^{-6}]^{1/3}=3\times10^{-11}\ mol\cdot dm^{-3}$

pH=3.5

再求不生成 $Fe(OH)_2$ 沉淀时的 pH

$c(OH^-)=\{K_{sp}^{\ominus}[Fe(OH)_2]/c(Fe^{2+})\}^{1/2}=[8.0\times10^{-16}/0.05]^{1/2}=1\times10^{-7}\ mol\cdot dm^{-3}$

pH=7.0

所以应控制 $3.5\leqslant pH\leqslant7.0$。

12-9 解答:已知 $K_{sp}^{\ominus}(AgCl)=1.8\times10^{-10}$,两种溶液混合后,浓度为

$c(Ag^+)=6.0\times10^{-3}\times(350/600)=3.5\times10^{-3}\ mol\cdot dm^{-3}$

$c(Cl^-)=0.012\times(250/600)=5.0\times10^{-3}\ mol\cdot dm^{-3}$

$Q=c(Ag^+)\cdot c(Cl^-)=3.5\times10^{-3}\times5.0\times10^{-3}=1.75\times10^{-5}$

$Q>K_{sp}^{\ominus}(AgCl)$,故有 AgCl 沉淀产生。

设:平衡时$[Ag^+]=x$,Ag^+ 沉淀了的浓度为$(3.5\times10^{-3}-x)\ mol\cdot dm^{-3}$

$$AgCl \rightleftharpoons Ag^+ + Cl^-$$

平衡时　x　　$5.0\times10^{-3}-(3.5\times10^{-3}-x)$

$x\times[5.0\times10^{-3}-(3.5\times10^{-3}-x)]=K_{sp}^{\ominus}(AgCl)$

即　$x(1.5\times10^{-3}+x)=K_{sp}^{\ominus}(AgCl)$

由于 x 很小,$1.5\times10^{-3}+x\approx1.5\times10^{-3}$,$x=1.8\times10^{-10}/1.5\times10^{-3}=1.2\times10^{-7}\ mol\cdot dm^{-3}$

溶液中 Ag^+ 的浓度降至 $1.2\times10^{-7}\ mol\cdot dm^{-3}$,已沉淀完全。

12-10 解答:两种难溶化合物相互转化的离子方程式

$$Ca_5(PO_4)_3OH+F^- \rightleftharpoons Ca_5(PO_4)_3F+OH^-$$

$$\begin{aligned}K^{\ominus}&=c(OH^-)/c(F^-)=c(OH^-)c[Ca_5(PO_4)_3^{3-}]/c(F^-)c[Ca_5(PO_4)_3^{3-}]\\&=K_{sp}^{\ominus}[Ca_5(PO_4)_3OH]/K_{sp}^{\ominus}[Ca_5(PO_4)_3F]\\&=6.8\times10^{-37}/1\times10^{-60}=6.8\times10^{23}\end{aligned}$$

两种难溶化合物相互转化的标准平衡常数为 6.8×10^{23}。

五、参考资料

郭亚平,谢练武.2013.重金属盐溶解-沉淀反应的吉布斯自由能变的定量估算.化学研究,24(1):15

李军.1998.溶度积规则在废水处理中的重要作用.重庆理工大学学报(自然科学版),(01):99

李其华,雷春华,刘利民,等.2004.碘化铅沉淀-溶解平衡的移动.化学教育,(04):59

刘小愚,赵正风,胡之德.1981.沉淀-溶解平衡中若干问题的理论探讨.宁夏大学学报(自然科学版),(1):15

苏金昌.2011.用同一种沉淀剂进行分步沉淀的关系式.大学化学,26(6):73

谢东.2011.溶液酸度与 Ag_3PO_4 沉淀生成及溶解关系的讨论.大学化学,26(2):73

徐徽.1992.关于难溶无机盐的溶解度与溶度积.化学通报,(2):43

第13章 配位平衡

一、重要概念

1.不稳定常数(instability constant)和稳定常数(stability constant)

不稳定常数:配离子在溶液中的解离平衡与弱电解质的电离平衡相似,因此也可以写出配离子的解离平衡常数。这个常数越大,表示配离子越易解离,即配离子越不稳定。所以这个常数 K 称为配离子的不稳定常数,可用 $K_{不稳}$ 表示。不同配离子具有不同的不稳定常数。因此配合物的不稳定常数是每个配离子的特征常数,即配离子的解离常数。

稳定常数是配离子的生成常数。该常数越大,说明生成配离子的倾向越大,而解离的倾向就越小,即配离子越稳定。所以该常数也叫该配离子的稳定常数,一般用 $K_{稳}$ 表示。不同的配离子具有不同的稳定常数。稳定常数的大小,直接反映了配离子稳定性的大小。

2.配离子的逐级形成常数(stepwise stability constants)

配离子的生成一般是分步进行的,因此溶液中存在着一系列的配合平衡,对应于这些平衡也有一系列稳定常数,称为逐级形成常数。

3.螯合效应(chelate effect)

同一种金属离子的螯合配位稳定性一般比组成和结构相近的非螯合配位稳定性高,这种表现称为螯合效应。

4.配位平衡移动(the coordination equilibrium movement)

配离子在溶液中存在配位和解离平衡,与其他化学平衡一样,条件的改变可使配位平衡发生移动。配离子在溶液中的稳定性可受到诸多因素的影响。配位平衡与酸碱平衡、沉淀-溶解平衡、氧化还原平衡等平衡之间及不同稳定性的配离子之间可互相转化。

二、自测题及其解答

1.选择题

1-1 由下列数据可确定$[Ag(S_2O_3)_2]^{3-}$的稳定常数 $K_{稳}$ 等于 (　　)

① $Ag^+ + e^- = Ag \quad E^\ominus = 0.799\ V$

② $[Ag(S_2O_3)_2]^{3-} + e^- = Ag + 2S_2O_3{}^{2-} \quad E^\ominus = 0.017\ V$

A.1.6×10^{13}　　B.3.4×10^{15}　　C.4.2×10^{18}　　D.8.7×10^{21}

1-2 在 pH=9 时,要使 $0.10\ mol\cdot dm^{-3}$ 铝盐溶液不生成 $Al(OH)_3$ 沉淀,则 NaF 的浓度($mol\cdot dm^{-3}$)至少是 (　　)

已知:$K_{sp}[Al(OH)_3]=1.3\times10^{-33}$;$K_{稳}[Al\ F_6]^{3-}=6.9\times10^{19}$。

A.3.2　　B.0.32　　C.1.1　　D.0.11

1-3 已知:$Au^{3+} + 3e^- = Au \quad E^\ominus = 1.498\ V$

$[AuCl_4]^- + 3e^- = Au + 4Cl^- \quad E^\ominus = 1.00\ V$

则 $Au^{3+}+4Cl^-$ ══ $[AuCl_4]^-$ 的稳定常数是　（　）

A.3.7×10^{18}　B.2.1×10^{25}　C.4.6×10^{28}　D.8.2×10^{31}

1-4 已知：$E^\ominus[Cu(NH_3)_4^{2+}/Cu]=0.03$ V，$E^\ominus(Cu^{2+}/Cu)=0.337$ V，则 $K_{稳}[Cu(NH_3)_4^{2+}]$ 是　（　）

A.1.09×10^{13}　B.2.76×10^{12}　C.3.54×10^{15}　D.6.85×10^{14}

1-5 下列各组配合物在水溶液中配位稳定性的次序中，不正确的是　（　）

A.$[Ni(en)_3]^{2+}>[Ni(NH_3)_6]^{2+}>[Ni(H_2O)_6]^{2+}$

B.$[Co(CN)_6]^{4-}>[Co(NH_3)_6]^{3+}>[Co(H_2O)_6]^{2+}$

C.$[Fe(acac)_3]^{3+}>[FeF_6]^{3-}>[Fe(H_2O)_6]^{2+}$

D.$[Fe(EDTA)]^{2-}>[Co(EDTA)]^{2-}>[Ni(EDTA)]^{2-}$

1-6 已知电对 Ag^+/Ag 的 $E^\ominus=0.799$ V，$[Ag(NH_3)_2]^+$ 的 $K_{不稳}=8.9\times10^{-8}$，则下列电对 $[Ag(NH_3)_2]^++e^-$ ══ $Ag+2NH_3$ 的 $E^\ominus$ 为　（　）

A.1.2 V　B.0.59 V　C.1.0 V　D.0.38 V

1-7 在由 Cu^{2+}/Cu 和 Ag^+/Ag 组成的原电池的正负极中，分别加入一定量的氨水，达平衡时氨水浓度均为 1 mol·dm^{-3}。已知$[Cu(NH_3)_4]^{2+}$ 的 $K_{稳}=2.1\times10^{13}$，$[Ag(NH_3)_2]^+$ 的 $K_{稳}=1.1\times10^7$，则电池的电动势比加入氨水前　（　）

A.变大　B.变小　C.不变　D.无法判断

1-8 配合反应 $[FeF_6]^{3-}+6CN^-$ ══ $[Fe(CN)_6]^{3-}+6F^-$ 的 $K_{稳}[FeF_6]^{3-}=2\times10^{14}$，$K_{稳}[Fe(CN)_6]^{3-}=1\times10^{42}$，在标准状态下，该反应进行的方向是　（　）

A.从右向左　B.从左向右　C.处于平衡　D.不反应

1-9 下列配离子的标准生成常数 $K_f^\ominus$ 相对大小的判断中正确的是　（　）

A.$K_f^\ominus[Cu(NH_3)_4^{2+}]<K_f^\ominus[Cu(en)_2^{2+}]$　B.$K_f^\ominus[Zn(NH_3)_4^{2+}]>K_f^\ominus[Zn(en)_2^{2+}]$

C.$K_f^\ominus[Zn(CN)_4^{2-}]>K_f^\ominus[Zn(NH_3)_4^{2+}]$　D.$K_f^\ominus[Cu(P_2O_7)_2^{6-}]<K_f^\ominus[CuCl_4^{2-}]$

1-10 已知 $K_{稳}[Ag(Py)_2]^+=1.00\times10^{10}$。将 0.200 mol·dm^{-3} $AgNO_3$ 溶液和 0.200 mol·dm^{-3} Py(吡啶)溶液等体积混合，则平衡时$[Ag^+]$为　（　）

A.1.23×10^{-11} mol·dm^{-3}　B.1.1×10^{-11} mol·dm^{-3}

C.1.56×10^{-11} mol·dm^{-3}　D.1.25×10^{-10} mol·dm^{-3}

2.填空题

2-1 已知 $[Ag(NH_3)_2]^+$ 的总稳定常数 $K_{稳}^\ominus=1.12\times10^7$，则该配离子的总不稳定常数 $K_{不稳}^\ominus=$__________，又若已知其第一级稳定常数 $K_{稳_1}^\ominus=1.74\times10^3$，则其第二级稳定常数 $K_{稳_2}^\ominus=$__________。

2-2 填写下列各步转化反应中银的转化产物：

$[Ag(S_2O_3)_2]^{3-}+KI\longrightarrow$__________ + NaCN(过量)$\longrightarrow$__________ + $Na_2S\longrightarrow$__________ +浓 HNO_3(加热)$\longrightarrow$__________。

2-3 已知 $K_{稳}^\ominus(FeF_2^+)=2.0\times10^9$，$K_{稳}^\ominus[Fe(NCS)_2^+]=2.3\times10^3$，则反应 $FeF_2^++2NCS^-=Fe(NCS)_2^++2F^-$ 的 $K^\ominus=$__________，当溶液中有 F^- 存在时能否用 KSCN 检验 Fe^{3+} 的存在？__________。

2-4 已知 $K_{稳}^\ominus[Ag(CN)_2^-]=1.26\times10^{21}$，$K_{sp}^\ominus(Ag_2S)=6.3\times10^{-50}$，则下列反应：$2Ag(CN)_2^-(aq)+S^{2-}(aq)$ ══ $Ag_2S(s)+4CN^-(aq)$ 的 $K^\ominus$ 为__________。

2-5 已知 $K^{\ominus}_{稳}[Ag(NH_3)_2^+]=1.7\times10^7$，$K^{\ominus}_{sp}(AgBr)=7.7\times10^{-13}$。则 AgBr 晶体在1 dm^3 1 $mol\cdot dm^{-3}$氨水中可溶解的量为________ mol。

2-6 金属螯合物与具有相同配位原子的、结构相似的非螯型配合物相比，其稳定性要大得多，这种现象称为________。上述螯合与非螯合的成键情况是相同的，所以反应热差别很小，因此可以推断螯合反应的 ΔG 负得更多的原因是________________。

2-7 比较下列两组配离子稳定性的相对大小：(用＞或＜符号表示)

$[Zn(NH_3)_4]^{2+}$______$[Zn(CN)_4]^{2-}$；$[Fe(C_2O_4)_3]^{3-}$______$[Al(C_2O_4)_3]^{3-}$。

2-8 $[Cu(en)_2]^{2+}$的稳定常数比 $[Cu(NH_3)_4]^{2+}$的稳定常数大，其原因是________________________。

2-9 根据软硬酸碱概念，把下列离子归类：

Fe^{3+}是______酸，Fe^{2+}是______酸，Fe 是______酸。

Sn^{4+}是______酸，Sn^{2+}是______酸，Sn 是______酸。

SO_4^{2-} 是______碱，SO_3^{2-}是______碱，$S_2O_3^{2-}$是______碱，S^{2-}是______碱。

2-10 已知 $K_{稳}[Au(SCN)_2]^-=1.0\times10^{18}$，$Au^++e^-$ ══ Au 的 $E^{\ominus}=1.68$ V，则 $[Au(SCN)_2]^-+e^-$ ══ $Au+2SCN^-$ 的 $E^{\ominus}=$________V。

3.简答题

3-1 比较下列各组金属离子与同种配体形成配合物的相对稳定性，并简要给予解释。

(1)Co^{3+}与 Co^{2+}　　(2)Ca^{2+}与 Zn^{2+}

(3)Mg^{2+}与 Ni^{2+}　　(4)Zn^{2+}与 Cu^{2+}

3-2 写出下列配离子中心原子的 d 电子分布式，指出其中哪些具有姜-泰勒效应？

(1)$[Cr(H_2O)_6]^{3+}$　　(2)$[Ti(H_2O)_6]^{3+}$

(3)$[Fe(CN)_6]^{4-}$　　(4)$[Mn(H_2O)_6]^{2+}$

(5)$[CuCl_4(H_2O)_2]^{2-}$　　(6)$[MnF_6]^{3-}$

3-3 根据软硬酸碱原理，比较下列各组中，不同配体与同一中心离子形成的配合物的相对稳定性大小，并简述理由。

(1)Cl^-、I^-与 Hg^{2+}；(2)Br^-、F^-与 Al^{3+}；(3)NH_3、CN^-与 Cd^{2+}。

3-4 根据软硬酸碱原理，比较下列各组中配合物的相对稳定性(以＞、＜符号表示)，并加以简要的文字解说。

(1)$[Ta(NCS)_6]^-$______$[Ta(SCN)_6]^-$　　(2)$[Pt(NCS)_4]$______$[Pt(SCN)_4]$

(3)$[Co(NH_3)_5F]^{2+}$______$[Co(NH_3)_5Cl]^{2+}$　　(4)$[Co(CN)_5F]^{3-}$______$[Co(CN)_5Cl]^{3-}$

3-5 晒相的定影过程是用 $Na_2S_2O_3$ 溶解胶片上未曝光的 AgX：

$$AgX+2Na_2S_2O_3 \longrightarrow Na_3[Ag(S_2O_3)_2]+NaX$$

AgCl 易溶，AgI 只能溶于很浓的 $Na_2S_2O_3$溶液中，AgBr 的溶解情况居中。

(1)在用久了的定影液中定影，胶片会“发花”。为什么？

(2)报废了的定影液，可以加适量 Na_2S 再生，其化学原理是什么？

(3)若 Na_2S 加得不够，只能恢复部分定影能力；但是 Na_2S 加得过量，则在定影时胶片也会“发花”，为什么？

3-6 试用软硬酸碱原理解释以下事实：

(1)HIO 比 HFO 稳定；　　(2)HF 比 HI 稳定；

(3)AgI 的溶解度小于 AgF；　(4)天然铜矿多为硫化物而不是氧化物。

3-7 预测下列各组所形成的两种配离子之间的稳定性大小，并做出简要解释。

(1)Al^{3+} 与 F^- 或 Cl^- 配合；　(2)Pd^{2+} 与 RSH 或 ROH 配合；

(3)Cu^{2+} 与 NH_3 或 Py(吡啶)配合；　(4)Hg^{2+} 与 Cl^- 或 Br^- 配合；

(5)Cu^{2+} 与 NH_2CH_2COOH 或 CH_3COOH 配合。

3-8 试选用适当的配合剂分别将下列各种沉淀物溶解，并写出相应的反应方程式。

(1)CuCl　(2)$Cu(OH)_2$　(3)AgBr　(4)$Zn(OH)_2$

(5)CuS　(6)HgS　(7)HgI_2　(8)HgC_2O_4

3-9 为什么当稀硝酸作用于$[Ag(NH_3)_2]Cl$ 时会析出沉淀？试说明反应本质。

3-10 现有下列试剂和仪器：

$CuSO_4$ 固体(每份 0.010 mol)、氨水(6.0 $mol \cdot dm^{-3}$)、铜片、盐桥、电位差计、蒸馏水、烧杯、量筒等，试设计一个原电池来测定$[Cu(NH_3)_4]^{2+}$ 的稳定常数 $K_f^{\ominus}$。

(1)写出原电池符号表示式，其中$[Cu^{2+}]=[Cu(NH_3)_4^{2+}]=0.10mol \cdot dm^{-3}$。

(2)所需溶液怎样配制？原电池怎样组成？

(3)应测定的数据是什么？是否应查 $E^{\ominus}(Cu^{2+}/Cu)$数值？为什么？

(4)写出计算 $K_f^{\ominus}[Cu(NH_3)_4]^{2+}$ 的表示式。

4.计算题

4-1 求 1.0 dm^3 1.0 $mol \cdot dm^{-3}$ $Na_2S_2O_3$ 溶液能溶解多少克 AgBr？已知：$K_{稳}^{\ominus}[Ag(S_2O_3)_2]^- =2.4\times10^{13}$，$K_{sp}^{\ominus}(AgBr)=5.0\times10^{-13}$，AgBr 的相对分子质量为 187.8。

4-2 已知：$[Zn(NH_3)_4]^{2+}$ 和 $[Zn(OH)_4]^{2-}$ 稳定常数分别为 1.0×10^9 和 3.0×10^{15}，$K_b^{\ominus}(NH_3)=1.8\times10^{-5}$，求：

(1)反应$[Zn(NH_3)_4]^{2+}+4OH^- = [Zn(OH)_4]^{2-}+4NH_3$的平衡常数 $K^{\ominus}$；

(2)1.0 $mol \cdot dm^{-3}$ NH_3 溶液中 $[Zn(NH_3)_4^{2+}]/[Zn(OH)_4^{2-}]$的比值。

4-3 求下列电池的电动势：

(－)Cu|$[Cu(NH_3)_4]^{2+}$(0.10 $mol \cdot dm^{-3}$)，NH_3(1.0 $mol \cdot dm^{-3}$)‖Ag^+(0.010 $mol \cdot dm^{-3}$)|Ag(＋)

已知：$E^{\ominus}(Ag^+/Ag)=0.799$ V，$E^{\ominus}(Cu^{2+}/Cu)=0.337$ V，$K_{稳}^{\ominus}[Cu(NH_3)_4]^{2+} =4.8\times10^{12}$。

4-4 已知：$Fe^{3+}+e^- = Fe^{2+}$　$E^{\ominus}=0.77$ V，

$[Fe(CN)_6]^{3-}+e^- = [Fe(CN)_6]^{4-}$　$E^{\ominus}=0.36$ V，

$Fe^{2+}+6CN^- = [Fe(CN)_6]^{4-}$　$K_{稳}^{\ominus}=1.00\times10^{35}$

计算$[Fe(CN)_6]^{3-}$的 $K_{稳}^{\ominus}$。

4-5 已知 298.2 K 时反应：$[Ni(H_2O)_6]^{2+}+6NH_3 = [Ni(NH_3)_6]^{2+}+6H_2O$ 的 $\Delta_rH_m^{\ominus}= -79.49\ kJ \cdot mol^{-1}$，$\Delta_rS_m^{\ominus}=-92.05\ J \cdot mol^{-1} \cdot K^{-1}$，(1)计算反应的 $\Delta_rG_m^{\ominus}$ 并判断反应的方向；(2)计算$[Ni(NH_3)_6]^{2+}$的 $K_{稳}^{\ominus}$。

4-6 已知 $K_{稳}^{\ominus}[Pb(CN)_4^{2-}]=1.0\times10^{11}$，$K_{sp}^{\ominus}[Pb(OH)_2]=2.5\times10^{-16}$，$K_a^{\ominus}(HCN)=4.93\times10^{-10}$，判断下列反应能否发生：

$$Pb(CN)_4^{2-}+2H_2O+2H^+ = Pb(OH)_2+4HCN$$

4-7 在 $Zn(OH)_2$ 饱和溶液中悬浮着 $Zn(OH)_2$ 固体，将 NaOH 溶液加入到上述溶液中，直到所有悬浮的 $Zn(OH)_2$固体恰好溶解为止。此时溶液的 pH 为 13.00，计算溶液中 Zn^{2+} 和

$Zn(OH)_4^{2-}$的浓度。已知：$K_{sp}^{\ominus}[Zn(OH)_2]=4.5\times10^{-17}$，$K_{稳}^{\ominus}[Zn(OH)_4^{2-}]=2.9\times10^{15}$。

4-8 将 23.4 g NaCl 加到 1.0 dm^3 0.10 $mol\cdot dm^{-3}$ $AgNO_3$溶液中，若要求不析出 AgCl 沉淀，至少需加入多少克 KCN 固体(忽略体积变化)。已知：$K_{稳}^{\ominus}[Ag(CN)_2^-]=1.0\times10^{21}$，$K_{sp}^{\ominus}[AgCl]=1.6\times10^{-10}$，NaCl 的相对分子质量为 58.5，KCN 的相对分子质量为 65.0。

4-9 当 pH=6.00 时，要使 0.10 $mol\cdot dm^{-3}$ 铁盐溶液不生成 $Fe(OH)_3$ 沉淀，可加入 NH_4F，试计算 NH_4F 的最低浓度。$K_{sp}^{\ominus}[Fe(OH)_3]=4.0\times10^{-38}$，$K_{稳}^{\ominus}[FeF_6^{3-}]=1.0\times10^{16}$。

4-10 已知：$E(Fe^{3+}/Fe^{2+})=0.77$ V，$E(I_2/I^-)=0.54$ V，$[Fe(CN)_6]^{3-}$的 $K_{稳}^{\ominus}=1.0\times10^{42}$，$[Fe(CN)_6]^{4-}$的 $K_{稳}^{\ominus}=1.0\times10^{35}$。试通过计算回答：在标准状况下，下列反应的方向。

$$2[Fe(CN)_6]^{3-}+2I^- = 2[Fe(CN)_6]^{4-}+I_2。$$

自测题解答

1.选择题

1-1 (A)　**1-2** (B)　**1-3** (B)　**1-4** (B)　**1-5** (D)

1-6 (D)　**1-7** (A)　**1-8** (B)　**1-9** (A,C)　**1-10** (C)

2.填空题

2-1 8.93×10^{-8}；6.4×10^3。

2-2 AgI↓；$Ag(CN)_2^-$；Ag_2S↓；$AgNO_3$。

2-3 1.15×10^{-6}；因为 $K^{\ominus}$很小，所以不能。

2-4 1.0×10^7。

2-5 3.62×10^{-3}。

2-6 螯合效应；螯合过程一个配体取代了两个或多个水分子，造成体系混乱度有较大的增加，熵值增大了，这是 ΔG 更负的原因。

2-7 <；>。

2-8 $Cu(en)^{2+}$是更稳定的螯合物。

2-9 硬；交界；软；硬；交界；软；硬；交界；软；软。

2-10 0.62。

3.简答题

3-1 根据配合物积累稳定常数计算公式：

$$\lg\beta=\frac{T\Delta S^{\ominus}-\Delta H^{\ominus}}{2.303RT}$$

配合物在水溶液中的稳定性与配位反应的熵变及焓变有关，如果熵变很小，则主要取决于焓变。焓变主要包括静电能、共价键能和 CFSE。金属离子的电荷多、半径小、极化能力强，则上述能量就大，配合物稳定性就高。所以配合物稳定性相对大小为：

(1)$Co^{3+}>Co^{2+}$ 因为前者电荷高、半径小，静电引力大，易形成低自旋配合物，而后者易形成高自旋配合物，前者 CFSE 较大。

(2)$Ca^{2+}<Zn^{2+}$ 因为后者半径小于前者，后者为 $18e^-$ 型离子，本身有一定变形性，极化能力较强。

(3)$Mg^{2+}<Ni^{2+}$ 因为后者的半径小于前者，离子势大于前者，极化能力大于前者。且后者 CFSE 大于 0，而前者的 CFSE 等于 0。

(4)$Zn^{2+}<Cu^{2+}$ 因为后者的半径较小，离子势较大，且为 d^9 组态，CFSE>0，而前者为 d^{10} 组态，CFSE 等于 0。

3-2 姜-泰勒效应是指在对称的非线性分子中，如果在基态时几个简并态上 d 电子分布不对称，则分子的几何构型发生改变，使简并度降低，其中一个状态能级降低以稳定该简并态。因此，在八面体配合物中，处于

键轴方向的 e_g 两个轨道上的电子分布不对称将会产生较大的姜-泰勒效应，而处于非键轴方向的 t_{2g} 轨道上的电子分布不对称将会产生较小的姜-泰勒效应。所以，根据下述配离子的 d 电子排布情况：

(1) $[Cr(H_2O)_6]^{3+}$ $(t_{2g})^3(e_g)^0$ (2) $[Ti(H_2O)_6]^{3+}$ $(t_{2g})^1(e_g)^0$

(3) $[Fe(CN)_6]^{4-}$ $(t_{2g})^6(e_g)^0$ (4) $[Mn(H_2O)_6]^{2+}$ $(t_{2g})^3(e_g)^2$

(5) $[CuCl_4(H_2O)_2]^{2-}$ $(t_{2g})^6(e_g)^3$ (6) $[MnF_6]^{3-}$ $(t_{2g})^3(e_g)^1$

(5)和(6)在 e_g 两个轨道上的电子分布不对称将会产生姜-泰勒效应。

3-3 软硬酸碱原理根据变形性大小将路易斯酸、碱分为软酸、硬酸、交界酸、软碱、硬碱、交界碱，并指出：软亲软、硬亲硬、软硬结合不稳定的一般性规律。根据该原理，可以判断下列各组中，不同配体与同一中心离子形成的配合物的相对稳定性大小。

(1) Cl^-、I^- 与 Hg^{2+}：$I^- > Cl^-$，因为 Hg^{2+} 是软酸，而 I^- 是比 Cl^- 更软的碱。

(2) Br^-、F^- 与 Al^{3+}：$F^- > Br^-$，因为 Al^{3+} 是硬酸，而 F^- 是比 Br^- 更硬的碱。

(3) NH_3、CN^- 与 Cd^{2+}：$CN^- > NH_3$，因为 Cd^{2+} 是软酸，而 CN^- 是比 NH_3 更软的碱。

3-4 软硬酸碱原理根据变形性大小将路易斯酸、碱分为软酸、硬酸、交界酸、软碱、硬碱、交界碱，并指出：软亲软、硬亲硬、软硬结合不稳定的一般性规律。根据该原理，可以判断下列各组中稳定性相对大小。

(1) $[Ta(NCS)_6]^- > [Ta(SCN)_6]^-$，Ta(Ⅴ)为硬酸，与硬性大的 N 结合较好。

(2) $[Pt(NCS)_4] < [Pt(SCN)_4]$，Pt(Ⅳ)为软酸，与软性较大的 S 结合较好。

(3) $[Co(NH_3)_5F]^{2+} > [Co(NH_3)_5Cl]^{2+}$，$NH_3$ 为硬碱，中心离子与硬碱结合后，由于变形性小的硬碱对中心离子的极化作用，使中心离子硬度增大，因而更易与硬性大的 F^- 结合。

(4) $[Co(CN)_5F]^{3-} < [Co(CN)_5Cl]^{3-}$，由于 CN^- 是软碱，中心离子与它结合后，软碱易被极化，配位键的电子对将偏向中心离子，使酸的软度增加，因而倾向与软碱(Cl^-)结合。在混配配合物中，某些不同配体容易以软-软或硬-硬聚集一起与同一中心离子形成稳定配合物，这种现象称为类聚效应。

3-5 (1)定影液用久了，溶液中 $[Ag(S_2O_3)_2]^{3-}$ 浓度增大，难以溶解 AgBr，致使底片上一些未曝光的 AgBr 残留下来，造成胶片“发花”。

(2)加入适量 Na_2S，沉淀出 Ag_2S，释放出 $S_2O_3^{2-}$，反应式为

$$2Na_3[Ag(S_2O_3)_2] + Na_2S \xlongequal{} Ag_2S + 4Na_2S_2O_3$$

(3) Na_2S 太少，只使部分 $[Ag(S_2O_3)_2]^{3-}$ 转化为 $S_2O_3^{2-}$，所以定影液能力有限；若 Na_2S 太多，则在定影时将和胶片上的 AgX 生成 Ag_2S，也会“发花”：

$$2AgX + Na_2S \xlongequal{} Ag_2S\downarrow + 2NaX$$

3-6 参考 3-4 可以对下列事实作出解释。

(1) HIO 比 HFO 稳定：因为 H^+ 是硬酸，IO^- 是硬碱，所以 HIO 是硬-硬结合就比较稳定。而 F^- 是硬碱，OH^+ 是软酸，则 HFO 是软-硬结合就不稳定。

(2) HF 比 HI 稳定：H^+ 是硬酸，F^- 是硬碱，I^- 是软碱，HF 是硬-硬结合就比较稳定；而 HI 是软-硬结合就不够稳定。

(3) AgI 的溶解度小于 AgF：AgI 属于软-软结合较稳定，而 AgF 是软-硬结合就不稳定，所以 AgI 的溶解度小于 AgF。

(4)天然铜矿多为硫化物而不是氧化物：因为 Cu(Ⅰ、Ⅱ)-S^{2-} 属于软-软结合，比较稳定，而 Cu(Ⅰ、Ⅱ)-O^{2-} 属于软-硬结合，比较不稳定，所以在自然界长期的变化过程中，天然铜矿多为硫化物而不是氧化物。

3-7 (1) Al^{3+} 与 F^- 或 Cl^- 配合：$F^- > Cl^-$。因为 Al^{3+} 是硬酸，与硬度大的碱 F^- 结合会比较稳定。

(2) Pd^{2+} 与 RSH 或 ROH 配合：RSH>ROH。Pd^{2+} 是软酸，而配位原子 S 比配位原子 O 更软一些。

(3) Cu^{2+} 与 NH_3 或 Py(吡啶)配合：NH_3>Py。因为 NH_3 的碱性大于 Py，更容易给出孤对电子。

(4) Hg^{2+} 与 Cl^- 或 Br^- 配合：$Cl^- < Br^-$。因为 Hg^{2+} 是软酸，与软度较大的 Br^- 配合则比较稳定。

(5) Cu^{2+} 与 NH_2CH_2COOH 或 CH_3COOH 配合：$NH_2CH_2COOH > CH_3COOH$。因为前者是螯合剂，能形成螯合物，故更稳定。

3-8 (1)$CuCl+HCl=HCuCl_2$

(2)$Cu(OH)_2+4NH_3=[Cu(NH_3)_4](OH)_2$

(3)$AgBr+2S_2O_3^{2-}=[Ag(S_2O_3)_2]^{3-}+Br^-$

(4)$Zn(OH)_2+2OH^-=[Zn(OH)_4]^{2-}$

(5)$2CuS+10CN^-=2[Cu(CN)_4]^{3-}+2S^{2-}+(CN)_2\uparrow$

(6)$HgS+S^{2-}=HgS_2{}^{2-}$

(7)$HgI_2+2I^-=HgI_4^{2-}$

(8)$HgC_2O_4+4Cl^-=HgCl_4^{2-}+C_2O_4^{2-}$

3-9 因为 H^+ 也是一种路易斯酸,它与 Ag^+ 争夺配体 NH_3,当 Ag^+ 与 NH_3 的配合不是十分稳定时,加入过量的 H^+,平衡向有利于形成 NH_4^+ 的方向一动,最终使$[Ag(NH_3)_2]^+$完全破坏:$[Ag(NH_3)_2]^+\rightleftharpoons Ag^++2NH_3$;加入 HNO_3 后,$H^++NH_3\rightleftharpoons NH_4^+$,$NH_4^+$ 的生成将使 NH_3 的浓度减小,促进$[Ag(NH_3)_2]^+$的解离,Ag^+浓度逐渐增大,最终使 $[Ag^+][Cl^-]>K_{sp}^{\ominus}(AgCl)$而析出 AgCl 沉淀。

3-10 (1)$Cu\mid[Cu(NH_3)_4]^{2+}(0.10\ mol\cdot dm^{-3}),NH_3(5.6\ mol\cdot dm^{-3})\parallel Cu^{2+}(0.10\ mol\cdot dm^{-3})\mid Cu$

(2)将 0.010 mol $CuSO_4$ 固体溶解在 100 mL 6.0 $mol\cdot dm^{-3}$氨水中,得到 0.10 $mol\cdot dm^{-3}$ $[Cu(NH_3)_4]^{2+}$和 5.6 $mol\cdot dm^{-3}$氨溶液。另取 0.010 mol $CuSO_4$ 固体溶于 100 mL 蒸馏水中,得0.10 $mol\cdot dm^{-3}$ Cu^{2+}溶液。取铜片分别插入上述两溶液中,用导线连接电位差计,两溶液间用盐桥连接,即组成所需原电池。

(3)用电位差计测量原电池的电动势 E,不需要查 $E(Cu^{2+}/Cu)$的数值,因为两极的标准电动势都是 $E(Cu^{2+}/Cu)$,在计算中是相互抵消的。

(4)$\lg K_f^{\ominus}[Cu(NH_3)_4]^{2+}=\dfrac{2E}{0.0591}+\lg\dfrac{([Cu(NH_3)_4^{2+}]/c^{\ominus})}{([NH_3]/c^{\ominus})^4([Cu^{2+}]/c^{\ominus})}$

4.计算题

4-1 AgBr 溶于 $Na_2S_2O_3$溶液的反应:$AgBr+2S_2O_3^{2-}=[Ag(S_2O_3)_2]^{3-}+Br^-$

$K^{\ominus}=\dfrac{[Ag(S_2O_3)_2^{3-}][Br^-]}{[S_2O_3^{2-}]^2}$,分子分母同乘以$[Ag^+]$

$$K^{\ominus}=\frac{[Ag(S_2O_3)_2^{3-}][Ag^+][Br^-]}{[Ag^+][S_2O_3^{2-}]^2}=K_{sp}^{\ominus}(AgBr)\times K_{稳}^{\ominus}[Ag(S_2O_3)_2]^{3-}$$

$$=5.0\times10^{-13}\times2.4\times10^{13}=12$$

设在 1.0 dm^3 1.0 $mol\cdot dm^{-3}$ $Na_2S_2O_3$溶液中可溶解 AgBr x mol,则

$\dfrac{x^2}{(1.0-2x)^2}=12$,解得　　$x=0.437mol\cdot dm^{-3}$

在 1.0 dm^3 1.0 $mol\cdot dm^{-3}$ $Na_2S_2O_3$溶液中可溶解 AgBr 质量为 $0.437\times187.8=82.1$(g)。

4-2 (1)配体的取代反应:

$$[Zn(NH_3)_4]^{2+}+4OH^-=[Zn(OH)_4]^{2-}+4NH_3$$

假定不随温度而变 $K^{\ominus}=\dfrac{[Zn(OH)_4^{2-}][NH_3]^4}{[Zn(NH_3)_4^{2+}][NH^-]^4}$,分子分母同乘以$[Zn^{2+}]$

$$K^{\ominus}=\frac{[Zn(OH)_4^{2-}][NH_3]^4}{[Zn(NH_3)_4^{2+}][OH^-]^4}\times\frac{[Zn^{2+}]}{[Zn^{2+}]}=\frac{K_{稳}^{\ominus}[Zn(OH^-)_4]^{2-}}{K_{稳}^{\ominus}[Zn(NH_3)_4]^{2+}}=\frac{3.0\times10^{15}}{1.0\times10^{9}}=3.0\times10^{6}$$

(2)当$[NH_3]=1.0\ mol\cdot dm^{-3}$时,$[OH^-]=\sqrt{1.8\times10^{-5}}\ mol\cdot dm^{-3}$

$$\frac{[Zn(NH_3)_4^{2+}][OH^-]^4}{[Zn(OH)_4^{2-}][NH_3]^4}=\frac{1}{3.0\times10^{6}}$$

$$\frac{[Zn(NH_3)_4^{2+}]}{[Zn(OH)_4^{2-}]}=\frac{1}{3.0\times10^{6}}\times\frac{(1.0)^4}{(\sqrt{1.8\times10^{-5}})^4}=1.0\times10^{3}$$

4-3 正极电势　$E(Ag^+/Ag)=E^{\ominus}(Ag^+/Ag)+0.0591\lg[Ag^+]$

$$=0.799+0.0591\lg0.010=0.681\ (V)$$

负极电势　$E[Cu(NH_3)_4^{2+}/Cu]=E(Cu^{2+}/Cu)=E^\ominus(Cu^{2+}/Cu)+\frac{0.0591}{2}\lg[Cu^{2+}]$

$$=0.337+\frac{0.0591}{2}\lg\frac{0.10}{4.8\times10^{12}}=-0.0673\ (V)$$

电池的电动势　$E=0.681+0.0673=0.748\ (V)$

4-4 因为 $E^\ominus[Fe(CN)_6^{3-}/Fe(CN)_6^{4-}]=E[Fe^{3+}/Fe^{2+}]=E^\ominus[Fe^{3+}/Fe^{2+}]+0.0591\lg\frac{[Fe^{3+}]}{[Fe^{2+}]}$

$$=0.77+0.0591\lg\frac{\dfrac{1}{K^\ominus_{稳}[Fe(CN)_6]^{3-}}}{\dfrac{1}{K^\ominus_{稳}[Fe(CN)_6]^{4-}}}$$

所以　$0.36=0.77+0.0591\lg\frac{1.0\times10^{35}}{K^\ominus_{稳}[Fe(CN)_6]^{3-}}$，$K^\ominus_{稳}[Fe(CN)_6]^{3-}=8.7\times10^{41}$

4-5 (1)$\Delta_rG^\ominus_m=\Delta_rH^\ominus_m-T\Delta_rS^\ominus_m=-79.49-298.2\times(-92.05)\times10^{-3}=-52.04(kJ\cdot mol^{-1})$

因为 $\Delta_rG^\ominus_m<0$，所以反应向右方向进行。

(2)$\lg K^\ominus=-\frac{\Delta_rG^\ominus_m}{2.303RT}=\frac{52.04\times10^3}{2.303\times8.314\times298.2}=9.11$，$K^\ominus_{稳}=1.3\times10^9$

4-6 对于反应　$Pb(CN)_4^{2-}+2H_2O+2H^+ \longrightarrow Pb(OH)_2+4HCN$

$K^\ominus=\frac{[HCN]^4}{[Pb(CN)_4^{2-}][H^+]^2}$，分子分母同乘以$[Pb^{2+}][CN^-]^4[H^+]^2[OH^-]^2$

$$K^\ominus=\frac{[HCN]^4[Pb^{2+}][CN^-]^4[H^+]^2[OH^-]^2}{[H^+]^2[H^+]^2[CN^-]^4[Pb(CN)_4^{2-}][Pb^{2+}][OH^-]^2}$$

$$=\frac{1}{[K^\ominus_a HCN]^4}\times\frac{1}{K^\ominus_{稳}[Pb(CN)_4]^{2-}}\times\frac{1}{K^\ominus_{sp}[Pb(OH)_2]}\times(K_w)^2$$

$$=\frac{(1.0\times10^{-14})^2}{(4.93\times10^{-10})^4\times1.0\times10^{11}\times2.5\times10^{-16}}=6.8\times10^{13}$$

反应的平衡常数非常大(远大于 10^7)，即上述反应向右进行得完全，程度很大。

4-7 pH=13.00，则$[OH^-]=0.100(mol\cdot dm^{-3})$，$Zn(OH)_2$在碱中的溶解反应：

$$Zn(OH)_2+2OH^- \longrightarrow Zn(OH)_4^{2-}$$

平衡浓度/$(mol\cdot dm^{-3})$　　0.100　　x

则　$\frac{x}{(0.100)^2}=K^\ominus=K^\ominus_{稳}[Zn(OH)_4^{2-}]\times K^\ominus_{sp}[Zn(OH)_2]=2.9\times10^{15}\times4.5\times10^{-17}$

解得　$x=[Zn(OH)_4^{2-}]=1.3\times10^{-3}\ mol\cdot dm^{-3}$

$K^\ominus_{稳}[Zn(OH)_4^{2-}]=\frac{1.3\times10^{-3}}{[Zn^{2+}]\times(0.100)^4}=2.9\times10^{15}$，解得　$[Zn^{2+}]=4.5\times10^{-15}\ mol\cdot dm^{-3}$

4-8 加入的 NaCl 物质的量：$\frac{23.4}{58.5}=0.40\ (mol)$则溶液中$[Cl^-]=0.40\ mol\cdot dm^{-3}$

欲使 AgCl 沉淀不析出，则应控制 Ag^+ 的最大浓度为$[Ag^+]=\frac{K^\ominus_{sp}AgCl}{[Cl^-]}=\frac{1.6\times10^{-10}}{0.40}=4.0\times10^{-10}(mol\cdot dm^{-3})$

配合反应　$Ag^+ + 2CN^- \longrightarrow [Ag(CN)_2]^-$

平衡浓度/$(mol\cdot dm^{-3})$　4.0×10^{-10}　　x　　0.10

$\frac{0.10}{4.0\times10^{-10}\times x^2}=1.0\times10^{21}$，解得　$x=5.0\times10^{-7}(mol\cdot dm^{-3})$

KCN 的初始浓度为 $2\times0.10+5.0\times10^{-7}=0.20(mol\cdot dm^{-3})$

1.0 dm^3 溶液中应加入 KCN 质量为 $0.20\times65.0=13.0(g)$

4-9 pH=6.00，即$[H^+]=1.0\times10^{-6}(mol\cdot dm^{-3})$，而$[OH^-]=1.0\times10^{-8}(mol\cdot dm^{-3})$，要使 0.10 $mol\cdot dm^{-3}$铁盐溶液不生成 $Fe(OH)_3$沉淀，则需控制

$[Fe^{3+}]=\dfrac{4.0\times10^{-38}}{(1.0\times10^{-8})^3}=4.0\times10^{-14}(mol\cdot dm^{-3})$

配合反应	Fe^{3+}	+	$6F^-$	══	$FeF_6{}^{3-}$
平衡浓度/ $mol\cdot dm^{-3}$	4.0×10^{-14}		x		0.10

$\dfrac{0.10}{4.0\times10^{-14}\times x^6}=1.0\times10^{16}$,解得 $x=[F^-]=0.25(mol\cdot dm^{-3})$

所以 NH_4F 的最低浓度为 $0.25+6\times0.10=0.85(mol\cdot dm^{-3})$。

4-10 $E^\ominus[Fe(CN)_6^{3-}/Fe(CN)_6^{4-}]=E(Fe^{3+}/Fe^{2+})=E^\ominus(Fe^{3+}/Fe^{2+})+0.0591\lg\dfrac{[Fe^{3+}]}{[Fe^{2+}]}$

$$=0.77+0.0591\lg\frac{\frac{1}{1.0\times10^{42}}}{\frac{1}{1.0\times10^{35}}}=0.36\ (V)$$

由于 $E^\ominus[Fe(CN)_6^{3-}/Fe(CN)_6^{4-}]=0.36\ V<E^\ominus(I_2/I^-)=0.54\ V$

所以,该反应实际是向左进行的,I_2 可以将$[Fe(CN)_6]^{4-}$氧化为$[Fe(CN)_6]^{3-}$。

三、思考题解答

13-1 解答:只能在配位体数目相同的配位实体之间进行。

13-2 解答:

1. ML(1∶1)型络合物:$M+Y$ ══ MY,$K_{MY}=\dfrac{[MY]}{[M][Y]}$。

K_{MY}为络合物 MY 的浓度形成常数,其值越大,表明相应的络合物越稳定。

2. ML_n(1∶n)型的络合物

(1)络合物的逐级形成常数:$k_1,k_2,\cdots,k_n$

(2)络合物的逐级解离常数:$k'_1,k'_2,\cdots,k_n'$

二者关系:$K_n=\dfrac{1}{K_n'}$

(3)累积形成常数:络合物的逐级形成常数的乘积称为累积形成常数,用 β_i 表示。

$\beta_1=K_1=\dfrac{[ML]}{[M][L]}$

$\beta_n=K_1K_2\cdots K_n=\dfrac{[ML_n]}{[M][L]^n}$又称为络合物的总形成常数 $K_{形}$

$K_{总形成}=\dfrac{1}{K_{解离}}$

运用各级累积形成常数,可以比较方便地计算溶液中各级络合物的平衡浓度

$[ML]=\beta_1[M][L]$

$[ML_2]=\beta_2[M][L]^2$

$[ML_n]=\beta n[M][L]^n$

13-3 解答:说明作为配体乙二胺的配位能力比 H_2O 强的多,因为 en 为双齿配体,配合物中形成了环状结构,自然大大增强了配合物的稳定性。

13-4 解答: 反常现象往往是由于形成螯环中张力太大,即螯环处于严重的扭曲状态而勉强形成螯环,或者事实上根本没有形成螯环。

四、课后习题解答

13-1 解答:(1)混合液的 pH 由缓冲体系 NH_3-NH_4Cl 决定:

$NH_3 \cdot H_2O \rightleftharpoons NH_4^+ + OH^-$, $K_b^\ominus = \dfrac{c(NH_4^+)c(OH^-)}{c(NH_3)}$

$c(OH^-) = \dfrac{c(NH_3)K_b^\ominus}{c(NH_4^+)} - \dfrac{0.1\times 1.76\times 10^{-5}}{0.1} = 1.76\times 10^{-5}\ mol\cdot dm^{-3}$

(2)Cu^{2+} 浓度由配合物的解离平衡所决定:

$Cu^{2+} + 4NH_3 \rightleftharpoons [Cu(NH_3)_4]^{2+}$, $K_f^\ominus = \dfrac{c[Cu(NH_3)_4]^{2+}}{c(Cu^{2+})c^4(NH_3)}$

$c(Cu^{2+}) = \dfrac{c[Cu(NH_3)_4]^{2+}}{K_f^\ominus[c(NH_3)]^4} = \dfrac{0.01}{4.8\times 10^{12}\times 0.1^4} = 2.1\times 10^{-11}$

(3)有无沉淀生成由浓度积是否大于溶度积决定:

$Q_c = c(Cu^{2+})c^2(OH^-) = 2.1\times 10^{-11}\times(1.76\times 10^{-5}) = 6.5\times 10^{-21}$

$K_b^\ominus K_f^\ominus = 2.2\times 10^{-20}$, $Q_c < \dfrac{1.56\times 10^{-12}}{0.05}$,所以无 $Cu(OH)_2$ 沉淀生成。

13-2 解答:$c(Cl^-) = \dfrac{50.0\times 0.2}{200} = 0.050\ mol\cdot dm^{-3}$

为了不使 AgCl 沉淀析出,溶液中 Ag^+ 浓度的最大限度为

$c(Ag^+) = \dfrac{K_{sp}^\ominus}{c(Cl^-)} = \dfrac{1.56\times 10^{-12}}{0.05} = 3.12\times 10^{-9}\ mol\cdot dm^{-3}$

先假定 Ag^+ 全部形成了配合物,则 $c[Ag(NH_3)_2^+] = 0.050\ mol\cdot dm^{-3}$,再认为 $[Ag(NH_3)_2]^+$ 解离的 Ag^+ 浓度最大为 $3.12\times 10^{-9}\ mol\cdot dm^{-3}$,则

$c[Ag(NH_3)_2^+] = 0.050 - 3.12\times 10^{-9}\ mol\cdot dm^{-3} \approx 0.050\ mol\cdot dm^{-3}$

据反应式:$Ag^+ + 2NH_3 \rightleftharpoons [Ag(NH_3)_2]^+$, $K_f^\ominus = \dfrac{c[Ag(NH_3)_2^+]}{c(Ag^+)c^2(NH_3)}$

$$c(NH_3) = \sqrt{\frac{c[Ag(NH_3)_2^+]}{c(Ag^+)}} = \sqrt{\frac{0.050}{3.12\times 10^{-9}\times 1.6\times 10^7}} = 1.0\ mol\cdot dm^{-3}$$

即为混合液中游离 NH_3 的浓度。与 Ag^+ 配位所需的 NH_3 为 $0.050\times 2 = 0.10\ mol\cdot dm^{-3}$,故所需100 mL氨水的原始浓度最低应为

$$\frac{200\times(1.0+0.10)}{100} = 2.2\ mol\cdot dm^{-3}$$

13-3 解答:1.433 g AgCl 若完全溶解,则 $c(Cl^-) = \dfrac{1.433}{143.3} = 0.0100\ mol\cdot dm^{-3}$

设每升 $2.0\ mol\cdot dm^{-3}$ $NH_3\cdot OH$ 可溶解 AgCl x mol

$$\begin{array}{ccc} Ag^+ \quad + & 2NH_3 \rightleftharpoons Ag(NH_3)_2^+ & + Cl \\ 2.0-2x & x & x \end{array}$$

$K^\ominus = K_{sp}^\ominus \cdot K_f^\ominus = 1.77\times 10^{-10}\times 1.12\times 10^{-7} = 1.98\times 10^{-3}$, $1.98\times 10^{-3} = \dfrac{x^2}{2.0-2x}$

$x = 0.0629\ mol\cdot dm^{-3} > 0.0100\ mol\cdot dm^{-3}$,所以 1.4339 g AgCl 已完全溶解。

13-4 解答： $Ag(NH_3)_2^+ + 2CN^- \rightleftharpoons Ag(CN)_2^- + 2NH_3$

平衡时：　x　　$2x$　　$0.10-x$　　$0.20-2x$

$$K^{\ominus}=\frac{c[Ag(CN)_2^-][c(NH_3)]^2}{c[Ag(NH_3)_2^+][c(CN^-)]^2}=\frac{K_f^{\ominus}[Ag(CN)_2^-]}{K_f^{\ominus}[Ag(NH_3)_2^+]}=(1.3\times10^{21})/(1.12\times10^7)$$

$$1.1\times10^{14}=\frac{(0.10-x)(0.2-2x)^2}{x(2x)^2}=0.10\times0.20^2/(4x^3)$$

$x=2.1\times10^{-6}$ mol · dm^{-3}<10^{-5} mol · dm^{-3}，说明 $Ag(NH_3)_2^+$ 已完全转化为$Ag(CN)_2^-$。

13-5 解答：设平衡时 Ag^+ 的浓度为 x mol · dm^{-3}

$Ag^+ + 2NH_3\cdot H_2O \rightleftharpoons [Ag(NH_3)_2]^+ + 2H_2O$

起始时 $c/c^{\ominus}$　　0.10　　0.5

平衡时 $c/c^{\ominus}$　　x　　$[0.5-(0.2-2x)]$　　$(0.1-x)$

$$K_f^{\ominus}[Ag(NH_3)_2]^+=\frac{(0.10-x)}{x(0.3-2x)^2}=1.12\times10^7$$

解得：$x=9.9\times10^{-8}$ mol · dm^{-3}，即 $c(Ag^+)=9.9\times10^{-8}$ mol · dm^{3-}，$c[Ag(NH_3)_2]^+=$ 0.1 mol · dm^{-3}

$c(NH_3\cdot H_2O)=0.3$ mol · dm^{-3}，混合溶液中 $c(Cl^-)=1.0$ mol · dm^{-3}

$Q=[c(Ag^+)/c^{\ominus}]\cdot[c(Cl^-)/c^{\ominus}]=1.0\times9.9\times10^{-8}=9.9\times10^{-8}>K_{sp}^{\ominus}(AgCl)=1.8\times10^{-10}$

所以有 AgCl 生成。

13-6 解答：(1)设 AgI 在 1.0 mol · dm^{-3}氨水中的溶解度为 x mol · dm^{-3}

$AgI(s) + 2NH_3 \rightleftharpoons Ag(NH_3)_2^+ + I^-$

平衡浓度/(mol · dm^{-3})　$1.0-2x$　　x　　x

$K^{\ominus}=[Ag(NH_3)_2^+][I^-]/[NH_3]^2=K_{sp}^{\ominus}(AgI)=1.5\times10^{-16}\cdot\beta_2^{\ominus}[Ag(NH_3)^{2+}]$

$$\frac{x^2}{(1.0-2x)}=1.5\times10^{-16}\times1.6\times10^7=2.4\times10^{-9}$$

因为 $K^{\ominus}$ 很小，说明 $x<<1.0$，所以 $1.0-2x\approx1.0$。上式为

$$\frac{x^2}{1.0}=2.4\times10^{-9}\qquad x=4.9\times10^{-5}$$

AgI 在 1.0 mol · dm^{-3}氨水中的溶解度为 4.9×10^{-5} mol · dm^{-3}，说明氨水基本上不能溶解 AgI。

(2)设 AgI 在 0.10 mol · dm^{-3} KCN 溶液中的溶解度为 y mol · dm^{-3}

$AgI(s) + 2CN^- \rightleftharpoons Ag(CN)_2^- + I^-$

平衡浓度/(mol · dm^{-3})　$0.10-2y$　　y　　y

$$K^{\ominus}=\frac{y^2}{(1.0-2y)^2}=1.5\times10^{-16}\times1.3\times10^{21}=2.0\times10^5$$

因 $K^{\ominus}$ 很大，说明 $2y$ 与 0.10 大小相当，$2y$ 不能忽略。故

$$\frac{y}{0.1-2y}=\sqrt{2.0\times10^5}\qquad y=0.050$$

AgI 在 0.10 mol · dm^{-3} KCN 溶液中的溶解度为 0.050 mol · dm^{-3}。

13-7 解答：解：$Fe(SCN)_3 + 6F^- \rightleftharpoons FeF_6^{3-} + 3SCN^-$

$$K=\frac{[FeF_6^{3-}][SCN^-]^3}{[Fe(SCN)_3][F^-]^6}=\frac{K_{稳}(FeF_6^{3-})}{K_{稳}[Fe(SCN)_3]}=\frac{1\times10^{16}}{2.0\times10^3}=5.0\times10^{12}$$

当$[F^-]=[SCN^-]=1mol\cdot dm^{-3}$时，$\dfrac{[FeF_6^{3-}]}{[Fe(SCN)_3]}=K=5.0\times10^{12}$

13-8 解答：(1)不能。因为$E^\ominus(Co^{3+}/Co^{2+})>E^\ominus(O_2/H_2O)$，所以

$$2Co^{3+}+H_2O\longrightarrow 2Co^{2+}+1/2O_2+2H^+$$

$$(2)E([Co(NH_3)_6]^{3+}/[Co(NH_3)_6]^{2+})=E^\ominus(Co^{3+}/Co^{2+})+0.0591\ \lg\frac{K_f[Co(NH_3)_6]^{2+}}{K_f[Co(NH_3)_6]^{3+}}$$

$$=1.808-0.0591\ \lg\frac{1.3\times10^6}{1.4\times10^{35}}=0.03\ V$$

对$NH_3+H_2O=\!=\!=NH_4{}^++OH^-$，$c(OH^-)=\sqrt{1.8\times10^{-5}\times0.1}=4.2\times10^{-3}\ mol\cdot dm^{-3}$

$c(H^+)=\dfrac{1\times10^{-14}}{4.2\times10^{-3}}=2.4\times10^{-12}\ mol\cdot dm^{-3}$

$E(O_2/H_2O)=1.229+\dfrac{0.0592}{4}=\lg(2.4\times10^{-12})^4=0.54\ V$

$E([Co(NH_3)_6]^{3+}/[Co(NH_3)_6]^{2+})<E(O_2/H_2O)$，所以$[Co(NH_3)_6]^{3+}$能稳定存在。

13-9 解答：$Au(CN)_2^-+e^-=\!=\!=Au+2CN^-$　在标准状态时：

$[Au(CN)_2^-]=[CN^-]=1.0\ mol\cdot dm^{-3}$　　$[Au^+]=1/K_{稳}$

$E^\ominus[Au(CN)_2^-/Au]=E^\ominus(Au^+/Au)+0.0591\lg[Au^+]$

$$=1.691+0.0591\lg\frac{1}{2\times10^{38}}=-\ 0.576\ V$$

13-10 解答：对$HgS(s)+S^{2-}\longrightarrow[HgS_2]^{2-}$

$K=K_{sp}(HgS)\times K_f(HgS_2)^{2-}=4\times10^{-53}\times9.5\times10^{52}=3.8$，说明是可逆反应。

汞废水处理中，硫化物的加入要适量，若加入过量会产生可溶性$[HgS_2]^{2-}$配合物，使处理后的水中残余硫偏高，带来新的污染。过量S^{2-}处理办法是在废水中加入适量的$FeSO_4$，生成FeS沉淀的同时与悬浮的HgS发生吸附作用共同沉淀下来。

$$[HgS_2]^{2-}+Fe^{2+}\longrightarrow HgS+FeS$$

$K\ =1/c([HgS_2]^{2+})c(Fe^{2+})=1/K_f([HgS_2]^{2+})\times K_{sp}(HgS)\times K_{sp}(FeS)$

$=1/4\times10^{-53}\times9.5\ \times10^{32}\times6.25\times10^{-18}=4.2\times10^{16}>10^7$(反应彻底)

五、参考资料

陈松.2011.浅谈应用最广泛的配位剂(EDTA).新教育，(12)：29

杜运清，刘冬.1994.混合离子络合滴定有关问题讨论.大学化学，7(2)：46

高鸿.1989.分析化学：络合滴定中的金属指示剂.福州：福建科学技术出版社

高悌，汪波.1987.络合平衡计算中一个值得注意的问题.大学化学，2(6)：47

施先义.2010.氨性硫酸铜溶液解离平衡的探讨.大学化学，25(4)：75

童宇峰.1995.络合滴定中最佳间接金属指示剂浓度求法的商榷.大学化学，(3)：52

赵梦月.1983.多重平衡原理在无机化学上的应用.化学通报，(2)：39

第 14 章　氧化还原平衡

一、重要概念

1.电极电势(electrode potential)

当金属放入它的溶液中时，一方面金属晶体中处于热运动的金属离子在极性水分子的作用下，离开金属表面进入溶液。金属性质越活泼，这种趋势越大。另一方面，盐溶液中的金属离子，由于受到金属表面电子的吸引而在金属表面沉积，溶液中金属离子的浓度越大，这种趋势也越大。在一定浓度的溶液中达到平衡后，在金属和溶液两相界面上形成了一个带相反电荷的双电层(electron double layer)，在金属和溶液之间产生电势差(electric potential difference)。

2.原电池的电动势(electromotive force)

不同的电极产生的电势不同，将两个不同的电极组成原电池时，原电池两极间就必然存在电势差，从而产生电流，整个原电池的最大电势差即原电池的电动势。

3.标准氢电极(normal hydrogen electrode)

将涂满铂黑的铂片插入浓度为 $1mol \cdot dm^{-3}$的 H^+ 溶液中，并不断地通入 100 kPa 纯净的氢气，使铂黑吸附氢气至饱和，形成标准氢电极，这时所产生的电势即为氢的标准电极电势，令其在任意温度下都为零(实际上电极电势与温度有关)，这是一种理想电极。表示为$E^{\ominus}(H^+/H_2)=0.0000$ V。

4.饱和甘汞电极(saturated calomel electrode)

由汞、甘汞和含 Cl^- 的溶液等组成，电极上有一层汞和甘汞的均匀糊状混合物，用铂丝与汞相接触作为导线，电解液为饱和氯化钾溶液(即溶液与 KCl 晶体共存)的甘汞电极称为饱和甘汞电极。

电极反应：$Hg_2Cl_2+2e^- \xlongequal{} 2Hg(l)+2Cl^-$，$E=0.245$ V

其中 $c(Cl^-)=2.8\ mol \cdot dm^{-3}$(KCl 饱和溶液)。

5.元素电势图(element potential diagram)

在特定的 pH 条件下，将元素各种氧化数的存在形式依氧化数降低的顺序从左向右排成一行。用线段将各种氧化态连接起来，在线段上写出其两端的氧化态所组成的电对的 $E^{\ominus}$，即为该 pH 下该元素的元素电势图。

6.电动势的能斯特方程(the Nernst equation of electric potential)

$$E=E^{\ominus}-\frac{2.303RT}{nF}\lg\frac{[G]^g[H]^h}{[A]^a[D]^d}，在 298 K 时，E=E^{\ominus}-\frac{0.0591V}{n}\lg Q。$$

7.电极电势的能斯特方程(the Nernst equation of electrode potential)

电极电势与电动势的能斯特方程具有相似的形式。

8.弗洛斯特图(Frost diagram)

用元素电势图中元素的电对 X(N)/X(O)的 $nE^\ominus$ 对氧化数 N 作图即得元素的弗洛斯特图,即标准生成自由能-氧化态的图,元素最稳定的氧化态总是相应于图上位置最低的物种。

二、自测题及其解答

1.选择题

1-1 已知电极反应 $ClO_3^- + 6H^+ + 6e^- \longrightarrow Cl^- + 3H_2O$ 的 $\Delta_r G_m^\ominus = -839.6\ kJ \cdot mol^{-1}$,则 $E^\ominus(ClO_3^-/Cl^-)$为　(　　)

A.1.45 V　B.0.73 V　C.2.90 V　D.−1.45 V

1-2 使下列电极反应中有关离子浓度减小一半,而 E 增加的是　(　　)

A.$Cu^{2+} + 2e^- \longrightarrow Cu$　B.$I_2 + 2e^- \longrightarrow 2I^-$

C.$2H^+ + 2e^- \longrightarrow H_2$　D.$Fe^{3+} + e^- \longrightarrow Fe^{2+}$

1-3 将有关离子浓度增大 5 倍,E 保持不变的电极反应是　(　　)

A.$Zn^{2+} + 2e^- \longrightarrow Zn$　B.$MnO_4^- + 8H^+ + 5e^- \longrightarrow Mn^{2+} + 4H_2O$

C.$Cl_2 + 2e^- \longrightarrow 2Cl^-$　D.$Cr^{3+} + e^- \longrightarrow Cr^{2+}$

1-4 下列氧化还原电对中,$E^\ominus$ 最小的是　(　　)

A.Ag^+/Ag　B.AgCl/Ag　C.AgBr/Ag　D.AgI/Ag

1-5 将标准氢电极与另一氢电极组成原电池,若使电池的电动势最大,另一电极所采用的酸性溶液应是　(　　)

A.0.1 $mol \cdot dm^{-3}$ HCl　B.0.1 $mol \cdot dm^{-3}$ HAc+0.1 $mol \cdot dm^{-3}$ NaAc

C.0.1 $mol \cdot dm^{-3}$ HAc　D.0.1 $mol \cdot dm^{-3}$ H_2SO_4

1-6 某氧化还原反应的标准吉布斯自由能变为 $\Delta_r G_m^\ominus$,平衡常数为 $K^\ominus$,标准电动势为 $E^\ominus$,则下列对$\Delta_r G_m^\ominus$,$K^\ominus$,$E^\ominus$ 的值判断合理的一组是　(　　)

A.$\Delta_r G_m^\ominus > 0, E^\ominus < 0, K^\ominus < 1$　B.$\Delta_r G_m^\ominus > 0, E^\ominus < 0, K^\ominus > 1$

C.$\Delta_r G_m^\ominus < 0, E^\ominus < 0, K^\ominus > 1$　D.$\Delta_r G_m^\ominus < 0, E^\ominus > 0, K^\ominus < 1$

1-7 电极电势与 pH 无关的电对是　(　　)

A.H_2O_2/H_2O　B.IO_3/I^-　C.MnO_2/Mn^{2+}　D.MnO_4^-/MnO_4^{2-}

1-8 H_2O_2 既可作氧化剂又可作还原剂,下列叙述中错误的是　(　　)

A.H_2O_2 可被氧化生成 O_2　B.H_2O_2 可被还原生成 H_2O

C.pH 变小,H_2O_2 的氧化能力增强　D.pH 变小,H_2O_2 的还原性也增强

1-9 将氢电极[$p(H_2)=100$ kPa]插入纯水中,与标准氢电极组成一个原电池,则 $E_{MF}=$　(　　)

A.0.414　B.−0.414　C.0　D.0.828

1-10 已知 $E^\ominus(Pb^{2+}/Pb) = -0.1266$ V,$K_{sp}^\ominus(PbCl_2) = 1.7 \times 10^{-5}$,则 $E^\ominus(PbCl_2/Pb) =$　(　　)

A.0.268　B.−0.409　C.−0.268　D.0.015

2.填空题

2-1 电池(−)Pt | H_2(100 kPa) | H^+(1.0×10^{-3} $mol \cdot dm^{-3}$) ‖ H^+(1.0 $mol \cdot dm^{-3}$) |

H_2(100 kPa)｜Pt(＋)属于＿＿电池,该电池的电动势为＿＿V,电池反应为＿＿＿＿＿＿＿＿＿＿＿＿。

2-2 将 KI,$NH_3 \cdot H_2O$,$Na_2S_2O_3$,和 Na_2S 溶液分别与 $AgNO_3$ 的溶液混合。已知:$K_{sp}^{\ominus}(AgI)=8.5 \times 10^{-17}$,$K_{sp}^{\ominus}(AgS)=6.3 \times 10^{-50}$,$K_{稳}^{\ominus}[Ag(NH_3)_2^+]=1.1 \times 10^7$;$K_{稳}^{\ominus}[Ag(S_2O_3)_2^{3-}]=12.9 \times 10^{13}$,则

(1)当＿＿存在时,Ag^+ 的氧化能力最强;

(2)当＿＿存在时,Ag 的还原能力最强。

2-3 已知,$E^{\ominus}(Fe^{3+}/Fe^{2+})=0.771$ V,$[Fe(CN)_6^{3-}]$ 的稳定常数为 1.0×10^{42},$Fe(CN)_6^{4-}$ 的稳定常数为 1.0×10^{35}。则 $E^{\ominus}(Fe(CN)_6^{3-}/Fe(CN)_6^{4-})$ 为＿＿＿＿＿V。

2-4 对某一自发的氧化还原反应,若将反应方程式中各物质的计量数扩大到原来的 2 倍,则此反应的 $|\Delta_r G_m^{\ominus}|$ 将＿＿,电池电动势 $E^{\ominus}$＿＿。

2-5 在电对 Zn^{2+}/Zn,I_2/I^-,BrO^{3-}/Br^-,$Fe(OH)_3/Fe(OH)_2$ 中,其电极电势随溶液的 pH 变小而改变的电对有＿＿＿＿＿,＿＿＿＿＿。

2-6 对于反应 ① $Cl_2(g)+2Br^-(aq)\Longrightarrow Br_2(l)+2Cl^-(aq)$ 和反应 ② $1/2Cl_2(g)+Br^-(aq)\Longrightarrow 1/2Br_2(l)+Cl^-(aq)$,则有 $z_1/z_2=$＿＿＿＿,$E_{MF,1}^{\ominus}/E_{MF,2}^{\ominus}=$＿＿＿＿,$\Delta_r G_{m1}^{\ominus}/\Delta_r G_{m2}^{\ominus}=$＿＿＿＿,$\lg K_1^{\ominus}/\lg K_2^{\ominus}=$＿＿＿＿。

2-7 已知 $E^{\ominus}(Cu^{2+}/Cu^+)<E^{\ominus}(I_2/I^-)$,但 Cu^{2+} 能与 I^- 反应生成 I_2 和 CuI,这是因为＿＿＿＿＿,使电子对＿＿＿＿的 $E^{\ominus}$ 于电对＿＿＿＿＿＿的 $E^{\ominus}$,使电对＿＿＿$>E^{\ominus}(I_2/I^-)$,故反应可以进行。

2-8 已知 $K_{sp}^{\ominus}[Co(OH)_2]>K_{sp}^{\ominus}[Co(OH)_3]$,$E^{\ominus}[Co(NH_3)_6^{3+}/Co(NH_3)_6^{2+}]<E^{\ominus}(Co^{3+}/Co^{2+})$,则 $E^{\ominus}(Co^{3+}/Co^{2+})$＿＿＿＿＿于 $E^{\ominus}[Co(OH)_3/Co(OH)_2]$,$K_f^{\ominus}[Co(NH_3)_6^{3+}]$＿＿＿＿＿于 $K_f^{\ominus}[Co(NH_3)_6^{2+}]$。

2-9 已知 $MnO_4^-+8H^++5e^-\longrightarrow Mn^{2+}+4H_2O$,$E^{\ominus}=1.51$ V,当 MnO_4^- 和 Mn^{2+} 处于标准状态时,电极电势与 pH 的关系是:$E/V=$＿＿＿＿。

2-10 已知碱性介质中锰的元素电势图:$E_B^{\ominus}/V$

$$MnO_4^- \xrightarrow{0.564} MnO_4^{2-} \xrightarrow{0.588} MnO_2 \xrightarrow{-0.05} Mn(OH)_3 \xrightarrow{?} Mn(OH)_2 \xrightarrow{-1.46} Mn$$

（图中下方标注：? 、 -0.225）

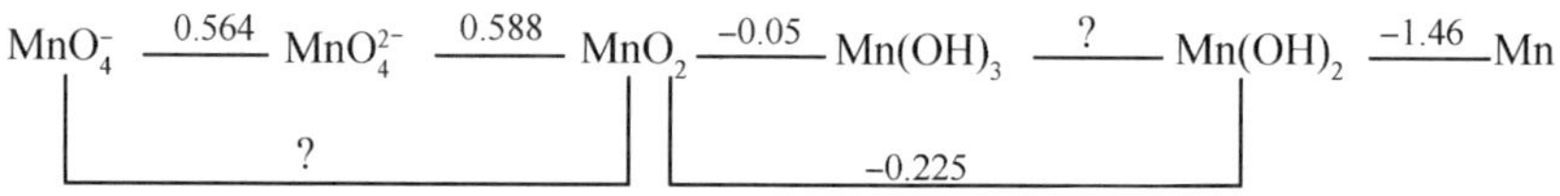

计算:$E^{\ominus}(MnO_4^-/MnO_2)=$＿＿＿＿V,$E^{\ominus}[Mn(OH)_3/Mn(OH)_2]=$＿＿＿＿V。能发生歧化的物种是＿＿＿＿＿,氧化性最强的物种是＿＿＿＿＿,还原性最强的物种是＿＿＿＿＿。

3.简答题

3-1 已知下列电对的电极电势:

电对	Zn^{2+}/Zn	Pb^{2+}/Pb	Fe^{3+}/Fe^{2+}	Br_2/Br^-	I_2/I^-	Fe^{2+}/Fe
$E^{\ominus}/V$	-0.763	-0.126	0.771	1.065	0.535	-0.44

判断下列反应的方向:

(1)$Zn+Fe^{2+}\Longrightarrow Fe+Zn^{2+}$

(2)$2I^-+Br_2\Longrightarrow I_2+2Br^-$

(3)$2Br^-+2Fe^{3+}\Longrightarrow Br_2+2Fe^{2+}$

(4) $Pb + Fe^{2+} \longrightarrow Fe + Pb^{2+}$

3-2 根据下列半反应的电极电势：

	$E^{\ominus}/V$
$Fe^{3+} + e^- \longrightarrow Fe^{2+}$	0.77
$Cl_2 + 2e^- \longrightarrow 2Cl^-$	1.36
$I_2 + 2e^- \longrightarrow 2I^-$	0.54
$MnO_4^- + 8H^+ + 5e^- \longrightarrow Mn^{2+} + 4H_2O$	1.51
$Fe^{2+} + 2e^- \longrightarrow Fe$	−0.44

判断：(1)哪个是最强的氧化剂？哪个是最强的还原剂？

(2)要使 Cl^- 氧化应选何氧化剂？

(3)要使 Fe^{3+} 还原应选何还原剂？

3-3 判断下列论断是否正确，说明理由。

(1)过量铁粉与稀硝酸作用生成 Fe^{3+} 和 NO；

(2) $Cu^+ + e^- \longrightarrow Cu$　　$E^{\ominus} = 0.53$ V

则　$2Cu^+ + 2e^- \longrightarrow 2Cu$　　$E^{\ominus} = 1.06$ V

3-4 半电池 A 是由镍片浸在 1.0 mol · dm^{-3} 的 Ni^{2+} 溶液中组成的；半电池 B 是由锌片浸在 1.0 mol · dm^{-3} 的 Zn^{2+} 溶液中组成的。当将半电池 A、B 分别与标准氢电极连接组成原电池，测得两个原电池的电动势分别为 0.25 V(A 与氢电极)、0.76 V(B 与氢电极)。试回答下列问题：

(1)在这两个原电池中都是金属电极溶解，确定 A、B 两电极的电极电势值；

(2)在 Ni、Ni^{2+}、Zn、Zn^{2+} 中，哪一个是最强的氧化剂？

(3)当将金属镍放入 1.0 mol · dm^{-3} Zn^{2+} 溶液中，能否发生反应？若将金属锌放入 1.0 mol · dm^{-3} 的 Ni^{2+} 溶液中，能否发生反应？写出有关反应式。

(4) Zn^{2+} 与 OH^- 能反应生成 $[Zn(OH)_4]^{2-}$。如果在半电池 B 中加入 NaOH，其电极电势是增大、减小还是不变？

(5)将半电池 A、B 连接组成原电池，何者为正极？电动势是多少？

3-5 某原电池由两个氢电极组成，其中一个是标准氢电极，另一个电极浸入下列哪一个溶液中得到的电动势最大？简述理由。设 $p^{\ominus}(H_2) = 100$ kPa。

(1) 0.1mol · dm^{-3} H_2SO_4；

(2) 0.1mol · dm^{-3} HAc；

(3) 0.1mol · dm^{-3} H_2CO_3 与 0.05 mol · dm^{-3} NaOH 混合溶液；

(4) 0.1mol · dm^{-3} HAc 与 0.1mol · dm^{-3} NaAc 混合溶液。

3-6 已知：$E^{\ominus}(Cr_2O_7^{2-}/Cr^{3+}) = 1.33$ V；$E^{\ominus}(CrO_4^{2-}/CrO_2^-) = -0.13$ V；$E^{\ominus}(H_2O_2/H_2O) = 1.78$ V；$E^{\ominus}(HO_2^-/OH^-) = 0.87$ V；$E^{\ominus}(O_2/H_2O_2) = 0.68$ V；$E^{\ominus}(Fe^{3+}/Fe^{2+}) = 0.77$ V；$E^{\ominus}(Cl_2/Cl^-) = 1.36$ V。

(1) $K_2Cr_2O_7$ 在酸性介质中能氧化哪些物质？写出反应方程式；

(2)欲使 CrO_2^- 在碱性介质中氧化，选择哪种氧化剂好？写出反应方程式；

(3) $K_2Cr_2O_7$ 在 1.0 mol · dm^{-3} HCl 中能否氧化 Cl^-？为什么？如在 12 mol · dm^{-3} 浓 HCl 中，情况又怎样？通过计算说明。

3-7 已知:铟的元素电势图(酸性溶液)为

$$\text{In}^{3+} \xrightarrow{\ -0.434\ \text{V}\ } \text{In}^{+} \xrightarrow{\ -0.147\ \text{V}\ } \text{In}$$
$$\underset{-0.338\ \text{V}}{\rule{6cm}{0pt}}$$

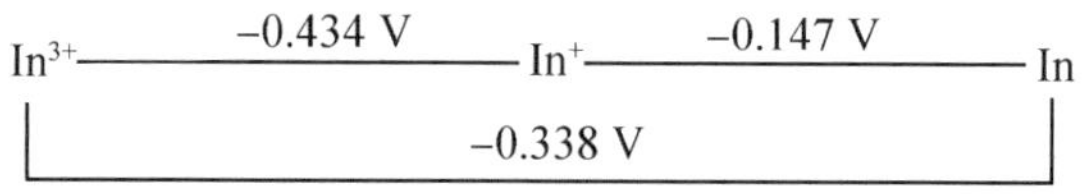

回答下列问题并分别写出有关反应的方程式:

(1)在水溶液中 In^+ 能否发生歧化反应?

(2)当金属 In 与 H^+(aq)发生反应时,得到什么离子?

(3)已知 $E^{\ominus}(\text{Cl}_2/\text{Cl}^-)=1.36\ \text{V}$,当金属 In 与氯气发生反应时,所得产物是什么?

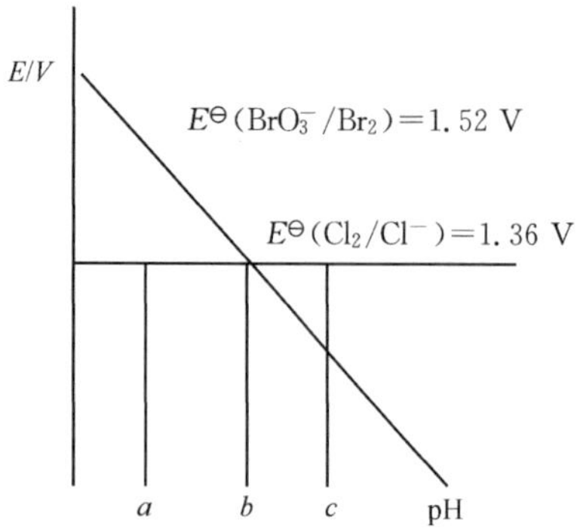

3-8 根据下列两电对的 E-pH 图,回答:

(1)写出由该两电对组成的氧化还原方程式;

(2)当 pH$=a$、b、c 时,上述反应进行的方向分别为:

a._____ b._____ c._____

(3)写出在标态下由上述两电对组成的原电池符号。

3-9 已知 $\text{Co(OH)}_3+\text{e}^-\!\!=\!\!=\!\!=\text{Co(OH)}_2+\text{OH}^-$

$E^{\ominus}=0.17\ \text{V}$

$\text{Co}^{3+}+\text{e}^-\!\!=\!\!=\!\!=\text{Co}^{2+}$ $E^{\ominus}=1.84\ \text{V}$

试判断 Co(OH)_3 的 $K_{sp}^{\ominus}$ 和 Co(OH)_2 的 $K_{sp}^{\ominus}$ 哪个大?简述理由。

3-10 试将下列非氧化还原反应组合成原电池,写出电池符号,正、负极上的电极反应式,计算出电池的电动势:

(1)沉淀反应 $\text{Ag}^+ +\text{Cl}^- \longrightarrow \text{AgCl}$

(2)配位反应 $\text{Ag}^+ +2\text{CN}^- \longrightarrow \text{Ag(CN)}_2^-$

(3)中和反应 $\text{H}^+ +\text{OH}^- \longrightarrow \text{H}_2\text{O}$

(4)浓度差异的扩散作用 $1.0\ \text{mol}\cdot\text{dm}^{-3}\ \text{CuSO}_4$ 与 $0.010\ \text{mol}\cdot\text{dm}^{-3}\ \text{CuSO}_4$ 之间。已知:$E^{\ominus}(\text{Ag}^+/\text{Ag})=0.799\ \text{V}$;$E^{\ominus}(\text{AgCl}/\text{Ag})=0.222\ \text{V}$;$E^{\ominus}[\text{Ag(CN)}_2^-/\text{Ag}]=-0.31\ \text{V}$;$E^{\ominus}(\text{H}_2\text{O}/\text{H}_2)=-0.83\ \text{V}$;$E^{\ominus}(\text{Cu}^{2+}/\text{Cu})=0.34\ \text{V}$。

4.计算题

4-1 已知:$E^{\ominus}(\text{Fe}^{3+}/\text{Fe}^{2+})=0.771\ \text{V}$, $E^{\ominus}(\text{I}_2/\text{I}^-)=0.535\ \text{V}$,有原电池:

$\text{Pt}\mid \text{Fe}^{2+}(1.00\ \text{mol}\cdot\text{dm}^{-3}),\text{Fe}^{3+}(1.00\times10^{-4}\ \text{mol}\cdot\text{dm}^{-3})\parallel \text{I}^-(1.00\times10^{-4}\ \text{mol}\cdot\text{dm}^{-3})\mid \text{I}_2,\text{Pt}$

(1)计算 $E(\text{Fe}^{3+}/\text{Fe}^{2+})$、$E(\text{I}_2/\text{I}^-)$ 和该电池的电极电势 E;

(2)分别写出正、负极的电极反应和电池反应;

(3)计算 $\Delta_r G_m$。

4-2 298 K 时,$2\text{Ag}^+ +\text{Zn}\!\!=\!\!=\!\!=2\text{Ag}+\text{Zn}^{2+}$,开始时 Ag^+ 和 Zn^{2+} 的浓度分别是 $0.10\ \text{mol}\cdot\text{dm}^{-3}$ 和 $0.30\ \text{mol}\cdot\text{dm}^{-3}$,求达到平衡时,溶液中残留的 Ag^+ 浓度。已知:$E^{\ominus}(\text{Ag}^+/\text{Ag})=0.799\ \text{V}$,$E^{\ominus}(\text{Zn}^{2+}/\text{Zn})=-0.763\ \text{V}$。

4-3 已知: $\text{PbSO}_4+2\text{e}^-\!\!=\!\!=\!\!=\text{Pb}+\text{SO}_4^{2-}$ $E^{\ominus}=-0.359\ \text{V}$

$\text{Pb}^{2+}+2\text{e}^-\!\!=\!\!=\!\!=\text{Pb}$ $E^{\ominus}=-0.126\ \text{V}$

当 $[\text{Pb}^{2+}]=0.100\ \text{mol}\cdot\text{dm}^{-3}$,$[\text{SO}_4^{2-}]=1.00\ \text{mol}\cdot\text{dm}^{-3}$ 时,由 PbSO_4/Pb 和 Pb^{2+}/Pb 两个半电池组成原电池:

(1)写出该原电池的符号及电池反应方程式；

(2)计算该原电池的电动势 E；

(3)计算 $PbSO_4$的溶度积 $K_{sp}^{\ominus}$。

4-4 已知反应 $\frac{1}{2}H_2 + AgCl(s) \!=\!=\!= H^+ + Cl^- + Ag(s)$ 的 $\Delta_r H_m^{\ominus} = -40.44\ kJ \cdot mol^{-1}$，$\Delta_r S_m^{\ominus} = -63.6\ J \cdot mol^{-1} \cdot K^{-1}$，求 298 K 时 $AgCl(s) + e^- \!=\!=\!= Ag(s) + Cl^-$ 的 $E^{\ominus}$。

4-5 已知：$MnO_4^- + 8H^+ + 5e^- \!=\!=\!= Mn^{2+} + 4H_2O$　$E^{\ominus} = 1.51\ V$

$Br_2 + 2e^- \!=\!=\!= 2Br^-$　$E^{\ominus} = 1.065\ V$

$Cl_2 + 2e^- \!=\!=\!= 2Cl^-$　$E^{\ominus} = 1.36\ V$

欲使 Cl^- 和 Br^- 混合溶液中的 Br^- 被 MnO_4^- 氧化，而 Cl^- 不被氧化，溶液的 pH 应控制在何范围？假定体系中的 MnO_4^-，Mn^{2+}，Cl^-，Br^-，Cl_2，Br_2都处于标准态。

4-6 实验中用 Br_2 水在碱性介质中氧化 Co^{2+}，已知：$E^{\ominus}(Br_2/Br^-) = 1.065\ V$，$E^{\ominus}(Co^{3+}/Co^{2+}) = 1.84\ V$，$K_{sp}^{\ominus}Co(OH)_3 = 1.6 \times 10^{-44}$，$K_{sp}^{\ominus}Co(OH)_2 = 1.6 \times 10^{-15}$，计算：

(1)$E^{\ominus}[Co(OH)_3/Co(OH)_2]$；

(2)反应的平衡常数 $K^{\ominus}$。

4-7 将铜片插入盛有 $0.50\ mol \cdot dm^{-3}$ $CuSO_4$溶液中，将银片插入盛有 $0.50\ mol \cdot dm^{-3}$ $AgNO_3$ 溶液中，组成原电池：

(1)写出该原电池符号、两极反应式和电池反应式；

(2)计算两极电势和电池的电动势 E；

(3)若不断通 H_2S 入 $CuSO_4$ 溶液中使之饱和，求此时原电池的电动势。

已知：$E^{\ominus}(Cu^{2+}/Cu) = 0.34\ V$；$E^{\ominus}(Ag^+/Ag) = 0.799\ V$；$K_{sp}^{\ominus}CuS = 6.30 \times 10^{-36}$；$H_2S$ 的 $K_{a_1} = 1.32 \times 10^{-7}$，$K_{a_2} = 7.10 \times 10^{-15}$。

4-8　根据酸性条件下的下面两个元素电势图：

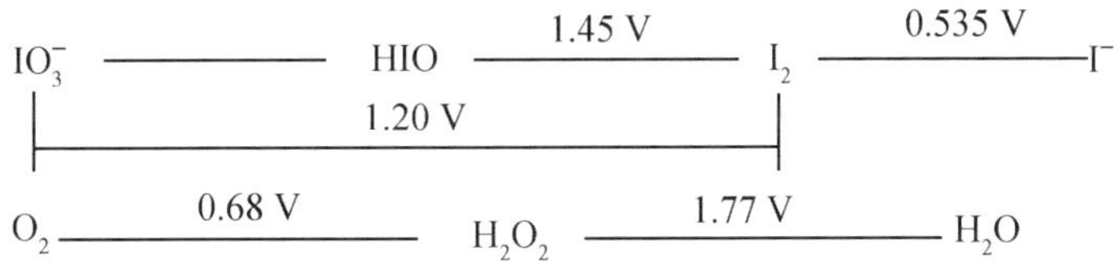

请进行计算和回答：

(1)计算 $E^{\ominus}(IO_3^-/I^-)$，$E^{\ominus}(IO_3^-/HIO)$；

(2)指出图中哪些物质能发生歧化反应，并写出反应方程式；

(3)从电极电势考虑，在酸性介质中 HIO_3与 H_2O_2能否反应？

(4)从电极电势考虑，在酸性介质中 I_2 与 H_2O_2能否反应？

(5)综合考虑(3)、(4)，你认为 HIO_3与 H_2O_2反应最终结果是什么？写出反应方程式。并进行说明。

4-9 已知：$E^{\ominus}(Ag^+/Ag) = 0.799\ V$，$E^{\ominus}(Zn^{2+}/Zn) = -0.763\ V$，$E^{\ominus}(AgBr/Ag) = 0.071\ V$，$E^{\ominus}[Ag(S_2O_3)_2^{3-}/Ag] = 0.010\ V$，试求：

(1)计算 $K_{稳}^{\ominus}[Ag(S_2O_3)_2]^{3-}$；

(2)计算溶解反应 $AgBr + 2S_2O_3^{2-} \!=\!=\!= [Ag(S_2O_3)_2]^{3-} + Br^-$ 的平衡常数 $K^{\ominus}$。

4-10 已知下列原电池：

$$(-)Zn \mid Zn^{2+}(1.0\ mol\cdot dm^{-3}) \parallel Cu^{2+}(1.0\ mol\cdot dm^{-3}) \mid Cu(+)$$

(1)先向右半电池中通入过量 NH_3(忽略体积变化)，使游离 NH_3 的浓度达到 $1.0\ mol\cdot dm^{-3}$，此时测得电动势 $E_1=0.714\ V$，试计算 $[Cu(NH_3)_4]^{2+}$ 的 $K^\ominus_{稳}$。

(2)然后向左半电池中加入过量 Na_2S，使游离的 S^{2-} 浓度为 $1.0\ mol\cdot dm^{-3}$，求原电池的电动势 E_2。已知：$K^\ominus_{sp}(ZnS)=1.6\times10^{-24}$，假定 Na_2S 的加入也不改变溶液的体积。

(3)写出新原电池的电极反应和电池反应；

(4)计算新原电池反应的标准平衡常数 $K^\ominus$ 和 $\Delta_rG^\ominus_m$。已知：$E^\ominus(Zn^{2+}/Zn)=-0.763\ V$，$K^\ominus_{sp}(ZnS)=1.6\times10^{-24}$，法拉第常量 $F=96\ 500\ C\cdot mol^{-1}$，$E^\ominus(Cu^{2+}/Cu)=0.34\ V$。

自测题解答

1.选择题

1-1 (A) **1-2** (B) **1-3** (D) **1-4** (D) **1-5** (B)

1-6 (A) **1-7** (D) **1-8** (D) **1-9** (A) **1-10** (C)

2.填空题

2-1 浓差；0.177；$H^+(1\ mol\cdot dm^{-3})\rightarrow H^+(1.0\times10^{-3}\ mol\cdot dm^{-3})$。

2-2 (1)$NH_3\cdot H_2O$；(2)Na_2S。

2-3 0.36 V。

2-4 变大；不变。

2-5 BrO_3^-/Br^-，$Fe(OH)_3/Fe(OH)_2$。

2-6 2，1，2，2。

2-7 CuI 难溶于水，Cu^{2+}/CuI；大，Cu^{2+}/Cu，Cu^{2+}/CuI。

2-8 大，大。

2-9 1.51－0.094pH。

2-10 0.58，－0.40，MnO_4^{2-}，MnO_4^{2-}，Mn。

3.简答题

3-1 (1)$E^\ominus(Fe^{2+}/Fe)-E^\ominus(Zn^{2+}/Zn)=-0.44-(-0.763)=0.323\ V>0.2\ V$，反应向右进行。

(2)$E^\ominus(Br_2/Br^-)-E^\ominus(I_2/I^-)=1.065-0.535=0.53\ V>0.2\ V$，反应向右进行。

(3)$E^\ominus(Fe^{3+}/Fe^{2+})-E^\ominus(Br_2/Br^-)=0.771-1.065=-0.296\ V<-0.2\ V$，反应向左进行。

(4)$E^\ominus(Fe^{2+}/Fe)-E^\ominus(Pb^{2+}/Pb)=-0.44-(-0.126)=-0.314\ V<-0.2\ V$，反应向左进行。

3-2 (1)最强的氧化剂是 MnO_4^-；最强的还原剂是 Fe。

(2)要使 Cl^- 氧化应选 MnO_4^- 作氧化剂。

(3)要使 Fe^{3+} 还原可选 I^-、Fe 作还原剂，最好是 Fe。

3-3 (1)不正确。因为稀硝酸虽然可以把铁粉氧化为 Fe^{3+}，但过量的铁粉又可把 Fe^{3+} 还原为 Fe^{2+}。

(2)不正确。因为电极电势 $E^\ominus$ 是强度性质，其数值不受方程式扩大的影响。

3-4 (1)金属电极被溶解，说明金属电极为负极，而标准氢电极为正极。$E^\ominus(Ni^{2+}/Ni)=-0.25\ V$，$E^\ominus(Zn^{2+}/Zn)=-0.763\ V$。

(2)Ni^{2+} 是最强氧化剂。

(3)当将金属镍放入 $1.0\ mol\cdot dm^{-3}$ 的 Zn^{2+} 溶液中，将不发生反应；当将金属锌放入 $1.0\ mol\cdot dm^{-3}$ 的 Ni^{2+} 溶液中，将发生反应 $Zn+Ni^{2+}=Zn^{2+}+Ni$。

(4)在半电池 B 中加入 NaOH，因生成配离子 $[Zn(OH)_4]^{2-}$ 而使 Zn^{2+} 浓度降低，则 $E^\ominus(Zn^{2+}/Zn)$ 降低，原电池电动势将增大。

(5)将半电池 A、B 连接组成原电池，A 为正极，B 为负极，原电池电动势为

$$E^{\ominus}=E^{\ominus}(Ni^{2+}/Ni)-E^{\ominus}(Zn^{2+}/Zn)=-0.25-(-0.763)=0.513\ (V)。$$

3-5 因为另一个也是氢电极，且$[H^+]$均小于 1.0 $mol\cdot dm^{-3}$。由于正极是标准氢电极，其电极电势 $E^{\ominus}(H^+/H_2)=0.00$ V。所以另一个氢电极 H^+ 浓度越小，则电池的电动势越大。在题目给出的四种溶液中，第三个是弱碱性的，其余三种均是酸性或弱酸性的。故另一个电极浸入第三种溶液时电池的电动势最大。

3-6 (1)$K_2Cr_2O_7$在酸性介质中能氧化 Fe^{2+} 和 H_2O_2。

$Cr_2O_7^{2-}+6Fe^{2+}+14H^+ = 2Cr^{3+}+6Fe^{3+}+7H_2O$

$Cr_2O_7^{2-}+3H_2O_2+8H^+ = 2Cr^{3+}+3O_2+7H_2O$

(2)欲使 CrO_2^- 在碱性介质中氧化，选择 H_2O_2 作氧化剂为好。

$2CrO_2^-+3HO_2^- = 2CrO_4^{2-}+H_2O+OH^-$

(3)$K_2Cr_2O_7$在 1.0 $mol\cdot dm^{-3}$ HCl 中不能氧化 Cl^-，因为 $E^{\ominus}(Cr_2O_7^{2-}/Cr^{3+})<E^{\ominus}(Cl_2/Cl^-)$，如在 12 $mol\cdot dm^{-3}$浓 HCl 中，假定 $[H^+]=[Cl^-]=12\ mol\cdot dm^{-3}$，则

$$E(Cr_2O_7^{2-}/Cr^{3+})=1.33+\frac{0.0591}{6}\lg 12^{14}=1.48\ (V)$$

$$E(Cl_2/Cl^-)=1.36+\frac{0.0591}{2}\lg\frac{1}{(12)^2}=1.30\ (V)$$

$E(Cr_2O_7^{2-}/Cr^{3+})>E(Cl_2/Cl^-)$，则 $K_2Cr_2O_7$可以氧化 HCl。

3-7 (1)在水溶液中 In^+ 能发生歧化反应：$3In^+ = In^{3+}+2In$

(2)H^+ 把 In 氧化为 In^{3+}：$2In+6H^+ = 2In^{3+}+3H_2$

(3)所得产物是 $InCl_3$：$2In+3Cl_2 = 2InCl_3$

3-8 (1)$2BrO_3^-+10Cl^-+12H^+ = 5Cl_2+Br_2+6H_2O$；

(2)a.正向；b.平衡；c.逆向；

(3)$(-)Pt,Cl_2(p^{\ominus})\mid Cl^-(c^{\ominus})\parallel BrO_3^-(c^{\ominus}),H^+(c^{\ominus})\mid Br_2,Pt(+)$。

3-9 $Co(OH)_2$ 的 $K_{sp}^{\ominus}$大。因为电对 $E^{\ominus}[Co(OH)_3/Co(OH)_2]<E^{\ominus}(Co^{3+}/Co^{2+})$，说明在 $Co(OH)_3$和 $Co(OH)_2$ 共存的溶液中，$[Co^{3+}]<[Co^{2+}]$，因此 $K_{sp}^{\ominus}[Co(OH)_3]<K_{sp}^{\ominus}[Co(OH)_2]$。

3-10 原则上任何 $\Delta G<0$ 的反应都可以安排为一个原电池，将自由能的降低值转化为电功。

(1)沉淀反应	$Ag^++Cl^-\longrightarrow AgCl$	
原电池符号	$(-)Ag\mid AgCl\mid Cl^-\parallel Ag^+\mid Ag(+)$	
负极	$Ag-e^-+Cl^- = AgCl$	$E^{\ominus}(AgCl/Ag)=0.222$ V
正极	$Ag^++e^- = Ag$	$E^{\ominus}(Ag^+/Ag)=0.799$ V
电池电动势	$E^{\ominus}=0.799-0.222=0.577\ (V)$	
(2)配位反应	$Ag^++2CN^-\longrightarrow Ag(CN)_2^-$	
原电池符号	$(-)Ag\mid Ag(CN)_2^-,CN^-\parallel Ag^+\mid Ag(+)$	
负极	$Ag-e^-+2CN^- = Ag(CN)_2^-$	$E^{\ominus}[Ag(CN)_2^-/Ag]=-0.31$ V
正极	$Ag^++e^- = Ag$	$E^{\ominus}(Ag^+/Ag)=0.799$ V
电池电动势	$E^{\ominus}=0.799-(-0.31)=1.11\ (V)$	
(3)中和反应	$H^++OH^-\longrightarrow H_2O$	
原电池符号	$(-)Pt\mid H_2\mid OH^-\parallel H^+\mid H_2\mid Pt(+)$	
负极	$H_2-2e^-+2OH^- = 2H_2O$	$E^{\ominus}(H_2O/H_2)=-0.83$ V
正极	$2H^++2e^- = H_2$	$E^{\ominus}(H^+/H_2)=0.00$ V
电池电动势	$E^{\ominus}=0.00-(-0.83)=0.83\ (V)$	
(4)浓度差异的扩散作用	1.0 $mol\cdot dm^{-3}$ $CuSO_4$ 与 0.010 $mol\cdot dm^{-3}$ $CuSO_4$ 之间。	
原电池符号	$(-)Cu\mid Cu^{2+}(mol\cdot dm^{-3})\parallel Cu^{2+}(1.0\ mol\cdot dm^{-3})\mid Cu(+)$	

负极　　$Cu-2e^{-}=Cu^{2+}(0.010\ mol\cdot dm^{-3})$

$E(Cu^{2+}/Cu)=E^{\ominus}(Cu^{2+}/Cu)+0.0591/2\times\lg[Cu^{2+}]/c^{\ominus}=0.34+0.0591/2\times\lg 0.010=0.28\ (V)$

正极　　$Cu^{2+}(1.0\ mol\cdot dm^{-3})+2e^{-}=Cu$

$E(Cu^{2+}/Cu)=0.34+0.0591/2\times\lg 1.0=0.34\ (V)$

电池电动势　　$E=0.34-0.28=0.06\ (V)$

4.计算题

4-1 (1)$E(Fe^{3+}/Fe^{2+})=E^{\ominus}(Fe^{3+}/Fe^{2+})+0.0591\lg\frac{[Fe^{3+}]}{[Fe^{2+}]}$

$$=0.771+0.0591\lg\frac{1.00\times10^{-4}}{1.00}=0.535\ (V)$$

$$E(I_2/I^{-})=E^{\ominus}(I_2/I^{-})+\frac{0.0591}{2}\lg\frac{1}{[I^{-}]^2}$$

$$=0.535+\frac{0.0591}{2}\lg\frac{1}{1.00\times10^{-4}}=0.771\ (V)$$

$E=0.771-0.535=0.236\ (V)$

(2)正极反应　　$I_2+2e^{-}=2I^{-}$

负极反应　　$Fe^{2+}-e^{-}=Fe^{3+}$

电池反应　　$I_2+2Fe^{2+}=2Fe^{3+}+2I^{-}$

(3)$\Delta_rG_m=-nFE=-2\times96\ 500\times0.236=-45.7\ (kJ\cdot mol^{-1})$

4-2 反应　　$2Ag^{+}+Zn=2Ag+Zn^{2+}$

初始浓度/$(mol\cdot dm^{-3})$　　0.10　　0.30

平衡浓度/$(mol\cdot dm^{-3})$　　x　　$0.30+\frac{0.10-x}{2}$

$$\lg K^{\ominus}=\frac{nE^{\ominus}}{0.0591}=\frac{2\times(0.799+0.763)}{0.0591}=52.87,K^{\ominus}=7.4\times10^{52}$$

$$K^{\ominus}=7.4\times10^{52}=\frac{[Zn^{2+}]}{[Ag^{+}]^2}=\frac{0.30+\frac{0.10-x}{2}}{x^2}$$

因为 x 很小,所以 $0.10-x\approx0.10$,$7.4\times10^{52}x^2=0.35$

解得,$x=[Ag^{+}]=2.2\times10^{-27}(mol\cdot dm^{-3})$

4-3 (1)$Pb(s),PbSO_4(s)\mid SO_4^{2-}(1.00\ mol\cdot dm^{-3})\parallel Pb^{2+}(0.100\ mol\cdot dm^{-3})\mid Pb(s)$

电池反应式:$Pb^{2+}+SO_4^{2-}=PbSO_4$

(2)$E=E^{\ominus}-\frac{0.0591}{n}\lg Q$,即

$$E=E^{\ominus}-\frac{0.0591}{2}\lg\frac{1}{[Pb^{2+}][SO_4^{2-}]}$$

$$=(-0.126+0.359)-\frac{0.0591}{2}\lg\frac{1}{0.100\times1.00}=0.203\ (V)$$

(3)$\lg K^{\ominus}=\frac{nE^{\ominus}}{0.0591}=\frac{2\times(-0.126+0.359)}{0.0591}=7.885$

$\lg K_{sp}^{\ominus}=-\lg K^{\ominus}=-7.885,K_{sp}^{\ominus}=1.3\times10^{-8}$

4-4 反应　$\frac{1}{2}H_2+AgCl(s)=H^{+}+Cl^{-}+Ag(s)$

$\Delta_rG_m^{\ominus}=\Delta_rH_m^{\ominus}-T\Delta_rS_m^{\ominus}=-40.44\times10^3-298\times(-63.6)=-21.49\times10^3(kJ\cdot mol^{-1})$

$\Delta_rG_m^{\ominus}=-nFE^{\ominus}$

$$E^{\ominus}=\frac{\Delta_r G_m^{\ominus}}{nF}=\frac{-(-21.49\times10^3)}{1\times96\ 500}=0.223\ (V)$$

因为 $E^{\ominus}=E^{\ominus}(AgCl/Ag)-E^{\ominus}(H^+/H_2)$，所以 $0.223=E^{\ominus}(AgCl/Ag)-0.0000$

$E^{\ominus}(AgCl/Ag)=0.223$ V。

4-5 因为 $E(MnO_4^-/Mn^{2+})=E^{\ominus}(MnO_4^-/Mn^{2+})+\frac{0.0591}{5}\lg\frac{[MnO_4^-][H^+]^8}{[Mn^{2+}]}$

$$=1.51+\frac{0.0591}{5}\lg[H^+]^8$$

根据题意，即控制酸度使 $1.065\ V\leqslant E(MnO_4^-/Mn^{2+})\leqslant 1.36$ V。

$1.51+\frac{0.0591}{5}\lg[H^+]^8=1.065$

解得 $\lg[H^+]=-4.55$　　pH<4.55 时可以氧化 Br^-

$1.51+\frac{0.0591}{5}\lg[H^+]^8=1.36$

解得 $\lg[H^+]=-1.59$　　pH>1.59 时不能氧化 Cl^-

所以 Cl^- 和 Br^- 混合溶液中 Br^- 被 MnO_4^- 氧化，而 Cl^- 不被氧化的 pH 条件是 1.59 <pH <4.55。

4-6 反应方程式为　$2Co(OH)_2+Br_2+2OH^-=\!=\!=2Co(OH)_3+2Br^-$

(1)$E^{\ominus}[Co(OH)_3/Co(OH)_2]=E(Co^{3+}/Co^{2+})=E^{\ominus}(Co^{3+}/Co^{2+})+0.0591\lg\frac{[Co^{3+}]}{[Co^{2+}]}$

$$=E^{\ominus}(Co^{3+}/Co^{2+})+0.0591\lg\frac{K_{sp}Co(OH)_3}{K_{sp}Co(OH)_2}$$

$$=1.84+0.0591\lg\frac{1.6\times10^{-44}}{1.6\times10^{-15}}=0.13\ (V)$$

(2)$\lg K^{\ominus}=\frac{nE^{\ominus}}{0.0591}=\frac{2\times(1.07-0.13)}{0.0591}=33.84$

$K^{\ominus}=6.5\times10^{31}$

4-7 (1)$Cu\mid Cu^{2+}(0.50\ mol\cdot dm^{-3})\parallel Ag^+(0.50\ mol\cdot dm^{-3})\mid Ag$

电池反应式　$2Ag^++Cu=\!=\!=Cu^{2+}+2Ag$

(2)正极电势　$E(Ag^+/Ag)=E^{\ominus}(Ag^+/Ag)+0.0591\lg[Ag^+]$

$$=0.799+0.0591\lg0.50=0.781\ (V)$$

负极电势　$E(Cu^{2+}/Cu)=E^{\ominus}(Cu^{2+}/Cu)+\frac{0.0591}{2}\lg[Cu^{2+}]$

$$=0.34+\frac{0.0591}{2}\lg0.50=0.328\ (V)$$

$E=0.781-0.328=0.453\ (V)$

(3)不断通 H_2S 入 $CuSO_4$ 溶液中使之饱和，则发生沉淀反应：

$$Cu^{2+}+H_2S=\!=\!=CuS+2H^+$$

由于 CuS 的溶解度很小，所以将沉淀完全生成 H^+ 1.0 $mol\cdot dm^{-3}$，平衡时 S^{2-} 浓度为

$$[S^{2-}]=\frac{K_{a_1}\times K_{a_2}\times[H_2S]}{[H^+]^2}=\frac{1.32\times10^{-7}\times7.10\times10^{-15}\times0.10}{1.0^2}$$

$$=9.4\times10^{-23}(mol\cdot dm^{-3})$$

$$[Cu^{2+}]=\frac{6.30\times10^{-36}}{9.4\times10^{-23}}=6.7\times10^{-14}(mol\cdot dm^{-3})$$

$E(Cu^{2+}/Cu)=0.34+\frac{0.0591}{2}\lg6.7\times10^{-14}=-0.0523\ (V)$

正极电势不变，所以 $E=0.781-(-0.0523)=0.833\ (V)$

4-8 (1)$E^{\ominus}(IO_3^-/I^-)=\frac{5\times1.20+1\times0.535}{6}=1.09\ (V)$

$E^{\ominus}(IO_3^-/HIO)=\frac{5\times1.20-1\times1.45}{4}=1.14\ (V)$

(2)根据在元素电势图中 $E^{\ominus}_{右}>E^{\ominus}_{左}$时,中间物种将自发歧化,可推断在酸性条件下 HIO 和 H_2O_2 可发生歧化反应,有关反应式如下:

$$10HIO=2HIO_3+4I_2+4H_2O,2H_2O_2=2H_2O+O_2$$

(3)在酸性介质中 $E^{\ominus}(IO_3^-/I^-)>E^{\ominus}(O_2/H_2O_2)$,因此 HIO_3 与 H_2O_2能反应。在酸性介质中 $E^{\ominus}(IO_3^-/I_2)<E^{\ominus}(H_2O_2/H_2O)$,因此 I_2 与 H_2O_2 能反应。

(4)由于发生下述反应,所以最终结果是 H_2O_2 完全分解:

$2HIO_3+5H_2O_2=I_2+5O_2+6H_2O$

$5H_2O_2+I_2=2HIO_3+4H_2O$

反应总结果是　$2H_2O_2=O_2+2H_2O$

4-9 (1)$E^{\ominus}[Ag(S_2O_3)_2^{3-}/Ag]=E(Ag^+/Ag)=E^{\ominus}(Ag^+/Ag)+0.0591\lg[Ag^+]$

$$0.010=0.799+0.0591\lg\frac{1}{K^{\ominus}_{稳}[Ag(S_2O_3)_2]^{3-}}$$

$K^{\ominus}_{稳}[Ag(S_2O_3)_2]^{3-}=2.2\times10^{13}$,混合后 $[Ag^+]=0.15\times\frac{50}{50+100}=0.050(mol\cdot dm^{-3})$

$[S_2O_3^{2-}]=0.30\times\frac{100}{50+100}=0.20(mol\cdot dm^{-3})$

配合反应	Ag^+	+	$2S_2O_3^{2-}$	=	$[Ag(S_2O_3)_2]^{3-}$
平衡浓度/($mol\cdot dm^{-3}$)	x		$0.20-2\times0.050$		0.050(已作近似处理)

$\frac{0.050}{x\times(0.20-2\times0.050)^2}=K^{\ominus}_{稳}[Ag(S_2O_3)_2]^{3-}=2.2\times10^{13}$

解得　$x=[Ag^+]=2.3\times10^{13}\ mol\cdot dm^{-3}$

(2)AgBr 在 $Na_2S_2O_3$溶液中的溶解反应:

$$AgBr+2S_2O_3^{2-}=[Ag(S_2O_3)_2]^{3-}+Br^-$$

因为该反应可视为如下两个电极反应组合而成:

$$AgBr+e^-=Ag+Br^-$$

$$[Ag(S_2O_3)_2]^{3-}+e^-=Ag+2S_2O_3^{2-}$$

所以 $\lg K^{\ominus}=\frac{nE^{\ominus}}{0.0591}=\frac{n(E^{\ominus}_+-E^{\ominus}_-)}{0.0591}=\frac{1\times(0.071-0.010)}{0.0591}=1.032,K^{\ominus}=10.8$。

4-10 (1)通入 NH_3 后将发生配合反应:

$$Cu^{2+}+4NH_3=[Cu(NH_3)_4]^{2+}$$

$E_1=E^{\ominus}\{[Cu(NH_3)_4]^{2+}/Cu\}-E^{\ominus}(Zn^{2+}/Zn)$,即

$0.714=E^{\ominus}\{[Cu(NH_3)_4]^{2+}/Cu\}-(-0.763)$

$E^{\ominus}\{[Cu(NH_3)_4]^{2+}/Cu\}=-0.049\ (V)$

而 $E^{\ominus}\{[Cu(NH_3)_4]^{2+}/Cu\}=E(Cu^{2+}/Cu)=E^{\ominus}(Cu^{2+}/Cu)+\frac{0.0591}{2}\lg[Cu^{2+}]$

$-0.049=0.34+\frac{0.0591}{2}\lg\frac{1}{K^{\ominus}_{稳}[Cu(NH_3)_4]^{2+}}$

解得　$K^{\ominus}_{稳}[Cu(NH_3)_4]^{2+}=1.5\times10^{13}$。

(2)在锌电极中加入过量 Na_2S,将析出 ZnS 沉淀,则

$E^{\ominus}(ZnS/Zn)=E(Zn^{2+}/Zn)=E^{\ominus}(Zn^{2+}/Zn)+\frac{0.0591}{2}\lg[Zn^{2+}]$

$$= -0.763 + \frac{0.0591}{2} \lg 1.6 \times 10^{-24} = -1.47\ (\text{V})$$

$E_2 = -0.049 - (-1.47) = 1.42\ (\text{V})$

(3)新原电池符号：

$Zn, ZnS\ |\ S^{2-}(1.0\ mol \cdot dm^{-3})\ \|\ [Cu(NH_3)_4]^{2+}(1.0\ mol \cdot dm^{-3}), NH_3(1.0\ mol \cdot dm^{-3})\ |\ Cu$

新原电池的电极反应和电池反应：

正极反应　$[Cu(NH_3)_4]^{2+} + 2e^- = Cu + 4NH_3$

负极反应　$Zn - 2e^- + S^{2-} = ZnS$

电池反应　$[Cu(NH_3)_4]^{2+} + Zn + S^{2-} = Cu + 4NH_3 + ZnS$

(4)新原电池反应的 $K^\ominus$ 和 $\Delta_r G_m^\ominus$。

$$\lg K^\ominus = \frac{nE^\ominus}{0.0591} = \frac{n(E_+^\ominus - E_-^\ominus)}{0.0591} = \frac{2 \times 1.42}{0.0591} = 48.05, K^\ominus = 1.1 \times 10^{48}$$

$$\Delta_r G_m^\ominus = -nFE^\ominus = -2 \times 96.5 \times 1.42 = -274(\text{kJ} \cdot \text{mol}^{-1})$$

三、思考题解答

14-1 解答：因为使用任何的外接连线测定，得到的都不是电极的电势绝对值。只能将待测电极与标准氢电极组成原电池，通过测量原电池电动势求出待测电极的电极电势的相对值。

14-2 解答：因为甘汞电极作为参比电极一是电势很稳定，二是易于制作。

14-3 解答：氯化钾溶液呈中性，甘汞电极放在饱和氯化钾溶液中，可以避免受空气中的二氧化碳气体的影响，以防测量不准确；另外，可以保持电极玻璃壁两端离子浓度一样。

14-4 解答：确定金属的活动性顺序；计算原电池电动势；判断氧化剂和还原剂的强弱；判断氧化还原反应的方向；选择合适的氧化剂和还原剂；判断氧化还原反应进行的次序；求反应的平衡常数；求溶度积常数；求溶液的 pH；配平氧化还原反应方程式；估计反应进行的程度。

14-5 解答：(1)弗洛斯特图：用其电对 X(N)/X(O)的 E 对氧化值 n 作图。所得直线的斜率即代表由该两种氧化态组成的电对的标准电势。(2)泡佩克斯图：又称 E-pH 图，是以电极电势为纵坐标，pH 为横坐标的标绘图。

14-6 解答：两者形式相同。但电极电势的能斯特方程中可变项为电极的氧化态与还原态之比，电动势的能斯特方程中可变项为$\frac{[G]^g[H]^h}{[A]^a[D]^d}$

14-7 解答：许多氧化还原反应都是在水溶液中进行的，水本身也具有氧化还原性，且与酸度有关。因此，水溶液中氧化还原反应达平衡，当再有酸碱平衡或沉淀平衡或配位平衡介入时，对其电极电势产生影响的本质是使溶液酸度发生改变(产生多相平衡)，改变其氧化态或还原态的浓度，从而改变其电极电势大小，使原有氧化还原平衡发生移动。

14-8 解答：查表知 $Co^{3+} + e^- = Co^{2+}$，$E^\ominus = 1.84$ V，$O_2 + 4H^+ + 4e^- = 2H_2O$，$E^\ominus = 1.229$ V，$O_2 + 2H_2O + 4e^- = 4OH^-$，$E^\ominus = 0.401$ V，$Co(NH_3)_6^{3+}$ 的 $K_{稳} = 1.58 \times 10^{35}$，$Co(NH_3)_6^{2+}$ 的 $K_{稳} = 1.38 \times 10^5$。

(1)$E^\ominus = E^\ominus(Co^{3+}/Co^{2+}) - E^\ominus(O_2/H_2O) = 1.84 - 1.229 = 0.611\ V > 0$

所以 Co^{3+} 能与水发生氧化还原反应，Co^{3+} 在水溶液中不能稳定存在。

(2)$E^\ominus[Co(NH_3)_6^{3+}/Co(NH_3)_6^{2+}] = E^\ominus(Co^{3+}/Co^{2+}) + 0.0591 \lg [Co^{3+}]/[Co^{2+}]$

$= E^\ominus(Co^{3+}/Co^{2+}) + 0.0591 \lg K_{稳}[Co(NH_3)_6^{2+}]/K_{稳}[Co(NH_3)_6^{3+}]$

$= 1.84 + 0.0591 \times \lg 1.3 \times 10^5 / 1.4 \times 10^{35} = 1.84 - 1.775 = 0.065$ V

在氨溶液中设 $[NH_3]=1\ mol\cdot dm^{-3}$，$[OH^-]=\sqrt{1.0\times1.8\times10^{-5}}=4.24\times10^{-3}\ mol\cdot dm^{-3}$，此时 $E(O_2/OH^-)=E^\ominus(O_2/OH^-)+0.0591/4\cdot\lg p(O_2)/p^\ominus\cdot[OH^-]^4=0.54\ V$。

因为 $E^\ominus[Co(NH_3)_6^{3+}/Co(NH_3)_6^{2+}]<E(O_2/OH^-)$

所以 $Co(NH_3)_6^{3+}$ 配离子不能氧化水，在水中能稳定存在。

14-9 解答：(1)$Hg_2Cl_2+2e^-=\!=\!=2Hg+2Cl^-$，$E^\ominus=0.2829\ V$

$E^\ominus(Hg_2Cl_2/Hg)=E^\ominus(Hg_2^{2+}/Hg)+0.0591/2\cdot\lg[Hg_2^{2+}]$

$=E^\ominus(Hg_2^{2+}/Hg)+0.0591/2\cdot\lg K_{sp}^\ominus(Hg_2Cl_2)$

$E^\ominus(Hg_2^{2+}/Hg)=0.2829-0.0591/2\cdot\lg 4.0\times10^{-18}=0.797\ (V)$

所以 $E^\ominus(Hg^{2+}/Hg)=[E^\ominus(Hg^{2+}/Hg_2^{2+})+E^\ominus(Hg_2^{2+}/Hg)]/2=0.851\ V$

$E^\ominus=E^\ominus(Hg^{2+}/Hg)-E^\ominus[Hg(CN)_4^{2-}/Hg]=1.221\ V$

$\lg K_稳[Hg(CN)_4^{2-}]=nE^\ominus/0.0591=2\times1.221/0.0591=41.32$

所以 $K_稳[Hg(CN)_4^{2-}]=2\times10^{41}$

(2)$Hg^{2+}+Hg=\!=\!=Hg_2^{2+}$

$E^\ominus=E^\ominus(Hg^{2+}/Hg_2^{2+})-E^\ominus(Hg_2^{2+}/Hg)=0.905\ V-0.797\ V=0.108\ V$

$\lg K^\ominus=nE^\ominus/0.0591=0.108/0.0591=1.83$，$K^\ominus=67.6$。

四、课后习题解答

14-1 解答：(1)$E^\ominus=0.771-0.535=0.236\ (V)>0$

反应：$2Fe^{3+}+2I^-=\!=\!=2Fe^{2+}+I_2$　　正向自发

(2)$E^\ominus=0.771-(-0.763)=1.534\ (V)>0$

反应：$2Fe^{3+}+Zn=\!=\!=2Fe^{2+}+Zn^{2+}$　　正向自发

(3)$E^\ominus=0.771-0.934=-0.163\ (V)<0$

反应：$2Fe^{3+}+HNO_2+H_2O=\!=\!=2Fe^{2+}+Zn^{2+}+NO_3^-+3H^+$　　逆向自发

(4)$E^\ominus=1.507-0.771=0.736\ (V)>0$

反应：$5Fe^{2+}+MnO_4^-+8H^+=\!=\!=5Fe^{3+}+Mn^{2+}+4H_2O$　　正向自发

14-2 解答：(1)查表 $E^\ominus(Fe^{3+}/Fe^{2+})=0.771\ V$，$Fe^{3+}+e^-=\!=\!=Fe^{2+}$

$$E=E^\ominus+0.0591\lg\frac{c(Fe^{3+})}{c(Fe^{2+})}=0.771+0.0591\lg 0.1/0.5=0.73\ (V)$$

(2)查表 $E^\ominus(Sn^{4+}/Sn^{2+})=0.151\ V$，$Sn^{4+}+2e^-=\!=\!=Sn^{2+}$

$$E=E^\ominus+\frac{0.0591}{2}\lg\frac{c(Sn^{4+})}{c(Sn^{2+})}=0.151+\frac{0.0591}{2}\lg\frac{1}{0.2}=0.172\ (V)$$

(3)查表 $E^\ominus(Cr_2O_7^{2-}/Cr^{3+})=1.33\ V$，$Cr_2O_7^{2-}+14H^++6e^-=\!=\!=2Cr^{3+}+7H_2O$

$$E=E^\ominus+\frac{0.0591}{6}\lg\frac{c(Cr_2O_7^{2-})c^{14}(H^+)}{c^2(Cr^{3+})}=1.33+\frac{0.0591}{6}\lg\frac{0.1\times2^{14}}{0.2^2}=1.376\ (V)$$

(4)查表 $E^\ominus(Cl_2/Cl^-)=1.358\ V$，$Cl_2+2e^-=\!=\!=2Cl^-$

$$E=E^\ominus+\frac{0.0591}{2}\lg\frac{p(Cl_2)/p^\ominus}{c^2(Cl^-)}=1.358+\frac{0.0591}{2}\lg\frac{2\times10^5/1\times10^5}{(0.1)^2}=1.426(V)$$

14-3 解答： (1) $E(Zn^{2+}/Zn)=-0.763+\frac{0.0591}{2}\lg 0.1=-0.79\ (V)$

$E(Cu^{2+}/Cu)=0.34+\frac{0.0591}{2}\lg 0.5=0.33\ (V)$

$E=0.33-(-0.79)=1.12\ (V)$

$E^{\ominus}=0.34-(-0.763)=1.103\ (V)$

$\lg K^{\ominus}=\frac{nE^{\ominus}}{0.0591}=\frac{2\times 1.103}{0.0591}=37.28\qquad K^{\ominus}=1.94\times 10^{37}$

(2) $E(Sn^{2+}/Sn)=-0.14+\frac{0.0591}{2}\lg 0.05=-0.176\ (V)$

$E=0-(-0.176)=0.176\ (V)$

$E^{\ominus}=0.000-(-0.14)=0.14\ (V)$

$\lg K^{\ominus}=\frac{nE^{\ominus}}{0.0591}=\frac{2\times 0.14}{0.0591}=4.65\qquad K^{\ominus}=4.42\times 10^{4}$

(3) $E(Sn^{4+}/Sn^{2+})=0.15+\frac{0.0591}{2}\lg\frac{0.5}{0.1}=0.17\ (V)$

$E=0.17-0.000=0.17\ (V)$

$E^{\ominus}=0.15-0.000=0.15\ (V)$

$\lg K^{\ominus}=\frac{2\times 0.15}{0.0591}=5.10\qquad K^{\ominus}=1.26\times 10^{5}$

(4) $E(H^{+}/H_2)=0.00+\frac{0.0591}{2}\lg\frac{0.01^2}{100/100}=-0.1184\ (V)$

$E=0.000-(-0.1184)=0.1184\ (V)$

$E^{\ominus}=0.00-0.00=0.00$

$\lg K^{\ominus}=\frac{2\times 0.00}{0.0591}=0.00\qquad K^{\ominus}=1$

14-4 解答：

$$E_2^{\ominus}=E_1^{\ominus}+\frac{0.0591}{2}\lg\frac{[H^{+}]^3}{[HNO_2]}=0.94+\frac{0.0591}{2}\lg\frac{[H^{+}]^3K_a^{\ominus}}{[H^{+}][NO_2^-]}$$

$$=0.94+\frac{0.0591}{2}\lg\left[\frac{K_a^{\ominus}}{[NO_2^-]}\left(\frac{K_w^{\ominus}}{[OH^-]}\right)^2\right]$$

$$=0.94+\frac{0.0591}{2}\lg\frac{1}{[OH^-]^2[NO_2^-]}+\frac{0.0591}{2}\lg(K_a^{\ominus}K_w^{\ominus 2})$$

要求$[NO_2^-]=[OH^-]=1\ mol\cdot dm^{-3}$，则

$$E_2^{\ominus}=0.94+\frac{0.0591}{2}\lg(K_a^{\ominus}K_w^{\ominus 2})=0.94+\frac{0.0591}{2}\lg[5.1\times 10^{-4}\times(10^{-14})^2]=0.02\ (V)$$

14-5 解答：

已知 $E^{\ominus}(Ag^{+}/Ag)=0.799\ V$，$K_{sp}^{\ominus}[AgCl]=1.8\times 10^{-10}$，$K_{sp}^{\ominus}[AgBr]=5.0\times 10^{-13}$，$K_{sp}^{\ominus}[AgI]=9\times 10^{-17}$。

$E^{\ominus}(AgCl/Ag)=0.799+0.0591\lg(1.8\times 10^{-10})=0.224\ (V)>0$

$E^{\ominus}(AgBr/Ag)=0.799+0.0591\lg(5.0\times 10^{-13})=0.073\ (V)>0$

$E^{\ominus}(AgCl/Ag)=0.799+0.0591\ \lg(8.9\times10^{-17})=-0.148\ (V)<0$

Ag 在 HI 中可以置换氢气。

14-6 解答:

$E^{\ominus}(Cu^{+}/Cu)=2E^{\ominus}(Cu^{+}/Cu)-E^{\ominus}(Cu^{+}/Cu^{+})=2\times0.337-0.153=0.521\ (V)$

对于反应 $Cu^{2+}+Cu+2Cl^{-}=\!=\!=2CuCl(s)$

$$E^{\ominus}(Cu^{2+}/CuCl)=E^{\ominus}(Cu^{2+}/Cu^{+})+0.0591\ \lg\frac{Cu^{2+}}{Cu^{+}}$$

$$=E^{\ominus}(Cu^{2+}/Cu^{+})+0.0591\ \lg\frac{1}{K_{sp}^{\ominus}(CuCl)}$$

$$=0.159-0.0591\ \lg(1.2\times10^{-6})=0.509\ (V)$$

$$E^{\ominus}(CuCl/Cu)=E^{\ominus}(Cu^{+}/Cu)+0.0591\ \lg[Cu^{+}]=E^{\ominus}(Cu^{+}/Cu)+0.0591\ \lg K_{sp}^{\ominus}(CuCl)$$

$$=0.521+0.0591\ \lg(1.2\times10^{-6})=0.172\ (V)$$

$E^{\ominus}=E^{\ominus}(Cu^{2+}/CuCl)-E^{\ominus}(CuCl/Cu)=0.509-0.172=0.337\ (V)>0$

反应向正反应方向进行。

$\Delta_r G_m^{\ominus}=-nFE^{\ominus}=-96\ 500\times0.337=-32520.5\ J\cdot mol^{-1}$

由 $\lg K^{\ominus}=nE^{\ominus}/0.0591=1\times0.337/0.0591$,得 $K^{\ominus}=5.04\times10^{5}$。

14-7 解答:设生成 CuS 沉淀后,正极溶液中 Cu^{2+} 的浓度为 $x\ mol\cdot dm^{-3}$

所组成电池为$(-)Zn|Zn^{2+}(1mol\cdot dm^{-3})\parallel Cu^{2+}(x\ mol\cdot dm^{-3})|Cu(+)$

电池反应为 $Cu^{2+}+Zn=\!=\!=Cu+Zn^{2+}$

由 $E=E^{\ominus}-\frac{0.0591}{2}\lg\frac{[Zn^{2+}]}{[Cu^{2+}]}$得方程:$0.670=[0.34-(-0.763)]-\frac{0.0591}{2}\lg\frac{1}{x}$

得 $x=2.63\times10^{-15}$ $[Cu^{2+}]=2.63\times10^{-15}\ mol\cdot dm^{-3}$

溶液中 S^{2-} 浓度为

$$[S^{2-}]=\frac{K_{a2}^{\ominus}\cdot K_{a2}^{\ominus}[H_2S]}{[H^{+}]^{2}}=\frac{1.3\times10^{-7}\times7.1\times10^{-15}\times0.1}{0.2^{2}}=2.3\times10^{-21}\ mol\cdot dm^{-3}$$

$K_{sp}^{\ominus}(CuS)=[Cu^{2+}]\cdot[S^{2-}]=2.6\times10^{-15}\times2.3\times10^{-21}=6.0\times10^{-36}$

14-8 解答:

已知 $E^{\ominus}(MnO_2/Mn^{2+})=1.23\ V$,$E^{\ominus}(Cl_2/Cl^{-})=1.36\ V$。设 Cl_2 的分压为 100 kPa

$$MnO_2+2Cl^{-}+4H^{+}=\!=\!=Cl_2+Mn^{2+}+2H_2O$$

常温下:$E=E^{\ominus}-\frac{0.0591}{n}\lg\frac{Mn^{2+}p(Cl_2)}{[Cl^{-}]^{2}[H^{+}]^{4}}$

$$=E^{\ominus}(MnO_2/Mn^{2+})-E^{\ominus}(Cl_2/Cl^{-})-\frac{0.0591}{n}\lg\frac{[Mn^{2+}]p(Cl_2)}{[Cl^{-}]^{2}[H^{+}]^{4}}$$

$$=1.23-1.36-\frac{0.0591}{2}\lg\frac{1}{x^{6}}\geqslant0$$

解得 $x=5.42\ mol\cdot dm^{-3}$。

所以常温下,只有当盐酸浓度大于 $5.42\ mol\cdot dm^{-3}$ 时,MnO_2 才有可能将 Cl^{-} 氧化成 Cl_2。实际上盐酸浓度常在 $12\ mol\cdot dm^{-3}$ 左右,并加热以提高反应速率。

14-9 解答:

$Au(CN)_2^{-}+e^{-}=\!=\!=Au+2CN^{-}$,标准状态时,$[Au(CN)_2^{-}]=[CN^{-}]=1.0\ mol\cdot dm^{-3}$

$$K_s^{\ominus}[Au(CN)_2^-]=\frac{[Au(CN)_2^-]}{[Au^+][CN^-]^2}=\frac{1}{[Au^+]}$$

$$E^{\ominus}[Au(CN)_2^-/Au]=E^{\ominus}(Au^+/Au)+0.0591\ \lg(Au^+)=1.69+0.0591\ \lg\frac{1}{K_s^{\ominus}}=-0.57\ (V)$$

$E^{\ominus}[Au(CN)_2^-/Au]<E^{\ominus}(O_2/OH^-)$，所以氰化钠溶液可以浸取金矿砂中的金。

14-10 解答：

$$E^{\ominus}[Co(NH_3)_6^{3+}/Co(NH_3)_6^{2+}]=E^{\ominus}(Co^{3+}/Co^{2+})+0.0591\ \lg\frac{\dfrac{[Co(NH_3)_6^{3+}]}{K^{\ominus}[Co(NH_3)_6^{3+}][NH_3]^6}}{\dfrac{[Co(NH_3)_6^{2+}]}{K[Co(NH_3)_6^{2+}][NH_3]^6}}$$

$$=1.84+0.0591\ \lg\frac{10^{5.11}}{10^{35.2}}=0.065\ (V)$$

$E^{\ominus}(O_2/OH^-)=0.401\ V\quad K^{\ominus}=10^{nE/0.0591}=10^{4\times(0.401-0.065)/0.0591}=8.9\times10^{24}$

在此缓冲溶液中$[NH_4^+]=[NH_3]$

所以，$pH=9.26$，$[OH^-]=10^{-4.74}\ mol\cdot dm^{-3}$

$$E=0.401+\frac{0.0591}{4}\lg\frac{\frac{1}{5}}{[OH^-]}=0.672\ (V)$$

$E=0.672-0.065=0.607\ (V)$，反应可以发生。

五、参考资料

陈建平，许立.2002.浅谈标准电极电势表的应用.化学教育，23(3)：43-45

葛秀涛.2011.关于汞齐电极的电极电势和可逆性.大学化学，16(6)：56-57

廖斯达，贾志军，马洪运，等.2013.电化学基础(Ⅱ). 热力学平衡与能斯特方程及其应用.储能科学与技术，2(1)：63-67

林永，金茜，赵锟，王曼丽.2011.运用能斯特公式探究“水果电池”正极反应原理.化学教育，32(7)：66-70

刘旭青，张树永.2013.碱金属单质还原能力与还原活性顺序差异的讨论.大学化学，28(3)：55-60

刘有昌.2000.从利用电极电势求 K 值(K_{sp}，K_s，K_a)来认识四大平衡的联系.松辽学刊，(1)：28-30

童艳花，杨金田，唐培松，等.2013.多重平衡体系中电极电势的简易计算方法.化工高等教育，30(2)：103-105

严宣申.2012.电极电势和氧化还原反应.化学教育，33(8)：84-88

尤蕾蕾，潘志刚.2010.有关电解的概念及原理.化学教学，(10)：1-5

张玲，陈磊磊.2010.有关原电池的概念及原理.化学教学，(4)：1-4

第 15 章　碱金属与碱土金属

一、重要概念

1.碱金属单质的某些典型反应(alkali metals and their reactions)

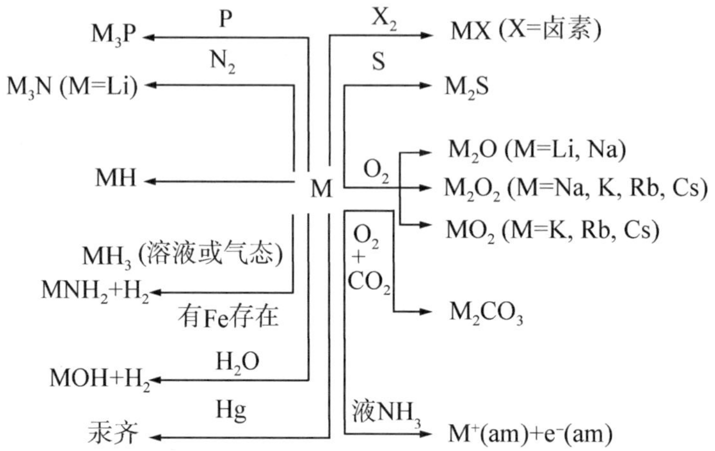

2.碱土金属单质的某些典型反应(alkali-earth metals and their reactions)

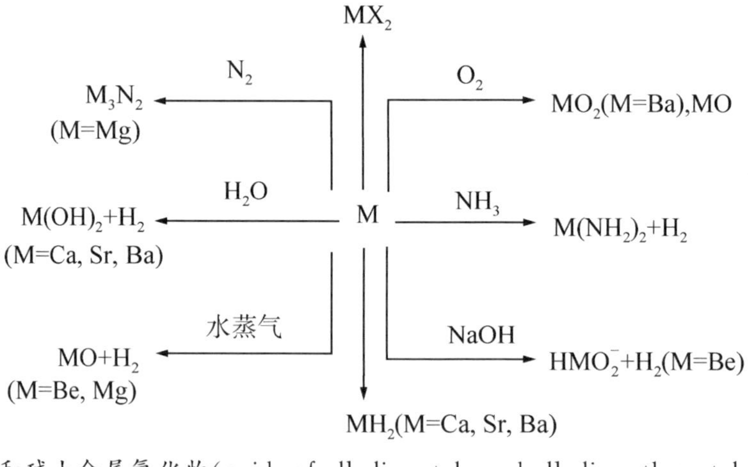

3.碱金属和碱土金属氧化物(oxide of alkali metals and alkali-earth metals)

在空气中燃烧碱金属和碱土金属可得不同的氧化物。

K,Rb,Cs还会形成臭氧化物:MO_3^-(M=K,R_b,C_s)。

4."相差溶解"规律("difference between "law of dissolution)

化学上常将离子型化合物易溶于强极性溶剂(如水)和共价型化合物易溶于弱极性或非极性溶剂的现象称为相似溶解规律,这种现象也称相差溶解规律。它更明确地从热力学指出:溶解焓较负(即溶解性较大)的化合物都是阴、阳离子水合焓差值(包括正值、负值)较大的化合物,也是阴、阳离子半径相差较大的化合物。

5.汞齐(amalgam)

又称汞合金,汞的特性之一是能溶解除铁以外的许多金属而生成汞齐。汞与一种或几种金属形成汞齐时,含汞少时是固体,含汞多时是液体。天然的有金汞齐、银汞齐,人工制备的有钠汞齐、钾汞齐、锌汞齐、锡汞齐、铅汞齐等。

6.熔盐电解法(molten-salt electrolysis)

熔盐电解法是以熔融态盐类为原料的电解方法,常用于制备不能由水溶液中制备的金属,如碱金属、碱土金属以及钍、钽、混合稀土金属的生产。有时为降低熔体的熔点,节省电能,需加入一定量的助熔剂。

7.热还原法(thermo-deoxidization)

用化学活性较强的金属,将被还原的金属从其化合物中置换出来,以制备金属或其合金的方法。

8.对角线规则(diagonal rule)

在周期表的二、三周期中,某一元素的性质和它左上方或右下方的元素性质的相似性,称为对角线规则。这种相似性比较明显地表现在 Li 和 Mg、Be 和 Al、B 和 Si 三对元素之间,但 C 和 P 以及其他元素之间也存在某些对角线效应。

二、自测题及其解答

1.选择题

1-1 下列成对元素中化学性质最相似的是 (　　)

A.Be 和 Mg　　B.Mg 和 Al　　C.Li 和 Be　　D.Be 和 Al

1-2 下列元素中,第一电离能最小的是 (　　)

A.Li　　B.Be　　C.Na　　D.Mg

1-3 下列最稳定的氮化物是 (　　)

A.Li_3N　　B.Na_3N　　C.K_3N　　D.Ba_3N_2

1-4 下列水合离子生成时,放出热量最少的是 (　　)

A.Li^+　　B.Na^+　　C.K^+　　D.Mg^{2+}

1-5 下列最稳定的过氧化物是 (　　)

A.Li_2O_2　　B.Na_2O_2　　C.K_2O_2　　D.Rb_2O_2

1-6 下列化合物中,键的离子性最小的是 (　　)

A.LiCl　　B.NaCl　　C.KCl　　D.$BaCl_2$

1-7 下列碳酸盐中,热稳定性最差的是 (　　)

A.$BaCO_3$　　B.$CaCO_3$　　C.K_2CO_3　　D.Na_2CO_3

1-8 下列化合物中,在水中溶解度最小的是 (　　)

A.NaF　　B.KF　　C.CaF_2　　D.BaF_2

1-9 下列化合物中,溶解度最大的是 (　　)

A.LiF　　B.$NaClO_4$　　C.$KClO_4$　　D.K_2PtCl_6

1-10 下列化合物中,具有磁性的是 (　　)

A.Na_2O_2　　B.SrO　　C.KO_2　　D.BaO_2

2.填空题

2-1 金属锂应保存在________中,金属钠和钾应保存在________中。

2-2 在 s 区金属中,熔点最高的是________,熔点最低的是________,密度最小的是________,硬度最小的是________。

2-3 周期表中,处于斜线位置的 B 与 Si、________与________、__________与__________性质十分相似,人们习惯上把这种现象称之为“斜线规则”或“对角线规则”。

2-4 给出下列物质的化学式:

(1)萤石__________;(2)生石膏________;(3)重晶石__________;(4)天青石__________;(5)方解石________;(6)光卤石__________;(7)智利硝石________;(8)芒硝__________;(9)纯碱__________;(10)烧碱__________。

2-5 $Be(OH)_2$与 $Mg(OH)_2$ 性质的最大差异是__________。

2-6 电解熔盐法制得的金属钠中一般含有少量的____________,其原因是__________。

2-7 熔盐电解法生产金属铍时加入 NaCl 的作用是______________。

2-8 比较各对化合物溶解度大小:

(1)LiF________AgF;(2)LiI________AgI;(3)$NaClO_4$________$KClO_4$;(4)$CaCO_3$________$Ca(HCO_3)_2$;(5)Li_2CO_3________Na_2CO_3。

2-9 ⅡA 族元素中,性质表现特殊的元素是________,它与 p 区元素中的________性质极相似,如两者的氯化物都是________化合物,在有机溶剂中溶解度较大。

2-10 碱土金属的氧化物,从上至下晶格能依次________,硬度逐渐________,熔点依次______。

3.完成并配平下列反应方程式

3-1 在过氧化钠固体上滴加热水。

3-2 将二氧化碳通入过氧化钠。

3-3 将氮化镁投入水中。

3-4 向氯化锂溶液中滴加磷酸氢二钠溶液。

3-5 六水合氯化镁受热分解。

3-6 金属钠和氯化钾共热。

3-7 金属铍溶于氢氧化钠溶液中。

3-8 用 NaH 还原四氯化钛。

3-9 将臭氧化钾投入水中。

3-10 将氢化钠投入水中。

4.简答题

4-1 市售的 NaOH 中为什么常含有 Na_2CO_3杂质?如何配制不含 Na_2CO_3杂质的 NaOH 稀溶液?

4-2 钾要比钠活泼,但可以通过下述反应制备金属钾,请解释原因并分析由此制备金属钾是否切实可行:$Na+KCl \xlongequal{} NaCl+K$。

4-3 举例说明铍与铝的相似性。

4-4 举例说明锂与同族的钠、钾元素及化合物的不同点。

4-5 一固体混合物可能含有 $MgCO_3$,Na_2CO_3,$Ba(NO_3)_2$,$AgNO_3$ 和 $CuSO_4$。混合物投

入水中得到无色溶液和白色沉淀；将溶液进行焰色试验，火焰呈黄色；沉淀可溶于稀盐酸并放出气体。试判断哪些物质肯定存在，哪些物质肯定不存在，并分析原因。

4-6 在电炉法炼镁时，要用大量的冷氢气将炉口馏出的蒸气稀释、降温，以得到金属镁粉。请问能否用空气、氮气、二氧化碳代替氢气作冷却剂？为什么？

4-7 用教材给出的热力学数据解释碱土金属碳酸盐的热稳定性变化趋势，它们的热分解温度为什么总是低于同周期碱金属碳酸盐的分解温度？

4-8 解释：

(1)钡能形成过氧化物而铍则不能，钠能形成过氧化物而锂则不能。

(2)第 2 族元素自上而下氢氧化物在水中的溶解性增大，而硫酸盐则有相反的变化趋势。

(3)碱金属元素中以锂的标准还原电势最低，而锂与水之间的反应却最缓和。

4-9 回答下列用途所依据的性质，可能情况下并写出相关的反应式。

(1)锂用作生产热核武器的一种原料。

(2)铯用于制造光电池和原子钟。

(3)钠用于干燥醚类溶剂时，能显示出溶剂的干燥状态。

4-10 写出周期表 s 区元素的化学符号并回答下列各种性质的变化规律。

(1)金属的熔点；(2)族氧化态阳离子的半径；(3)过氧化物热分解生成氧化物的趋势。

自测题解答

1.选择题

1-1 (D)　**1-2** (C)　**1-3** (A)　**1-4** (C)　**1-5** (D)

1-6 (A)　**1-7** (B)　**1-8** (C)　**1-9** (B)　**1-10** (C)

2.填空题

2-1 液体石蜡，煤油。

2-2 Be，Cs，Li，Cs。

2-3 Be 与 Al，Li 与 Mg。

2-4 (1)CaF_2；(2)$CaSO_4 \cdot 2H_2O$；(3)$BaSO_4$；(4)$SrSO_4$；(5)$CaCO_3$；(6)$KCl \cdot MgCl_2 \cdot 6H_2O$；(7)$NaNO_3$；(8)$Na_2SO_4 \cdot 10H_2O$；(9)$Na_2CO_3$；(10)NaOH。

2-5 $Be(OH)_2$ 具有两性，即溶于酸又溶于强碱；$Mg(OH)_2$ 为碱性，只溶于酸。

2-6 金属钙，电解时加入 $CaCl_2$ 助溶剂而有少量的钙电解时析出。

2-7 增加熔盐的导电性。

2-8 (1)$<$；(2)$>$；(3)$>$；(4)$<$；(5)$<$。

2-9 Be，Al，共价。

2-10 减小，减小，降低。

3.完成并配平下列反应方程式

3-1 $2Na_2O_2 + 2H_2O(热) = 4NaOH + O_2$

3-2 $2Na_2O_2 + 2CO_2 = 2Na_2CO_3 + O_2$

3-3 $Mg_3N_2 + 6H_2O = 3Mg(OH)_2 + 2NH_3$

3-4 $3Li^+ + HPO_4^{2-} = Li_3PO_4 + H^+$

3-5 $MgCl_2 \cdot 6H_2O = Mg(OH)Cl + HCl + 5H_2O$

3-6 $Na(s) + KCl(l) = NaCl(l) + K(g)$

3-7 $Be + 2NaOH + 2H_2O = Na_2[Be(OH)_4] + H_2$

3-8 $TiCl_4 + 4NaH = Ti + 2H_2 + 4NaCl$

3-9 $4KO_3+2H_2O = 5O_2+4KOH$

3-10 $NaH+H_2O = NaOH+H_2$

4.简答题

4-1 NaOH 是由 $Ca(OH)_2$溶液与 Na_2CO_3反应而得到的。过滤除去 $CaCO_3$后即得 NaOH。NaOH 中可能残留少许 Na_2CO_3。同时，NaOH 吸收空气中的气体也引进一些 Na_2CO_3 杂质。欲配制不含杂质的 NaOH 溶液，可先配制浓的 NaOH 溶液。由于 Na_2CO_3 在浓 NaOH 溶液中溶解度极小，静止后析出 Na_2CO_3沉淀。再取上层清液稀释后可以得到不含杂质的 NaOH 稀溶液。

4-2 钾的沸点为 774 ℃，钠的沸点为 883 ℃，钾的沸点比钠的沸点低 109 ℃，控制温度在钠和钾沸点之间，则生成的钾从反应体系中挥发出来，有利于平衡向生成钾的方向移动。由于反应是一个平衡过程，反应不够彻底。同时，由于钾易溶于熔融的氯化物中或生成超氧化物等因素，此方法并不切实可行。

4-3 Be 和 Al 单质及化合物性质有许多相似之处，可以从以下几个方面来理解：(1)Be 和 Al 都是两性金属，不仅能溶于酸，也都溶于强碱放出氢气。(2)Be 和 Al 的氢氧化物都是两性化合物，易溶于强碱。(3)Be 和 Al 都是共价化合物。易升华、聚合、易溶于有机溶剂。(4)Be 和 Al 的盐都易水解。

4-4 由于 Li^+ 半径较小极化能力较强，使锂与同族的钠、钾等元素及化合物有许多不同之处。(1)锂与水反应不如钠、钾与水反应剧烈。主要原因是锂的熔点较高，氢氧化锂的溶解度小。(2)Li^+ 极化能力强，硝酸锂热分解产物与硝酸钠等不同。(3)某些锂盐为难溶盐，而相应的钠盐、钾盐则为易溶盐。(4)锂在空气中燃烧产物与钠、钾不同。钠、钾在空气中燃烧产物主要是过氧化物，而锂在空气中燃烧产物为正常的氧化物。(5)锂与氮气在室温下即可缓慢化合，而钠和钾与氮气的反应需要在高温下才能进行。(6)与氯化钠、氯化钾不同，氯化锂的水合物受热时发生水解。(7)锂的氯化物为共价化合物，而钠、钾则形成离子化合物。

4-5 肯定存在：$MgCO_3$，Na_2CO_3。肯定不存在：$Ba(NO_3)_2$，$AgNO_3$，$CuSO_4$。混合物投入水中，得无色溶液和白色沉淀，则 $CuSO_4$肯定不存在。溶液在焰色反应时，火焰呈黄色，则 Na_2CO_3 肯定存在。溶液中不存在$Ba(NO_3)_2$。沉淀可溶于稀盐酸并放出气体，则肯定存在 $MgCO_3$，而 $Ba(NO_3)_2$肯定不存在。$AgNO_3$也肯定不存在，因为 $AgNO_3$遇 Na_2CO_3 将有些 Ag_2SO_4白色沉淀生成，沉淀中 $MgCO_3$和 Ag_2SO_4在稀盐酸中溶解而 Ag_2SO_4不溶。

4-6 不能用空气、氮气、二氧化碳代替氢气作制冷剂，因为镁可以和空气、氮气、二氧化碳发生反应。

4-7 判断碱金属和碱土金属碳酸盐热分解的规律时有两条规律可循：① 大阳离子能稳定大阴离子；② 碳酸盐的分解式为：$M_2CO_3(s) = M_2O(s)+CO_2(g)$。这时 M^+ 或 M^{2+} 的极化力对分解反应的影响很大，因此可以看出，由热力学数据得出碱土金属酸盐热稳定性由 Mg 到 Ba 逐渐增加。它们的热分解温度总是低于同周期碱金属硫酸盐的分解温度，是由于其 M^{2+} 正电荷离子极化力大，对大阴离子 CO_3^{2-} 的一个 O 的作用特大易结合成 MO，而使 MCO_3分解。

4-8 (1)Be、Li 的半径太小。(2)由于 OH^- 是体积小的阴离子，而 SO_4^{2-} 体积大，根据相差溶解规律而知之。(3)电极电势属热力学范畴，而反应的剧烈程度属动力学范畴，两者之间并无直接联系。锂与水反应缓和的原因有二：① 锂的熔点较高(180 ℃)，与水反应产生的热量不足以使其熔化，是固-液反应，不像钠、钾熔点低(分别为 98 ℃和 63.5 ℃)是液-液反应；② 锂与水反应的产物 LiOH 溶解度小，一旦产生，就覆盖在锂的表面上，阻碍反应继续进行。

4-9 (1)同位素$^{6}_{3}Li$(在天然锂中约占 7.5%)受中子轰击产生热核武器的主要原料氚：

$$^{1}_{0}n+^{6}_{3}Li \longrightarrow ^{3}_{1}H+^{4}_{2}He$$

(2)前者是铯在光照条件下会逸出电子(光电效应)，后者是因为^{133}Cs 厘米波的振动频率(9 192 631 770s^{-1})在长时间内会保持稳定。(3)钠溶于干燥的纯醚类会产生溶剂合电子，呈深蓝色。但若有水时，则首先与水反应，有 H_2 跑出而无蓝色，因此颜色的出现可看作溶剂处于干燥状态的标志。

4-10 (1)由上至下熔点降低；(2)自上而下增大；(3)随阳离子半径的增大热分热温度增高。

三、思考题解答

15-1 解答：在钠的液氨溶液中加入冠状穴醚，一部分钠失去电子变成+1 价离子，并与冠状穴醚形成配离子。一部分钠则得到电子变成－1 价离子，并与氨形成氨合配离子。

15-2 解答：(1)钠可被空气中氧所氧化：$4Na+O_2 = 2Na_2O$，或吸收空气中的 CO_2 形成碳酸盐：$Na_2O+CO_2 = Na_2CO_3$。Na 不与煤油作用，煤油的挥发性较低。(2)锂氧化物易吸收空气中的 CO_2 形成碳酸盐：$Li_2O+CO_2 = Li_2CO_3$，常温下与 N_2 发生缓慢的作用：$6Li+N_2 = 2Li_3N$。金属 Li 比水轻，自然不能放在煤油中保存，要浸在液体石蜡或封存在固体石蜡中。

15-3 解答：$4Li+O_2 = 2Li_2O$，$6Li+N_2 = 2Li_3N$。还用作还原剂：$2Ca+TiCl_4 = Ti+2CaCl_2$。

15-4 解答：前一问参考思考题 5 中数据。后一问是因为：LiOH 的溶解度小，包覆在 Li 的表面，阻碍了反应的进一步进行，宏观上看，就是和水反应不剧烈。Li 熔点高，反应产生的热不足以使 Li 熔化，因而固态的 Li 与水的接触面不如液态的大。

15-5 解答：

s 区金属元素相关电对的标准电极电势 $E^\ominus$ （单位：V）

Li^+/Li	－3.04	Be^{2+}/Be	－1.97
Na^+/Na	－2.71	Mg^{2+}/Mg	－2.36
K^+/K	－2.93	Ca^{2+}/Ca	－2.84
Rb^+/Rb	－2.92	Sr^{2+}/Sr	－2.89
Cs^+/Cs	－2.92	Ba^{2+}/Ba	－2.92

由热化学循环图 15-1 中可知：标准电极电势的大小与升华能、电离能和水合能有关。在计算时要用到下面的公式：$\Delta_r G_m^\ominus = -nFE$。锂的原子半径最小、电离能最高，但其溶剂化程度（水合分子数为 25.3）和溶剂化强度（水合焓为 $-519\ kJ \cdot mol^{-1}$）却是最大。$E^\ominus(Be^{2+}/Be)$ 明显低于同族其余电对，与其高电离能有关。无法被水合焓补偿：$I_1(Be)+I_2(Be)=2.656\ kJ \cdot mol^{-1}$。

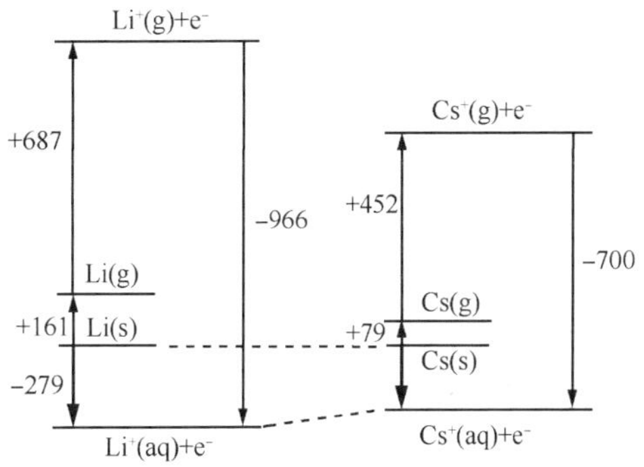

图 15-1 热化学循环图

15-6 解答：$2Na(s)+2H_2O(l) = Na^+(aq)+2OH^-(aq)+H_2(g)\uparrow$

$2Na(s)+CH_3CH_2OH(l) = 2CH_3CH_2ONa(l)+H_2(g)\uparrow$

$Na(s)+(x+y)NH_3(l) = Na^+(NH_3)^x+e^-(NH_3)_y$

15-7 解答：碱金属在液氨中的反应如下：

$$M(s) \xrightarrow{NH_3(l)} M^+(am)+e^-(am)$$

溶解的任何碱金属，稀溶液都具有同一吸收波长的蓝光。实验[碱金属的液氨溶液比纯溶剂密度小；液氨中随 $c(M)$ 增大，顺磁性减少]证明该物种是氨合电子，电子处于 4～6 个 NH_3 的“空穴”中。

15-8 解答：碱和碱土金属单质的某些典型反应可参考本章“重要概念”之 1、2 图形表示。

15-9 解答：离子晶体盐类溶解的焓变主要来自晶格能和水合能。阴阳离子半径相差较大的离子型化合物在水中溶解度较大，相近的溶解度较小，即“相差溶解”规律。

15-10 解答:含有大阴离子(如 CO_3^{2-})的热不稳定性化合物的分解温度随阳离子半径的增大而增高。

15-11 解答:与上题相似。反应焓越高,分解温度越高。

15-12 解答:侯德榜将合成氨与氨碱法制碱两工艺联合起来同时生产纯碱和氯化铵的方法,与氨碱法比较,优点是:① 氯化钠的利用率达 96%以上;② 综合利用了合成氨厂的二氧化碳;③ 节省了蒸氨塔、石灰窑等设备;④ 没有由蒸氨塔出来的难以处理的氯化钙废料,但需用洗涤过的食盐粉末,所以"侯氏联合制碱法"符合绿色化学原则。

15-13 解答:锂与镁的相似性;铍与铝的相似性;硼与硅的相似性。例如锂与镁的相似性:① 单质与氧作用生成正常氧化物;② 氢氧化物均为中强碱,且水中溶解度不大,加热分解为正常氧化物;③ 氟化物、碳酸盐、磷酸盐均难溶于水;④ 氯化物共价性较强,均能溶于有机溶剂中;⑤ 碳酸盐受热分解,产物为相应氧化物;⑥ Li^+ 和 Mg^{2+} 的水合能力较强。

四、课后习题解答

15-1 解答:电子层数从上到下逐渐增多,核对最外层电子的引力逐渐减弱,因此化学活泼性从上到下越来越强。

15-2 解答:碱土金属有两个价电子,碱金属只有一个价电子,碱土金属的金属键比相应的碱金属的金属键强,所以碱土金属的熔点、硬度均比相应的碱金属高。

15-3 解答: Be 的电负性较大(1.57),Be^{2+} 的半径较小(约 31 pm),使其极化能力很强,所以 $BeCl_2$ 中Be—Cl 键以共价性为主,$BeCl_2$ 为共价化合物。而其他碱土金属的电负性较小,但离子半径却比 Be^{2+} 大得多,$MgCl_2$、$CaCl_2$ 中的键以离子性为主,化合物为离子化合物。

15-4 解答:前一问参考思考题 13。铍与其他碱土金属在物理、化学性质方面的不同:单质铍具有较高的熔、沸点,金属表面易形成致密的氧化膜,单质活泼性较弱;氧化物的熔点高、硬度大;氢氧化物溶解性小,为两性;氯化物是缺电子共价化合物,在蒸气中易发生缔合,导电性较差;易形成配合物;盐类易水解,热稳定性低。

15-5 解答:(1) $2Na + 2H_2O = 2NaOH + H_2$; $2Na + Na_2O_2 = 2Na_2O$; $2Na + 2NH_3 = 2NaNH_2 + H_2$; $2Na + 2C_2H_5OH = 2C_2H_5ONa + H_2$; $4Na + TiCl_4 = Ti + 4NaCl$; $Na + KCl = K\uparrow + NaCl$; $2Na + MgO = Na_2O + Mg$; $6Na + 2NaNO_2 = Na_2O + N_2$

(2) $2Na_2O_2 + 2H_2O = 4NaOH + O_2$; $3Na_2O_2 + 2NaCrO_2 + 2H_2O = 2Na_2CrO_4 + 4NaOH$; $2Na_2O_2 + 2CO_2 = 2Na_2CO_3 + O_2$; $3Na_2O_2 + 2Cr_2O_3 = 3Na_2CrO_4$; $Na_2O_2 + H_2SO_4 = Na_2SO_4 + H_2O_2$

15-6 解答:

$2NaCl \xrightarrow{电解} 2Na + Cl_2\uparrow$

$2NaCl + 2H_2O \xrightarrow{电解} 2NaOH + H_2\uparrow + Cl_2\uparrow$

$2Na + O_2 \xrightarrow{点燃} Na_2O_2$

$2NaOH + CO_2 \longrightarrow Na_2CO_3 + H_2O$

15-7 解答:利用 $Be(OH)_2$ 可溶于 NaOH,而 $Mg(OH)_2$ 却不溶。$BeCO_3$ 受热不易分解,而 $MgCO_3$ 受热易分解,将两者分离。BeF_2 可溶于水,而 MgF_2 不溶于水,将两者分离。

15-8 解答:$BaSO_4 + 4C = BaS + 4CO$,$BaSO_4 + 4CO = BaS + 4CO_2$,$2BaS + 2H_2O =$

$Ba(HS)_2 + Ba(OH)_2$，$Ba(HS)_2 + CO_2 + H_2O = BaCO_3\downarrow + 2H_2S$，$BaCO_3 + 2HCl = BaCl_2 + CO_2 + H_2O$，$BaCO_3 \xlongequal{\triangle} BaO + CO_2$，$2BaO + O_2 \xlongequal{点燃} 2BaO_2$

15-9 解答：$CaCO_3 = CaO + CO_2\uparrow$，$CO_2 + CaO = CaCO_3$，$CaO + 2NH_4NO_3 = Ca(NO_3)_2 + 2NH_3\uparrow + H_2O$，$CaCl_2 + Na_2CO_3 = CaCO_3 + 2NaCl$，$CaCO_3 + 2HCl = CaCl_2 + H_2O + CO_2\uparrow$，$CaCl_2 = Ca + Cl_2\uparrow$，$Ca + 2H_2O = Ca(OH)_2 + H_2\uparrow$，$Ca(OH)_2 + 2HNO_3 = Ca(NO_3)_2 + 2H_2O$

15-10 解答：$\Delta_r H_m^\ominus(298\ K) = 638.88\ kJ \cdot mol^{-1}$，$\Delta_r G^\ominus(298\ K) = 545.81\ kJ \cdot mol^{-1}$，$\Delta_r S_m^\ominus(298\ K) = 313.24\ J \cdot mol^{-1} \cdot K^{-1}$。由 $\Delta_r G_m^\ominus = \Delta_r H_m^\ominus - T\Delta_r S_m^\ominus$ 知 $\Delta G < 0$ 反应才能自发进行，即 $638.88 \times 10^3 - T \times 313.42 < 0$，得 $T < 2038\ K$。

五、参考资料

陈与德.1979.氢氧化物溶解度的规律性.复旦学报(自然科学版)，(1)：118

范广，张引莉，孙家娟，等.2011.钠在空气中燃烧生成过氧化钠的热力学讨论.大学化学，26(6)：79

李明馨.1982.离子极化和氢氧化物的酸碱性强度.化学通报，(1)：68

徐太学.2000.碱金属过氧化物形成原因的解释.四川师范学院学报(自然科学版)，(2)：204

张彩云.1996. 碱金属双原子分子的键电子与键能的关系.大学化学，(1)：26

张运陶，周娅芬，肖盛兰.2006.碱金属及碱土金属离子化合物溶解性变化规律.大学化学，21(4)：61

第 16 章　硼族元素

一、重要概念

1.硼族元素(element of the boron group)

周期表第 13 族元素包括硼(B)、铝(Al)、镓(Ga)、铟(In)、铊(Tl)和 Uut 6 种元素,统称为硼族元素。它们的价层电子构型为 ns^2np^1。本族元素除硼为非金属元素外,其他都是金属元素。

2.缺电子原子及化合物(electron-defect atom and compounds)

价电子数小于价键轨道数的原子称为缺电子原子,硼族元素原子为缺电子原子。缺电子原子以共价键所形成的不具有八隅体结构的化合物称为缺电子化合物,如 BF_3。

3.三中心两电子键(three center two electron bond)

多中心共价键中的一种,指三个原子共用两个电子的化学键,中心原子常为缺电子原子。例如,硼烷中就存在 3e-2c 的氢桥键。

4.硼烷(borane)

又称硼氢化合物,是硼与氢组成的化合物的总称。硼烷有两种类型:B_nH_{n+4} 和 B_nH_{n+6},前者较稳定。由于硼元素位于化学元素周期表第ⅢA 族,具有较强的还原性(容易被氧化),因此硼烷类化合物大多遇氧气和水不稳定,需要在无水无氧条件下(惰性气体保护)保存。硼烷的毒性很大:吸入乙硼烷会损害肺部;吸入癸硼烷会引起心力减退;水解较慢的硼烷易积聚而使中枢神经系统中毒,并损害肝脏和肾脏。

5.惰性电子对效应(inert electron pairs effect)

各族元素自上而下,低氧化态化合物稳定性增大的现象。一般认为这一现象是由于 ns^2 电子对特别不活泼,故称为惰性电子对效应。

6.硼的主要化学反应(the main chemical reaction of boron)

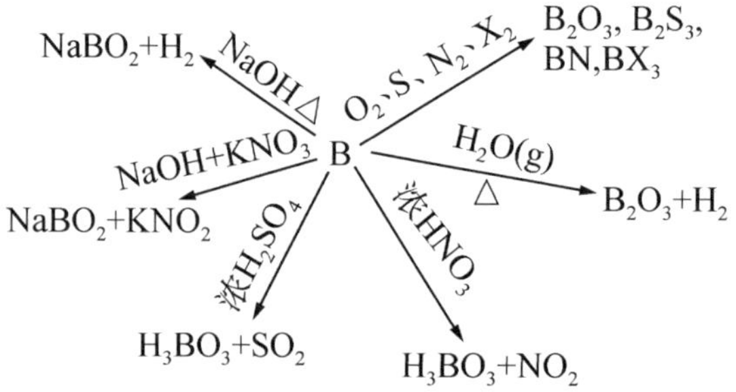

7.铝的主要化学反应(the main chemical reaction of aluminum)

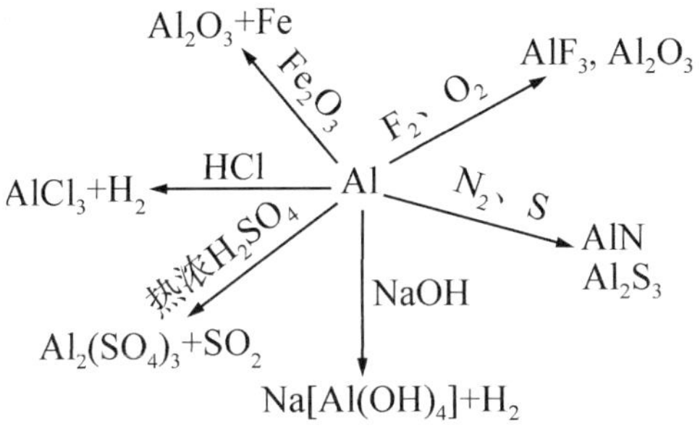

二、自测题及其解答

1.选择题

1-1 下列化合物属于缺电子化合物的是　(　　)

A.$BeCl_3$　B.$H[BF_4]$　C.B_2O_3　D.$Na[Al(OH)_4]$

1-2 在硼的化合物中,硼原子的最高配位数不超过 4,这是因为　(　　)

A.硼原子半径小　B.配位原子半径大

C.硼与配位原子电负性差小　D.硼原子无价层 d 轨道

1-3 下列关于 BF_3 的叙述中,正确的是　(　　)

A.BF_3 易形成二聚体　B.BF_3 为离子化合物

C.BF_3 为路易斯酸　D.BF_3 常温下为液体

1-4 硼的成键特征是　(　　)

A.共价性　B.缺电子性　C.多面体性　D.前三者均是

1-5 下列含氧酸中属于一元酸的是　(　　)

A.H_3AsO_3　B.H_3BO_3　C.H_3PO_3　D.H_3CO_3

1-6 下列物质中,酸性最强的是　(　　)

A.$B(OH)_3$　B.$Al(OH)_3$　C.$Si(OH)_4$　D.$Sn(OH)_4$

1-7 下列物质水解并能放出氢气的是　(　　)

A.B_2H_6　B.N_2H_4　C.NH_3　D.PH_3

1-8 下列有关硼砂的描述不正确的是　(　)

A.它是最常用的硼酸盐

B.它在熔融状态下能溶解一些金属氧化物,而且显示一些特征颜色

C.它的分子式应为 $Na_2B_4O_5(OH)_4 \cdot 8H_2O$

D.它不能与酸反应

1-9 加热 $AlCl_3 \cdot 6H_2O$ 晶体得　(　　)

A.无水 $AlCl_3$　B.$Al(OH)_3$ 和 HCl　C.Al_2O_3 和 Cl_2　D.Al 和 Cl_2

1-10 下列元素性质最相似的是　(　　)

A.B 和 Al　B.B 和 Si　C.B 和 Mg　D.B 和 C

2.填空题

2-1 硼族化合物中形成共价键的趋势自上而下依次__________,Tl(+1)化合物具有较强的__________键特征。

2-2 最简单的硼氢化合物是______,它属于______化合物,B 的杂化方式为______,B 与 B

之间存在______。而硼的卤化物以______形式存在，其原因是分子内形成了______键，形成此键的强度(按化合物排列)顺序为__________。

2-3 同族元素自上而下，低氧化态物质比高氧化态物质稳定的现象，称为__________，因而 Tl 的常见氧化态为______，B 的常见氧化态为______。

2-4 硼酸为________状晶体，分子间以__________键结合，层与层之间以________结合，故硼酸晶体具有________性，可以作为________剂。

2-5 $AlCl_3$ 在气态或 CCl_4 溶液中是______体，其中有______桥键。

2-6 Ga^{3+} 与 F^- 配位时形成________，与 Cl^- 配位时形成____。

2-7 硼砂的化学式为__________，其为______元碱。

2-8 氢氧化铝是______性氢氧化物，与强碱反应生成________离子，简写为______。

2-9 硼烷分子中的五种形式的键是__________________、__________________、__________________、__________________和__________________。

2-10 (1)化合物的热稳定性 $GaCl_3$____$TlCl_3$；(2)化学活性 α-Al_2O_3____γ-Al_2O_3；(3)酸性 $Al(OH)_3$______$Ga(OH)_3$；(4)酸性溶液中，氧化性 Ga_2O_3____Tl_2O_3；(5)In^+ 和 Tl^+，在水中歧化的是____。

3.完成并配平下列方程式

3-1 $B_2O_3 + Mg \longrightarrow$

3-2 $B + NaOH + H_2O \xrightarrow{\Delta}$

3-3 $Na_2B_4O_7 + H_2SO_4 + H_2O \longrightarrow$

3-4 $BF_3 + H_2O \longrightarrow$

3-5 $H_3BO_3 + C_2H_5OH \xrightarrow{H_2SO_4}$

3-6 $Al + NaOH + H_2O \longrightarrow$

3-7 $Na[Al(OH)_4] + CO_2 \longrightarrow$

3-8 $In + H_2SO_4 \longrightarrow$

3-9 $Tl + HNO_3$(稀)

3-10 $TlCl_3 + KI \longrightarrow$

4.简答题

4-1 $B_{10}H_{14}$的结构中有多少种形式的化学键？各有多少个？

4-2 为什么制备纯硼或硅时，用氢气作还原剂比用金属或碳好？

4-3 H_3BO_3 和 H_3PO_3组成相似，为什么前者为一元路易斯酸，而后者则为二元质子酸，试从结构上加以解释。

4-4 说明硼砂作焊药焊接某些金属时的化学原理。

4-5 说明三卤化硼和三卤化铝的沸点高低顺序。

4-6 为什么卤化硼不形成二聚体？

4-7 说明氮化硼在结构上与石墨的异同点。

4-8 如何鉴别 Na_2CO_3、Na_2SiO_3 和 $Na_2B_4O_7 \cdot 10H_2O$。

4-9 硫和铝在高温下反应可得到 Al_2S_3，但在水溶液中 Na_2S 和铝盐作用，却不能生成 Al_2S_3，为什么？

4-10 说明 $InCl_2$ 为什么是反磁性物质？TlI_3 为什么不能稳定存在？

自测题解答

1.选择题

1-1 (A)　**1-2** (D)　**1-3** (C)　**1-4** (D)　**1-5** (B)

1-6 (A)　**1-7** (A)　**1-8** (D)　**1-9** (B)　**1-10** (A)

2.填空题

2-1 减弱,离子。

2-2 乙硼烷,缺电子,sp^3,三中心两电子氢桥键;BX_3,Π_4^6,$BF_3>BCl_3>BBr_3>BI_3$。

2-3 惰性电子对效应,+1,+3。

2-4 片,氢,分子间力,理解,润滑。

2-5 双聚,氯。

2-6 GaF_6^{3} ,$GaCl_4^-$。

2-7 $Na_2B_4O_7\cdot 10H_2O$,二。

2-8 两 $Al(OH)_4^-$,AlO_2^-。

2-9 端侧,氢桥键,硼硼键,开放式硼桥键,闭合式硼桥键。

2-10 (1)>,(2)<,(3)>,(4)<,(5)In^+。

3.完成并配平下列反应方程式

3-1 $B_2O_3+3Mg = 2B+3MgO$

3-2 $2B+2NaOH+2H_2O \xlongequal{\Delta} 2NaBO_2+3H_2\uparrow$

3-3 $Na_2B_4O_7+H_2SO_4+5H_2O = 4H_3BO_3+Na_2SO_4$

3-4 $4BF_3+3H_2O = H_3BO_3+3H[BF_4]$

3-5 $H_3BO_3+3C_2H_5OH \xlongequal{H_2SO_4} B(OC_2H_5)_3+3H_2O$

3-6 $2Al+2NaOH+6H_2O = 2NaAl(OH)_4+3H_2$

3-7 $2Na[Al(OH)_4]+CO_2 \longrightarrow 2Al(OH)_3+Na_2CO_3+H_2O$

3-8 $2In+3H_2SO_4 = In_2(SO_4)_3+3H_2\uparrow$

3-9 $3Tl+4HNO_3$(稀)$= 3TlNO_3+NO+2H_2O$

3-10 $TlCl_3+3KI = TlI+I_2+3KCl$

4.简答题

4-1 在 $B_{10}H_{14}$ 结构中有四种形式的化学键:

键类型	B—H 键	氢桥键 B—H—B	硼桥键 B—B—B	B—B 键
数量	10	4	6	2
电子数	20	8	12	4

4-2 因为活泼金属或碳在高温下可与 B 或 Si 化合,会使产品不纯。

4-3 H_3BO_3 为平面三角形结构,属缺电子化合物,B 原子上还有一空轨道,可接受一个 OH^-,给出一个质子,所以为一元路易斯酸。而 H_3PO_3 为四面体结构,分子中含两个羟基,还有一个质子直接与中心原子相连,其不电离,所以为二元质子酸。

4-4 固态硼砂在熔化时能溶解某些金属氧化物并与之作用,故在焊接这些金属时常用硼砂作焊药。

4-5 三卤化硼均为分子型化合物,其沸点依相对分子质量增大而增大,即 $BF_3<BCl_3<BBr_3<BI_3$,蒸气分子均为单分子;而三卤化铝中,除 AlF_3 是离子型,它的蒸气为单分子外,其他的均为二聚分子型,因此它们的沸点大小顺序为 $AlCl_3<AlBr_3<AlI_3<AlF_3$。

4-6 在卤化硼 BX_3 分子中,B 原子采取等性的 sp^2 杂化,形成在同一个平面上与 3 个 Cl 原子相结合的三个 σ 键。由于 B 原子半径小,又有一个空的 2p 轨道,所以 Cl 原子上的孤对电子可以反馈给 B 原子,而且趋势很强,使硼的路易斯酸性减弱(这也称 BCl_3 的自身酸碱作用),不再接受其他原子上的电子对,因此不能形成双聚体。

4-7 氮化硼$(BN)_n$ 与 C_{2n} 是等电子体,其中石墨型的结构与石墨的结构相类似,都是由多个六元环连接起来的层状结构,B、N 原子均用 sp^2 杂化方式成键,层与层间以范德华力连接,均具有润滑性。与石墨不同的是,B—N 键是极性键,C—C 键是非极性键。

4-8 分别于三种溶液中加酸,有气体 CO_2 放出者为 Na_2CO_3,有白色沉淀析出者可能是 Na_2SiO_3 或 $Na_2B_4O_7 \cdot 10H_2O$。再分别取二者溶液,加入浓 H_2SO_4 和甲醇并点燃,有绿色火焰产生为后者。

4-9 因为在水溶液中 Al_2S_3 易发生水解,$Al_2S_3 + 6H_2O \longrightarrow 2Al(OH)_3 + 3H_2S$。

4-10 $InCl_2$ 化合物由 In^+ 和 In^{3+} 构成,即 $InCl_2$ 可以写成 $In[InCl_4]$,In^+ 和 In^{3+} 都无单电子,因而 $InCl_2$ 是反磁性的。TlI_3 不能稳定存在可以由"惰性电子对效应"解释。

三、思考题解答

16-1 解答: 自上而下元素的稳定氧化值从高氧化值 B(+3) 变为低氧化值 Tl(+1),稳定性增强。

16-2 解答: 价电子数小于价键轨道数的原子称为缺电子原子,所形成的化合物有些为缺电子化合物。此类化合物中,成键电子对数小于中心原子的价键轨道数,有空的价键轨道的存在,有很强的继续接受电子对的能力,具有以下特性:(1)分子自聚形成聚合型分子(如 $2AlCl_3 \longrightarrow Al_2Cl_6$);(2)同电子对给予体形成配位化合物(如 $BF_3 + HF \longrightarrow HBF_4$)。

16-3 解答:

	氢键	氢桥键
结合力类型	主要是静电作用	共价键(三电子两中心键)
键能	小(与分子间力相近)	较大(小于正常共价键)
H 连接的原子	电负性大,半径小的原子,主要是 F、O、N	缺电子原子,主要是 B
其他性能	具有饱和性和方向性	具有饱和性和一定的方向性

16-4 解答: (1)易燃性(还原性),如 $B_2H_6 + 3O_2 \longrightarrow B_2O_3 + 3H_2O$;(2)水解性,如 $B_2H_6 + 6H_2O \longrightarrow 2H_3BO_3 + 6H_2$;(3)与卤素反应,如 $B_2H_6 + 6Cl_2 \longrightarrow 2BCl_3 + 6HCl$;(4)路易斯酸性(加合反应),如 $2LiH + B_2H_6 \longrightarrow 2LiBH_4$(与其缺电子性直接相关)。

16-5 解答: 因为硼酸的酸性不是电离出 H^+,而是从水中夺取了 OH^-,使水电离出 H^+,如下所示:

$$\underset{HO}{\overset{OH}{\underset{}{B}}}{\overset{}{\diagdown}}OH \; + \; H_2O \longrightarrow \left[HO-\overset{OH}{\underset{OH}{B}}\leftarrow OH \right]^- + \; H^+$$

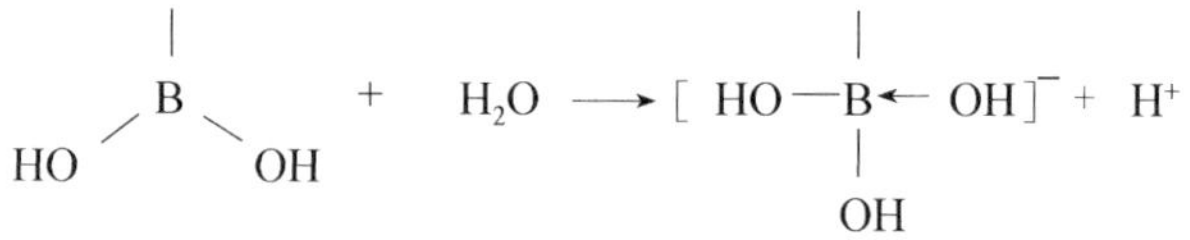

16-6 解答: 因为硼酸分子之间存在强烈的氢键,并通过氢键连接成层状结构,层间则以微弱的范德华力相吸引。硼酸的这种缔合作用,使大硼酸分子不易与水分子发生氢键作用,导致在冷水中溶解度不大。但加热后,硼酸分子之间的氢键部分被破坏,极性基团脱离出来,与水分子产生氢键作用,于是溶解度迅速增大,在热水中易溶。

16-7 解答: 由于硼是亲氧元素,易形成 BO_3 平面三角形和 BO_4 四面体两种配位键型,在硼酸盐中,硼以聚合硼氧配阴离子形式存在,其中配位数为 3 和 4 的硼原子可以有所不同,连接方式也不同。这使得硼酸盐种类繁多,结构复杂多样。

16-8 解答: 硼砂易溶于水,也较易水解,其溶液因 $[B_4O_5(OH)_4]^{2-}$ 的水解而显碱性:

$[B_4O_5(OH)_4]^{2-} + 5H_3BO_3 \longrightarrow 9H_3BO_3 + 2OH^-$,$4H_3BO_3 + 2OH^- \longrightarrow 2H_3BO_3 +$

$2B(OH)_4^-$。硼砂溶液中含有 H_3BO_3 和 $B(OH)_4^-$ 的物质的量相等,故具有缓冲作用。因此,在实验室中可用它来配制缓冲溶液。

16-9 解答:B 与 X(X=F,Cl,Br)之间除 σ 键之外尚有 p−pπ 轨道重叠。通过电子的离域可加强 B—X 之间的作用。当中心原子相同时,这种重叠的大小与配体半径有关,卤素中以 F 的半径最小,故这种 π 重叠程度的大小顺序应该是 B—F>B—Cl>B—Br。当这些卤化物作为路易斯酸再接受外来配体提供的电子对时,需断开 B—X 键中的 π 成分。同时中心 B 原子由 sp^2 杂化过渡到 sp^3 杂化。在这种重组与改变构型的过程中,其倾向大小顺序,恰与 p−pπ 重叠程度的大小顺序相反。因而,作为路易斯酸,其强弱顺序应为 $BBr_3>BCl_3>BF_3$,这与实验事实是相一致的。

16-10 解答:下图为 Al_2O_3 的溶解度与溶液 pH 的关系图,从图中可知,Al_2O_3 的溶解度在强酸性或强碱性条件下溶解度大,在中性条件下较小,所以可以通过控制 pH 来制备 Al_2O_3,将 pH 从强酸性或强碱性调节至接近中性,析出 $Al(OH)_3$,从而能与接近中性易溶解的杂质分离,制备纯的 Al_2O_3。

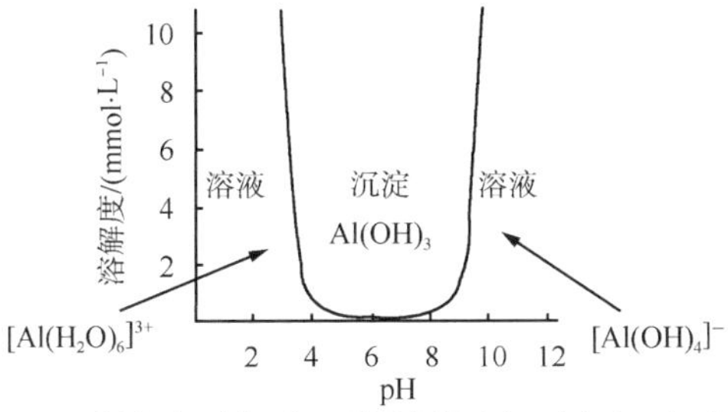

16-11 解答:由于惰性电子对效应,镓、铟、铊最外层 s 层电子对保持非电离或非分享状态(即不产生键合)的倾向,不易参与成键而常形成+1 氧化态的化合物,而其+3 氧化态的化合物自上而下越来越不稳定。

四、课后习题解答

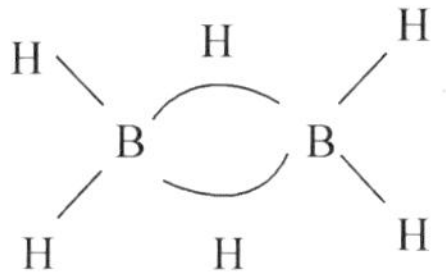

16-1 解答:$3LiAlH_4+4BF_3 = 2B_2H_6+3LiF+3AlF_3$

或 $3NaBH_4+4BF_3 = 2B_2H_6+3NaBF_4$

16-2 解答:五种成键类型:B—H 键、B—B 键、氢桥键、开放式硼桥键、闭合式硼桥键;丁硼烷(B_4H_{10})中有 4 个氢桥键、1 个 B—B 键、6 个 B—H 键、2 个闭合式硼桥键。

16-3 解答:(1)将纯的硼砂溶于沸水中,并加入盐酸,放置后可析出硼酸:

$$Na_2B_4O_7+2HCl+5H_2O = 4H_3BO_3(s)+2NaCl$$

(2)将硼酸加热脱水后得到:$2H_3BO_3(s) \xrightarrow{\Delta} B_2O_3(s)+3H_2O(g)$

(3)高温下 B_2O_3 被金属镁还原:$B_2O_3(s)+3Mg(s) \xrightarrow{\Delta} 2B(s)+3MgO(s)$,用盐酸将 MgO 溶解,并将硼分离出来。

16-4 解答: Al 虽然是活泼金属,但由于表面上覆盖了一层致密的氧化物膜,使铝不能进一步同氧和水作用而具有很高的稳定性。Al 能从稀酸中置换氢,不过铝的纯度越高,它在酸中的反应越慢。在冷的浓硝酸和浓硫酸中,铝表面被钝化而不发生作用。

16-5 解答:(1)缺电子化合物;(2)三中心两电子键;(3)惰性电子对效应。

答:(1)价电子数小于价键轨道数的原子称为缺电子原子,由这些缺电子原子所形成的化合物为缺电子化合物,在缺电子化合物中,成键电子对数小于中心原子的价键轨道数,有空的价键轨道的存在。

(2)"三中心两电子"键是两个电子连接 3 个原子所形成的一种特殊的离域共价键,它是缺电子原子的一种成键特征。它与通常的共价键的区别,在于它是一种缺电子的桥键,而一般的共价键是由两个原子公用两个电子所形成的。

(3)具有价电子层构型为 s^2p^{0-6} 的 p 区元素,其最外层 s 层电子对保持非电离或非分享状态(即不产生键合)之倾向,不易参与成键而常形成 $+(n-2)$ 氧化态的化合物,而其 $+n$ 氧化态的化合物要么不易形成,否则就是不稳定。这种各族元素自上而下,低氧化态化合物稳定性增大的现象,一般认为这一现象是由于 ns^2 电子对特别不活泼的原因,故称之为"惰性电子对效应"。

16-6 解答:第一问参见重要概念中相应内容。

$$NiO + Na_2B_4O_7 = Ni(BO_2)_2 \cdot 2NaBO_2 \quad (绿色)$$

$$CuO + Na_2B_4O_7 = Cu(BO_2)_2 \cdot 2NaBO_2 \quad (红棕色)$$

$$CoO + Na_2B_4O_7 = Co(BO_2)_2 \cdot 2NaBO_2 \quad (蓝色)$$

16-7 解答:(1)将明矾 $KAl(SO_4)_2 \cdot 12H_2O$ 溶于水,加入适量 KOH 溶液得到 $Al(OH)_3$ 沉淀;

$$HKAl(SO_4)_2 \cdot 12H_2O + 3KOH = Al(OH)_3\downarrow + 2K_2SO_4 + 12H_2O$$

(2)过滤蒸发浓缩即得到 K_2SO_4。

(3)将 $Al(OH)_3$ 与 KOH 作用得无色溶液,蒸发浓缩后即得到 $KAlO_2$。

$$Al(OH)_3 + KOH = KAlO_2 + 2H_2O$$

16-8 解答:铝的单质及化合物都溶于酸和碱,因而是典型的两性元素。铝制品由于表面上覆盖了一层致密的氧化物膜,在常温下使铝不能进一步同水作用而具有很高的稳定性。而铝的氧化物为两性,可与碱反应,因此表面的氧化物膜反应后,铝可与碱反应。

16-9 解答:(1) $Al_2O_3 + 3C + 3Cl_2 \xrightarrow{\triangle} 2AlCl_3 + 3CO$

(2) $Na_2CO_3 + Al_2O_3 = 2NaAlO_2 + CO_2\uparrow$,$NaAlO_2 + 2H_2O = Al(OH)_3\downarrow + NaOH$

(3) $2Al + 2NaOH + 2H_2O = 2NaAlO_2 + 3H_2\uparrow$

(4) $Na[Al(OH)_4] + NH_4Cl = Al(OH)_3\downarrow + NH_3\uparrow + NaCl + H_2O$

(5) $4BF_3 + 2Na_2CO_3 + 2H_2O = 3NaF_4 + Na[B(OH)_4] + 2CO_2$

16-10 解答:(1) H_3BO_3 的酸性极弱,不能直接用 NaOH 滴定,甘油与之反应生成稳定配合物而使其显强酸性,从而使滴定法可用于测定硼的含量。(2)硫酸铝在水中易水解生成胶状 $Al(OH)_3$ 沉淀,可吸附水中杂质。(3)硼砂易制得纯品,稳定,易溶于水并水解使溶液显强碱性,可配得极准确的浓度,因而可作基准物:

$$Na_2B_4O_7 \cdot 10H_2O + 2HCl = 4H_3BO_3 + 2NaCl + 5H_2O$$

(4)因为硼有吸收中子的能力。(5)因为 B 和 Al 在其三卤化合物中价层未满足 8 电子结构,是缺电子化合物,因而是路易斯酸,在有机反应中它们能拉开键合于碳原子上的路易斯碱产生正碳离子。$R_3C—X + BF_3 = R_3C^+ + [XBF_3]^-$,$R_3C—X + AlCl_3 = R_3C^+ + [XAlCl_3]^-$。置换出来的正碳离子非常活泼,与另一有机反应物反应得目标产物。

五、参考资料

陈正萍.1998.硼砂珠实验的改进.贵州师范大学学报(自然科学版),16(3):99

邓红梅,陈永亨.2008.水中铊的污染及其生态效应.环境化学,27(3):363

范广,张引莉,孙家娟,等.2011.三卤化硼分子中的离域键对其性质的影响.广州化工,39(1):18
黄元乔.2004.硼族元素的缺电子性讨论.湖北教育学院学报,21(5):20
金建华.1994.谈硼族的缺电子性.旁海师专学报,(1):83
马淑花,郭奋,陈建峰.2004.氢氧化铝的化学改性研究.北京化工大学学报,31(4):19
王纯,仲剑初,王洪志,等.2012.过硼酸钙的合成研究.无机盐工业,42(8):24
王凯,于天明,仲剑初,等.2009.由硼砂和消石灰制备偏硼酸钙.无机盐工业,41(4):31
张亨.2012.硼酸生产研究进展.宁波化工,(3):19
赵影,默丽欣,孟令鹏,等.2009.缺电子硼氢化物及其离子的研究现状.计算机与应用化学,26(2):167

第 17 章　碳族元素

一、重要概念

1.碳族元素(carbon group)

周期表中第 14 族包括碳(C)、硅(Si)、锗(Ge)、锡(Sn)、铅(Pb)和 Uuq 6 种元素。

2.碳原子簇(carbon clusters)

碳原子簇是指由碳原子结合在一起的团体结构，它是介于原子与固体粒子之间的团粒分子。可用 C_n 表示，n 一般小于 200，如 C_{28}、C_{30}、C_{50}、C_{60}、C_{76}、C_{80}、C_{90}、C_{94} 等。其中以 C_{60} 为代表的化合物研究得最为深入。

3.富勒烯(fullerene)

一种碳的同素异形体。任何由碳一种元素组成，以球状、椭圆状或管状结构存在的物质，都可以称为富勒烯。与石墨结构类似，但石墨的结构中只有六元环，而富勒烯中可能存在五元环。1985 年美国的克罗托(H.W.Kroto)、斯莫利(R.E.Smalley)和英国的柯尔(R.F.Curl)三位教授制备出了 C_{60}。1989 年，德国科学家 Huffman 和 Kraetschmer 的实验证实了 C_{60} 的笼形结构，从此物理学家所发现的富勒烯被科学界推向一个崭新的研究阶段。富勒烯的结构和建筑师 Fuller 的代表作相似，所以称为富勒烯。

4.碳纳米管(carbon nanotube)

碳纳米管又名巴基管，是一种具有特殊结构(径向尺寸为纳米量级，轴向尺寸为微米量级，管子两端基本上都封口)的一维量子材料。碳纳米管主要由呈六边形排列的碳原子构成数层到数十层的同轴圆管。层与层之间保持固定的距离，约 0.34 nm，直径一般为 2～20 nm。根据碳六边形沿轴向的不同取向可以将其分成锯齿型、扶手椅型和螺旋型三种。其中螺旋型的碳纳米管具有手性，而锯齿型和扶手椅型碳纳米管没有手性。碳纳米管中碳原子以 sp^2 杂化为主，同时六边形网格结构存在一定程度的弯曲，形成空间拓扑结构，其中可形成一定的 sp^3 杂化键，即形成的化学键同时具有 sp^2 和 sp^3 混合杂化状态，而这些 p 轨道彼此交叠在碳纳米管石墨烯片层外形成高度离域化的大 Π 键，碳纳米管外表面的大 Π 键是碳纳米管与一些具有共轭性能的大分子以非共价键复合的化学基础。

5.硬水软化(hard water softening treatment)

所谓“硬水”是指水中存在溶解的矿物质成分，尤其是钙和镁。硬水并不对健康造成直接危害，但是会给生活带来很多麻烦，如用水器具上结水垢、肥皂和清洁剂的洗涤效率降低等。硬水在工业上会造成极大的危害甚至危险，如造成工业锅炉积垢传热不良浪费能源，甚至因传热不匀可能引起爆炸。若水的硬度是暂时硬度，这种水经过煮沸以后，水里所含的碳酸氢钙或碳酸氢镁就会分解成不溶于水的碳酸钙和难溶于水的氢氧化镁沉淀。这些沉淀物析出，水的硬度就可以降低，从而使硬度较高的水得到软化。若水的硬度是永久硬度，往往使用离子交换法、膜分离法、石灰法、电磁法等方法使硬度较高的水得到软化。

6.分子筛(molecolar sieves)

分子筛是一种固体吸附剂,具有均一微孔结构,可以将不同大小的分子分离。在石油工业、化学工业和其他有关部门,广泛用于气体和液体的干燥、脱水、净化、分离和回收等,被吸附的气体或液体可以解吸。分子筛也作催化剂用。

7.碳的主要化学反应(the main chemical reaction of carbon)

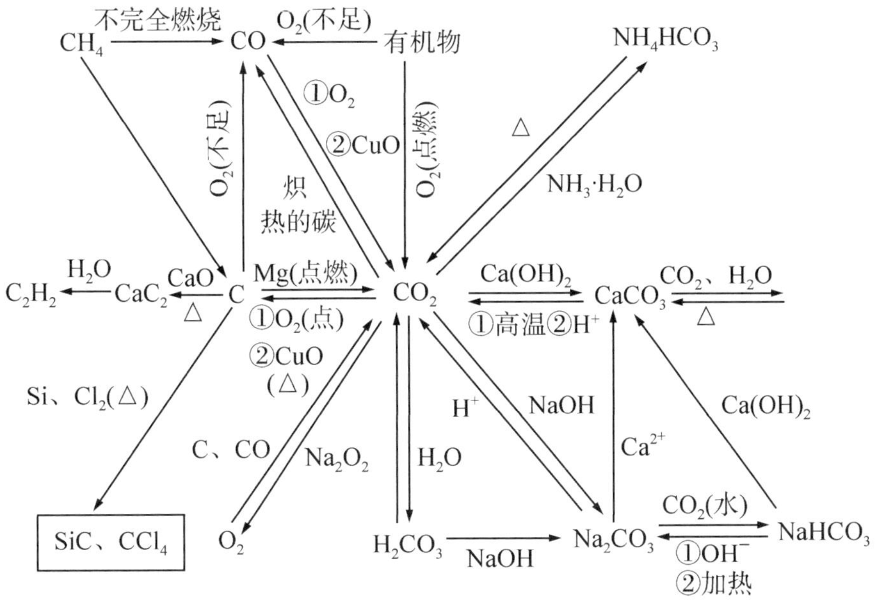

8.硅的主要化学反应(the main chemical reaction of silicon)

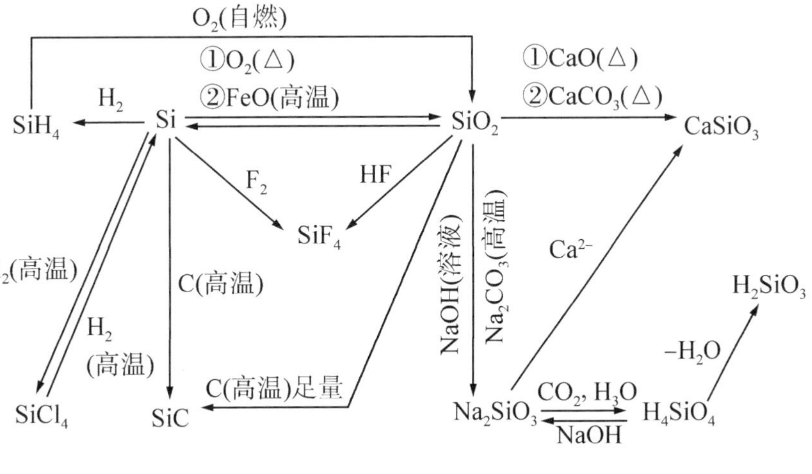

二、自测题及其解答

1.选择题

1-1 下列化合物中,熔点最低的是　　　　(　　)

A.BCl_3　　B.CCl_4　　C.$SiCl_4$　　D.$SnCl_4$

1-2 下列物质在水中溶解度最小的是　　　　(　　)

A.Na_2CO_3　　B.$NaHCO_3$　　C.$Ca(HCO_3)_2$　　D.$KHCO_3$

1-3 下列物质中，酸性最强的是　　(　　)

A. H_2SnO_3　　B. $Ge(OH)_4$　　C. $Sn(OH)_2$　　D. $Ge(OH)_2$

1-4 下列各组化合物中，对热稳定性判断正确的是　　(　　)

A. $H_2CO_3 > Ca(HCO_3)_2$　　B. $Na_2CO_3 > PbCO_3$

C. $(NH_4)_2CO_3 > K_2CO_3$　　D. $Na_2SO_3 > Na_2SO_4$

1-5 下列化合物中，不水解的是　　(　　)

A. $SiCl_4$　　B. CCl_4　　C. BCl_3　　D. PCl_5

1-6 与 Na_2CO_3 溶液反应生成碱式盐沉淀的离子是　　(　　)

A. Al^{3+}　　B. Ba^{2+}　　C. Cu^{2+}　　D. Hg^{2+}

1-7 下列物质中还原性最强的是　　(　　)

A. GeH_4　　B. AsH_3　　C. H_2Se　　D. HBr

1-8 常温下不能稳定存在的是　　(　　)

A. $GaCl_4^-$　　B. $SnCl_4$　　C. $PbCl_4$　　D. $GeCl_4$

1-9 下列氧化物中，氧化性最强的是　　(　　)

A. SiO_2　　B. GeO_2　　C. SnO_2　　D. Pb_2O_3

1-10 下列化合物中不能稳定存在的　　(　　)

A. SbI_3　　B. PI_3　　C. AlI_3　　D. TlI_3

2.填空题

2-1 $AlCl_3$ 在气态或 CCl_4 溶液中是______体，其中有______桥键。

2-2 用“>”或“<”表示下列各对化合物中键的离子性大小：SnO__SnS，$FeCl_2$__$FeCl_3$，SnO__SnO_2。

2-3 溶解度：Na_2CO_3__$NaHCO_3$，其原因为________。

2-4 将各氧化物写成盐的形式为：三氧化二铅__________，四氧化三铅________，四氧化三铁______。

2-5 $Pb(OH)_2$ 是______性氢氧化物，在过量的 NaOH 溶液中 Pb(Ⅱ)以______形式存在，$Pb(OH)_2$ 溶于____酸或____酸得到无色清液。

2-6 Pb_3O_4 呈____色，俗称______，与 HNO_3 作用时，铅有______和____生成。

2-7 将 $HClO_4$、H_2SiO_4、H_2SO_4、H_3PO_4 按酸性由高到低排列顺序为______________。

2-8 将 $MgCl_2$ 溶液和 Na_2CO_3 溶液混合得到的沉淀为______。在含有 K^+，Ca^{2+}，Cu^{2+}，Cr^{3+}，Fe^{3+} 的溶液中加入过量的 Na_2CO_3 溶液，生成碱式盐沉淀的离子为____________；生成氢氧化物的沉淀离子为________________。

2-9 水玻璃的化学式为____________，硅酸盐水泥的主要成分是____________。

2-10 给出下列化合物的颜色：$PbCl_2$_______；PbI_2_______；SnS_______；SnS_2_______；PbS________；$PbSO_4$____；PbO______；Pb_2O_3______。

3.完成并配平下列反应方程式

3-1 CO 在高温与 Fe_2O_3 反应。

3-2 钟乳石、石笋的形成的主要反应。

3-3 碳酸铜水解。

3-4 定形硅投入氢氧化钠溶液中。

3-5 硅烷在空气中自燃。

3-6 SiF_4 在水中水解。

3-7 SiF_4 与 HF 反应。

3-8 铅在空气中与水反应。

3-9 铅溶于浓硝酸。

3-10 二氧化锗溶于氢氧化钠溶液。

4.简答题

4-1 为什么 CCl_4 遇水不水解,而 $SiCl_4$、BCl_3、NCl_3 却易水解?

4-2 碳和硅为同族元素,为什么碳的氢化物种类比硅的氢化物种类多得多?

4-3 硅单质虽有类似于金刚石的结构,但其熔点、硬度却比金刚石差得多,请解释原因。

4-4 试说明硅为何不溶于氧化性的酸(如浓硝酸)溶液中,却分别溶于碱溶液及 HNO_3 与 HF 组成的混合溶液中。

4-5 为什么铅中毒,注射 EDTA-HAc 的钠盐溶液可解毒?

4-6 用两种方法鉴别 $SnCl_4$ 和 $SnCl_2$ 溶液。

4-7 商品 NaOH 中为什么常含杂质 Na_2CO_3? 如何检验? 又如何除去?

4-8 请举例说明 Pb(Ⅳ) 具有强氧化性? 并写出反应方程式或离子方程式

4-9 14 mg 某灰黑色固体 A 与浓氢氧化钠溶液共热时能产生无色气体 B 22.4 mL(标准状态),A 燃烧的产物为白色固体 C,C 与氢氟酸作用能产生一种无色气体 D,D 通入水中产生白色沉淀 E 及溶液 F。E 用适量的氢氧化钠溶液处理可得溶液 G。G 中加入 NH_4Cl 溶液重新沉淀出来 E。溶液 F 加过量 NaCl 时,得一无色晶体 H。问 A、B、C、D、E、F、G、H 分别为什么物质?

4-10 将白色粉末 A 加热得黄色固体 B 和无色气体 C。B 溶于硝酸得无色溶液 D,向 D 中加入 Kr_2CrO_4 溶液得黄色沉淀 E。向 D 中加入 NaOH 溶液至碱性,有白色沉淀 F 生成,NaOH 过量时白色沉淀溶解得无色溶液。将气体 C 通入石灰水中产生白色沉淀 G,将 G 投入酸中,又有气体 C 放出。问 A、B、C、D、E、F、G 各为何物质?

自测题解答

1.选择题

1-1（A）   **1-2**（C）   **1-3**（B）   **1-4**（B）   **1-5**（B）

1-6（C）   **1-7**（A）   **1-8**（C）   **1-9**（D）   **1-10**（D）

2.填空题

2-1 双聚,氯。

2-2 $>,>,>$。

2-3 $>$,$NaHCO_3$ 在水中生成二聚的 $\left[\begin{array}{c} O-C{<}^{O-H\cdots O}_{O\cdots H-O}{>}C-O \end{array}\right]^{2-}$。

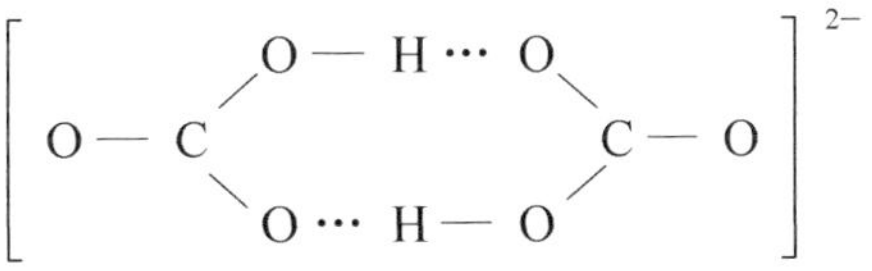

2-4 $Pb(PbO_3)$,$Pb_2(PbO_4)$,$Fe(FeO_2)_2$。

2-5 两,$Pb(OH)_4^{2-}$,乙,硝。

2-6 红,铅丹,$1/3$ PbO_2,$2/3$ $Pb(NO_3)_2$。

2-7 $HClO_4 > H_2SO_4 > H_3PO_4 > H_2SiO_3$。

2-8 $Mg(OH)_2 \cdot MgCO_3$；Cu^{2+}；Cr^{3+}、Fe^{3+}。

2-9 Na_2SiO_3；硅酸三钙（$3CaO \cdot SiO_2$），硅酸二钙（$2CaO \cdot SiO_2$），铝酸三钙（$3CaO \cdot Al_2O_3$）。

2-10 白，黄，棕，黄，黑，白，黄，橙黄。

3.完成并配平下列反应方程式

3-1 $3CO + Fe_2O_3 \xlongequal{\triangle} 2Fe + 3CO_2\uparrow$（冶金）

3-2 $Ca(HCO_3)_2$（可溶）$\xlongequal{} CaCO_3$（难溶）$+ CO_2\uparrow + H_2O$

3-3 $2Cu^{2+} + 2CO_3^{2-} + H_2O \xlongequal{} Cu_2(OH)_2CO_3 + CO_2\uparrow$

3-4 $Si + 2NaOH + H_2O \xlongequal{} Na_2SiO_3 + 2H_2\uparrow$

3-5 $SiH_4 + 2O_2 \xlongequal{} SiO_2 + 2H_2O$

3-6 $SiF_4 + 3H_2O \xlongequal{} H_2SiO_3 + 4HF$

3-7 $SiF_4 + 2HF \xlongequal{} H_2[SiF_6]$

3-8 $2Pb + O_2 + 2H_2O \xlongequal{} 2Pb(OH)_2$

3-9 $Pb + 4HNO_3$（浓）$\xlongequal{} Pb(NO_3)_2 + 2NO_2\uparrow + 2H_2O$

3-10 $GeO_2 + 2NaOH \xlongequal{} Na_2GeO_3 + H_2O$

4.简答题

4-1 C为第二周期元素只有2s2p轨道可以成键。最大配位数为4，CCl_4无空轨道可以接受水的配位，因而不水解。Si为第三周期元素，形成$SiCl_4$后还有空的3d轨道，d轨道接受水分子中氧原子的孤对电子，形成配位键而发生水解。BCl_3分子中，B虽无空的价层d轨道，但B有空的p轨道，可以接受电子对因而易水解。NCl_3无空的d轨道或空的p轨道，但分子中N原子尚有孤对电子可以向水分子中氢配位而发生水解。

4-2 碳在第二周期，硅位于第三周期，C的半径比Si的半径小得多，同时，C的电负性比Si大，使C—C键比Si—S键，C—H键比Si—H键的键能大得多。C可形成稳定的长链化合物而S则不能。另外，由于C的半径小而使p轨道能够重叠形成C—C多重键而Si—Si则很难。

4-3 Si和C单质都可采取sp^3杂化形成金刚石型结构，但Si的半径比C大得多，因此Si—Si键较弱，键能低，使单质硅的熔点、硬度比金刚石低得多。

4-4 在氧化性酸中，Si被氧化时在其表面形成阻止进一步反应的致密的氧化物薄膜，故不溶于氧化性酸中。HF的存在可消除Si表面的氧化物薄膜，生成可溶性的$[SiF_6{}^{2-}]$，所以Si可溶于HNO_3和HF的混合溶液中。Si是非金属，可和碱反应放出H_2，同时生成的碱金属硅酸盐可溶，也促使了反应的进行。

4-5 因为铅易溶于HAc，Pb^{2+}与EDTA作用能形成稳定的配合物，可从尿液排出。

4-6 ① 酸性条件下分别加入少量$FeCl_3$溶液，充分反应后加入KSCN溶液，变红的未知液为$SnCl_4$，另一为$SnCl_2$，$2Fe^{3+} + Sn^{2+} \xlongequal{} 2Fe^{2+} + Sn^{4+}$。② 将少量溶液加入$HgCl_2$溶液中，若产生白色沉淀，未知液为$SnCl_2$，不产生沉淀的未知液为$SnCl_4$，$2HgCl_2 + SnCl_2 \xlongequal{} Hg_2Cl_2\downarrow + SnCl_4$。

4-7 ① 商品NaOH中常含杂质Na_2CO_3是因为它易与空气中的CO_2反应。② 检验方法：取少量商品溶于水配成溶液，向其中加入澄清石灰水，若有白色沉淀生成，则可证明其中含有Na_2CO_3。③ 除去方法：配制NaOH的饱和溶液，Na_2CO_3因不溶于其中而沉淀析出，过滤分离，即除去。

4-8 如PbO_2在酸性溶液中能将Cl^-氧化成Cl_2，还可以把Mn^{2+}氧化为MnO_4^-，反应方程式为：

$PbO_2 + 4HCl \xlongequal{} PbCl_2 + Cl_2 + 2H_2O$，$2Mn^{2+} + 5PbO_2 + 4H^+ + 5SO_4^{2-} \xlongequal{} 2MnO_4^- + 5PbSO_4\downarrow + 2H_2O$

4-9 A、B、C、D、E、F、G、H分别为Si、H_2、SiO_2、SiF_4、H_2SiO_3、H_2SiF_6、Na_2SiO_3、Na_2SiF_6。

4-10 A、B、C、D、E、F、G分别为$PbCO_3$、PbO、CO_2、$Pb(NO_3)_2$、$PbCrO_4$、$Pb(OH)_2$、$CaCO_3$。

三、思考题解答

17-1 解答：自上而下元素的性质表现出氧化值为+4的化合物的稳定性降低，惰性电子对效应表现得比较明显，因而，CO_2的稳定性强于PbO_2。

17-2 解答:位于第二周期的碳形成化合物时,碳原子的价层电子数不能超过 8 个,因而碳原子的配位数不能超过 4,而锗原子最外层还有 nd 轨道可以参与成键,所以除形成配位数为 4 的化合物外,还能形成配位数为 6 的阴离子,如 $GeCl_6^{2-}$,SiF_6^{2-} 和 $SnCl_6^{2-}$ 等。

17-3 解答:CCl_4 分子中 sp^3 杂化碳原子的 σ 轨道骨架在反应前后不发生变动,C—Cl 键端的 Cl 原子首先被钠原子夺走,保留了分子骨架原有的 sp^3 杂化方式,接着失去 Cl 原子的 C 偶联为 C—C 键。

17-4 解答:在往炭火泼少量水的瞬间,碳与水发生反应生成 CO 和 H_2,生成的两种气体均为可燃性气体,气体燃料的燃烧更加充分与剧烈。

17-5 解答:CO 表现出强烈的加合性,其配位原子是 C,CO 作为配体与一些有空轨道的金属原子或离子形成羰基配合物。CO 毒性很大,是因为它与血红蛋白中 Fe(Ⅱ)离子的结合力比 O_2 的结合力高出 300 倍,阻止了血红蛋白对身体细胞氧气的运输,导致缺氧症,因此 CO 的毒性主要与它的加合性有关。

17-6 解答:不能,因为常温下,CO_2 不活泼,但在高温下能与碳或活泼金属镁、钠等反应产生 CO 可燃性气体。

17-7 解答:当可溶性碳酸盐与溶液中的其他金属离子作用时,产物可能是相应的正盐、碳酸羟盐(碱式碳酸盐)或氢氧化物等沉淀。这是因为碳酸盐电离提供 CO_3^{2-},水解提供 OH^-,以哪种形式沉淀取决于相应金属的碳酸盐与氢氧化物溶解度的相对大小。

17-8 解答:(1)卤素:除氟以外,室温下能与碱溶液发生歧化反应。

$$X_2 + 2OH^- = X^- + XO^- + H_2O \tag{1}$$

$$3XO^- = 2X^- + XO_3^- \tag{2}$$

氯在室温下主要是发生反应(1),在 343 K 时,反应(2)很快;溴常温(1)和(2)都很快,273 K以下才生成次溴酸盐;碘与碱反应只能得到碘酸盐。

(2)硫和磷:在较浓强碱液中能发生歧化反应(与水不反应)。

$$3S + 6NaOH = 2Na_2S + Na_2SO_3 + 3H_2O$$

$$P_4 + 3NaOH + 3H_2O = PH_3 + 3NaH_2PO_2$$

(3)硅与硼:与较浓的强碱溶液作用放出氢气。

$$Si + 2NaOH + H_2O = Na_2SiO_3 + 2H_2$$

$$2B + 2NaOH + 6H_2O = 2Na[B(OH)_4] + 3H_2$$

17-9 解答:玻璃塞含有 SiO_2,NaOH 会与其反应($2NaOH + SiO_2 = Na_2SiO_3 + H_2O$),所以一般用橡胶瓶塞。不能用玻璃瓶保存氢氟酸,因为 SiO_2 与 HF 会发生反应($SiO_2 + 4HF = SiF_4\uparrow + 2H_2O$)。

17-10 解答:放置变色硅胶的作用为干燥剂,变色硅胶无水时呈蓝色,当干燥剂吸水后,随吸水量不同,硅胶呈现蓝紫-紫-粉红,说明硅胶已经吸饱水,可通过烘干(100～120 ℃)变回蓝色,重复使用。

17-11 解答:Si 为第三周期元素,形成 SiF_4 后还有空的 3d 轨道,d 轨道接受 HF 中 F 原子的孤对电子,形成配位键;而 C 为第二周期元素,只有 2s2p 轨道可以成键,最大配位数为 4,无空轨道,因而不能与 HF 作用形成此类化合物。

17-12 解答:由于空气中的氧与铅反应,在铅表面生成一层氧化铅或碱式碳酸铅,起到保护作用,导致铅的化学活性不强。

17-13 解答: 铅在有空气存在的条件下,能与水缓慢反应成 $Pb(OH)_2$,而铅和铅的化合物都有毒,所以铅管不能用于输送饮水。由于大多数的铅盐难溶于水,金属铅与盐酸、硫酸反应产生的难溶盐附在容器壁阻止进一步的反应,所以可用作输送或存储酸液的管道和容器。

17-14 解答: $SnCl_2$ 易水解,$SnCl_2+H_2O \xlongequal{} Sn(OH)Cl\downarrow$(白)$+HCl$,浓盐酸可以抑制水解,$Sn^{2+}$ 在溶液中易被空气中的氧所氧化,通常在新制的溶液中加入少量锡粒防止氧化。

17-15 解答: 锗、锡、铅的氧化物、氢氧化物及硫化物的碱性分别随锗、锡、铅依次增强,具体为:

MO_2	酸碱性	MO	酸碱性
GeO_2	两性偏弱酸性	GeO	两性
SnO_2	两性偏酸性	SnO	两性略偏碱性
PbO_2	两性略偏酸性	PbO	两性偏碱性

$Ge(OH)_4$	$Sn(OH)_4$	$Pb(OH)_4$	碱性
$Ge(OH)_2$	$Sn(OH)_2$	$Pb(OH)_2\downarrow$	增强

$\longrightarrow$ 碱性增强

物质	酸、碱性	物质	酸、碱性
GeS	弱碱性	GeS_2	两性
SnS	弱碱性	SnS_2	两性偏酸
PbS	弱碱性	无 PbS_2	

四、课后习题解答

17-1 解答: 增大,非金属,金属,金属,非金属,减弱,增强,减弱,增强。

17-2 解答: (1)碳原子无空的价轨道,Si 有 d 轨道,配位数为 6,能同 H_2O 配位;BF_3 为缺电子化合物,能同 H_2O 结合。(2)水玻璃的主要成分是 Na_2SiO_3,硅酸钠可以与空气中的水和二氧化碳作用生成硅酸,硅酸不易溶于水,所以水玻璃的试剂瓶长期敞开瓶口,水玻璃会变浑浊。(3)虽然 CO_2 和 SiO_2 的组成相似,但它们的内部结构是不一样的,CO_2 是分子晶体,分子间是微弱的范德华力,因此它的熔沸点较低,所以在常温常压下 CO_2 为气体;而 SiO_2 是由硅氧四面体组成的原子晶体,原子间是较强的共价键,因此它的熔沸点较高,所以在常温常压下 SiO_2 为固体。(4)CO 分子中的碳原子略带负电性(由于 C—O 键的形成)且电负性小,易给出电子对,而 N_2 分子中的配位原子氮原子电负性较大难给出电子对,故 CO 易与金属原子或负价态的金属离子形成配位键,同时 CO 作配体时,除形成配键外,还易形成反馈键,故生成的配合物较稳定。

17-3 解答: 用酸和水玻璃反应:$Na_2SiO_3+2H^+ \xlongequal{} SiO_2\cdot H_2O+2Na^+$。调节酸和 Na_2SiO_3 的用量,使生成的硅凝胶中含有 8%～10%的 SiO_2,将凝胶静止老化一天后,用热水洗去可溶盐,将凝胶在 60～70 ℃烘干后,徐徐升温至 300 ℃活化,即得多孔硅胶。若将硅胶干燥活化前,用 $COCl_2$ 溶液浸泡,再干燥活化即得变色硅胶。

17-4 解答: 参考思考题 14。

17-5 解答: 铅易溶于浓盐酸是因为铅与浓盐酸反应形成四氯合铅酸,能溶于稀硝酸是因为铅能被稀硝酸氧化。而难溶于稀盐酸是因为生成的二氯化铅难溶于水,难溶于冷的浓硝酸是因为冷的浓硝酸使其钝化。

17-6 解答: (1)Na_2CO_3 比 $BeCO_3$ 稳定,因为铍离子的极化能力强于钠离子。(2)Na_2CO_3 比 $NaHCO_3$ 稳定,因为碳酸根的稳定性强于碳酸氢根。(3)$BaCO_3$ 比 $MgCO_3$ 稳定,因为镁离子的极化能力强于钡离子。(4)$CaCO_3$ 比 $PbCO_3$ 稳定,因为铅离子的极化能力强于钙离子。

17-7 解答:(1)$NH_3+CO_2+H_2O=NH_4HCO_3$

(2)$Na_2SiO_3+2NH_4Cl=H_2SiO_3+2NH_3+2NaCl$

(3)$Na_2SiO_3+CO_2+2H_2O=H_4SiO_4+Na_2CO_3$

(4)$SnCl_2$(少量)$+2HgCl_2=Hg_2Cl_2+SnCl_4$

(5)$Pb+4HNO_3=Pb(NO_3)_2+2NO_2+2H_2O$

17-8 解答:有+2,+4 价两种,如 PbO、PbO_2、Pb_2O_3、Pb_3O_4。将 Pb_3O_4 与 HNO_3 反应可以证明其含不同价态,在晶体中有 Pb(Ⅱ)和 Pb(Ⅳ)。反应式如下:$Pb_3O_4+4HNO_3=PbO_2+2Pb(NO_3)_2+2H_2O$。

17-9 解答:在溶液中通入 H_2S 或加入含 S^{2-} 溶液,根据沉淀的颜色鉴定 Sn^{2+} 和 Pb^{2+},如果是棕褐色沉淀为 Sn^{2+},如果是黑色沉淀为 Pb^{2+}。

17-10 解答:石灰岩的形成是 $CaCO_3$ 的沉积结果,海水中溶解一定量的 CO_2,因此 $CaCO_3$ 与 CO_2、H_2O 之间存在着下列平衡:

$$CaCO_3(s)+CO_2(g)+H_2O(l)\rightleftharpoons Ca(HCO_3)_2(aq)$$

海水中 CO_2 的溶解度随温度的升高而减小,随压力的增大而增大,在浅海地区,海水底层压力较小,同时水温比较高,因而 CO_2 的浓度较小。根据平衡移动的原理,上述平衡向生成 $CaCO_3$ 的方向移动,因而在浅海地区有很多的 $CaCO_3$ 沉淀。深海地区情况恰相反,故深海地层沉积的 $CaCO_3$ 很少。

五、参考资料

陈荣三.1989.硅酸化学中的若干现代概念.化学通报,(2):10

李杰学.1996.关于碳元素多种化合价的研究.化学教育,(11):32

李玉良.张南,杨德亮,等.1992.C_{60} 及 C_{70} 制备、分离及物化性质研究.化学通报,(10):28

刘泳洲.1982.制备高纯氧化铅的新工艺.化学世界,23(8):228

陆军.1999.金属与 CO_2 反应的探讨.化学教育,(7-8):75

荣国斌,吴晓锋.2002.稳定的五配位碳原子.大学化学,17(4):46

丁焰,康旭.2003.C_{60} 化学的研究概况.化学世界,44(9):500

张永安.2001.CO 的特殊电子构型和特性.化学教育,(5):39

赵强,贺继东,郭红革,等.2002.水溶性 C_{60} 衍生物的合成.化学通报,65(9):W067

周改英.2010.富勒烯能否互称为同素异形体.化学教育,(8):80

第 18 章　氮族元素

一、重要概念

1.氨合电子(ammoniated electrons)

金属与液氨作用形成的金属正离子及$[e(NH_3)_n]^-$,将$[e(NH_3)_n]^-$称为氨合电子。

2.奇电子分子(odd molecule)

奇电子分子是具有奇数价电子的分子,也称之为奇分子。

3.氨解反应(ammonolysis reaction)

氨解反应是指含各种不同官能团的有机化合物在胺化剂的作用下生成胺类化合物的过程。而在无机化学方面指的是氨参与的复分解反应。

4.取代反应(substitution reaction)

取代反应是指化合物中的一个官能团被另一个官能团所取代的反应。

5.奈斯勒试剂(Nessler's reagent)

奈斯勒试剂是 0.09 $mol \cdot dm^{-3}$碘化汞与 2.5 $mol \cdot dm^{-3}$氢氧化钾混合得到的$K_2[HgI_4]$的碱性溶液。

6.棕色环实验(brown ring test)

棕色环实验是检测溶液中是否含有硝酸根或亚硝酸根离子(NO_3^- 和 NO_2^-)时,生成棕色的硫酸亚硝酰铁(Ⅰ)即$[Fe(NO)]SO_4$ 的化学试验方法。

7.Raschig 法制备联氨(reparation of hydrazine by Raschig method)

Raschig 法是以氨为氮源,用次氯酸钠氧化氨气生成水合肼。此反应过程中有氯胺生成,故也称为氯胺法。

8.超价分子(supervalent molecules)

超价分子是指由一种或多种主族元素形成,而且中心原子价层电子数超过 8 的一类分子。

9.无机黏结剂(inorganic binder)

无机黏结剂是由无机盐、无机酸、无机碱金属和金属氧化物、氢氧化物等组成的一类范围相当广泛的黏结剂,其种类主要有磷酸盐、硅酸盐、硼酸盐、硫酸盐。

二、自测题及其解答

1.选择题

1-1 下列含氧酸中不是一元酸的是　　(　　)

A.CH_3COOH　　B.H_3PO_2　　C.HNO_2　　D.H_3PO_3

1-2 在 NaH_2PO_4 溶液中加入 $AgNO_3$ 溶液后主要产物是　（　　）

A.Ag_2O　B.AgH_2PO_4　C.Ag_3PO_4　D.Ag_2HPO_4

1-3 下列硫化物中，只能溶于酸不能溶于 Na_2S 的是　（　　）

A.Bi_2S_3　B.As_2S_3　C.Sb_2S_3　D.Sb_2S_5

1-4 欲除去 $N_2O(g)$ 中微量的 $NO(g)$，下列可选用的试剂是　（　　）

A.NaOH　B.Na_2CO_3　C.$CuSO_4$　D.$FeSO_4$

1-5 下列各组物质可共存于同一溶液中的是　（　　）

A.NH_4^+，$H_2PO_4^-$，K^+，Cl^-，PO_4^{3-}　B.Pb^{2+}，NO_3^-，Na^+，SO_4^{2-}，Cl^-

C.$Al(OH)_3$，Cl^-，NH_4^+，NO_3^-　D.Sn^{2+}，H^+，Fe^{3+}，K^+，Cl^-

1-6 关于五氯化磷的下列叙述中，不正确的是　（　　）

A.它由氯和 PCl_3 反应制得　B.它容易水解生成磷酸

C.它在气态时很稳定　D.它在晶体中结构为$[PCl_4]^+[PCl_6]^-$

1-7 下列各物质按酸性排列顺序正确的是　（　　）

A.$HNO_2>H_3PO_4>H_4P_2O_7$　B.$H_4P_2O_7>H_3PO_4>HNO_2$

C.$H_4P_2O_7>HNO_2>H_3PO_4$　D.$H_3PO_4>H_4P_2O_7>HNO_2$

1-8 下列物质中，不溶于氢氧化钠溶液的是　（　　）

A.$Sb(OH)_3$　B.$Sb(OH)_5$　C.H_3AsO_4　D.$Bi(OH)_3$

1-9 下列对氮族元素性质的叙述中不正确的是　（　　）

A.氮族元素的化合物大多数是共价化合物

B.氮族元素原子的配位数都可超过 4

C.只有氮的化合物中存在较强的 π 键或大 Π 键

D.氮族元素从上至下形成了由非金属向金属的完整过渡

1-10 下列反应方程式中，正确的是　（　　）

A.$5NaBiO_3+14HCl+2MnCl_2 = 2NaMnO_4+5BiCl_3+3NaCl+7H_2O$

B.$Sb_2O_5+10HCl = 2SbCl_3+5H_2O+2Cl_2$

C.$2Na_3AsO_3+3H_2S = As_2S_3\downarrow+6NaOH$

D.$Bi(OH)_3+Cl_2+3NaOH = NaBiO_3+2NaCl+3H_2O$

2.填空题

2-1 实验室中储存下列试剂的方法分别是：

① 氢氟酸__________；② 双氧水__________；

③ 白磷__________；④ 金属钠__________。

2-2 $AgNO_3$ 和① 偏磷酸；② 亚磷酸；③ 次磷酸；④ 磷酸钠；⑤ 磷酸二氢钠等五种物质的溶液反应均有沉淀生成，这些沉淀的化学式分别是：①________②________③________④________⑤________。

2-3 某氯化物 A 可溶于强酸性水溶液，然后加入 H_2S 可得到橙色沉淀 B，B 可溶于 Na_2S 生成 C，C 酸化后 B 又析出；A 溶液与锡片反应生成黑色物质 D。根据上述实验现象，可推断 A、B、C、D 的化学式分别为 A________，B________，C________，D________。

2-4 在 PCl_5 晶体中含有________和________离子，它们的空间构型分别为________和________。

2-5 从①～⑩中挑选合适的选项填入括号内：

①NO_2^-；②NO_2^+；③NO；④ NO^+；⑤ NO_3^-；⑥N_2H_4；⑦NH_3；⑧$H_2N_2O_2$；⑨N_2；⑩NF_3

(1)__________是最强的还原剂；

(2)__________的构型是直线，它的路易斯结构键级为 2.0；

(3)__________是顺磁性分子；

(4)__________可分解为 N_2O；

(5)__________为亲质子试剂，它是制备肼的原料；

(6)__________是所列异核分子或离子中键长最短的；

(7)__________是弯曲形离子。

2-6 试给出下列物质的化学式：雄黄__________，格氏盐__________，次磷酸钡__________，三磷酸钠__________，三聚偏磷酸钠__________。

2-7 次磷酸的分子式是__________，它是一个__________酸，又是__________元酸。亚磷酸的分子式是__________，它是一个__________元酸。磷酸的分子式是__________，它是一个__________元__________酸。

2-8 格氏盐的化学式为__________，它是一个__________型的化合物。它用于锅炉内水处理的原理是__________。

2-9 在 PCl_5 晶体中含有__________和__________离子，其中 P 的杂化轨道分别是__________和__________，这两种离子的空间构型分别是__________和__________。

2-10 砷、锑、铋的 +3 氧化态化合物的还原性依__________的顺序增强；+5 氧化态化合物的氧化性依__________的顺序增强。第__________族的__________三元素和第__________族的__________三元素都具有上述相似的变化规律。

3.简答题

3-1 解释下列事实，写出反应方程式：

(1)用浓氨水检查氯气管道漏气；

(2)NH_4HCO_3俗称“气肥”，储存时要密闭；

(3)制 NO_2时，用 $Pb(NO_3)_2$热分解，而不用 $NaNO_3$；

(4)$Bi(NO)_3$加水得不到透明溶液，配制时需用 HNO_3酸化溶液。

3-2 三瓶白色固体试剂的标签已脱落，已知它们分别是磷酸氢二钠、砷酸氢二钠和亚磷酸钠，试用化学方法将它们鉴别，写出简单步骤及化学方程式。

3-3 在酸性溶液中，$NaNO_2$与 KI 反应可得到 NO，现有两种操作步骤：

(1)先将 $NaNO_2$酸化后再滴加 KI；

(2)先将 KI 酸化后再滴加 $NaNO_2$。

问：哪种方法制取的 NO 较纯？为什么？

3-4 如何除去(1)氮中所含的微量氧；(2)NH_4NO_3热分解制得的 N_2O 中混有少量 NO；(3)NO 中的微量 NO_2，写出有关方程式。

3-5 有一灰色的固体混合物，能部分溶于水生成无色溶液 A 和未溶物 B。溶液 A 显酸性，不与 KI_3 溶液作用，若将溶液从酸性调节到中性时就发生反应，一旦酸化又反应回来。此外在溶液 A 中通入 H_2S 可得一黄色沉淀，此黄色沉淀易溶于$(NH_4)_2S$ 中，一旦酸化又重新析出。

末溶物B为一黑色的化合物，它能溶于盐酸，稀释时即析出白色沉淀，酸化时又复溶。通入H_2S时可析出棕色沉淀，该沉淀不溶于$(NH_4)_2S$而可溶于$(NH_4)_2S_2$。若将该棕色沉淀干燥即转为黑色。试判断该灰色固体混合物的组成。

3-6 为什么在Na_2HPO_4或NaH_2PO_4溶液中加入$AgNO_3$均析出黄色的Ag_3PO_4沉淀？沉淀后溶液的pH将如何变化？写出相应的反应方程式。

3-7 采用$NaBiO_3$和$(NH_4)_2S_2O_8$为氧化剂，在酸性条件下将M_n^{2+}氧化为MnO_4^-，应当如何选择反应条件？

3-8 只用一种主要试剂来鉴别下列溶液：NaH_2PO_4，$NaPO_3$，Na_2HPO_3，NaH_2PO_2。写出有关离子方程式。

3-9 为什么P_4O_{10}与水反应时，会因水量的不同而生成含有偏磷酸、三磷酸、焦磷酸和正磷酸等不同相对含量的混合酸，而不是单一的含氧酸？

3-10 在实验室中，应怎样配制$SbCl_3$和$Bi(NO_3)_2$溶液？

4.计算题

4-1 500 m^3(标准状况下)的NH_3转化为HNO_3。问能得到密度为1.4 $g \cdot cm^{-3}$、质量分数为64%的HNO_3多少千克？合多少升？(相对原子质量：N为14)

4-2 已知$NO_3^- + 3H^+ + 2e^- \longrightarrow HNO_2 + H_2O$的$E_A^\ominus = 0.934$ V，HNO_2的离解常数$K_a^\ominus = 6.1 \times 10^{-4}$。计算$NO_3^- + H_2O + 2e^- \longrightarrow NO_2^- + 2OH^-$的$E_B^\ominus$。

4-3 滴加$AgNO_3$溶液于含PO_4^{3-}和Cl^-的混合溶液中以分离PO_4^{3-}和Cl^-。若$[PO_4^{3-}] = 0.10\ mol \cdot dm^{-3}$，计算当$Ag_3PO_4$开始沉淀时，$[PO_4^{3-}]/[Cl^-]$为多少？该方法能否将$PO_4^{3-}$和$Cl^-$分离完全？$[K_{sp}^\ominus(AgCl) = 1.8 \times 10^{-10}, K_{sp}^\ominus(Ag_3PO_4) = 1.6 \times 10^{-21}]$

4-4 在$N_2O_4 \rightleftharpoons 2NO_2$的解离平衡中，若$N_2O_4$的密度为D，平衡时混合气体的密度为$d$，则压力为$p$时，试写出平衡常数$K_p$的计算式。

4-5 将0.010 mol NH_4Cl与过量碱充分作用，生成的氨完全溶于水后，恰好得0.100 dm^3氨水，计算该氨水的物质的量浓度为多少？若向此溶液中加入0.0050 dm^3 1.0 $mol \cdot dm^{-3}$ HCl后，溶液的pH是多少？已知：$K_b^\ominus NH_3 = 1.8 \times 10^{-5}$。

4-6 500 K时，分解反应 $NO_2(g) \rightleftharpoons NO(g) + \frac{1}{2}O_2(g)$ $K_c = 1.25 \times 10^{-3}$。在该温度下，将0.0683 mol NO_2注入0.769 dm^3反应器中，计算平衡时各物质的物质的量浓度。提示：计算中采用逐步近似法求解一元三次方程。

4-7 将7.50×10^{-3} mol NH_3加入10.0 mL 0.250 $mol \cdot dm^{-3}$ HCl中，反应完全后，溶液的pH是多少？忽略体积变化，$K_b^\ominus(NH_3) = 1.81 \times 10^{-5}$。

4-8 AsO_3^{3-}在碱性溶液中能被I_2氧化为AsO_4^{3-}；而H_3AsO_4在酸性溶液中却能把I^-氧化为I_2，本身被还原为H_3AsO_3。分别写出上述两个反应式，并分别计算它们的$K^\ominus$。已知：$E^\ominus(I_2/I^-) = 0.54$ V；$E^\ominus(H_3AsO_4/H_3AsO_3) = 0.56$ V；$E^\ominus(AsO_4^{3-}/AsO_3^{3-}) = -0.68$ V。

4-9 用638 kg Ag，理论上最多能生成多少千克$AgNO_3$？若分别采用浓硝酸和稀硝酸来溶解这些Ag，两种情况消耗的硝酸的量是否相同？生产上采用哪一种硝酸成本上更合算？已知相对原子质量：Ag为108，HNO_3为126，$AgNO_3$为170。

4-10 一定量NH_4Cl与过量的碱充分作用，生成的氨完全溶于水后，恰好得0.100 dm^3氨水。计算若向该溶液中加入0.0050 dm^3 1.0 $mol \cdot dm^{-3}$ HCl后，溶液的pH=9.26，计算原来

的 NH_4Cl 质量为多少克？（NH_4Cl 的相对分子质量为 53.5）

自测题解答

1.选择题

1-1 (D) **1-2** (C) **1-3** (A) **1-4** (D) **1-5** (A)

1-6 (C) **1-7** (B) **1-8** (D) **1-9** (B) **1-10** (D)

2.填空题

2-1 ① 塑料瓶中；② 塑料瓶中(3% 溶液可用棕色瓶短时存放)；③ 冷水中；④ 煤油中。

2-2 ① $AgPO_3$；② Ag；③ Ag；④ Ag_3PO_4；⑤ Ag_3PO_4。

2-3 $SbCl_3$；Sb_2S_3；SbS_3^{2-}；Sb

2-4 PCl_4^+；PCl_4^-；正四面体；正八面体。

2-5 (1)⑥；(2)② ；(3)③ ；(4)⑧；(5)⑦；(6)④ ；(7)① 。

2-6 As_4S_4；$(NaPO_3)_n$；$Ba(H_2PO_4)_2$；$Na_5P_3O_{10}$；$(NaPO_3)_3$

2-7 H_3PO_2；中强；一；H_3PO_3；二；H_3PO_4；三；中强。

2-8 $(NaPO_3)_n$；直链；多磷酸根阴离子能与 Ca^{2+}、Mg^{2+} 形成可溶性的稳定配合物，还能阻止水垢磷酸钙和碳酸镁的结晶生长。

2-9 $[PCl_4]^+$；$[PCl_6]^-$；sp^3；sp^3d^2；正四面体；正八面体。

2-10 Bi、Sb、As；As、Sb、Bi；ⅣA；Ge、Sn、Pb；ⅢA；Ga、In、Tl

3.简答题

3-1 (1)由于 NH_3 可以被管道中泄漏的 Cl_2 氧化，Cl_2 被还原为 HCl，HCl 与 NH_3 作用产生 NH_4Cl 白烟，从而检查出管道泄漏的部位。

$$2NH_3 + 3Cl_2 = N_2 + 6HCl, NH_3 + HCl = NH_4Cl$$

(2)因为气肥 NH_4HCO_3 极易分解和潮解，故要密闭储存，避免暴晒、受热和受潮。

$$NH_4HCO_3 = NH_3\uparrow + H_2O\uparrow + CO_2\uparrow$$

$$NH_4HCO_3 + H_2O = NH_3\cdot H_2O + H_2CO_3$$

$$NH_3\cdot H_2O \rightarrow NH_3\uparrow + H_2O \qquad H_2CO_3 \rightarrow H_2O + CO_2\uparrow$$

(3)因为 $Pb(NO_3)_2$ 热分解产物有 NO_2，而 $NaNO_3$ 产物中没有 NO_2。

$$2Pb(NO_3)_2 \xlongequal{\triangle} 2PbO + 4NO_2\uparrow + O_2\uparrow$$

$$2NaNO_3 = 2NaNO_2 + O_2\uparrow$$

(4)因为 $Bi(NO)_3$ 遇水极易水解生成白色沉淀 $BiONO_3$，而且它一旦生成便很难再溶于 HNO_3 中(这一点与 SbOCl 不同)：$Bi(NO)_3 + H_2O = BiONO_3\downarrow + 2HNO_3$，所以配制 $Bi(NO)_3$ 溶液时，应把它溶于适当浓度的 HNO_3 中，然后再加水稀释至合适浓度。

3-2 (1)将三种固体分别溶于水中，并用稀硫酸酸化，然后再加入淀粉 KI 溶液，溶液变蓝的是砷酸氢二钠：

$$HAsO_4^{2-} + 2I^- + 4H^+ = H_3AsO_3 + I_2 + H_2O$$

(2)取剩余的两种固体分别溶于水，再分别滴加 $AgNO_3$ 溶液，产生黑色沉淀 Ag 的是亚磷酸钠，产生黄色 Ag_3PO_4 沉淀的是磷酸氢二钠：

$$HPO_3^{2-} + 2Ag^+ + H_2O = 2Ag\downarrow + H_3PO_4$$

$$3Ag^+ + 2HPO_4^{2-} = Ag_3PO_4\downarrow + H_2PO_4^-$$

3-3 第二种方法所得 NO 较纯。因为先酸化 $NaNO_2$，则有少许 HNO_2 歧化分解，产生 NO 和 NO_2，使最终制得的 NO 中混有 NO_2 杂质：

$$2NO_2^- + 2H^+ = NO + NO_2 + H_2O$$

3-4 (1)使气体通过赤热的铜或连二亚硫酸钠的碱性溶液：$2Cu+O_2 \xlongequal{\triangle} 2CuO$

$$2Na_2S_2O_4+O_2+4NaOH = 4Na_2SO_3+2H_2O$$

(2)使气体通过 $FeSO_4$ 溶液：$NO+FeSO_4 = Fe(NO)SO_4$

(3)使气体通过水洗瓶，NO 不溶于水，而 NO_2 溶于水被除去：

$$3NO_2+H_2O = 2HNO_3+NO$$

3-5 根据实验现象，该混合物由 As_2O_3 和 SnO_2 组成。

3-6 由于 Na_2HPO_4 或 NaH_2PO_4 溶液中均存在如下电离平衡：

$$HPO_4^{2-} = PO_4^{3-}+H^+, H_2PO_4^{2-} = PO_4^{3-}+2H^+$$

所以它们的溶液中都存在少量 PO_4^{3-}，又由于 Ag_3PO_4 的溶解度比相应的酸式盐的溶解度小得多，当 Ag_3PO_4 沉淀析出后，促使上述平衡向右移动，最终析出的是 Ag_3PO_4 沉淀，而溶液的酸度增加，pH 降低：

$$2HPO_4^{2-}+3Ag^+ = Ag_3PO_4\downarrow+H_2PO_4^{2-}$$

$$3H_2PO_4^{2-}+3Ag^+ = Ag_3PO_4\downarrow+2H_3PO_4$$

3-7 ① 应采用强酸(硫酸或硝酸)酸化，不能用 HCl，因为 Cl^- 有还原性。② 氧化剂应过量，不可使 Mn^{2+} 过量，否则 Mn^{2+} 还原 MnO_4^- 而看不到紫红色。③ 用 $(NH_4)_2S_2O_8$ 作氧化剂时，还需加入 $AgNO_3$ 催化。④ 为加快反应，必要时应加热。

3-8 分别滴加 $AgNO_3$ 溶液，观察沉淀颜色即可判断：

(1)析出黄色沉淀的是 NaH_2PO_4：$3Ag^++3H_2PO_4^- = Ag_3PO_4\downarrow$(黄色)$+2H_3PO_4$

(2)析出白色沉淀的是 $NaPO_3$：$Ag^++PO_3^- = AgPO_3\downarrow$(白色)

(3)先析出白色沉淀，后转化为棕黑色沉淀的是 Na_2HPO_3：

$$2Ag^++HPO_3^{2-} = Ag_2HPO_3\downarrow\text{(白色)}$$

$$Ag_2HPO_3+H_2O \xlongequal{\triangle} 2Ag\downarrow\text{(棕黑色)}+H_3PO_4$$

(4)析出棕黑色沉淀的是 NaH_2PO_2：

$$4Ag^++H_2PO_2^-+2H_2O = 4Ag\downarrow\text{(棕黑色)}+H_3PO_4+3H^+$$

3-9 无论偏磷酸、三磷酸、焦磷酸，还是正磷酸，它们的基本结构单元都是 PO_4 四面体，只不过正磷酸是单一的 PO_4 四面体骨架分子，而其余的偏磷酸、三磷酸、焦磷酸都是通过共用一个或几个氧原子而形成的链状或环状的缩合酸。当 P_4O_{10} 与水反应时，由于水量不同，水解程度不同，P—O—P 链将不同程度地张开、断裂，磷与氧及氢氧基团按不同的配比数结合，所以就产生了含有偏磷酸、三磷酸、焦磷酸、正磷酸的混合液。

3-10 由于 $SbCl_3$ 和 $Bi(NO_3)_2$ 都容易水解，在水中易析出难溶的 SbOCl 和 $BiONO_3$ 沉淀，其中 $BiONO_3$ 一旦析出，再加酸也难以溶解。所以配制这两种溶液应在相应的强酸条件下进行，以抑制水解。配制时，分别将 $SbCl_3$ 溶解在适当浓度的 HCl、将 $Bi(NO_3)_2$ 溶解在适当浓度的 HNO_3 中，然后用水稀释至所需浓度。

$$SbCl_3+H_2O = SbOCl\downarrow+2HCl, Bi(NO)_3+H_2O = BiONO_3\downarrow+2HNO_3$$

4.计算题

4-1 500 m^3(标准状况下)的 $NH_3(g)$ 含氨的物质的量：

$$n_{NH_3}=\frac{500\times10^3}{22.4}=22.3\times10^3\text{(mol)}$$

根据题意，转化反应是完全的，所以 1 mol NH_3 能得到 1mol HNO_3，即可生成纯硝酸 22.3×10^3 mol。设生成密度为 1.4 $g\cdot cm^{-3}$、质量分数为 64% 的 HNO_3 x kg，则 $\frac{x\times64\%\times1000}{63.0}=22.\times10^3$

解得　$x=2200$ (kg)，$V=\frac{2200}{1.4}=1.57\times10^3$(L)。

4-2 写出第一式的能斯特方程：$\varphi_A = \varphi_A^\ominus + \frac{0.0591}{2}\lg\frac{[NO_3^-][H^+]^3}{[HNO_2]}$

第二式是碱性条件，$[H^+] = 1.0\times10^{-14}\ mol\cdot dm^{-3}$

$[HNO_2]$应由电离平衡计算：$\frac{[H^+][NO_2^-]}{[HNO_2]} = K_a^\ominus$，$[HNO_2] = \frac{[H^+]}{K_a^\ominus}$

$$E_A = E_A^\ominus + \frac{0.0591}{2}\lg[H^+]^2\times K_a^\ominus = 0.934 + \frac{0.0591}{2}\lg(1.0\times10^{-14})^2\times6.1\times10^{-4} = 0.012\ (V)$$

4-3 所发生的沉淀反应：

$$3Ag^+ + PO_4^{3-} = Ag_3PO_4\downarrow \qquad K_1 = \frac{1}{K_{sp}^\ominus(Ag_3PO_4)} \qquad ①$$

$$Ag^+ + Cl^- = AgCl\downarrow \qquad K_2 = \frac{1}{K_{sp}^\ominus(AgCl)} \qquad ②$$

3② − ① = ③

$$Ag_3PO_4 + 3Cl^- = AgCl + PO_4^{3-} \qquad ③$$

$K_3 = \frac{3K_2}{K_1}$，即$\frac{[PO_4^{3-}]}{[Cl^-]^3} = \frac{K_{sp}^\ominus(Ag_3PO_4)}{[K_{sp}^\ominus(AgCl)]^3} = \frac{1.6\times10^{-21}}{(1.8\times10^{-10})^3} = 2.7\times10^8$

当$[PO_4^{3-}] = 0.10\ mol\cdot dm^{-3}$时，$[Cl^-] = \sqrt[3]{\frac{0.10}{2.7\times10^8}} = 7.2\times10^{-4}(mol\cdot dm^{-3})$

故$\frac{[PO_4^{3-}]}{[Cl^-]^3} = \frac{0.10}{7.2\times10^{-4}} = 1.4\times10^2 > 10^{-5}$，此法不能将 PO_4^{3-} 和 Cl^- 分离完全。

4-4 设平衡时 NO_2 和 N_2O_4 的分压分别为 p_{NO_2} 和 $p_{N_2O_4}$，平衡时 N_2O_4 的摩尔分数为 $x_{N_2O_4}$，则$x_{N_2O_4}\cdot D + \frac{1}{2}(1-x_{N_2O_4})\cdot D = d$

所以 $x_{N_2O_4} = \frac{2d-D}{D}$

而 $K_p = \frac{(p_{NO_2})^2}{p_{N_2O_4}} = \frac{[(1-x_{N_2O_4})\times p]^2}{x_{N_2O_4}\times p} = \frac{(1-x_{N_2O_4})^2}{x_{N_2O_4}}\times p$

将 $x_{N_2O_4} = \frac{2d-D}{D}$代入上式得$K_p = \frac{\left(1-\frac{2d-D}{D}\right)^2}{\frac{2d-D}{D}}\times p = \frac{4(D-d)^2}{D(2d-D)}\times p$

4-5 NH_4Cl 与碱的作用：

$$NH_4Cl + NaOH \xlongequal{\triangle} NH_3\uparrow + NaCl + H_2O$$

0.010 mol　　　　0.010 mol

从反应式知充分作用后，0.010 mol NH_4Cl 将生成 0.010 mol NH_3，则生成的氨水的物质的量浓度为：

$$\frac{0.010}{0.100} = 0.10\ (mol\cdot dm^{-3})$$

氨水与盐酸的反应：

$$NH_3\cdot H_2O + HCl = NH_4Cl + H_2O$$

0.010 mol　0.005 mol

氨水剩余量为：0.010 − 0.005 = 0.0050 (mol)

生成 NH_4Cl 量为：0.0050 mol，即生成了 NH_3-NH_4Cl 的缓冲溶液，

溶液中$[NH_3] = \frac{0.0050}{0.105}(mol\cdot dm^{-3})$，$[NH_4^+] = \frac{0.0050}{0.105}(mol\cdot dm^{-3})$

弱碱型缓冲溶液：$pH = 14 - pK_b^\ominus + \lg\frac{c_{碱}}{c_{碱}} = 14 - 4.74 = 9.26$

4-6 开始时 $[NO_2]=\dfrac{0.0683}{0.769}=0.0888(mol\cdot dm^{-3})$

设平衡时 NO_2 分解了 x $mol\cdot dm^{-3}$，则平衡时各相关浓度为

$[NO_2]=0.0888-x\ (mol\cdot dm^{-3})$；$[NO]=x(mol\cdot dm^{-3})$；$[O_2]=\dfrac{1}{2}x(mol\cdot dm^{-3})$

代入平衡常数表达式：$\dfrac{x\times\left(\dfrac{1}{2}x\right)^{1/2}}{0.0888-x}=1.25\times10^{-3}$

由于平衡常数不是很大，所以 x 相对于 0.0888 应当较小，故在分母中忽略 x：

$x\times\left(\dfrac{1}{2}x\right)^{1/2}\approx1.25\times10^{-3}\times0.0888=1.11\times10^{-4}$，解得 $x\approx2.91\times10^{-3}(mol\cdot dm^{-3})$

由于该数值与 0.0888 较为相近，不可完全忽略，所以需要作第二次近似处理。

将上述数值代入：$0.0888-x=0.0859$，再代入平衡常数计算式中：

$\dfrac{x\times\left(\dfrac{1}{2}x\right)^{1/2}}{0.0859}=1.25\times10^{-3}$，解得 $x\approx2.85\times10^{-3}(mol\cdot dm^{-3})$

当把该数值代入 $0.0888-x=0.0860$，结果已与 0.0859 很相近，故不需要再作近似处理，即可以 $2.85\times10^{-3}(mol\cdot dm^{-3})$ 作为结果。

则 $[NO_2]=0.0888-x=0.0860(mol\cdot dm^{-3})$，$[NO]=x=2.85\times10^{-3}(mol\cdot dm^{-3})$

$[O_2]=\dfrac{1}{2}x=1.43\times10^{-3}(mol\cdot dm^{-3})$

验算：$\dfrac{2.85\times10^{-3}\times(1.43\times10^{-3})^{1/2}}{0.0860}=1.25\times10^{-3}$，可见计算结果合理。

4-7 NH_3 加入后的浓度为：$7.50\times10^{-3}\times\dfrac{1000}{10.0}=0.750\ (mol\cdot dm^{-3})$

发生的反应为 $NH_3+HCl=\!=\!=NH_4Cl$，显然反应中氨是过量的，剩余 $[NH_3]=0.750-0.250=0.500\ (mol\cdot dm^{-3})$，生成的 $[NH_4^+]=0.250\ (mol\cdot dm^{-3})$，形成了 NH_3-NH_4Cl 缓冲溶液，弱碱型缓冲溶液：

$$pH=14-pK_b^{\ominus}+\lg\frac{c_{碱}}{c_{盐}}=14-4.74+\lg\frac{0.500}{0.250}=9.56$$

4-8 因为在酸性条件下，$E^{\ominus}(H_3AsO_4/H_3AsO_3)=0.56\ V>E^{\ominus}(I_2/I^-)=0.54\ V$

所以 H_3AsO_4 能够氧化 I^- 为 I_2，而本身还原为 H_3AsO_3：

$$H_3AsO_4+2H^++2I^-=\!=\!=H_3AsO_3+I_2+H_2O$$

$$\lg K^{\ominus}=\frac{nE^{\ominus}}{0.0591}=\frac{n(\varphi_+^{\ominus}-\varphi_-^{\ominus})}{0.0591}=\frac{2\times(0.56-0.54)}{0.0591}=0.677,K^{\ominus}=4.75$$

但在碱性条件下，$E^{\ominus}(AsO_4^{3-}/AsO_3^{3-})=-0.68\ V<E^{\ominus}(I_2/I^-)=0.54\ V$，所以 I_2 能够将 AsO_3^{3-} 氧化为 AsO_4^{3-}，而本身还原为 I^-：$I_2+AsO_3^{3-}+2OH^-=\!=\!=2I^-+AsO_4^{3-}+H_2O$

$$\lg K^{\ominus}=\frac{2\times(0.54+0.68)}{0.0591}=41.3,K^{\ominus}=2.0\times10^{41}$$

4-9 根据题意：

$Ag\longrightarrow$	$AgNO_3$
108	170
638 kg	x kg

$x=\dfrac{170\times638}{108}=1004(kg)$

Ag 分别与浓硝酸或稀硝酸的反应式如下：

与浓硝酸反应：　$Ag+2HNO_3=\!=\!=AgNO_3+NO_2\uparrow+H_2O$

与稀硝酸反应：　$3Ag+4HNO_3=\!=\!=3AgNO_3+NO\uparrow+2H_2O$

从反应式看，当使用浓硝酸作用时，1 mol Ag 需要 2 mol HNO_3；而使用稀硝酸时，1 mol Ag 只需要

4/3 mol HNO_3，且稀硝酸的价格也比浓硝酸便宜。所以，生产上使用稀硝酸的成本较低。

4-10 弱碱型缓冲溶液：　$pH=14-pK_b^{\ominus}+\lg\frac{c_{碱}}{c_{盐}}$

而 $9.26=14-4.74+\lg\frac{c_{碱}}{c_{盐}}$，所以 $\frac{c_{碱}}{c_{盐}}=1$

即 $[NH_3]=[NH_4^+]=\frac{0.0050}{0.105}(mol\cdot dm^{-3})$，被 HCl 中和的 $[NH_3]=\frac{0.0050}{0.105}(mol\cdot dm^{-3})$

显然，中和前氨水的浓度为 $\frac{0.0050}{0.105}(mol\cdot dm^{-3})$，所以原来氨水中氨的物质的量为 0.010 mol，即 NH_4Cl 的物质的量应为 0.010 mol 或质量为 $0.010\times53.5=0.535$ (g)。

三、思考题解答

18-1 解答：它们由于元素的最外层电子数目不相同，分别为 5、4、6 及 7 个，导致其在以下 4 个方面不同：① 非金属性较氧族、卤族元素弱；但较碳族元素强。② 与 H_2 化合的条件较氧族、卤族单质困难；但较碳族单质容易。③ 氢化物的稳定性较碳族、氧族、卤族元素形成的氢化物差。④ 最高价含氧酸的酸性较碳族元素形成的酸的酸性弱，而较氧族、卤族元素形成的酸的酸性弱。

18-2 解答：N_2 和 CO 具有相同的分子轨道式，原子间都为三重键，互为等电子体。但两者成键情况不完全相同。N_2 分子结构为 N≡N；CO 分子结构为：C≡O，由于 CO 分子中 O 向 C 有 π 配位键，使 C 原子周围电子密度增大，另外，C 的电负性比 N 小得多，束缚电子能力弱，给出电子对能力强，因此 CO 分子配位能力强。

18-3 解答：从氮族元素的元素电势图可知：① 氧化数为 +5 的氮族化合物，在酸性溶液中都是氧化剂，特别是 HNO_3 和 Bi_2O_5 都是强氧化剂，但是在碱性溶液中它们的氧化性很弱。② 氧化数为 +3 的氮族化合物，在酸性溶液中除 HNO_2 具有明显的氧化性和亚磷酸及其盐是强还原性以外，As(Ⅲ)、Sb(Ⅲ)、Bi(Ⅲ)都是很弱的还原剂。③ 除单质磷在酸性或碱性溶液中都能发生歧化反应之外，其他单质都不易歧化。④ 氧化数为 −3 的氮族化合物，除 NH_3 和 NH_4^+ 是弱还原剂以外，其他都是很强的还原剂。

因此，① 氮主要以单质形态存在空气中。② 磷在自然界中总是以磷酸盐的形式出现的，如 $Ca_3(PO_4)_2$——磷酸钙，$Ca_5F(PO_4)_3$——磷灰石。③ 砷、锑、铋在地壳中的含量不大，它们可以以游离态存在自然界中，但主要以硫化物矿存在。

18-4 解答：参考以下文献：① 刘红雨，任传胜.消除汽车尾气中 NO_x 措施的研究.哈尔滨工业大学学报，2003，35(11)：1360-1362；② 卢冰，石斌.浅谈汽车尾气的危害与控制对策.健康大视野，2013，21(4)：97；③ 董相军，夏鸿文.汽车尾气污染状况及对策研究.汽车工程，2013，(2)：17-19；④ 杜玉洁，周芸，左孝青.汽车尾气净化器载体的研究现状及发展.材料导报，2012，26(21)：66-68；⑤ 肖益鸿，蔡国辉，詹瑛瑛，等.汽车尾气催化净化技术发展动向.中国有色金属学报，2004，14(S1)：347-352.

18-5 解答：氨、联氨和羟氨的化学结构如下图 1、2、3 所示。

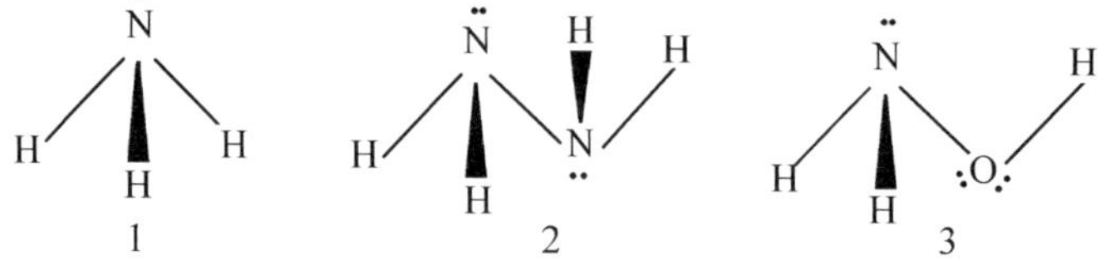

1　　　2　　　3

它们都是共价化合物，在这些化合物中，N 的氧化态分别为 −3，−2 及 −1，而且因为电负性 H<N<O,所以 N 上的电子云密度 NH_3 最大,NH_2OH 最小。导致,① 弱碱性:氨>联氨>羟氨;② 还原性:氨 <联氨 <羟氨;③ 热稳定性:氨 <联氨 <羟氨。

18-6 解答:人工合成尿素,不仅为维勒本人赢得了荣誉,这一发现在化学史上也具有重大意义。首先,人工合成尿素又一次提供了同分异构现象的早期事例,成为有机结构理论的实验证明。其次,这一发现强烈地冲击了形而上学的生命力论,为辩证唯物主义自然观的诞生提供了科学依据。它填补了生命力论制造的无机物同有机物之间的鸿沟。恩格斯曾指出,维勒合成尿素,扫除了所谓有机物的神秘性的残余。最后,人工合成尿素在化学史上开创了一个新兴的研究领域。尽管这一发现最初仅限于孤立的个别事例,而且在生命力论者看来尿素不是真正的有机物,只是动物机体的排泄物并易于分解成氨和二氧化碳,只是一种联系有机物和无机物的过渡产物,真正的有机物决不能人工合成。但维勒提出的有机合成的新概念,促使了以后关于乙酸、脂肪、糖类物质等一系列有机合成的成功。因此可以说,维勒开创了一个有机合成的新时代。

18-7 解答:NF_3 中 N 的 2s、2p 轨道都已经利用,没有多余的轨道接受水的氧原子的孤对电子。而且由于 F 原子电负性较大,导致 N 原子上的有一对孤对电子不易给出,使 NF_3 的碱性显然比 NCl_3 要小得多,因此亲电水解不可能发生,所以不水解。NCl_3 能水解的原因是虽然 N 无空的 s、p 或者 d 轨道,但是 N 的孤对电子可以与水的氢原子配位,而 Cl 则可以利用 3d 轨道接受氧原子的孤对电子。所以生成 NH_3 和 HClO。加上 N—F 键能较 N—Cl 键能大,因此 NF_3 不会水解,而 NCl_3 易发生水解。

18-8 解答:PCl_3 与 NCl_3 水解反应分别为 $NCl_3 + 3H_2O \xlongequal{} 3HClO + NH_3$ 和 $PCl_3 + 3H_2O \xlongequal{} H_3PO_3 + 3HCl$。关于其水解机理不同有三种解释:① N 有一对孤对电子,是 sp^3 杂化,可看作在水解时始终有一个孤对电子存在,H 的空轨道接纳 N 的孤对电子,形成 N—H 键,羟基与氯结合,生成 HOCl,这是从路易斯酸碱理论说明。② NCl_3 中 N 的价电子层没有可利用的 d 轨道,原子体积又较小,不能接受水分子中氧原子中孤对电子的进攻,相反是氮原子的孤对电子进攻水分子中的氢原子,而 NCl_3 中正电性较大的 Cl 亲电子能力强,易接受水中氧原子的进攻,水解产物为 NH_3 和 HOCl(HClO)。③ $\chi_N = 3.07$ $\chi_{Cl} = 2.83$ $\chi_P = 2.06$ 按阿莱罗周电负性计算,在 NCl_3 中,N 带 δ^-,Cl 带 δ^+;而在 PCl_3 中,P 带 δ^+,Cl 带 $\delta-$;水解时,进攻原子为 H_2O 的 O 带 δ^-,为亲核体.因此 NCl_3 水解时,它进攻的是 Cl;而 PCl_3 水解时,它进攻的是 P,故水解产物类型不同。

18-9 解答:C 与 $Ca_3(PO_4)_2$ 单独反应的反应式为

$$2Ca_3(PO_4)_2(s) + 10C(s) \longrightarrow 6CaO(s) + P_4(s) + 10CO(g) \qquad (A)$$

查有关热力学数据知,该反应在 25 ℃时,

$\Delta_r G_m^\ominus = \Delta_r H_m^\ominus - T\Delta_r S_m^\ominus = (3388\ kJ \cdot mol^{-1} - 298 \times 1.955\ kJ \cdot mol^{-1}) = 2805\ kJ \cdot mol^{-1}$

如此之大,说明反应 A 在 25 ℃时不能自发进行。虽然该反应是一个熵增反应,升高温度有利于反应向右进行,但是因 ΔG 太大,即使温度升到 1400 ℃也无法使反应进行:

$\Delta_r G_m^\ominus \approx \Delta_r H_m^\ominus - T\Delta_r S_m^\ominus = (3388\ kJ \cdot mol^{-1} - 1673 \times 1.955\ kJ \cdot mol^{-1}) = 117\ kJ \cdot mol^{-1} > 0$

如果在反应体系中加入酸性氧化物 SiO_2,则它们可相互反应生成高温下也很稳定的 $CaSiO_3$:

$$CaO(s) + SiO_2(s) \longrightarrow CaSiO_3(s) \qquad (B)$$

B 在 25 ℃ 和 1400 ℃ 时的 $\Delta G^\ominus$ 分别为 $\Delta G_{298}^\ominus = -92.1\ kJ \cdot mol^{-1}$ 和 $\Delta G_{1673}^\ominus$

$=-91.6\ kJ\cdot mol^{-1}$

如果把(B)式与(A)式合并(这种情况称为偶合反应),可得

$$2Ca_3(PO_4)_2(s)+10C(s)+6SiO_2(s)\longrightarrow 6CaSiO_3(s)+P_4(s)+10CO(g) \quad (C)$$

显然,$\Delta G_C^\ominus=\Delta G_A^\ominus+\Delta G_B^\ominus$。所以

25 ℃时,$\Delta G_C^\ominus=(2805-6\times 92.1)\ kJ\cdot mol^{-1}=2252.4\ kJ\cdot mol^{-1}$

1400 ℃时,$\Delta G_C^\ominus\approx(117-6\times 91.6)\ kJ\cdot mol^{-1}=-432.6\ kJ\cdot mol^{-1}$

计算结果说明在1400 ℃时反应(C)可自发进行。工业上就是将磷矿石、硅砂、焦炭混合在电炉中于1200~1400 ℃温度下熔融时发生反应(C)生成磷蒸气,然后在水中捕集而得到黄磷。

黄磷的尾气的处理方法查阅文献解答。如张义堃,刘宝庆,蒋家羚,林兴华.黄磷尾气回收利用现状与展望.化工机械,2012,39(4):432-427。

18-10 解答:PH_3 在水中的溶解度比 NH_3 小得多,在 290 K 时,每 100 dm^3 水能溶解 26 dm^3 的 PH_3。PH_3 水溶液的碱性也比氨水弱,生成的水合物 $PH_3\cdot H_2O$,相当于 $NH_3\cdot H_2O$ 的类似物。由于磷盐极易水解,水溶液中并不能生成 PH_4^+,而生成的 PH_3 从溶液中逸出。PH_3 是强还原剂、PH_3 在空气中的着火点低(423 K);PH_3 和它的取代衍生物 PR_3 能与过渡元素形成多种配位化合物,其配位能力比 NH_3 或胺强得多。因此 PR_3 除了提供配位电子对外,配合物中心离子还可以向磷原子的空 d 轨道反馈电子,加强配离子的稳定性。

18-11 解答:"鬼火"是一种很普通的自然现象。一种解释认为是磷火;还有的认为是有机体分解所产生的气体与空气中的氧气发生化学反应的结果。在其构成中最主要的"可疑分子"就是磷化氢。当然,也有一些科学家认为,之所以发生化学反应可能是因为甲烷的存在。但根据收集到的少得可怜的证据,鬼火是"冷火",与存在甲烷的燃烧特点相佐。此外,甲烷火焰呈淡蓝色,而鬼火则是淡黄色的。因此"鬼火"并不是燃烧的结果,而是化学发光。对于"鬼火"现象的解释还有很多种,科学家解释为,空气中的等离子在强大的磁场中产生的光学特性。不论是哪种解释,都没能够拿出最科学的依据来阐述。总之,"鬼火"这一传闻已久的谜,还没有完全揭开,科学家们正在这方面不断努力。

18-12 解答:在 PH_3 的水溶液中几乎不存在 PH_4^+(镂离子),因为 $PH_4^++H_2O═PH_3+H_3O^+$,极易发生水解。PH_3 碱性小于 NH_3,但 $PH_3(g)+HI(g)═PH_4I(s)$,在固态 PH_4I 中存在 PH_4^+。

18-13 解答:$PO_4^{3-}+3Ag^+═Ag_3PO_4\downarrow$(黄色),溶度积小。

$$HPO_4^{2-}\rightleftharpoons H^++PO_4^{3-}$$

$$\hookrightarrow +3Ag^+═Ag_3PO_4\downarrow(\text{黄色})$$

$$H_2PO_4^-\rightleftharpoons 2H^++PO_4^{3-}$$

$$\hookrightarrow +3Ag^+═Ag_3PO_4\downarrow(\text{黄色})$$

18-14 解答:一般缩合酸的酸性均大于单酸,这是因为缩合酸根离子体积大,其表面的负电荷密度降低很多,因此缩合酸易解离出质子。同类含氧酸的缩合程度越大,酸性越强。

18-15 解答:三硫化二铋属于碱性物质,不溶于硫化钠或氢氧化钠是正常的。

18-16 解答: As、Sb 与 O 反应时,O 原子嵌套在 As-As,Sb-Sb 四面体结构中分别形成 As_4O_6,Sb_4O_6 结构与 P_4O_6 相似,而 Bi 的金属性较强,形成的是 Bi_2O_3。将 O 换成 S 时,S 的共价半径大,在 As、Sb 四面体结构中嵌套能力下降,一般形成的是 As_2S_3、Sb_2S_3,Bi 与 S 只能

形成 Bi_2S_3。

四、课后习题解答

18-1 解答：$N_2^+(\sigma_{1s})^2(\sigma_{1s}^*)^2(\sigma_{2s})^2(\sigma_{2s}^*)^2(\pi_{2py})^2(\sigma_{2px})^2(\sigma_{2px})^1$，键级=(9−4)/2=2.5

$NO^+(\sigma_{1s})^2(\sigma_{1s}^*)^2(\sigma_{2s})^2(\sigma_{2s}^*)^2(\pi_{2py})^2(\pi_{2pz})^2(\sigma_{2px})^2$，键级=(10−4)/2=3

$O_2^+(\sigma_{1s})^2(\sigma_{1s}^*)^2(\sigma_{2s})^2(\sigma_{2s}^*)^2(\sigma_{2px}^*)^2(\pi_{2py})^2(\pi_{2pz}^*)^2(\pi_{2py}^*)^1$，键级=(10−5)/2=2.5

$Li^+(\sigma_{1s})^2(\sigma_{1s}^*)^1$，键级=(2−1)/2=0.5

$Be_2^+(\sigma_{1s})^2(\sigma_{1s}^*)^2(\sigma_{2s})^2$，键级=(4−2)/2=1

根据分子轨道理论，键级越大，分子的稳定性越高，所以 NO^+ 稳定性最高。

18-2 解答：NH_3 具有三角锥形的空间结构，分子中氮原子能提供一对孤对电子，所以是一种典型的路易斯碱，而且 NH_3 分子间易于形成氢键使其具有较高的沸点。NF_3 的分子空间结构为平面三角形，具有高对称性，所以是非极性分子，分子间的作用力低，导致沸点低。由于空间效应，NF_3 不能提供分子中氮原子上的孤对电子，而不显碱性。

18-3 解答：汽车尾气中 CO、NO 之间能发生如下反应：

	2CO(g)	+	2NO(g) ══	2CO$_2$(g)	+	N$_2$(g)
查表：$\Delta_f G_m^\ominus$(298 K)/(kJ · mol^{-1})	−137.168		86.55	−394.359		0

$\Delta_r G_m^\ominus(298\ K)=(-394.359\times2)-[(-137.168\times2)+86.55\times2]=-677.482\ kJ\cdot mol^{-1}$。因为$\Delta_r G_m^\ominus(298\ K)<0$，所以在常温下 CO、NO 之间可以自发反应生成无污染的物质。但热力学理论的讨论只能说明反应的可能性，事实上这个反应的速率很小，很难实现对两种废气污染的治理。

18-4 解答：(1)NH_4Cl：$NH_4Cl+NaNO_2 = NH_4NO_2+NaCl$

$$NH_4NO_2 = N_2\uparrow+2H_2O$$

(2)H_2O_2：$H_2O_2+NaNO_2 = NaNO_3+H_2O$

(3)$FeSO_4$：$NO_2^-+Fe^{2+}+2H^+ = NO\uparrow+H_2O+Fe^{3+}$

(4)$CO(NH_2)_2$：$2NaNO_2+CO(NH_2)_2+2HCl = CO_2\uparrow+2N_2\uparrow+2NaCl+3H_2O$

(5)$NH_2SO_3^-$：$NH_4SO_3NH_2+NaNO_2+HCl = N_2\uparrow+(NH_4)_2SO_4+NaCl+H_2O$

所以，NH_4Cl、H_2O_2、$NH_2SO_3^-$、$CO(NH_2)_2$ 能消除污染，而且不会引起二次污染；$FeSO_4$ 能消除污染，但会引起二次污染。

18-5 解答：第一问参考思考题 18-13 解答。PCl_5水解的反应式为

$$PCl_5+H_2O = POCl_3+2HCl$$

$$POCl_3+3H_2O = H_3PO_4+3HCl$$

水解虽然能产生 H_3PO_4，但其解离而产生的 PO_4^{3-} 要比 Cl^- 少得多，所以溶液中加入 $AgNO_3$ 后只有 AgCl 的白色沉淀，而不会产生黄色的 Ag_3PO_4 沉淀。

18-6 解答：NH_4^+：与碱可发生如下反应，生成的气体物质能使红色石蕊试纸变蓝。

$$NH_4^++OH^- = NH_3\uparrow+H_2O$$

微量的 NH_4^+ 遇奈斯勒试剂会生成红棕色沉淀，所以，少量的 NH_4^+ 可用奈斯勒试剂进行鉴定，反应式为

$$NH_4Cl+2K_2[HgI_4]+4KOH = Hg_2NI\cdot H_2O(s)+KCl+7KI+3H_2O$$

NO_3^-：可采用棕色环实验进行鉴定，即在硝酸盐溶液中加入少量的硫酸亚铁晶体，沿试管

壁小心加入浓硫酸，在浓硫酸与溶液的界面上会出现“棕色环”，反应式为

$$3Fe^{2+} + NO_3^- + 4H^+ \longrightarrow 3Fe^{3+} + NO + 2H_2O$$

$$[Fe(H_2O)_6]^{2+} + NO \longrightarrow [Fe(NO)(H_2O)_5]^{2+}(\text{棕色}) + H_2O$$

NO_2^-：NO_2^- 在乙酸溶液中就可与硫酸亚铁反应生成$[Fe(NO)(H_2O)_5]SO_4$，使溶液呈棕色，利用这一反应可鉴定 NO_2^-，反应式与 NO_3^- 的鉴定反应方程式相同。

PO_4^{3-}：可以利用酸性条件下与钼酸铵反应生成黄色沉淀来进行鉴定，反应式为

$$PO_4^{3-} + 3NH_4^+ + 12MoO_4^{2-} + 24H^+ \longrightarrow (NH_4)_3PO_4 \cdot 12MoO_4 \cdot 6H_2O(\text{黄})\downarrow + 6H_2O$$

也可以利用与 Ag^+ 生成黄色沉淀来进行鉴定，反应式为

$$PO_4^{3-} + 3Ag^+ \longrightarrow Ag_3PO_4\downarrow(\text{黄色})$$

$P_2O_7^{3-}$：利用与 Ag^+ 生成黄色沉淀来进行鉴定，反应式为

$$P_2O_7^{4-} + 4Ag^+ \longrightarrow Ag_4P_2O_7\downarrow(\text{白色})$$

18-7 解答：

(1)

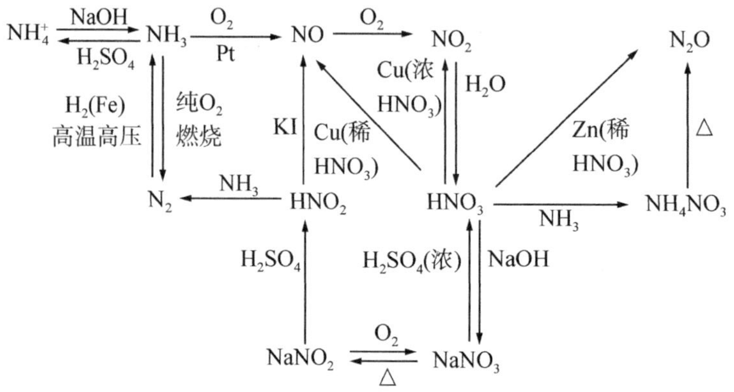

(2)

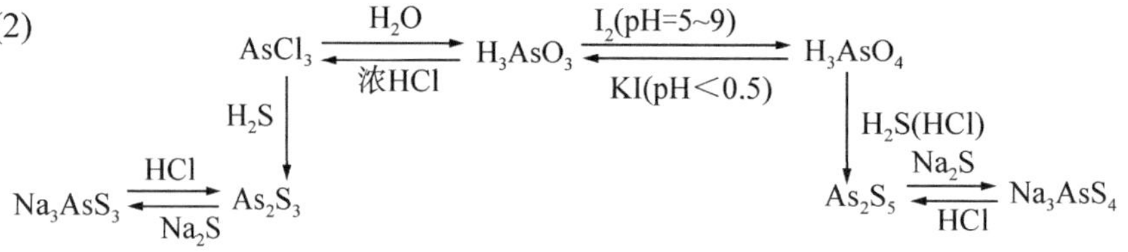

(3)

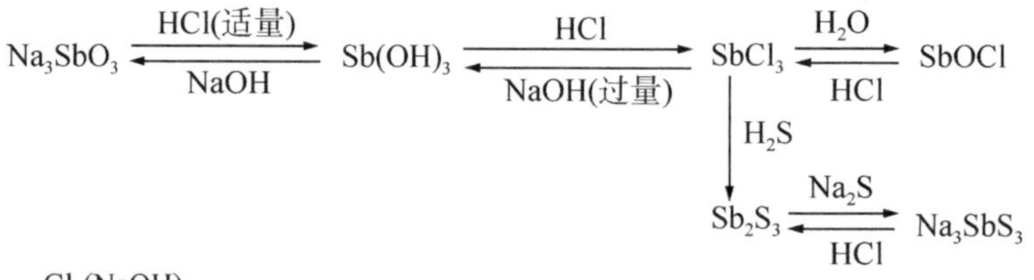

(4)

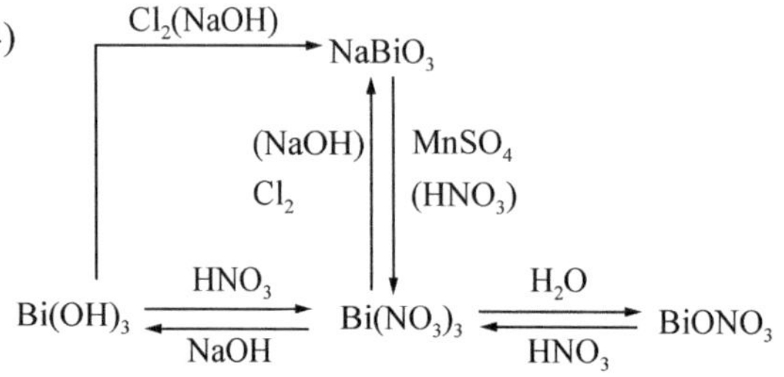

18-8 解答：NaH_2PO_4 溶液中同时存在两个平衡

$$H_2PO_4^- + H_2O \longrightarrow HPO_4^{2-} + H_3O^+ \qquad K_{a_2}^{\ominus} = 6.3\times10^{-8}$$

$$H_2PO_4^- + H_2O \longrightarrow H_3PO^4 + OH^- \qquad K_{a_3}^{\ominus} = 1.3\times10^{-12}$$

因 $K_{a_2}^{\ominus}>K_{a_3}^{\ominus}$,溶液显酸性,溶液的 H^+ 浓度可以用近似公式计算

$[H^+]\approx\sqrt{K_{a_1}^{\ominus}\cdot K_{a_2}^{\ominus}}=2.2\times10^{5}\ mol\cdot dm^{-3}$

pH=4.66

Na_2HPO_4 溶液中也存在两个平衡

$$HPO_4^{2-}+H_2O\!=\!=\!=H_2PO_4^-+OH^-\quad K_{b_2}^{\ominus}=1.6\times10^{-7}$$

$$HPO_4^{2-}+H_2O\!=\!=\!=PO_4^{3-}+H_3O^+\quad K_{a_3}^{\ominus}=4.4\times10^{-13}$$

$K_{b_2}^{\ominus}>K_{a_3}^{\ominus}$,所以溶液显碱性,$H^+$ 浓度可用近似公式计算

$[H^+]\approx\sqrt{K_{a_2}\cdot K_{a_3}}=1.7\times10^{-}10\ mol\cdot dm^{-3}$

pH=9.77

对于 $0.1\ mol\cdot dm^{-3}\ Na_3PO_4$ 的溶液,因为水解常数较大,不能进行近似处理。由于 PO_4^{3-} 的水解,在 Na_3PO_4 溶液存在着如下平衡,设氢氧根离子浓度为 x,则:

$$PO_4^{3-}+H_2O\!=\!=\!=HPO_4^{2-}+OH^-\qquad K_{b_1}^{\ominus}=1.5\times10^{-2}$$

平衡　　$0.1-x$　　　　x　　x

$K_{b_1}^{\ominus}=\dfrac{x\times x}{0.1-x}=1.5\times10^{-2}$

$x^2+0.022x-2.2\times10^{-3}=0$

$[OH^-]=0.037\ mol\cdot dm^{-3}$　　　pH=12.57

18-9 解答: 在酸性介质中,$E^{\ominus}(BiO_3^+/BiO^+)=1.59\ V$,$E^{\ominus}(Cl_2/Cl^-)=1.36\ V$ 所以 Bi(Ⅴ)能氧化 Cl^- 为 Cl_2。

BiO_3^+/BiO^+ 的电极反应为 $BiO_3^++2H^++2e^-\longrightarrow BiO^++H_2O$

所以能斯特方程为

$E(BiO_3^+/BiO^+)=E^{\ominus}(BiO_3^+/BiO^+)+\dfrac{0.0592}{2}\lg\dfrac{c(BiO_3^+)c(H^+)^2}{c(BiO^+)}$

假设 $c(BiO_3^+)=c(BiO^+)=1.0\ mol\cdot dm^{-3}$,则能斯特方程变成

$E(BiO_3^+/BiO^+)=E^{\ominus}(BiO_3^+/BiO^+)-0.0592pH$

当 pH 增大,BiO_3^+/BiO^+ 的电极电势将减小,当 pH≥7 时,$E^{\ominus}(BiO_3^+/BiO^+)\leqslant1.176\ V$,所以在碱性介质中 Cl_2 可将 Bi(Ⅲ)氧化为 Bi(Ⅴ),发生如下反应

$$Bi(OH)_3+Cl_2+3NaOH\!=\!=\!=NaBiO_3+2NaCl+3H_2O$$

18-10 解答: A:As_2O_3;B:$AsCl_3$;C:As_2S_3;D:Na_3AsS_3;E:Na_3AsS_4;F:H_3AsO_4。

反应化学方程式: $As_2O_3+6HCl(浓)\!=\!=\!=2AsCl_3+3H_2O$

$2AsCl_3+3H_2S\!=\!=\!=As_2S_3\downarrow+HCl$

$As_2S_3+3Na_2S\!=\!=\!=2Na_3AsS_3$

$As_2S_3+3Na_2S_2\!=\!=\!=2Na_3AsS_4+S$

$AsCl_3+Br_2+4H_2O\!=\!=\!=H_3AsO_4+2HBr+3HCl$

$H_3AsO_4+2I^-+2H^+\!=\!=\!=H_3AsO_3+I_2+H_2O$

$As_2S_3+6NaOH\!=\!=\!=Na_3AsS_3+Na_2AsO_3+3H_2O$

五、参考资料

陈经涛,田安祥,张静.2008.关于亚磷酸结构的讨论.化学世界,49(12):763

居学海.2012.铵或胺正离子中氮原子的电荷特征.大学化学,27(1):88
严宣申.2002.NO 和 O_2 的反应.化学教育,23(7):84
谢东.2011.溶液酸度与 Ag_3PO_4 沉淀生成及溶解关系的讨论.大学化学,26(2):73
朱万强,罗宿星,李华刚,等.2013.对一氧化氮分子结构的教学讨论.大学化学,28(1):23
丰乐天,李威,林子寅,等.2007.超价化合物的定义和成键特征初探.大学化学,22(3):50
金鑫,李振东,唐鑫,等.2007.超价化合物与八隅体规则的新认识.大学化学,22(2):61
伍强,黄永红,彭建,等.2009.碳酸氢铵分解吸热反应的绿色化研究.化学教育,30(12):65

第19章 氧族元素

一、重要概念

1.氧族元素(oxygen group elements)

氧族元素是指元素周期表中的16族元素。这一族包含氧(O)、硫(S)、硒(Se)、碲(Te)、钋(Po)、116号元素(Lv)六种元素。

2.深冷分离法(separation by deep refrigeration)

深冷分离法又称低温精馏法,其实质就是气体液体化技术。通常采用机械方法,如用节流膨胀或绝热膨胀等方法,把气体压缩、冷却后,利用不同气体沸点上的差异进行精馏,使不同气体得到分离。

3.膜分离技术(membrane separation technology)

膜分离技术是指在分子水平上不同粒径分子的混合物在通过半透膜时,实现选择性分离的技术。半透膜又称分离膜或滤膜,膜壁布满小孔,根据孔径大小可以分为微滤膜(MF)、超滤膜(UF)、纳滤膜(NF)、反渗透膜(RO)等,膜分离都采用错流过滤方式。

4.准金属元素(metalloid element)

准金属元素又称类金属元素或半金属元素,是具有介于金属和非金属之间的一些化学性质的元素,如硼、硅、锗、砷、锑、硫、硒和碲等。一般在外表上呈现出金属的特性,而且化学性质表现出金属与非金属两种性质。

5.营养元素(nutrition element)

营养元素是指动植物生长发育或维持生命、生产的各种正常生理活动所必需的元素或化合物。

6.放射性元素(radioactive element)

放射性元素是指能自发放射出具有一定能量的射线(α、β、γ射线)的元素,有天然放射性元素和人造放射性元素两类。

7.酸雨(acid rain)

酸雨正式的名称是酸性沉降,指pH小于5.6的雨水、冻雨、雪、雹、露等大气降水。它分为“湿沉降”和“干沉降”两类,前者指的是所有气状污染物或粒状污染物,随着雨、雪、雾或雹等降水形态而落到地面者,后者则是指在不下雨的日子,从空中降下来的落尘所带的酸性物质。

二、自测题及其解答

1.选择题

1-1 已知 H_2O_2的电势图:

酸性介质中 $O_2 \xrightarrow{0.67\ V} H_2O_2 \xrightarrow{1.77\ V} H_2O$

碱性介质中　　$O_2 \xrightarrow{-0.08\ V} H_2O_2 \xrightarrow{0.87\ V} OH^-$

可确定 H_2O_2 的歧化反应　（　）

A.只在酸性介质中发生　B.只在碱性介质中发生

C.在酸碱介质中均可发生　D.在酸碱介质中均不发生

1-2 使已变暗的古油画恢复原来的白色，使用的方法为　（　）

A.用稀 H_2O_2 水溶液擦洗　B.用清水小心擦洗

C.用钛白粉细心涂描　D.用 SO_2 漂白

1-3 O_2^{2-} 可作为　（　）

A.配体　B.氧化剂　C.还原剂　D.三者皆可

1-4 关于臭氧的下列叙述中正确的是　（　）

A.O_3 比 O_2 稳定性差　B.O_3 是非极性分子

C.O_3 是顺磁性物质　D.O_3 是无色气体

1-5 下列各组硫化物中，难溶于稀 HCl 但可溶于浓 HCl 的是　（　）

A.Sb_2S_3 和 CdS　B.CoS 和 PbS

C.Ag_2S 和 Bi_2S_3　D.As_2S_3 和 NiS

1-6 下列分子或离子中含有 Π_4^6 键的是　（　）

A.O_3　B.NO_3^-　C.SO_4^{2-}　D.SO_3^{2-}

1-7 将 H_2O_2 加入 H_2SO_4 酸化的 $KMnO_4$ 溶液时，H_2O_2 起的作用是　（　）

A.氧化剂　B.还原剂　C.催化剂　D.还原硫酸

1-8 H_2S 水溶液久置后出现浑浊，其原因是　（　）

A.见光分解　B.受 CO_2 影响　C.形成多硫化物　D.被空气氧化

1-9 下列分子或离子中，显顺磁性的是　（　）

A.H_2　B.Cl^-　C.O_2　D.Zn^{2+}

1-10 下列含氧酸根在酸性介质中氧化性最强的是　（　）

A.MnO_4^-　B.$Cr_2O_7^{2-}$　C.$S_2O_8^{2-}$　D.ClO_4^-

2.填空题

2-1 在过二硫酸盐、硫代硫酸盐、硫酸盐和连多硫酸盐中，氧化能力最强的是；还原能力最强的是__________。

2-2 H_2S 在酸性溶液中与过量的 $KClO_3$ 反应的主要产物是__________，其反应方程式是__________。

2-3 臭氧分子中，中心氧原子采取__________杂化，分子中除生成__________键外，还有一个__________键。

2-4 下列四种硫的含氧酸盐中：Na_2SO_4、$Na_2S_2O_3$、$Na_2S_4O_6$、$K_2S_2O_8$，氧化能力最强的是__________；还原能力最强的是__________。

2-5 长时间放置的 Na_2S 溶液出现浑浊，原因是__________。

2-6 我国是最先采用__________治疗克山病的国家。

2-7 $AgNO_3$ 溶液与过量的 $Na_2S_2O_3$ 溶液反应生成__________色的__________；而过量的 $AgNO_3$ 溶液与 $Na_2S_2O_3$ 溶液反应生成__________色的__________后在空气中变

成________色的____________。这一反应现象可用于鉴定________的存在。

2-8 四种硫化物 FeS、CdS、CaS、SnS 中，可溶于水的是________________，不溶于水而溶于稀酸的是_______________，不溶于水和稀酸但能溶于多硫化钠溶液的是____________________，水、稀酸、多硫化钠溶液中均不溶的是____________。

2-9 SO_2 分子中，中心原子 S 以______________杂化轨道与氧形成______________键外，还有一个符号为____________________的大 π 键。

2-10 O_2分子中有一个________键，2 个____________键；O_2分子中有________个未成对电子，按照公式____________可计算出 O_2分子的磁矩约为______B.M.。

3.完成并配平下列反应方程式

3-1 $SO_2 + H_2S + NaOH \longrightarrow$

3-2 $Na_2S_2O_3 + Cl_2 + H_2O \longrightarrow$

3-3 $KMnO_4 + H_2O_2 + H_2SO_4 \longrightarrow$

3-4 $Na_2S_2O_3 + I_2 \longrightarrow$

3-5 $Na_2S + Na_2CO_3 + SO_2 \longrightarrow$

3-6 $H_2S + Br_2 + H_2O \longrightarrow$

3-7 $SeO_2 + NH_3 \longrightarrow$

3-8 $Fe + S \longrightarrow$

3-9 $2Cu + S \longrightarrow$

3-10 $2Na + S \longrightarrow$

4.简答题

4-1 一种钠盐 A 溶于水，在水溶液中加入 HCl 有刺激性气体 B 产生，同时有白色(或淡黄色)沉淀 C 析出，气体 B 能使酸性 $KMnO_4$溶液褪色；若通入足量 $Cl_2(g)$于 A 溶液中，则得溶液 D，D 与 $BaCl_2$作用得白色沉淀 E，E 不溶于强酸。问：A、B、C、D、E 各为何物？写出有关化学反应方程式。

4-2 某溶液中可能含有 Cl^-、S^{2-}、SO_3^{2-}、$S_2O_3^{2-}$、SO_4^{2-} 等离子，用下列实验证实哪些离子存在？哪些离子不存在？哪些离子不能确定？

(1)向一份未知溶液中加入过量 $AgNO_3$溶液产生白色沉淀；

(2)向另一份未知溶液中加入 $BaCl_2$溶液也产生白色沉淀；

(3)取第三份未知液，用 H_2SO_4酸化后加入溴水，溴水不褪色。

4-3 以碳酸钠和硫黄为原料制备硫代硫酸钠，写出有关反应式。

4-4 为什么硫化钠溶液和空气接触时间长了会出现浑浊而且溶液呈黄色？写出有关的化学反应方程式。

4-5 分别画出 O_2、O_3、H_2O_2 的空间结构示意图，将其分子中氧与氧之间的键能按从大到小排列，并做出简要解释。

4-6 按如下要求，分别写出制备 H_2S、SO_2、SO_3的反应方程式：

(1)化合物中 S 的氧化数不变的反应；

(2)化合物中 S 的氧化数变化的反应。

4-7 现有四瓶失落标签的无色溶液，可能是 Na_2S、Na_2SO_3、$Na_2S_2O_3$和 Na_2SO_4，试加以鉴别并确证，写出有关化学反应方程式。

4-8 氧的电负性仅次于氟，也是活泼性仅次于氟的元素。但为什么常温下活泼性较差，在大气中存在大量游离态的氧？

4-9 酸化某溶液得 S 和 H_2SO_3。问原溶液中可能有哪些含硫化合物？并指出物质的量比条件，写出有关反应式。

4-10 以化学方程式表示，用重晶石($BaSO_4$)为原料制备下列物质：

(1)$BaCO_3$；(2)$BaCl_2$；(3)$Ba(NO_3)_2$；(4)BaO_2；(5)医用 $BaSO_4$。

自测题解答

1.选择题

1-1 (C)　**1-2** (A)　**1-3** (D)　**1-4** (A)　**1-5** (A)

1-6 (B)　**1-7** (B)　**1-8** (D)　**1-9** (C)　**1-10** (C)

2.填空题

2-1 过二硫酸盐；硫代硫酸盐。

2-2 H_2SO_4和 Cl_2；$5H_2S+8KClO_3 = 4K_2SO_4+H_2SO_4+4Cl_2+4H_2O$。

2-3 不等性 sp^2；2 个 σ；Π_3^4 离域。

2-4 $K_2S_2O_8$；$Na_2S_2O_3$。

2-5 在空气中，S^{2-} 被氧化成 S，S 悬浮在溶液中，造成浑浊。

2-6 Na_2SeO_3。

2-7 无；$Ag(S_2O_3)_2^{3-}$；白；$Ag_2S_2O_3$；黑；Ag_2S；$S_2O_3^{2-}$。

2-8 CaS；FeS；SnS；CdS。

2-9 sp^2；两个 σ；Π_3^4。

2-10 σ；三电子 π；2；$\mu=\sqrt{n(n+2)}$；2.83。

3.完成并配平下列反应方程式

3-1 $4SO_2+2H_2S+6NaOH = 3Na_2S_2O_3+5H_2O$

3-2 $Na_2S_2O_3+4Cl_2+5H_2O = Na_2SO_4+H_2SO_4+8HCl$

3-3 $2KMnO_4+7H_2O_2+3H_2SO_4 = 2MnSO_4+6O_2+K_2SO_4+10H_2O$

3-4 $2Na_2S_2O_3+I_2 = Na_2S_4O_6+2NaI$

3-5 $2Na_2S+Na_2CO_3+4SO_2 = 3Na_2S_2O_3+CO_2$

3-6 $H_2S+4Br_2+4H_2O = H_2SO_4+8HBr$

3-7 $3SeO_2+4NH_3 = 3Se+2N_2+6H_2O$

3-8 $Fe+S = FeS$

3-9 $2Cu+S = Cu_2S$

3-10 $2Na+S = Na_2S$

4.简答题

4-1 A：$Na_2S_2O_3$　B：SO_2　C：S　D：SO_4^{2-}，Cl^-　E：$BaSO_4$

$Na_2S_2O_3+2HCl = 2NaCl+S\downarrow+SO_2\uparrow+H_2O$

$2MnO_4^-+5SO_2+2H_2O = 2Mn^{2+}+5SO_4^{2-}+4H^+$

$SO_2+Cl_2+2H_2O = SO_4^{2-}+2Cl^-+4H^+$

$Ba^{2+}+SO_4^{2-} = BaSO_4\downarrow$

4-2 (1)S^{2-}，$S_2O_3^{2-}$ 不存在；(2)SO_4^{2-}，SO_3^{2-} 可能存在；(3)S^{2-}，SO_3^{2-}，$S_2O_3^{2-}$ 不存在。结论：SO_4^{2-} 存在，S^{2-}，SO_3^{2-}，$S_2O_3^{2-}$ 不存在，Cl^- 不能确定。

4-3 $S+O_2 \xlongequal{燃烧} SO_2$，$SO_2+Na_2CO_3 = Na_2SO_3+CO_2$，$Na_2SO_3+S \xlongequal{沸腾} Na_2S_2O_3$

4-4 因为 Na_2S 被空气中的 O_2 氧化析出 S，析出的 S 又继续与 Na_2S 作用，生成黄色的多硫化钠：

$$2Na_2S+O_2+2H_2O \xlongequal{} 4NaOH+2S\downarrow,\ Na_2S+(x-1)S = Na_2S_x$$

4-5

	O_2	O_3	H_2O_2
结构	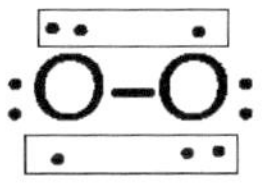	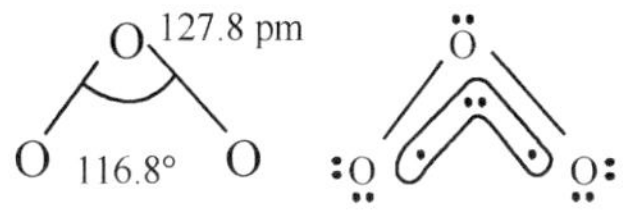	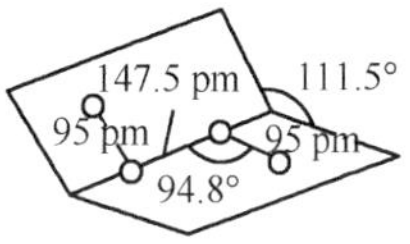
键的性质	双键	单双键之间，有 Π_3^4	单键（有过氧键）

所以键能次序为：$O_2>O_3>H_2O_2$。

4-6 (1)化合物中 S 的氧化数不变的反应：

$$FeS(s)+2HCl \xlongequal{} FeCl_2+H_2S\uparrow$$

$$H_2S_2O_7 \xlongequal{\triangle} H_2SO_4+SO_3\uparrow$$

(2)化合物中 S 的氧化数变化的反应：

$$H_2(g)+S(s) \xlongequal{\text{燃烧}} H_2S(g)$$

$$O_2(g)+S(s) \xlongequal{\text{燃烧}} SO_2(g)$$

$$2SO_2+O_2 \xlongequal{V_2O_5\ \text{加热}} 2SO_3$$

4-7 在四支试管中分别加入少许四瓶失落标签的无色溶液，再分别加入少许 HCl。

(1)有臭鸡蛋气味气体放出并能使乙酸铅试纸变黑的是 Na_2S 溶液：

$$S^{2-}+2H^+ \xlongequal{} H_2S\uparrow,\ Pb(Ac)_2+H_2S \xlongequal{} PbS\downarrow(\text{黑})+2HAc$$

(2)有刺激性气体放出并有乳白色（或很淡黄色）沉淀析出的是 $Na_2S_2O_3$ 溶液：

$$S_2O_3^{2-}+2H^+ \xlongequal{} SO_2\uparrow+S\downarrow+H_2O$$

(3)有刺激性气体放出并能使 $KMnO_4$ 褪色（或使蓝色石蕊试纸变红）的是 Na_2SO_3 溶液：

$$SO_3^{2-}+2H^+ \xlongequal{} SO_2\uparrow+H_2O,\ 5SO_2+2MnO_4^-+2H_2O \xlongequal{} 5SO_4^{2-}+2Mn^{2+}+4H^+$$

(4)无反应现象的是 Na_2SO_4 溶液，再加入 $BaCl_2$ 溶液有白色沉淀析出则可确证：

$$Ba^{2+}+SO_4^{2-} \xlongequal{} BaSO_4\downarrow(\text{白})$$

4-8 氧的电负性仅次于氟，能与氧化合的元素种类也仅次于氟。所以从热力学角度看，氧是活泼性第二大的元素。但从动力学角度看，由于氧分子中的键具有双键性质，总键能很高（达 494 $kJ\cdot mol^{-1}$），在双原子分子中仅次于 CO 和 N_2。所以氧参加反应的活化能很高，在常温下只能氧化还原性很强的 NO、$SnCl_2$、H_2SO_3 等物质。所以空气中存在大量游离态的氧。但在加热且满足了活化能的情况下，氧的反应活性大增，能与绝大多数元素直接化合，许多金属和非金属在纯氧中可以燃烧。

4-9 有几种可能：(1)含 $S_2O_3^{2-}$：$S_2O_3^{2-}+2H^+ \xlongequal{} SO_2\uparrow+S\downarrow+H_2O$

(2)含 S^{2-}，SO_3^{2-}：$2S^{2-}+SO_3^{2-}+6H^+ \xlongequal{} 3S\downarrow+3H_2O$

$n(SO_3^{2-})/n(S^{2-})>1/2$

(3)含 S^{2-}，$S_2O_3^{2-}$：$n(S_2O_3^{2-})/n(S^{2-})>1/2$

4-10 重晶石（$BaSO_4$）是自然界含钡的最重要矿石，因此是制备钡的化合物的重要原料。

(1)制 $BaCO_3$：

$$BaSO_4+4C \xlongequal{\text{燃烧}} BaS+CO\uparrow$$

$$BaS+CO_2+H_2O \xlongequal{\triangle} BaCO_3\downarrow+H_2S\uparrow$$

(2)制 $BaCl_2$：　$BaCO_3+2HCl \xlongequal{} BaCl_2+CO_2\uparrow+H_2O$

(3)制 $Ba(NO_3)_2$：　$BaCO_3+2HNO_3 \xlongequal{} Ba(NO_3)_2+CO_2\uparrow+H_2O$

(4)制 BaO_2：　$BaCO_3 \xlongequal{\triangle} BaO+CO_2\uparrow,\ 2BaO+O_2 \xlongequal{600\ ^\circ C,\ \text{加热}} 2BaO_2$

(5)制医用 $BaSO_4$：　$BaS+2HCl \xlongequal{} BaCl_2+H_2S\uparrow,\ BaCl_2+H_2SO_4 \xlongequal{} BaSO_4\downarrow+2HCl$

三、思考题解答

19-1 解答：证明了核理论预言是正确的。核理论预言内容：质子数为 114、中子数为 184 的“双幻数核”298、114 附近的原子核将具有较高的稳定性，围绕它可能存在着由成百个超重元素核组成的“稳定岛”。

19-2 解答：化学键理论认为 O_3 分子具有角形结构(图 19-1)，∠OOO 为 116.8°。中心氧原子采取 sp^2 杂化，与两个端氧原子分别形成一个键级为 1 的 σ 键。3 个氧原子以其平行的 3 条 p 轨道形成 3 条分子轨道(Π_3^4 离域大 π 键，图 19-2)，其中成键、非键和反键分子轨道各 1 条。离域大 π 键中的 4 个电子成对地填在成键和非键轨道上。电子的这种分布方式可以解释 O_3 分子的反磁性，也可以解释 O_3 的活泼性。Π_3^4 键的键级为 1(分配于每个 O—O 键相当于 0.5)，所以每个 O—O 键的键级为 1.5。O_3 分子中的 O—O 键长(127.8 pm)大于 O_2 分子中的 O—O 键长(120.8 pm)，因而显示比 O_2 更高的活泼性。中心 O 原子以 sp^2 方式杂化，并与其他两个非中心原子形成离域 Π_3^4 键(三中心四电子体)。分子形状是 V 形，为极性分子。键角为 117°，偶极矩 $\mu=1.8\times10^{-3}$ C・m，是极性单质。

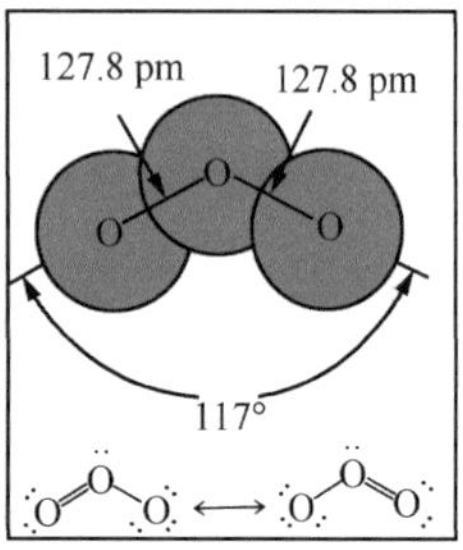

图 19-1　臭氧的分子结构

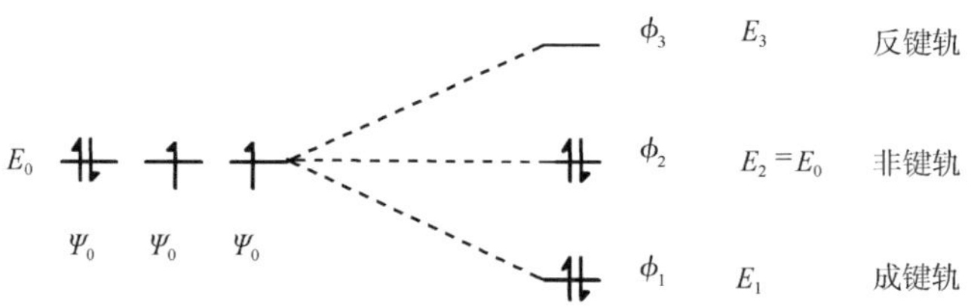

图 19-2　臭氧分子的 Π_3^4 分子轨道示意图

19-3 解答：

臭氧层是指在地球上空 20～30 km 的大气层的平流层中臭氧浓度相对较高的部分，主要作用是吸收短波紫外线。被破坏的危害：臭氧层耗竭，会使太阳光中的紫外线大量辐射到地面。紫外线辐射增强，对人类及其生存环境会造成极为不利的后果。有人估计，如果臭氧层中臭氧含量减少 10%，地面不同地区的紫外线辐射将增加 19%～22%，由此皮肤癌发病率将增加 15%～25%。对于大气臭氧层破坏的原因，科学家中间有多种见解。但是大多数人认为，人类过多地使用氯氟烃类化学物质(用 CFCs 表示)是破坏臭氧层的主要原因。破坏臭氧层的过程可表示如下：

含氯或含溴的化合物经太阳紫外辐射生成游离的 Cl(或 Br)

$$O_3+Cl(\text{或 }Br)\longrightarrow ClO(\text{或 }BrO)+O_2$$

$$ClO(\text{或 }BrO)+O\longrightarrow \text{游离 }Cl(\text{或 }Br)+O_2$$

保护措施：爱护臭氧层，要求我们每个人都采取实际行动去少用或者不用对臭氧层有损害的氟氯碳、哈龙、氯氟烃、甲基溴等物质，因为使用包含这些物质的产品会导致对臭氧层的消耗。

19-4 解答：参考上题解答。

19-5 解答：医用双氧水，即浓度低于或等于 3%的过氧化氢水溶液，常温或遇光可以分解，产生自由基，具有杀菌消毒的作用。非典时期，最常用的杀菌消毒药品就是过氧乙酸和双氧水，价格低廉，很容易被普及，可以被寻常百姓用得起。

19-6 解答：卤族阴离子催化 H_2O_2 分解反应的机制：

$$2X^- + H_2O_2 + 2H^+ = X_2 + 2H_2O \quad (1)$$

$$X_2 + H_2O = HXO + HX \quad (2)$$

$$2HXO = 2X^- + O_2 + 2H^+ \quad (3)$$

把反应(1)设计成原电池：

$(+)H_2O_2 + 2H^+ + 2e^- = 2H_2O \qquad E_a^\ominus = 1.763\ V$

$(-)X^- + 2e^- = X_2 \qquad E_a^\ominus(Cl^-/Cl_2) = 1.358\ V$

$E_a^\ominus(Br^-/Br_2) = 1.087\ V$

从电极电势数据可以看出，Br^- 和 Cl^- 都可以催化 H_2O_2 的分解反应，Br^- 的催化能力强一些。

19-7 解答：参考第17章思考题8解答。

19-8 解答：水由于含有氢键，沸点较硫、硒高；硫的氢化物硫化氢，硒的氢化物氢化硒是分子化合物，比较相对分子质量知硫化氢的沸点低于硒化氢，碲化氢属于离子化合物，沸点最高；自上而下，氢化物还原性依次增强；水和硫化氢属共价化合物，含有两个共价键。

19-9 解答：由于氢硫酸具有强还原性，放置不久就会被空气中的氧氧化而析出硫沉淀。白色沉淀物是很细小的粉末状硫单质，对光线进行全反射，显示白色。反应方程式与硫化氢在氧气中不完全燃烧相同：$2H_2S + O_2 = 2S + 2H_2O$。

19-10 解答：不能，SO_3 中心原子 S 原子无孤对电子（只考虑中心原子，不考虑非中心原子）。

19-11 解答：浓硫酸中含有大量的 SO_3 一类的氧化性物种，具有很强的氧化性，使铁或铝的表面产生一层致密氧化膜，发生钝化反应阻止硫酸和 Fe 的进一步接触，因此能阻止反应的发生。

四、课后习题解答

19-1 解答：氧的电负性很大，仅次于氟，因而氧对电子对的吸引能力很强，通常情况下只能形成－2氧化态的化合物，而硫的电负性较小，与电负性更小的元素化合时可以形成－2氧化态的化合物，表现为氧化性，在与电负性大的元素化合时可形成正氧化态的化合物，表现为还原性。

19-2 解答：各取少许两两混合，有白色混浊出现为 H_2O_2 和 H_2S，有棕色产生为 H_2O_2 和 KI，若无变化则为 KI 和 H_2S。

19-3 解答：加 Na_2CO_3：$CO_3^{2-} + H_2O = HCO_3^- + OH^-$，$Cr^{3+} + 3OH^- = Cr(OH)_3\downarrow$（灰绿色）；加 H_2O_2 煮沸：$2Cr(OH)_3 + 3H_2O_2 + 4OH^- = 2CrO_4^{2-}$（黄色）$+ 8H_2O$；酸化：$2CrO_4^{2-} + 2H^+ = Cr_2O_7^{2-} + H_2O$；再加 H_2O_2：$Cr_2O_7^{2-} + 4H_2O_2 + 2H^+ = 2CrO_5$（深绿色）$+ 5H_2O$

19-4 解答：尽量收集，实在收集不起来的少量汞可覆盖上一层单质硫粉，因为硫可与汞作用生成 HgS，避免汞的挥发 $S + Hg = HgS$。

19-5 解答：(1)(B)，(2)(C)，(3)(D)，(4)(A)。

19-6 解答：$2KHSO_4 = K_2S_2O_8 + H_2\uparrow$，$K_2S_2O_8 + 2H_2O = 2KHSO_4 + H_2O_2$

19-7 解答：$2Mn^{2+} + 5S_2O_8^{2-} + 8H_2O = 2MnO_4^- + 10SO_4^{2-} + 16H^+$

19-8 解答:在酸性溶液中,硫代硫酸钠会生成硫代硫酸,硫代硫酸不稳定立即分解为硫、二氧化硫和水:$S_2O_3^{2-}+2H^+ \xlongequal{} SO_2\uparrow+S\downarrow+H_2O$,而在中性、碱性溶液中 $Na_2S_2O_3$ 稳定,所以必须控制在碱性范围.

19-9 解答:A 为 Na_2S,B 为 H_2S,C 为 S,D 为 SO_2,E 为 Ag_2S。

$$Na_2S+2HCl \xlongequal{} H_2S+2NaCl$$

$$H_2S+H_2SO_4(浓) \xlongequal{} S+SO_2\uparrow+H_2O$$

$$H_2S+2Ag^+ \xlongequal{} Ag_2S+2H^+$$

19-10 解答:SO_4^{2-},$S_2O_3^{2-}$。

$$S_2O_3^{2-}+2H^+ \xlongequal{} S\downarrow+SO_2\uparrow+H_2O,Ba^{2+}+SO_4^{2-} \xlongequal{} BaSO_4\downarrow。$$

五、参考资料

周毅,王宇.2010.HF 和 H_2O 的反常沸点与氢键之间的关系.阴山学刊(自然科学),24(3):49

李百恕,王科,顾玉坤,等.1993.高浓度臭氧化学分析方法.化学通报,(3):55

张大仁.1988.氧分子 1s 电子的定域和离域性研究.化学通报,(10):40

许金辉.1989.氟氯烃在臭氧空洞形成中的作用.化学通报,(3):6

黄佩丽.1983.臭氧的分子结构.化学通报,(1):53

卢倩.2001.氧分子在形成化合物时的成键特征.化学教育,(5):15

花蓓.2002.硒的免疫功能.化学教育,23(2):1

王文亮.1993.臭氧分子中配位氧的成键形式与偶极方向.大学化学,(2):19

张兆庆.2002.氧原子的结构.化学世界,43(12):671

江学忠,宋心琦.1994.臭氧破坏机制仍在争论之中.大学化学,(4):35

第20章　卤　　素

一、重要概念

1.卤素(halogens)

卤族元素指周期ⅦA族元素，包括氟(F)、氯(Cl)、溴(Br)、碘(I)、砹(At)，简称卤素。

2.卤素氢化物(halogen hydride)

卤素氢化物称为卤化氢，即氟化氢(HF)、氯化氢(HCl)、溴化氢(HBr)、碘化氢(HI)。常温下卤化氢都为无色、有刺激性臭味的气体。卤化氢分子均为极性分子，分子中键的极性按即HF、HCl、HBr、HI顺序减弱，其水溶液称为氢卤酸。除氢氟酸外，其余均为强酸，酸性强弱顺序为HI、HBr、HCl、HF。

3.萃取(extraction)

萃取，是利用系统中组分在溶剂中有不同的溶解度来分离混合物的单元操作。即利用化合物在两种互不相溶(或微溶)的溶剂中溶解度或分配系数的不同，使化合物从一种溶剂内转移到另外一种溶剂中的方法。

4.氟利昂(freon)

氟利昂，是几种氟氯代甲烷和氟氯代乙烷的总称，其中最重要的是二氯二氟甲烷(CCl_2F_2)。氟利昂是臭氧层破坏的元凶，被排放的大部分氟利昂仍留在大气层中，其中大部分仍然停留在对流层，一小部分升入平流层。在对流层相当稳定的氟利昂，在上升进入平流层后，在一定的气象条件下，会在强烈紫外线的作用下分解，分解释放出的氯原子同臭氧会发生连锁反应，不断破坏臭氧分子。科学家估计一个氯原子可以破坏数万个臭氧分子。此外，氟利昂也是重要的温室气体，一个氟利昂分子增加温室效应的效果相当于一万个二氧化碳分子。

5.氯碱法(chlor-alkali method)

由电解食盐水溶液制取烧碱、氯气和氢气的工业生产方法，是重要的基础化学工业之一。因产品为氯(Cl_2)和碱(NaOH)而得名。

6.恒沸溶液(constant boiling solution)

恒沸溶液即恒沸混合物。在一定条件下，当某些溶液的组成与其相平衡的蒸气组成相同时，溶液在蒸馏时期沸点保持恒定，称为恒沸溶液。例如，在101.325 kPa下氯化氢和水的恒沸混合物中氯化氢的质量分数为20.24%，其恒沸点是108.6 ℃。

7.卤素间互化物(interhalogen compound)

由不同卤素之间形成的二元化合物，又称卤素互化物。它们是一类既包含正氧化态卤素原子，又包含负氧化态卤素原子的化合物。卤素间互化物的通式为XX_n'，其中X的电负性小于X'的电负性，$n=1,3,5,7$。卤素互化物的许多性质类似于卤素。

8.拟卤素(pseudohalogen)

有些分子有非金属元素原子团组成，它们具有与卤素单质相似的性质，其阴离子与卤素离子的性质也相似,这样的原子团称为拟卤素。重要的拟卤素分子有氰[CN_2]硫氰[$(SCN)_2$]和氧氰[$(OCN)_2$]等。

9.卤化物(halide)

卤素和电负性比它小的元素形成的化合物称为卤化物。卤化物可以分为金属卤化物和非金属卤化物两类。根据卤化物的键型,又可分为离子型卤化物和共价型卤化物。

10.卤族元素的各种含氧酸及其盐的性质变化规律(the property change rule of the oxacid and the salt of the elements of halogen family)

热稳定性增强 →

酸性增强	氧化能力减弱	热稳定性增强 ↓			↓ 氧化能力减弱	热稳定性增强
			HClO	MClO		
			$HClO_2$	$MClO_2$		
			$HClO_3$	$MClO_3$		
			$HClO_4$	$MClO_4$		

氧化能力增强 →

二、自测题及其解答

1.选择题

1-1 在热碱溶液中,次氯酸根的歧化产物是 ( )

A.Cl^- 和 Cl_2　B.Cl^- 和 ClO_3^-　C.Cl^- 和 ClO_2^-　D.Cl^- 和 ClO_4^-

1-2 下列氯化物在室温下不水解的是 ( )

A.PCl_3　B.$SnCl_2$　C.$AlCl_3$　D.CCl_4

1-3 下列离子的碱强度最大的是 ( )

A.ClO^-　B.ClO_2^-　C.ClO_3^-　D.ClO_4^-

1-4 实验室制备氯气时,二氧化锰的作用是 ( )

A.被氧化　B.被还原　C.作催化剂　D.作吸水剂

1-5 下列氯化物中,不发生水解反应的是 ( )

A.CCl_4　B.$SiCl_4$　C.$SnCl_4$　D.$GeCl_4$

1-6 卤化氢的热稳定性从上到下减弱,其原因在于 ( )

A.相对分子质量增加　B.键能减弱

C.键长缩短　D.范德华力增加

1-7 在酸性介质中,不能将 Mn^{2+} 氧化为 MnO_4^- 的是 ( )

A.$NaBiO_3$　B.KIO_3　C.$K_2S_2O_8$　D.PbO_2

1-8 下列哪种物质既不是电解食盐水的直接产物,也不是电解产物之一与水反应的产物? ( )

A.NaH　B.NaOH　C.HClO　D.H_2

1-9 在含有 I^- 的酸性溶液中,加入含 Fe^{3+} 的溶液时,产生 ( )

A.FeI_2　B.FeI_3　C.$Fe(OH)_3$　D.$Fe^{2+}+I_2$

1-10 单质碘在水中的溶解度很小,但在KI溶液中溶解度显著增大,原因是发生了 ( )

A.解离反应 B.盐效应

C.配位效应 D.氧化还原反应

2.填空题

2-1 氟、氯、溴三元素中,电子亲和能最大的元素是__________。

2-2 氟、氯、溴、碘四元素中,单质的解离能最小的是________。

2-3 高碘酸的酸性比高溴酸______,其氧化性,前者____;溴酸的氧化性比氯酸____。

2-4 导致氢氟酸酸性与其他氢卤酸明显不同的原因是________小和________特别大。

2-5 固体$KClO_3$是______,$KClO_3$溶液与KI溶液______,加稀硫酸后,并使KI溶液过量,则反应的主要产物是____,若在酸性条件下,过量$KClO_3$与KI溶液反应的主要产物是____。

2-6 氧化性:$HClO_3$__________HClO;酸性:$HClO_3$__________HClO。

2-7 卤素含氧酸的酸性强弱变化规律是:同一卤素不同氧化数的含氧酸酸性随________。

2-8 卤素单质(X_2)氧化性强弱顺序为______,卤离子(X^-)的还原性由强到弱的顺序为____。

2-9 在ICl_4^-、CF_4、XeF_4、BrF_4^-离子或分子中,空间构型不是平面四方形的是____。

2-10 Ag_3PO_4和AgCl都难溶于水,然而在HNO_3溶液中,________可以溶解;在氨水中____可以溶解。

3.完成并配平下列反应方程式

3-1 $KI + KIO_3 + H_2SO_4 \longrightarrow$

3-2 $Br_2 + Na_2CO_3 \longrightarrow$

3-3 $I_2 + KOH \longrightarrow$

3-4 $IO_3^- + I^- + H^+ \longrightarrow$

3-5 $KMnO_4 + NaCl + H_2SO_4 \longrightarrow$

3-6 $KClO_3 + HCl \longrightarrow$

3-7 $KClO_3(s) \longrightarrow$

3-8 $I_2 + Cl_2 + H_2O \longrightarrow$

3-9 $NaBr + H_2SO_4$(浓)$\longrightarrow$

3-10 $NaI + H_2SO_4$(浓)$\longrightarrow$

4.简答题

4-1 如何用化学方法来制备F_2?

4-2 漂白粉的有效成分是什么?为什么在潮湿空气中不能长时间保存?

4-3 通常测定的HF相对分子质量是真正的HF的相对分子质量吗?

4-4 如何区分KIO_4、$KClO_3$、KIO_3三种固体?

4-5 写出各卤素单质的颜色并解释其变化规律。

4-6 解释ClF_3可稳定存在,而无FCl_3的原因。

4-7 为什么不能用浓硫酸与卤化物作用来制备HBr和HI?

4-8 Cl_2能从KI溶液中取代出I_2,I_2能从酸化的$KClO_3$溶液中取代出Cl_2,这两个现象矛盾吗?

4-9 说明非金属含氧酸氧化还原性的一般规律及非金属含氧酸盐的性质的一般规律。

4-10 已知 ClO_2 的键角∠OClO＝116.5 °，Cl－O 键长为 149 pm，顺磁性，用价层电子对互斥理论解释其分子空间构型。

自测题解答

1.选择题

1-1 (B)　**1-2** (D)　**1-3** (A)　**1-4** (B)　**1-5** (A)

1-6 (B)　**1-7** (B)　**1-8** (A)　**1-9** (D)　**1-10** (C)

2.填空题

2-1 氯。

2-2 碘。

2-3 弱；弱；强。

2-4 氟的电子亲和能；键能。

2-5 强氧化剂；不反应；I_2，Cl^-；IO^{3-}，Cl_2。

2-6 ＜；＞。

2-7 卤素氧化值的增大而增大。

2-8 $F_2>Cl_2>Br_2>I_2$；$I^->Br^->Cl^->F^-$。

2-9 CF_4。

2-10 AgCl；Ag_3PO_4。

3.完成并配平下列反应方程式

3-1 $5KI+KIO_3+3H_2SO_4 = 3K_2SO_4+3I_2+3H_2O$

3-2 $3Br_2+3Na_2CO_3 = 5NaBr+NaBrO_3+3CO_2$

3-3 $3I_2+6KOH = KIO_3+5KI+3H_2O$

3-4 $IO_3^-+5I^-+6H^+ = 3I_2+3H_2O$

3-5 $2KMnO_4+10NaCl+8H_2SO_4 = K_2SO_4+2MnSO_4+5Na_2SO_4+5Cl_2+8H_2O$

3-6 $KClO_3+6HCl = KCl+3Cl_2+3H_2O$

3-7 $4KClO_3 \xlongequal{\triangle} 3KClO_4+KCl$

3-8 $I_2+5Cl_2+6H_2O = 2HIO_3+10HCl$

3-9 $2NaBr+2H_2SO_4(浓) = Na_2SO_4+Br_2+SO_2+2H_2O$

3-10 $8NaI+5H_2SO_4(浓) = 4Na_2SO_4+4I_2+H_2S\uparrow+4H_2O$

4.简答题

4-1 $2KMnO_4+3H_2O_2+10HF+2KF = 2K_2MnF_6+8H_2O+3O_2$

$SbCl_5+5HF = 5HCl+SbF_5$

$K_2MnF_6+2SbF_5 = 2KSbF_6+MnF_4$

$2MnF_4 = 2MnF_3+F_2$

4-2 漂白粉的有效成分是次氯酸钙，由于次氯酸是比碳酸还弱的酸，所以在潮湿的空气中会与空气中 CO_2 作用生成 HClO，而 HClO 不稳定，迅速分解而使漂白粉失效：

$$ClO^-+CO_2+H_2O = HCO_3^-+HClO$$

$$\hookrightarrow HCl+[O]$$

$$\hookrightarrow \frac{1}{2}O_2\uparrow$$

4-3 由于 F 的电负性大，半径小，所以 HF 分子间形成了氢键，使 HF 分子间发生缔合作用，在常温下，气体中含有 $(HF)_2$ 和 $(HF)_3$ 等缔合分子，故测定的 HF 相对分子质量并不是真正的 HF 的相对分子质量。

4-4 (1)取三种固体分别置入三支试管中，分别加入少许稀硫酸溶解，再分别滴加少许 $MnSO_4$ 溶液，微热溶液后显紫红色的是 KIO_4：

$$5IO_4^- + 2Mn^{2+} + 3H_2O \overset{\triangle}{=\!=\!=} 2MnO_4^- + 5IO_3^- + 6H^+$$

(2)取剩下的两种固体，分别加入浓盐酸，加热，有氯气逸出并使试管口的碘化钾淀粉试纸变蓝的是 $KClO_3$：

$$KClO_3 + 6HCl(浓) \overset{\triangle}{=\!=\!=} 3Cl_2\uparrow + KCl + 3H_2O$$

(3)取最后一种固体加入稀硫酸溶解，滴加少许 $NaNO_2$ 溶液，溶液中出现棕黄色(因为析出 I_2)、加入淀粉溶液变蓝则可确证为 KIO_3：

$$2IO_3^- + 5NO_2^- + 2H^+ =\!=\!= I_2 + 5NO_3^- + H_2O$$

4-5 气态的卤素有不同的颜色：F_2——浅黄色；Cl_2——黄绿色；Br_2——棕红色；I_2——紫黑色。其颜色的产生是由于它们对可见光的选择性吸收。卤素基态的分子轨道一般为

$$(\sigma)^2(\pi)^4(\pi^*)^4(\sigma^*)^0$$

而能量最低激发态的分子轨道则为

$$(\sigma)^2(\pi)^4(\pi^*)^3(\sigma^*)^1$$

可见，吸收光谱的产生是对应于 $\pi^* \rightarrow \sigma^*$ 跃迁。当原子序数增加时，π^* 和 σ^* 能量差变小，吸收光向波长变长的方向移动，而不被吸收的光(即呈现出的颜色)则向波长变短的方向移动，所以卤素分子的颜色就加深。碘在易提供电子对的溶剂(如乙醇和乙醚)中与溶剂形成路易斯酸碱加合物。碘提供的最低未占轨道 σ^* 和溶剂分子的孤对电子占据的轨道线性组合，生成新的 σ 成键轨道和 σ^* 反键轨道。结果使 σ^* 轨道能量升高而 π^* 能量基本不变，从而增大了 $\pi^* \rightarrow \sigma^*$ 跃迁的能量差，使吸收光的波长变短，不被吸收的光(即呈现出的颜色)则向波长变长的方向移动。所以在这些溶剂中，碘的颜色由紫色变为棕色。而在四氯化碳和环己烷中，由于溶剂分子已经配位饱和，不能提供孤对电子给碘，不生成路易斯酸碱加合物，碘的分子轨道不改变，所以在这些溶剂中碘保持原来的紫色。

4-6 因为在 ClF_3 中 Cl 是中心原子，Cl 原子外层有 3d 空轨道，可以采取 sp^3d 杂化轨道成键。而 F 是第二周期元素，电负性比 Cl 强，外层无 d 空轨道，不可能采取 sp^3d 杂化轨道成键，所以无 FCl_3。

4-7 浓硫酸具有强氧化性，能把还原性较强的 HBr 和 HI 氧化：

$$2HBr + H_2SO_4(浓) =\!=\!= SO_2\uparrow + Br_2 + 2H_2O$$

$$8HI + H_2SO_4(浓) =\!=\!= H_2S\uparrow + 4I_2 + 4H_2O$$

4-8 Cl_2 能从 KI 溶液中取代出 I_2，这里比较的是卤素单质的氧化性。因 $E^\ominus(Cl_2/Cl^-) = 1.36\ V$，$E^\ominus(I_2/I^-) = 0.54\ V$。所以 $Cl_2 + 2KI =\!=\!= I_2 + 2KCl$。$I_2$ 能从酸化的 $KClO_3$ 溶液中取代出 Cl_2，这里比较的是卤酸的氧化性。因 $E^\ominus(ClO_3^-/Cl_2) = 1.47\ V$，而 $E^\ominus(IO_3^-/I_2) = 1.20\ V$，所以 $2HClO_3 + I_2 =\!=\!= 2HIO_3 + Cl_2$。

4-9 (1)非金属含氧酸氧化还原性的一般规律：① 非金属性弱的成酸元素所形成的含氧酸无氧化性，如 H_2CO_3、H_2SiO_3、H_3BO_3。② 对同一成酸元素，低氧化态含氧酸的氧化性比高氧化态含氧酸的氧化性强，如氧化性 $HClO > HClO_3 > HClO_4$；$H_2SO_3 > H_2SO_4$；$HNO_2 > HNO_3$。③ 成酸元素处于中间氧化态的含氧酸，既有氧化性又有还原性，如 HNO_2、H_2SO_3。④ 浓酸的氧化性强于稀酸，如浓硫酸有强氧化性，而稀硫酸无氧化性。⑤ 同周期中各元素最高氧化态含氧酸的氧化性从左至右增强，如第三周期的含氧酸，H_2SiO_3、H_3PO_4 无氧化性，而浓 H_2SO_4、$HClO_4$ 强氧化性。

(2)非金属含氧酸盐的质的一般规律：① 水溶性。非金属含氧酸盐中的钾盐、钠盐、铵盐绝大多数溶于水；硝酸盐、氯酸盐几乎都溶于水；多数硫酸盐易溶，Pb^{2+}、Ba^{2+}、Sr^{2+} 的硫酸盐难溶，Ca^{2+}、Ag^+、Hg^{2+}、Hg_2^{2+} 的硫酸盐微溶；大多数弱酸盐如碳酸盐、磷酸盐、硅酸盐、硼酸盐难溶于水。② 热稳定性。同一金属、同一酸根的热稳定性是正盐>酸式盐；同一酸根、不同金属盐的稳定性是碱金属盐>碱土金属盐>过渡金属盐>铵盐；同一金属、不同酸根盐的稳定性是磷酸盐和磷酸盐 >碳酸盐>硝酸盐>氯酸盐；同一成酸元素，高氧化态含氧酸盐比低氧化态含氧酸盐稳定，如 $K_2SO_4 > K_2SO_3$。同族元素阳离子形成的碳酸盐，阳离子半径越大越稳定，$MgCO_3 < CaCO_3 < SrCO_3 < BaCO_3$。③ 氧化还原性。含氧酸盐的氧化性一般取决于含氧酸的氧化性。

含氧酸的氧化性强，含氧酸盐的氧化性也强。如氯的含氧酸有氧化性，它的盐也有氧化性。而碳酸无氧化性，它的盐也无氧化性。含氧酸盐的氧化性还与介质酸碱性有关，许多含氧酸盐在酸性介质中才有氧化性，而在中性或碱性介质中则没有氧化性，如硝酸盐、氯酸盐都是如此。

4-10 根据价层电子对互斥理论，ClO_2 的中心原子 Cl 有价层电子对 3.5 对，可用 sp^2 或 sp^3 杂化轨道成键。由于键角∠OClO＝116.5 °，所以 Cl 以 sp^2 杂化轨道成键比较合理。又因为 Cl—O 键长为 149 pm，小于正常 Cl—O 单键键长的 170 pm，从而可推知 Cl—O 键不属于简单的单键，应当具有多重键成分。ClO_2 有顺磁性，显然含有单电子，但不具有双聚的倾向，说明单电子参与了大 π 键的形成（Π_3^5）。由于孤对电子对成键电子的排斥作用，使∠OClO ＜120°。

ClO_2 的空间构型示意图如下：

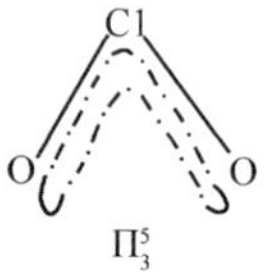

三、思考题解答

20-1 解答：117 号元素，化学符号是 Uus（Ununseptium，IUPAC 临时创造的名字），原子序数 117，属于卤素之一。该元素于 2010 年首次成功合成，2012 年再次成功合成。

1989 年左右，俄罗斯杜布纳联合核研究所的尤里（Y. Oganessian）和劳伦斯利弗莫尔国家实验室的罗恩洛希德（W.Ron）和肯穆迪（K.Moody）就已经开始合作研究超重元素了。2010 年，总部位于俄罗斯首都莫斯科郊外的杜布纳联合核研究所成功合成了 117 号新元素——在实验室人工创造的最新的超重元素。一篇描述了这个新发现的论文已经被《物理评论快报》接受发表。新元素目前尚未被命名，放入元素周期表 116 号元素和 118 号元素之间的位置，这两者都已经被发现。这种超重元素通常具有非常强的放射性，并且几乎立即会发生衰变。俄罗斯杜布纳联合核研究所尤里领导的研究小组报告称用含有 97 个质子和 152 个中子的锫 249 轰击钙 48——一种有 20 个质子和 28 个中子组成的 ^{40}Ca 的同位素，会生成两种拥有 117 个质子的同位素，其中一种核素有 176 个中子，而另一种核素有 177 个中子。

2012 年，俄罗斯科研小组再次成功合成 117 号元素，从而为 117 号元素正式加入元素周期表扫清了障碍。虽然 2010 年就首次成功合成了 117 号元素，然而国际理论与应用化学联合会（IUPAC）要求杜布纳联合核研究所再次合成该元素，之后他们才能正式批准将它加入元素周期表。杜布纳联合核研究所的一名高级负责人说，研究小组已经成功完成了验证工作，并向 IUPAC 正式提交 117 号元素的登记申请；如果顺利，117 号元素将会在一年内被命名，并归入元素周期表。据悉，杜布纳联合核研究所使用粒子回旋加速器，用由 20 个质子和 28 个中子组成的钙 48 原子，轰击含有 97 个质子和 152 个中子的锫 249 原子，生成了 6 个拥有 117 个质子的新原子，其中的 5 个原子有 176 个中子，另一个原子有 177 个中子。

20-2 解答：由能级图可知，π_{5p}^{*}与 σ_{5p}^{*}之间的能量差小，电子吸收波长 520 nm 的绿光，因而呈紫色。若 I_2溶解在易给出孤对电子的溶剂 A 中，与之形成配位键。结果 I_2 · A 的 π_{e}^{*}和σ_{c}^{*}轨道间的能量差大于 I_2的 π_{12}^{*}与 σ_{12}^{*}轨道间的能量差，电子跃迁所需能量变大，因此吸收峰向短波方向移动，因此一些 I_2溶液的颜色就要改变。CCl_4 和环己烷都是配位已达饱和的分子，不能提供孤对电子给 I_2，不能改变 I_2在这些溶剂中的能级，结果就仍然呈紫色。

20-3 解答：氟的氧化性最强，只能与水发生第一类反应，反应是自发的、激烈的放热反应：

$$2F_2+2H_2O \longrightarrow 4HF+O_2; \quad \Delta_r G_m^{\ominus}=-713.02\ kJ \cdot mol^{-1}$$

另外 F 原子无空的 d 轨道，相互间不形成 $d_\pi-p_\pi$ 键，不能形成含氧酸根，所以不发生第二类型的歧化反应。而氯、溴、碘的氧化性依次减弱，氯只有在光照下才缓慢地与水反应放出 O_2，溴与水反应放出 O_2 的速率极其缓慢，碘与水不发生上述反应。

氯、溴、碘与水主要发生下面反应：$X_2+H_2O = H^+ +X^- +HXO$，当溶液的 pH 增大时，歧化反应平衡向右移动。

20-4 解答：

$$X_2+2OH^- \longrightarrow X^- +OX^- +H_2O \tag{1}$$

$$3OX^- \longrightarrow 2X^- +XO_3^- \tag{2}$$

一是受溶液 pH 的影响。当溶液的 pH 增大时，卤素的歧化反应平衡向右移动。二是受反应温度的影响。氯在 20 ℃时，只有反应(1)进行得很快，在 70 ℃时，反应(2)才进行得很快，因此常温下氯与碱作用主要是生成次氯酸盐。溴在 20 ℃时，反应(1)和(2)进行得都很快，而在 0 ℃时反应(2)较缓慢，因此只有在 0 ℃时才能得到次溴酸盐。碘即使在 0 ℃时反应(2)也进行得很快，所以碘与碱反应只能得到碘酸盐。

20-5 解答：这是因为氟是电负性最强的元素，化学性质相当活泼，找不到比它更强的氧化剂。K.Christe 于 1986 年实现了这一突破。他依据的是一条最普通的化学原理：强酸能将弱酸从弱酸盐中置换出来。他先制备 K_2MnF_6 和 SbF_5：

$$2KMnO_4+2KF+10HF+3H_2O_2 \longrightarrow 2K_2MnF_6+8H_2O+3O_2$$

$$SbCl_5+5HF \longrightarrow SbF_5+5HCl$$

再用 K_2MnF_6 和 SbF_5 制备 MnF_4，而 MnF_4 不稳定，分解为 MnF_3 和 F_2。

$$2K_2MnF_6+4SbF_5 \xrightarrow{423\ K} 4KSbF_6+2MnF_3+F_2$$

显然，这不是一个直接制备 F_2 的方法，何况工业上已能大量采用电解法制备。Moissan 装置的最大特点是：解决了电解装置的被氧化；不断补充无水 HF 以降低电解质的熔点，保证反应继续进行；角形的装置防止产生的氟与氢的直接接触反应。

20-6 解答：因为 F_2 和水反应，$2F_2+2H_2O = 4HF+O_2$

负极：$O_2+4H^+ +4e^- = 2H_2O \quad E^{\ominus}=1.229\ V$

正极：$F_2+2e^- = 2F^- \quad E^{\ominus}=2.87\ V$

$E^{\ominus}(MF)=2.87-1.229>0.2$，原电池反应可自发进行，所以氟的生产用水溶液电解时，生成的氟易与水发生反应。

20-7 解答：$MnO_2+4H^+ +2e^- = Mn^{2+} +2H_2O \quad E^{\ominus}(MnO_2/Mn^{2+})=1.2293\ V$

$Cl_2+2e^- = 2Cl^- \quad E^{\ominus}(Cl_2/Cl^-)=1.360\ V$

在浓 HCl 中，$c(H^+)=c(Cl^-)=12\ mol \cdot dm^{-3}$时

$$E(MnO_2/Mn^{2+})=E^{\ominus}(MnO_2/Mn^{2+})+\lg [c(H^+)/c^{\ominus}]^4/[c(Mn^{2+})/c^{\ominus}]\ 0.0591/2$$
$$=1.2293+0.0591/2\lg 12^4=1.36\ V$$

$$E(Cl_2/Cl^-)=E^{\ominus}(Cl_2/Cl^-)+\lg [p(Cl_2)/p^{\ominus}]/[c(Cl^-)/c^{\ominus}]^2 0.0591/2$$
$$=1.36+0.0591/2\ \lg 12^{-2}=1.30\ V$$

$E(MF)=E(MnO_2/Mn^{2+})-E(Cl_2/Cl^-)=1.36-1.30>0$，所以用浓盐酸和二氧化锰反应能制备氯气。

20-8 解答：正极：$2IO_3^- +12H^+ +10e^- = I_2+6H_2O \quad E^{\ominus}=1.196\ V \quad (1)$

负极：$Sn^{4+}+2e^-$ ═══ Sn^{2+}　　　$E^\ominus=0.15$ V　　(2)

(1)和(2)组成原电池其 $E^\ominus=1.196-0.15>0.2$，原电池反应可自发进行。

正极：$2IO_3^-+12H^++10e^-$ ═══ I_2+6H_2O　　　$E^\ominus=1.196$ V　　(3)

负极：$SO_4^{2-}+4H^++2e^-$ ═══ $H_2SO_3+H_2O$　　　$E^\ominus=0.172$ V　　(4)

(3)和(4)组成原电池其 $E^\ominus=1.196-0.172>0.2$，原电池反应可自发进行。和 $NaIO_3$ 反应来制备碘，SO_2(aq)、Sn^{2+}(aq)这两个还原剂在热力学上都是可行的。

20-9 解答：氟的生产只能采用电解法，这是由于氟是很强的氧化剂；氯的制备既可采用电解法，也可用化学法，到溴和碘则完全用化学法。这与它们单质从氟至碘的氧化性依次降低相关。

20-10 解答：人体内 2/3 的碘存在于甲状腺中，甲状腺可以控制代谢。所以，若碘不足的话，就可能引起心智反应迟钝、身体变胖以及活力不足。中国大部分地区都缺碘，而缺碘就会引起碘缺乏病，所以国家强制给食用的氯化钠食盐中加入少量的碘酸盐，称之为碘盐。

四、课后习题解答

20-1 解答：(1)$3K_2CO_3+3Cl_2$ ═══ $KClO_3+5KCl+3CO_2$

(2)$3Na_2CO_3+3Br_2$ ═══ $NaBrO_3+5NaBr+3CO_2$

(3)$2KI+Cl_2$ ═══ $2KCl+I_2$，I_2+I^- ═══ I_3^-，继续通氯 $5Cl_2+I_2+6H_2O$ ═══ $2HIO_3+10HCl$

(4)$8KI+5H_2SO_4$(浓)═══ $4I_2+H_2S+4H_2O+4K_2SO_4$，该反应如果不被加热，则能得到 $KHSO_4$。

20-2 解答：$2NO_2^-+2I^-+4H^+\longrightarrow 2NO+I_2+2H_2O$，$ClO^-+2I^-+2H^+\longrightarrow Cl^-+I_2+H_2O$。

$2I^-+Cl_2\longrightarrow I_2+2Cl^-$。在智利硝石中碘以碘酸钠的形式存在，以亚硫酸氢钠作还原剂制取碘，发生如下反应：$2IO_3^-+5HSO_3^-\longrightarrow I_2+2SO_4^{2-}+3HSO_4^-+H_2O$

20-3 解答：例如，$HgCl_2$ 和 AgI。熔沸点低、易溶于有机溶剂、水溶液或熔融状态不导电。

20-4 解答：(1)根据离子势 φ 的大小来比较它们的酸性：

	$HClO_4$	$HBrO_4$	H_5IO_6
Z(X)	7	7	7
r(X)/pm	26	39	50
$\sqrt{\varphi}=\sqrt{Z/r}$	0.519	0.424	0.374

$\sqrt{\varphi}$越大，含氧酸的酸性越强。它们的酸性由强到弱的顺序为 $HClO_4>HBrO_4>H_5IO_6$(高碘酸的 $K_{a_1}=4.4\times10^{-4}$)。

三者的氧化性可根据相关电对的标准电极电势加以比较：

$E_A^\ominus(BrO_4^-/BrO_3^-)=1.762\ V>E_A^\ominus(H_5IO_6/IO_3^-)=1.60\ V>E_A^\ominus(ClO_4^-/ClO_3^-)=1.226\ V$

所以，BrO_4^- 的氧化性最强，H_5IO_6次之，ClO_4^- 在三者中氧化性最差。

(2)可以仿照(1)的方法，来比较 HXO_3 的酸性，因 X(Ⅴ)的离子半径难以查到，就不能计算$\sqrt{\varphi}$。但是，从 X(Ⅴ)离子半径变化规律(r 由 Cl 到 I 逐渐增大)，仍可定性推测出$\sqrt{\varphi}$由 $HClO_3$，$HBrO_3$，HIO_3 逐渐减小，酸性逐渐减弱。这里，用 Pauling 规则来推断

HXO_3 的酸性强弱次序。对 HXO_3 来说，可写成 $HOXO_2$，即非羟基氧原子数 $n=2$，则 $K_a^{\ominus}=10^{-1}\sim10^{3}$。实验已知 $HClO_3$、$HBrO_3$ 均为强酸，HIO_3 为中强酸，$K_a^{\ominus}=0.16$。那么，怎样说明 $HClO_3$、$HBrO_3$，何者酸性更强些？现从结构上加以说明。在 $(HO)_mEO_n$ 中，当各种酸的 m，n 分别相同时，E 的电负性越大，使 H—O 键的共用电子对越偏向氧，有利于解离出 H^+，导致其酸性较强。由于 Cl、Br、I 的电负性依次减小，所以 HXO_3 的酸性 $HClO_3>HBrO_3>HIO_3$。

$E_a^{\ominus}(BrO_3^-/Br_2)=1.513\ V>E_a^{\ominus}(ClO_3^-/Cl_2)=1.458\ V>E_a^{\ominus}(IO_3^-/I_2)=1.209\ V$

所以 XO_3^- 的氧化性 $BrO_3^->ClO_3^->IO_3^-$。

20-5 解答：题中分子或离子的空间构型见下表：

化学式	价层电子对数	孤对电子对数	价层电子对的空间构型	分子或离子的空间构型
ICl_2^-	5	3	三角双锥	直线形
ClF_3	5	2	三角双锥	T 形
ICl_4^-	6	2	八面体	平面四方形
IF_5	6	1	八面体	四方锥
$TeCl_4$	5	1	三角双锥	变形四面体

20-6 解答：通常以电解 NaCl 水溶液的方法来制取 Cl_2：

$$2NaCl+2H_2O\xrightarrow{\text{电解}}2NaOH+Cl_2+H_2$$

再由 $Cl_2(g)$ 与消石灰在低于 70 ℃的条件下制取漂白粉：

$$2Cl_2+3Ca(OH)_2\longrightarrow Ca(ClO)_2+CaCl_2\cdot Ca(OH)_2\cdot H_2O+H_2O$$

$KClO_3$ 的制备方法是：无隔膜电解 NaCl 溶液（>70 ℃），先制得 $NaClO_3$，再将 $NaClO_3$ 与 KCl 发生复分解反应制得 $KClO_3$：

$$3Cl_2+6NaOH\xrightarrow{>70\ ℃}NaClO_3+5NaCl+3H_2O$$

$$NaClO_3+KCl\longrightarrow KClO_3(s)+NaCl$$

$KClO_3$ 溶解度小，可将其分离。

20-7 解答：$ClO^-+H_2O+2e^-\!=\!=\!=Cl^-+2OH^-$　　$E^{\ominus}=0.8902\ V$

$ClO_3^-+2H_2O+4e^-\!=\!=\!=ClO^-+4OH^-$　　$E^{\ominus}=0.476\ V$

$E^{\ominus}=0.8902\ V-0.476\ V=0.414\ V$

$\lg K^{\ominus}=zE^{\ominus}/0.0591=4\times0.414/0.0591=27.97$，$K^{\ominus}=9.4\times10^{27}$。

20-8 解答：$ClO^-+2I^-+2H+\longrightarrow I_2+Cl^-+H_2O$，$I_2+2S_2O_3^{2-}\longrightarrow S_4O_6{}^{2-}+2I^-$

$n(I_2)=c(S_2O_3^{2-})V(S_2O_3^{2-})/2=0.100\ mol\cdot dm^{-3}\times33.8\times10^{-3}\ L/2=1.69\times10^{-3}\ mol$

$n(NaClO)=n(I_2)=1.69\times10^{-3}\ mol$，$M(NaClO)=74.442\ g\cdot mol^{-1}$

$\omega(NaClO)=n(NaClO)M(NaClO)/\rho V$

$=1.69\times10^{-3}\ mol\times74.442\ g\cdot mol/(1.00\ g\cdot mL^{-1}\times5.00\ mL)=2.52\%$

20-9 解答：(1)

	H_3PO_4	H_2SO_4	$HClO_4$
n	1	2	3
X	2.19	2.56	3.16

$K_a^\ominus$　6.7×10^{-3}　10^2　10^7

酸性逐渐增强 →

含氧酸$(HO)_mEO_n$中，非羟基氧原子数n越大，成酸元素E的电负性χ越大，对H—O键吸引越强，H—O键共用电子对越偏向O，极性越强，含氧酸酸性越强。

(2)　HClO　$HClO_2$　$HClO_3$　$HClO_4$

n　0　1　2　3

$\sqrt{\varphi}$　逐渐增大 →

(3)　HClO　HBrO　HIO

r(X)　逐渐增大 →

$\sqrt{\varphi}$　逐渐增大 →

$K_a^\ominus$　2.8×10^{-8}　2.6×10^{-9}　2.4×10^{-11}

酸性逐渐增强 →

20-10 解答：由紫色蒸气凝固得紫黑色C，推断C可能是碘。由此确定A是KI，B是浓硫酸，D是KI_3。再根据D能被Cl_2氧化后与$BaCl_2$反应生成不溶于硝酸的白色沉淀G，G为$BaSO_4$，则E为含硫的化合物。又根据E与盐酸反应生成沉淀和气体的这一现象，推断E是$Na_2S_2O_3$。综合起来，下列推断结果和相关反应是可行的，又是相互可以验证的。

A：KI；B：浓H_2SO_4；C：I_2；D：KI_3；E：$Na_2S_2O_3$；F：Na_2SO_4；G：$BaSO_4$。

(1) $\underset{(A)}{8KI}+\underset{(B)}{9H_2SO_4}(浓)\longrightarrow \underset{(C)}{4I_2}+8KHSO_4+H_2S+4H_2O$

(2) $I_2(s)+KI(aq)\longrightarrow \underset{(D)}{KI_3(aq)}$

(3) $I_2+\underset{(E)}{2Na_2S_2O_3}\longrightarrow Na_2S_4O_6+2NaI$

(4) $Na_2S_2O_3+2HCl\longrightarrow S+SO_2+2NaCl+H_2O$

(5) $4Cl_2+S_2O_3^{2-}+5H_2O\longrightarrow 2SO_4^{2-}+8Cl^-+10H^+$

(6) $Ba^{2+}+SO_4^{2-}\longrightarrow \underset{(G)}{BaSO_4(s)}$

五、参考资料

邓玉良.2002.二氧化氯的生产和应用评述.化学世界，43(1)：46
葛茂发，马春平.2009.活性卤素化学.化学进展，21(2-3)：307
韩汉民.1989.由氟硅酸钾制备氟化钾.化学世界，30(9)：426
马采文.1983.卤化氢的熔点和沸点变化规律及其原因的探讨.化学教育，(4)：19
舒新兴，张文广.2006.拟卤素“拟卤性质”的结构原因.景德镇高专学报，21(2)：61
王定远.1982.氢卤酸的酸性与极化的关系.化学通报，(1)：44
王彤.1983.关于氢卤酸强度的变化的讨论.化学教育，(4)：6
许金辉.1989.氟氯烃在臭氧空洞形成中的作用.化学通报，(3)：6

第 21 章 氢及稀有气体

一、重要概念

1.氢的同位素(isotopes of hydrogen)

主要同位素有 3 种(^1_1H、^2_1H 和^3_1H),此外还有瞬间即逝的^4H 和^5H。氕(^1_1H)是丰度最大的氢同位素,占 99.9844%;同位素^2_1H 称为氘,占 0.0156%,两者都是稳定同位素。第三种同位素氚(^3_1H)存在于高层大气中,它是来自外层空间的中子轰击 N 原子产生的,氚是放射性同位素,由于半衰期短(12.3 a),自然界只有痕量存在。

2.同位素效应(isotope effect)

同一元素的同位素具有相同的电子构型,因而具有相似的化学性质。但同一元素不同的同位素具有不同的质量,它们虽然能发生相同的化学反应,但平衡常数有所不同,反应速率也有所不同,质量相对差别越大,同位素效应越明显,如氢的同位素效应。

3.氘代(deuteration)

氕被氘代替的过程。例如,$CHCl_3$(氯仿)的氘代产物 $CDCl_3$ 称为氘代氯仿,H_2O 和 H_2 的氘代产物 D_2O 和 D_2 通常称为重水(heavy water)和重氢(heavy hydrogen)。20 世纪 40 年代原子弹面世,推动海水重水提炼工业快速发展,并逐渐从军工国防转为高科技研发应用。

4.水蒸气转化法(steam reforming)

水蒸气转化法是天然气在高温、高压下与水蒸气反应制取 H_2 的反应。

5.水煤气反应(water-gas reaction)

加热至 1000 ℃左右的焦炭与水蒸气反应生成 H_2 与 CO 的混合气体称为水煤气(water-gas),该反应称为水煤气反应。

6.氢经济学(hydrogen economy)

考虑到化石燃料终将枯竭的威胁,以氢作为未来能源的研究方案开始显露出来。氢能源具有巨大的吸引力,用液氢代替汽油作为汽车燃料时,尾气中基本上不含污染物;以液氢为燃料的超音速飞机的航程会大幅提高;特超音速(超过音速 5 倍以上)飞机的出现也将成为可能。诸如此类的各种潜在用途如果能够变为现实,将导致人类生活方式的重大变化,形成氢经济学。

7.似盐型氢化物(saline hydrides)

s 区金属和电正性高的几个碱土金属形成似盐型氢化物,其中氢以负离子形式存在。像典型的无机盐一样,似盐型氢化物是非挥发性、不导电并具有明确结构的晶形固体化合物。

8.金属型氢化物(metallic hydrides)

金属型氢化物是氢与 d 区和 f 区金属元素形成的一类二元氢化物。与前两类氢化物不同,大多数金属型氢化物显示金属导电性,它们也因此而得名。这类化合物的一个重要特征是具有非化学计量(nonstoichiometric)组成,即它们是 H 原子与金属原子之间比值不固定的一类化合物。例如,在 550 ℃,化合物 ZrH_x 的组成在 $ZrH_{1.30}$ 与 $ZrH_{1.75}$ 之间变化。

9.缺电子化合物(electron-deficient compound)

缺电子化合物指分子中的键电子数不足,从而不能写出正常路易斯结构的化合物。第 13 族元素形成缺电子化合物,一个有代表性的例子是乙硼烷 B_2H_6。

10.足电子化合物(electron-precise compound)

所有价电子都与中心原子形成化学键,并满足了路易斯结构要求的一类化合物。第 14 族元素形成足电子化合物,如甲烷分子 CH_4,分子中的键电子对数恰好等于形成的化学键数。

11.富电子化合物(electron-rich compound)

富电子化合物是指价电子对的数目多于化学键数目的一类化合物。第 15 族至第 17 族元素形成富电子化合物。例如,氨分子(NH_3)中 4 个原子结合只用了 3 对价电子,多出的两个电子以孤对电子对形式存在。

12.氢能源(hydrogen energy)

氢能是一种二次能源,它是通过一定的方法利用其他能源制取的,而不像煤、石油和天然气等可以直接从地下开采。氢能源被视为 21 世纪最具发展潜力的清洁能源,人类对氢能源应用自 200 年前就开始了,20 世纪 70 年代以来,世界上许多国家和地区广泛开展了氢能源研究。利用氢能源的三大问题是制备、储存和运输。

13.稀有气体(noble gases)

稀有气体是指化学元素周期表中第 18 族元素,包括氦(He)、氖(Ne)、氩(Ar)、氪(Kr)、氙(Xe)、氡(Rn)6 种元素。

二、自测题及其解答

1.选择题

1-1 在标准状态下,氢能独立存在的形式是 ( )

A.H^- B.H^+ C.H_2 D.H

1-2 考虑氢作为发动机燃料是因为 ( )

A.氢燃烧时放出大量的热 B.氢及其燃烧的产物都是无毒的

C.氢燃烧放出的热量是等量汽油的三倍 D.以上三者都是

1-3 氢氧化钾属于下列哪种化合物 ( )

A.分子型化合物 B.似盐型氢化物 C.金属型氢化物 D.什么都不是

1-4 木星的核由氢的哪种形态组成 ( )

A.气态 B.液态 C.固态 D.原子态

1-5 下列哪种化合物是最强的酸 ( )

A.NH_3 B.PH_3 C.H_2O D.H_2S

1-6 下列哪个物种的碱性最强 ( )

A.NH_3 B.PH_3 C.H_2O D.H_2S

1-7 形成酸性最强的非金属 X—H 键时,则 X 是 ( )

A.原子小而电负性也小 B.原子小而电负性大

C.原子大而电负性小　　D.原子大而电负性也大

1-8 氢在下列哪种化合物中形成氢桥键　（　　）

A.B_2H_6　　B.PH_3　　C.H_2O_2　　D.H_2S

1-9 下列氢化物中，在室温下与水反应不产生氢气的是　（　　）

A.$LiAlH_4$　　B.CaH_2　　C.SiH_4　　D.NH_3

1-10 下列合金材料中可用作储氢材料的是　（　　）

A.$LaNi_5$　　B.Cu－Zn－Al　　C.TiC　　D.Fe_3C

2.填空题

2-1 依次写出下列氢化物的名称，指出它属于哪一类氢化物？室温下呈何状态？

BaH_2__________，__________，__________；

AsH_3__________，__________，__________；

$PdH_{0.9}$__________，__________，__________。

2-2 野外制氢使用的材料主要是________和________，它的化学反应方程式为____________________。

2-3 地壳中丰度最大的元素是________，太阳大气中丰度最大的元素是________。在所有气体中，密度最小的是________，扩散速率最快的是________，最难液化的是________。

2-4 由于解离能很大，所以氢在常温下化学性质不活泼。但在高温下，氢显示出很大的化学活性，可以形成三种类型的氢化物，它们是________、________、________。

2-5 氢可以与其他元素形成氧化数为________的化合物，能与氢直接化合形成离子型氢化物的元素有__________，不能与氢形成氢化物的元素是分子间可以形成氢键的共价型氢化物有________________。

2-6 稀有气体中具有放射性的是__________，在电场激发下能发出强烈白光可用作光源的是__________，在冶炼、焊接中可用作保护性气体的是__________。

2-7 第一个从空气中分离出的稀有气体是________，第一个合成的稀有气体化合物是________，稀有气体中________是唯一没有三相点的物质。

2-8 由臭氧在碱性介质中氧化三氧化氙制高氙酸盐的反应方程式为__________。

2-9 XeF_4 水解反应式为____________________。

2-10 符合下列要求的稀有气体是：温度最低的液体冷冻剂是______；电离能最低，安全的放电光源是______；可作焊接的保护性气体的是______。

3.完成并配平下列反应方程式

3-1 以中子轰击 N 原子产生氢的第三种同位素氚（$^{3}_{1}H$）

3-2 氧化钨被氢气还原为金属钨

3-3 由 CO 与 H_2 反应合成甲醇

3-4 甲醇溶于 D 原子标记的水

3-5 焦炭与水蒸气反应生成水煤气

3-6 天然气在高温、高压下与水蒸气反应制 H_2 的反应

3-7 二异丁烯加氢反应生产异辛烷

3-8 似盐型氢化钙与水反应制 H_2

3-9 CO_2+BaH_2(热)$\longrightarrow$

3-10 $LiH+B_2H_6\xlongequal{\text{乙醚}}$

4.简答题

4-1 为什么氢气的熔点和沸点很低？

4-2 用氢气作燃料有何优点？

4-3 能否在水溶液中制取 CaH_2？

4-4 氢分子在什么场合表现出氧化性？氧化性是否为氢的主要化学性质？

4-5 氢能否形成离子化合物吗？它们在水溶液中是否以盐的离子形式存在？

4-6 现有锌粒、铝片、稀硫酸、氢氧化钠、水、焦炭六种物质，试给出五种不同的制备氢气的方法，写出有关反应方程式。

4-7 下列反应都可以产生氢气，试各举一例并写出反应方程式。

(1)金属与水；(2)金属与酸；(3)金属与碱；(4)非金属单质与水蒸气；(5)非金属单质与碱。

4-8 试写出氢的同位素符号和中文名称，并指出氢的成键特征。

4-9 在一黏土烧成的素烧瓷筒(气体分子可自由通过)中盛有 1/3 体积的水，用橡皮塞塞紧，塞子中央插入一根玻璃管，直到水面之下。当用一充满氢气的大烧杯将素烧瓷筒罩住时，可以看到有水从玻璃管中溢出。试解释此现象。

4-10 什么是盐型氢化物？什么样的元素可以形成盐型氢化物？如何证明盐型氢化物中含有 H^-？

自测题解答

1.选择题

1-1 (C) **1-2** (D) **1-3** (D) **1-4** (C) **1-5** (D)

1-6 (A) **1-7** (D) **1-8** (A) **1-9** (D) **1-10** (A)

2.填空题

2-1 氢化钡，离子型氢化物，固态；砷化氢，分子型氢化物，气态；氢化钯，金属型氢化物，固态。

2-2 Si 粉；NaOH 溶液；$Si+2NaOH+H_2O \xlongequal{} Na_2SiO_3+2H_2$。

2-3 氧；氢；氢；氢；氦。

2-4 离子型(类盐型)氢化物；共价型(分子型)氢化物；金属型氢化物。

2-5 +1、−1；ⅠA 族元素和 Ca、Sr、Ba；稀有气体；NH_3、H_2O、HF。

2-6 氡(Rn)；氙(Xe)；氩(Ar)。

2-7 Ar；Xe Pt F_6；He。

2-8 $O_3+XeO_3+4OH^- \xlongequal{} XeO_6^{4-}+O_2+2H_2O$。

2-9 $6XeF_4+12H_2O \xlongequal{} 2XeO_3+4Xe+24HF+3O_2$。

2-10 He；Xe；Ar。

3.完成并配平下列反应方程式

3-1 ${}^{14}_{7}N+{}^{1}_{0}n \longrightarrow {}^{12}_{6}C+{}^{3}_{1}H$

3-2 $WO_3(s)+3H_2(g) \longrightarrow W(s)+3H_2O(g)$

3-3 $CO(g)+2H_2(g) \xrightarrow[\text{高温、高压}]{\text{催化剂 Cu/Zn}} CH_3OH(g)$

3-4 $CH_3OH(l)+D_2O(l) \rightleftharpoons CH_3OD(l)+HDO(l)$

3-5 $C(s)+H_2O(g) \xrightarrow{1000\ ℃} H_2(g)+CO(g)$

3-6 $CH_4(g) + H_2O(g) \xrightarrow{10^5 \ Pa, 650 \sim 1000 \ ℃} CO(g) + 3H_2(g)$

3-7

$$\underset{\begin{matrix}|\\CH_3\end{matrix}}{\overset{\begin{matrix}CH_3\\|\end{matrix}}{CH_3-C}}-\underset{\begin{matrix}|\\H\end{matrix}}{\overset{\begin{matrix}\\\end{matrix}}{C}}=\underset{\begin{matrix}|\\CH_3\end{matrix}}{\overset{\begin{matrix}\\\end{matrix}}{C}}-CH_3 \ (l) + H_2(g) \longrightarrow \underset{\begin{matrix}|\\CH_3\end{matrix}}{\overset{\begin{matrix}CH_3\\|\end{matrix}}{CH_3-C}}-\underset{\begin{matrix}|\\H\end{matrix}}{\overset{\begin{matrix}H\\|\end{matrix}}{C}}-\underset{\begin{matrix}|\\CH_3\end{matrix}}{\overset{\begin{matrix}H\\|\end{matrix}}{C}}-CH_3$$

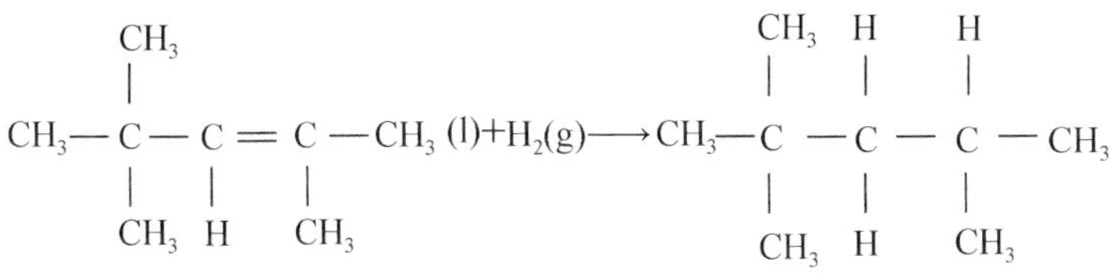

3-8 $CaH_2(s) + 2H_2O(l) \longrightarrow 2H_2(g) + Ca(OH)_2(s)$

3-9 $2CO_2 + BaH_2(热) =\!=\!= 2CO + Ba(OH)_2$

3-10 $2LiH + B_2H_6 \xrightarrow{乙醚} 2LiBH_4$

4. 简答题

4-1 因为氢是分子型化合物,液态和固态均靠分子间力形成,而它的相对分子质量最小,故氢气的熔点和沸点很低。

4-2 原料易得,无环境污染,热量高,且可以多种状态取用。

4-3 不可以。因为 CaH_2 要与水反应。

4-4 氢与碱金属、Ca、Sr、Ba 和部分镧系等活泼金属作用表现氧化性,能将金属离子氧化成阳离子,自身还原为 H^-,如 $H_2 + Na =\!=\!= NaH_2$。氢分子的主要化学性质是还原性。

4-5 氢能与碱金属、Ca、Sr、Ba 和部分镧系等活泼金属形成离子化合物,如 KH、CaH_2。这类化合物与水强烈作用,如 $2KH + H_2O =\!=\!= 2KOH + H_2 \uparrow$;$KOH \longrightarrow K^+ + OH^-$,可见,溶液中存在的是金属离子和 OH^-,并没有组成盐的 H^-。

4-6 $Zn + H_2SO_4 =\!=\!= ZnSO_4 + H_2 \uparrow$

$2Al + 3H_2SO_4 =\!=\!= Al_2(SO_4)_3 + 3H_2 \uparrow$

$Zn + 2NaOH + 2H_2O =\!=\!= Na_2[Zn(OH)_4] + H_2 \uparrow$

$2Al + 2NaOH + 6H_2O =\!=\!= 2Na[Al(OH)_4] + 3H_2 \uparrow$

$C + H_2O \xrightarrow{高温} CO + H_2 \uparrow$

4-7 (1) 金属与水: $2Na + H_2O =\!=\!= 2NaOH + H_2 \uparrow$

(2) 金属与酸: $Zn + H_2SO_4 =\!=\!= ZnSO_4 + H_2 \uparrow$

(3) 金属与碱: $2Al + 2NaOH + 6H_2O =\!=\!= 2Na[Al(OH)_4] + 3H_2 \uparrow$

(4) 非金属单质与水蒸气: $C + H_2O \xrightarrow{高温} CO + H_2 \uparrow$

(5) 非金属单质与碱: $Si + 2NaOH + H_2O =\!=\!= Na_2SiO_3 + 2H_2 \uparrow$

4-8 氢有三种同位素: $_1^1H$(氕,符号 H);$_1^2H$(氘,符号 D);$_1^3H$(氚,符号 T)。

氢的价电子构型为 $1s^1$,电负性 2.2,失去电子倾向较小,可以形成下列类型化学键:

(1) 形成离子键。与活泼金属(如 Na、K、Ca)作用形成 H^-,但仅存在于固态,由于 H^- 半径大,所以极易水解,在水中即完全水解放出 H_2。

(2) 形成共价键。因为只有一个单电子,所以只能形成一条共价键。在单质 H_2 分子中形成非极性共价键;与其他非金属化合时,形成极性共价键(如 HCl)。

(3) 形成独特的键型。① 非整比化合物,由于氢原子半径很小,可渗入过渡金属晶格空隙中,形成间隙化合物,具有非整数比,如 $ZrH_{1.30}$、$LaH_{2.87}$ 等。② 氢桥键,在硼烷及过渡金属配合物中形成缺电子键,如 B_2H_6、$Na[HCr_2(CO)_{10}]$。③ 氢键,形成分子间氢键或分子内氢键。

4-9 由于氢的密度小于任何其他气体,因此氢分子具有最大的扩散速率。用充满氢气的大烧杯将素烧瓷筒罩住时,相同时间内扩散进入素烧瓷筒的氢分子数多于从素烧瓷筒扩散出来的空气和水蒸气分子数,使素烧瓷筒内气体压力增大,大于外界压力,因而水从玻璃管中溢出。

4-10 盐型氢化物即离子型氢化物，因盐类(以食盐 NaCl 为代表)多为离子型化合物而得此名。当氢与活泼金属(如ⅠA族和ⅡA族的 Ca、Sr、Ba)作用时形成盐型氢化物，氢形成 H^-，金属形成 M^+，具有类似于 NaCl 的晶体结构。将熔融的盐型氢化物进行电解，在阳极析出气体 H_2，可证明盐型氢化物中含有 H^-：$2H^-$(熔融)$-2e^-=H_2\uparrow$。

三、思考题解答

21-1 解答：氢核外只有一个电子，为 $1s^1$ 电子构型，类似于碱金属原子的价电子结构，有人主张将它放在ⅠA族。但氢失去1个电子时并不具有稀有气体电子结构，这是它的独特性。与离子化合物的碱金属卤化物不同，氢与卤素的化合物是共价化合物。考虑到H原子加合一个电子即可达到稳定的稀有气体电子组态，有人认为其应归于第ⅦA族。在某些性质上氢也类似于卤素：它们的单质都是双原子分子；都能和C形成广泛系列的化合物；氢原子还可得到1个电子成为 H^-，如 NaH 可以和 NaCl 相类比，H^- 与此卤素负离子相似。但氢化物和卤化物的化学反应有明显差异，NaH 与水反应生成 H_2，而卤化物在水中稳定而不具有还原性。C 的价电子组态为 $2s^12p^2$，是半满结构，H原子的价电子层也是半满组态，加之其电负性与C相近，故有人认为H应排在ⅣA族。氢的确兼有碱金属和卤素的某些性质而又与它们有区别，从而造成它在周期表中位置的不确定性。现阶段，为了周期表的美观，H常被排在ⅠA族的位置。

21-2 解答：氢原子核外只有一个电子和一个电子层，半径小，电负性大，化学活性高，因此在自然界多以化合物的形式存在。

21-3 解答：用焦炭或天然气与水反应制 H_2 的有关反应如下：

$$\text{C(赤热)} + H_2O(g) \xrightarrow{1273\ \text{K},} H_2(g) + CO(g) \qquad (1)$$

$$CH_4(g) \xrightarrow{1273\ \text{K},\text{催化剂}} C + 2H_2(g) \qquad (2)$$

$$CH_4(g) + H_2O(g) \xrightarrow{1073\sim1173\ \text{K},\text{催化剂}} CO(g) + 3H_2(g) \qquad (3)$$

上述反应中有关物质的热力学函数如下表所示：

	C(s)	CH_4(g)	H_2O(g)	H_2(g)	CO(g)
$S_m^\ominus/(J\cdot K^{-1}\cdot mol^{-1})$	5.74	186.264	188.825	130.68	197.66
$\Delta_f H_m^\ominus/(kJ\cdot mol^{-1})$	0	−74.81	−241.818	0	−110.53
$\Delta_f G_m^\ominus/(kJ\cdot mol^{-1})$	0	−50.72	−228.572	0	−137.168

由之可计算出有关反应的热效应及常温下的自由能：

(1) $\Delta_r H^\ominus=131.288\ kJ\cdot mol^{-1}$　$\Delta_r G_m^\ominus=91.404\ kJ\cdot mol^{-1}$　$\Delta_r S^\ominus=133.775\ J\cdot K^{-1}\cdot mol^{-1}$

(2) $\Delta_r H^\ominus=74.81\ kJ\cdot mol^{-1}$　$\Delta_r G_m^\ominus=50.72\ kJ\cdot mol^{-1}$　$\Delta_r S^\ominus=80.836\ J\cdot K^{-1}\cdot mol^{-1}$

(3) $\Delta_r H^\ominus=206.098\ kJ\cdot mol^{-1}$　$\Delta_r G_m^\ominus=142.124\ kJ\cdot mol^{-1}$　$\Delta_r S^\ominus=214.611\ J\cdot K^{-1}\cdot mol^{-1}$

从计算结果可见，这些反应在常温下的自由能均大于0，不能自发进行。但它们均是吸热、熵增的化学反应，升高温度时，其反应的自由能减小，当升至合适温度($T\approx\Delta_r H_m^\ominus/\Delta_r S_m^\ominus$)时，反应自由能小于0而可自发进行。

21-4 解答：用碳来还原水蒸气制取氢气

$$\text{C(赤热)}+H_2O(g)\xrightarrow{1273\ \text{K}}H_2(g)+CO(g)$$

水煤气可以用作工业燃料，此时 H_2 与 CO 不必分离，为了制备 H_2，必须分离 CO。具体分离方法是用氧化铁(Fe_2O_3)为催化剂,将水煤气与水蒸气一起通过红热的 Fe_2O_3,CO 就回转变成 CO_2,该反应在工业上称为变换反应(shift reaction)。

$$CO + H_2 + H_2O \xrightarrow[>723\ K]{Fe_2O_3} CO_2 + 2H_2$$

然后在 2×10^6 kPa 下用水洗涤 CO_2 和 H_2 的混合气体,使 CO_2 溶于水而分离出 H_2。用煤来制氢的成本过于昂贵。

21-5 解答: 因为稀有气体结构稳定,化学活性相对较低,难以形成化合物,氙是稀有气体中半径最大、电负性最小、活性最高的,因此目前制得的多是氙的化合物。因为氟和氧是电负性最大的非金属元素,只有它们能使得氙被氧化而形成氟化物或氧化物。

四、课后习题解答

21-1 解答: (1) $XeF_6 + 6HCl = 6HF\uparrow + 3Cl_2\uparrow + Xe\uparrow$

(2) $2LiH + B_2H_6 = 2LiBH_4$

(3) $9XeF_2 + 24NH_3 = 18NH_4F + 3N_2\uparrow + 9Xe\uparrow$

(4) $XeO_3 + 4NaOH + O_3 + 6H_2O = Na_4XeO_6\cdot 8H_2O\downarrow + O_2\uparrow$

(5) $XeF_2 + KBrO_3 + H_2O = KBrO_4 + Xe + 2HF$

(6) $6XeF_4 + 12H_2O = 2XeO_3 + 4Xe\uparrow + 3O_2\uparrow + 24HF\uparrow$

21-2 解答: 答案见下表:

物质	BaH_2	SiH_4	NH_3	AsH_3	$PdH_{0.9}$	HI
名称	氢化钡	甲硅烷	氨	砷化氢		碘化氢
氢化物类型	离子型	共价型	共价型	共价型	金属型	共价型
状态	固	液	气	气	固	气
是否电的良导体	否	否	否	否	是	否

21-3 解答: 高氙酸(H_4XeO_6)与碲酸[$Te(HO)_6$]和高碘酸[$I(HO)_5O$]具有类似的结构,碲酸是弱酸,高碘酸是中强酸,按周期表中元素性质的变化规律,高氙酸应是比高碘酸稍强的酸。

21-4 解答: 因为在常温下 XeF_6 能与 SiO_2 发生反应,最终生成具有爆炸性的 XeO_3。

$2XeF_6 + SiO_2 = 2XeOF_4 + SiF_4\uparrow$

$2XeOF_4 + SiO_2 = 2XeO_2F_2 + SiF_4\uparrow$

$2XeO_2F_2 + SiO_2 = 2XeO_3 + SiF_4\uparrow$

因此不用石英容器而用镍制容器制备。

21-5 解答: 储氢材料应满足两个基本条件,第一是本身能够稳定存在;第二是在一定条件下缓慢释放出氢气。只有某些过渡金属的氢化物能够在适当的条件下较缓慢释放出氢气,因此适用于作储氢材料。例如

$$2UH_3 = 2U + 3H_2,\ 2PdH = 2Pd + H_2,\ LaNi_5H_6 = LaNi_5 + 3H_2$$

21-6 解答：

分子或离子	中心原子价层电子对数	中心原子价层电子对空间构型	中心原子电子对数	分子或离子的空间构型	杂化轨道类型
XeF_2	5	三角双锥	2	直线	sp^3d
XeF_4	6	正八面体	2	平面正方形	sp^3d^2
XeF_6	7	变形八面体	1	变形八面体	sp^3d^3
XeO_3	4	正四面体	1	三角锥	sp^3
$XeOF_4$	6	正八面体	1	四方锥	sp^3d^2
XeO_2F_4	6	正八面体	0	正八面体	sp^3d^2
$XeOF_2$	5	五角双锥	2	T 形	sp^3d
XeO_6^{4-}	6	正八面体	0	正八面体	sp^3d^2

21-7 解答：(1)纯水是电的不良导体，所以电解水制备 H_2 时要在水中加适度电解质以增大水的导电性。虽然酸、碱、盐都可以使水导电，但酸易腐蚀电解槽，盐会带来副产物，所以一般电解水的操作都选用 15%的 KOH 溶液作电解液，电极反应为

阴极：$2K^+ + 2H_2O + 2e^- = 2KOH + H_2$

阳极：$2OH^- = H_2O + 2e^- + \frac{1}{2}O_2$

(2)由题意可知参加反应的 PtF_6 压力为 12.40 kPa，参加反应的 Xe 的压力为

$$26.08-12.40-2.27=11.41(kPa)$$

由道尔顿分压定律可知，压力比即为物质的量之比。化合物中 Xe ∶ PtF_6 = 11.41 ∶ 12.40 = 1 ∶ 1，此化合物的化学式为 $XePtF_6$。

21-8 解答：氢气分子的键能很高，为 436 $kJ \cdot mol^{-1}$，比一般单键的键能高得多，因此在室温下氢气不太活泼。

21-9 解答：$XeO_3(s) + 6HCl(aq) = 3H_2O + Xe(g) + 3Cl_2(g)$

$Br^- + XeO_3(s) = BrO_3^- + Xe$

$5XeO_3(s) + 6MnSO_4 + 9H_2O = 6HMnO_4 + 5Xe(g) + 6H_2SO_4$

21-10 解答：氢键和氢桥键虽然都是有氢原子参与的由三个原子形成的键，但其本质是完全不同的。氢键可表示为 X—H…Y，其中 X 和 Y 都是电负性大、半径小的原子，其作用力的本质与化学键不同，应属于分子间作用力的范畴，如在 H_2O 分子间形成的 O—H…O 键。氢桥键是存在于硼的氢化物分子中的一种缺电子共价键，称为三中心两电子氢桥键，如在 B_2H_6 分子中就存在着两个氢桥键，两个 B 原子各用一个 sp^3 杂化轨道与 H 原子的 s 轨道重叠，在这三个轨道中共有两个电子，所以形成的是三中心两电子键。

五、参考资料

赖文忠，戈芳，李星国.2010.储氢材料的新载体-金属有机框架材料.大学化学，25(6)：1
乐传俊，顾黎萍，何仁，等.2009.过渡金属氢化物的合成方法.化学通报，(8)：693
李龙，敬登伟.2010.金属氢化物储氢研究进展.现代化工，30(10)：31

梁爱琴，杨曼丽，姚文红.2007.稀有气体及其化合物的发现和应用.化学史，(2)：47
吕为霖.1964.共价型氢化物的酸碱性.化学通报，(10)：617
吴志坚，吴季怀.2006.二氢键.大学化学，21(2)：33
扬喜增.1994.氢与社会.化学教育，(6)：1
袁华党，高学平，杨化滨，等.1999.我国金属氢化物的化学研究.化学通报，(11)：7
郑一哲，杜进堂，李艳梅.2007.生命体系中的氢键.大学化学，22(2)：27
周公度.1999.氢的新键型.大学化学，(4)：8

第 22 章　过渡元素概论

一、重要概念

1.过渡元素(transition elements)

过渡元素位于周期表中部，原子中电子部分填充到 d 或 f 亚层。这些元素都是金属，也称为过渡金属。根据电子结构的特点，过渡元素又可分为外过渡元素(又称 d 区元素)及内过渡元素(又称 f 区元素)两大组。

(1)外过渡元素包括镧、锕和除镧系锕系以外的其他过渡元素，它们的 d 轨道没有全部填满电子，f 轨道为全空(第四、五周期)或全满(第六、七周期)。

(2)内过渡元素指镧系和锕系元素，它们的电子部分填充到 f 轨道。

d 区过渡元素可按元素所处的周期分成四个系列：

(1)位于周期表中第 4 周期的 Sc～Zn 称为第一过渡系元素；

(2)第 5 周期中的 Y～Cd 称为第二过渡系元素；

(3)第 6 周期中的 La～Hg 称为第三过渡系元素；

(4)第 7 周期中的 Rf～Cn 称为第四过渡系元素。

2.颜料(pigment)

颜料是用来着色的粉末状物质。在水、油脂、树脂、有机溶剂等介质中不溶解，但能均匀地在这些介质中分散并能使介质着色，而又具有一定的遮盖力。颜料又分为无机颜料的和有机颜料，无机颜料一般是矿物性物质，人类很早就知道使用无机颜料，利用有色的土和矿石，在岩壁上作画和涂抹身体。有机颜料一般取自植物和海洋动物，如茜蓝、藤黄和古罗马从贝类中提炼的紫色。

3.染料(dyes)

染料是可溶于黏合剂的着色剂，大部分为有机化合物。例如，活性艳红 X-3B 为枣红色粉末，溶于水呈蓝光红色溶液，主要用于棉布、丝绸的染色，色光艳亮，但牢度欠佳。

4.多酸(polyacid)

过渡元素中，V、Nb、Ta、Cr、Mo、W 等的含氧酸容易发生“缩合”反应，形成比较复杂的酸，称为多酸。由同种元素形成的多酸称为同多酸，由不同种元素形成的多酸称为杂多酸。

5.电子跃迁(electron transition)

电子跃迁指低能级 d 轨道电子向高能级轨道(或低能级 f 轨道电子向高能级轨道)的跃迁，即跃迁发生在金属离子本身。这种跃迁的强度通常都很弱。

6.荷移跃迁(charge transfer)

电子从一个原子向另一个原子的转移过程，常分为配位体-金属荷移跃迁(LMCT)和金属-配位体荷移跃迁(MLCT)。荷移跃迁产生的谱带称为荷移谱带，如果配体孤对电子所处的能级与金属空轨道能级之间的能隙不是很大，荷移谱带就可能出现在可见光区，从而使化合物显色。

7.生物无机化学(bioinorganic chemistry)

研究生物体内的金属(和少数非金属)元素及其化合物,特别是痕量金属元素和生物大分子配体形成的生物配合物的学科称为生物无机化学,又称无机生物化学或生物配位化学。生物无机化学是无机化学、生物化学、医学等多种学科的交叉领域,是 20 世纪 60 年代以来逐步形成的。其侧重研究它们的结构-性质-生物活性之间的关系以及在生命环境内参与反应的机理。为便于研究,常用人工模拟的方法合成具有一定生理功能的金属配位化合物。

8.金属有机化学(organometallic chemistry)

金属有机化学是有机化学和无机化学交叠的一门分支课程,主要讲述含金属离子的有机化合物的化学反应、合成等各种问题。

二、自测题及其解答

1.选择题

1-1 第一过渡系元素是指　(　　)

A.第四周期过渡元素　B.第五周期过渡元素

C.镧系元素　D.锕系元素

1-2 下列金属中熔、沸点最高的是　(　　)

A.Ni　B.Re　C.W　D.Mo

1-3 下列化合物中,不为黄颜色的是　(　　)

A.$BaCrO_4$　B.Ag_2CrO_4　C.$PbCrO_4$　D.PbI_2

1-4 下列元素中,可形成多酸的是　(　　)

A.Cl　B.W　C.Br　D.Fe

1-5 下列化合物的颜色是由电荷跃迁引起的是　(　　)

A.$K_4[Mn(CN)_6]$(深紫色)　B.$[Mn(H_2O)_6]SO_4$(浅红色)

C.$K_2[MnBr_4]$(黄绿色)　D.$KMnO_4$(紫红色)

1-6 下列硫化物中,只能用干法制备的是　(　　)

A.MnS　B.ZnS　C.Na_2S　D.Cr_2S_3

1-7 实验室配制铬酸洗液,最好的方法是　(　　)

A、向饱和 $K_2Cr_2O_7$ 溶液中加入浓硫酸　B.将 $K_2Cr_2O_7$ 溶于热的浓硫酸

C.将 $K_2Cr_2O_7$ 溶于 1∶1 硫酸　D.将 $K_2Cr_2O_7$ 与浓硫酸共热

1-8 下列关于过渡元素氧化数的叙述中不正确的是　(　　)

A.过渡元素的最高氧化数在数值上不一定都等于该元素所在的族数

B.所有过渡元素在化合物中都是正氧化态

C.不是所有过渡元素都有两种或两种以上的氧化态

D.某些过渡元素的最高氧化数可以超过元素所处的族数

1-9 $[Mn(H_2O)_6]^{2+}$ 是高自旋八面体形配合物,呈很淡的粉红色,合理的解释是　(　　)

A.因为晶体场分裂能较大　B.d 电子数处于半满,稳定性高,不易激发

C.d-d 跃迁是自旋禁阻的,跃迁概率小　D.Mn^{2+} 的水合热小

1-10 在下列金属活泼性的顺序中，规律性错误的是 (　　)

A. Cs＞Rb＞K　　B. Hg＞Cd＞Zn

C. Cu＞Ag＞Au　　D. Mg＜Ca＜Sr

2. 填空题

2-1 在单质金属中，最软的是______，最硬的是______；熔点最低的是______，熔点最高的是______；密度最小的是______，密度最大的是______；延性最好的是______，展性最好的是______；导电性最好的是______。

2-2 非金属单质的歧化反应一般是在______介质中进行，如______。而高价金属氧化物则在______介质中表现出强氧化性，如______。

2-3 填写下列离子或化合物具有的颜色。

$Fe(H_2O)_6^{3+}$______，CrO_5（乙醚中）______，$CoCl_2$______，$Ti(H_2O)_6^{3+}$______，Cu_2O______。

2-4 Ti 的强度近于钢，而密度只有钢的 57%，它是______最大的金属结构材料。Ti 在水和空气中的抗蚀能力相当于______，而在海水中抗蚀性近于______。

2-5 多酸是指______，命名下列各离子：MoO_4^{2-}______，$Mo_7O_{24}^{6-}$______，$H_2W_{12}O_{40}^{6-}$______。

2-6 在 d 区元素中（四、五、六周期）最高氧化态的氧化物对应水合物中，碱性最强的是______，酸性最强的是______。

2-7 ⅢA～ⅤA 族元素从上到下氧化态变化规律是______；ⅣB～Ⅷ族元素从上到下氧化态变化规律是______。

2-8 过渡元素原子的价层电子结构通式为______。

2-9 广义的过渡元素是指______。

2-10 $KMnO_4$ 粉末在低温下与浓 H_2SO_4 作用，可生成______液体，该物质的分子式为______，它在 0 ℃以下才是稳定的，室温下立即爆炸分解为______和______。它仅能以稀溶液形式存在，其原因是______。

3. 简答题

3-1 实验室过去常用洗液来洗涤玻璃仪器，怎样配制洗液？原理是什么？为什么现在不再使用洗液来清洗玻璃仪器？根据洗液的应用原理，可以选用什么试剂来代替洗液清洗玻璃仪器？

3-2 如何分别各用一种试剂分离以下各对物质：

(1) Al^{3+} 和 Fe^{3+}；　(2) Zn^{2+} 和 Cr^{3+}；　(3) CuS 和 HgS；

(4) Fe^{3+} 和 Mn^{2+}；　(5) Pb^{2+} 和 Cu^{2+}。

3-3 过渡元素具有哪些共同特征？

3-4 对于主族元素常常表现出“从上往下较低氧化态越来越稳定”的规律，而对于过渡元素的情况正好相反，为什么？

3-5 为什么 d 区的（ⅢB～Ⅷ）大多数元素不能形成稳定的碳酸盐？

3-6 什么是记忆合金？

3-7 只通过加入一种试剂（溶剂不限），设法将 $Cr_2(SO_4)_3$ 与混有的 Na_2SO_4 进行分离。

3-8 试用流程图表示如何将 Ag_2CrO_4、$BaCrO_4$ 和 $PbCrO_4$ 固体混合物中的 Ag^+、Ba^{2+} 和

Pb^{2+}分离开来？

3-9 某第一过渡系金属的黑色氧化物 A 溶于浓盐酸后得到绿色溶液 B 和气体 C。C 能使湿润的 KI-淀粉试纸变蓝。B 与 NaOH 溶液反应生成苹果绿色沉淀 D。D 溶于氨水则得到蓝色溶液 E，若再加入丁二肟(H_2DMG)的乙醇溶液则生成鲜红色沉淀。试推断上述字母所代表物质的化学式，并写出有关反应方程式。

自测题解答

1.选择题

1-1 (A)　**1-2** (C)　**1-3** (B)　**1-4** (B)　**1-5** (D)

1-6 (D)　**1-7** (A)　**1-8** (D)　**1-9** (C)　**1-10** (B)

2.填空题

2-1 Cs;Cr;Hg;W;Li;Os;Pt;Au;Ag。

2-2 碱性，$2NaOH+Cl_2 = NaCl+NaClO+H_2O$；酸性，$MnO_2+4HCl(浓) = MnCl_2+Cl_2+2H_2O$。

2-3 淡紫色；蓝色；蓝色；紫色；暗红色。

2-4 比强度；不锈钢；铂。

2-5 多核配离子组成的含氧酸(或含有两个或两个以上酸酐的含氧酸)；正钼酸根离子；仲钼酸根离子；偏钨酸根离子。

2-6 $La(OH)_3$；$HMnO_4$。

2-7 高氧化态越来越不稳定，而低氧化态越来越稳定；高氧化态越来越稳定。

2-8 $(n-1)d^{1\sim9}ns^{1\sim2}$。

2-9 泛指 d 区(ⅢB～ⅡB)的元素。

2-10 黄绿色油状；Mn_2O_7；MnO_2；O_2；浓缩到 20%以上就会分解。

3.简答题

3-1 洗液配制：$K_2Cr_2O_7$＋浓 H_2SO_4。

使用原理：利用 CrO_3 的强氧化性和 H_2SO_4 的强酸性。由于 Cr(Ⅵ)是致癌物质，污染环境，且在玻璃上有残留，所以不再用了，可以改用王水代替。即将浓硝酸与浓盐酸按体积比 1∶3 混合，利用 HNO_3 的强氧化性和 Cl^- 的配合性以及大多数金属硝酸盐的可溶性等性质。由于王水在放置过程会分解，所以王水应现用现配。

3-2 (1)用 NaOH 溶液，$Al^{3+} \longrightarrow Al(OH)^{4-}$，$Fe^{3+} \longrightarrow Fe(OH)_3\downarrow$。

(2)用 $NH_3 \cdot H_2O$，$Zn^{2+} \longrightarrow [Zn(NH)_4]^{2+}$，$Cr^{3+} \longrightarrow Cr(OH)_3\downarrow$。

(3)用 Na_2S 溶液，CuS 不溶，$HgS \longrightarrow HgS_2^{2-}$。

(4)用 $NH_3 \cdot H_2O$-浓 NH_4Cl，$Fe^{3+} \longrightarrow Fe(OH)_3\downarrow$，$Mn^{2+}$。

(5)用 HCl，$Pb^{2+} \longrightarrow PbCl_2$，$Cu^{2+}$。

3-3 ① 全部是金属元素；② 都具有可变化合价；③ 水合离子都有一定的颜色；④ 都有较强的形成配合物的能力；⑤ 都能形成一些具有顺磁性的化合物。

3-4 由于主族元素从上往下原子半径增大很快，使得价电子被分散在很大的体积之中，而且成键原子的内层(非键)电子之间的排斥作用也相应增加，导致同一主族元素在较高氧化态下形成的共价键强度越往下越小，所以主族元素常常表现出“从上往下较低氧化态越来越稳定”的规律。

过渡元素情况恰好相反，第二过渡系比第一过渡系容易达到高氧化态，第三过渡系则更容易达到高氧化态。由于 d 电子的穿透能力小，所以同一副族从上往下 d 电子受核的吸引力越来越小，d 电子云越来越扩展，越容易参与成键。此外，同一副族从上往下半径增大缓慢，所以金属的升华能在同一族中越往下越大，因此为了能量补偿，需要形成较强的和更多的键。

3-5 d 区元素能形成碳酸盐的分布情况如下(方框中元素能够形成碳酸盐)：

Sc	Ti	V	Cr	Mn	Fe	Co	Ni
Y	Zr	Nb	Mo	Te	Ru	Rh	Pd
La	Hf	Ta	W	Re	Os	Ir	Pt

碳酸盐的特点是热稳定性较差，且随金属离子极化能力增大，热分解温度越来越低。又由于 d 区元素大多有可变的氧化态，随周期数增大，高价氧化态趋于稳定。这就造成第五、六周期 d 区元素（除 Y、La 外）不能形成碳酸盐。第四周期的 Ti、V、Cr 的稳定价态分别为＋4、＋5、＋3，这些元素的低价离子不稳定，具有很强的还原性，所以它们也不能形成碳酸盐。Mn^{2+}、Fe^{2+}、Co^{2+}、Ni^{2+} 的价态低且能稳定存在，所以它们能够形成碳酸盐。Sc^{3+}、Y^{3+}、La^{3+} 虽然价态较高，但它们的半径较大，因此也能形成碳酸盐（注意：除 Sc^{3+}、Y^{3+}、La^{3+} 外，还有 p 区的 Bi^{3+} 可形成碳酸盐，其他＋3 价态离子一般都不能形成碳酸盐）。

3-6 记忆合金是一种在加热升温后能完全消除其在较低的温度下发生的变化，恢复至变形前原始形状的合金材料。

3-7 用水将混合物溶解，加入铵盐，并适当浓缩，溶液中析出 $(NH_4)Cr(SO_4)_2 \cdot 12H_2O$（铬铵矾）沉淀，经过滤即可分离。

3-8

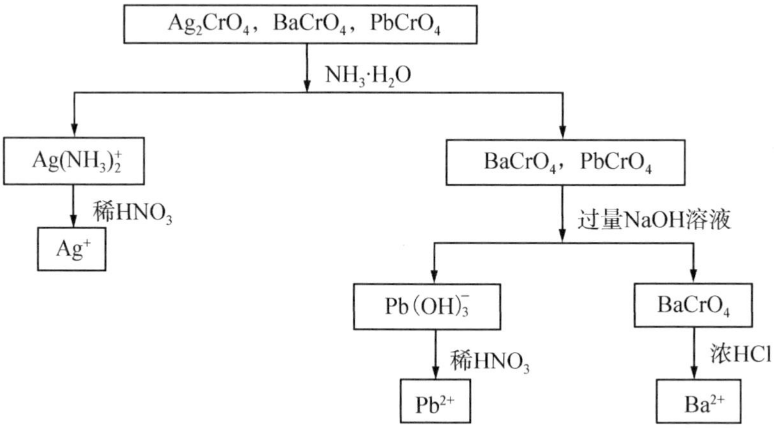

3-9 A：Ni_2O_3；B：$NiCl_2$；C：Cl_2；D：$Ni(OH)_2$；E：$[Ni(NH_3)_4]^{2+}$。

$Ni_2O_3 + 6HCl(浓) = 2NiCl_2 + Cl_2\uparrow + 3H_2O$

$Ni^{2+} + 2OH^- = Ni(OH)_2\downarrow$

$Ni(OH)_2 + 4NH_3 = [Ni(NH_3)_4]^{2+} + 2OH^-$

$[Ni(NH_3)_4]^{2+} + 2H_2DMG = Ni(DMG)_2\downarrow + 2NH_4^+ + 2NH_3$

三、思考题解答

22-1 解答： 过渡元素的电子层结构中电子分布与主族元素不同，其共同特点是价电子依次填充在次外层上，所以过渡是指它们的电子分布处于过渡，主族从 s 区元素过渡到 p 区元素。过渡元素的价层电子包括最外层和次外层电子，由于电子依次填充在次外层上，所以原子半径依次减小幅度远远小于主族元素，元素性质间差异也不大，所以过渡是指一个周期中元素从最活泼的金属元素过渡到半金属和非金属元素。

22-2 解答： s 区元素周期数增加，电子层数也增加，原子半径明显增大，有效核电荷减少，核对外层电子吸引力减小，化学活性增加。$(n-1)$d 电子对 ns 电子的屏蔽作用较小，所以过渡元素的有效核电荷随核电荷增大而增大，虽然周期数增加电子层数增加，但有效核电荷也增加。导致第一、二、三、四过渡系同族上下两个元素的原子半径略有增加，但由于“镧系收缩”效应的影响，二、三过渡系同族上下三个元素的原子半径却极为接近，其中 Zr 与 Hf、Nb 与 Ta、

Mo 与 W 表现得特别明显。所以，随周期数的增加，d 区元素化学活性减弱。

22-3 解答：游离的三价铁是不能孤立存在的，当它和不同的分子或离子配合时，会由于分裂能不同而呈现不同的颜色。由于三价铁离子电荷高、半径小，特别容易水解，水解后形成多羟基水合物，其颜色随水解程度的增大而由黄色经橙色变到棕色，三价铁同氯离子配位时显黄色，因此高中阶段几乎人人都认为三价铁离子是黄绿色的。实际上，三价铁的水合物是淡紫色的，在硫酸铁或硝酸铁溶液中，若保持 H^+ 浓度大于 1 $mol \cdot dm^{-3}$（否则铁离子水解显颜色），由于硫酸根和硝酸根离子配位能力差，三价铁以水合离子存在，溶液显浅紫色。一般认为在水溶液中的离子是游离的，因此三价铁离子应该不是黄色的而是浅紫色的。

22-4 解答：主要有 d-d 跃迁和荷移吸收两种。

(1) d-d 跃迁：过渡金属离子一般具有 $d^{1\sim9}$ 的价电子结构。在配体场的作用下，五重简并的 d 轨道发生分裂。当吸收一定能量时，电子可以从低能量的 d 轨道跃迁到高能量的 d 轨道，这种跃迁称为 d-d 跃迁。d-d 跃迁所吸收的能量主要取决于晶体场分裂能，其大小一般为 10 000～30 000 cm^{-1}，位于可见光范围内，这正是一般过渡金属及其化合物带有颜色的原因。对于 d 轨道全空（d^0）或全充满（d^{10}）的过渡金属离子，由于不能产生 d-d 跃迁，因而是无色的，如 Sc^{3+}、Zn^{2+}、Ag^+ 均无色。同一金属离子的不同价态，d 电子数不同，水合离子呈现不同的颜色，如 Fe^{3+}（d^5）、Fe^{2+}（d^6）分别为淡紫和浅绿色，Co^{3+}（d^6）和 Co^{2+}（d^7）分别为蓝紫和粉红色。相同的金属离子对 d 轨道的分裂能也有很大影响，如 Fe^{2+} 和 Co^{3+}（d^6），Mn^{2+} 和 Fe^{3+}（d^5），尽管 d 电子数相同，但水合离子的颜色均不相同。由于不同配体产生的晶体场强度不同，造成的轨道分裂能大小也不同。因此，同一金属离子与不同配体形成配合物的颜色也不尽相同。

(2) 荷移吸收：过渡金属最高氧化态（d^0）的含氧酸根常常带有很浓的颜色，一些主族金属（d^{10}）的卤化物也有颜色，这是由于电子吸收能量从一个原子的轨道跃迁到了另一个原子的轨道，这种能量吸收过程就是电荷转移吸收，这种跃迁称为荷移跃迁。氧化物和硫化物往往也有颜色。荷移跃迁本质上是分子内部的氧化还原反应，它不仅发生在 d^0、d^{10} 构型的金属化合物中，在 d 轨道部分填充的金属化合物中也发生。由于荷移跃迁一般都为允许跃迁，因此物质常呈现很浓的颜色。通常情况下，电荷从分子中一个原子跃迁到另一个原子，即发生荷移跃迁需要很高的能量，难以发生，但当两个原子之间离子极化程度大时，会拉近两原子之间的距离，使分子中能级降低，致使吸收可见光就可以发生跃迁。

四、课后习题解答

22-1 解答：(1) 半径：由于 $(n-1)d$ 电子对 ns 电子的屏蔽作用较小，有效核电荷增加，对外层电子的吸引力增大，所以在同一过渡系的元素中自左至右原子半径依次缓慢减小，直到铜分族附近，d 轨道全充满，电子之间相互排斥作用增强，原子半径才略有增加。过渡元素的原子半径从上到下发现有不寻常的变化。第一、二、三、四过渡系同族上下两个元素的原子半径与主族元素自上而下的变化总体相似，原子半径略有增加，但二、三过渡系同族上下三个元素的原子半径却极为接近，其中 Zr 与 Hf、Nb 与 Ta、Mo 与 W 表现特别明显。这是"镧系收缩"效应的结果。(2) 氧化态：过渡元素存在多种氧化态，这与它们有未饱和的价电子层结构和 $(n-1)d$ 和 ns 能量相近有关。除了 s 电子可以参与成键外，d 电子也可以部分或全部参加成键，这是导致 d 区元素具有价态多样性的根本原因。例如，Mn 的价电子构型为 $3d^54s^2$，有 0、1、2、3、4、5、6、7 等氧化态。如果价层的 s 电子和 d 电子全部参与成键，元素则达到各自的族氧化态。第 3 至第 8 族都已制得族氧化态化合物。相反，第 9 至第 12 族的 12 个元素均未达到族氧化态。d 区元素氧化态一个明显的变化趋势是：自左至右形成族氧化态的能力下降。d 区元素氧化态另一个明显的变化趋势是：同族元素自上而下形成族氧化态的趋势增强。(3)电离能：电离能总的变化趋势是从前到后依次增大，从上到下依次增大，这与原子有效核电荷的变化规律是一致的。(4)磁性：过渡金属及其化合物中，由于含有未成对电子，而呈现顺磁性。(5)颜色：过渡元素的离子和化合物一般都呈现颜色。这是由于配体静电场强度不同，导致 d 轨道分裂能不同，d-d 跃迁吸收的光谱不同。这里的跃迁是低能级 d 轨道电子向高能级 d 轨道的跃迁。(6)熔点：过渡金属的熔点高低与元素价层成单电子数有关，一般来说，价层成单电子数越多，金属键越强，熔点越高，所以，同一过渡系列金属的熔点先依次升高，再依次下降。同一族中，从上而下，有效核电荷越大，金属键越强，熔点越高。

22-2 解答：(1)过渡元素电子填充在次外层上，价层电子数多，表现出多变的氧化态。(2)过渡元素在配位场的作用下，d 轨道发生分裂，电子可以重排，给配合物带来稳定化能，可以形成许多稳定的配合物。(3)过渡金属离子一般具有 $d^{1\sim9}$ 的价电子结构，具有成单 d 电子。在配体场的作用下，五重简并的 d 轨道发生分裂。当吸收一定能量时，电子可以从低能量的 d 轨道跃迁到高能量的 d 轨道，发生 d-d 跃迁离子或化合物显磁性和颜色。(4)d 区元素的高催化活性是因为它们容易失去 d 亚层的电子，d 亚层也容易得到电子。

22-3 解答：(1)某些含氧酸根离子(如 MnO_4^-，CrO_4^{2-}，VO_4^{3-} 等)的中心原子电荷高、半径小，极化力很强，会使负氧离子产生极化变形，导致电荷迁移，使酸根呈现颜色。(2)Cu^{2+} 具有 d^9 电子构型，既具有成单电子，又能发生 d-d 跃迁，因此是有颜色、顺磁性的离子，而 Zn^{2+} 具有 d^{10} 电子构型，既无成单电子，也不能发生 d-d 跃迁，所以既无色，又具有反磁性。K^+、Ca^{2+} 均为稀有气体电子构型，无色；Fe^{2+}、Mn^{2+}、Ti^{2+} d 轨道未充满，能发生 d-d 跃迁，都有颜色。(3)许多过渡元素 $E^\ominus$ 虽为负值，但其表面生成一层致密的氧化物保护膜，能阻止酸的侵蚀。(4)Ni 原子中心与四个羰基相连。CO 配体中 C—O 以叁键相连，碳端与金属配合。配体和中心原子之间形成 δ-π 键，加强了中心原子与配体之间的结合力，从而使得配体中 C—O 键被削弱，键长增长。

22-4 解答：d 区同族元素自上而下形成族氧化态的趋势增强。更准确地说，应该是形成高氧化态的趋势增强。以第 6 族元素为例，铬酸盐(如 K_2CrO_4，$K_2Cr_2O_7$)是常用的氧化剂，而钼酸盐和钨酸盐则不是。这表明 Mo(Ⅵ)和 W(Ⅵ)物种比 Cr(Ⅵ)物种更稳定。p 区金属族氧化态稳定性从上至下依次降低，这是受惰性电子对效应影响的结果，在酸性介质中，四价锡是弱的氧化剂，但四价铅是强的氧化剂，可以把二价锰氧化成七价锰。

22-5 解答：镉离子和汞离子具有 18 电子构型，极化力和变形性均强，当同变形性较大的阴离子结合时，离子极化作用大，产生电荷迁移，使它们的一些化合物常有较深的颜色。

22-6 解答：(1)$HgI_2 > HgCl_2$，Hg^{2+} 是软酸，I^- 是软碱，“软”亲“软”。(2)$AlF_3 > AlBr_3$，Al^{3+} 是硬酸，F^- 是硬碱，“硬”亲“硬”。(3)$Cd(CN)_6^{4-} > Cd(NH_3)_6^{2+}$，$CN^-$ 与 Cd^{2+} 分别为软碱和软酸。

22-7 解答：水是弱场，$[Mn(H_2O)_6]^{2+}$、$[Fe(H_2O)_6]^{3+}$ 中中心离子均具有 d^5 半满结构，属于 d-d 跃迁禁阻，吸收光谱比较难。

22-8 解答：Fe^{3+} 是 $3d^5$ 电子构型，在$[Fe(H_2O)_6]^{3+}$ 中，H_2O 是一个弱场配体，d 轨道的分裂能小于电子成对能，d 电子采取高自旋型排布$(t_{2g}^3)(e_g)^2$，有 5 个自旋平行的单电子，磁矩很大，估算达 5.92 B.M.；在$[Fe(CN)_6]^{3-}$ 中，CN^- 是强场配体，引起的 d 轨道的分裂能大于电子成对能，d 电子采取低自旋型排布 $t_{2g}^5(e_g)^0$，只有一个单电子，磁矩很小，估算为 1.73 B.M.。

22-9 解答：参考重要概念中相关内容。

22-10 解答：(1)Cu^+ 是 $18e^-$ 型离子，极化力和变形性都大，CuCl 离子极化程度很大，导致阴阳离子核间距减小，晶格能升高。离子极化使 CuCl 共价性增强，离子性降低，所以熔点大大降低。(2)由于 Cu 的次内层是 d^{10} 电子层，而 d 电子对外层的 4s 电子屏蔽作用小，导致有效核电荷 Cu 比 K 大许多，Cu 原子核对外层电子抓得紧，K 原子核对外层电子抓得松，所以 Cu 的电离能、升华热和熔点都远远高于 K。

五、参考资料

岑贵俐，廖戍，景晓明.1999.关于物质颜色起因的探讨.西南民族学院学报(自然科学版)，25(2)：213
丁秀云，马淮凌.2006.过渡金属离子颜色规律的探讨.甘肃联合大学学报，(4)：43
郭艳华.2000.Fe^{3+} 离子的颜色初探.高等函授学报(自然科学版)，13(6)：25
罗凤秀.1997.过渡元素的自由能-氧化态图.四川师范大学学报(自然科学版)，20(5)：116
郑清.2000.过渡元素电负性.盐城工学院学报，13(2)：19

第23章　4～7族重要元素及其化合物

一、重要概念

1.光触媒(photocatalyst)

光触媒是一种以纳米级二氧化钛为代表的具有光催化功能的光半导体材料的总称，它涂布于基材表面，在光线的作用下，产生强烈的催化降解功能；能有效地降解空气中有毒有害气体；能有效杀灭多种细菌，并能将细菌或真菌释放出的毒素分解及无害化处理；同时还具备除臭、抗污等功能。

2.不锈钢(stainless steel)

不锈钢是指耐空气、蒸汽、水等弱腐蚀介质和酸、碱、盐等化学侵蚀性介质腐蚀的钢，又称不锈耐酸钢。不锈钢中的主要合金元素是Cr(铬)，只有当Cr含量达到一定值时，钢才有耐蚀性，一般Cr含量至少为10.5%。不锈钢中还含有Ni、Ti、Mn、Nb、Mo、Si、Cu等元素，以满足各种用途对不锈钢组织和性能的要求。

3.海绵钛(titanium)

金属热还原法生产出的海绵状金属钛。纯度(质量分数)一般为99.1%～99.7%。杂质元素(质量分数)总量为0.3%～0.9%，杂质元素氧(质量分数)为0.06%～0.20%，硬度(HB)为100 ～ 157，根据纯度的不同分为WHTiO至MHTi4五个等级，为制取工业钛合金的主要原料。

4.鞣剂(tanning agent;tanning material)

鞣剂又称鞣料，是能与生皮蛋白质(胶原)结合，并使其转变为革的物质。鞣剂中的鞣质与皮胶原的活性基团结合，在胶原分子的相邻肽链和分子间生成新的交联，从而加强了胶原的结构稳定性，提高了皮革的耐曲折强度以及耐化学药剂和微生物的作用，也使胶原的收缩温度大大提高，加强了胶原的湿热稳定性，这就是鞣制作用。

5.亲生物金属(biological metal)

亲生物金属是指和生物，包括人在内长期接触无害的金属。元素周期表中81种金属，绝大多数金属都对生物体，包括人体有害。例如，我们经常接触的铝，会对动物的神经有毒害作用，还有铅、铊、汞、金，更是高毒金属。只有银、钛、铌、钽四种金属对生物不但无害，还有很大益处。

6.锰结核(manganese nodule)

锰结核也称多金属结核(polymetallic nodules)，是沉淀在大洋底的一种矿石，表面呈黑色或棕褐色，形状如球状或块状，含有30多种金属元素，其中最有商业开发价值的是锰、铜、钴、镍等。由于陆地资源越来越紧缺，沉睡海底的锰结核越来越受各国的重视。

7.锰的主要化学反应(the main chemical reaction of manganese)

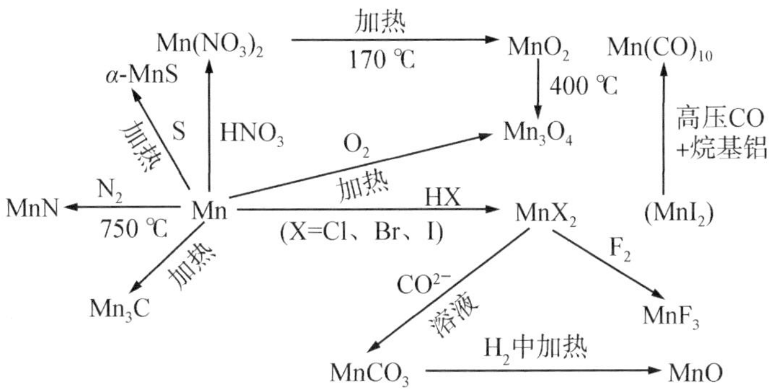

二、自测题及其解答

1.选择题

1-1 在 $Cr_2(SO_4)_3$ 溶液中，加入 Na_2S 溶液，其主要产物是　(　　)

A.Cr+S　　B.$Cr_2S_3+Na_2SO_4$

C.$Cr(OH)_3+H_2S$　　D.$CrO_2^-+S^{2-}$

1-2 在下列化合物中，属于杂多酸盐的是　(　　)

A.$Na_3[P(W_{12}O_{40})]$　　B.$KCr(SO_4)_2\cdot12H_2O$

C.$Na_4Mo_7O_{23}$　　D.$Fe_2(CO)_9$

1-3 在硝酸介质中，欲使 Mn^{2+} 氧化为 MnO_4^-，可加的氧化剂是　(　　)

A.$KClO_4$　　B.$(NH_4)_2S_2O_8$(Ag^+ 催化)

C.$K_2Cr_2O_7$　　D.王水

1-4 下列四种绿色溶液，加酸后溶液变为紫红色并有棕色沉淀产生的是　(　　)

A.$NiSO_4$　　B.$CuCl_2$(浓)　　C.$Na[Cr(OH)_4]$　　D.K_2MnO_4

1-5 在某种酸化的黄色溶液中，加入锌粒，溶液颜色从黄经过蓝、绿直到变为紫色，则该溶液中含有　(　　)

A.Fe^{3+}　　B.VO_2^+　　C.CrO_4^{2-}　　D.$[Fe(CN)_6]^{4-}$

1-6 下列离子中具有顺磁性的是　(　　)

A.K^+　　B.Mn^{2+}　　C.Zn^{2+}　　D.Al^{3+}

1-7 在水溶液中不能存在的离子是　(　　)

A.$[Ti(H_2O)_6]^{3+}$　　B.$[Ti(H_2O)_6]^{4+}$

C.$[Ti(OH)_2(H_2O)_4]^{2+}$　　D.$[Ti(O_2)OH(H_2O)_4]^+$

1-8 将 K_2MnO_4 溶液调节到酸性时，可以观察到的现象是　(　　)

A.紫红色褪去　　B.绿色加深

C.有棕色沉淀生成　　D.溶液变成紫红色且有棕色沉淀生成

1-9 在酸性介质中加入过氧化氢(H_2O_2)时不生成过氧化物的化合物　(　　)

A.钛酸盐　　B.重铬酸盐　　C.钒酸盐　　D.高锰酸盐

1-10 作为颜料使用的钛的化合物是　(　　)

A.$TiCl_4$　　B.TiF_3　　C.$TiOSO_4$　　D.TiO_2

2.填空题

2-1 熔点最高的金属是____，熔点最低的金属是______，硬度最大的金属是______，导电性最好的金属是______，延性最好的金属是____，展性最好的金属是____，密度最小的金属是______，密度最大的金属是______。

2-2 酸性介质中Cr(Ⅲ)存在形式为____________，呈______色；碱性介质中Cr(Ⅲ)存在形式为________，呈______色；酸性介质中Cr(Ⅵ)存在形式为____________，呈________色；碱性介质中Cr(Ⅵ)存在形式为__________，呈________色。

2-3 高温下钛与氧气和氯气反应的产物分别为__________和________。

2-4 $CrCl_3$ 溶液与氨水反应生成______色的____________，该产物与过量的 NaOH 溶液作用则生成________色的____________。

2-5 $BaCl_2$ 溶液与 $K_2Cr_2O_7$ 溶液混合生成____色的__________沉淀；再加入稀盐酸后沉淀________，溶液呈 3 色；再加入 NaOH 溶液则生成____色的________。

2-6 锰在自然界主要以__________形式存在。锰有从______到______氧化数的化合物，在酸性溶液中 Mn(Ⅱ)的化合物还原性__________。

2-7 鉴定 Mn^{2+} 用的酸如果是盐酸，将会观察到____________________________，这是因为____。

2-8 工程上金属单质可按密度大小、熔点高低来划分，低熔点轻金属多集中在周期表____区，高熔点重金属多集中在周期表________区，而低熔点重金属多集中在周期表________区。

2-9 铬铁矿 $Fe(CrO_2)_2$ 与 Na_2CO_3 共熔时能被空气中的氧氧化生成可溶于水的____。用水浸取熔块并过滤除去不溶物后再用稀硫酸酸化，溶液将因生成____而呈现________色。

3.完成并配平下列反应方程式

3-1 钛溶于氢氟酸

3-2 向硫酸氧钛溶液中加入过氧化氢

3-3 五氧化二钒溶于热浓盐酸

3-4 酸性条件下用高锰酸钾滴定四价钒

3-5 二氧化锰与浓盐酸共热

3-6 高锰酸钾与亚硫酸作用

3-7 三氧化铬受热分解

3-8 偏钒酸铵受热分解

3-9 二氧化锰与氯酸钾、氢氧化钾共熔

3-10 重铬酸钾与浓硫酸作用

4.简答题

4-1 向无色 $(NH_4)_2S_2O_8$ 酸性溶液中加入少许 Ag^+，再加入 $MnSO_4$ 溶液，经加热后溶液变为紫红色，结果产生了棕色沉淀。试解释出现上述现象的原因，写出有关反应方程式(原来计划的反应式和实际发生的反应式)。要想实现原来计划的反应，应当注意哪些问题？已知：$\varphi^{\ominus}(MnO_4^-/Mn^{2+})=1.51\ V$，$\varphi^{\ominus}(MnO_2/Mn^{2+})=1.23\ V$。

4-2 某金属盐溶液：(1)加入 Na_2CO_3 溶液后，生成灰绿色沉淀；(2)再加入适量 Na_2O_2 并加热，得黄色溶液；(3)冷却并酸化黄色溶液，得橙色溶液；(4)再加入 H_2O_2 溶液呈蓝色；(5)这蓝色化合物在水中不稳定，而在乙醚中较稳定。问：这是什么金属离子？写出各步化学反应方

程式。

4-3 有一橙红色固体 A 受热后得绿色的固体 B 和无色气体 C，加热时 C 能与镁反应生成灰色的固体 D。固体 B 溶于过量的 NaOH 溶液生成绿色的溶液 E，在 E 中加适量 H_2O_2 则生成黄色溶液 F。将 F 酸化变为橙色的溶液 G，在 G 中加 $BaCl_2$ 溶液，得黄色沉淀 H。在 G 中加 KCl 固体，反应完全后则有橙红色晶体 I 析出，滤出 I 烘干并强热则得到的固体产物中有 B，同时得到能支持燃烧的气体 J。试判断 A、B、C、D、E、F、G、H、I、J 各为何物？写出有关反应方程式。

4-4 如何分别各用一种试剂分离以下各对物质？

(1) Al^{3+} 和 Fe^{3+}；　(2) Zn^{2+} 和 Cr^{3+}；　(3) CuS 和 HgS；

(4) Fe^{3+} 和 Mn^{2+}；　(5) Pb^{2+} 和 Cu^{2+}。

4-5 某物质 A 为黑色粉末，不溶于水，将 A 与 KOH 混合后，敞开在空气中加热熔融，得绿色物质 B。B 可溶于水，将 B 的水溶液酸化时得到 A 的水合物和紫红色的溶液 C。A 与浓盐酸共热后得到肉色溶液 D 和黄绿色气体 E，将 D 与 C 混合并加碱使酸度略降低，则重新得到 A。E 可使 KI－淀粉试纸变蓝。通 E 于 B 的水溶液中又得到 C，电解 B 的水溶液也可得到 C。在 C 的酸性溶液中加入 $FeSO_4$，C 的紫红色消失，再加入 KSCN 溶液，出现血红色。在酸化的 C 溶液中加入 H_2O_2 溶液时，紫红色消失，并有无色气体产生。试确认各字母所代表的物质，写出各步反应方程式。

4-6 已知下列化合物的颜色，请指出哪些是由电荷跃迁而引起的？

(1) $[Cu(NH_3)_4]SO_4$	深蓝；	(2) $K_4[Mn(CN)_6]$	深紫；
(3) $[Ni(NH_3)_6]SO_4$	蓝色；	(4) $K_2[MnBr_4]$	黄绿；
(5) Ag_2CrO_4	砖红；	(6) $BaFeO_4$	红色；
(7) Na_2WS_4	橙色；	(8) $(NH_4)_2MoS_4$	橙红；
(9) $Cu[CuCl_3]$	棕褐；	(10) $(NH_4)_2Cr_2O_7$	橙红。

4-7 写出铅白、锌白、钛白的化学组成，指出钛白作颜料的优点及其重要应用。

4-8 已知 V^{3+} 为绿色。在酸性的 V^{3+} 溶液中滴加适量 $KMnO_4$ 溶液时，也得到绿色溶液。试解释其原因。

4-9 某混合溶液中含有三种阴离子。向该溶液中加入 $AgNO_3$ 至不再有沉淀生成并稍过量后得红色沉淀 A 和紫色溶液 B。用硝酸处理沉淀 A 时沉淀部分溶解，而余下的沉淀为白色，溶液为橙色。向溶液 B 中通入 SO_2 则紫色消失并有白色沉淀生成。根据上述实验现象判断该混合溶液中含有哪三种阴离子，写出沉淀 A 的化学式。

4-10 (1)写出下列各化合物相应的矿物名称：① $MnO_2 \cdot nH_2O$；② HgS；③ $BaSO_4$；④ $KCl \cdot MgCl_2 \cdot 6H_2O$；⑤ MoS_2；⑥ TiO_2。

(2)写出下列俗名的相关化学式：① 莫尔盐；② 铬绿；③ 镉黄；④ 三仙丹；⑤ 红矾；⑥灰锰氧。

自测题解答

1.选择题

1-1 (C)　**1-2** (A)　**1-3** (B)　**1-4** (D)　**1-5** (B)

1-6 (B)　**1-7** (B)　**1-8** (D)　**1-9** (D)　**1-10** (D)

2.填空题

2-1 W；Hg；Cr；Ag；Pt；Au；Li；Os。

2-2 Cr^{3+}，蓝紫(或绿)；$Cr(OH)_4^-$，亮绿；$Cr_2O_7^{2-}$，橙红；CrO_4^{2-}；黄。

2-3 TiO_2；$TiCl_4$。

2-4 灰绿色；$Cr(OH)_3\downarrow$；亮绿；$Cr(OH)_4^-$。

2-5 黄；$BaCrO_4$；溶解；橙红；黄；$BaCrO_4\downarrow$。

2-6 $MnO_2 \cdot xH_2O$；-2；$+7$；较差。

2-7 MnO_4^- 的紫红色褪去；MnO_4^- 在酸性介质中可氧化 Cl^- 而被还原。

2-8 s；d；ds。

2-9 Na_2CrO_4；$Cr_2O_7^{2-}$；橙红。

3.完成并配平下列反应方程式

3-1 $Ti+6HF = H_2[TiF_6]+2H_2\uparrow$

3-2 $TiOSO_4+H_2O_2 = Ti(O_2)SO_4+H_2O$

3-3 $V_2O_5+6HCl = 2VOCl_2+Cl_2\uparrow+3H_2O$

3-4 $5VO^{2+}+MnO_4^-+H_2O = 5VO_2^++Mn^{2+}+2H^+$

3-5 $MnO_2+4HCl(浓) = MnCl_2+Cl_2\uparrow+2H_2O$

3-6 $2KMnO_4+5H_2SO_3 = K_2SO_4+2MnSO_4+2H_2SO_4+3H_2O$

3-7 $4CrO_3 \xlongequal{\triangle} 2Cr_2O_3+3O_2\uparrow$

3-8 $2NH_4VO_3 \xlongequal{\triangle} V_2O_5+2NH_3+H_2O$

3-9 $3MnO_2+KClO_3+6KOH \xlongequal{熔融} 3K_2MnO_4+KCl+3H_2O$

3-10 $2K_2Cr_2O_7+8H_2SO_4(浓) = 2K_2SO_4+2Cr_2(SO_4)_3+3O_2\uparrow+8H_2O$

4.简答题

4-1 $5S_2O_8^{2-}+2Mn^{2+}+8H_2O \xrightarrow{Ag^+} 2MnO_4^-+10SO_4^{2-}+16H^+$

棕色沉淀反应：$2MnO_4^-+3Mn^{2+}+2H_2O = 5MnO_2\downarrow+4H^+$

原因是体系中有过量的 Mn^{2+}，所以 $S_2O_8^{2-}$ 反应完后，新生成的 MnO_4^- 将氧化剩余的 Mn^{2+}：$\varphi^{\ominus}(MnO_4^-/Mn^{2+})=1.51\ V>\varphi^{\ominus}(MnO_2/Mn^{2+})=1.23\ V$。要使实验成功，$Mn^{2+}$ 的量要少，因此，$MnSO_4$ 溶液浓度应小一些，且缓慢加入并不停搅拌以防止局部过浓。

4-2 该金属离子是 Cr^{3+}。发生的反应如下：

(1)$Cr^{3+}+3CO_3^{2-}+3H_2O = Cr(OH)_3\downarrow+3HCO_3^-$

或 $2Cr^{3+}+3CO_3^{2-}+3H_2O = 2Cr(OH)_3\downarrow+3CO_2$

(2)$2Cr(OH)_3+3Na_2O_2 \xlongequal{\triangle} 2Na_2CrO_4+2NaOH+2H_2O$

(3)$2CrO_4^{2-}+2H^+ = Cr_2O_7^{2-}+H_2O$

(4)$4H_2O_2+Cr_2O_7^{2-}+2H^+ = 2CrO_5$(乙醚层中显蓝色)$+5H_2O$

4-3 A：$(NH_4)_2Cr_2O_7$；B：Cr_2O_3；C：N_2；D：Mg_3N_2；E：$Cr(OH)_4^-$；F：CrO_4^{2-}；G：$Cr_2O_7^{2-}$；H：$BaCrO_4$；I：$K_2Cr_2O_7$；J：O_2。

$(NH_4)_2Cr_2O_7 \xlongequal{\triangle} Cr_2O_3+N_2\uparrow+4H_2O$　　$3Mg+N_2 \xlongequal{\triangle} Mg_3N_2$

$Cr_2O_3+3H_2O+2OH^- = 2Cr(OH)_4^-$　　$2Cr(OH)_4^-+3H_2O_2+2OH^- = 2CrO_4^{2-}+8H_2O$

$2CrO_4^{2-}+2H^+ = Cr_2O_7^{2-}+H_2O$　　$2Ba^{2+}+Cr_2O_7^{2-}+H_2O = 2BaCrO_4\downarrow+2H^+$

$Na_2Cr_2O_7+2KCl = K_2Cr_2O_7+2NaCl$　　$4K_2Cr_2O_7 \xlongequal{\triangle} 4K_2CrO_4\downarrow+2Cr_2O_3+3O_2\uparrow$

4-4 (1)用 NaOH 溶液，$Al^{3+}\longrightarrow Al(OH)_4^-$，$Fe^{3+}\longrightarrow Fe(OH)_3\downarrow$。

(2)用 $NH_3 \cdot H_2O$，$Zn^{2+}\longrightarrow[Zn(NH)_4]^{2+}$，$Cr^{3+}\longrightarrow Cr(OH)_3\downarrow$。

(3)用 Na_2S 溶液，CuS 不溶，$HgS\longrightarrow HgS_2^{2-}$。

(4)用 $NH_3 \cdot H_2O$-浓 NH_4Cl，$Fe^{3+}\longrightarrow Fe(OH)_3\downarrow$，$Mn^{2+}$。

(5)用 HCl，$Pb^{2+} \longrightarrow PbCl_2$，$Cu^{2+}$。

4-5 A：MnO_2；B：K_2MnO_4；C：MnO_4^-；D：$MnCl_2$；E：Cl_2。

$2MnO_2 + 4KOH + O_2 = 2K_2MnO_4 + 2H_2O$

$3MnO_4^{2-} + 4H^+ = 2MnO_4^- + MnO_2\downarrow + 2H_2O$

$MnO_2 + 4HCl(浓) \xlongequal{\triangle} MnCl_2 + Cl_2\uparrow + 2H_2O$

$2MnO_4^- + 3Mn^{2+} + 2H_2O = 5MnO_2\downarrow + 4H^+$

$Cl_2 + 2I^- = 2Cl^- + I_2$

$2K_2MnO_4 + Cl_2 = 2KMnO_4 + 2KCl$

$2MnO_4^{2-} + 2H_2O \xlongequal{电解} 2MnO_4^- + 2OH^- + H_2\uparrow$

$MnO_4^- + 5Fe^{2+} + 8H^+ = Mn^{2+} + 5Fe^{3+} + 4H_2O$

$Fe^{3+} + nSCN^- = [Fe(NCS)_n]^{(n-3)-}$

$2MnO_4^- + 5H_2O_2 + 6H^+ = 2Mn^{2+} + 5O_2\uparrow + 8H_2O$

4-6 (5)、(6)、(7)、(8)、(9)、(10)由电荷跃迁引起。(d^0 构型或混合价态)注意：$Cu[CuCl_3]$属于混合价态化合物，产生的颜色很深，主要是电子在不同价态之间发生迁移，所产生的颜色远比 d-d 跃迁引起的颜色深。

4-7 铅白：$Pb(OH)_2 \cdot 2PbCO_3$；锌白：ZnO；钛白：TiO_2。钛白粉是世上最白的物质，用作颜料有如下优点：① 覆盖力强，与铅白相似，优于锌白。② 稳定性高，耐高温。而铅白耐高温性较差。③ 持久性好，不变色。铅白受空气中 H_2S 作用会变黑，锌白时间长了会发黄。钛白粉作为最好的白色颜料用于高级油漆、纸张(字典纸)填充剂、搪瓷、化纤消光剂(如白的确良)等，也是制压电陶瓷 $BaTiO_3$ 的原料。

4-8 在酸性的 V^{3+} 溶液中滴加适量 $KMnO_4$ 溶液时发生如下反应：

$$5V^{3+} + MnO_4^- + H_2O = 5VO^{2+} + Mn^{2+} + 2H^+$$

$$5VO^{2+} + MnO_4^- + H_2O = 5VO_2^+ + Mn^{2+} + 2H^+$$

因为 V^{3+} 可被氧化为蓝色的 VO^{2+} 和黄色的 VO_2^+。当两者各占一半时，溶液显绿色。所以，在酸性的 V^{3+} 溶液中滴加适量 $KMnO_4$ 溶液时，溶液先变蓝，然后变为绿色，当 $KMnO_4$ 足量时溶液呈淡黄色(V^{3+} 全部氧化为 VO_2^+)。

4-9 含有阴离子为 CrO_4^{2-}、MnO_4^-、Cl^-；沉淀 A 为 $AgCl + Ag_2CrO_4$。

4-10 (1)① 软锰矿；② 辰砂(或朱砂)；③ 重晶石；④ 光卤石；⑤ 辉钼矿；⑥ 金红石。

(2)① $(NH_4)_2Fe(SO_4)_2 \cdot 6H_2O$；② Cr_2O_3；③ CdS；④ HgO；⑤ $K_2Cr_2O_7$；⑥ $KMnO_4$。

三、思考题解答

23-1 解答：因为 $TiO_2(s) + 2Cl_2(g) = TiCl_4(g) + O_2(g)$ 的 $\Delta_r G_m^\ominus = 1490.041(kJ \cdot mol^{-1}) > 0$，反应要自发进行，转换温度高达 3634 K，实际上已不可能实现。而 $TiO_2(s) + 2Cl_2(g) + 2C(s) = TiCl_4(g) + 2CO_2(g)$ 的 $\Delta_r G_m^\ominus = -241(kJ \cdot mol^{-1}) < 0$，反应将自发进行。

23-2 解答：金属的氢氧化物沉淀经过一段时间的静置或加热处理(常称为陈化)，新沉淀出来的氢氧化物通过羟桥相连，陈化后使羟桥失水变成氧桥。因为羟桥键能小，氧桥键能大，因此金属氢氧化物放置陈化后变得稳定了。

23-3 解答：生物金属是指植入人体(或动物体)以修复器官和恢复功能用的金属材料。生物金属材料首先要与人体组织和体液有良好的适应性(无毒，不引起变态反应和异常新陈代谢，对组织无刺激性)，同时还要有耐蚀性和化学稳定性(金属离子不随血液转移，在体内生物环境中不发生变化，不受生物酶的影响)。生物金属材料要承受人体的各种机械动作，因此在力学上应具有适宜的强度、韧性、耐磨性和耐疲劳性能。此外，生物金属材料还要容易加工成各种复杂形状，价格便宜和使用方便。金属钛密度小、强度大、易加工、耐腐蚀，对人体无毒且惰性，能与肌肉和骨骼生长在一起，故称为生物金属。

23-4 解答：纳米 TiO_2 的光催化特性所产生的超亲水性、自洁性和抗菌、防雾等功能及其作用机理，使其在纺织工业、抗老化、隐身技术、抗静电、光催化效应、空气净化、涂料、废水处理、随角异颜效应领域具有广泛的应用。

23-5 解答：由于镧系收缩效应而使两种元素原子半径十分接近，导致其物理性质和化学性质非常接近。锆铪的现代分离技术大体分为火法分离和湿法分离。据报道火法分离锆铪有十六种，在工业生产上成功应用的是锆铪熔盐精馏法。法国锆公司(CEZUS)于 1981 年采用该方法生产锆铪。该方法的基本原理是利用 $HfCl_4$ 与 $ZrCl_4$ 在熔融盐铝氯酸钾中的饱和蒸气压的差异在精馏塔中进行分离。用此法分离锆铪最终得到 $w(HfCl_4)$为 30%～50% 的富集物和原子能级的 $ZrCl_4$。湿法分离包括溶剂萃取法、分步结晶法、分步沉淀法、离子交换法等，其中溶剂萃取法占有重要地位。在工业生产中被应用的溶剂萃取法有：甲基异丁基酮-硫氰酸(MIBK-HCNS)法、三辛胺(TOA)法、磷酸三丁酯($TBP-HCl-HNO_3$)法和改进的 N235-H_2SO_4法等。

23-6 解答：由于各种价态钒离子均是硬酸，而卤素离子由氟到碘离子半径越来越大，变形性越来越大，碱性越来越软，因此，同钒形成的卤化物的稳定性越来越低。

23-7 解答：Ag^+、Pb^{2+}、Ba^{2+} 铬酸盐的 K_{sp}很小，重铬酸盐的溶解度大，最终由于 $2CrO_4^{2-}+2H^+ = Cr_2O_7^{2-}+H_2O$，沉淀会全部转化为铬酸盐沉淀。

23-8 解答：因为 Mn(Ⅱ)电荷低，具有 d^5 电子构型，在弱场中形成化合物时，d 轨道不发生分裂，不发生 d-d 跃迁，Mn(Ⅱ)具有较低的极化力，极化作用小，其化合物电荷迁移难，所以 Mn(Ⅱ)的化合物大多数是浅色的。

23-9 解答：无机酸中最常用的强酸有三种：H_2SO_4、HNO_3、HCl，HNO_3 不行，因为 HNO_3 本身就有强氧化性，容易参与反应。HCl 容易被 $KMnO_4$ 氧化。只有稀 H_2SO_4 满足条件，既能提供足够的酸性，又不参与反应。

四、课后习题解答

23-1 解答：(1)$TiCl_4+3H_2O = H_2TiO_3$(或 $TiO_2 \cdot nH_2O$)$+4HCl\uparrow$

(2)$2TiCl_4+Zn = 2Ti^{3+}$(紫色)$+Zn^{2+}+8Cl^-$

(3)$Ti^{3+}+3OH^- = Ti(OH)_3\downarrow$(紫色)

(4)$Ti(OH)_3+NO_3^-+3H^+ = TiO^{2+}+NO_2\uparrow+3H_2O$

$TiO^{2+}+2OH^-+H_2O = Ti(OH)_4\downarrow$(白色)

23-2 解答：(1)$V_2O_5+2NaOH = 2NaVO_3+H_2O$

$V_2O_5+6NaOH = 2Na_3VO_4+3H_2O$

(2)$V_2O_5+6HCl = 2VOCl_2+Cl_2+3H_2O$

(3)$VO_4^{3-}+4H^+$(过量)$= VO_2^++2H_2O$

(4)$VO_2^++Fe^{2+}+2H^+ = VO^{2+}+Fe^{3+}+H_2O$

(5)$2VO_2^++H_2C_2O_4+2H^+ = 2VO^{2+}+2CO_2\uparrow+2H_2O$

23-3 解答：(1)$Cr^{3+}+3OH^- = Cr(OH)_3\downarrow$(葱绿色絮状，有些资料称为灰绿色)

$Cr(OH)_3+OH^* = [Cr(OH)_4]^-$(亮绿色)

$2[Cr(OH)_4]^-+3Br_2+8OH^- = 2CrO_4^{2-}$(黄色)$+6Br^-+8H_2O$

$2[Cr(OH)_4]^-+3H_2O_2+2OH^- = 2CrO_4^{2-}$(黄色)$+8H_2O$

(2)$2BaCrO_4+16HCl$(浓)$=\!=\!=2CrCl_3$(绿色)$+2BaCl_2+3Cl_2\uparrow+8H_2O$

(3)$3Zn+CrO_2O_7^{2-}$(橙色)$+14H^+=\!=\!=3Zn^{2+}+2Cr^{3+}$(绿色)$+7H_2O$

$Zn+2Cr^{3+}=\!=\!=Zn^{2+}+2Cr^{2+}$(蓝色)

$4Cr^{2+}+O_2+4H^+=\!=\!=4Cr^{3+}+2H_2O$

(4)$Cr_2O_7^{2-}+3H_2S+8H^+=\!=\!=2Cr^{3+}+3S\downarrow$(淡黄色)$+7H_2O$

23-4 解答：

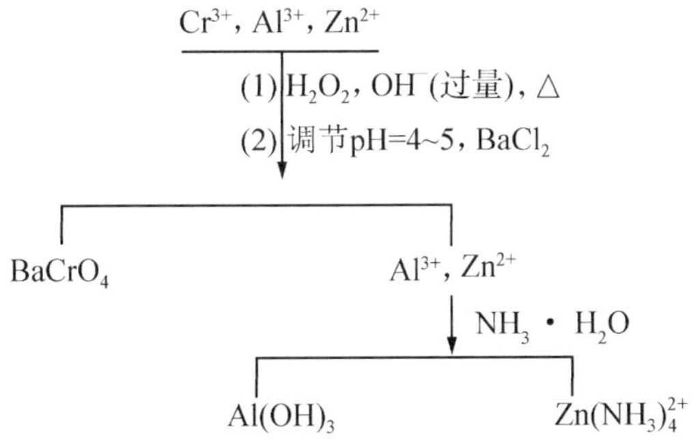

23-5 解答：$Al(OH)_3$、$Cr(OH)_3$ ⟶(加盐酸)Al^{3+}、Cr^{3+}、Zn^{2+}

Hg_2S、CuS、Ag_2S、CdS、PbS ⟶(加浓盐酸)

Cd^{2+}、Pb^{2+} ⟶(加氨水)

HgS+Hg、CuS、Ag_2S ⟶(加硝酸)Ag^+、Cu^{2+} ⟶(Cl^-)Ba^{2+}

23-6 解答：A：$K_2Cr_2O_7$；B：Cl_2；C：$CrCl_3$；D：$Cr(OH)_3$；E：$Cr(OH)_4^-$；F：CrO_4^{2-}。

$K_2Cr_2O_7+14HCl=\!=\!=3Cl_2\uparrow+2CrCl_3+2KCl+7H_2O$，$CrCl_3+3KOH=\!=\!=Cr(OH)_3\downarrow+3KCl$

$Cr(OH)_3+KOH=\!=\!=K[Cr(OH)_4]$，$2KCr(OH)_4+3H_2O_2+2KOH=\!=\!=2K_2CrO_4+8H_2O$

$2K_2CrO_4+H_2SO_4=\!=\!=K_2SO_4+K_2Cr_2O_7+H_2O$

23-7 解答：A：$Mn(OH)_2$；B：$MnO(OH)_2$；C：I_2；D：$Na_2S_2O_3$。

① $Mn^{2+}+2OH^-=\!=\!=Mn(OH)_2\downarrow$，$2Mn(OH)_2+O_2=\!=\!=2MnO(OH)_2$

② $MnO(OH)_2+2KI+2H_2SO_4=\!=\!=MnSO_4+K_2SO_4+I_2+3H_2O$

③ $2Na_2S_2O_3+I_2=\!=\!=Na_2S_4O_6+2NaI$

23-8 解答：(1)$MnO_4^-+5VO^{2+}$(蓝色)$+H_2O=\!=\!=Mn^{2+}+5VO_2^+$(黄色)$+2H^+$

(2)$Cr^{3+}+3OH^-=\!=\!=Cr(OH)_3\downarrow$(灰绿色)，$Cr(OH)_3+OH^-=\!=\!=Cr(OH)_4^-$(亮绿色)

$2Cr(OH)_4^-+3HO_2^-=\!=\!=2CrO_4^{2-}$(黄色)$+OH^-+5H_2O$

(3)$Cr_2O_7^{2-}$(橙色)$+3Zn+14H^+=\!=\!=2Cr^{3+}$(绿色)$+3Zn^{2+}+7H_2O$

$2Cr^{3+}$(绿色)$+Zn=\!=\!=2Cr^{2+}$(蓝色)$+Zn^{2+}$

$4Cr^{2+}$(蓝色)$+O_2+4H^+=\!=\!=4Cr^{3+}$(绿色)$+2H_2O$

(4)$Cr_2O_7^{2-}$(橙色)$+3SO_2+2H^+=\!=\!=2Cr^{3+}$(绿色)$+3SO_4^{2-}+H_2O$

(5)$Mn^{2+}+2OH^-=\!=\!=Mn(OH)_2\downarrow$(白色)

$2Mn(OH)_2$(白色)$+O_2=\!=\!=2MnO(OH)_2$(棕褐色)

(6)$2MnO_4^-$(紫色)$+5H_2S+6H^+=\!=\!=2Mn^{2+}+5S\downarrow$(乳白色)$+8H_2O$

23-9 解答：(1)有两种异构体：$[Ti(H_2O)_6]Cl_3$ 为紫色；$[Ti(H_2O)_5Cl]Cl_2\cdot H_2O$ 为绿色。

(2)由于 Ti^{3+} 能将 Cu^{2+} 还原为 Cu^+ 而生成了 CuCl 沉淀：

$$Ti^{3+}+Cu^{2+}+Cl^-+H_2O=\!=\!=TiO^{2+}+CuCl\downarrow(\text{白色})+2H^+$$

(3)因为 Ti^{4+} 电荷高，半径小，极化能力很强，所以四氯化钛在潮湿的空气中迅速水解，产生的 HCl 气体在空气中遇水蒸气形成酸雾而发"烟"：

$$TiCl_4 + 3H_2O = H_2TiO_3 + 4HCl\uparrow$$

(4)因为发生了过氧链转移反应，生成 CrO_5。CrO_5 在水中很不稳定，迅速分解；在乙醚(或戊醇)中较稳定，分解较慢，所以在乙醚层中显示蓝色；分解产生的 Cr^{3+} 进入水层，故水层显绿色：

$$Cr_2O_7^{2-} + 4H_2O_2 + 2H^+ = 2CrO_5 + 5H_2O$$

$$4CrO_5 + 12H^+ = 4Cr^{3+} + 7O_2\uparrow + 6H_2O$$

(5)$BaCrO_4$ 与浓盐酸反应较慢，加热后反应加快，Cr(Ⅵ)氧化浓盐酸生成绿色 Cr^{3+}：

$$2BaCrO_4 + 2H^+ \longrightarrow Cr_2O_7^{2-} + 2Ba^{2+} + H_2O$$

$$Cr_2O_7^{2-} + 6Cl^- + 14H^+ = 2Cr^{3+} + 3Cl_2\uparrow + 7H_2O$$

(6)$K_2Cr_2O_7$ 与 $AgNO_3$ 作用析出砖红色 Ag_2CrO_4 沉淀，加入 NaCl 后，由于 AgCl 的溶解度更小，发生沉淀的转化，生成白色的 AgCl 沉淀：

$$Cr_2O_7^{2-} + 4Ag^+ + H_2O = 2Ag_2CrO_4\downarrow + 2H^+$$

$$Ag_2CrO_4 + 2Cl^- = 2AgCl\downarrow + CrO_4^{2-}$$

23-10 解答：A：MnO_2；B：$MnCl_2$；C：Cl_2；D：$Mn(OH)_2$；E：$MnO(OH)_2$；F：Na_2MnO_4；G：$NaMnO_4$。

$$MnO_2 + 4HCl = MnCl_2 + Cl_2\uparrow + 2H_2O$$

$$MnCl_2 + 2NaOH = Mn(OH)_2\downarrow + 2NaCl$$

$$2Mn(OH)_2 + O_2 = 2MnO(OH)_2$$

$$MnO_2 + 4NaOH + Cl_2 \xlongequal{\text{熔融}} Na_2MnO_4 + 2NaCl + 2H_2O$$

五、参考资料

李尚勇，谢刚，俞小花.2011.从含钒浸出液中萃取钒的研究现状.有色金属，63(1)：100

刘敏娉，丁燕，张泽光，等.2001.锆与铪分离技术的研究现状及应用前景.广东有色金属学报，11(02)：116

刘瑞霞，唐有根.2007.钛在能源材料中的应用.稀有金属与硬质合金，35(3)：38

徐友辉.2007.锰元素化学性质变化规律的热力学探讨.内江师范学院学报，(02)：60

第 24 章　8～10 族元素

一、重要概念

1.铁系元素(iron group)和铂系元素(platinum group)

铁、钴、镍这三种元素由于性质存在相似性，通常将它们称为铁系元素，而钌、铑、钯、锇、铱、铂这六种元素称为铂系元素。

2.普鲁士蓝(prussian blue)和滕氏蓝(tengs blue)

黄血盐在水溶液中遇到 Fe^{3+}，立即生成深蓝色的普鲁士蓝沉淀，其化学式为 $KFe[Fe(CN)_6]$，学名为六氰合铁(Ⅱ)酸铁(Ⅲ)钾，俗称铁蓝，在工业上用作染料和颜料。

$$K^+ + [Fe(CN)_6]^{4-} + Fe^{3+} = KFe[Fe(CN)_6]\downarrow$$

赤血盐在水溶液中遇到 Fe^{2+}，立即生成深蓝色的滕氏蓝沉淀，其化学式为 $KFe[Fe(CN)_6]$，学名为六氰合铁(Ⅲ)酸铁(Ⅱ)钾。

$$K^+ + [Fe(CN)_6]^{3-} + Fe^{2+} = KFe[Fe(CN)_6]\downarrow$$

研究表明，普鲁士蓝和藤氏蓝属于同一种物质。

3.二茂铁(ferrocene)

二茂铁又称二环戊二烯合铁、环戊二烯基铁，分子式为 $(C_5H_5)_2Fe$，橙色晶型固体，有樟脑气味。结构为一个铁原子处在两个平行的环戊二烯的环之间，具有夹心结构。

4.金属有机化合物(metallo-organic compound)

金属有机化合物又称有机金属化合物，是烷基(包括甲基、乙基、丙基、丁基等)和芳香基(苯基等)的烃基与金属原子结合形成的化合物，以及碳元素与金属原子直接结合的物质的总称。锂、钠、镁、钙、锌、镉、汞、铍、铝、锡、铅等金属能形成较稳定的有机金属化合物。可分为烷基金属化合物(alkylmetalic compounds)和芳香基金属化合物(arymetalic compounds)两类，如甲基汞化合物、四乙基铅、三丁锡、苯基汞盐、三苯基锡等。

5.顺铂[cis-Dichlorodiamineplatinum(Ⅱ)]

顺式二氨基二氯络铂，即顺-二氯·二氨合铂(Ⅱ)，具有抗癌活性。

6.阳极泥(anode mud)

电解精炼时附着于残阳极表面或沉淀在电解槽底的不溶性泥状物。一般为灰色，粒度为100～200 目。主要由阳极粗金属中不溶于电解液的杂质和待精炼的金属组成。往往含有贵重和有价值的金属，可以回收作为提炼金、银等贵重金属的原料。例如，由电解精炼铜的阳极泥可以回收铜，并提取金、银、硒、碲等。

7.铁的主要化学反应(the main chemical reaction of iron)

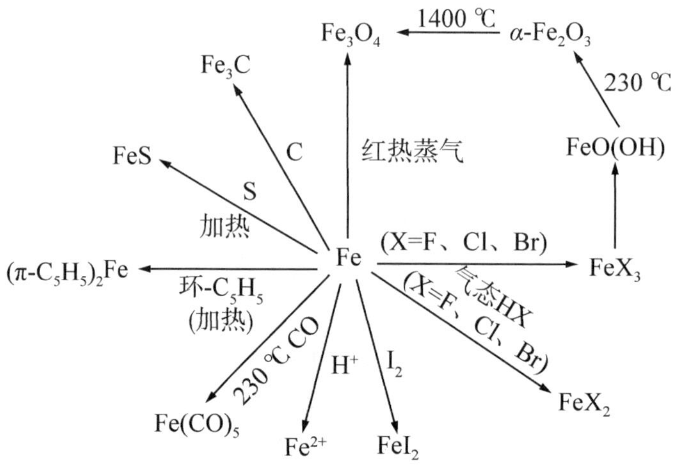

8.钴的主要化学反应(the main chemical reaction of cobalt)

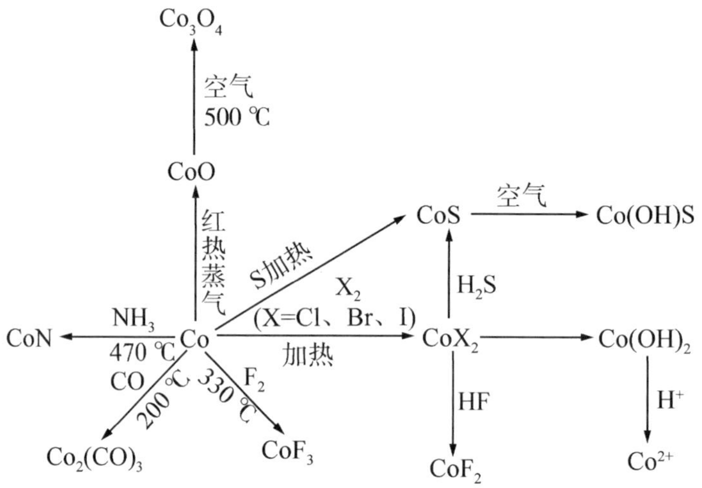

9.镍的主要化学反应(the main chemical reaction of nickel)

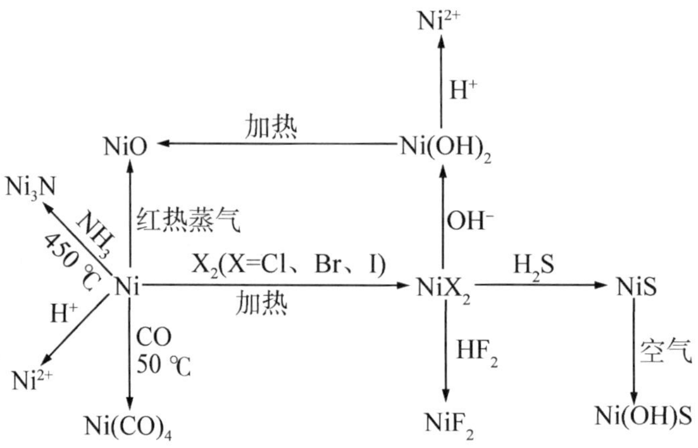

10.钌的主要化学反应(the main chemical reaction of ruthenium)

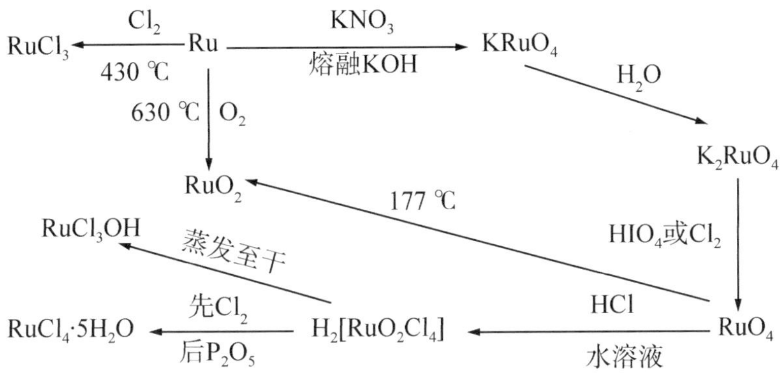

11.铑的主要化学反应(the main chemical reaction of rhodium)

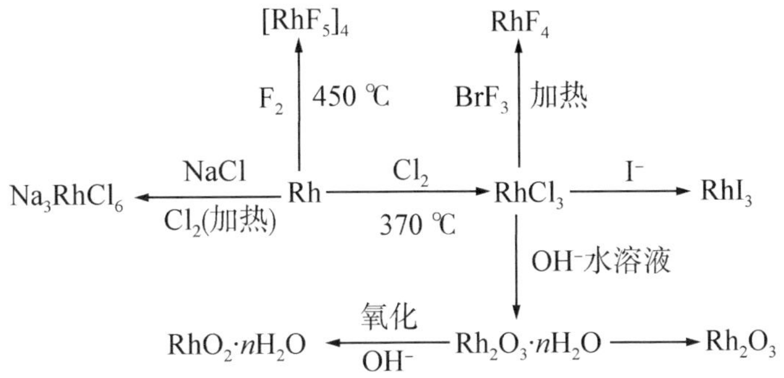

12.钯的主要化学反应(the main chemical reaction of palladium)

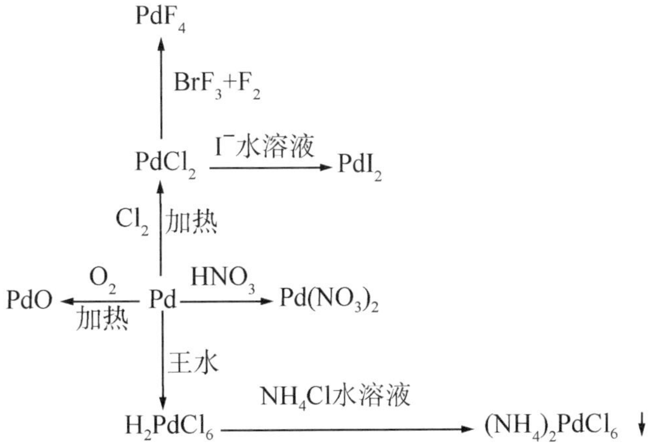

二、自测题及其解答

1.选择题

1-1 用氢氧化钠熔融法分解矿石时最适合用的是　　(　　)

A.铂金坩埚　　B.石英坩埚　　C.镍坩埚　　D.瓷坩埚

1-2 可溶性铁(Ⅲ)盐溶液中加入氨水后主要生成的物质是 (　　)

A.$Fe(OH)_3$　　B.$[Fe(NH_3)_3(H_2O)_3]^{3+}$

C.$[Fe(OH)_6]^{3-}$　　D.$[Fe(NH_3)_6]^{3+}$

1-3 下列新制的氢氧化物沉淀在空气中放置,颜色不发生变化的是 (　　)

A.$Fe(OH)_2$　　B.$Mn(OH)_2$　　C.$Co(OH)_2$　　D.$Ni(OH)_2$

1-4 能共存于溶液中的一对离子是 (　　)

A.Fe^{3+} 和 I^-　　B.Pb^{2+} 和 Sn^{2+}　　C.Ag^+ 和 PO_4^{3-}　　D.Fe^{3+} 和 SCN^-

1-5 下列气体中能用氯化钯($PdCl_2$)稀溶液检验的是 (　　)

A.O_3　　B.CO_2　　C.CO　　D.Cl_2

1-6 下列试剂中,不能与 $FeCl_3$ 溶液反应的是 (　　)

A.Fe　　B.Cu　　C.KI　　D.$SnCl_4$

1-7 要配制标准的 Fe^{2+} 溶液,最好的方法是将

A.硫酸亚铁铵溶于水　　B.$FeCl_2$ 溶于水

C.铁钉溶于稀酸　　D.$FeCl_3$ 溶液与铁屑反应

1-8 为了防止亚铁盐溶液变质,通常采取的措施是 (　　)

A.加入 Fe^{3+},酸化溶液　　B.加入 Fe^{3+},加入铁屑

C.加入铁屑,酸化溶液　　D.加入铁屑,加热溶液

1-9 下列试剂中可用于鉴定 Ni^{2+} 存在的是 (　　)

A.二苯硫腙　　B.丁二酮肟　　C.二苯基联苯胺　　D.硫脲

1-10 普通录音磁带磁性材料中主要是下列哪一种氧化物?

A.γ-Fe_2O_3　　B.α-Fe_2O_3　　C.α-Al_2O_3　　D.γ-Al_2O_3

2.填空题

2-1 实验室中使用的变色硅胶中含有少量的________。烘干后的硅胶呈________色,实际呈现的是________的颜色。吸水后的硅胶呈现________色,这实际上是________的颜色。

2-2 在 $FeSO_4$ 溶液中加入 Na_2CO_3 溶液,产生________色的________,在空气中很快变成________色的________。

2-3 在 $NiSO_4$ 和 $CoSO_4$ 溶液中各加入过量 KCN 溶液,将分别生成________和________;后者放置或微热渐渐转化成________。

2-4 在 $Fe(OH)_3$ 的浓强碱性溶液中加 NaClO 溶液并加热,则可产生________色的________,反应方程式为________。

2-5 Fe(Ⅲ),Co(Ⅲ),Ni(Ⅲ)的三价氢氧化物与盐酸反应分别得到________,________,________,这说明________较稳定。

2-6 铂系元素包括________。它们在自然界中往往以________形式共生。它们在化合物中的氧化数表现出一定的规律性,同周期自左向右氧化数趋向________,同族从上至下氧化数趋向________。

2-7 人体对某些元素的摄入量过多或缺乏均会引起疾病。试将代表下述病症的主要病因字母编号填入相应的横线上:

A.镉中毒;B.缺钙;C.氟过多;D.缺铁;E.缺碘;F.缺硒。

(1)甲状腺肿大________;(2)斑釉齿________;(3)软骨病________;(4)营养性贫血________;(5)骨痛病________;(6)克山病________。

2-8 在含有 Fe^{3+} 的溶液中加入 KSCN 溶液,生成________色的________;若再加入 NaF 溶液,则变为________色的________溶液。

2-9 为了不引入杂质,将 $FeCl_2$ 氧化为 $FeCl_3$ 可以用________、________或________作氧化剂,而将 Fe^{3+} 还原为 Fe^{2+} 则可以用________作还原剂。

2-10 给出下列物质的化学式:

绿矾________,铁红________,莫尔盐________,赤血盐________,黄血盐________,二茂铁________,普鲁士蓝________。

3.综合题

3-1 什么是不锈钢?它的主要成分是什么?

3-2 Fe 的元素电势图为 $FeO_4^{2-} \xrightarrow{1.9\ V} Fe^{3+} \xrightarrow{0.771\ V} Fe^{2+} \xrightarrow{-0.414\ V} Fe$

(1)问酸性溶液中 Fe^{3+} 能否将 H_2O_2 氧化成 O_2?已知 $O_2 + 2H^+ + 2e^- \rightleftharpoons H_2O_2$ 的 $E^\ominus = 0.682\ V$。

(2)计算下列反应的平衡常数(酸性溶液,298 K)$Fe(s) + 2Fe^{3+}(aq) \rightleftharpoons 3Fe^{2+}(aq)$。

3-3 在实验室中常用重铬酸钾溶液来测定硫酸亚铁铵的纯度。称取硫酸亚铁铵 1.7000 g $[(NH_4)_2Fe(SO_4)_2 \cdot 6H_2O]$,称取 9.806 g 分析纯 $K_2Cr_2O_7$ 配制 1.000 L 标准溶液。测定中用去 $K_2Cr_2O_7$ 标准溶液 20.00 mL。试求硫酸亚铁铵的纯度。相对分子质量:$(NH_4)_2Fe(SO_4)_2 \cdot 6H_2O$ 为 391.9,$K_2Cr_2O_7$ 为 294.2。

3-4 $Ni(CO)_4$ 在常温下是挥发性的气体,制备纯金属 Ni 就是利用这一性质,在较低温度下,将粉末状 Ni 与 CO 作用,使之生成挥发性的 $Ni(CO)_4$ 而与杂质分离,然后将 $Ni(CO)_4$ 在高温下分解,得到纯度很高的 Ni。试计算在 87 ℃、97.3 kPa 下,用过量的 CO 与 10.0 g Ni 作用,能得到多少体积的 $Ni(CO)_4$?相对原子质量:Ni 为 58.7;C 为 12;O 为 16。

3-5 某配合物是由 Co^{3+}、NH_3 和 Cl^- 组成,从 11.67 g 该配合物中沉淀出 Cl^-,需要 8.5 g $AgNO_3$(相对分子质量为 170),又分解相同量的该配合物可得到 4.48 L 氨气(标准状况下)。已知该配合物的相对分子质量为 233.3,试写出其化学式,并指出其内界、外界的组成。

3-6 $FeCl_3$ 可氧化 KI 而析出 I_2,但在 $FeCl_3$ 溶液中先加入足量 NaF,然后再加入 KI 则没有 I_2 生成。试通过计算解释这一现象。已知:$E^\ominus(Fe^{3+}/Fe^{2+}) = 0.771\ V$,$E^\ominus(I_2/I^-) = 0.535\ V$,$K^\ominus_{稳}(FeF_6^{3-}) = 1.0 \times 10^{16}$。

3-7 某金属 M 溶于稀盐酸,生成 MCl_2,该金属正离子的磁矩为 4.9 B.M.。在无氧操作条件下,将 NaOH 溶液加到 MCl_2 溶液中,可生成白色沉淀 A。A 接触空气就逐渐变蓝绿色,最后变成棕色沉淀 B。灼烧 B 可生成棕红色粉末 C,C 经不彻底还原而生成铁磁性黑色物质 D。B 溶于稀盐酸生成溶液 E,它能使 KI 溶液氧化成 I_2,但在加入 KI 之前,若先加入 NaF,则 E 就不能氧化 KI。若向 B 的浓 NaOH 悬浮液中通入氯气,可得到紫红色溶液 F,加入 $BaCl_2$ 后就会有红棕色固体 G 析出,G 是一种强氧化剂。请判断从 A 到 G 各是何种物质?写出有关化学反应方程式。

3-8 现有一种合金钢样品,用稀 HNO_3 溶解后,加入过量 NaOH,有沉淀 A 产生。过滤后,滤液 B 呈亮绿色;若加入溴水并加热,溶液由亮绿色变为黄色,加 $BaCl_2$ 溶液有黄色沉淀析出。沉淀 A 加稀 HCl 后有部分溶解，过滤后得沉淀 C 和滤液 D。沉淀 C 可溶于浓 HCl，并有黄绿色气体产生和得到近乎无色的溶液，往溶液中加 NaOH 溶液又可得回沉淀 C。将滤液 D 分成两份：第一份加入 KSCN 溶液，呈现血红色；第二份加入少量酒石酸钠，再用氨水调节 pH 为 5～10，再滴加几滴丁二酮肟溶液，有鲜红沉淀生成。根据上述实验现象回答：

(1)该合金钢样品中含有哪几种金属元素？

(2)用流程图表示各物质间的转化关系。

3-9 金属 M 溶于稀盐酸，生成磁矩为 5.0 B.M.的$[M(H_2O)_6]^{2+}$。在无氧条件下，该离子与氨水反应生成白色沉淀 A，接触空气后，A 逐渐变为绿色、黑色，最后变为棕红色沉淀 B。B 溶于盐酸生成 C 的溶液，C 可使含淀粉的 KI 溶液变蓝。但是，若该 KI 溶液还含有 NaF 时，则淀粉不会变蓝。当向 B 的浓 NaOH 悬浮液中通入氯气，则得到含有紫红色离子 D 的溶液，若再加入 $BaCl_2$ 溶液则析出紫红色固体 E。在稀硫酸溶液中分解生成气体 F 和 G 离子，G 离子与黄血盐溶液反应生成蓝色的 H 沉淀。试推断上述字母所代表物质的化学式，写出相关反应式。

3-10 金属 M 在较高温度和压力下，与无色气体 A 作用生成淡黄色液体 B，B 在高温下可分解为金属 M 和气体 A。M 的一种红色化合物晶体 C 具有顺磁性，实验测定其磁矩为 2.3 B.M.。C 在中性溶液中微弱水解，在碱性溶液中 C 能把 Cr(Ⅲ)氧化为 CrO_4^{2-}，而本身被还原为溶液 D。溶液 D 在弱酸性介质中与 Cu^{2+} 作用生成红褐色沉淀 E，因此常作为 Cu^{2+} 的鉴定剂。溶液 C 可被氯气氧化为 C。固体 D 可在高温下分解为碳化物 F、剧毒的钾盐 G 和化学惰性的气体 H。碳化物 F 经硝酸处理可得 M^{3+}，M^{3+} 碱化后可被 NaClO 溶液氧化生成紫红色 I 离子的溶液，I 的溶液酸化后立即转化为 M^{3+} 并放出气体 J。气体 B 可将氧化铜还原为单质铜。试写出 M 及 A～J 各字母所代表物质的化学式，并写出下列变化的离子方程式：(1)B 在碱性条件下氧化 Cr(Ⅲ)；(2)M^{3+} 碱化后被 NaClO 溶液氧化；(3)H 离子的溶液酸化后所发生的反应。

自测题解答

1.选择题

1-1 (C)　**1-2** (A)　**1-3** (D)　**1-4** (B)　**1-5** (C)

1-6 (D)　**1-7** (A)　**1-8** (C)　**1-9** (B)　**1-10** (A)

2.填空题

2-1 $CoCl_2$；蓝；无水 $CoCl_2$；粉红；$CoCl_2 \cdot 6H_2O$。

2-2 白；$FeCO_3$；棕红；$Fe(OH)_3\downarrow$。

2-3 $Ni(CN)_4^{2-}$；$Co(CN)_6^{4-}$；$Co(CN)_6^{3-}$。

2-4 紫红；FeO_4^{2-}；$2Fe(OH)_3 + 3ClO^- + 4OH^- = 2FeO_4^{2-} + 3Cl^- + 5H_2O$。

2-5 $FeCl_3$；$CoCl_2$；$NiCl_2$；Fe(Ⅲ)。

2-6 Ru、Rh、Pd、Os、Ir、Pt；游离态；变低；升高。

2-7 (1)E；(2)C；(3)B；(4)D；(5)A；(6)F。

2-8 红；$Fe(SCN)_n^{3-n}$ $(n=1\sim6)$；无；FeF_6^{3-}。

2-9 H_2O_2；O_3；Cl_2；Fe。

2-10 $FeSO_4 \cdot 7H_2O$；Fe_2O_3；$(NH_4)_2SO_4 \cdot FeSO_4 \cdot 6H_2O$；$K_3[Fe(CN)_6]$；$K_4[Fe(CN)_6]$；$Fe(C_5H_5)_2$；$[KFe^{III}(CN)_6Fe^{II}]_x$

3.综合题

3-1 不锈钢是能够抵抗酸、碱、盐等腐蚀的合金钢的总称。主要是在钢中掺入了 Cr，提高了钢的耐腐蚀性。不锈钢通常分为两类：① 铬不锈钢（或普通不锈钢）：一般含 Cr 量不低于 12%或更多。通常为银白色，能够被磁铁吸引。主要用于一般器皿的制造。② 铬镍不锈钢（或优质不锈钢）：一般含 Cr 18%和含 Ni 8%。通常在银白色中微带一点金黄色，不被磁铁吸引。这类不锈钢的耐腐蚀性更好，但价格较高，一般用于制造化工设备。

3-2 (1)因为 $E^\ominus(Fe^{3+}/Fe^{2+})=0.771\ V>E^\ominus(O_2/H_2O_2)=0.682\ V$，所以 Fe^{3+} 能将 H_2O_2 氧化为 O_2。

(2)$\lg K^\ominus=\dfrac{n[E^\ominus_{(+)}-E^\ominus_{(-)}]}{0.0591}=\dfrac{2\times(0.771+0.414)}{0.0591}=40.1, K^\ominus=1.26\times10^{40}$

3-3 滴定反应：$6Fe^{2+}+Cr_2O_7^{2-}+14H^+ \!=\!=\!= 6Fe^{3+}+2Cr^{3+}+7H_2O$，1 mol $Cr_2O_7^{2-}$ 相当于 6 mol Fe^{2+}。试样中 $(NH_4)_2Fe(SO_4)_2\cdot6H_2O$ 的质量＝1.567(g)，硫酸亚铁铵的纯度 1.567/1.7000＝92.18%。

3-4 由于 CO 是过量的，所以生成 $Ni(CO)_4$ 的量即由 Ni 量计算：

$$Ni \longrightarrow Ni(CO)_4$$

$$58.7\ g \quad 1.0\ mol$$

$$10.0\ g \quad x\ mol$$

$x=1.0\times10.0\div58.7=0.170(mol)$，$V=nRT/p=0.170\times8.314\times(273.15+87)/97.3=5.23(L)$

3-5 8.5 g $AgNO_3$ 相当于 8.5/170＝0.05(mol)，即该配合物外界含 Cl^- 0.05 mol。11.67 g 该配合物中含氨 4.48/22.4＝0.2(mol)，11.67 g 该配合物的物质的量为 11.67/233.3＝0.05(mol)。则 1 mol 该配合物的外界含 Cl^- 1 mol；含氨 4 mol，Co^{3+} 的配合物是 6 配位的，所以其化学式应为 $[Co(NH_3)_4Cl_2]Cl$，其内界为 $[Co(NH_3)_4Cl_2]^+$，外界为 Cl^-。

3-6 因为 $E^\ominus(Fe^{3+}/Fe^{2+})>E^\ominus(I_2/I^-)$，所以 $FeCl_3$ 可氧化 KI 而析出 I_2

$$2Fe^{3+}+2I^- = 2Fe^{2+}+I_2$$

但在 $FeCl_3$ 溶液中先加入足量 NaF，由于生成 FeF_6^{3-}，大大降低 Fe^{3+}/Fe^{2+} 电对的电势，所以 Fe(Ⅲ)不再能够氧化 I^-。假设是在标准状态下：

$$E^\ominus(FeF_6^{3-}/Fe^{2+})=E^\ominus(Fe^{3+}/Fe^{2+})=E^\ominus(Fe^{3+}/Fe^{2+})+0.0591\lg\frac{[Fe^{3+}]}{[Fe^{2+}]}$$

$$=0.771-0.0591\lg1.0\times10^{16}=-0.175\ (V)$$

$E^\ominus(FeF_6^{3-}/Fe^{2+})<E^\ominus(I_2/I^-)$，因此在 $FeCl_3$ 溶液中先加入足量 NaF，然后再加入 KI 则没有 I_2 生成。

3-7 A：$Fe(OH)_2$；B：$Fe(OH)_3$；C：Fe_2O_3；D：Fe_3O_4；E：$FeCl_3$；F：Na_2FeO_4；G：$BaFeO_4\cdot H_2O$。

$Fe+2HCl = FeCl_2+H_2\uparrow$

$FeCl_2+2NaOH = 2NaCl+Fe(OH)_2\downarrow$

$4Fe(OH)_2+O_2+2H_2O = 4Fe(OH)_3\downarrow$

$2Fe(OH)_3 = Fe_2O_3+3H_2O$

$Fe(OH)_3+3HCl = FeCl_3+3H_2O$

$2FeCl_3+2KI = I_2+2FeCl_2+2KCl$

$2Fe(OH)_3+3ClO^-+4OH^- = 2FeO_4^{2-}+3Cl^-+5H_2O$

$Ba^{2+}+FeO_4^{2-}+H_2O = BaFeO_4\cdot H_2O$

3-8 (1)该合金钢样品中含有铁、锰、铬、镍。

(2)各物质间转化关系为

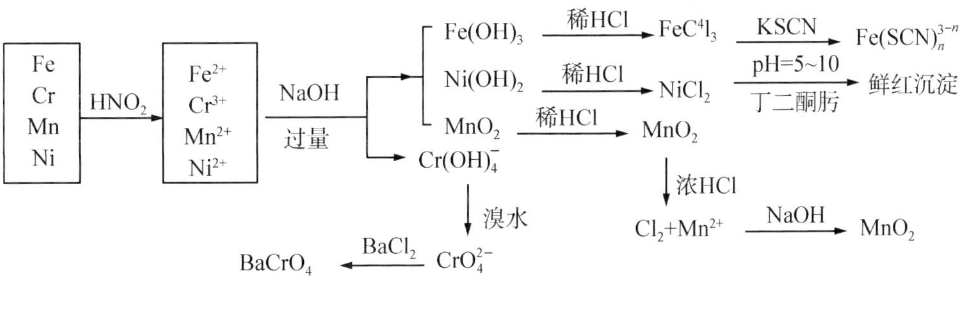

3-9 M: Fe; A: $Fe(OH)_2$; B: $Fe(OH)_3$; C: $FeCl_3$; D: FeO_4^{2-}; E: $BaFeO_4$; F: O_2; G: Fe^{3+}; H: $KFe[Fe(CN)_6]$。

$$Fe + 2HCl + 6H_2O \longrightarrow [Fe(H_2O)_6]^{2+} + 2Cl^- + H_2\uparrow$$

$$Fe^{2+} + 2NH_3 \cdot H_2O \longrightarrow Fe(OH)_2\downarrow(\text{白色}) + 2NH_4^+$$

空气中放置后 $Fe(OH)_2$ 迅速被空气氧化，在氧化过程中，可以观察到颜色由白→土绿→黑→红棕色的变化，主要的中间产物有 $Fe(OH)_2 \cdot 2\,Fe(OH)_3$（黑色）。

$$4Fe(OH)_2 + O_2 + 2H_2O \longrightarrow 4Fe(OH)_3(\text{红棕色})$$

$$Fe(OH)_3 + 3HCl \longrightarrow FeCl_3 + 3H_2O$$

$$2FeCl_3 + 2KI \longrightarrow 2FeCl_2 + 2KCl + I_2(\text{碘使淀粉变蓝})$$

$$Fe^{3+} + 6F^- \longrightarrow FeF_6^{3-}(Fe^{3+}\text{形成配离子后不再能够氧化}I^-)$$

$$2Fe(OH)_3 + 3Cl_2 + 10OH^- \longrightarrow 2FeO_4^{2-}(\text{紫红色}) + 6Cl^- + 8H_2O$$

$$Ba^{2+} + FeO_4^{2-} \longrightarrow BaFeO_4\downarrow(\text{紫红色})$$

$$4FeO_4^{2-} + 20H^+ \longrightarrow 4Fe^{3+} + 3O_2\uparrow + 10H_2O$$

$$K^+ + Fe^{3+} + Fe(CN)_6^{4-} \longrightarrow KFe[Fe(CN)_6]\downarrow(\text{蓝色})$$

3-10 M: Fe; A: CO; B: $Fe(CO)_5$; C: $K_3[Fe(CN)_6]$; D: $K_4[Fe(CN)_6]$; E: $Cu_2[Fe(CN)_6]$; F: FeC_2; G: KCN; H: N_2; I: FeO_4^{2-}; J: O_2。

(1) $3[Fe(CN)_6]^{3-} + Cr(OH)_3 + 5OH^- \longrightarrow 3[Fe(CN)_6]^{4-} + CrO_4^{2-} + 4H_2O$

(2) $2Fe(OH)_3 + 3ClO^- + 4OH^- \longrightarrow 2FeO_4^{2-} + 3Cl^- + 5H_2O$

(3) $4FeO_4^{2-} + 20H^+ \longrightarrow 4Fe^{3+} + 3O_2\uparrow + 10H_2O$

三、思考题解答

24-1 解答：这是因为国际上对钢铁的需求量一直呈上升趋势，加上铁矿石冶炼过程中所需的原材料如焦炭等价格的飙升，使钢铁生产成本上升，炼钢企业又将成本转嫁给采矿选矿企业，促使铁矿石价格上升，其反过来又加重了炼钢企业的成本压力，形成了恶性循环。另外，铁的腐蚀也特别严重，大家普遍认为，全世界每年因锈蚀而损失的钢铁量占全年生产量的1/4，这也是钢铁价格降不下来的另一个因素。

24-2 解答：Fe^{3+} 半径小，电荷高，吸引电子能力强，为硬酸，Fe^{2+} 半径稍大，电荷较高，吸引电子能力较强，为交界酸，而 O^{2-} 半径大，负电荷高，为硬碱，而 S^{2-} 为软碱、CO_3^{2-} 为硬碱。因此，铁在地壳中常以赤铁矿 Fe_2O_3、磁铁矿 Fe_3O_4、褐铁矿 $2Fe_2O_3 \cdot 3H_2O$、菱铁矿 $FeCO_3$、黄铁矿 FeS_2 形式存在。

24-3 解答：我们通常所说的氧化性酸是指酸的酸根（阴离子）具有氧化性，而不是指氢离子（氢离子堪称介质，它当然具有氧化性），氧化性酸有硫酸、硝酸、次氯酸、氯酸等，非氧化性酸有磷酸、盐酸等。稀盐酸可以将铁氧化为+2价归功于氢离子而不是氯离子，即发生反应的原因是氢离子具有氧化性，铁具有还原性。

24-4 解答：(1)将蒸馏水加热煮沸，除去溶解氧；分别配制硫酸亚铁溶液（或硫酸锰溶液）和氢氧化钠溶液，并向配置好的溶液加几滴煤油，以隔绝空气；将吸有氢氧化钠溶液的长胶头滴管插入硫酸亚铁溶液（或硫酸锰溶液）液面以下，缓慢挤出。适合制备少量的氢氧化亚铁或氢氧化锰。(2)将蒸馏水加热煮沸，除去溶解氧；分别配制硫酸亚铁溶液（或硫酸锰溶液）和氢氧化钠溶液；以氮气作保护气，在无氧条件下按比例混合两种溶液，适合制备大量的氢氧化亚铁或氢氧化锰。

24-5 解答：$CoCl_2$ 与 NaOH 作用所得的沉淀为 $Co(OH)_2$，久置后被空气中的氧气缓慢氧化为 $Co(OH)_3$。$Co(OH)_3$ 具有氧化性，能将 Cl^- 氧化为 Cl_2：$Co^{2+} + 2OH^- \longrightarrow Co(OH)_2\downarrow$，

$4Co(OH)_2 + O_2 + 2H_2O \longrightarrow 4Co(OH)_3 \downarrow$，$2Co(OH)_3 + 6HCl \longrightarrow 2CoCl_2 + Cl_2 \uparrow + 6H_2O$。

24-6 解答：硅胶化学式 $x SiO_2 \cdot y H_2O$，具有开放的多孔结构，比表面极大，吸附性强，能吸附多种物质，用于气体干燥、气体吸收、液体脱水、色层分析等，也用作催化剂。例如，加入氯化钴，干燥时呈蓝色，吸水后呈红色。蓝色变色硅胶用于吸收天平中的水分，保证天平内部干燥，变红后可在烘箱中加热脱水，再生为蓝色，反复使用。

24-7 解答：三价铁半径小、电荷高，极化能力强，而氯离子半径大，在极化能力强的阳离子作用下易变形。由于极化和变形，离子键变成了共价键，三氯化铁具有分子晶体的性质，自然易溶于有机溶剂。

24-8 解答：NH_3 是强配位体，与 Co^{2+} 形成 $[Co(NH_3)_6]^{2+}$ 时，NH_3 有能力强迫 Co^{2+} 进行电子重排，将 3d 轨道上的 6 个电子挤到 3 个 3d 轨道上去，第 7 个电子激发到外层的 5s 轨道上，腾出 2 个空的 3d 轨道与 4s、4p 轨道杂化，形成 6 个内轨型的 d^2sp^3 杂化轨道与 NH_3 成键。这样，在形成 $[Co(NH_3)_6]^{2+}$ 之后，被激发到 5s 轨道上的电子就显得能量太高，极易失去，使 $[Co(NH_3)_6]^{2+}$ 变得不再稳定，表现出很强的还原性。

24-9 解答：从图 24-1 中可以看出，在普鲁士蓝或藤氏蓝晶体中，每一个 Fe(Ⅲ)都与 6 个 CN^- 配位，配位原子为 N，每一个 Fe(Ⅱ)也都与 6 个 CN^- 配位，配位原子为 C，根本不存在 $KFe[Fe(CN)_6]$ 显示的那种有的铁原子在外界、有的铁原子在内界这种情况。$KFe[Fe(CN)_6]$ 并不能反映出普鲁士蓝或藤氏蓝的真实结构。

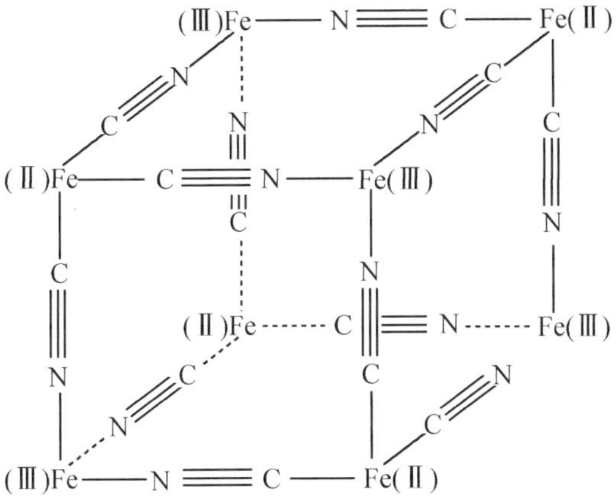

图 24-1　普鲁士蓝和藤氏蓝

24-10 解答：参考重要概念。

24-11 解答：不活泼性是铂系金属的特点之一；大部分铂系元素能吸收氢气（这是铂系金属具有有效催化性能的原因之一），其中 Pd 吸收氢气的能力特别大，在标准状态下，1 体积海绵状的 Pd 能吸收 900 体积的氢气。但 Pt 吸收氧气的能力却比 Pd 强，1 体积的 Pd 只能吸收 0.07 体积的氧气，而 1 体积的 Pt 能吸收 70 体积的氧气；催化活性高也是铂系元素的另一个特性，特别是金属粉末（如铂黑）的催化性能更大。

四、课后练习题解答

24-1 解答：(1) $2FeCl_3 + Cu \longrightarrow CuCl_2 + 2FeCl_2$

(2) $2FeCl_3 + Fe \longrightarrow 3FeCl_2$；

(3) $2FeCl_3 + SnCl_2 \longrightarrow 2FeCl_2 + SnCl_4$；

(4)$2FeCl_3+H_2S$ ══ $2FeCl_2+S\downarrow+2HCl$；

(5)$2FeCl_3+2KI$ ══ $2FeCl_2+I_2\downarrow+2KCl$；

(6)$2Ni(OH)_2+Br_2+2NaOH$ ══ $2Ni(OH)_3\downarrow+2NaBr$；

(7)Co_2O_3+6HCl ══ $2CoCl_2+Cl_2\uparrow+3H_2O$；

(8)$2Co(OH)_2+H_2O_2$ ══ $2Co(OH)_3\downarrow$；

(9)$3Pt+4HNO_3+18HCl$ ══ $3H_2[PtCl_6]+4NO\uparrow+8H_2O$；

(10)$Fe^{3+}+nSCN^-$ ══ $[Fe(SCN)_n]^{3-n}$($n=1\sim6$)

24-2 解答:(1)$CoCl_2+2NH_3\cdot H_2O$ ══ $Co(OH)_2\downarrow$(蓝绿色)$+2NH_4Cl$

$Co(OH)_2+6NH_3\cdot H_2O$ ══ $[Co(NH_3)_6](OH)_2$(棕黄色)$+6H_2O$

$4[Co(NH_3)_6]^{2+}+O_2+2H_2O$ ══ $4[Co(NH_3)_6]^{3+}$(红褐色)$+4OH^-$

(2)$Fe^{3+}+nSCN^-$ ══ $[Fe(SCN)_n]^{3-n}$(血红色)($n=1-6$)

$2[Fe(SCN)_n]^{3-n}+Sn^{2+}=2[Fe(SCN)_n]^{2-n}$(无色)$+Sn^{4+}$

(3)$Co^{2+}+2CN^-$ ══ $Co(CN)_2\downarrow$(红色)

$Co(CN)_2+4KCN$ ══ $K_4[Co(CN)_6]\downarrow$(紫红色)

由于 CN^- 是一个很强的配位体,在形成配合物时,进行 d^2sp^3 杂化成键,3d 轨道上的 1 个电子被激发到了 5s 轨道上。这个电子的不稳定性造就了$[Co(CN)_6]^{4-}$的强还原性,这从标准电极电势数据也可以看出来。

$[Co(H_2O)_6]^{3+}+e^-$ ══ $[Co(H_2O)_6]^{2+}$ $E^\ominus=1.808$ V

$[Co(CN)_6]^{3-}+e^-$ ══ $[Co(CN)_6]^{4-}$ $E^\ominus=-0.83$ V

$2K_4[Co(CN)_6]+2H_2O$ ══ $2K_3[Co(CN)_6]$(黄色)$+2KOH+H_2\uparrow$

(4)$Fe^{2+}+CO_3^{2-}+H_2O$ ══ $Fe(OH)_2\downarrow+CO_2\uparrow$

$Fe^{3+}+e^-$ ══ Fe^{2+}　$E^\ominus=0.771$ V

I_2+2e^- ══ $2I^-$　$E^\ominus=0.535$ V

$Fe(OH)_3+e^-$ ══ $Fe(OH)_2+OH^-$　$E^\ominus=-0.56$ V

可见,双水解反应的发生,改变了二价铁的还原性。$Fe(OH)_2$ 的还原能力远远强于自由的 Fe^{2+},它能将碘水还原为碘离子,本身被氧化为 $Fe(OH)_3$:

$$2Fe(OH)_2+2OH^-+I_2 ══ 2Fe(OH)_3+2I^-$$

24-3 解答:$Fe+H_2SO_4$ ══ $FeSO_4+H_2\uparrow$

$Fe+2HCl$ ══ $FeCl_2+H_2\uparrow$

$2FeCl_2+H_2O_2+2HCl$ ══ $2FeCl_3+2H_2O$

24-4 解答:(1)加入浓氨水,将三种离子都变成沉淀

$Fe^{3+}+3NH_3\cdot H_2O$ ══ $Fe(OH)_3\downarrow$(棕褐)$+3NH_4^+$

$Al^{3+}+3NH_3\cdot H_2O$ ══ $Al(OH)_3\downarrow$(白色)$+3NH_4^+$

$Cr^{3+}+3NH_3\cdot H_2O$ ══ $Cr(OH)_3\downarrow$(灰蓝色)$+3NH_4^+$

(2)在沉淀中加入 3%双氧水,$Cr(OH)_3$ 因被氧化而溶解,$Fe(OH)_3$ 和 $Al(OH)_3$ 不溶解,据此将 Cr^{3+} 分离出来:$2Cr(OH)_3\downarrow+3H_2O_2+4OH^-$ ══ $2CrO_4^{2-}+8H_2O$。

(3)在 $Fe(OH)_3$ 和 $Al(OH)_3$ 混合物中加入过量的 2 $mol\cdot dm^{-3}$ NaOH 溶液,$Al(OH)_3$ 溶解,而 $Fe(OH)_3$ 不溶解:$Al(OH)_3\downarrow+OH^-$ ══ $[Al(OH)_4^-]$

24-5 解答:不合理,Cu^{2+}、Co^{3+} 为氧化剂,可以氧化 I^-;Co^{3+} 氧化能力非常强,可以氧化

SO_4^{2-}。NH_4^+ 要存在，溶液为酸性，Cu^{2+}、Co^{3+} 易水解，要求溶液为强酸性，此时 SO_4^{2-} 可以氧化 I^-：

$$2Cu^{2+}+4I^- \xlongequal{} 2CuI+I_2,\ 2Co^{3+}+I^- \xlongequal{} 2Co^{2+}+I_2$$

24-6 解答：Co^{2+} 与过量的氨水反应，可形成土黄色的$[Co(NH_3)_6]^{2+}$，此配离子在空气中会被慢慢氧化为更稳定的红褐色$[Co(NH_3)_6]^{3+}$：$4[Co(NH_3)_6]^{2+}+O_2+2H_2O \xlongequal{} 4[Co(NH_3)_6]^{3+}+4OH^-$。$[Co(NH_3)_6]^{2+}$是外轨型，$[Co(NH_3)_6]^{2+}$的电子排布与自由离子 Co^{2+} 一样，3d 轨道上有 7 个电子，分占 5 个轨道，有 3 个电子为单电子，因此$[Co(NH_3)_6]^{2+}$为顺磁性；$[Co(NH_3)_6]^{3+}$是内轨型，$[Co(NH_3)_6]^{3+}$的电子排布与自由离子 Co^{2+} 不一样，3d 轨道上有 6 个电子，两两配对，分占 3 个轨道，因此$[Co(NH_3)_6]^{3+}$为反磁性。

24-7 解解：因为 $E^\ominus\{Fe^{3+}/Fe^{2+}\}>E^\ominus(I_2/I^-)$，

所以在热力学标准状态下，Fe^{3+} 可以把 I^- 氧化为 I_2：$2Fe^{3+}+2I^- \xlongequal{} 2\ Fe^{2+}+I_2$

$$\lg K^\ominus=\frac{nE^\ominus}{0.0591}=\frac{n[E^\ominus_{(+)}-E^\ominus_{(-)}]}{0.0591}=\frac{2\times(0.770-0.535)}{0.0592}=7.986,\ K^\ominus=9.7\times10^7$$

$$E^\ominus[Fe(CN)_6{}^{3-}/Fe(CN)_6{}^{4-}]=E(Fe^{3+}/Fe^{2+})$$

$$=E^\ominus(Fe^{3+}/Fe^{2+})+0.0591\lg\frac{[Fe^{3+}]}{[Fe^{2+}]}=0.771+0.0592\lg\frac{\dfrac{1}{1.0\times10^{42}}}{\dfrac{1}{1.0\times10^{35}}}=0.357\ (V)$$

因为 $E^\ominus\{[Fe(CN)_6]^{3-}/[Fe(CN)_6]^{4-}\}<E^\ominus(I_2/I^-)$，

所以在热力学标准状态下，I_2 可以把$[Fe(CN)_6]^{4-}$氧化为$[Fe(CN)_6]^{3-}$：

$$2[Fe(CN)_6]^{4-}+I_2 \xlongequal{} 2[Fe(CN)_6]^{3-}+2I^-$$

$$\lg K^\ominus=\frac{2\times(0.535-0.357)}{0.0592}=6.02,\ K^\ominus=1.0\times10^6$$

24-8 解答：A：$FeSO_4\cdot(NH_4)_2SO_4\cdot 6H_2O$，硫酸亚铁铵，俗名摩尔盐；B：$Fe^{2+}$、$SO_4^{2-}$、$NH_4^+$；C：$Fe(OH)_2$；D：$NH_3$；E：$Cr_2O_7^{2-}$；F：$Fe^{3+}$、$Cr^{3+}$；G：$KFe[Fe(CN)_6]$；H：$BaSO_4$。

$Fe^{2+}+2OH^- \xlongequal{} Fe(OH)_2\downarrow$　　$4Fe(OH)_2+O_2+2H_2O \xlongequal{} 4Fe(OH)_3\downarrow$

$NH_4^++OH^- \xlongequal{} NH_3\uparrow+H_2O$　　$6Fe^{2+}+Cr_2O_7^{2-}+14H^+ \xlongequal{} 6Fe^{3+}+2Cr^{3+}+7H_2O$

$K^++[Fe(CN)_6]^{4-}+Fe^{3+} \xlongequal{} KFe[Fe(CN)_6]\downarrow$

$Ba^{2+}+SO_4^{2-} \xlongequal{} BaSO_4\downarrow$

24-9 解答：由(1)知 $CuSO_4$ 和 KI 不可同时存在。由(2)知存在 $FeCl_3$、$SnCl_2$，灰绿色沉淀应是 $Fe(OH)_2$ 部分被氧化的中间产物，蓝色溶液则可能为 $Cu(NH_3)_4^{2+}$ 或 $Ni(NH_3)_4^{2+}$。由(3)加 KSCN 无变化，说明 $FeCl_3$、$SnCl_2$ 共存，Fe^{3+} 被 Sn^{2+} 还原；加入丙酮也无变化，说明 $CoCl_2$ 肯定不存在。由(4)加入过量 NaOH 溶液几乎无色，说明不存在 $CuSO_4$。再由(2)知，既然 $CuSO_4$ 不存在，应存在 $NiSO_4$。再由(4)知，加 HCl 有白色沉淀，说明 $ZnSO_4$、$SnCl_2$ 可能存在[因为 $Fe(OH)_2$ 已在前面滤出]。由(5)知不存在 I^-，不溶于硝酸的白色沉淀是 AgCl 或 Ag_2SO_4。所以，存在 $FeCl_3$、$SnCl_2$、$NiSO_4$，无 $CuSO_4$、$CoCl_2$、KI，可能存在 $ZnSO_4$。

24-10 解答：(1)$3Fe+5NaOH+NaNO_2 \xlongequal{} 3Na_2FeO_2+NH_3\uparrow+H_2O$

$6Na_2FeO_2+NaNO_2+5H_2O \xlongequal{} 3Na_2Fe_2O_4+NH_3\uparrow+7NaOH$

$3Na_2Fe_2O_4+3Na_2FeO_2+6H_2O \xlongequal{} 3Fe_3O_4+12NaOH$

(2)升高温度，反应速率加快，加大了 $Na_2Fe_2O_4$ 与 Na_2FeO_2 碰撞生成的 Fe_3O_4 机会。

(3)$NaNO_2$ 属于反应物，增大 $NaNO_2$ 浓度，单位时间内 $Na_2Fe_2O_4$ 与 Na_2FeO_2 的生成量都会增多，导致氧化物层增厚。

(4)总反应方程式为 $9Fe+8H_2O+4NaNO_2 = 3Fe_3O_4+4NaOH+4NH_3\uparrow$

NaOH 其实为产物，增大 NaOH 浓度，正反应速率不会加快，对氧化物层厚度影响自然不大。

五、参考资料

冯长春，周志浩.1992.高铁酸盐电合成的研究.化学世界，33(3)：100

郭启华.2002.铂族金属化学和生命科学.化学教育，23(9)：3

化工简讯.1965.从黄铁矿制取氧化铁的新方法.化学世界，(8)：354

黄世强，孙争光，李盛彪，等.1999.铁系金属催化硅氢加成反应研究进展.化学通报，(3)：19

李志远，赵建国.1993.高铁酸盐制备，性质及应用.化学通报，(7)：19

马亚鲁，马媛媛，贾佩楠，等.2012.Fe^{3+}、Co^{2+}、Ni^{2+} 混合离子鉴定分离的两种设计方案.大学化学，27(5):90

汪丰云，王小龙.2006.硫酸亚铁铵制备的绿色化设计.大学化学，21(1):51

周毅，侯芳.2007.溶剂萃取法分离 Fe^{3+}、Al^{3+} 实验中离子鉴定方法的改进.大学化学，22(3):46

朱建平.1989.二硫化铁(黄铁矿)的制备.化学世界，30(3)：100

第 25 章　11 族元素和 12 族元素

一、重要概念

1.青铜器(bronze ware)

青铜器是由青铜(赤铜与锡的合金)制成的器具,诞生于人类文明的青铜器时代。因为青铜器在世界各地均有出现,所以是一种世界性文明的象征。最早的青铜器出现于 5000 年至 6000 年前的两河流域。苏美尔文明时期雕有狮子形象的大型铜刀是早期青铜器的代表。青铜器在 2000 多年前逐渐由铁器所取代。中国青铜器制作精美,在世界青铜器中享有极高的声誉和艺术价值,代表着中国在先秦时期高超的技术与文化。中国安阳出土的司母戊鼎重 832.84 kg,是世界迄今出土最重的青铜器,享誉"镇国之宝"的美誉。马踏飞燕是中国青铜器的代表。陕西省宝鸡市是中国青铜器之乡(home of bronze ware,the hometown of Chinese bronze art),其出土的青铜器有五万余件。

2.仰韶文化(Yangshao culture)

仰韶文化是黄河中游地区重要的新石器时代文化。因 1921 年在河南省三门峡市渑池县仰韶村被发现故被命名为仰韶文化,但仰韶文化的中心是陕西华山。仰韶文化以陕西华山为中心分布,东起山东,西至甘肃、青海,北到河套内蒙古长城一线,南抵江汉,分布最为密集的地区在陕西关中、陕北一带。仰韶文化的持续时间大约在公元前 5000 年至 3000 年,分布在整个黄河中游从今天的甘肃省到河南省之间。当前在中国已发现上千处仰韶文化的遗址,其中以陕西省为最多,共计 2040 处,占全国的仰韶文化遗址数量的 40%,是仰韶文化的中心。

3.第 11 族元素(copper family element)

按照 IUPAC 建议,将铜族元素标记为第 11 族元素,包括铜(Cu)、银(Ag)、金(Au)及轮(Rg,放射性元素,目前对其了解甚少),价层电子构型为$(n-1)d^{10}ns^1$,位于元素周期表的 11 列。

4.第 12 族元素(zinc family element)

按照 IUPAC 建议,将锌族元素标记为第 12 族元素,包括锌(Zn)、镉(Cd)、汞(Hg)及鿔(Cn),价层电子构型为$(n-1)d^{10}ns^2$,位于元素周期表的 12 列。

5.铜的主要化学反应(the main chemical reaction of copper)

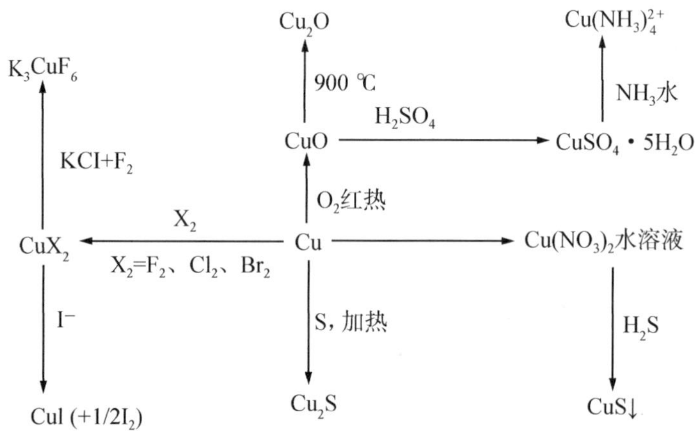

6.银的主要化学反应(the main chemical reaction of silver)

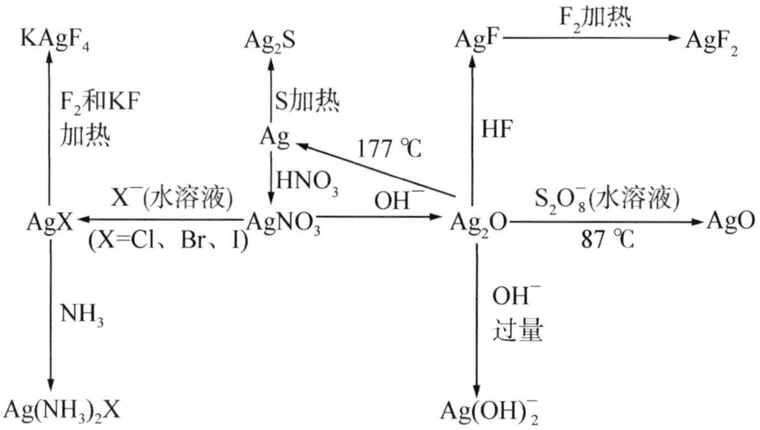

7.金的主要化学反应(the main chemical reaction of gold)

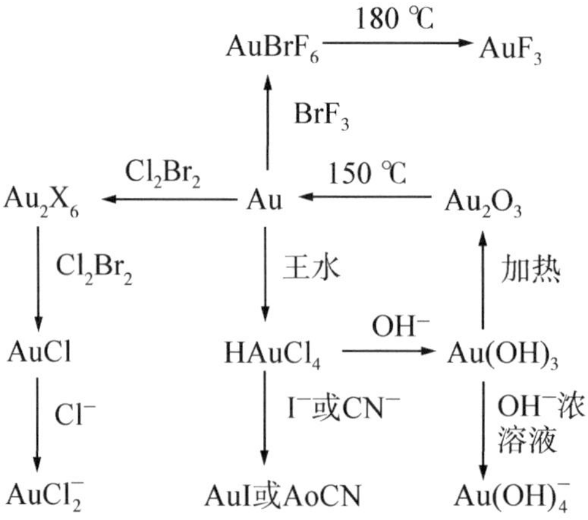

8.锌的主要化学反应(the main chemical reaction of zinc)

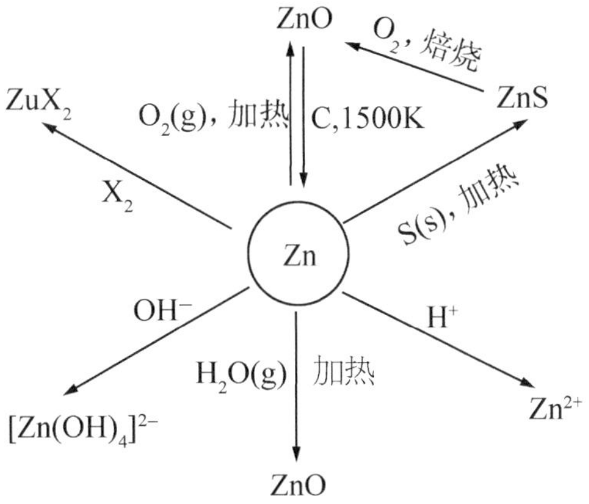

9.镉的主要化学反应(the main chemical reaction of cadmium)

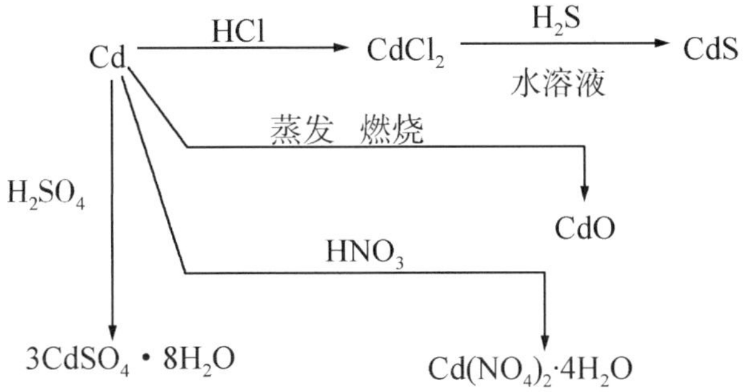

10.汞的主要化学反应(the main chemical reaction of mercury)

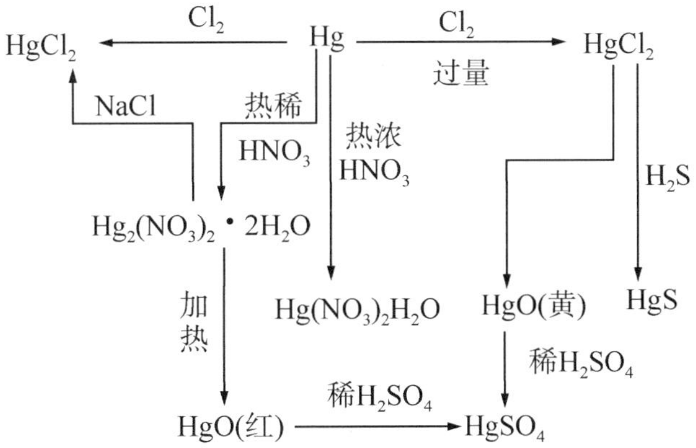

二、自测题及其解答

1.选择题

1-1 组成黄铜合金的两种金属是　　(　　)

A.铜和锡　　B.铜和锌　　C.铅和锡　　D.铜和铝

1-2 下述有关银的性质的正确论述是　（　）

A.从稀盐酸中置换出氢　B.从浓盐酸中置换出氢

C.从氢碘酸中置换出氢　D.从稀硫酸中置换出氢

1-3 欲从含有少量 Cu^{2+} 的 $ZnSO_4$溶液中除去 Cu^{2+} 最好的试剂是　（　）

A.Na_2CO_3　B.NaOH　C.HCl　D.Zn

1-4 Cu_2O 和稀 H_2SO_4 反应，最后能生成　（　）

A.$Cu_2SO_4+H_2O$　B.$CuSO_4+H_2O$

C.$CuSO_4+Cu+H_2O$　D.Cu_2S+H_2O

1-5 Hg_2^{2+} 中 Hg 原子之间的化学键为　（　）

A.离子键　B.σ 键　C.π 键　D.配位键

1-6 加 $NH_3 \cdot H_2O$ 于 Hg_2Cl_2 上，容易生成的是　（　）

A.$Hg(OH)_2$　B.$[Hg(NH_3)_4]^{2+}$　C.$[Hg(NH_3)_4]^{+}$　D.$HgNH_2Cl+Hg$

1-7 Cu^+ 的磁矩(B.M)是

A.3.88　B.2.83　C.1.73　D.0.00

1-8 从 Ag^+、Hg^{2+}、Hg_2^{2+}、Pb^{2+} 的混合溶液中分离出 Ag^+，可加入的试剂为　（　）

A.H_2S　B.$SnCl_2$　C.NaOH　D.$NH_3 \cdot H_2O$

1-9 下列离子与过量的 KI 溶液反应只得到澄清的无色溶液的是　（　）

A.Cu^{2+}　B.Fe^{3+}　C.Hg^{2+}　D.Hg_2^{2+}

1-10 下列金属中不与汞形成汞齐的是　（　）

A.Fe　B.Zn　C.Pb　D.Ni

2.填空题

2-1 在氯化银溶于氨水的溶液中加入甲醛并加热，化学方程式是__________。

2-2 金能溶于王水，是因为王水具有______性和______性，该反应方程式为________________。

2-3 将少量的 $SnCl_2$溶液加入 $HgCl_2$溶液中，有__________产生，其反应方程式为__________；而将过量的 $SnCl_2$溶液加入 $HgCl_2$溶液中，有__________产生，其反应方程式为__________。

2-4 红色不溶于水的固体__________与稀硫酸反应，微热，得到蓝色__________溶液和暗红色的沉淀物__________。取上层蓝色溶液加入氨水生成深蓝色__________溶液。加入过量 KCN 溶液则生成无色__________溶液。

2-5 在 $Hg(NO_3)_2$溶液中，逐滴加入 KI 溶液，开始有__________色__________化合物生成，当 KI 过量时溶液变为__________色，生成了__________；在 $Hg_2(NO_3)_2$溶液中，逐滴加入 KI 溶液时，有__________色__________化合物生成，KI 过量时则生成__________和__________。

2-6 青铜的主要成分是______，黄铜的主要成分是__________；黄金的纯度通常用__________表示，75%的黄金可表示为__________。

2-7 汞是有毒的物质，而且沸点不高，常温下有一定挥发性。为了防止汞蒸气中毒，当汞不慎撒落后，可加__________覆盖，使之形成无毒的__________。为了除去室内空气中的汞蒸气，可以加热一些固体__________，使之升华为蒸气并与汞蒸气化合为难挥发的固体____________。

2-8 能使 $Zn(OH)_2$ 和 $Al(OH)_3$ 沉淀进行分离的试剂是__________________。

2-9 实验室中，$FeCl_3$ 水溶液常显黄色，原因是__________________；$KMnO_4$ 溶液应用棕色瓶存放，原因是__________________；汞滴撒落，要盖上硫粉，作用是__________________。

2-10 丹砂烧之成水银，积变又还为丹砂。丹砂是__________，发生的反应为________________和______________。

3.综合题

3-1 某多种金属离子的混合溶液中，先加入 6 mol·dm^{-3} 的 HCl 并煮沸，离心分离，得沉淀 A 和溶液 B。洗涤沉淀 A，A 为白色；在 A 中加入 2 mol·dm^{-3} 的氨水，A 沉淀溶解，再加入稀硝酸，白色沉淀又析出。在溶液 B 中加入足量 6 mol·dm^{-3} 的氨水，再离心分离后得沉淀 C 和溶液 D。D 为深蓝色溶液，在 D 中加入 6 mol·dm^{-3} 的 HAc 和黄血盐稀溶液，得到红棕色沉淀 E。在洗涤后的沉淀 C 中加入足量 6 mol·dm^{-3} 的 NaOH 溶液，充分搅拌然后离心分离，得到红棕色沉淀 F 和溶液 G。在沉淀 F 中加入足量的 6 mol·dm^{-3} HCl 和稀 KNCS 溶液，沉淀完全溶解，溶液呈现血红色。在溶液 G 中，加入足量 6 mol·dm^{-3} 的 HAc 和 0.1 mol·dm^{-3} 的 K_2CrO_4 溶液，有黄色沉淀 H 生成。试确定混合溶液中含有哪些金属离子，写出实验中各步反应方程式。

3-2 请选用合适的配位剂分别溶解下列各沉淀：

$Cu(OH)_2$；CuCl CuS；CuI；AgCl；AgBr；AgI；$Zn(OH)_2$；HgS；HgI_2；NH_2HgOH。

3-3 某黑色固体 A 不溶于水，但可溶于硫酸生成蓝色溶液 B。在 B 中加入适量氨水则生成浅蓝色沉淀 C，C 溶于过量的氨水生成深蓝色溶液 D。在 D 中加入 H_2S 饱和溶液产生黑色沉淀 E，E 可溶于硝酸。试确定从 A～E 字母所代表物质的化学式，写出各步相关化学反应式。

3-4 Hg_2Cl_2、CuCl 和 AgCl 均是白色固体，试用一种试剂将它们区别开来，并写出有关反应方程式。

3-5 设法除去下列各溶液括号内标注的杂质离子，写出主要的离子反应式并指出必要的条件，最后要恢复溶液原来的酸碱度。

(1)$ZnSO_4$ 酸性溶液(Cu^{2+})；　(2)$CuCl_2$ 酸性溶液(Fe^{2+})。

3-6 某溶液中可能含有 Fe^{3+}、Al^{3+}、Zn^{2+}、Cu^{2+}、Ag^{+}。若在溶液中逐滴加入过量 2 mol·dm^{-3} 的氨水得白色沉淀和深蓝色溶液。分离后，在白色沉淀中加入过量的 2 mol·dm^{-3} NaOH 溶液，白色沉淀溶解得无色溶液。将深蓝色溶液用 2 mol·dm^{-3} HCl 溶液酸化至强酸性，则溶液的颜色呈浅蓝色和有白色沉淀析出。试判断此溶液中肯定存在哪些离子？可能存在哪些离子？肯定不可能存在哪些离子？简述理由。

3-7 在含有配离 A 的溶液中，加入稀盐酸，有刺激性气体 B、黄色沉淀 C 和白色沉淀 J 产生。气体 B 能使 $KMnO_4$ 溶液褪色。若通氯气于溶液 A 中，得到白色沉淀 J 和含有 D 的溶液。D 与 $BaCl_2$ 作用，有不溶于酸的白色沉淀 E 产生。若在溶液 A 中加入 KI 溶液，产生黄色沉淀 F，再加入 NaCN 溶液，黄色沉淀 F 溶解，形成无色溶液 G，向 G 中通入 H_2S 气体，得到黑色沉淀 H。根据上述实验结果，确定 A、B、C、D、E、F、G、H、J 各为何物？写出各步有关反应方程式。

3-8 有一白色沉淀，加入 2 mol 氨水后沉淀溶解，再加 KBr 溶液即析出浅黄色沉淀，此沉

淀可溶于 $Na_2S_2O_3$ 溶液中，再加入 KI 溶液又见黄色沉淀，此沉淀溶于 KCN 溶液中，最后加入 Na_2S 溶液时析出黑色沉淀。

问：(1)白色沉淀为何物？

(2)写出各步反应方程式。

3-9 解释下列现象：

(1)司母戊鼎是商后期(约公元前 16 世纪至公元前 11 世纪)的铸品，原器 1939 年 3 月出土于河南安阳侯家庄武官村。挖掘时，考古学家发现其表面有一层铜绿；

(2)锌的发现比铜、铅要晚；

(3)银制器皿、饰品在空气中会逐渐变暗；

(4)丹砂烧之成水银，积变又还为丹砂；

(5)西汉《淮南子·万毕术》一书中记载："曾青得铁则化铜"。

3-10 计算

(1)根据下列电对的 $E^{\ominus}$：$Cu^{2+} + e^- = Cu^+$，$E^{\ominus} = 0.159$ V；$Cu^+ + e^- = Cu$，$E^{\ominus} = 0.515$ V，试说明 Cu^+ 在水溶液中是否歧化为 Cu^{2+} 和 Cu。

(2)298 K 时，计算反应 $Cu(s) + Cu^{2+} + 2Cl^- = 2CuCl(s)$ 的平衡常数。已知 $K_{sp}(CuCl) = 1.2 \times 10^{-6}$。

(3)如果溶液中最初 $c(Cu^{2+}) = 0.10\ mol \cdot dm^{-3}$，$c(Cl^-) = 0.20\ mol \cdot dm^{-3}$，并有金属铜存在，计算上述反应达到平衡时溶液中各种离子(H^+，OH^-)的浓度。

3-11 根据下面所列的化学反应，确定 A、B、C、D、E、G、H、I 的名称及化学式，并写出 D 的热分解反应方程式。

A(红色固体)$\longrightarrow$B(液体)+C(无色气体)

B+HNO_3(浓)$\longrightarrow$D(无色溶液)+E(红棕色气体)

D(溶液)+B(液体)$\longrightarrow$F(无色溶液)

D(溶液)+G(溶液)$\longrightarrow$H(橘红色沉淀)

H+G(溶液过量)$\longrightarrow$I(无色溶液)

自测题解答

1.选择题

1-1 (B) **1-2** (C) **1-3** (D) **1-4** (C) **1-5** (B)

1-6 (D) **1-7** (D) **1-8** (D) **1-9** (C) **1-10** (A)

2.填空题

2-1 $2Ag(NH_3)_2^+ + HCHO + H_2O = 2Ag\downarrow + HCOO^- + 3NH_4^+ + NH_3\uparrow$

2-2 强氧化；配合；$Au + HNO_3 + 4\ HCl = HAuCl_4 + NO\uparrow + 2H_2O$

2-3 白色沉淀 Hg_2Cl_2；$2HgCl_2 + SnCl_2 = Hg_2Cl_2\downarrow + SnCl_4$；

黑色沉淀 Hg；$HgCl_2 + SnCl_2 = Hg\downarrow + SnCl_4$。

2-4 Cu_2O；$CuSO_4$；Cu；$Cu(NH_3)_4^{2+}$；$Cu(CN)_3^{2-}$。

2-5 橘红；HgI_2；无；$[HgI_4]^{2-}$；黄绿；Hg_2I_2；$[HgI_4]^{2-}$；Hg。

2-6 铜、锡；铜、锌；" K "(开)；18 K。

2-7 S 粉；HgS；I_2；HgI_2。

2-8 $NH_3 \cdot H_2O$。

2-9 Fe^{3+} 的水解产物 $Fe(OH)^{2+}$、$Fe(OH)_2^+$ 呈黄色；见光易分解；生成无毒难挥发的 HgS。

2-10 HgS；$HgS = Hg + S$；$Hg + S = HgS$。

3.综合题

3-1 结论：混合离子中有 Ag^+、Cu^{2+}、Fe^{3+}、Pb^{2+}，A：AgCl；B：Cu^{2+}、Fe^{3+}、Pb^{2+}；C：$Pb(OH)_2$、$Fe(OH)_3$；D：$[Cu(NH_3)_4]^{2+}$；E：$Cu_2[Fe(CN)_6]$；F：$Fe(OH)_3$；G：$[Pb(OH)_4]^{2-}$；H：$PbCrO_4$。

$$Ag^+ + Cl^- = AgCl\downarrow$$
$$AgCl + 2NH_3 = [Ag(NH_3)_2]^+ + Cl^-$$
$$[Ag(NH_3)_2]^+ + Cl^- + 2H^+ = AgCl\downarrow + 2NH_4^+$$
$$Cu^{2+} + 4NH_3 = [Cu(NH_3)_4]^{2+}$$
$$2[Cu(NH_3)_4]^{2+} + [Fe(CN)_6]^{4-} + 8H^+ = Cu_2[Fe(CN)_6]\downarrow + 8NH_4^+$$
$$Fe^{3+} + 3NH_3 \cdot H_2O = Fe(OH)_3\downarrow + 3NH_4^+$$
$$Fe(OH)_3 + 3HCl = FeCl_3 + 3H_2O$$
$$Fe^{3+} + nSCN^- = [Fe(SCN)_n]^{3-n}\ (n=1,2,3,4,5,6)$$
$$Pb^{2+} + 2NH_3 \cdot H_2O = Pb(OH)_2\downarrow + 2NH_4^+$$
$$Pb(OH)_2\downarrow + 2OH^- = [Pb(OH)_4]^{2-}$$
$$[Pb(OH)_4]^{2-} + 4HAc = Pb^{2+} + 4H_2O + 4Ac^-$$
$$Pb^{2+} + CrO_4 = PbCrO_4\downarrow$$

3-2

$$Cu(OH)_2 + 2OH^- = [Cu(OH)_4]^{2-}\text{（也可以用氨水）}$$
$$CuCl + HCl = H[CuCl_2]$$
$$2CuS + 10NaCN = 2Na_3[Cu(CN)_4] + (CN)_2\uparrow + 2Na_2S$$
$$CuI + HI = H[CuI_2]$$
$$AgCl + 2NH_3 = [Ag(NH_3)_2]Cl$$
$$AgBr + 2Na_2S_2O_3 = Na_3[Ag(S_2O_3)_2] + NaBr$$
$$AgI + 2NaCN = Na[Ag(CN)_2] + NaI$$
$$Zn(OH)_2 + 2OH^- = [Zn(OH)_4]^{2-}\text{（也可以用氨水）}$$
$$HgS + Na_2S = Na_2[HgS_2]$$
$$HgI_2 + 2I^- = [HgI_4]^{2-}$$
$$NH_2HgOH + 5HCl = H_2[HgCl_4] + NH_4Cl + H_2O$$

3-3 A～E 依次为 CuO、$CuSO_4$、$Cu(OH)_2$、$[Cu(NH_3)_4]^{2+}$、CuS

$$CuO + H_2SO_4 = CuSO_4 + H_2O$$
$$Cu^{2+} + 2OH^- = Cu(OH)_2\downarrow$$
$$Cu(OH)_2 + 4NH_3 = [Cu(NH_3)_4]^{2+} + 2OH^-$$
$$[Cu(NH_3)_4]^{2+} + H_2S = CuS + 2NH_4^+ + 2NH_3$$
$$CuS + 10HNO_3(\text{浓}) = Cu(NO_3)_2 + H_2SO_4 + 8NO_2\uparrow + 4H_2O$$
$$3CuS + 8HNO_3(\text{稀}) = 3Cu(NO_3)_2 + 3S\downarrow + 2NO\uparrow + 4H_2O$$

3-4 分别取上述三种白色粉末少许，再分别加入氨水，充分振荡后放置一段时间，有黑色沉淀出现的是 Hg_2Cl_2；先变成无色溶液，后转化为蓝色溶液的是 CuCl；溶解后得到无色溶液的是 AgCl。有关反应式如下：

$$Hg_2Cl_2 + 2NH_3 = HgNH_2Cl\downarrow(\text{白色}) + NH_4Cl + Hg\downarrow$$
$$CuCl + 2NH_3 = [Cu(NH_3)_2]^+(\text{无色}) + Cl^-$$
$$4[Cu(NH_3)_2]^+ + 8NH_3 \cdot H_2O + O_2 \longrightarrow 4[Cu(NH_3)_4]^{2+} + 4OH^- + 6H_2O$$
$$AgCl + 2NH_3 = [Ag(NH_3)_2]^+ + Cl^-$$

3-5 (1)$ZnSO_4$ 酸性溶液中除去杂质 Cu^{2+}：① 在溶液中加入锌粉，将 Cu^{2+} 还原为金属铜：$Cu^{2+} + Zn = Cu + Zn^{2+}$；② 过滤，除去过量的锌粉和析出的铜；③ 用 H_2SO_4 将滤液调至原来的酸度。

(2)$CuCl_2$ 酸性溶液中除去杂质 Fe^{2+}：① 在溶液中加入 H_2O_2 将杂质 Fe^{2+} 氧化为 Fe^{3+}，$2Fe^{2+} + 2H^+ +$

H_2O_2 ══ $2Fe^{3+}+2H_2O$；② 加入 $Cu(OH)_2$ 使 Fe^{3+} 转化为 $Fe(OH)_3$ 沉淀，$2Fe^{3+}+3Cu(OH)_2$ ══ $2Fe(OH)_3\downarrow+3Cu^{2+}$；③ 滤去沉淀，然后用盐酸将滤液调至原来的酸度，加热分解剩余的 H_2O_2；$2H_2O_2$ ══ $2H_2O+O_2$。

3-6 (1)滴加过量氨水得白色沉淀和深蓝色溶液，则不可能有 Fe^{3+}，因为 $Fe(OH)_3$ 为红棕色沉淀；可能有 $Cu(NH_3)_4^{2+}$(深蓝色)，$Al(OH)_3\downarrow$(白色)、无法判断 $Zn(NH_3)_4^{2+}$，$Ag(NH_3)_2^+$(因为它们无色)。

(2)白色沉淀中加入过量的 2 mol · dm^{-3} NaOH 溶液，白色沉淀溶解得无色溶液，应该有 Al^{3+}，因为 $Al(OH)_4^-$ 是无色的。

(3)深蓝色溶液用 2 mol · dm^{-3} HCl 溶液酸化至强酸性，则溶液的颜色呈浅蓝色和有白色沉淀析出，则应有 Cu^{2+}(浅蓝色)、Ag^+(因为析出 AgCl 白色沉淀)，无法判断是否存在 Zn^{2+}(因为它是无色的)。结论：肯定有 Al^{3+}、Cu^{2+}、Ag^+；肯定无 Fe^{3+}；可能有 Zn^{2+}。

3-7 A：$[Ag(S_2O_3)_2]^{3-}$；B：SO_2 C：S；D：SO_4^{2-}；E：$BaSO_4$；F：AgI；G：$[Ag(CN)_2]^-$；H：Ag_2S；J：AgCl。

$$[Ag(S_2O_3)_2]^{3-}+4H^++Cl^- = AgCl\downarrow+2S\downarrow+2SO_2\uparrow+2H_2O$$

$$5SO_2+2KMnO_4+2H_2O = K_2SO_4+2MnSO_4+2H_2SO_4$$

$$[Ag(S_2O_3)_2]^{3-} = Ag^++2S_2O_3^{2-}$$

$$S_2O_3^{2-}+4Cl_2+5H_2O = 2SO_4^{2-}+8Cl^-+10H^+$$

$$Ag^++Cl^- = AgCl\downarrow \qquad Ba^{2+}+SO_4^{2-} = BaSO_4\downarrow$$

$$[Ag(S_2O_3)_2]^{3-}+I^- = AgI\downarrow+2S_2O_3^{2-}$$

$$AgI+2CN^- = [Ag(CN)_2]^-+I^-$$

$$2[Ag(CN)_2]^-+H_2S = Ag_2S\downarrow+2HCN+2CN^-$$

3-8(1)白色沉淀为 AgCl。(2)各步反应为

$$AgCl+2NH_3 = [Ag(NH_3)_2]Cl$$

$$Ag(NH_3)_2Cl+KBr = AgBr\downarrow+KCl+2NH_3$$

$$AgBr+2Na_2S_2O_3 = Na_3[Ag(S_2O_3)_2]+NaBr$$

$$Na_3[Ag(S_2O_3)_2]+KI = AgI\downarrow+Na_2S_2O_3+KNaS_2O_3$$

$$AgI+2KCN = K[Ag(CN)_2]+KI$$

$$2K[Ag(CN)_2]+Na_2S = Ag_2S\downarrow+2KCN+2NaCN$$

3-9 (1)司母戊鼎也称后母戊鼎，是中国商代后期(约公元前 16 世纪至公元前 11 世纪)王室祭祀用的青铜方鼎，是商朝青铜器的代表作。后母戊鼎器型高大厚重，形制雄伟，气势宏大，纹势华丽，工艺高超，其高 133 cm、口长 110 cm、口宽 78 cm、重 832.84 kg，四足中空。用陶范铸造，鼎体(包括空心鼎足)浑铸，其合金成分为：铜 84.77%，锡 11.44%，铅 2.76%，其他 0.9%。青铜器在地下长期受到水、碳酸盐、微生物的侵蚀，生成了一种难溶于水的物质，主要成分为碱式碳酸铜。

(2)锌矿往往和铜矿、铅矿共生，古代人炼铜和铅采用碳还原的办法，在高温下，虽然锌可以和铅、铜一起被还原为金属单质，但由于锌的沸点只有 906 ℃，远远低于铜的沸点(2595 ℃)和铅的沸点(1740 ℃)，而炭火的温度却高于锌的沸点，造成锌以蒸气形式从反应体系中逸出，当然，当时也没有冷凝装置使锌重新变成固态，因此锌的发现比铜、铅要晚。

(3)这是因为空气中含有硫化氢气体，与制银器皿反应，生成了黑色的硫化银。

(4)前一句讲的是反应 HgS ══ Hg+S，第二句讲的是 Hg+S ══ HgS。

(5)这讲的是铁与硫酸铜之间的置换反应：$Fe+CuSO_4 = Cu+FeSO_4$。

3-10 (1)歧化反应：$2Cu^+ = Cu^{2+}+Cu$，$E^\ominus=E^\ominus(Cu^+/Cu)-E^\ominus(Cu^{2+}/Cu)=0.356\ V>0$，能发生歧化。

(2)$Cl^-+Cu^+ = CuCl(s)$，$K_1=1/K_{sp}$，$Cu^{2+}+Cu = 2Cu^+$，K_2

由 $2Cu^+ = Cu^{2+}+Cu$，$\lg K'=nE^\ominus/0.0591$，得 $K'=1.08\times10^6$，$K_2=1/K'$

$Cu(s)+Cu^{2+}+2Cl^- = 2CuCl(s) \qquad K=2K_1\cdot K_2=6.4\times10^5$

(3)　$Cu(s)+Cu^{2+}+2Cl^- \!=\!=\!= 2CuCl(s)$

开始　0.1　0.20

平衡　x　$2x$

$x=7.31\times10^3(mol\cdot dm^{-3})$，$c(Cu^{2+})=7.31\times10^3\ mol\cdot dm^{-3}$，$c(Cl^-)=1.46\times10^{-2}\ mol\cdot dm^{-3}$

$c(Cu^+)=K_{sp}(CuCl)/[Cl^-]=8.22\times10^{-5}\ mol\cdot dm^{-3}$

3-11 结论：A、B、C、D、E、F、G、H、I 依次为 HgO、Hg、O_2、$Hg(NO_3)_2$、NO_2、$Hg_2(NO_3)_2$、KI、HgI_2、$[HgI_4]^{2-}$。

$2HgO \!=\!=\!= 2Hg+O_2$　　$Hg+4HNO_3$(浓)$\!=\!=\!= Hg(NO_3)_2+2NO_2+2H_2O$

$Hg(NO_3)_2+Hg \!=\!=\!= Hg_2(NO_3)_2$　　$Hg_2(NO_3)_2+2KI \!=\!=\!= HgI_2+2KNO_3+Hg$

$HgI_2+2KI \longrightarrow K_2[HgI_4]$　　热分解方程：$Hg(NO_3)_2 \!=\!=\!= Hg+2NO_2+O_2$

三、思考题解答

25-1 解答：铜族元素的次外层有 18 个电子，碱金属元素次外层只有 8 个电子(锂次外层只有 2 个电子)。由于 18 电子组态对原子核的屏蔽效应小于 8 电子组态，使得铜族元素原子的最外层电子受到了较多有效核电荷的吸引，即铜族元素原子的最外层 s 电子受原子核的吸引力比碱金属元素原子要强得多，所以铜族元素原子的电离能比同周期碱金属元素显著增大，原子半径也显著变小，活泼性远不如碱金属，是不活泼金属，并按铜、银、金的顺序递减。其化合物多为共价型。

25-2 解答：由于$(n-1)$d 电子与 ns 电子能量相差不大，故可形成$+1$、$+2$、$+3$ 价化合物。碱金属要形成$+2$ 价及其以上价态，就要失去次外层$(n-1)$p 轨道上的电子(Li 则要失去 1s 电子)，而次外层轨道上的电子的能量远远低于最外层，很难失去，因此其他价态很难实现。

25-3 解答：金、银无论是酸性还是碱性介质下，其电极电势都是正值，说明其性质不活泼，在自然界主要以单质形态存在，在某些极端条件下(如火山喷发)，它们也可以形成化合物，以化合物形式存在。而铜在酸性介质下性质稳定，但在碱性介质下稳定性差，在自然界主要以化合物形式存在，在特殊环境下有单质存在形态的铜矿。

25-4 解答：从 Ellingham 图可知，从氧化铜还原得到金属铜的温度要比从氧化铁还原得到金属铁的温度低得多。

25-5 解答：$Au+HNO_3+4HCl \!=\!=\!= H[AuCl_4]+NO\uparrow+2H_2O$。

25-6 解答：对于主族元素，同一族，从上而下，电子层数增多，半径增大，原子核对最外层电子吸引能力逐渐减弱，元素原子失去电子的能力逐渐增强，金属性增强。对于铜族元素，从上而下，尽管电子层数也在增加，但由于镧系收缩现象的存在，其半径增加并不明显；其次外层为 18 电子构型，屏蔽能力差，使得有效核电荷数增加明显，使得它们对最外层电子的吸引能力增强，金属性依次减弱。

25-7 解答：铜离子带两个单位正电荷，半径小，极化能力强，氯离子发生变形，铜和氯之间的化学键具有较高的共价键成分，常表现出共价化合物的性质。因此 $CuCl_2$ 不仅易溶于水，还易溶于乙醇、丙酮等有机溶剂。

25-8 解答：在水溶液中，$CuCl_2$ 可形成$[CuCl_4]^{2-}$和$[Cu(H_2O)_4]^{2+}$两种配离子。$[CuCl_4]^{2-}$ 显黄色，$[Cu(H_2O)_4]^{2+}$ 显蓝色，$CuCl_2$ 溶液的颜色取决于其浓度，浓度由大到小，颜色由黄绿色、绿色、到蓝色：$[CuCl_4]^{2-}+4H_2O \!=\!=\!= [Cu(H_2O)_4]^{2+}+4Cl^-$。

25-9 解答：二价铜离子半径小、电荷高、极化能力强，碘离子半径大，易变形，两者相遇时，二价铜离子极强的吸电子能力足以把电子从吸电子能力差的碘离子周围吸引过来，使自己变成正一价，碘离子被氧化为单质碘。

25-10 解答：是为了提供大量的配位体——氯离子，与亚铜形成稳定的配合物，降低溶液中的自有亚铜离子的浓度，促使反歧化反应进行完全：$CuCl_2 + Cu + 2HCl = 2H[CuCl_2]$。由于生成了稳定的$[CuCl_2]^-$，溶液中 Cu^+ 浓度很低，该反应可正向进行完全。

25-11 解答：其基本流程为：焙烧→浸出→净化→电解。

(1)焙烧：将其转化为氧化物，产生的二氧化硫制成硫酸：

$2CuFeS_2 + 2SiO_2 + 4O_2 = Cu_2S + 2FeSiO_3 + 3SO_2$，$Cu_2S + 2O_2 = 2CuO + SO_2$

(2)浸出：以硫酸为浸取剂，将铜转化为硫酸铜：$CuO + H_2SO_4 = CuSO_4 + H_2O$。

(3)净化：除去铁、砷等杂质，净化溶液。

(4)电解：以净化液为电解液，纯铜为阴极，石墨为阳极进行电解。

25-12 解答：样品溶解，加入过量铜粉，反应完全后过滤，滤液蒸发、浓缩、结晶，得到纯净的硝酸铜晶体。

25-13 解答：这个定性分析结论是不合理的，因为：

Ag^+ 和 $S_2O_3^{2-}$ 不能共存：$Ag^+ + 2S_2O_3^{2-}$(过量)$= [Ag(S_2O_3)_2]^{3-}$

Ag^+ 和 Sn^{2+} 不能共存：$2Ag^+ + Sn^{2+} = 2Ag + Sn^{4+}$

$S_2O_3^{2-}$ 和 Sn^{2+} 不能共存：$S_2O_3^{2-}$只能存在于碱性溶液中，Sn^{2+} 只能存在于酸性溶液中。

25-14 解答：首先将其焙烧，使其转化为氧化银，然后将氧化银溶解于硝酸中，所得溶液用锌丝还原，即可得银单质。

$4AgCl + O_2 = 2Ag_2O + 2Cl_2$，$2Ag_2S + 3O_2 = 2Ag_2O + 2SO_2$

$Ag_2O + 2HNO_3 = 2AgNO_3 + H_2O$，$Zn + 2AgNO_3 = 2Ag + Zn(NO_3)_2$

25-15 解答：(1)第一步有砖红色 Ag_2CrO_4 沉淀析出：

$$4Ag^+ + Cr_2O_7^{2-} + H_2O = 2Ag_2CrO_4\downarrow + 2H^+$$

(2)第二步 Ag_2CrO_4 转化为白色的 AgCl 沉淀：$Ag_2CrO_4 + 2Cl^- = 2AgCl\downarrow + CrO_4^{2-}$

(3)第三步 AgCl 溶于过量的 $Na_2S_2O_3$ 溶液中，生成$[Ag(S_2O_3)_2]^{3-}$，因而使 AgCl 白色沉淀溶解：$AgCl + 2S_2O_3^{2-} = [Ag(S_2O_3)_2]^{3-} + Cl^-$

25-16 解答：(1)$2Cu + O_2 + CO_2 + H_2O = Cu_2(OH)_2CO_3$

(2)$2Fe^{3+} + Cu = 2Fe^{2+} + Cu^{2+}$。

25-17 解答：$ZnCl_2$ 的浓溶液中由于其水解而形成络酸 $H[ZnCl_2(OH)]$，该络酸具有很强的酸性，能溶解金属氧化物：$ZnCl_2 + H_2O = H[ZnCl_2(OH)]$，$Fe_2O_3 + 6H[ZnCl_2(OH)] = 2Fe[ZnCl_2(OH)]_3 + 3H_2O$。当水分蒸发后，熔盐覆盖在金属表面，使之不再氧化。

25-18 解答：沉淀由于发生络合反应而溶解：$HgC_2O_4 + 4Cl^- = HgCl_4^{2-} + C_2O_4^{2-}$。

四、课后习题解答

25-1 解答：(1) $Cu^{2+} + Cu + 2HCl = 2HCuCl_2$

(2)$Cu^{2+} + 4NH_3\cdot H_2O = [Cu(NH_3)_4]^{2+} + 4H_2O$

(3)$2Cu_2O + 8NH_3 + 8NH_4^+ + O_2 = 4[Cu(NH_3)_4]^{2+} + 4H_2O$

(4)$Au + 3HNO_3 + 4HCl = HAuCl_4 + 3H_2O + 3NO_2\uparrow$

(5)$Zn + 4NH_3\cdot H_2O = [Zn(NH_3)_4]^{2+} + 2OH^- + H_2\uparrow + 2H_2O$

(6)$2Cu^{2+} + 4I^- = 2CuI\downarrow + I_2$

$(7)3HgS+2Al+12OH^-\!\!=\!\!=\!\!=3Hg+3S^{2-}+2[Al(OH)_4]^-+2H_2O$

$(8)2HgCl_2+SnCl_2+2HCl\!\!=\!\!=\!\!=Hg_2Cl_2\downarrow+H_2SnCl_6$

$\qquad Hg_2Cl_2+SnCl_2+2HCl\!\!=\!\!=\!\!=2Hg\downarrow+H_2SnCl_6$

$(9)Hg(NO_3)_2+2KI\!\!=\!\!=\!\!=HgI_2+2KNO_3,HgI_2+2KI\!\!=\!\!=\!\!=K_2[HgI_4]$

$(10)3HgS+12HCl+2HNO_3\!\!=\!\!=\!\!=3H_2[HgCl_4]+3S\downarrow+2NO\uparrow+4H_2O$

25-2 解答：$(1)2ZnS+3O_2\!\!=\!\!=\!\!=2ZnO+2SO_2,ZnO+H_2SO_4\!\!=\!\!=\!\!=ZnSO_4+H_2O$

电解：$Zn^{2+}+2e^-\!\!=\!\!=\!\!=Zn$

$(2)HgS\!\!=\!\!=\!\!=Hg+S$

$(3)\ 2Hg(NO_3)_2\!\!=\!\!=\!\!=2HgO+4NO_2\uparrow+O_2\uparrow,HgO+2HCl\!\!=\!\!=\!\!=HgCl_2+H_2O$

$HgO+H_2SO_4\!\!=\!\!=\!\!=HgSO_4+H_2O,HgO+C\!\!=\!\!=\!\!=Hg\uparrow+CO\uparrow$

$Hg+Hg(NO_3)_2\!\!=\!\!=\!\!=Hg_2(NO_3)_2,Hg_2(NO_3)_2+2HCl\!\!=\!\!=\!\!=Hg_2Cl_2\downarrow+2HNO_3$

$(4)4Au+8NaCN+2H_2O+O_2\!\!=\!\!=\!\!=4Na[Au(CN)_2]+4NaOH$

$2Na[Au(CN)_2]+Zn\!\!=\!\!=\!\!=Na_2[Zn(CN)_4]+2Au$

25-3 解答：$(1)CuCl+HCl\!\!=\!\!=\!\!=HCuCl_2$

$(2)AgBr+2Na_2S_2O_3\!\!=\!\!=\!\!=Na_3[Ag(S_2O_3)_2]+NaBr$

$(3)3CuS+8HNO_3\!\!=\!\!=\!\!=3Cu(NO_3)_2+2NO\uparrow+4H_2O+3S\downarrow$

$2CuS+10NaCN\!\!=\!\!=\!\!=2Na_3[Cu(CN)_4]+2Na_2S+(CN)_2\uparrow$

$(4)Hg_2I_2+8HNO_3\!\!=\!\!=\!\!=2Hg(NO_3)_2+I_2\downarrow+4NO_2\uparrow+4H_2O$

$(5)CuI+2NaCN\!\!=\!\!=\!\!=Na[Cu(CN)_2]+NaI$

$(6)HgNH_2Cl+2HNO_3\!\!=\!\!=\!\!=Hg(NO_3)_2+NH_4Cl$

25-4 解答：由于铜第 2 电离能较高$(1970\ kJ\cdot mol^{-1})$，因此气态时，Cu^+ 比 Cu^{2+} 稳定。但是，在水溶液中，Cu^{2+} 的水合热$(-2100\ kJ\cdot mol^{-1})$远远低于 $Cu^+(-513\ kJ\cdot mol^{-1})$，这是水溶液中 Cu^{2+} 稳定性比 Cu^+ 高的原因。在水溶液中，Cu^+ 的化合物除了以难溶物或配离子形式存在之外，其他可溶性盐都是不稳定的，据此可以实现二价铜到一价铜的转化。

$$CuCl_2+Cu+2HCl\!\!=\!\!=\!\!=2H[CuCl_2],2Cu^{2+}+4I^-\!\!=\!\!=\!\!=2CuI\downarrow+I_2$$

25-5 解答：Hg 的价电子结构为 $5d^{10}6s^26p^0$，失去 1 个电子之后变为 $Hg^+(5d^{10}6s^16p^0)$，$6s$ 上只有 1 个电子，这是一种不稳定的结构，说明 Hg^+ 不能单独存在，而是要以 Hg_2^{2+} 二聚体形式存在：即两个 Hg^+ 通过 $6s$ 轨道上的单电子配对，形成一个 σ 共价键，表示为

$$[-Hg:Hg-]^{2+}$$

25-6 解答：可设计以下循环来计算铜和锌在水溶液中的还原能力，即活泼性。

$$M(s)\xrightarrow{\ \Delta H_{溶解}\ }M^{2+}(aq)$$
$$\Delta H_{气化}\downarrow\qquad\qquad\uparrow\Delta H_{水合}$$
$$M(g)\xrightarrow{\ \Delta H_{电离}\ }M^{2+}(g)$$

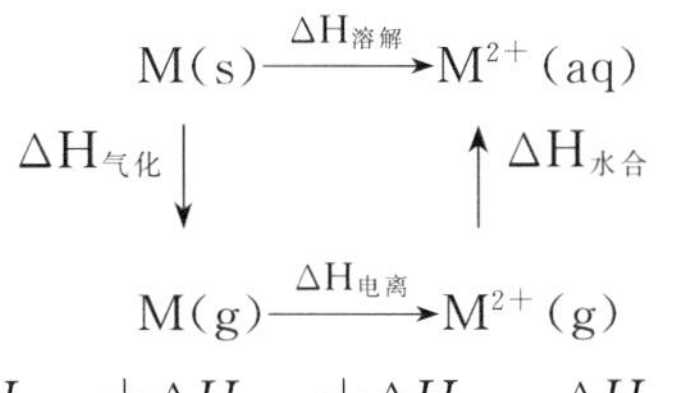

根据赫斯定律，$\Delta H_{溶解}=\Delta H_{气化}+\Delta H_{电离}+\Delta H_{水合}$，$\Delta H_{溶解}$ 越小，表明金属单质越易被还原，其金属性越强，性质越活泼。将表中的数据分别代入上式，得其溶解焓分别为 $939\ kJ\cdot mol^{-1}$ 和 $735\ kJ\cdot mol^{-1}$，计算可知，铜没有锌活泼。

25-7 解答：(1)在纯水体系中 $E^\ominus(Au^+/Au)=1.68\ V$，

而由于 $p(O_2)=0.21p^\ominus$，$[H^+]=1.0\times10^{-7}(mol\cdot dm^{-3})$

则 $E(O_2/H_2O)=E^\ominus(O_2/H_2O)+\frac{0.0591}{4}\lg([H^+]^4\cdot p(O_2)/p^\ominus)$

$$=1.229+\frac{0.0591}{4}\lg[(1.0\times10^{-7})^4\times0.21]=0.805\ (V)$$

由于 $E(O_2/H_2O)<E^\ominus(Au^+/Au)$，所以在纯水体系中，$O_2(g)$不能将 Au 氧化为 Au^+。

(2)当溶液中$[OH^-]=1mol\cdot dm^{-3}$，$[CN^-]=1mol\cdot dm^{-3}$时，

$E^\ominus([Au(CN)_2]^-/Au)=E(Au^+/Au)=E^\ominus(Au^+/Au)+0.0591\lg[Au^+]$

$$=1.68+0.0591\lg\frac{1}{2\times10^{38}}=-0.584\ (V)$$

$E(O_2/H_2O)=1.229+\frac{0.0591}{4}\lg[(1.0\times10^{-14})^4\times0.21]=0.392\ (V)$

由于 $E(O_2/H_2O)>E^\ominus([Au(CN)_2]^-/Au)$，所以在该体系中，$O_2(g)$能将 Au 氧化为 $[Au(CN)_2]^-$：

$$4Au+8CN^-+O_2+2H_2O=4[Au(CN)_2]^-+4OH^-$$

(3)在标准状态下，

$E^\ominus([Zn(CN)_4]^{2-}/Zn)=E^\ominus(Zn^{2+}/Zn)=E^\ominus(Zn^{2+}/Zn)+\frac{0.0591}{2}\lg[Zn^{2+}]$

$$=-0.763+\frac{0.0591}{2}\lg\frac{1}{1.0\times10^{16}}=-1.24\ (V)$$

由于 $E^\ominus([Zn(CN)_4]^{2-}/Zn)<E^\ominus([Au(CN)_2]^-/Au)$，

所以在标准状态下，Zn 能从含$[Au(CN)_2]^-$的溶液中将 Au 还原出来：

$$Zn+2[Au(CN)_2]^-=[Zn(CN)_4]^{2-}+2Au$$

$\lg K^\ominus=\frac{n[E^\ominus_{(+)}-E^\ominus_{(-)}]}{0.0591}=\frac{2\times(-0.584+1.24)}{0.0591}=22.2$，$K^\ominus=1.6\times10^{22}$

25-8 解答：(1)平常说一种金属的性质活泼与否，是将它的标准电极电势与氢的标准电极电势进行比较，如果标准电极电势小于氢的标准电极电势，就说它比氢活泼，反之，就说它没有氢活泼。我们说银是不活泼的金属，指的是标准状态下它没有氢活泼，但和氢碘酸的反应由于可生成碘化银沉淀，使其电极电势降低到了低于氢的标准电极电势的结果。

$E^\ominus(Ag^+/Ag)>E^\ominus(AgI/Ag)<E^\ominus(HI/H_2)$

(2)$E^\ominus(Cu^{2+}/Au)>E^\ominus(HAuCl_2/Cu)<E(H^+/H_2)$

(3)$2Cu+O_2+CO_2+H_2O=Cu_2(OH)_2CO_3$

(4)在水溶液中，$CuCl_2$ 可形成$[CuCl_4]^{2-}$和$[Cu(H_2O)_4]^{2+}$两种配离子。$[CuCl_4]^{2-}$显黄色，$[Cu(H_2O)_4]^{2+}$显蓝色，$CuCl_2$ 溶液的颜色取决于其浓度，浓度由大到小，颜色由黄绿色、绿色、到蓝色。

$[CuCl_4]^{2-}+4H_2O=[Cu(H_2O)_4]^{2+}+4Cl^-$

(5)SO_2 将 Cu^{2+}还原为 Cu^+，Cu^+与 Cl^-结合，生成了白色的氯化亚铜沉淀：

$SO_2+2CuSO_4+2NaCl+2H_2O=2CuCl\downarrow+Na_2SO_4+2H_2SO_4$

(6)

$$Ag^++CN^-=AgCN\downarrow$$

$$AgCN+CN^-=[Ag(CN)_2]^-$$

$$2[Ag(CN)_2]^- + S^{2-} = Ag_2S\downarrow + 4CN^-$$

25-9 解答:(1)A 属于 ds 区元素,是第四周期 12 族元素。

(2)A 的原子序数为 30,元素符号为 Zn。

(3)A 的核外电子分布式为 $1s^2 2s^2 2p^6 3s^2 3p^6 3d^{10} 4s^2$。

25-10 解答:A:Na_2CO_3;B:浓氨水(NH_3);C:$BaCl_2$;D:$Al_2(SO_4)_3$;E:H_2SO_4;F:$AgNO_3$。

A 和 E 混合　$Na_2CO_3 + H_2SO_4 = Na_2SO_4 + CO_2\uparrow + H_2O$

A 和 C 混合　$Na_2CO_3 + BaCl_2 = BaCO_3\downarrow + 2NaCl$

B 和 D 混合　$6NH_3\cdot H_2O + Al_2(SO_4)_3 = 2Al(OH)_3\downarrow + 3(NH_4)_2SO_4$

B 和 F 混合　$2NH_3\cdot H_2O + 2AgNO_3 = Ag_2O\downarrow + 2NH_4NO_3 + H_2O$

$Ag_2O + 4NH_3$(过量)$+ H_2O = 2[Ag(NH_3)_2]OH$

五、参考资料

陈锡恩.1996.金与社会.化学教育,(1):1
陈旭红.2003."钢铁卫士"锌和人体健康.化学世界,44(4):223
高灿柱,姜力夫,刘西德.1995.硝酸催化法制取硫酸铜.化学世界,36(3):25
吴明娴,苏锵,任玉芳.1996.三价铜化合物的研究进展.化学通报,(4):1
薛克亮.1986.从实验室卤化银残渣中回收银.化学通报,(5):27
杨丙雨,冯玉怀.2012.2010 年中国银分析测定概况.黄金,33(1):58
杨春发,沈报春.1995.锌在硫酸溶液中腐蚀速度及其缓蚀作用的研究.化学通报,(4):35
杨维荣.1989.汞与社会.化学教育,(1):1

第 26 章　镧系元素和锕系元素

一、重要概念

1.镧系元素(lanthanides,Ln)

从 57 号元素镧(La)到 71 号元素镥(Lu),这 15 种元素统称为镧系元素。

2.锕系元素(actinides,An)

从 89 号元素锕(Ac)到 103 号元素铹(Lr),这 15 种元素统称为锕系元素。

3.稀土元素(rare earth elements,RE)

将镧系元素和第 3 族的钪和钇共 17 种元素总称为稀土元素。

4.镧系收缩(lanthanide contraction)

从镧开始一直到镥,随着原子序数的递增,原子半径和离子半径呈现下降趋势,这一现象称为镧系收缩。其产生原因为:从镧开始一直到镥,原子核每增加一个质子,原子核外就增加一个电子,增加的这个电子并不是进入最外层的原子轨道,而是进入了倒数第 3 层的 4f 轨道。4f 电子对原子核的屏蔽作用较小,因而随着原子序数的增加,有效核电荷呈上升趋势,原子核对最外层的电子吸引力呈增强趋势,但这些元素的电子层数并没有增多,使得原子半径和离子半径的变化总趋势为逐渐减小。

5.双峰效应(bimodal effect)

从镧开始一直到镥,原子半径呈下降趋势,但在原子半径的递减过程中也有例外,铕和镱的原子半径比相邻元素的原子半径大得多。我们把原子半径在 Eu 和 Yb 处出现骤升的现象称为斓系元素性质递变的“双峰效应”。造成这一现象的原因在于铕和镱的电子层结构分别达到了半充满和全充满状态(Eu: $4f^7 6s^2$;Yb: $4f^{14} 6s^2$),由于半充满和全充满属于稳定状态,它们的金属晶体中,只有 6s 电子可以参与形成金属键,原子间的结合力明显低于其他镧系元素,所以这两个元素的密度低、熔点低、升华能低,半径特别大。

6.钆断效应(gadolinium break effect)

镧系元素三价离子半径的变化中,在 Gd 处出现了微小的可以察觉的不连续性,这一现象称为钆断效应。这是因为 Gd^{3+} 具有半充满的 $4f^7$ 电子结构,屏蔽能力略有增加,有效核电荷略有减少,所以半径的减少值要略微小些。

7.铈量法(cerimetric titration)

酸性溶液中的 Ce^{4+} 为强氧化剂,以铈(Ⅳ)盐溶液进行氧化还原滴定的方法称为铈量法。

8.独居石(monazite)

独居石又名磷铈镧矿,(Ce,La,Y,Th)[PO_4],成分变化很大。矿物成分中稀土氧化物含量可达 50%~68%。独居石主要用来提取稀土元素。

9.氟碳铈矿(bastnaesite)

(Ce,La)[CO_3]F,氟碳铈矿是提取铈族稀土元素的重要矿物原料。

10.磷钇矿(xenotime)

Y[PO_4]成分中 Y_2O_3 占 61.4%,P_2O_5 占 38.6%。有钇族稀土元素混入,其中以镱、铒、镝、钆为主。尚有锆、铀、钍等元素代替钇,同时伴随有硅代替磷。一般来说,磷钇矿中铀的含量大于钍。磷钇矿化学性质稳定。

11.风化壳淋积型稀土矿(ionabsorptdeposit)

淋积型稀土矿即离子吸附型稀土矿是我国特有的新型稀土矿物。离子吸附是稀土元素不以化合物的形式存在,而是呈离子状态吸附于黏土矿物中。这些稀土易为强电解质交换而转入溶液,不需要破碎、选矿等工艺过程,而是直接浸取即可获得混合稀土氧化物。

12.溶剂萃取法(solvent extraction)

利用化合物在两种互不相溶(或微溶)的溶剂中溶解度或分配系数的不同,使化合物从一种溶剂中转移到另外一种溶剂中。

13.离子交换分离法(ion exchange)

利用离子交换剂与溶液中的离子之间所发生的交换反应进行分离的方法,是一种固-液分离法。离子交换分离法的特点:① 分离效率高;② 适用于带电荷的离子之间的分离,还可用于带电荷与中性物质的分离制备等;③ 适用于微量组分的富集和高纯物质的制备;④ 方法缺点是操作比较烦琐,周期长,一般只用它解决某些比较复杂的分离问题。

二、自测题及其解答

1.选择题

1-1 被称为镧系元素的下列说法中,正确的是　(　　)

A.从 51 到 65 号元素　B.从 56 到 70 号元素

C.从 57 到 71 号元素　D.从 58 到 72 号元素

1-2 下列离子半径最小的是　(　　)

A.Sm^{3+}　B.Eu^{3+}　C.Gd^{3+}　D.Lu^{3+}

1-3 Nd^{3+} 的颜色是　(　　)

A.无色　B.浅绿　C.黄色　D.淡红

1-4 玻璃中因含有三价铁的化合物而使玻璃呈现黄绿色,对玻璃的透明度影响很大。为改善玻璃的透明度,工业上常用的脱色剂是　(　　)

A.ThO_2　B.CeO_2　C.Ce_2O_3　D.Ce

1-5 下列关于 f 区元素的论述中错误的是　(　　)

A.镧系元素和锕系元素都是内过渡元素　B.Y 是稀土元素而不是镧系元素

C.锕系元素都是放射性元素　D.镧系元素中没有放射性元素

1-6 下列矿物中,哪一种可以作为提取稀土元素的原料　(　　)

A.孔雀石　B.锆英石　C.独居石　D.重晶石

1-7 对于 58 号元素 Ce 容易呈现的氧化态是　(　　)

A.+2　B.+3　C.+4　D.+5

1-8 存在于沥青铀矿中的铀的氧化物主要是　（　）

A.UO_3　B.UO_2　C.U_3O_8　D.U_2O_3

1-9 下列元素中，属于镧系元素的是　（　）

A.Ta　B.Hf　C.Zr　D.Tm

1-10 下列稀土元素中能形成+2价的是　（　）

A.Ce　B.Pr　C.Tb　D.Yb

2.填空题

2-1 镧系和锕系元素分别属于第________周期和第________周期；同属于________族元素；统称为________元素。

2-2 迄今已知镧系元素中能生成LnO_2型氧化物的元素是________、________、________。它们在酸性介质中都是________剂。

2-3 在镧系元素原子半径总的收缩趋势中，某些元素具有较大的偏离，其中原子半径特别大的元素有________和________。

2-4 稀土氧化物与氯化剂一起加热可以制得无水氯化物。试写出两种常用的氯化剂如________和________。

2-5 在酸性溶液中，U(Ⅵ)没有简单阳离子，其存在形式为________，这是因为________。

2-6 钪、钇、镧的氢氧化物都呈________性，这一性质按$Sc(OH)_3$、$Y(OH)_3$、$La(OH)_3$的次序而________。

2-7 较为常用的分离稀土元素的方法是________法和________法，用于分离稀土元素的其他方法还有________法、________法和________法。

2-8 镧系元素包括原子序数从________至________共________个元素；从La到Lu半径共减小了________pm，这一事实称为________，其结果是________。

2-9 锕系元素的原子半径随原子序数的增大而________，这种现象称为________。镧系元素和锕系元素的水合离子大多有颜色，这是________引起的。

2-10 用2-羟基异丁酸作淋洗剂从离子交换柱上淋洗重镧系金属离子时（含Eu^{3+}到Lu^{3+}之间的多种三价稀土离子），则先洗出的是________，后洗出的是________，原因是________。

3.综合题

3-1 指出镧系元素的主要氧化态。根据4f轨道有保持或接近全空、半充满或全充满的倾向，写出哪些元素呈现+2或+4氧化态？

3-2 完成下列离子方程式：

(1)$Fe^{3+}+Eu^{2+}\longrightarrow$

(2)$Ce(OH)_3+Cl_2+OH^-\longrightarrow$

(3)$Ce^{4+}+H_2S\longrightarrow$

(4)$UO_3+OH^-\longrightarrow$

(5)$Fe^{3+}+U^{4+}+H_2O\longrightarrow$

(6)$EuCl_2+FeCl_3\longrightarrow$

(7)$CeO_2+HCl\longrightarrow$

(8)$Ce(OH)_3+NaOH+Cl_2 \longrightarrow$

(9)$Ce(SO_4)_2+H_2O_2 \longrightarrow$

(10)$Ce(NO_3)_3+NH_3 \cdot H_2O+H_2O_2 \longrightarrow$

3-3 某 U 的固体化合物 A 呈橙黄色,灼烧后生成暗绿色的固体 B,加热时用 CO 气体还原 A、B 均得到暗棕色的固体 C。A 溶于 HNO_3得到黄绿色溶液,蒸发该溶液,冷却结晶得黄色晶体 D。在 D 的溶液中加 $NH_3 \cdot H_2O$得黄色沉淀 E,灼烧 D、E 均能得到化合物 A。用 Ca 等活泼金属在一定温度时还原 A 得到银白色的固体 F。问:A、B、C、D、E、F 各为何种物质?写出有关的反应方程式。

3-4 稀土元素是指哪些元素?按原子序数由小到大依次写出它们的元素符号。稀土元素为什么要保存在煤油中?

3-5 举例说明如何制备镧系金属?试解释其原因。

3-6 ^{235}U 是最重要的核燃料,但在天然铀中^{235}U 仅占 0.714%,^{238}U 占 99.28%(此外还有 0.006%的^{234}U)。简述^{235}U 和^{238}U 的分离方法和原理。

3-7 预言 119 号元素的下列性质:

(1)单质与水的反应;

(2)单质在氧气中燃烧;

(3)比较它们的溴化物和碘化物的热力学稳定性;

(4)预测它的碘化物的晶体类型;

(5)难溶化合物举例。

3-8 镧系元素和锕系元素的相同点和不同点。

3-9 天然铀矿的主要成分为 UO_2、U_3O_8、UO_3,其中^{234}U、^{235}U、^{238}U 相对丰度分别为 0.006%、0.714%、99.28%。作为重要核燃料的是铀-235。如何将铀从矿石中分离出来并将^{235}U富集(写出有关反应式)?

3-10 什么是独居石?写出由独居石提取混合稀土氯化物的有关反应式。

自测题解答

1.选择题

1-1 (C) **1-2** (D) **1-3** (D) **1-4** (B) **1-5** (D)

1-6 (C) **1-7** (C) **1-8** (B) **1-9** (D) **1-10** (D)

2.填空题

2-1 六;七;ⅢB;f 区或内过渡元素。

2-2 Ce;Pr;Tb;氧化。

2-3 Eu;Yb。

2-4 $SOCl_2$;CCl_4(或 NH_4Cl、$COCl_2$、S_2Cl_2)。

2-5 UO_2^{2+};U(Ⅵ)的正电荷高,场强大,因此在水溶液中易与 O^{2-} 结合,形成酰基离子 UO_2^{2+}。

2-6 碱;增强。

2-7 离子交换;溶剂萃取;分级结晶;分级沉淀;氧化还原。

2-8 57;71;15;11;镧系收缩;使第二过渡元素和第三过渡元素的原子半径相近。

2-9 缓慢减小;镧系收缩;f-f 跃迁。

2-10 Eu^{3+};Lu^{3+};金属的离子半径越小,同淋洗剂形成的配合物越稳定,较难洗去。

3.综合题

3-1 镧系元素的主要氧化态为 +3。Ce、Pr、Tb、Dy 呈现+4 氧化态；Sm、Eu、Tm、Yb 呈现+2 氧化态。

3-2 (1)$Fe^{3+} + Eu^{2+} = Fe^{2+} + Eu^{3+}$

(2)$2Ce(OH)_3 + Cl_2 + 2OH^- = 2Ce(OH)_4 + 2Cl^-$

(3)$2Ce^{4+} + H_2S = 2Ce^{3+} + S\downarrow + 2H^+$

(4)$2UO_3 + 2OH^- = U_2O_7^{2-} + H_2O$

(5)$2Fe^{3+} + U^{4+} + 2H_2O = 2Fe^{2+} + UO_2^{2+} + 4H^+$

(6)$EuCl_2 + FeCl_3 = EuCl_3 + FeCl_2$

(7)$2CeO_2 + 8HCl = 2CeCl_3 + Cl_2\uparrow + 4H_2O$

(8)$2Ce(OH)_3 + 2NaOH + Cl_2 = 2Ce(OH)_4 + 2NaCl$

(9)$2Ce(SO_4)_2 + H_2O_2 = Ce_2(SO_4)_3 + O_2\uparrow + H_2SO_4$

(10)$2Ce(NO_3)_3 + 6NH_3 \cdot H_2O + H_2O_2 = 2Ce(OH)_4 + 6NH_4NO_3$

3-3 A：UO_3；B：U_3O_8；C：UO_2；D：$UO_2(NO_3)_2$；E：$(NH_4)_2U_2O_7$；F：U。

$6UO_3 = 2U_3O_8 + O_2\uparrow$

$UO_3 + CO = UO_2 + CO_2$

$U_3O_8 + 2CO = 3UO_2 + 2CO_2$

$UO_3 + 2HNO_3 = UO_2(NO_3)_2 + H_2O$

$2UO_2(NO_3)_2 + 6NH_3 \cdot H_2O = (NH_4)_2U_2O_7\downarrow + 4NH_4NO_3 + 3H_2O$

$2UO_2(NO_3)_2 = 2UO_3 + 4NO_2\uparrow + O_2\uparrow$

$(NH_4)_2U_2O_7 = 2NH_3\uparrow + 2UO_3 + H_2O$

$UO_3 + 3Ca = U + 3CaO$

3-4 稀土元素一般是指钪、钇和镧系元素，即 Sc、Y、La、Ce、Pr、Nd、Pm、Sm、Eu、Gd、Tb、Dy、Ho、Er、Tm、Yb、Lu 共 17 个元素。因为稀土元素都是典型的金属元素，它们的活泼性仅次于碱金属和碱土金属，在空气中容易被 O_2 氧化，也容易与水反应，但它们不与煤油反应，因此保存在煤油中以与空气和水隔绝。

3-5 由于镧系金属的氧化物 Ln_2O_3 是比 MgO 和 Al_2O_3 更稳定的氧化物，而且镧系金属的熔、沸点都较高，所以一般都不用 Ln_2O_3 作原料来制备金属 Ln。通常用镧系金属的卤化物作原料来制备金属 Ln。具体方法如下：

(1)电解法：① 电解熔融的无水 $LnCl_3$，以 NaCl 或 KCl 作助熔剂。② 电解熔融的 $LnCl_3$，以熔融的 Mg-Cd 作阴极，得到 Ln 和 Mg-Cd 合金，然后在 900～1200 ℃温度下从上述合金中蒸馏出 Mg-Cd。③ 电解无水 $LnCl_3$ 的乙醇溶液，用 Hg 作阴极，得到 Ln-Hg 合金，经蒸馏除去 Hg 而得到 Ln。

(2)金属还原法：用活泼金属作还原剂，从稳定性较差的镧系金属溴化物或氯化物中还原得到 Ln：

$$2SmBr_3 + 3Ba = 2Sm + 3BaBr_2，2CeCl_3 + 3Mg = 2Ce + 3MgCl_2$$

3-6 在铀的化合物中，UF_6 是唯一的挥发性化合物；而天然 F 只有一种质量数为 19 的同位素。因此，利用 $^{235}UF_6$ 和 $^{238}UF_6$ 蒸气扩散速率的差别，可使 ^{235}U 和 ^{238}U 进行分离，从而达到使核燃料 ^{235}U 浓缩的目的。这一方法称为气体扩散法，具体操作在高速离心机中进行。

3-7 119 号元素的价电子构型为 $8s^1$，为ⅠA 族元素。(1)$2M + 2H_2O = 2MOH + H_2\uparrow$。(2)能生成超氧化物($MO_2$)，臭氧化物($MO_3$)。(3)从正负离子的匹配情况考虑，碘化物的热力学稳定性较大。(4)碘化物的晶体类型为 CsCl 型。(5)它的大阴离子盐较难溶，如 $MClO_4$。

3-8 相同点：① 它们的价电子结构都有两种构型：镧系元素 $4f^n6s^2$ 和 $4f^{n-1}5d^1s^2$；锕系元素 $5f^n7s^2$ 和 $5f^{n-1}6d^17s^2$。② 镧系元素的特征氧化态为+3，锕系元素随原子序数增加，+3 也成为最稳定的氧化态。③ 锕系元素和镧系元素的三氯化物、二氧化物以及许多盐是类质同晶。④ 与镧系收缩相似，锕系元素离子半径也出现“锕系收缩”现象。⑤ 锕系元素的吸收光谱和镧系元素吸收光谱相似，表现出 f-f 跃迁特征。

不同点：① 锕系元素的 5f 和 6d 的能量差比镧系元素的 4f 和 5d 的能量差更小，因此锕系元素前半部分的原子有保持 d 电子的倾向，后半部分元素的电子构型与镧系元素相似。② 锕系元素能形成多种氧化态，氧化数最高可达到＋6，前半部分锕系元素如 Th、Pa、U、Np、Pu 的稳定氧化态分别是＋4、＋5、＋6、＋5、＋4，而且这些元素的多种氧化态可同时存在，如 Pu 在水溶液中＋3、＋4、＋5、＋6 四种氧化态都可存在；而镧系元素的特征氧化态为＋3。③ 锕系元素的 5f 轨道相对于 6s 和 6p 轨道要比镧系元素的 4f 轨道相对于 5s 和 5p 轨道在空间上伸长得较多，因而锕系元素形成配合物时显示出较多共价性，它们形成配合物的能力强于镧系元素。

3-9 (1)先将铀矿用硝酸处理，则 UO_2、U_3O_8、UO_3 溶于硝酸，生成硝酸铀酰：

$UO_3+2HNO_3 = UO_2(NO_3)_2+H_2O$，$3UO_2+8HNO_3 = 3UO_2(NO_3)_2+2NO\uparrow+4H_2O$

$3U_3O_8+20HNO_3 = 9UO_2(NO_3)_2+2NO\uparrow+10H_2O$。

(2)加热分解 $UO_2(NO_3)_2$ 制得 UO_3：$2UO_2(NO_3)_2 = 2UO_3+4NO_2\uparrow+O_2\uparrow$

(3)将 UO_3 与 SF_4 作用制得气态化合物：UF_6 $UO_3+3SF_4 = 2UF_6+3SOF_2$

(4)利用 $^{235}UF_6$ 和 $^{238}UF_6$ 蒸气扩散速率的差别，可使 ^{235}U 和 ^{238}U 进行分离，具体操作在高速离心机中进行，这一方法称为气体扩散法。

3-10 独居石的主要成分是 $CePO_4$，还有其他稀土和钍的磷酸盐，以及 U_3O_8、$ZrSiO_4$、SiO_2、Al_2O_3、TiO_2、Fe_2O_3 等杂质。将独居石精矿粉和质量分数为 0.5 的浓 NaOH 溶液混合加热，发生如下反应：

$REPO_4+3NaOH = RE(OH)_3\downarrow+Na_3PO_4$

$Th_3(PO_4)_4+12NaOH = 3Th(OH)_4\downarrow+4Na_3PO_4$

$2U_3O_8+O_2+6NaOH = 3Na_2U_2O_7\downarrow+3H_2O$

$SiO_2+2NaOH = Na_2SiO_3+H_2O$

$Al_2O_3+2NaOH+3H_2O = 2NaAl(OH)_4$

过滤分离可溶性杂质，滤渣中为 $RE(OH)_3$、$Th(OH)_4$、$Na_2U_2O_7$ 以及不与 NaOH 反应的 $ZrSiO_4$、TiO_2、Fe_2O_3 等杂质。用稀盐酸中和滤渣，控制 pH 为 3～4，则稀土以 $RECl_3$ 形式溶出，而各项杂质均留在滤渣中。

三、思考题解答

26-1 解答：镧系元素原子的基态电子构型通式为 $4f^{0\sim14}5d^{0\sim1}6s^2$。由于 4f 和 5d 的能级比较接近，造成镧系元素的光谱异常复杂，所以确切地指出镧系元素价电子中 d 电子和 f 电子数目是较困难的。对于镧，其原子的基态电子构型为 $4f^05d^16s^2$，它通常失去 3 个电子表现为＋3 价，这正是镧之后的 14 个元素的特征氧化态。

26-2 解答：＋3 价是镧系元素的特征价态，只有个别元素具有＋2 价或＋4 价，但＋2 价或＋4 价离子在水溶液中都不稳定，＋2 价是强的还原剂，＋4 价则是强的氧化剂。

26-3 解答：Sm、Eu、Yb 在水溶液和固体化合物中均可形成二价离子，其中以 Eu^{2+} 最稳定。可用 Zn 或 Mg 使 Eu^{3+} 还原而得到 Eu^{2+}，但是制备 Sm^{2+} 和 Yb^{2+} 则需用钠汞齐作还原剂。另外，用电解方法同样可将 Eu^{3+} 还原为 Eu^{2+}。铈、镨、钕、铽、镝都可以形成四价化合物。四价铈的化合物在水溶液中是稳定的。四价铈的二元固体化合物有二氧化铈 CeO_2、水合二氧化铈 $CeO_2\cdot nH_2O$ 和氟化物 CeF_4。在空气中加热金属铈、$Ce(OH)_3$、三价铈的含氧酸盐(如乙二酸盐、碳酸盐、硝酸盐)都可得到 CeO_2。

26-4 解答：因 Sm、Te、Yb 的二价还原性强而在水溶液中不会存在，Eu(Ⅱ)还原性弱而易被空气氧化。

26-5 解答：镧系元素三价离子具有很漂亮的颜色。

26-6 解答：如果金属处于高氧化态而配位体又具有还原性，就能产生配位体到金属的电荷迁移跃迁。$Ce^{4+}(4f^0)$离子的橙红色就是这类电荷迁移跃迁所引起的，而不是 f-f 跃迁所引起。

26-7 解答：上转换材料是一种红外光激发下能发出可见光的发光材料，及将红外光转换成可见光的发光材料。其特点是所吸收的光子能量低于发射的光子能量，这种现象违背了Stokes定律，所以又称为反Stokes定律发光材料。稀土离子的上转换发光是基于稀土元素4f电子间的跃迁产生的。大体上可将上转换过程归结为三种形式：激发态吸收、能量转移和光子雪崩。上转换材料可作为红外光的显示材料如夜视系统材料、红外量子计数器、发光二极管以及太阳能电池、生物成像、荧光材料等。

26-8 解答：镧系元素的密度随着原子序数的增加而增加，但铕和镱密度比较小，其原因是它们的4f轨道处于半充满和全充满，使屏蔽效应增大，有效核电荷数降低，导致原子核对6s电子吸引力减小，半径增大所致。镧系元素单质的熔点随原子序数的递增而增加，铕和镱熔点比较低。镧系元素的电离能 I_1、I_2、I_3 之和随着原子序数的递增也呈现出增加趋势，但铕和镱的电离能比较高。这也影响到了它们的电极电势，在酸性介质下，镧系元素的电极电势相差并不大，还原能力随原子序数递增而呈现出非常缓慢的降低趋势，但相差非常小。铕和镱表现特殊，还原能力不如其他镧系元素强；在碱性介质下，随着原子序数的增加，镧系元素的单质的还原能力呈现出非常缓慢的减弱趋势。但无论是酸性还是碱性，镧系元素都是活泼的金属。

26-9 解答：镧系元素的特征价态是+3价，随着原子序数的递增，+3价离子的半径逐渐减小，离子势（$\varphi=Z/r$，其中 Z 为离子所带电荷，r 为离子半径）逐渐增大，吸引电子的能力逐渐增强，R—O—H发生酸式电离的趋势增强，即酸性增强，碱性减弱。镧系元素氢氧化物的碱性接近于碱土金属氢氧化物，只溶于酸而形成盐。

26-10 解答：当盐溶解在水中时，阴离子和阳离子会分别吸引极性水分子的正极和负极一端，从而形成水合离子。阳离子通常都比阴离子小，所以与水分子间的吸引力远比阴离子强，能形成比较稳定或相当稳定的水合离子，以致有些盐从溶液中结晶析出时，晶体内仍带有一定个数的水分子。阳离子水合能力的大小，主要取决于阳离子的大小和所带电荷的多少。阳离子的半径越小，电荷越多，吸引电子的能力越强，水合能力就越大。对于同一种阳离子，其吸引电子的能力和阴离子有关系。根据光谱化学序，卤离子的配位能力顺序为 $I^- < Br^- < Cl^-$，当同一阳离子分别和 I^-、Br^-、Cl^- 结合形成 REX_3 时，阴离子的配位能力越强，阳离子吸引电子的能力就越弱，REX_3 的水合能力就越弱。因此，对于同一阳离子，REI_3 的结晶水多于 $REBr_3$，$REBr_3$ 的结晶水多于 $RECl_3$。对于不同阳离子，当配位体相同时，水合离子的数目与阳离子的半径、所带电荷以及电子结构有关。对于镧系元素+3价离子，尽管存在镧系收缩现象，但主要因素在于其4f轨道上电子的数目。电子数目越多，其配位能力越弱，结晶水的数目自然减少。

26-11 解答：镧系元素的碳酸盐和乙二酸盐溶解度小，可富集镧系元素，且乙二酸盐和碳酸盐易分解，生成氧化物，利于提纯。

26-12 解答：① 铈的标准溶液可以直接由 $Ce(SO_4)_2 \cdot 2(NH_4)_2SO_4 \cdot 2H_2O$ 配制而不必标定。配制的标准溶液非常稳定，可长期放置。当加热时，也是稳定的，因此有利于测定在室温下不易被氧化的有机化合物。② Ce^{4+} 被还原为 Ce^{3+} 的反应中没有中间价态的产物生成，反应很简单，不像高锰酸钾滴定法和重铬酸钾滴定法那样，会引起诱导反应或其他有干扰的副反应。③ 在硫酸溶液中，$E^\ominus(Ce^{4+}/Ce^{3+})$ 介于 $E^\ominus(MnO_4^-/Mn^{2+})$ 与 $E^\ominus(Cr_2O_7^{2-}/Cr^{3+})$ 之间，所以 Ce^{3+} 是比较强的氧化剂，凡是能用高锰酸钾滴定的物质，都能用硫酸铈滴定。与高锰酸钾滴定法相比，铈量法能在一定浓度的盐酸溶液中滴定 Fe^{2+}，而高锰酸钾则不能。尽管高浓度的 Cl^- 能缓慢地还原 Ce^{4+}，但反应速率甚低，其影响可以忽略不计。铈量法的缺点是铈盐价格较贵。

26-13 解答： 萃取分离的效果首先与分配系数有关，在分配系数相同的条件下，串级级数越多，萃取分离的效果越好。

26-14 解答： 参见自测题之综合题 3-8。

26-15 解答： 锕系元素的 5f 轨道相对于 6s 轨道和 6p 轨道，在空间伸长得较多，因而在配位化合物中锕系元素显示出某种比镧系元素较大的共价性。

26-16 解答： 离子交换法分离重锕系元素时，离子的流出顺序与分离镧系元素时离子的流出顺序一致。这是因为，Ac^{3+} 离子半径越小，与淋洗剂形成的螯合物越稳定，因而转入水溶液的趋势也越大。淋洗中交替发生无数次吸附与解吸过程，导致半径小的 Ac^{3+} 离子先于半径大的 Ac^{3+} 离子出现在流出液中。因此，使用 2-羟基异丁酸铵作为淋洗剂，最先和最后流出的分别是半径最小的 Lr^{3+} 和半径最大的 Am^{3+}。

26-17 解答： 大理石中的放射性元素主要为镭-236、钍-232、钾-40，如果含量超标，会让人感到头痛。事实上，天然大理石中这些放射性元素一般都很低，不会对我们的身体造成伤害。而人造大理石由于选材用料问题，其放射性元素含量一般要高于天然大理石。

四、课后练习题解答

26-1 解答：（1）参见重要概念之 1 和 2。（2）参见重要概念之 4。（3）参见自测题之综合题 3-8。（4）从气态变到固态，其实质是原子间通过金属键的形式结合成为金属晶体。这个过程就是价层轨道的重叠过程。实验表明，镧系元素在形成金属键时的成键电子数，除 Eu 和 Yb 为 2、Ce 为 3.1 外，其余皆为 3。（5）镧系元素的价电子构型为 $4f^{0\sim14}5d^{0\sim1}6s^2$。由于 4f 轨道与 5d 轨道能量较为接近，这些元素的原子失去 2 个 6s 电子和 1 个 5d 电子或者失去 2 个 6s 电子和 1 个 4f 电子所需的能量十分相近，而且都比较低。失去这 3 个电子所需能量都可以由 Ln^{3+} 产生的晶格能或水合能得到补偿，因此镧系元素都呈＋3 价态。而且 Ln^{3+} 的外层电子构型都相同（$5s^25p^6$），半径也十分相近，因此它们所表现的性质都相似。锕系元素前半部的 5f 电子与核的作用比镧系元素 4f 电子弱，使 5f 和 6d 的能量差比镧系元素的 4f 和 5d 的能量差更小，这些元素不仅可以把 7s 和 6d 电子作为价电子给出，而且还可以把部分甚至全部 5f 电子作为价电子参与成键，因此锕系元素表现出氧化态的多样性，不仅能形成稳定的高价态，而且多种氧化态能同时存在。但锕系元素的后半部，随原子序数的递增核电荷增加，5f 电子与核的作用增强，使 5f 和 6d 的能量差变大，5f 电子趋于稳定。因此，从镅（Am）开始，＋3 氧化态又成为最稳定的价态。由于锕系元素表现出氧化态的多样性，使该系元素化学性质差异变大了。（6）除 La^{3+} 和 Lu^{3+} 没有未成对的电子，呈现反磁性以外，其他 f^n 组态都是顺磁性的。由于镧系离子电子结构的未成对 4f 电子数，从 La 的 0 个逐一增加到 Gd 的 7 个，从 Gd 到 Lu 又逐一降到 0 个，所以其自旋轨道运动所贡献的磁矩的曲线呈双峰形状。

26-2 解答： 参考思考题 26-1 之解答。

26-3 解答：

（1）二氧化铈与浓盐酸反应：$2CeO_2 + 8HCl = 2CeCl_3 + Cl_2\uparrow + 4H_2O$

（2）在三氯化铕溶液中加入锌粉：$2EuCl_3 + Zn = 2EuCl_2 + ZnCl_2$

（3）$Ce(OH)_3$ 放在潮湿的空气中：$4Ce(OH)_3 + O_2 + 2H_2O = 4Ce(OH)_4$

26-4 解答： $2Eu^{3+} + Zn = 2Eu^{2+} + Zn^{2+}$

$$\lg K^\ominus = \frac{n[E^\ominus_{(+)} - E^\ominus_{(-)}]}{0.0591} = \frac{2\times(0.35+0.76)}{0.0591} = 37.5, K^\ominus = 3.16\times10^{37}$$

该反应进行得相当彻底，几乎所有的三价铕都会被还原为二价。设平衡时，二价锌离子的浓度为 x mol · dm^{-3}，则二价铕离子的浓度为 $2x$ mol · dm^{-3}，三价铕离子的浓度为$(0.10-2x)$ mol · dm^{-3}，根据平衡常数关系式，有：

$$K^{\ominus}=\frac{[Eu^{2+}]^2[Zn^{2+}]}{[Eu^{3+}]^2}=\frac{(2x)^2x}{(0.10-2x)^2}=\frac{4x^3}{0.01-0.4x+4x^2}=3.16\times10^{37}$$

$$3.16\times10^{35}-1.26\times10^{37}x+1.26\times10^{38}x^2=4x^3$$

$$400x^2-40x+1\approx0, x\approx0.05\ \text{mol}\cdot\text{dm}^{-3}$$

即反应达到平衡时，溶液中二价铕离子的浓度近似为 0.10 mol · dm^{-3}，锌离子浓度近似为 0.05 mol · dm^{-3}。溶液中几乎不存在三价铕离子。

26-5 解答：

^{57}La ^{58}Ce ^{59}Pr ^{60}Nd ^{61}Pm ^{62}Sm ^{63}Em ^{64}Gd ^{65}Tb ^{66}Dy ^{67}He ^{68}Er ^{69}Tm ^{70}Yb ^{71}Li
镧 铈 镨 钕 钷 钐 铕 钆 铽 镝 钬 铒 铥 镱 镥

轻稀土组（La～Gd）　　重稀土组（Tb～Li）

轻稀土组（La～Sm）　　中稀土组（Em～Dy）　　重稀土组（He～Li）

另有四分组：

^{57}La ^{58}Ce ^{59}Pr ^{60}Nd d镧 铈 镨 钕	^{61}Pm ^{62}Sm ^{63}Em ^{64}Gd 钷 钐 铕 钆
^{64}Gd ^{65}Tb ^{66}Dy ^{67}He 钆 铽 镝 钬	^{68}Er ^{69}Tm ^{70}Yb ^{71}Li 铒 铥 镱 镥

26-6 解答：稀土元素在冶金、石油化学工业领域、玻璃、陶瓷工业、新型功能材料、航天、航空工业、原子能工业、农业和轻工业、医学领域、能源技术和电子技术都有极为广泛的应用。在今天的世界上，无论是航天、航空、军事等高科技领域，还是人们的日常生活用品，无论工业、农牧业，还是化学、生物学、医药，稀土的应用及其作用几乎是无所不在，无所不能。

26-7 解答：(1)碳酸盐及氟碳酸盐，如氟碳铈矿、碳锶铈矿等；

(2)磷酸盐，如独居石、磷钇矿等；

(3)氧化物，如褐钇铌矿、黑稀金矿、易解石等；

(4)硅酸盐，如硅铍钇矿、褐帘石、硅钛铈矿等；

(5)氟化物，如钇萤石、氟铈矿等。

26-8 解答：萃取达平衡时，被萃物质在有机相中的总浓度与其在水相中的总浓度之比称为分配比或分配系数。两个待分离元素在相同萃取条件下的分配比的比值称为分离系数。萃取比(E)：串级萃取时，有机相中某组分的质量流量与水相中该组分的质量流量之比称为该组分的萃取比。即有机相中被萃物的质量与平衡水相中该被萃物的质量之比，它等于分配比与流比的乘积。萃取率(q)：萃入有机相中的某组分质量与料液中该组分总质量之比的百分数。相比(R)：萃取时有机相体积与水相体积之比称为相比。

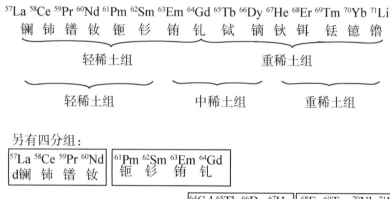

26-9 解答：我国主要稀土资源矿藏有包头混合型稀土矿(氟碳铈矿和独居石矿)、四川的氟碳铈矿、南方离子吸附型稀土矿。中国稀土矿有以下特点：(1)储量分布高度集中(主要是轻稀土)。我国稀土矿产虽然在华北、东北、华东、中南、西南、西北等六大区均有分布，但主要集中在华北区的内蒙古白云鄂博铁-铌、稀土矿区，其稀土储量占全国稀土总储量的 95%，是我国轻稀土主要生产基地。(2)轻、重稀土储量在地理分布上呈现出“北轻南重”的特点，即轻稀土主要分布在北方地区，重稀土则主要分布在南方地区，尤其是在南岭地区分布可观的离子吸附型中，稀土、重稀土矿易采、易提取，已成为我国重要的中、重稀土生产基地。(3)共伴生稀土矿床多，综合利用价值大。(4)矿产资源储量多、品种全，为发展稀土金属工业提供了优越的资源条件。

26-10 解答：从沥青铀矿中提取铀：$2U_3O_8 + O_2 + 6NaOH = 3Na_2U_2O_7 + 3H_2O$

从独居石矿中提取钍：$Th_3(PO_4)_4 + 12NaOH = 3Th(OH)_4\downarrow + 4Na_3PO_4$

$$Th(OH)_4 = ThO_2 + 2H_2O$$

$$ThO_2 + 4HF = ThF_4 + 2H_2O$$

$$ThF_4 + 2Ca = 2CaF_2 + Th$$

五、参考资料

陈晋阳.2002.浅谈稀土元素的发现.化学世界,43(1)：55

黄春辉.1991.今日稀土.大学化学,(1),1

王世华.1989.稀土元素及其应用.稀土,(2)：3

徐理阮.1962.锕系元素化学.化学通报,(8)：492

姚克敏.1958.镧与其他稀土元素的分离.化学通报,(3)：137

姚楠.2003.镧系元素+3 价离子颜色对称性规律的理论研究.化学教育,24(2)：25

赵宇亮,刘元方.2002.锕系元素的化学性质.大学化学,17(4)：1

郑动.1984.稀土元素在无机发光材料中的应用.化学世界,24(8)：309

第27章 核 化 学

一、重要概念

1.核化学(nuclear chemistry)

研究原子核(稳定性的和放射性)的反应、性质、结构、分离、鉴定及其在化学中的应用的一门学科。

2.放射性(radioactivity)

不稳定原子核自发发射出 α、β 和 γ 射线的现象,可分为“天然放射性”和“人工放射性”。放射性在工业、农业和医疗方面的应用具有极重要的价值和广阔的前途。

3.核子(nucleon)

核子是组成原子核的基本粒子,如质子和中子都是核子。

4.核素(nuclide)

具有确定电荷数(质子数,即原子序数)Z 和中子数 N 的原子核所对应的原子。例如,天然存在的铀元素由三种核素组成,它们的 Z 都是92,而中子数 N 分别为234、235和238,它们互称同位素,化学性质相同而核性质不同。

5.核化学方程式(nuclear chemical equations)

用于表示核变化过程的方程式,只是不用标明核素的状态。书写时要特别遵守两条规则:① 方程式两端的质量数之和相等;② 方程式两端的原子序数之和相等。

6.半衰期(radioactive half-life)

放射性元素的原子核有半数发生衰变时所需要的时间,称为半衰期(Half-life)。随着放射的不断进行,放射强度将按指数曲线下降,放射性强度达到原值一半所需要的时间称为同位素的半衰期。放射性元素的半衰期长短差别很大,短的远小于1s,长的可达数百万年。

7.核裂变(nuclear fission)

大核分裂为小核的过程。普通的核武器和核电站都依赖于裂变过程产生的能量。

8.链式反应(chain reaction)

原子的原子核在吸收一个中子以后分裂成两个或更多个质量较小的原子核,同时放出2~3个中子和很大的能量,又能使别的原子核接着发生核裂变……,使过程持续进行下去,这种过程称为链式反应。

9.核反应堆(nuclear reactor)

核反应堆是装配了核燃料以实现大规模可控制裂变链式反应的装置,又称为原子反应堆或反应堆。

10.核聚变(nuclear fusion)

由轻原子核(主要是氘或氚)在一定条件下(如超高温和高压)发生原子核互相聚合作用,

生成新的质量更重的原子核并伴随着巨大的能量释放的一种核反应形式。

11.质量亏损(mass defect)

质量亏损,并不是质量消失,而是减少的质量在核子结合成核的过程中以能量的形式辐射出去。反过来,把原子核分裂成核子,总质量要增加,总能量也要增加,增加的能量要由外部供给。总之,物体的能量和质量之间存在着密切的联系,它们之间的关系就是 $E=mc^2$。

12.核的结合能(nuclear binding energy)

由核子结合成原子核时质量减少了 Δm,根据爱因斯坦的质能关系式($\Delta E=mc^2$),其能量应该相应地减少,减少的能量即核的结合能,符号为 E_B。例如,^{2}H 核的结合能为

$$E_B(^2\text{H})=\Delta mc^2=931.5\ \text{MeV}\cdot\text{u}^{-1}\times 0.002\ 389\ 3\text{u}\approx 2.2256\ \text{MeV}$$

13.平均结合能(average binding energy)

一个原子核中每个粒子结合能的平均值称为平均结合能,平均结合能的计算公式为某原子核的平均结合能=总结合能÷该原子核中的粒子数。

14.超重元素(superheavy elements)

20 世纪中期以来,核物理学家发展了原子核壳模型理论,预言质子或中子为幻数的原子核具有特别的稳定性,理论预测在质子数为 114、中子数为 184 的"双幻数核"(魔数核)^{298}114 附近的原子核将具有较高的稳定性,围绕它可能存在着由成百个超重元素核组成的"稳定岛",有可能被合成出来,这些核被称为超重核。原子核为超重核的元素称为超重元素。

二、自测题及其解答

1.选择题

1-1 一个 α 粒子,实际上就是 (　　)

A.一个电子　　B.一个质子　　C.一个正子　　D.一个核子

1-2 γ 射线是 (　　)

A.高能电子　　B.低高能电子　　C.高能电磁波　　D.高能正子

1-3 原子核发生 β 辐射时,原子的 (　　)

A.原子量增加 1　　B.原子序数减少 1

C.原子量减少 4　　D.原子序数增加 1

1-4 氢原子核俘获中子时,它们形成 (　　)

A.α 粒子　　B.氘　　C.β 射线　　D.正电子

1-5 γ 射线有 (　　)

A.单位质量和负电荷　　B.单位质量,但不具备电荷

C.质量为零,不带电荷　　D.质量为零,带负电荷

1-6 下列名词中与质量亏损同义的是 (　　)

A.平均原子量　　B.结合能　　C.晶格位移　　D.原子序数

1-7 某放射性元素 X,它最容易进行的衰变是 (　　)

A.α 衰变　　B.γ 辐射　　C.β^+ 衰变　　D.β^- 衰变

1-8 氚的半衰期为 12.5 年,若起始量为 1.00 mol,50 年后的剩余量是 (　　)

A.1/2　　B.1/4　　C.1/8　　D.1/16

1-9 某放射性系列，从^{238}U开始，经过α衰变和β放射后得到206Pb，则放射出的粒子总数为 （　　）

A.12　　B.10　　C.8　　D.6

1-10 ^{209}Bi所属的衰变系列是 （　　）

A.$4n+4$　　B.$4n+3$　　C.$4n+2$　　D.$4n+1$

2.填空题

2-1 在平衡核反应方程式时，要注意到：(1)方程式两边的________要相等；(2)方程式两边的________要相等。

2-2 根据发射出射线的性质可将最常见的衰变方式分为____、____和____三大类。

2-3 核素质量与其组成核子质量和之差称为______，用____表示。

2-4 核反应堆是通过______获得核能的一种装置。

2-5 超锕系元素指原子序数大于____的元素，周期表中处于锕系元素之____的元素。

2-6 核反应与一般化学反应的区别是____________________。

2-7 H ＋Li ⟶2He 属于________反应；U ⟶Th ＋He 属于__________反应。

2-8 Co 广泛用于癌症治疗，其半衰期为 5.26 年，则衰变速率常数为________。某医院购买该同位素 20 mg，10 年后剩余__________mg。

2-9 在核反应堆中，石墨的作用是____________________，用 C 轰击 Cf，产生含 153 个中子的 104 号元素，其核反应方程式为____________。

2-10 原则上有两种方法可以从元素的核得到能量：一是________，它是__________的过程；二是________，它是______________。

3.计算题

3-1 已知^{90}Sr的半衰期为 29 年，试计算：(1)^{90}Sr的衰变速率常数；(2)100 年后^{90}Sr的剩余百分率。

3-2 质子的质量为 1.007 83 amu，中子的质量为 1.008 67 amu，C 的质量为 12.000 00，根据质能联系定律得到的质能转换关系为 931.3 MeV · amu^{-1}或 1.492×10^{-10} J · amu^{-1}。试计算 C 的总结合能和每个核子的平均结合能各为多少？

3-3 从某考古文物中提取 1 g 碳样品，测得该样品在 20 h 的时间间隔中有 7900 个^{14}C原子发生衰变；而在同一时间间隔中，1 g 新制备的碳样品中有 18 400 个^{14}C原子发生衰变。计算该考古样品的年代。已知^{14}C原子衰变为一级反应，速率常数 $k=1.21\times10^{-4}\ a^{-1}$。

3-4 已知^{4}He的质量为 4.0026，质子的质量为 1.0078，中子的质量为 1.0087，光速 $c=3\times10^{8}\ m\cdot s^{-1}$。试计算 1 mol ^{4}He原子核的结合能。

3-5 已知太阳质量为 1.982×10^{27} kg，太阳的平均功率为 $3.865\times10^{26}\ J\cdot s^{-1}$。以此数据试计算太阳的近似寿命。(光速 $c=3\times10^{8}\ m\cdot s^{-1}$)

3-6 某种氢化锂($^{6}Li^{2}H$)是一种潜在的燃料，发生下述反应：

$$^{6}_{3}Li+^{2}_{1}H \longrightarrow 2^{4}_{2}He$$

计算每摩尔$^{6}Li^{2}H$在上述核反应中释放的能量。已知同位素的摩尔质量($g\cdot mol^{-1}$)：$^{6}_{3}Li$ 6.01512，$^{2}_{1}H$ 2.01410，$^{4}_{2}He$ 4.00260，光速 $c=3\times10^{8}\ m\cdot s^{-1}$。

3-7 已知$^{1}_{1}H$的摩尔质量为 1.007 83 $g\cdot mol^{-1}$，$^{7}_{3}Li$的摩尔质量为 7.016 00 $g\cdot mol^{-1}$，$^{4}_{2}He$的摩尔质量为 4.002 60 $g\cdot mol^{-1}$，$^{3}_{1}H$的摩尔质量为 3.016 05 $g\cdot mol^{-1}$，$^{2}_{1}H$的摩尔质量为

2.014 10 g·mol^{-1}，${}_0^1n$ 的摩尔质量为 1.008 66 g·mol^{-1}。试计算下列聚变反应时将释放出多少能量？（光速 $c=3\times10^8$ m·s^{-1}）

(1)${}_3^7Li+{}_1^1H \longrightarrow 2{}_2^4He$　　(2)${}_1^2H+{}_1^3H \longrightarrow {}_2^4He+{}_0^1n$

3-8 已知下列核素的质量数：

核素	${}_{92}^{235}U$	${}_{56}^{142}Ba$	${}_{36}^{91}Kr$	${}_0^1n$
质量	235.043 9	141.909 2	90.905 6	1.008 67

试计算 1 kg ${}_{92}^{235}U$ 按下列核反应裂变所释放的能量：

${}_{92}^{235}U+{}_0^1n \longrightarrow {}_{56}^{138}Ba+{}_{36}^{95}Kr+3{}_0^1n$（光速$=3\times10^8$ m·s^{-1}）

3-9 氢弹爆炸时发生的聚变反应之一是：$2{}_1^2H \longrightarrow {}_2^3He+{}_0^1n$。试计算当 1 g ${}_1^2H$ 发生聚变后能释放多少能量？相当于 1 g H_2 燃烧反应放出能量的多少倍？已知摩尔质量：$M({}_1^2H)=$ 2.013 55 g·mol^{-1}，$M({}_2^3He)=3.016$ 03 g·mol^{-1}，$M({}_0^1n)=1.008$ 67 g·mol^{-1}，H_2 的燃烧热为-241.8 kJ·mol^{-1}，光速为 3×10^8 m·s^{-1}。

3-10 一矿石中含有${}^{238}U$ 和${}^{206}Pb$，且每 1.000 mg${}^{238}U$ 中就含${}^{206}Pb$ 0.166 mg。后者是前者多级衰变的产物，其中半衰期最长的一级为 4.5×10^9 a。试计算该矿石形成的年龄。

自测题解答

1.选择题

1-1 (D)　**1-2** (C)　**1-3** (D)　**1-4** (B)　**1-5** (C)

1-6 (B)　**1-7** (D)　**1-8** (D)　**1-9** (C)　**1-10** (D)

2.填空题

2-1 核电荷总数，质量数总数。

2-2 α 衰变、β 衰变、γ 衰变。

2-3 质量亏损，Δm。

2-4 受控核裂变反应。

2-5 103，后；

2-6 核反应中原子核发生变化，而化学反应中原子核不发生变化。核反应能量变化大，一般比化学反应能量大 4×10^5 倍。

2-7 聚变，裂变。

2-8 0.132 a^{-1}，5.35 mg。

2-9 将快速运动的中子转化为热中子；${}_{98}^{249}Cf+{}_6^{12}C \longrightarrow 4{}_0^1n+{}_{104}^{257}Lw$。

2-10 裂变；某些重核分裂成两个差不多大小的裂块；聚变；轻核被合成重核。

3.计算题

3-1 (1)根据一级反应的动力学特征，衰变常数 $k=\dfrac{0.693}{t_{1/2}}$

所以 $k=\dfrac{0.693}{t_{1/2}}=\dfrac{0.693}{29}=0.0239(a^{-1})$

(2)$\lg\dfrac{[A]}{[A_0]}=-\dfrac{k}{2.303}t$，设开始时${}^{90}Sr$ 的量为 1.0 单位，$\lg\dfrac{x}{1.0}=-\dfrac{0.0239}{2.303}\times100$

$x=0.0917$，即 100 年后${}^{90}Sr$ 的剩余百分率为 9.17%。

3-2 含有 6 个质子和 6 个中子，所以构成${}_6^{12}C$ 的微粒总质量应为

$6\times1.007\ 83+6\times1.008\ 67=12.099\ 00$(amu)

而实际${}_6^{12}C$ 的质量为 12.000 00 amu，所以质量亏损为 0.099 00 amu。则${}_6^{12}C$ 的总结合能$=931.3$ MeV·

$amu^{-1} \times 0.099\ 00\ amu = 92.20\ MeV$ 或为 $1.492 \times 10^{-10}\ J \cdot amu^{-1} \times 0.099\ 00\ amu = 1.477 \times 10^{-11}\ J$，或为 $1.477 \times 10^{-11}\ J \times 6.023 \times 10^{23} / mol = 8.894 \times 10^{12}\ J \cdot mol^{-1}$。每个核子的平均结合能为 $92.20 \div 12 = 7.683(MeV)$ 或 $1.477 \times 10^{-11} \div 12 = 1.231 \times 10^{-12}(J)$。

3-3 根据一级反应的动力学特征 $\lg \frac{c(A)}{c(A)_0} = -\frac{k}{2.303}t$

该考古样品的年代为 $t = \frac{2.303}{k}\lg\frac{c(A)_0}{c(A)} = \frac{2.303}{1.21 \times 10^{-14}}\lg\frac{18\ 400}{7900} = 6988.8(a)$

3-4 ^4He 中含有 2 个质子和 2 个中子，形成 ^4He 时产生的质量亏损为

$4.0026 - 2 \times 1.0078 - 2 \times 1.0087 = -0.0304(g \cdot mol^{-1})$

根据爱因斯坦质能联系定律 $E = mc^2$，一个原子的结合能来自核子结合后的质量亏损。

则 1 mol ^4He 原子核的结合能 $\Delta E = -0.0304 \times 10^{-3} \times (2.9979 \times 10^8)^2 = 2.7322 \times 10^{12}(J \cdot mol^{-1})$

3-5 根据爱因斯坦质能联系定律 $E = mc^2$，当太阳的质量亏损达到其总质量时将消亡。

$$t = \frac{E}{W} = \frac{mc}{W} = \frac{1.982 \times 10^{27} \times (2.9979 \times 10^8)^2}{3.865 \times 10^{26}} = 4.6088 \times 10^{17}(s)$$

或 $t = \frac{4.6088 \times 10^{17}}{365 \times 24 \times 60 \times 60} = 1.46 \times 10^{10}(a)$ 或 146(亿年)，所以太阳的近似寿命为 146 亿年。

3-6 根据爱因斯坦质能联系定律 $E = mc^2$，一个核聚变反应所释放的能量主要来自质量亏损

$\Delta E = \Delta mc^2$。按题意所发生的反应质量亏损为

$\Delta m = 2 \times 4.002\ 60 - 6.015\ 12 - 2.014\ 10 = -0.024\ 02(g \cdot mol^{-1})$

则每摩尔 $^6Li^2H$ 在上述核反应中释放能量为

$$\Delta E = -0.024\ 02 \times 10^{-3} \times (2.998 \times 10^8)^2 = -2.159 \times 10^{12}(J \cdot mol^{-1})$$

3-7 (1)聚变反应 ${}^7_3Li + {}^1_1H \longrightarrow 2{}^4_2He$ 的质量亏损

$2 \times 4.002\ 60 - (1.007\ 83 + 7.016\ 00) = -0.018\ 63(g \cdot mol^{-1})$

根据爱因斯坦质能联系定律 $E = mc^2$，一个核聚变反应所释放的能量来自质量亏损

$\Delta E = -0.018\ 63 \times 10^{-3} \times (2.9979 \times 10^8)^2 = -1.674 \times 10^{12}(J \cdot mol^{-1})$。

(2)聚变反应 ${}^2_1H + {}^3_1H \longrightarrow {}^4_2He + {}^1_0n$ 的质量亏损

$(4.002\ 60 + 1.008\ 66) - (3.016\ 05 + 2.014\ 10) = -0.018\ 89(g \cdot mol^{-1})$

则 $\Delta E = -0.018\ 89 \times 10^{-3} \times (2.9979 \times 10^8)^2 = -1.698 \times 10^{12}(J \cdot mol^{-1})$。

3-8 裂变反应 ${}^{235}_{92}U + {}^1_0n \longrightarrow {}^{138}_{56}Kr + 3{}^1_0n$ 的质量亏损为

$141.909\ 2 + 90.905\ 6 + 3 \times 1.008\ 67 - 235.043\ 9 - 1.008\ 67 = -0.211\ 76(g \cdot mol^{-1})$

$E = -0.211\ 76 \times 10^{-3} \times (2.997\ 9 \times 10^8)^2 = 1.9032 \times 10^{13}(J \cdot mol^{-1})$

1 kg ${}^{235}_{92}U$ 按上式核裂变所释放的能量：$1.903\ 2 \times 10^{13} \times 1000/235 = 8.099 \times 10^{13}(J) = 8.099 \times 10^{10}(kJ)$

3-9 聚变反应 $2{}^2_1H \longrightarrow {}^3_2He + {}^1_0n$ 的质量亏损为

$3.016\ 03 + 1.008\ 67 - 2 \times 2.013\ 55 = -0.002\ 4(g \cdot mol^{-1})$

根据爱因斯坦质能联系定律 $E = mc^2$

$\Delta E = -0.002\ 4 \times 10^{-3} \times (2.9979 \times 10^8)^2 = -2.157 \times 10^{11}(J \cdot mol^{-1})$

当 1 g ${}^2_1H$ 发生聚变后释放的能量为 $-2.157 \times 10^{11} \div 4 = -5.393 \times 10^{10}(J \cdot g^{-1})$

H_2 的燃烧热为 $-241.8\ kJ \cdot mol^{-1}$，即 1 g H_2 的燃烧放热 $-120.9\ kJ \cdot mol^{-1}$。

则 1 g ${}^2_1H$ 发生聚变后释放的能量为 1 g H_2 的燃烧放热的倍数为

$$5.393 \times 10^{10} \times 10^{-3} \div 120.9 = 4.46 \times 10^5(\text{倍})。$$

3-10 根据题意现在的 1.000 mg ^{238}U 矿石在初生时含 ^{238}U 的量应为

$$1.000 + 0.166 \times \frac{238}{206} = 1.192(mg)$$

根据一级反应的动力学特征 $\lg\frac{c(A)_0}{c(A)} = \frac{0.301}{t_{1/2}}t$，$\lg\frac{1.192}{1.000} = \frac{0.301}{4.5 \times 10^9}t$

所以 $t=1.14\times10^9$(a),该矿石形成的年龄约为 11.4 亿年。

三、思考题解答

27-1 解答:可以放出 α 射线、β 射线、γ 射线。

27-2 解答:一是回旋粒子加速器通过高频交流电压来加速带电粒子,不能累积加速的带电粒子;粒子对撞机是通过直流电来加速相继由前级加速器注入的两束粒子流,可以累积加速的粒子。二是前者由于用加速的粒子轰击固定靶,能量消耗大,使实验产生的效果有限;而后者可以产生极大的能量,会发生意想不到的现象。例如,欧洲核子研究组织(CERN)启用威力强大的大型强子对撞机(LHC),进行的粒子束对撞实验就发现了“上帝的粒子”。

27-3 解答:一是^{235}U 的浓度足够大,二是总质量足够大。

27-4 解答:① 为核裂变链式反应提供必要的条件,使之得以进行。② 链式反应必须能由人通过一定装置进行控制。失去控制的裂变能不仅不能用于发电,还会酿成灾害。③ 裂变反应产生的能量要能从反应堆中安全取出。④ 裂变反应中产生的中子和放射性物质对人体危害很大,必须设法避免它们对人的伤害。

27-5 解答:优点:① 核能发电不像化石燃料发电那样排放巨量的污染物质到大气中,因此核能发电不会造成空气污染。② 核能发电不会产生加重地球温室效应的二氧化碳。③ 核能发电所使用的铀燃料,除了发电外,暂时没有其他的用途。④ 核燃料能量密度比起化石燃料高出几百万倍,因此核能电厂所使用的燃料体积小,运输与储存都很方便,一座 1.0×10^9 W 的核能电厂一年只需 30t 的铀燃料,一航次的飞机就可以完成运送。⑤ 核能发电的成本中,燃料费用所占的比例较低,核能发电的成本较不易受到国际经济情势影响,因此发电成本较其他发电方法为稳定。

缺点:① 核能电厂会产生高低阶放射性废料,或者是使用过的核燃料,虽然所占体积不大,但因具有放射线,因此必须慎重处理,且需面对相当大的政治困扰。② 核能发电厂热效率较高,而比一般化石燃料电厂排放更多废热到环境里,因此核能电厂的热污染较严重。③ 核能电厂投资成本太大,电力公司的财务风险较高。④ 核能电厂较不适宜作尖峰、离峰之随载运转。⑤ 兴建核电厂较易引发政治分歧与纷争。⑥ 与核电厂的反应器内有大量的放射性物质,如果在事故中释放到外界环境,会对生态及民众造成伤害。

27-6 解答:1986 年 4 月 26 日凌晨 1 时 30 分,在苏联白俄罗斯-乌克兰大森林地带东部的切尔诺贝利核电站第 4 号机组发生了一次反应堆堆心毁坏、部分厂房倒塌的灾难性事故。当场造成 31 人死亡,大量强辐射物质泄漏。俄罗斯大约 4300 个城镇和村庄坐落在切尔诺贝利核电站事故放射污染的区域。在布良斯克和卡卢加地区,来自私人农场的蔬菜和家畜的放射性水平大约有 13%不正常。外漏放射性污染不仅影响苏联大片地区,还波及瑞典、芬兰、波兰等国,成为引起世界震动的一次核电站事故。截止到 2006 年,还有超过 150 万俄罗斯人住在受切尔诺贝利核电站事故污染的土地上,其中有人还在吃受放射性污染的食物。联合国卫生机构评论说,大约 9300 人可能死于由放射性污染引起的癌症。因此,切尔诺贝利反应堆爆炸灾难加重了人们对核电安全性的担心。对世界上使用核电的影响:① 提高了对核电安全性的认识;② 加强了国际间合作,确保核电的安全;③ 建立并完善了核事故的预防、应急处理机制及报告制度;④ 定期对核电站进行国际安全检查。

27-7 解答:不是。在核反应中仍遵循质量守恒和能量守恒,质量亏损并不是这部分质量消失或者质量转变为能量。物体的质量应包括静止质量与运动质量,质量亏损是静止质量的减少,减少的静止质量转换为和辐射能量相联系的运动质量。辐射 γ 光子的运动质量刚好等于亏损的质量,即核反应前后仍然遵循质量守恒和能量守恒。

27-8 解答:曲线反映出了平均结合能具有以下特点:① 重核的平均结合能比中核小,因此它们容易发生裂变并放出能量。② 轻核的平均结合能比稍重的核的平均结合能小,因此当轻核发生聚变时会放出能量。③ 铁的平均结合能最大。因此比铁轻的原子多能聚变最终变为铁原子,比铁重的原子多能裂变最终变为铁原子。在大多数恒星的内部为无法通过裂变或聚变获得能量的铁核。④ 氘的平均结合能与铁的平均结合能的差值比铀-235 的平均结合能与铁的平均结合能的差值要大好几倍。因此,核聚变释放的能量通常要比核裂变释放的能量大。

27-9 解答:在地球上有 99%的碳以碳-12 的形式存在,有大约 1%的碳以碳-13 的形式存在,只有百万分之一(0.000 000 000 1%)是碳-14,存在于大气中。因为实际上人类的食物来源直接或者间接全部来自于植物,因此人体中的碳所包含的碳-14 与大气中的成分相仿。然而 5 万年以前的物体因为碳-14 已经经历了大约 10 个半衰期,物体中碳-14 的浓度太低,以致无法得到准确的结果。

四、课后习题解答

27-1 解答:① 亚原子粒子:泛指比原子核小的物质单元,包括电子、中子、质子、光子以及在宇宙射线和高能原子核试验中所发现的一些粒子。② 放射性:从原子核自发地放射出射线的性质。③ 半衰期:指放射性原子核素衰变掉一半所需要的统计期望时间。④ 核裂变:又称核分裂,是大核分裂为小核的过程。⑤ 核聚变:指由轻原子核(主要氘或氚)在一定条件下(如超高温和高压)发生原子核互相聚合作用,生成新的质量更重的原子核并伴随着巨大的能量释放的一种核反应形式。⑥ 链式反应:指原子的原子核在吸收一个中子以后会分裂成两个或更多个质量较小的原子核,同时放出 2~3 个中子和很大的能量,又能使别的原子核接着发生核裂变……,使过程持续进行下去。⑦ 核的结合能:由核子结合成核素时质量减少了 Δm,根据爱因斯坦质能关系式($\Delta E = mc^2$),其能量应该相应减少,减少的能量称为核的结合能。⑧ 超重元素:人们通常把元素周期表中 104 号元素及以后的元素称为超重元素。

27-2 解答:强子、轻子和传播子。

27-3 解答:$^{27}_{13}Al + ^{4}_{2}He \longrightarrow ^{30}_{15}P + ^{1}_{0}n$;$^{9}_{4}Be + ^{4}_{2}He \longrightarrow ^{12}_{6}C + ^{1}_{0}n$

27-4 解答:(1)$^{2}_{1}H + ^{3}_{2}He \longrightarrow ^{4}_{2}He + ^{1}_{1}H$;(2)$^{1}_{1}H + ^{11}_{5}B \longrightarrow 3^{4}_{2}He$;(3)$^{59}_{26}Fe \longrightarrow ^{0}_{-1}e + ^{59}_{27}Co$。

27-5 解答:(1)$k = \dfrac{0.693}{t_{1/2}} = \dfrac{0.693}{1620\ \text{a}} = 4.28 \times 10^{-4}\ \text{a}^{-1}$

(2)$\lg \dfrac{x_0}{x} = \dfrac{4.28 \times 10^{-4} a^{-1}}{2.303} \times 100\ \text{a} = 0.0186$,$\dfrac{x_0}{x} = 1.044$

还剩百分数$\dfrac{x}{x_0} \times 100\% = \dfrac{1}{1.044} \times 100\% = 95.8\%$

27-6 解答:^{14}C 的衰变是一个一级反应 $t_{1/2} = \dfrac{0.693}{k}$,则 $k = \dfrac{0.693}{5770\ \text{a}} = 1.20 \times 10^{-4}\ \text{a}^{-1}$

$\lg \dfrac{1.00}{0.617} = \dfrac{kt}{2.303}$,则 $t = \dfrac{2.303\ \lg \dfrac{1.00}{0.617}}{1.20 \times 10^{-4}\ \text{a}^{-1}} = 4030\ \text{a}$

27-7 解答:(1)$^{131}_{53}I \longrightarrow ^{131}_{54}Xe + ^{0}_{-1}e$

(2)因为放射性衰变是一个一级反应,所以半衰期：$t_{1/2}=\frac{\ln 2}{k}=\frac{0.693}{k}=\frac{0.693}{9.93\times10^{-7}\times24\times60\times60}=8.08\ \text{d}$。

(3)因为 $\lg\frac{[A]}{[A]_0}=-\frac{k}{2.303}t=-\frac{0.301}{t_{1/2}}t$，所以 $\lg\frac{0.30}{1.0}=-\frac{0.301}{8.08}t$，$t=14.04$ d。

27-8 解答：由于反应物的总质量为 5.029 05 g，产物的总质量为 5.010 17 g

则质量亏损为 5.029 05 g－5.010 17 g＝0.018 8 g，根据质能转换的爱因斯坦公式得

$E=1.888\times10^{-5}\ \text{kg}\times(2.998\times10^{8}\ \text{m}\cdot\text{s}^{-1})^{2}=1.697\times10^{9}\ \text{kJ}\cdot\text{mol}^{-1}$

折合碳：$\frac{1.697\times10^{9}\ \text{kJ}\cdot\text{mol}^{-1}}{393.76\ \text{kJ}\cdot\text{mol}^{-1}}=4.309\times10^{6}\ \text{mol}$

相当于碳质量：$4.309\times10^{6}\ \text{mol}\times12\ \text{g}\cdot\text{mol}^{-1}=5.171\times10^{7}\ \text{g}\approx52\text{t}$。

27-9 解答：$^{238}_{92}U$ 的衰变反应：$^{238}_{92}U=6\,^{0}_{-1}e+8\,^{4}_{2}He+^{206}_{82}Pb$

因为 Pb/U＝0.395，所以 $^{206}_{82}Pb=0.395\,^{238}_{92}U$

又　$238:206=x:0.395\,^{238}_{92}U$

则　$x=0.456\,^{238}_{92}U$，即矿石样品中原来应有 U 为 $(1+0.456)\,^{238}_{92}U$

根据一级反应的动力学特征 $\lg\frac{c(A)_0}{(A)}=\frac{0.301}{t_{1/2}}t$，则 $\lg\frac{1.456}{1.00}=\frac{0.301t}{4.51\times10^{9}}$

$t=2.44\times10^{9}$(a)，即该铀矿的年龄为 2.44×10^{9} 年。

27-10 解答：(1)$^{238}_{92}U$ 原子核经连续衰变生成 $^{206}_{82}Pb$ 时，质量数减少了 32，所以应放出了 8 个 α 粒子，同时核电荷数将降低 16 个单位，现核电荷数由 92 变为 82，所以需放射 6 个电子。则该过程应放射 8 个 α 粒子、6 个 β 粒子。

(2)$^{237}_{93}Np$ 原子核经连续衰变生成 $^{209}_{83}Bi$ 时，质量数减少了 28，所以应放出了 7 个 α 粒子，同时核电荷数将降低 14 个单位，现核电荷数由 93 变为 83，所以需放射 4 个电子。则该过程应放射 7 个 α 粒子、4 个 β 粒子。

五、参考资料

西博格.1978.超铀元素和超重元素(摘要).化学通报，(5)：23

冯百川.1998.核电发展与化学.大学化学，3(3)：5

高秀岭.2004.^{14}C 年代测定原理及其在考古中的应用.化学教育，25(10)：7

高育红.2009.清洁环保的新能源——核能.环境教育，(1)：66

韩基文.2010.核能海水淡化.锅炉制造，30(2)：43

姜子英.2010.发展核能与减少温室气体排放.气候变化研究进展，6(5)：376

李诗运.2010.放射性核素的临床应用.海南医学，21(1)：8

彭先觉，师学明.2010.核能与聚变裂变混合能源堆.物理，39(6)：385

树华.2010.发现 117 号新元素.物理，39(6)：405

张青莲.1986.原子量的测定和修订.化学通报，(10)：57

张天梅.1997.新核素研究中的放射化学分析方法及其意义.化学通报，(1)：12